新天文学ライブラリー 6

宇宙マイクロ波背景放射

Cosmic Microwave Background Radiation

小松英一郎
Komatsu Eiichiro

日本評論社

新天文学ライブラリー刊行によせて

近代科学の出発点としての歴史と，つねに新たな世界観を切り拓く先進性，その二つを合わせもった学問が天文学です．しかしその結果として，歴史的な研究から最新の発見に至るまで学ぶべきことが多く，特に新たに研究を始めようとする学生の皆さんにとっては，すぐれた教科書シリーズが待ち望まれていました．

日本評論社からすでに出版されている「シリーズ現代の天文学」全17巻は，天文学の基礎事項を網羅したすぐれた概論的教科書として定着しています．さらに，それらと相補的に個々のテーマをじっくりと解説した書籍が必要ではないかとの考えから，この「新天文学ライブラリー」は生まれました．

編集委員である私たちが特に留意したのは，

- 概論的教科書では紙面の関係で結果を示すだけになりがちな部分であっても，それらが基礎的な事項の積み重ねとしてすっきり理解できるように説明すること
- 単なる式の羅列ではなく，それらの導出と物理的説明や解釈を通じて，じっくり読めば十分な達成感が得られること
- 複数の著者ではなく，一人あるいは少数の著者が執筆することで，行間からそれぞれの著者の科学観が伝わること

の3点です．そしてこれらは本シリーズの特長そのものでもあります．

私たちが天文学を志した頃には，このような発展を遂げるとは予想もできなかったテーマ，さらにはそもそも存在すらしていなかったテーマが，今回一冊の本になっている場合も少なくありません．その意味では私たち編集委員は，本シリーズから多くのものを学んだ幸運な最初の読者だというべきでしょう．「新天文学ライブラリー」を読んだ方々が，未だ知られていない新世代の天文学の扉を開いてくれることを心から期待しています．

はじめに

宇宙マイクロ波背景放射は，宇宙論の研究にとって必要不可欠なテーマである．そのため，宇宙論の教科書には必ず宇宙マイクロ波背景放射の記述があるが，数あるテーマのうちの一つとして扱われるため，ページ数の制限上，表面をなぞっただけで終わる場合が多い．宇宙マイクロ波背景放射の物理を主に扱った日本語の著作としては，この分野の第一人者である杉山直の『膨張宇宙とビッグバンの物理』（岩波書店，2001 年）があるが，出版から 18 年経ち，その間に宇宙マイクロ波背景放射の研究は理論・観測の両面で劇的に進歩した．

英語で書かれた教科書は，入門書から高度な専門書まで複数ある．なかでも，ブルース・パートリッジ（R. Bruce Patrdige）による著作 “3K: The Cosmic Microwave Background Radiation”（Cambridge University Press, 1995 年）は，筆者が東北大学の理学部 4 年生の頃，指導教官であった二間瀬敏史先生に勧められて読破した，思い出深い教科書である．当然であるが英語で書かれているため，内容を理解するのには必要以上に時間を要したように思う．宇宙論にとって必要不可欠であるにも関わらず，宇宙マイクロ波背景放射に特化した日本語の教科書がないのは，国内の学生や研究者にとって不幸なことかもしれない．そう思い始めていた頃，「新天文学ライブラリー」の須藤靖編集委員長から，宇宙マイクロ波背景放射の教科書を執筆してみないかと声をかけていただいた．そして本書が誕生した．

本書には，二つの特徴がある．一つは，日本語で書かれていること．もう一つは，数式の導出や結果の厳密性にこだわりすぎず，背後にある物理の本質を言葉で説明するのを目的としたことである．筆者自身もそうであったが，学生や駆け出しの研究者は，数式を導出しただけで満足しがちである．しかし，数式の意味するところや，その結論としての物理現象を言葉で説明するのは苦手である．本書のアプローチは異なる．本書を読んでいただければ，宇宙マイクロ波背景放射の温度異方性や偏光がどのように生成され，そこから宇宙論に関する情報がどのように引き出されるかを，すべて言葉で説明できるようになるはずだ．

しかし，数式の導出や厳密性にこだわりたい読者のために，数式に溢れた節も用意した．導出に興味がない読者は読み飛ばしてもらってかまわない．

宇宙マイクロ波背景放射の研究の歴史は，それに携わった研究者たちのドラマに満ちている．そのうちの一部を，本書の各所でコラムという形で紹介することにした．これらのエピソードに触れることで，勉強の合間の息抜きになるかもしれないし，学ぶ意欲がさらにかき立てられるかもしれない．

今，宇宙マイクロ波背景放射の研究は新たな展開を迎えている．個々の小さな研究グループが独立に観測していた時代は終わり，日本を含む，世界中の研究グループが共同して大掛かりな観測計画を立ち上げる時代となった．それは，宇宙マイクロ波背景放射の研究の重要性が広く認められ，研究分野として成熟したことを意味する．国内でも，宇宙マイクロ波背景放射に携わる研究者，とりわけ学生や若手研究者の数は増えている．新たにこの研究分野に参入する学生や研究者が宇宙マイクロ波背景放射の物理を一から理解しようとすれば，膨大な量の（英語で書かれた）論文を読まねばならない．これはいかにも非効率的である．しかし，本書を読破していただければ，この一冊だけで，世界の最先端に追いつけるはずだ．

本書で扱う範疇を超えて宇宙論をより広く学びたい人のため，本書で用いる記号はできる限りスティーブン・ワインバーグ（Steven Weinberg）の著作 “Cosmology”（Oxford University Press, 2008 年）（邦訳『ワインバーグの宇宙論（上・下)』，小松英一郎訳，日本評論社，2013 年）と同じものを用い，随所で参考となる箇所を引用しておいた．

最後に，物理学の応用問題としての宇宙マイクロ波背景放射の魅力に触れておきたい．電磁気学，熱力学，統計力学，流体力学，相対性理論は，理学系の大学生ならば学ぶ機会のある物理学の分野である．しかし，これらを学ぶ際に，なんだか無味乾燥な印象を持たれた方もいるのではないだろうか．それは，きれいに定式化された理論を学んでも，理解を助けるための実例があまり面白くないことに原因があるかもしれない．宇宙マイクロ波背景放射の物理の理解にはこれらの分野の知識が少しずつ必要となるが，生き生きとした実例を提供してくれるので，これらの分野を学ぶ，あるいは学びなおす絶好の機会を与えてくれる．そうして理解できた理論予言が，精密な測定データと一致することを知ると，爽快だろう．なにしろ，対象は宇宙なのだから．

本書の出だしは，我ながら大変気に入っている．「かつて，宇宙は灼熱の火の玉であった．灼熱の宇宙を満たしていた光は消え去ることなく，今も宇宙を満たしている」．さあ，ページを開いて，この光のすべてを楽しもう．

太田敦久，鹿島伸悟，金子大輔，イェンス・クルバ (Jens Chluba)，菅井肇，須藤靖，関本裕太郎，高久諒太，田村元秀，茅根裕司，南雄人（敬称略）から，本書の原稿に有益なコメントをいただいた．株式会社タレックスには，偏光を説明する図 11.2 の写真を提供していただいた．この場を借りて感謝する．日本評論社の佐藤大器氏には，『宇宙論 II』（シリーズ現代の天文学第 3 巻），『ワインバーグの宇宙論（上・下)』に続き，本書でも大変お世話になった．感謝する．

2019 年 7 月

小松英一郎

nal
new
astronomy
library
CONTENTS

第1章

火の玉宇宙の残光

かつて，宇宙は灼熱の火の玉であった．灼熱の宇宙を満たしていた光は消え去ることなく，今も宇宙を満たしている．

この「火の玉宇宙の残光」は，適当な観測装置を用いて捕らえることができる．ただし，人間の目で見える可視光の波長領域では捕らえられない．宇宙空間が刻一刻と広がっているためである．灼熱の宇宙は，138 億年という途方もない時間をかけて広がり，冷えた．

今日の宇宙をほぼ一様に満たす火の玉宇宙の残光の温度は，絶対温度で 2.725 ケルビン（K）である．これほどの低温の光を捕らえるには，可視光より千倍から 1 万倍ほど波長の長いマイクロ波での測定が必要である．そのため，研究者は火の玉宇宙の残光を**宇宙マイクロ波背景放射**（**輻射**）と呼ぶ．英語で書けば "Cosmic Microwave Background Radiation" で，人によって CMB，CMBR，CBR などと略す．本書では略語として CMB を採用する．CMB の放射強度は測定する周波数によって変化し，約 160 ギガヘルツ（GHz）で最大となる．1 GHz は 10^9 ヘルツ（Hz）である．160 GHz は波長の単位で約 1.9 ミリに対応する．

CMB は，我々に身近な存在である．CMB の光子は我々のまわりを飛び回っており，その数は 1 立方センチメートルあたり 411 個である．138 億年前の灼熱時代の宇宙について知りたければ，これらの光子を捕らえて調べれば良い．まず，アンテナを用意する．「ホーンアンテナ」と呼ばれるラッパ型のアンテナでも良いし，衛星放送の受信でおなじみのパラボラアンテナでも良い．アンテナが必要な理由は，その指向性である．すなわち，空からの信号を拾い，地上のマイクロ波放射が漏れ込むのを防ぐためである．天球上の CMB の強度分布はほぼ等方的で，アンテナを天球上のどの方向へ向けても，ほぼ同じ強度のマイクロ波が測定される．

測定対象が CMB のように天球上に大きく広がっている場合には，検出器が受け取るエネルギー量がアンテナの大きさに依らないという面白い現象が起こる．一見，アンテナの面積 A が大きいほどたくさんの光子を集められそうであるが，アンテナが大きくなるほど，光の回折によってアンテナが一方向に一度に見ることのできる天球上の立体角 Ω[*1]は A に反比例して小さくなる．光の波長を λ とすれば，理想的なアンテナでは $A\Omega = \lambda^2$ である．すなわち，アンテナの口径が大きいほど角度分解能は良くなり，細かい構造まで分解できる．測定対象が天球上に一様に広がっている場合，天球上のある方向に向けたアンテナが受け取る光のエネルギー量は積 $A\Omega$ に比例し，これはアンテナの面積に依らない．よって，一様な CMB を測定する目的には，大きなアンテナを用意する必要はない．

アンテナを空に向けると，膨大な数の CMB 光子がアンテナに降り注ぐ．これらの光子のエネルギーと個数を測定すれば良いのだが，マイクロ波の測定装置では，たいてい個々の光子を区別して計測せず，入射した光の全エネルギー量を測定する．測定したい光の波長帯を決めれば，測定される光子の持つエネルギーも決まるから，あとは入射した光の強度を記録すれば良い．たとえば，入射した光の強度に応じて抵抗の変わる「ボロメーター」と呼ばれる半導体や超伝導のセンサーを用いても良いし，ラジオなどで広く用いられる「検波回路」という電子回路で光の波を電流に変えても良い．前者は後者に比べて雑音を低く抑えられるが，動作温度が極低温であったり，作製に手間がかかったり，高価であったりするため，CMB の測定には後者が広く用いられてきた．しかし，CMB が高精度で測定されるようになった近年では，ほぼすべての CMB 観測計画が前者を採用している．

[*1] 立体角は天球上の面積を表す量で，単位はステラジアン（str や sr と書かれる）．1 ステラジアンは $(180/\pi)^2$ 平方度 に等しい．たとえば，全天の表面積は 4π ステラジアンで，これは $41252.95\cdots$ 平方度に等しい．

図 1.1　ベル研究所が所有していたホーンアンテナの 1/25 スケールのモデル．ミュンヘンのドイツ博物館に展示されている．

1.1 発見

1964 年 5 月 20 日，米国ニュージャージー州ホルムデルのベル研究所に勤務していた天文学者アーノ・ペンジアス（Arno Penzias）とロバート・ウィルソン（Robert W. Wilson）は，ベル研究所が所有する口径 20 フィート（約 6 メートル）のホーンアンテナ（図 1.1）を空に向けていた．観測対象は，電波天体カシオペヤ座 A であった*2.

このホーンアンテナは，世界初の通信衛星プロジェクト「エコー計画」で，通信衛星から送られて来る電波の受信に使われていた．博士号をとりたてのペンジアスとウィルソンは，このアンテナを用いて電波天体の観測をすることを目指していた．エコー計画の後，後続機の通信衛星「テルスター 1」が打ち上げられた．テルスター 1 が発信する波長 7.35 センチの電波を受信するため，ベル研究所はメーザー（マイクロ波のレーザー）の原理を用いた非常に低雑音のマイクロ波増幅器を開発し，ホーンアンテナに取り付けた．テルスター 1 計画が終了した 1963 年，ホーンアンテナとメーザー増幅器はペンジアスとウィルソンの電波天文学の

*2　ペンジアスとウィルソンに関する記述は，エッセイ集 "*Finding the Big Bang*", Cambridge University Press（2009）（P. J. E. Peebles, L. A. Page, R. B. Partridge 編）[以下 "FBB" と引用する] の 4.5.1，4.5.2 節に収録された，それぞれの手記にもとづく．

研究に残された．

二人は1年間かけて電波天文学用の受信機システムを開発し，カシオペヤ座Aのデータを取り始めた．目的は，カシオペヤ座Aの波長7.35センチ（周波数4 GHz）における電波強度の測定である．測定は，ペンジアスが開発した5Kの「コールドロード（低温負荷）」と，空の温度とを比較することから始まった．受信機システムの入力を，温度が5Kとわかっているコールドロードと，温度を測定したい対象との間で切り替え，各々の出力の差をとれば，受信機システムの内部に起因する雑音は相殺し，外部からの信号（空からの信号，アンテナ自身の熱放射，地上放射の漏れ込みなどの和）を測定できる．

データを取り始めてすぐ，ペンジアスとウィルソンは困惑した．図1.2にそのデータを示す．アンテナを天頂に向けたときの空の温度[*3]は6.7Kで，コールドロードの5Kよりも明らかに高かった．

地球大気もマイクロ波を放出し，その強度は地平線で最大に，天頂で最小になる．この大気放射強度の天頂角依存性を用いて，彼らは天頂における大気の温度を2.3 ± 0.3Kと測定した．アンテナ自身が発する熱放射は0.8 ± 0.4Kと評価されていたし，地上放射のアンテナへの漏れ込みは0.1K以下とわかっていた．したがって，既知のマイクロ波放射源をすべて足しても，$6.7 - 2.3 - 0.8 - 0.1 = 3.5$Kの説明できない超過成分が残ったのである．図1.2に見られるように，低雑音メーザー増幅器のおかげで測定値のばらつき（統計的誤差）は非常に小さいが，地球大気の温度の測定値，アンテナ自身の熱放射の評価値，コールドロードの温度の測定値などの系統的誤差があるため，測定値の誤差は± 1.0Kと評価された．

ベル研究所では，ペンジアスとウィルソン以前にも，エコー計画とテルスター計画の一環で天頂の空の温度が測定されていた．そのときにも3K程度の温度超過が報告されていたが，誤差も3K程度であった．コールドロードが使われず，

[*3] ここで言う「温度」は熱力学的な温度ではなく，電波強度を表すために定義された便宜上の温度で，**アンテナ温度**と呼ばれる．アンテナが受信した単位周波数あたりの電力を，入射光の偏光を区別しない場合は$2k_{\mathcal{B}}$，区別する場合は$k_{\mathcal{B}}$で割ったものに等しい．$k_{\mathcal{B}}$はボルツマン定数である．すなわち，ある周波数の範囲$\Delta\nu$で測定された電力Pと$P/\Delta\nu = 2k_{\mathcal{B}}T_{アンテナ}$あるいは$P/\Delta\nu = k_{\mathcal{B}}T_{アンテナ}$と関係する．測定対象が熱的な電波源で，そのスペクトルが後述の黒体放射（式（1.1））に等しく，かつ測定周波数νが温度Tに比べて十分小さければ（$h\nu \ll k_{\mathcal{B}}T$，$h$はプランク定数），アンテナ温度$T_A$は黒体放射の熱力学的温度$T$と$T_A = (A\Omega/\lambda^2)T$のように関係する．$A$はアンテナの面積，$\Omega$はアンテナが天球上の一方向で一度に見ることのできる立体角，$\lambda = c/\nu$は波長で，理想的なアンテナでは$A\Omega/\lambda^2 = 1$である．理想的でないアンテナでは$A\Omega/\lambda^2 < 1$なので，常に$T_A \leqq T$である．

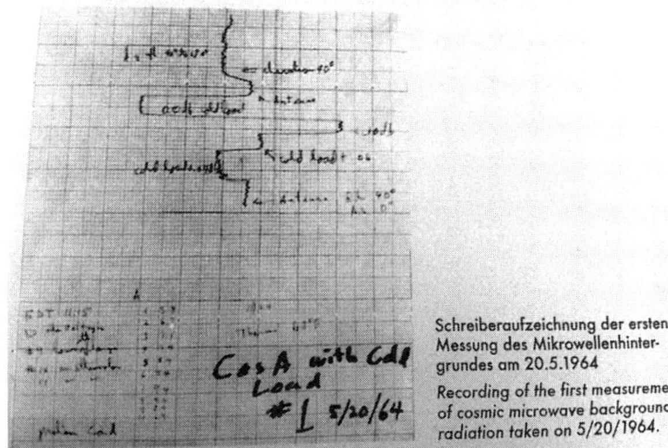

図1.2　1964 年 5 月 20 日にペンジアスとウィルソンが取得した空の温度のデータ．ミュンヘンのドイツ博物館に展示されている．ペンジアスはミュンヘン出身で，CMB の発見に用いられた受信機システムをドイツ博物館に寄贈した．線は記録された電波強度を表し，右に行くほど強度が高い．時刻は下から上に経過する．中ほどで最も低い強度を表すのは 5 K のコールドロードからの信号．その後の “elevation 90°” と書いてあるのは，アンテナを天頂を向けたときに記録した信号で，コールドロードの信号に比べて明らかに高い．

受信機内部に起因する雑音の評価の誤差が大きかったためである．その後，ペンジアスが開発したコールドロードと，何より二人の努力によって測定精度が改善され，温度超過の存在が無視できないものとなった．

約 3.5 K の温度超過は，天球上のどの方向を見ても存在したので，起源は不明なれど存在する雑音源として扱い，当初の目的どおり，カシオペヤ座 A の電波強度が測定された．

1965 年 2 月 19 日，ニュージャージー州プリンストン大学のジェームス・ピーブルス（P. James E. Peebles）は，メリーランド州ボルチモアのジョンズ・ホプキンス大学に招かれ，自身が属するプリンストン大学のロバート・ディッケ（Robert H. Dicke）のグループが取り組んでいた宇宙論研究の講演をした[*4]．彼は，ディッケが理論的に予言していた CMB[*5] と，同じくディッケのグループの一員であったデービッド・ウィルキンソン（David T. Wilkinson）が取り組んでいた，CMB

*4　ディッケのグループに関する記述は，FBB の 4.6，4.7 節にもとづく．

を観測的に発見する試みを紹介した．その講演を聞いていた聴衆の一人に，ワシントン DC のカーネギー研究所でポスドク研究員をしていたケネス・ターナー（Kenneth C. Turner）がいた．ターナーはディッケのグループで博士号を取り，ピーブルスの友人でもあったので，ピーブルスの講演を聞くためにジョンズ・ホプキンス大学を訪れていた．ピーブルスの講演内容に興奮したターナーは，カーネギー研究所に戻って同僚のバーナード・バーク（Bernard F. Burke）に CMB のことを話した．ペンジアスと知己であったバークは，ペンジアスとウィルソンが悩んでいた温度超過のことを知っており，ペンジアスに電話で「プリンストン大学のディッケに電話して議論するべきだ」と伝えた．

言われたとおり，ペンジアスはディッケに電話した．ディッケは，ピーブルスとウィルキンソン，そしてウィルキンソンとともに測定装置を開発していたピーター・ロル（Peter G. Roll）と，毎週火曜日のグループミーティングをしていた．電話を受けたディッケは即座に事態を飲み込み，ペンジアスに多くの質問をした．30 分間ほど続いた会話の後，電話を切ったディッケは振り向き，「諸君，先を越されたよ（Well boys, we've been scooped）」と言ったそうである．その後，ディッケのグループはベル研究所のペンジアスとウィルソンの観測設備を見学し，ペンジアスとウィルソンはプリンストン大学でウィルキンソンとロルが開発していた観測設備を見学した．CMB 発見を確信した彼らは，1965 年 5 月，ペンジアスとウィルソンによる温度超過発見の報告論文[*6]と，ディッケのグループによる温度超過の宇宙論的な解釈に関する論文[*7]を投稿した．その論文の内容は，5 月 21 日付のニューヨークタイムズの 1 面を飾った．

空の温度を測る

ペンジアスとウィルソンによる CMB 発見の報告よりさかのぼること 14 年，1951 年の春のことであった．名古屋大学空電研究所（現在の名古屋大学 ST 研）

[*5] （5 ページ）当時ディッケのグループ内では知られていなかったが，CMB の存在はジョージ・ガモフ（George Gamow）とその大学院生であったラルフ・アルファー（Ralph A. Alpher），および共同研究者のロバート・ハーマン（Robert Herman）により，約 20 年前に予言されていた．アルファーとハーマンの 1948 年の計算から導かれた CMB の温度の予想値は 5 K であった．R. A. Alpher, R. C. Herman, *Phys. Rev.*, **75**, 1089（1949）を見よ．

[*6] A. A. Penzias, R. W. Wilson, *Astrophys. J.*, **142**, 419（1965）.

[*7] R. H. Dicke, P. J. E. Peebles, P. G. Roll, D. T. Wilkinson, *Astrophys. J.*, **142**, 414（1965）.

の田中春夫のグループは，波長 8 センチ（周波数 3.75 GHz）での天頂の空の温度の測定に取り組んでいた．田中は太陽が発する電波を研究していた．太陽電波の絶対強度を測定するには，コールドロードのような既知の電波強度を持つ物体を作製し，太陽電波の強度と比較すれば良い．しかし，コールドロードの作製には手間がかかる．もし天頂の温度がわかっていれば，いちいち比較対象の物体を作製せずとも，天頂の温度と太陽電波とを比較すれば良い．そのため，田中は天頂の温度の測定に取り組んだのである．

それより数年前に，カナダのアーサー・コビントン（Arthur E. Covington）は，天頂の温度をコールドロードと比較することで 50 K と報告していた．この温度は高すぎると感じた田中は，作製が難しいコールドロードではなく，摂氏 300 度の高温負荷（ホットロード）を用いて独立な測定を試みた．これは，コールドロードの温度を天頂の温度と比較するのではなく，高温負荷の温度と外気温との差を，外気温と天頂温度との差と比較する方法である．

まず高温負荷を徐々に加熱し，高温負荷から得られた信号強度を記録する．高温負荷の温度と外気温との差が外気温と絶対零度との差と同程度になったら，入力を高温負荷から天頂方向に切り替え，信号強度を記録する．外気温とこの信号強度に対応する温度との差は，高温負荷から得られた信号強度に対応する温度と外気温との差とほぼ同程度なので，比較すれば天頂の温度が決まる．

戦後間もなくの時期で物資がなく，軍の払い下げ物資から部品を集め，装置はパラボラアンテナを除いてすべて手作りであった．そのような過酷な状況で，田中は，天頂の空の温度が 5 K 以下であると結論し，同年『名古屋大学空電研究所報告（2 巻 2 号，121 ページ）』に発表した．この値は，波長 8 センチにおける天頂の大気放射の温度（約 2.3 K）と CMB の温度（2.7 K）の和であり，田中の得た上限値 5 K はその和と一致する．驚くべき成果である．この結果について，田中は雑誌『自然』の 1979 年 1 月号で以下のように回想している．

「もとより 0–5 K というのと，（ペンジアスとウィルソンの得た）3.5 ± 1 K というのではまったく意味がちがうことは十分に承知しているので，近くにガモフもディッケもいなかったことを恨みに思うほど自慢できた話ではない．しかし誰かがその意味をわれわれに知らせてくれたら，それを追究するのに 14 年もかからなかったろうと思うと残念でなくもない．しかし今でも，コビントンの追試よりわれわれのほうが精度がよいと確信し，アイソレータもない当時，戦後の過酷な条件のもとでよくやったものだと自賛している」

1.2 黒体放射と，火の玉宇宙の証明

ペンジアスとウィルソンによる波長7.35センチでの測定がなされた後，ウィルキンソンとロルによる波長3.2センチでの測定が報告され，その後続々と異なる波長での測定が報告された．

CMBの輝度の最も精密な測定は，アメリカ航空宇宙局（NASA）が1989年に打ち上げたCMB観測衛星 “Cosmic Background Explorer”（COBE）によってなされた．COBEに搭載された遠赤外線絶対分光器（FIRAS）による測定データ[*8]を図1.3に示す．測定された輝度の周波数依存性（スペクトル）は，温度2.725 Kを持つ**黒体放射**の理論曲線に一致する．より正確には，FIRASのデータのみからは95%の信頼領域で2.725 ± 0.002 K[*9]が得られていて，他のデータも含めると2.725 Kは変わらず，不定性は少し小さくなる[*10]．

黒体とはあらゆる波長の光を完全に吸収する仮想的な物体であり，黒体放射は黒体が放つ光である．そのスペクトルは黒体の温度のみの関数である．また，黒体でなくても物質と光とが**熱平衡状態**にある場合には黒体放射が実現される．すると，CMBのスペクトルが黒体放射なのは一見不思議である．物質と光が熱平衡状態になるには，物質が頻繁に光を吸収・再放出せねばならない．しかし，現在の宇宙の物質の数密度は小さすぎて，光に対してほぼ透明である．事実，そのおかげで我々は遠くの銀河を望遠鏡で見ることができる．すなわち，現在の宇宙は熱平衡状態に**ない**．

CMBのスペクトルが黒体放射なのは，現在ではなく過去の一時期に宇宙は熱平衡状態にあったことを示している．過去の宇宙は，熱平衡状態が達成されるほど高密度であり，光と物質が頻繁にエネルギーを交換していた．光子の数密度が上昇すると温度も上昇するので，CMBのスペクトルが黒体放射なのは**宇宙初期が高温・高密度の火の玉状態であった観測的証拠**である．

宇宙年齢が有限であるのと光速が有限であることから，宇宙空間全体を等しい温度の熱平衡状態に保つことはできず，光が情報を伝達できた領域内のみが熱平衡状態となる．これを**局所的熱平衡状態**と呼ぶ．本書では，「熱平衡」という言葉

---

*8 J. C. Mather, *et al.*, *Astrophys. J.*, **354**, 37 (1990)；D. J. Fixsen, *et al.*, *Astrophys. J.*, **473**, 576 (1996).

*9 J. C. Mather, *et al.*, *Astrophys. J.*, **512**, 511 (1999).

*10 D. J. Fixsen, *Astrophys. J.*, **707**, 916 (2009).

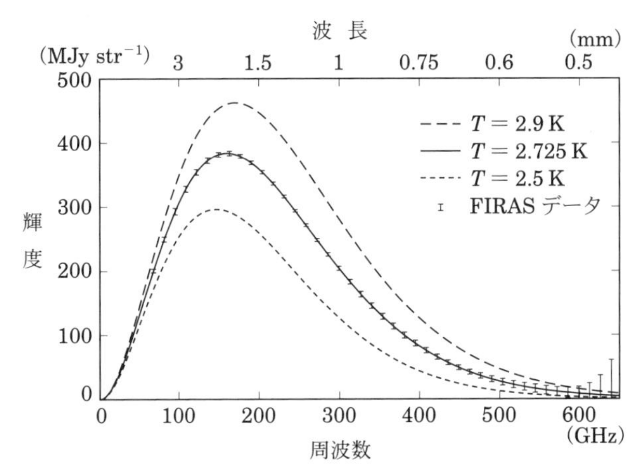

図 1.3 COBE 衛星に搭載された分光器 FIRAS による，CMB の輝度の測定データを周波数と波長の関数として示す．縦軸は 1 ステラジアンあたりに受け取る CMB の放射強度をメガジャンスキー単位で与える．1 メガジャンスキーは $10^{-20}\,\mathrm{W\,m^{-2}\,Hz^{-1}}$ に等しい．ジャンスキー（Jy）は電波天文学で用いられる単位で，1932 年に初めて天体からの電波を発見したベル研究所のカール・ジャンスキー（Karl Jansky）の名にちなむ．1 メガジャンスキーは 10^6 Jy である．誤差棒は標準偏差の 200 倍を示す．実線は温度 2.725 K の黒体放射の理論曲線を，点線と破線はそれぞれ温度 2.5, 2.9 K の黒体放射の理論曲線を示す．

は常に局所的熱平衡を表すものとする．

黒体放射のスペクトルはマックス・プランク（Max Planck）が 1900 年に提唱したプランクの公式

$$B_\nu(T) = \frac{2h\nu^3}{c^2}\frac{1}{\exp(h\nu/k_{\mathcal{B}}T) - 1}, \tag{1.1}$$

で与えられ，温度 T のみの関数である．ν は周波数で波長 λ と光速 c を通して $\nu = c/\lambda$ と関係し，h，$k_{\mathcal{B}}$ はそれぞれプランク定数とボルツマン定数*11である．輝度 B_ν の単位は $\mathrm{W\,m^{-2}\,str^{-1}\,Hz^{-1}}$ である．まず，W（$= \mathrm{J\,s^{-1}}$）は単位時間あたりに受け取るエネルギー量である．アンテナの面積 A を大きくすれば光を受け取る面積が大きくなり単位時間にたくさんの光子を捕らえられるので，単位面積

*11 MKS 単位系で，$c = 2.998 \times 10^8\,\mathrm{m\,s^{-1}}$，$h = 6.626 \times 10^{-34}\,\mathrm{m^2\,kg\,s^{-1}}$，$k_{\mathcal{B}} = 1.381 \times 10^{-23}\,\mathrm{m^2\,kg\,s^{-2}\,K^{-1}}$ である．

あたりに受け取るエネルギー量（$\mathrm{W\,m^{-2}}$）に換算する．次に，CMB の輝度は全天に渡ってほぼ一様で，アンテナが見ることのできる天域の立体角 Ω が広いほどたくさんの光子を集められるので，天球上の単位立体角あたりに受け取るエネルギー量（$\mathrm{W\,m^{-2}\,str^{-1}}$）に換算する．最後に，検出器が測定できる周波数領域が広いほどたくさんの光子を集められるので，単位周波数あたりに受け取るエネルギー量（$\mathrm{W\,m^{-2}\,str^{-1}\,Hz^{-1}}$）に換算する．

全天の立体角は 4π なので，全天から降り注ぐ CMB の全強度は $4\pi B_\nu$ である．これを光速 c で割れば，単位周波数あたりのエネルギー密度 $(4\pi/c)B_\nu$（単位は $\mathrm{J\,m^{-3}\,Hz^{-1}}$）を得る．すべての周波数の寄与を足せば，CMB の全エネルギー密度 ρ_γ は

$$\rho_\gamma = \frac{4\pi}{c}\int_0^\infty d\nu\, B_\nu(T) = \frac{\pi^2}{15}\frac{k_{\mathcal{B}}^4 T^4}{\hbar^3 c^3}\,, \tag{1.2}$$

と得られ，温度の 4 乗に比例する．ここで $\hbar \equiv h/2\pi$ である．光子のエネルギーは $h\nu$ であるから，数密度 n_γ は

$$n_\gamma = \frac{4\pi}{c}\int_0^\infty d\nu\, \frac{B_\nu(T)}{h\nu} = \frac{2\zeta(3)}{\pi^2}\frac{k_{\mathcal{B}}^3 T^3}{\hbar^3 c^3}\,, \tag{1.3}$$

と求まる．$\zeta(n)$ はリーマンのゼータ関数で，$n = 3$ のときの数値は $\zeta(3) = 1.202057\cdots$ である．この表式に FIRAS の測定値 $T = 2.725\,\mathrm{K}$ を代入すれば $n_\gamma = 411\,\mathrm{cm^{-3}}$ を得る．数密度は温度の 3 乗に比例し，光子 1 個あたりの平均エネルギー $\langle E_\gamma \rangle \equiv \rho_\gamma/n_\gamma = (\pi^4/30\zeta(3))k_{\mathcal{B}}T \approx 2.70\,k_{\mathcal{B}}T$ は温度に比例する．

これらの量を，現在の宇宙を満たす水素とヘリウム原子の質量エネルギー密度*12や数密度と比べてみよう．陽子と中性水素原子，およびヘリウム原子核とヘリウム原子は区別せず，すべて数え上げる．CMB のエネルギー密度は水素とヘリウム原子の全質量エネルギー密度のたかだか 0.1%程度であり，エネルギー上は無視できるほど小さい．しかし，**CMB 光子の数密度は水素とヘリウム原子の全数密度の約 17 億倍**であり，圧倒的に多い．実際，CMB 光子は宇宙で最も数の多い粒子で，その次に多いのがニュートリノである．

光子が生成・吸収されたり，水素やヘリウム原子が生成・破壊されなければ，

*12 アインシュタインの特殊相対性理論より，静止質量 m を持つ粒子は静止質量エネルギー mc^2 を持つ．

宇宙膨張で空間が広がるにつれて光子，水素，ヘリウム原子の数密度は同じ割合で減少する．水素の数密度を n_{H}，ヘリウム原子の数密度を n_{He} と書けば，$n_B \equiv n_{\mathrm{H}} + 4n_{\mathrm{He}}$ と n_γ との比 $n_B/n_\gamma = 6 \times 10^{-10}$ は時間に依らず一定である．**バリオン–光子比**と呼ばれるこの比が非常に小さいことは，CMB の物理を理解する上で重要となる．

1.3 赤方偏移

宇宙空間は広がっており，空間の任意の 2 点間の距離は時間とともに増加する．空間が広がるとともに，空間を伝わる波の波長も伸びる．任意の 2 点間の距離が a 倍になると，波長も a 倍になる．光のエネルギー（および運動量）は波長に反比例し，a^{-1} 倍になる．光子の数は変わらないので，数密度は a^{-3} 倍になる．スペクトルが黒体放射の場合，光子の数密度は式（1.3）で与えられ，温度の 3 乗に比例するから，温度は a^{-1} 倍になる．すなわち，宇宙膨張により，空間が広がったぶんだけ CMB は冷える．

光の波長が伸びることを**赤方偏移**と呼ぶ．赤方偏移の大きさは慣例的に z で表される．時刻 t_1 で波長 λ_1 を持つ光が，その後の時刻 t_0 で波長 λ_0 を持つとすると，赤方偏移は

$$1 + z \equiv \frac{\lambda_0}{\lambda_1}, \tag{1.4}$$

で定義され，z が大きいほど過去を表す．$z = 0$ **が現在である**．本書では現在の時刻を t_0 と書く．過去に行くほど光子の数密度は $(1+z)^3$ に，黒体放射の温度は $1+z$ に比例して上昇する．電子と陽電子が対消滅した時期（温度にして約 10 億度 K）以降の宇宙では，CMB 光子の数密度は $n_\gamma = 411\,\mathrm{cm}^{-3}(1+z)^3$，温度は $T = 2.725\,\mathrm{K}(1+z)$ で与えられる．

1.4 熱平衡状態の分布関数

式（1.1）の黒体放射のスペクトルは，単位**位相空間体積**（位置空間 $\boldsymbol{x}$ と運動量空間 $\boldsymbol{p}$ の体積の積）あたりの光子の数密度 $n_\gamma^{位相}(\boldsymbol{x}, \boldsymbol{p}, T)$ を用いて

$$B_\nu(T)d\nu = \frac{c}{4\pi} \times pc \times n_\gamma^{位相}(\boldsymbol{x}, \boldsymbol{p}, T)\frac{d^3p}{h^3}, \tag{1.5}$$

と書ける．周波数 ν と光子の運動量 p は $p = h\nu/c$ で関係する．一様等方な宇宙では $n_\gamma^{\text{位相}}$ は位置にも運動量ベクトルの方向にも依らず，

$$n_\gamma^{\text{位相}}(\boldsymbol{x}, \boldsymbol{p}, T) = n_\gamma^{\text{位相}}(p, T) = \frac{2}{\exp(pc/k_{\mathcal{B}}T) - 1}, \tag{1.6}$$

で与えられる．

因子2は，光子の取りうるスピン状態数が2であることによる．光子はエネルギーと運動量に加えて**スピン角運動量**（あるいは単にスピン）という性質を持つ．スピン角運動量ベクトルを $\boldsymbol{S}$ と書き，光子の運動量ベクトルを $\boldsymbol{p}$ と書けば，運動量ベクトルの向きと $\boldsymbol{S}$ との積 $\boldsymbol{S} \cdot \boldsymbol{p}/|\boldsymbol{p}| \equiv \lambda\hbar$ は**ヘリシティ**（helicity）と呼ばれる量である．λ は離散的な値を持ち，光子の場合は $\lambda = 1$ と -1 が可能である．これが式（1.6）の因子2を説明する．ヘリシティが正のときスピン角運動量ベクトルは粒子の運動方向と平行で，負のときは反平行である．

慣例[*13]として，ヘリシティが正の状態を「右巻き状態」，負の状態を「左巻き状態」と呼ぶ．右手の親指の方向をスピン角運動量ベクトル $\boldsymbol{S}$ の方向とし，残りの指の方向を「右巻き」と定める．ヘリシティが正のときは粒子の進行方向に対して右巻きとなり，負の時は進行方向に対して左巻きとなることからこのように呼ばれる．手の指の例の代わりにネジを想像しても良い．ネジをドライバーで締めたとき，ネジの進む方向を $\boldsymbol{S}$ の方向とし，ネジの回る方向を右巻きと定める．

ある観測者から見て左巻きの粒子があるとしよう．観測者が粒子を追い越すと，観測者から見た粒子の進行方向は逆向きとなるが，スピン角運動量ベクトルの方向は変わらない．よって粒子は右巻きとなりヘリシティの符号は変わるが，光子のように光速で運動する粒子を追い越すことはできないので，光速で運動する粒子のヘリシティは観測者の運動状態に依らず定義できる便利な量である．ヘリシティは，12章で重力波を扱う際に頻繁に用いる．

[*13] 光を波としてみなしたとき，ヘリシティが異なる状態は**偏波**と呼ばれる．ややこしいことに，右巻き状態は「左向き偏波」，左巻き状態は「右向き偏波」と呼ばれる．光は横波で，電磁波を構成する電場と磁場は光の進行方向と垂直な方向に振動する．光の進行方向を z 軸とすると，電場と磁場は x-y 平面上で振動する．左向き偏波は電場や磁場の振動面が x-y 平面上で反時計回りに回転する状態を，右向き偏波は時計回りに回転する状態を指すことからこのように呼ばれる．異なるヘリシティを持つ状態が等量あれば，電場や磁場の振動面は回転しない．この状態を直線偏波，あるいは**直線偏光**と呼び，11章で扱う．

式 (1.6) は平衡状態にある，相対論的[*14]で化学ポテンシャルがゼロの粒子の運動量分布を表す**ボーズ–アインシュタイン分布関数**である．13 章では，CMB のスペクトルは厳密に黒体放射でなく，化学ポテンシャルは小さいがゼロではない可能性について解説する．

温度 T の熱平衡状態にあるニュートリノは，**フェルミ–ディラック分布関数**に従う．ニュートリノの化学ポテンシャルは良くわかっていないのだが，簡単化のため本書では無視する．すると，ニュートリノと反ニュートリノを足した位相空間数密度 $n_\nu^{\text{位相}}$ は

$$n_\nu^{\text{位相}}(p,T) = \frac{2}{\exp(E/k_{\mathcal{B}}T)+1}, \tag{1.7}$$

で与えられる．因子 2 は，ニュートリノと反ニュートリノの取りうるスピン状態数がそれぞれ 1 つずつであることによる．ニュートリノは電子型，ミュー型，タウ型と 3 種類あり，式 (1.7) はそれぞれの種類に対して個別に成り立つ．エネルギー E は，特殊相対性理論の公式から

$$E = \sqrt{m^2c^4 + p^2c^2}, \tag{1.8}$$

で与えられる．m はそれぞれの種類のニュートリノの質量である．ニュートリノに質量があることはわかっているが，その値は陽子質量の 100 億分の 1 以下であることしかわかっていない．電子の質量は陽子の質量の約 2000 分の 1 なので，ニュートリノの質量は桁違いに小さい．ニュートリノ質量の測定は，素粒子実験のみならず，観測的宇宙論の重要な目標の一つである．

光子の取りうるスピン状態数が 2 でニュートリノと反ニュートリノがそれぞれ 1 であることにとまどうかもしれない．光子の振る舞いを決める電磁相互作用は右巻き状態と左巻き状態とを区別せず，光子の状態数は 2 である．一方，ニュートリノの振る舞いを決める弱い相互作用は左巻き状態にしか作用しないので，**ニュートリノは左巻き状態しか持たない**（反ニュートリノは右巻き状態しか持たない）．そのため，ニュートリノと反ニュートリノの状態数はそれぞれ 1 で，前者は $\lambda = -1/2$，後者は 1/2 である（λ の定義は 12 ページを参照）．

素粒子の標準モデルではニュートリノは左巻き状態しか持たないが，標準モデ

[*14] 相対論的であるとは，粒子の質量 m が厳密にゼロであるか，その運動量 p が $pc \gg mc^2$ を見たし，粒子のエネルギーが $E = pc$ で近似できる場合を指す．式 (1.8) を見よ．

ルのニュートリノは質量を持たず，実験データに反する．したがって，標準モデルは拡張されねばならず，拡張されたモデルの候補には右巻きのニュートリノを含み，それが左巻きニュートリノの質量を説明するものも存在する．しかし，これまでのところ右巻きニュートリノは発見されていない[*15]ので，本書では 3 種類の左巻きニュートリノと右巻き反ニュートリノのみ考えることにする．また，特に断らない限り，「ニュートリノ」と言う場合は反ニュートリノも含むものとする．

1.5　宇宙背景ニュートリノ

CMB 光子は宇宙最多の粒子で，次に多いのがニュートリノである．ニュートリノも，宇宙がかつて灼熱の火の玉状態であった時期のなごりで，これらのニュートリノを**宇宙背景ニュートリノ**と呼ぶ．

CMB の温度が約 100 億度 K 以上あったころ，CMB とニュートリノは同じ温度に保たれ，それぞれの位相空間数密度は熱平衡状態の式（1.6）と（1.7）で与えられる．式（1.7）を運動量空間に渡って積分すれば各種ニュートリノの数密度が得られる．ニュートリノ質量は陽子質量の 100 億分の 1 以下であり，温度が約千度 K 以上であればニュートリノ質量を無視して相対論的粒子として扱えるので，

$$n_\nu(T) = \int_0^\infty \frac{4\pi p^2 dp}{h^3} \frac{2}{\exp(pc/k_{\mathcal{B}}T) + 1} = \frac{3\zeta(3)}{2\pi^2} \frac{k_{\mathcal{B}}^3 T^3}{\hbar^3 c^3}, \tag{1.9}$$

を得る．式（1.3）で与えられる光子の数密度 n_γ と比べれば，$n_\nu(T) = (3/4)n_\gamma(T)$ である．フェルミ粒子であるニュートリノはパウリの排他原理に従い，2 つ以上のニュートリノは同じ量子状態を占めることができない．そのため，ある温度にある各種ニュートリノの数密度は，同じ温度の光子の数密度よりも小さい．各種ニュートリノが同じ温度にあれば，それぞれの数密度は光子の数密度の 3/4 倍であるから，3 種類のニュートリノをすべて足せば光子の数密度の倍以上となる．

温度が約 10 億度 K まで下がり，電子と陽電子が対消滅して光子を放出すると，光子の数密度は上昇する．光子の分布関数は熱平衡からずれるが，光子と電子との頻繁なエネルギーのやりとりによってすぐに化学ポテンシャルがゼロのボー

[*15] ニュートリノは質量を持つので速度は光速より小さく，左巻きのニュートリノを追い越せば右巻きとして見えるはずである．素粒子の標準モデルの枠組みでは，これを右巻きの**反**ニュートリノであるとみなす．こう言うと，まるでニュートリノと反ニュートリノは同じ粒子であるかのように聞こえるが，実際そうかもしれない．これは素粒子物理学で未解決の問題であり，実験による検証が進んでいる．

ズ–アインシュタイン分布に戻り，光子の温度は数密度（厳密には光子のエントロピー）が上昇した分だけ式（1.3）に従って上昇する．光子と熱平衡状態にある電子の温度も同じだけ上昇する．本書では導出を割愛するが，エントロピー保存を用いた計算*16により，光子と電子の温度は対消滅以前に比べて $(11/4)^{1/3} \approx 1.4$ 倍に上昇することが示せる．

光子と電子は電磁相互作用によって熱平衡状態にあるが，弱い相互作用しか行わないニュートリノは，電子と陽電子が対消滅を始める少し前に熱平衡状態でなくなる．そのため，ニュートリノの温度は電子と陽電子の対消滅にほとんど影響されず，光子の温度の $\dfrac{1}{1.4}$ 倍となる．現在の CMB の温度は 2.725 K なので，ニュートリノの温度は 1.945 K である．そのような低エネルギーのニュートリノを直接捕らえるのは，容易ではない．

ニュートリノと電子との相互作用の強さはニュートリノのエネルギーの 2 乗に比例するため，低エネルギーのニュートリノほど早い時期に熱平衡状態でなくなる．しかし，高エネルギーのニュートリノは温度が上昇した電子と相互作用を続け，わずかにエネルギーを受け取る．その結果，ニュートリノの分布関数は平衡状態におけるフェルミー–ディラック分布からわずかにずれる．分布関数が熱平衡分布からずれると厳密な熱力学的温度は定義できないが，分布関数を運動量空間に渡って積分したエネルギー密度は定義できる．

化学ポテンシャルがゼロのフェルミ–ディラック分布を持つ相対論的ニュートリノのエネルギー密度 ρ_ν は

$$\rho_\nu(T) = \int_0^\infty \frac{4\pi p^2 dp}{h^3} \frac{2pc}{\exp(pc/k_{\mathcal{B}}T)+1} = \frac{7\pi^2}{120} \frac{k_{\mathcal{B}}^4 T^4}{\hbar^3 c^3}, \tag{1.10}$$

である．式（1.2）で与えられる光子のエネルギー密度 ρ_γ と比べれば，$\rho_\nu(T) = (7/8)\rho_\gamma(T)$ である．ある温度にある各種ニュートリノのエネルギー密度が同じ温度の光子のエネルギー密度より小さいのは，やはりパウリの排他原理のためである．詳細な計算*17 によれば，温度が 1.4 倍高い電子から受け取ったエネルギーにより，電子型ニュートリノのエネルギー密度は 0.94%，ミュー型とタウ型ニュートリノのエネルギー密度はそれぞれ 0.43%ずつ上昇する．電子型ニュートリノの

*16 S. Weinberg, *Cosmology*, Oxford University Press (2008)；（邦訳）『ワインバーグの宇宙論』小松英一郎訳，日本評論社（2013）の 3.1 節を見よ．以下「ワインバーグの宇宙論」と引用する．

エネルギー密度が最も影響されるのは，電子と電子型ニュートリノとの相互作用が，他の種類のニュートリノとの相互作用よりも強いためである．

全ニュートリノのエネルギー密度の和は，電子・陽電子の対消滅から受け取るエネルギーのためわずかに大きくなる．この効果を取り入れるため，**実効的**（effective）**なニュートリノの種類数**として $N_{\rm eff}$ というパラメータを導入し，全ニュートリノのエネルギー密度を以下のように書く．

$$\sum_{\alpha=e,\mu,\tau} \rho_\nu^{(\alpha)}(T_\nu) = N_{\rm eff}\frac{7\pi^2}{120}\frac{k_B^4 T_\nu^4}{\hbar^3 c^3}\,. \tag{1.11}$$

T_ν は電子・陽電子の対消滅がニュートリノの熱平衡分布を変えなかったと仮定した場合のニュートリノの便宜上の温度で，光子の温度と $T_\nu \equiv (4/11)^{1/3}T \approx T/1.4$ で関係すると定義する．$N_{\rm eff}$ の理論値は $N_{\rm eff}=3.046$ である．真のニュートリノの種類数は 3 であるが，3 よりわずかに大きい実効的な値 $N_{\rm eff}$ を用いることで，電子・陽電子の対消滅によるニュートリノ分布関数のわずかな変形を考慮できる．

宇宙背景ニュートリノの存在は理論的に予言されていたが，2009 年にその存在が間接的に確認された*18．どのように確認されたかは 10.7 節で解説するが，2016 年時点の測定データから求められたエネルギー密度は式（1.11）と 10%の精度で一致した*19．この結果は，ニュートリノの温度が CMB に比べて 40%低いことの間接的な証拠を与えるが，$N_{\rm eff}$ が厳密に 3 であるか，あるいは 3.046 であるかを区別するにはまだ精度が足らない．

1.6 放射優勢宇宙

現在の時刻では，光子のエネルギー密度は水素とヘリウム原子の全質量エネルギー密度に比べてずっと小さい．しかし，過去にさかのぼれば，いずれ前者が後者を上回る時期が来る．

---

*17 （15 ページ）G. Mangano, G. Miele, S. Pastor, T. Pinto, O. Pisanti, P. D. Serpico, *Nucl. Phys. B*, **729**, 221（2005）の表 1 を見よ．ニュートリノの種類が互いに入れ替わるニュートリノ振動の効果は無視した．振動の効果を入れると，異なる種類のニュートリノ間の差が縮まる．すなわち，電子型ニュートリノのエネルギー密度の上昇分が減り，ミュー型とタウ型ニュートリノの上昇分が増える．全種類のニュートリノを足せば，全エネルギー密度の上昇分は振動がない場合とほぼ同じである．同文献の表 2 を見よ．

*18 E. Komatsu, *et al.*, *Astrophys. J. Suppl.*, **180**, 330（2009）.

*19 Planck Collaboration, *Astron. Astrophys.*, **594**, A13（2016）.

より一般的に，宇宙のエネルギー成分を**物質**と**放射**にわけよう（2.3 節で導入する「真空のエネルギー」は本節の議論に影響しない）．本書では，「物質」を静止質量エネルギーに対して運動量の小さい非相対論的粒子の総称，「放射」を光子などの無質量の粒子と，ニュートリノなどの，時期に依っては粒子の平均エネルギーが静止質量エネルギーよりも大きい相対論的な粒子の総称とする．式 (1.8) を見れば，放射は $pc \gg mc^2$，すなわち $E \approx pc$ を満たす粒子を，物質はその逆で $E \approx mc^2$ を満たす粒子を指すことがわかる．一様等方宇宙では，外力を無視すると運動量 p は宇宙膨張とともに減少する．空間の任意の 2 点間の距離が a 倍になると，運動量は粒子の質量に依らず a^{-1} 倍になる．このため，ニュートリノや電子など，現在は物質のように振る舞うが，過去には放射のように振る舞う粒子が存在する．

本書で主に扱う温度の範囲内（$T \approx 3000\,\mathrm{K}$）では，放射成分は光子とニュートリノで，物質成分は電子，水素原子，ヘリウム原子，そして**暗黒物質**（**ダークマター**）である．ただし，ニュートリノはその質量のために現在に近づくと非相対論的になるので，後期の宇宙を記述する際には物質として扱う．暗黒物質の正体は不明であるが，その質量密度は水素とヘリウム原子の質量密度の約 5 倍である．電子・陽電子対消滅後の 3 種類のニュートリノの全放射エネルギー密度は，光子のエネルギー密度の 7 割程度である．仮にニュートリノ質量を無視し，現在のニュートリノが放射であるとすると，現在の放射の全エネルギー密度 ρ_R $(= \rho_\gamma + \rho_\nu^{\text{放射}})$ は，物質の全エネルギー密度 ρ_M の約 0.03%である．ここで，$\rho_\nu^{\text{放射}}$ はニュートリノ質量を無視した場合のエネルギー密度である．しかし，過去にゆくほど ρ_R/ρ_M は増加し，いずれ $\rho_R = \rho_M$ となる時期が来る．それより過去は，宇宙のエネルギー密度が放射によって支配される**放射優勢宇宙**，すなわち灼熱の火の玉宇宙である．

放射と物質のエネルギー密度が宇宙膨張とともにどう変化するか理解するため，粒子あたりの平均エネルギー $\langle E \rangle \equiv \rho/n$ を定義しよう．n は粒子の数密度である．宇宙膨張とともに空間は広がり，任意の 2 点間の距離が a 倍になれば数密度は a^{-3} になる．物質の $\langle E \rangle$ は a に依存しないが，放射の $\langle E \rangle$ は a^{-1} に比例して減少する．これは，ρ と n の定義を位相空間数密度を用いて

$$\langle E \rangle = \int_0^\infty p^2 dp \, \sqrt{m^2c^4 + p^2c^2} \, n^{\text{位相}}(p, T) \Bigg/ \int_0^\infty p^2 dp \, n^{\text{位相}}(p, T), \qquad (1.12)$$

と書けば理解できる．非相対論的粒子（物質）の分布関数は大きな pc で指数関数的に小さくなり，分子の積分の寄与が $pc \ll mc^2$ の領域に支配されるので，分布関数の正確な形に依らず $\langle E \rangle \to mc^2$ となる．これは a に依らない．これに対して相対論的粒子（放射）では，分子の積分の寄与は $pc \gg mc^2$ の領域に支配され，積分は分布関数の形に依存する．化学ポテンシャルがゼロのボーズ–アインシュタイン分布では $\langle E \rangle = (\pi^4/30\zeta(3))k_{\mathcal{B}}T \approx 2.70\ k_{\mathcal{B}}T$，同フェルミ–ディラック分布では $\langle E \rangle = (7\pi^4/180\zeta(3))k_{\mathcal{B}}T \approx 3.15\ k_{\mathcal{B}}T$ である．これは a^{-1} に比例して減少する．以上より，放射と物質のエネルギー密度はそれぞれ $\rho_R \propto a^{-4}$，$\rho_M \propto a^{-3}$ と変化し，その比は $\rho_R/\rho_M \propto a^{-1}$ と変化する．

任意の 2 点間の距離が a 倍になれば，CMB の温度は a^{-1} に比例して減少し，これは ρ_R/ρ_M の a 依存性と同じである．現在の CMB の温度は 2.725 K で，ρ_R/ρ_M は約 0.03%であるから，任意の温度で

$$\frac{\rho_R}{\rho_M} \approx 3 \times 10^{-4} \left(\frac{T}{2.725\,\mathrm{K}} \right), \tag{1.13}$$

となる．過去にさかのぼって温度が約 9000 K になると，放射と物質のエネルギー密度は等しくなる．放射と物質のエネルギー密度が等しい時刻での赤方偏移を z_{EQ} と書けば $z_{\mathrm{EQ}} \approx 3300$ で，それよりも過去は放射優勢宇宙である．太陽の表面温度は約 5800 K なので，放射優勢宇宙は太陽表面よりも高温である．放射優勢宇宙では，暗黒物質以外の物質はすべて電離し，プラズマ状態にある．

第2章

ΛCDMモデル

ΛCDM モデル（ラムダ CDM モデルと読む）は，宇宙の標準モデルの名称である．Λ と CDM はそれぞれ「宇宙定数」と「冷たい暗黒物質」（Cold Dark Matter の略）を表し，現在の宇宙のエネルギー密度の約 70%と 25%を占める．残りの 5%は水素とヘリウム原子が占める．ヘリウムより重い，炭素や酸素などの元素の割合は無視しうるほど小さい．CMB と宇宙背景ニュートリノは，現在でのエネルギー密度は小さいが数密度は大きく，宇宙初期において重要な役割を果たす．現在観測可能な領域内の宇宙空間の曲率はゼロである．

本章では，ΛCDM モデルの基本的な枠組みとなる，宇宙膨張と宇宙の組成を概観する．まず，宇宙膨張による空間の任意の 2 点間の距離の変化からハッブルの法則を導き（2.1 節），赤方偏移とハッブルの法則とを関係づける（2.2 節）．宇宙のエネルギー組成と宇宙膨張とは密接に関わっており，フリードマン方程式で記述される（2.3 節）．2.4 節では宇宙のエネルギー組成，とりわけニュートリノを詳しく論じる．

2.1　2 点間の距離とハッブルの法則

空間の曲がりを無視すれば，静的な空間における任意の 2 点間の距離の 2 乗 ds^2 は 3 次元デカルト座標 $\boldsymbol{x} = (x, y, z)$ で $ds^2 = dx^2 + dy^2 + dz^2$ と書ける．この空間では 3 角形の内角の和は π に等しい．時間とともに一様等方に広がる空間を記述するには，任意の 2 点間の距離に**スケール因子**と呼ばれる，時間に依存するが空間座標には依存しない無次元の因子 $a(t)$ をかければ良い.

$$ds^2 = a^2(t)(dx^2 + dy^2 + dz^2)\,. \tag{2.1}$$

こう書けば, 時間とともに2点間の物理的な距離は $a(t)$ に比例して増加するが, 座標 $\boldsymbol{x}$ は変化しない. 座標 $\boldsymbol{x}$ は**共動座標**と呼ばれ, 本書で頻繁に用いる.

地球から見た宇宙空間を記述するには, デカルト座標を用いるよりも, 地球を中心に置き, 視線方向を動径座標とした球座標 (r, θ, ϕ) を用いるのが便利である. θ と ϕ はそれぞれ極角と方位角である. 曲がりのない平坦な空間の, 任意の2点間の距離の2乗を球座標で書けば,

$$ds^2 = a^2(t)\left[dr^2 + r^2\left(d\theta^2 + \sin^2\theta d\phi^2\right)\right]\,, \tag{2.2}$$

である. 地球から見て共動座標の動径距離 r にある地点までの物理的な距離 d は, $d\theta = d\phi = 0$ として両辺の平方根を積分して

$$d(r,t) \equiv a(t)\int_0^r dr' = a(t)r\,, \tag{2.3}$$

と得られる. これは**宇宙論的固有距離**（以下, 単に固有距離）と呼ばれ, 宇宙膨張とともに $a(t)$ に比例して増大する. ただし, 宇宙論的固有距離は観測できない量である. 時刻 t_1 で固有距離 $d(r, t_1)$ に位置する天体が発した光が時刻 t_0 で地球に届くころには, その天体までの固有距離 $d(r, t_0)$ は宇宙膨張によって引き伸ばされており, 光が発せられた時刻での固有距離 $d(r, t_1)$ とは異なるからである.

式 (2.3) から導かれる重要な帰結として, **ハッブルの法則**がある. すなわち, 固有距離 d の時間微分 $\dot{d} = \partial d/\partial t$ は

$$\dot{d}(r,t) = \frac{\dot{a}}{a}d(r,t) = H(t)d(r,t)\,, \tag{2.4}$$

と書ける. $H(t) \equiv \dot{a}/a$ は**ハッブルの宇宙膨張率**で, 特にその現在での値 $H_0 \equiv H(t_0)$ は**ハッブル定数**として知られる. ハッブルの法則は, 一様に広がる空間では原点の選び方に依らず成り立つ. すなわち, 固有距離 d だけ離れた任意の2点間は宇宙膨張によって互いから遠ざかり, その**後退速度** $\dot{d}$ は d に比例する. ここでは曲がりのない平坦な空間を考えたが, 一様な空間曲率を持つ曲がった空間でもハッブルの法則は式 (2.4) と同じ形で成り立つ.

ハッブル定数の単位は s^{-1} であるが, 式 (2.4) のように後退速度と固有距離と

を結ぶ係数であるとみなすと，一風変わった $\mathrm{km\,s^{-1}\,Mpc^{-1}}$ の単位を用いるのが便利である．すなわち，固有距離を天文学的な単位である Mpc（メガパーセク）で与え，H_0 をかければ後退速度が算出できる．1 Mpc は 10^6 pc で，1 pc（パーセク）は 3.26 光年（3.086×10^{16} m）である．

H_0 の値は理論からは予言できず，観測から求めるしかない．大きさが 1 程度の無次元因子 h を用いて観測値の不定性を表し，ハッブル定数を

$$H_0 = 100\,h\,\mathrm{km\,s^{-1}\,Mpc^{-1}}\,, \tag{2.5}$$

と書くのが慣例である．観測データからは $h \approx 0.7$ が得られている．たとえば銀河系と，銀河系から 100 Mpc 離れた銀河は，互いに秒速約 7000 キロで遠ざかっている．

再び H_0 の単位を $\mathrm{s^{-1}}$ に戻せば，その逆数は**ハッブル時間**の現在の値を与え，

$$H_0^{-1} = 3.086 \times 10^{17}\,h^{-1}\,\mathrm{s} = 97.78\,h^{-1}\,\text{億年}\,, \tag{2.6}$$

である．ここで，1 年を 365.25 日 $= 3.156 \times 10^7$ 秒とした．この表式に $h = 0.7$ を代入すれば $H_0^{-1} = 140$ 億年を得る．この値は現在の宇宙年齢にほぼ等しく，ハッブル時間は宇宙年齢の近似値を与える．ただし，**正確な宇宙年齢はハッブル時間とは異なる**ことを注意しておく．ハッブル時間に光速をかけると**ハッブル長**の現在の値

$$cH_0^{-1} = 2998\,h^{-1}\,\mathrm{Mpc}\,, \tag{2.7}$$

を得る．ハッブル長は，観測可能な宇宙空間の半径の近似値を与える．観測可能な宇宙の半径の正確な値は**地平線距離**と呼ばれ，ハッブル長とは異なる．これは 6.1 節で学ぶ．

宇宙年齢と光速はともに有限であるから，我々は宇宙空間の全貌を観測できない．現在のところ，全宇宙空間の体積が有限である観測的証拠はない．つまり，天文学者は宇宙の果ての観測に成功していない．しかしそれは，全宇宙空間の体積は有限なのに，観測可能な領域の体積は全宇宙空間の体積よりはるかに小さいからかもしれない．もちろん，宇宙空間が無限に広がっている可能性も残されている．

2.2 赤方偏移と近傍銀河の後退速度

式 (1.4) で定義した赤方偏移 z は，スケール因子 $a(t)$ を用いて以下のようにも書ける．

$$1 + z = \frac{a(t_0)}{a(t_1)} . \tag{2.8}$$

ここで，t_1 は波長 λ_1 の光が発せられた時刻である．$a_0 \equiv a(t_0)$ と書けば，任意の時刻 t と赤方偏移の関係として $1 + z = a_0/a(t)$ を得る．

ここで，銀河系近傍の銀河が時刻 $t_1 = t_0 - \delta t$ で発した光を現在時刻 t_0 で観測するとしよう．δt は t_0 に比べて十分小さいとする．式 (2.8) を δt に関してテイラー展開すれば $z = H_0 \delta t + \cdots$ を得る．ハッブル定数の逆数は近似的に宇宙年齢 t_0 に等しいので，$H_0 \delta t \ll 1$，すなわち，近傍銀河の赤方偏移は $z \ll 1$ である．両辺に光速 c をかけ，$H_0 \delta t \ll 1$ のときには $c\delta t$ は動径座標 r と $r = c\delta t/a_0$ と関係することを用いれば

$$cz = H_0 d(r, t_0) + \cdots , \tag{2.9}$$

を得る．現在の時刻でのハッブルの法則 $\dot{d}(r, t_0) = H_0 d(r, t_0)$ と比べると，現在での後退速度 $\dot{d}$ は cz に対応することがわかる．赤方偏移 z は光が発せられてから観測者に届くまでに宇宙膨張によって光の波長が伸びた割合であるのに対し，$\dot{d}$ は現在において近傍銀河が銀河系から遠ざかる後退速度であるから，両者は本質的に異なるものである．式 (2.9) を用いれば，観測可能量である z から $H_0 d$ を求められる．そして，さまざまな天文学的手法を用いて近傍銀河までの距離 d を測定すれば H_0 の値を求められ，$H_0 \approx 70\,\mathrm{km\,s^{-1}\,Mpc^{-1}}$ が得られている．

本書のテーマは CMB であるから天文学的な距離測定方法*[1]については解説しないが，CMB の温度異方性の観測を用いて，天文学的な方法とは独立に H_0 を決められることを 10.5 節で学ぶ．

2.3 フリードマン方程式とエネルギー保存則

これより本章の終わりまで，光速 c を 1 とする単位系を用いる．この単位系では，非相対論的な物質の静止質量エネルギー密度は質量密度と等価である．

*[1] 「ワインバーグの宇宙論」，1.3 節．

スケール因子 $a(t)$ の時間依存性を決めるには，宇宙のエネルギーの構成要素を決めねばならない．たとえば，物質の質量密度が大きければ，宇宙は減速膨張し，$\ddot{a} < 0$ である．一様等方な宇宙では，エネルギー密度 ρ と圧力 P を a の関数として与えれば，$a(t)$ の時間依存性が決まる．$a(t)$ の従う運動方程式は以下で与えられる．

$$\frac{\ddot{a}}{a} = -\frac{4\pi G}{3}\sum_{\alpha}\left[\rho_{\alpha}(a) + 3P_{\alpha}(a)\right] + \frac{\Lambda}{3}\,. \tag{2.10}$$

ここで，添字の α は宇宙空間に存在するさまざまなエネルギー成分（物質や放射）を表す．

右辺の Λ は**宇宙定数**と呼ばれ，空間にも時間にも依存しない定数として定義される．Λ の符号は正でも負でも良く，次元は長さの 2 乗の逆数[*2]である．Λ が正の場合，時間一定の ρ と P として書くこともでき，それぞれ $\rho_\Lambda \equiv \Lambda/8\pi G$，$P_\Lambda \equiv -\rho_\Lambda$ と定義する．すなわち，正の宇宙定数は負の圧力を持ち，圧力の絶対値とエネルギー密度とが等しいエネルギー成分と解釈できる．たとえば，**量子力学の不確定性原理によって真空が持つエネルギー密度と圧力は，正の Λ と同じ性質を持つ．**極微の世界では真空でも粒子と反粒子が絶えず対生成・消滅しており，ゼロではないエネルギーが存在する．空間が増大すると真空のエネルギーも増大するが，エネルギー密度は変化しない．後に式（2.14）で見るように，エネルギー密度が変化しないことより $\rho_{真空} + P_{真空} = 0$ が導かれる．

式（2.10）は時空の曲がりの時間発展を記述する一般相対性理論のアインシュタイン方程式から導かれ，8 章で導出を与える．本章では，（厳密には誤っているが）直観的な理解を与える．エネルギー成分として圧力を持たない物質を考え，宇宙定数も無視する．すると，式（2.10）は

$$\ddot{a} = -G\frac{\frac{4\pi}{3}a^3\rho_M(a)}{a^2}\,, \tag{2.11}$$

となる．ρ_M は物質の質量密度である．右辺の分子は半径 a の一様密度球に含まれる質量であるから，この式はニュートンの運動方程式と同じ形をしている．すなわち，原点に質量 $4\pi a^3\rho_M/3$ があるときに動径座標 a に位置する質点が従う運動方程式と同じ形であり，動径座標に沿って原点から遠ざかる質点は減速する．

[*2] あるいは時間の 2 乗の逆数．$c = 1$ の単位系では空間的長さと時間の次元は区別しない．

同様に，質量の存在により，宇宙膨張は減速する．

だからと言って，圧力とΛを無視する極限で一般相対性理論とニュートン力学が等価になるわけではない．ニュートン力学は静的な空間における質点の運動を記述し，空間の運動は記述しない．一方，式（2.10）はスケール因子の時間発展，すなわち，空間の広がりの時間発展を記述する方程式であり，両者は本質的に異なることを忘れてはならない．

それでも，式（2.10）と（2.11）とを比べると，一般相対性理論にはあってニュートン力学にはない効果の直観的な理解が得られる．まず，式（2.10）の右辺には圧力があり，正の圧力は宇宙膨張を減速させる．すなわち，正の圧力を持つエネルギー成分は，圧力を持たない成分よりも重力が強いと解釈できる．たとえば，光などの放射の圧力はエネルギー密度の3分の1倍で，圧力のない物質に比べ，放射は単位エネルギー密度あたり2倍宇宙膨張を減速させる（$\rho_R + 3P_R = 2\rho_R$）．

次に，宇宙定数の項に着目する．他の成分を無視すると，運動方程式は

$$\ddot{a} = \frac{\Lambda}{3} a \,, \tag{2.12}$$

である．ニュートン力学では重力は距離の2乗に反比例するのに対し，宇宙定数は距離に比例する力を与える．これは，ばねの運動を記述するフックの法則と同じ形である．ばねが伸びるほどに力が強くなるように，宇宙定数の効果は考慮する領域が大きくなるほど重要になる．

式（2.10）の両辺に$a\dot{a}$をかけて積分すると，

$$\dot{a}^2 = -\frac{8\pi G}{3} \sum_\alpha \int da \; a \left[\rho_\alpha(a) + 3P_\alpha(a)\right] + \frac{\Lambda}{3} a^2 + \text{定数} \,, \tag{2.13}$$

を得る．これより先へ進むには，ρ_αとP_αのスケール因子依存性を決めねばならない．ここで登場するのが**エネルギー保存則**である．まず結論から書けば，宇宙膨張によって空間が広がるとともに，エネルギー密度は以下のように変化する．

$$\sum_\alpha \left[\frac{d\rho_\alpha}{da} + \frac{3}{a}(\rho_\alpha + P_\alpha)\right] = 0 \,. \tag{2.14}$$

αについて和がとられるのは，異なる成分間でエネルギーのやりとりがあっても，和を取れば全体としてエネルギーが保存するためである．もし異なる成分間でエネルギーのやりとりがなければ（つまり各成分毎にエネルギーが保存すれば），この式は各成分に対して成り立つ．

式 (2.14) を理解するため，まず圧力を持たない非相対論的物質を考えよう．保存則は $d\rho_M/da = -3\rho_M/a$ で，解は $\rho_M \propto a^{-3}$ である．物質の質量を m，数密度を n_M とすれば $\rho_M = mn_M$ であり，数密度は宇宙膨張とともに a^{-3} に比例して減少するので，解 $\rho_M \propto a^{-3}$ は物理的に理解できる．次に放射を考える．放射の圧力 P_R はエネルギー密度 ρ_R の 3 分の 1 倍で，保存則は $d\rho_R/da = -4\rho_R/a$，解は $\rho_R \propto a^{-4}$ である．放射粒子の数密度を n_R とすれば，放射粒子の持つ平均的なエネルギーは $\langle E \rangle = \rho_R/n_R$ である．放射の波長は宇宙膨張によって a に比例して引き伸ばされるので，放射の平均エネルギーは a^{-1} に比例して減少する．数密度は a^{-3} に比例して減少するので，解 $\rho_R \propto a^{-4}$ も物理的に理解できる．逆に，この物理的理解を出発点にして $P_R = \rho_R/3$ を導いても良い．最後に真空のエネルギー密度 ρ_V を考える．真空の圧力は負で，その絶対値はエネルギー密度に等しいので，保存則は $d\rho_V/da = 0$，解は $\rho_V = $ 一定 である．これは宇宙定数の振る舞いに等しい．

式 (2.14) を導くには一般相対性理論が必要で，導出は 8.3 節で与える．本節では，再び（厳密には誤っているが）直観的な理解を与える．体積 $V = a^3$ を持つ自由に膨張できる風船に，エネルギー密度 ρ，圧力 P を持つエネルギー成分を入れる．風船の内部と外部とはエネルギーのやりとりがないものとする．すると，圧力のなす仕事によって風船は膨張し，風船内部のエネルギー密度は減少する．熱力学第 1 法則の式 $d(\rho V) + PdV = 0$ を整理すれば，

$$\frac{d\rho}{da} + \frac{3}{a}(\rho + P) = 0\,, \tag{2.15}$$

を得る．これは式 (2.14) に一致する．

風船の議論と膨張宇宙の一般相対性理論は同じ式を与えるが，物理系としては本質的に異なる．圧力がなす仕事によって風船が膨張するには，風船内部の圧力が外部の圧力より高い必要があり，風船内部と外部の圧力が等しくなれば膨張は止まる．一方，一様な宇宙空間では圧力はいたるところで等しいので，仕事はなされない．風船と膨張宇宙の決定的な違いは，空間の広がりである．風船では空間は静的で，圧力によって風船の表面が膨張し，風船内部のエネルギー密度は減少する．膨張宇宙では，空間が広がるとともに放射の波長が伸びて放射粒子あたりの平均エネルギーが減少するのであり，決して圧力のなす仕事によって平均エネルギーが減少するのではない．

式 (2.13) と (2.14) から圧力を消去し，a に渡る積分を実行し，両辺を a^2 で割れば

$$\frac{\dot{a}^2}{a^2}=\frac{8\pi G}{3}\sum_{\alpha}\rho_{\alpha}(a)+\frac{\Lambda}{3}-\frac{K}{a^2}\,, \tag{2.16}$$

を得る．ここで，積分定数を慣例にしたがって $-K$ と書いた．K の符号は正でも負でも良く，次元は Λ と同じく長さの 2 乗の逆数である．この式は，アレクサンドル・フリードマン（Aleksandr A. Friedmann）の 1922 年と 1924 年の論文[*3]で導かれ，**フリードマン方程式**として知られる．

正の Λ が $P_\Lambda=-\rho_\Lambda$ を持つエネルギー成分として解釈できたように，負の K は $P_K=-\rho_K/3$ を持つエネルギー成分として解釈できる（$\rho_K+3P_K=0$ となり，(2.10) 式の右辺には現れないからである）．しかし，一般相対性理論は異なる解釈を与える．これまでは，空間は曲がっておらず，観測者を中心とする球座標で書いた空間の任意の 2 点間の距離は式 (2.2) で与えられると仮定した．本書では導出を割愛するが，一様に曲がった空間の任意の 2 点間の距離は[*4]

$$ds^2=a^2(t)\left[\frac{dr^2}{1-Kr^2}+r^2\left(d\theta^2+\sin^2\theta d\phi^2\right)\right]\,, \tag{2.17}$$

で与えられる．一様に曲がった空間では，各点における空間曲率は場所に依らず一定である．K は空間曲率に比例し，絶対値は曲率半径の 2 乗に反比例する（3 次元空間のスカラー曲率を R_3 と書けば，$R_3=6K/a^2$ である）．$K>0$ の空間は体積が有限であり，三角形の内角の和はいたるところで π より大きい．$K<0$ の空間は体積が無限であり，三角形の内角の和はいたるところで π より小さい．10.5 節で学ぶように，CMB の温度異方性の測定より，観測可能な宇宙の空間曲率は測定誤差の範囲内でゼロと無矛盾である．よって，特に断らない限り本書では $K=0$ とする．

平坦な空間の広がりを記述するフリードマン方程式は

$$\frac{\dot{a}^2}{a^2}=\frac{8\pi G}{3}\sum_{\alpha}\rho_{\alpha}(a)+\frac{\Lambda}{3}\,, \tag{2.18}$$

である．宇宙の各成分のエネルギー密度の a 依存性を決めれば，フリードマン方

[*3] A. Friedmann, *Z. Phys.*, **16**, 377（1922）; *ibid.* **21**, 326（1924）.

[*4] 「ワインバーグの宇宙論」，1.1 節.

程式が $a(t)$ を決める．放射，物質，宇宙定数が同時に重要となる場合は数値計算が必要であるが，各成分のみが重要となる場合は解析解が求まる．放射のエネルギー密度は a^{-4} に比例し，物質のエネルギー密度は a^{-3} に比例し，宇宙定数は一定である．よって，放射は a の小さな宇宙初期で，宇宙定数は a の大きな宇宙後期で，そして物質はその間で重要となる．

放射優勢期のフリードマン方程式は $(\dot{a}/a)^2 = (8\pi G/3)\rho_{R_0}(a_0/a)^4$ である．添字の 0 は現在を表す．解は $a(t) \propto t^{1/2}$ で，ハッブル膨張率は $H(t) = 1/2t$ で与えられる．同様の計算を行えば，物質優勢期の解は $a(t) \propto t^{2/3}$ で $H(t) = 2/3t$，宇宙定数優勢期は $a(t) \propto e^{Ht}$ で H は時間に依らず一定である．一般的に $\dot{H} = \ddot{a}/a - (\dot{a}/a)^2$ であるから，式（2.10）から式（2.18）を辺々引き算すれば

$$\dot{H} = -4\pi G \sum_{\alpha} (\rho_\alpha + P_\alpha)\,, \tag{2.19}$$

を得る．宇宙のエネルギー成分がすべて $\rho_\alpha + P_\alpha > 0$ を満たせば，$\dot{H} < 0$ である．エネルギー密度と圧力の和に関するこの条件は**ヌルエネルギー条件**として知られ，すべてのエネルギー成分に対して成り立つと考えられている．宇宙定数は例外で，$\rho_\Lambda + P_\Lambda = 0$ を与える．$\rho_\alpha + P_\alpha < 0$ となるエネルギー成分はまだ見つかっていないが，理論的な可能性[*5]は研究されている．ヌルエネルギー条件が成り立てば，平坦な宇宙[*6]では H は時間とともに減少する．また，エネルギー保存則の式（2.14）より，全エネルギー密度も時間とともに減少する．

スケール因子と赤方偏移 z との関係式（2.8）を用いれば，フリードマン方程式は z の関数として

$$H^2(z) = H_0^2 \left[\Omega_R (1+z)^4 + \Omega_M (1+z)^3 + \Omega_\Lambda \right]\,, \tag{2.20}$$

と書ける．ここで，Ω_α は無次元の**密度パラメータ**と呼ばれ，それぞれの成分の現在でのエネルギー密度を用いて

[*5] たとえば，レビュー論文 V. A. Rubakov, *Physics-Uspekhi*, **57**, 128（2014）[arXiv:1401.4024] を見よ．

[*6] 曲率 K がゼロでなければ

$$\dot{H} = -4\pi G \sum_{\alpha} (\rho_\alpha + P_\alpha) + \frac{K}{a^2}\,,$$

となり，$K > 0$ であれば $\rho_\alpha + P_\alpha > 0$ でも $\dot{H} > 0$ となりうる．

$$\Omega_R \equiv \frac{8\pi G\rho_{R_0}}{3H_0^2}, \qquad \Omega_M \equiv \frac{8\pi G\rho_{M_0}}{3H_0^2}, \qquad \Omega_\Lambda \equiv \frac{\Lambda}{3H_0^2}, \tag{2.21}$$

と定義される．密度パラメータは独立ではなく，$\sum_\alpha \Omega_\alpha = 1$ を満たす．Ω_α の測定は宇宙論研究者の悲願であり，CMBの温度異方性の観測は大きな役割を果たした．Ω_α は，エネルギー密度と次のように定義する**臨界密度** $\rho_{臨界}$：

$$\rho_{臨界} \equiv \frac{3H_0^2}{8\pi G} = 1.878\times 10^{-26}\,h^2\,\mathrm{kg\,m^{-3}}, \tag{2.22}$$

との比であると解釈できる．臨界密度は，空間曲率がゼロの宇宙の全エネルギー密度に等しい．

式 (2.20) は，物質は常に物質，放射は常に放射でありつづけることを仮定しているが，ニュートリノは過去に放射として振る舞い，現在は物質として振る舞う．したがって式 (2.20) は改良されねばならず，これは 2.4.3 節で行う．

2.4 宇宙の組成

密度パラメータ Ω_α や H_0 などの，ΛCDMモデルの振る舞いを決めるパラメータは観測から求めねばならない．これらのパラメータを総称して**宇宙論パラメータ**と呼ぶ．10.6 節で学ぶが，CMBの温度異方性の観測より，宇宙論パラメータは以下のように求められている．

$$\begin{aligned} &\Omega_B \approx 0.05, \qquad \Omega_D \approx 0.25, \qquad \Omega_\Lambda \approx 0.7, \\ &H_0 \approx 70\,\mathrm{km\,s^{-1}\,Mpc^{-1}}. \end{aligned} \tag{2.23}$$

Ω_B は水素とヘリウム原子の密度パラメータで，添字のBは「バリオン」の略である．バリオンとは3つのクォークからなる粒子の総称で，宇宙のバリオン質量の4分の1はヘリウム，残りはほぼすべて水素である．Ω_B は陽子と中性水素原子，およびヘリウム原子核とヘリウム原子を区別せずすべて数える．現在の宇宙では，銀河の外側にある「銀河間空間」の水素とヘリウムは完全電離状態にある．Ω_D は冷たい暗黒物質の密度パラメータである．

本書では具体的な数値を計算する際，特に断りがなければ $\Omega_B h^2 = 0.022$，$\Omega_M h^2 = 0.14$，$\Omega_M = 0.3$ を採用する．他のパラメータは自動的に求まり，本書では $\Omega_\Lambda = 0.7$，$\Omega_D h^2 = 0.118$，$\Omega_B = 0.04714$，$H_0 = 68.31\,\mathrm{km\,s^{-1}\,Mpc^{-1}}$ を用

いる．ハッブルの宇宙膨張率の定義式 $\dot{a}/a = H$ を積分すれば，宇宙年齢は

$$t_0 = \int_0^{a_0} \frac{da}{aH(a)} = 97.78\,h^{-1}\,\text{億年} \int_0^1 \frac{dx}{x\sqrt{\Omega_M/x^3 + \Omega_\Lambda}}$$
$$= 138.0\,\text{億年}, \tag{2.24}$$

と得られる．ここでは放射密度を無視したが，ニュートリノを相対論的粒子と近似して 2.4.2 節で与える放射密度を加えると 137.94 億年を得る．式（2.36）を用いてニュートリノの質量の効果を加えると値はまたわずかに変化する．

宇宙膨張の加速度を与える式（2.10）を，現在の時刻で密度パラメータを用いて書き直すと

$$\frac{\ddot{a}_0}{a_0 H_0^2} = -\left(\frac{1}{2}\Omega_M + \Omega_R\right) + \Omega_\Lambda, \tag{2.25}$$

を得る．現在の放射の密度パラメータは物質に比べて無視できる（2.4.2 節）ので，Ω_M と Ω_Λ の数値を代入すると $\ddot{a}_0/a_0 H_0^2 = 0.55$ を得る．すなわち，**現在の宇宙は加速膨張している**．物質と放射は宇宙膨張を減速させるのに対し，正の宇宙定数は加速させるが，それぞれのエネルギー密度の測定値を用いて計算すると宇宙定数の寄与が勝り，現在の宇宙は加速膨張していることがわかったのである．

2.4.1 バリオンと暗黒物質

暗黒物質はそれ自身，あるいは他の物質や放射とほとんど相互作用しない物質の総称である．なかでも「冷たい」暗黒物質は，宇宙初期で熱平衡状態でなくなったときに運動量がすでに小さく，非相対論的な暗黒物質の総称である．ニュートリノは弱い相互作用しかせず，質量を持つので既知の暗黒物質であるが，温度が数 10 億度 K でニュートリノが熱平衡状態でなくなったときは相対論的であった．このため，ニュートリノは運動量が大きいことを指して「熱い」暗黒物質と呼ばれる．

冷たい暗黒物質の質量密度は，バリオンの質量密度の約 5 倍である．その存在は，バリオン質量のみでは説明できない重力の効果で明らかにされたが，冷たい暗黒物質を担う粒子そのものはまだ発見されていない．よって，冷たい暗黒物質の粒子の質量は不明であり，数密度も不明である．CMB の温度異方性の観測からは，光子と相互作用する物質と，相互作用しない物質の質量密度が独立に求ま

る．前者はバリオン，後者は暗黒物質である．

バリオンの質量密度は水素とヘリウム原子の質量密度の和で書ける．それぞれの数密度を用いて書けば

$$\rho_B = m_p n_{\mathrm{H}} + 4 m_p n_{\mathrm{He}}\,, \tag{2.26}$$

である．中性子と陽子の質量のわずかな差やヘリウム原子核の束縛エネルギーは無視し，ヘリウム原子核の質量は陽子質量 m_p の 4 倍であると近似した．本書では，バリオン粒子の数密度 n_B を，バリオン質量密度と陽子質量 m_p の比として定義する．すなわち[*7]

$$n_B \equiv \frac{\rho_B}{m_p} = n_{\mathrm{H}} + 4 n_{\mathrm{He}}\,, \tag{2.27}$$

である．現在のバリオン質量密度は，式 (2.22) で与えられる臨界密度の値を用いて $\rho_{B0} = 1.878 \times 10^{-26}\,\Omega_B h^2\,\mathrm{kg\,m^{-3}}$ と書け，陽子質量は $m_p = 1.673 \times 10^{-27}\,\mathrm{kg}$ であるから，現在のバリオン数密度は

$$n_{B0} = 11.23\,\Omega_B h^2\,\mathrm{m^{-3}}\,, \tag{2.28}$$

である．現在の CMB の数密度 $411\,\mathrm{cm^{-3}}$ と比較すれば，バリオン–光子比として $n_{B0}/n_{\gamma 0} = 2.73 \times 10^{-8}\,\Omega_B h^2$ を得る．電子・陽電子の対消滅後は n_γ も n_B も宇宙膨張とともに a^{-3} に比例して減少し，バリオン–光子比は時刻に依らず上記の値で与えられる．$\Omega_B h^2 = 0.022$ を代入すれば，バリオン粒子 1 個につき光子は約 17 億個あることが導ける．この大量の光子は，3 章で解説する宇宙の晴れ上がりに重大な影響を及ぼす．

2.4.2 光子と相対論的ニュートリノ

放射の密度パラメータも計算しておこう．CMB のエネルギー密度パラメータ Ω_γ は，式 (1.2) と現在の CMB の温度 $T_0 = 2.725\,\mathrm{K}$ から

*7 バリオン粒子の数密度を水素とヘリウム原子の数密度の和 $\tilde{n}_B \equiv n_{\mathrm{H}} + n_{\mathrm{He}}$ で定義することもできる．その場合，ρ_B とは

$$\tilde{n}_B = \left(\frac{1-Y}{m_p} + \frac{Y}{4m_p}\right)\rho_B = \left(1 - \frac{3}{4}Y\right)\frac{\rho_B}{m_p}\,,$$

と関係する．$Y \approx 0.25$ はヘリウム原子が占めるバリオン質量の割合である．この定義は不定なパラメータ Y に依存するという短所があるため，本書では式 (2.27) を用いる．

$$\Omega_\gamma \equiv \frac{8\pi G\rho_{\gamma 0}}{3H_0^2} = 2.471 \times 10^{-5}\,h^{-2}\,, \tag{2.29}$$

と求まる．

2.4.3 節で学ぶように，現在の宇宙背景ニュートリノは非相対論的であるが，比較のため，それらが相対論的であると仮定した場合の密度パラメータ $\Omega_\nu^{\text{放射}}$ を求めよう．式（1.11）と $T_{\nu_0} = (4/11)^{1/3}T_0$ より

$$\Omega_\nu^{\text{放射}} \equiv \frac{8\pi G}{3H_0^2} \sum_{\alpha=e,\mu,\tau} \rho_\nu^{(\alpha)}(T_{\nu_0}) = 1.709 \times 10^{-5}\,h^{-2}\,, \tag{2.30}$$

である．光子との和は $\Omega_\gamma + \Omega_\nu^{\text{放射}} = 4.180 \times 10^{-5}\,h^{-2}$ である．

2.4.3 非相対論的ニュートリノ

バリオンと冷たい暗黒物質の密度パラメータの和を全質量密度パラメータ $\Omega_M = \Omega_B + \Omega_D$ とするのは良い近似であるが，厳密に言えば，ニュートリノ振動の素粒子物理実験のデータから示唆されるニュートリノ質量のため，現在の宇宙背景ニュートリノは非相対論的であり，Ω_M に含めねばならない．相対論的なフェルミ粒子の平均エネルギーは $\langle E\rangle \approx 3.15\,k_{\mathcal{B}}T_\nu$ で与えられる．これを静止質量エネルギーと比べると，ニュートリノは温度が $T_\nu \approx m/3.15k_{\mathcal{B}}$ 以下になれば非相対論的粒子として扱える．ある赤方偏移 z におけるニュートリノ温度は $T_\nu = 1.945(1+z)\,\mathrm{K}$ であり，1 eV の質量エネルギーは $m/k_{\mathcal{B}}$ に換算して $1.16 \times 10^4\,\mathrm{K}$ と等価であることを用いると，ニュートリノが非相対論的になる赤方偏移は

$$1 + z_\nu^{\text{非相対論}} = 1890\left(\frac{m}{1\,\mathrm{eV}}\right), \tag{2.31}$$

で与えられる．質量が $5.3 \times 10^{-4}\,\mathrm{eV}$ よりも大きければ，ニュートリノは現在までに非相対論的となる．

単純化のため電子・陽電子の対消滅によるニュートリノ分布関数の変形を無視すれば，非相対論的ニュートリノの密度パラメータ $\Omega_\nu^{\text{非相対論}}$ と 3 種類のニュートリノの質量和 $\displaystyle\sum_{\alpha=e,\mu,\tau} m_\alpha$ は[*8]

[*8] $c = 1$ の単位系では質量とエネルギーは等価で，$1\,\mathrm{eV} = 1.783 \times 10^{-36}\,\mathrm{kg}$ である．たとえば陽子質量は $0.9383 \times 10^9\,\mathrm{eV}$，あるいは $1.673 \times 10^{-27}\,\mathrm{kg}$ である．

$$\Omega_\nu^{\text{非相対論}} \equiv \frac{8\pi G}{3H_0^2} n_\nu(T_{\nu 0}) \sum_\alpha m_\alpha = \frac{\sum_\alpha m_\alpha}{94.0\,h^2\,\mathrm{eV}}\,, \tag{2.32}$$

と関係づく．ニュートリノの数密度は式 (1.9) *9で与えられ，現在のニュートリノ温度 $T_{\nu 0}$ は 1.945 K である．

ニュートリノ質量和の上限値に関しては諸説あるが，0.5 eV 以下であるのは間違いなさそうである．すると，式 (2.32) より上限値は $\Omega_\nu^{\text{非相対論}} < 5.3 \times 10^{-3}\,h^{-2}$ である．これはバリオン密度の 4 分の 1 以下で，全質量密度 $\Omega_M = 0.14\,h^{-2}$ の 4%以下であるから，非相対論的ニュートリノの全質量密度への寄与は小さい．一方，ニュートリノ振動の実験データ*10よりニュートリノの質量和は 0.06 eV 以上であるとわかっているので，式 (2.32) より下限値は $\Omega_\nu^{\text{非相対論}} > 6.4 \times 10^{-4}\;h^{-2}$ である．

これまでは，ニュートリノを相対論的か非相対論的かの極限で扱ってきた．電子・陽電子の対消滅によるニュートリノ分布関数の変化を無視すれば，どちらの場合でも成り立つニュートリノのエネルギー密度の表式は

$$\rho_\nu(T_\nu) = \int_0^\infty \frac{4\pi p^2 dp}{h^3} \frac{2\sqrt{m^2+p^2}}{\exp(p/k_{\mathcal{B}} T_\nu)+1}\,, \tag{2.33}$$

である ($c=1$ とした)．この表式は，相対論的なニュートリノのエネルギー密度を用いて

$$\rho_\nu(T_\nu) = \rho_\nu^{\text{放射}}(T_\nu) f(m/k_{\mathcal{B}} T_\nu)\,, \tag{2.34}$$

と書くのが便利である．ここで関数 $f(y)$ は

$$f(y) \equiv \frac{120}{7\pi^4} \int_0^\infty dx\; \frac{x^2\sqrt{x^2+y^2}}{e^x+1}\,, \tag{2.35}$$

---

*9 非相対論的なニュートリノの数密度に相対論的な表式 (1.9) を用いることにとまどうかもしれない．式 (1.9) は熱平衡にあるニュートリノの数密度であるが，現在の宇宙は熱平衡状態にない．ニュートリノが熱平衡状態でなくなったのは宇宙の温度が数 10 億度の頃であり，ニュートリノは相対論的で数密度は式 (1.9) で与えられる．熱平衡を離れたニュートリノの数密度は a^{-3} に比例して現在に至るが，分布関数の形は変えない．すなわち，電子・陽電子の対消滅によるわずかな分布関数の変化を無視すれば，**現在における非相対論的な宇宙背景ニュートリノの分布関数は，引き続き相対論的なフェルミ–ディラック分布で与えられる．**

*10 Y. Fukuda, *et al.*, *Phys. Rev. Lett.*, **81**, 1562 (1998) ; Q. R. Ahmad, *et al.*, *Phys. Rev. Lett.*, **89**, 011301 (2002).

で定義される．相対論的極限は $y \to 0$，$f \to 1$ で，非相対論的極限は $y \to \infty$，$f \to Ay$（$A \equiv 180\zeta(3)/7\pi^4$）である．うまいことに，この関数は $f(y) \approx [1 + (Ay)^{1.83}]^{1/1.83}$ で良く近似できる．

関数 $f(y)$ を用いると，フリードマン方程式（2.20）は以下のように書き換えられる．

$$H^2(z) = H_0^2 \left\{ \Omega_\gamma (1+z)^4 + \Omega_\nu^{\text{放射}} (1+z)^4 \frac{1}{3} \sum_{\alpha=e,\mu,\tau} f\left[\frac{m_\alpha}{k_{\mathcal{B}} T_{\nu 0}(1+z)}\right] + (\Omega_B + \Omega_D)(1+z)^3 + \Omega_\Lambda \right\}. \tag{2.36}$$

ただし，この表式も厳密ではない．相対論的極限では，電子・陽電子の対消滅によるニュートリノ分布関数の変形を実効的なニュートリノの種類数 $N_{\text{eff}}^{\text{放射}} = 3.046$ に含めたが，非相対論的極限では対応する N_{eff} の値がわずかに異なる．全種類のニュートリノが等しい質量を持つと仮定すると，非相対論的ニュートリノの全エネルギー密度の実効的なニュートリノ種類数は $N_{\text{eff}}^{\text{非相対論}} = 3.032$ である．これは，相対論的極限ではエネルギー密度に対する補正が必要なのに対し，非相対論的極限では数密度に対する補正が必要で，両者は一般に異なるためである．前者は分布関数の積分に運動量が一つ多めにかかっており，より大きな運動量が積分に寄与する．大きな運動量を持つニュートリノは，より長く電子と相互作用し，より多くのエネルギーを受け取るため，分布関数がより大きく変形する．数密度は，エネルギー密度に比べるとより小さな運動量を持つニュートリノが積分に寄与するため，分布関数の変形の影響が小さい[*11]．

分布関数の変化はニュートリノの種類に依るため，$\Omega_\nu^{\text{非相対論}}$ の厳密な表式を導くには，それぞれの種類のニュートリノの数密度を計算する必要がある．素粒子物理実験から得られるニュートリノ振動のパラメータが完全に決まっていないので，この計算はまだ厳密に行えないが，全種類のニュートリノが等しい質量 m_ν を持つと仮定すれば，数密度の和を計算すれば良く，これはニュートリノ振動のパラメータにほぼ依らない．前述のとおり，このときは $N_{\text{eff}}^{\text{非相対論}} = 3.032$ であるから，分布関数の変化を無視した式（2.32）の右辺の分母に 3/3.032 をかけ，

*11　逆に，数密度の方に分布関数の違いが大きく現れる例を挙げよう．フェルミ粒子のエネルギー密度はボーズ粒子の 7/8 倍であるが，数密度はボーズ粒子の 3/4 倍である．フェルミ–ディラック分布とボーズ–アインシュタイン分布は大きな運動量では一致し，小さな運動量でのみ異なる．したがって，分布の違いは数密度により大きく現れる．

$$\Omega_\nu^{\text{非相対論}} \approx \frac{3m_\nu}{93.0\,h^2\,\text{eV}}, \tag{2.37}$$

を得る．フリードマン方程式（2.36）右辺のニュートリノの寄与は，非相対論的極限で式（2.37）と一致せず，$3.046/3.032 = 1.0046$ だけ大きい値を与える．しかし，非相対論的ニュートリノによる全質量密度パラメータの寄与はそもそも小さいので，このわずかな違いは無視してもかまわない．

2.4.4 宇宙定数と暗黒エネルギー

宇宙定数は現在の宇宙のエネルギー密度の 7 割を占め，加速膨張の源である．にも関わらず，宇宙定数は，得体の知れない成分である．

まず，宇宙定数の物理的実体が不明である．正の値を持つ宇宙定数の性質は，量子力学の不確定性原理によって真空が持ちうるエネルギーの性質と同じである．そこで，（ニュートリノ質量を除く）既存の素粒子物理実験データのすべてを説明する素粒子の標準モデルと量子場の理論を用い，期待される真空のエネルギー密度を計算する．各粒子を記述する量子場が担う真空のエネルギー密度は，粒子の質量を m，運動量を p として $\sqrt{m^2+p^2}$ を運動量空間で積分して得られる．これは普通に計算すると発散するが，注意深く無限大を取り除いた有限な結果は m^4 に比例する[*12]．光子などの無質量粒子は真空のエネルギーに寄与しない．素粒子の標準モデルに含まれるすべての粒子を考慮し，各粒子が担う真空のエネルギーをすべて足し上げて得られるエネルギー密度は，Ω_Λ の測定値の 10^{54} 倍である．この，素粒子物理学の理論的期待値と観測値との破滅的な不一致は，物理学に突きつけられた難問である．

この不一致を解消する，最も簡単で，しかし最も不満足な考え方は，測定された Ω_Λ の値は，素粒子物理の理論から期待される真空のエネルギー密度と，宇宙に何らかの理由で存在する負の宇宙定数との和である，とするものである．すなわち，2 つの量が 54 桁の精度で相殺し合い，測定値を与える．確かに不一致は解消するが，宇宙定数の実体が何であり，なにゆえ真空のエネルギー密度と 54 桁に渡って同じ値を持ち，符号が逆なのかを説明せねばならない．これまでに提案された，やはり不満足な説明の一つは，この世界には我々の住む宇宙以外にも無

---

*12 たとえば，レビュー論文 J. Martin, *Comptes Rendus Physique*, **13**, 566 (2012) [arXiv: 1205.3365] を見よ．

数の宇宙があり，その一つ一つが異なる宇宙定数と真空のエネルギーを持つ，というものである．すなわち，大多数の宇宙ではこれら 2 つの量は相殺しないが，もし相殺しなければ，宇宙はあっという間につぶれるか，あっという間に広がって密度が低くなりすぎ，銀河も人類も産まれないので，人類が存在することが 2 つの量が相殺せねばならなかった理由である，とするものである．

別の考え方として，対称性がある．素粒子の標準モデルによれば，ボーズ粒子とフェルミ粒子が担う真空のエネルギーは，質量が同じであれば絶対値は同じで，符号は逆である．よって，同じ質量を持つボーズ粒子とフェルミ粒子とが同数あれば，真空のエネルギーはゼロとなる．しかし，我々の知る限り，ボーズ粒子とフェルミ粒子の種類は同数ではないし，質量もまちまちである．そこで，自然界には各ボーズ粒子に対し質量が同じフェルミ粒子が存在するが，何らかの理由でまだ我々が対となる粒子を見つけていないだけだ，と考える．なぜ見つけられないか，という本質的な問題を置いておいたとしても，この考え方には大きな問題がある．それは，Ω_Λ の測定値がゼロではないということである．ゼロでない Ω_Λ が発見される前には，研究者は何かしら未知の対称性が Ω_Λ をゼロにすると期待していたが，ゼロでない Ω_Λ の発見により，問題はより複雑になった．

このように，宇宙定数問題は深刻な問題である．この問題に解決の糸口を見いだすには，宇宙の加速膨張の源が宇宙定数ではないことを観測的に明らかにするのが確実そうである．宇宙定数は，定義より時間にも空間にも依存しない定数である．エネルギー密度の保存則の式（2.14）より，宇宙定数は圧力が負でその絶対値がエネルギー密度に等しい成分としてみなせる．そこで，性質の良く似たエネルギー成分として**暗黒エネルギー**（**ダークエネルギー**）という概念を導入し，圧力は負だが，絶対値はエネルギー密度と等しくないものとする．暗黒エネルギーの圧力とエネルギー密度をそれぞれ P_{DE}，ρ_{DE} と書けば，観測的に $P_{DE}/\rho_{DE} \neq -1$ であることを示せば良い．現在の観測では，この比は 10%の精度で -1 と等しいが，測定精度の向上によって -1 ではないことが示されるかもしれない．しかし，もし，測定精度が向上し，たとえば 1%の精度で比が -1 であることが示されれば，研究者は途方にくれるであろう．

P_{DE}/ρ_{DE} が -1 でないことを示しても，宇宙定数問題は解決しない．なぜなら，素粒子の標準モデルから期待される真空のエネルギーは，やはり莫大だからである．P_{DE}/ρ_{DE} が -1 でなければ，宇宙の加速膨張の源は宇宙定数でも真空のエネルギーでもなく未知のエネルギー成分であり，宇宙定数や真空のエネルギーは，やはり対称性などの理由でゼロである，と考えるのであろう．いずれにせよ，この問題に解決の糸口を見いだすには，P_{DE}/ρ_{DE} の精密測定から出発する他はなさそうである．本書では，特に断らない限り宇宙定数を仮定する．

第3章

宇宙の晴れ上がり

灼熱の火の玉宇宙は，光と電子の頻繁な散乱によって不透明な状態であった．ちょうど，水蒸気中の水滴が光を散乱して霞んで見えるのと似ている．温度が約 3000 K まで下がると，9 割の自由電子はヘリウム原子核と陽子に捕獲され，光は電子に散乱されずまっすぐ進むようになる．宇宙は，温度 3000 K において霧が晴れるように晴れ上がったのである．世界の研究者はこの現象を光と物質の**脱結合** (decoupling) と呼ぶが，日本の研究者は**宇宙の晴れ上がり**と呼ぶ．この粋な名称は，現京都大学名誉教授の佐藤文隆による．我々が現在測定する CMB は晴れ上がりの時期の光が冷えたもので，当時の宇宙の物理状態に関する情報を保存している．

光が電子に散乱されてから次に散乱されるまでに進める平均的な距離は**平均自由距離**と呼ばれ，$(\sigma_{\mathcal{T}} n_e)^{-1}$ で与えられる．n_e は自由電子の数密度である．$\sigma_{\mathcal{T}} = 6.652 \times 10^{-29}\,\mathrm{m}^2$ は**トムソン散乱断面積**で，光と電子の弾性散乱断面積を与え，エネルギーに依らない定数である．平均自由距離を光が移動するのにかかる時間は**平均自由時間**と呼ばれ，$(\sigma_{\mathcal{T}} n_e c)^{-1}$ で与えられる．平均自由時間がハッブル時間 H^{-1} より長くなれば，宇宙は透明になる．

物質と放射のエネルギー密度は約 9000 K で等しくなるので，温度が 3000 K の頃の物質密度は放射密度の約 3 倍である．よって，この頃の宇宙は完全に物質優勢ではないが，少しの間議論を簡素化するため物質優勢宇宙を仮定する．物質優勢期のハッブル宇宙膨張率は $H(z) = H_0\sqrt{\Omega_M(1+z)^3}$（式 (2.20)）で与えられ

るので，ハッブル時間は $(1+z)^{-3/2}$ に比例する．すると，平均自由時間とハッブル時間との比は

$$\frac{H}{\sigma_T n_e c} \approx 0.8 \times 10^{-2} \left(\frac{1100}{1+z}\right)^{3/2} \left(\frac{n_\gamma/n_e}{2\times 10^9}\right) \left(\frac{\Omega_M h^2}{0.14}\right)^{1/2}, \tag{3.1}$$

と求まる．もし，光子と自由電子の数密度がともに宇宙膨張によって $(1+z)^3$ に比例して減少するならば n_γ/n_e は一定であり，平均自由時間とハッブル時間との比は時間に比例して増加する．左辺が 1 になる頃の赤方偏移は $z \approx 43$ であり，CMB の温度は 120 K である．

実際には，温度が約 4000 K になると宇宙は劇的な変化を遂げる．自由電子が陽子に捕獲され，n_e は $(1+z)^3$ よりずっと速く，指数関数的に小さくなる．平均自由時間とハッブル時間との比は指数関数的に大きくなり，温度が約 3000 K になると宇宙は晴れ上がる．

3.1　水素原子の形成

3.1.1　概観

自由電子が陽子に捕獲されると，中性水素原子ができる．この過程を**再結合**と呼ぶ．水素原子の基底状態の束縛エネルギーは 13.6 eV で，これを超えるエネルギーを持つ光子が水素原子と衝突すると，水素原子は再び電離する（光電離）．たとえば，自由電子が水素原子の基底状態に直接再結合すれば 13.6 eV を超える光子が必ず放出され，その光子は近くの水素原子を電離する．宇宙を満たす光の温度が高く，13.6 eV を超える光子が数多くあれば，水素原子は形成されてもまたすぐに電離する．光子と衝突せずとも，他の物質粒子（電子，陽子，水素原子など）が水素原子と衝突したとき，粒子が 13.6 eV を超える運動エネルギーを持てば水素原子は電離する（衝突電離）．光子の数密度はバリオン粒子や電子の数密度よりも圧倒的に大きいため光電離が支配的となり，衝突電離は無視できる．

水素原子の基底状態の束縛エネルギーをボルツマン定数で割って温度に換算すると，約 16 万度 K である．よって，光と物質の温度が 16 万度 K を下回れば形成された水素原子は電離されないように思うが，実際には，温度が約 4000 K まで下がらなければほとんどの水素原子は電離される．これは，光子の数がバリオン粒子の数よりも圧倒的に多いためである．光の温度が 16 万度 K を下回ると，

13.6 eV を超えるエネルギーを持つ光子数の全光子数に対する割合は宇宙膨張とともに指数関数的に減少する．しかし，光子の数はバリオン粒子の約 17 億倍もあるので，光子全体から見れば少数派の高エネルギー光子でも，すべてのバリオン粒子を電離するほど数が多いのである．

水素原子の形成以前には，ヘリウム原子核と電子が再結合して中性ヘリウム原子となった．中性ヘリウム原子の 2 つの電子のうち，1 つ目を電離するのに必要なエネルギーは 24.6 eV，2 つ目は 54.4 eV である．1 階電離のヘリウム原子の形成は約 17000 K，中性ヘリウム原子の形成は約 7000 K で始まる．ヘリウム原子の形成は 3.2 節で解説する．

陽子とヘリウム原子核の数密度をそれぞれ n_p, n_{He} と書けば，電子の数密度は $n_e = n_p + 2n_{\mathrm{He}}$ である．陽子の数はヘリウム原子核の数よりずっと多いため，すべてのヘリウム原子核が再結合して中性原子になってもまだ多くの自由電子が残り，宇宙は晴れ上がらない．温度が 4000 K を下回ると，水素原子の形成が始まる．電子の数密度は指数関数的に減少し，光の平均自由時間は指数関数的に増大する．温度が 3000 K まで下がると，宇宙は晴れ上がる．

電子と陽子の数密度が急激に減少するにつれ，ハッブル時間あたりの再結合の頻度も急激に減少する．結果として，水素原子の形成はゆるやかになり，水素原子 5000 個あたりに 1 個の自由電子という，小さいがゼロはでない量の自由電子が残される．このわずかに残された自由電子は，数億年経って第一世代の星が誕生するとき，ガスの冷却に必要な水素分子の形成に重要な役割を果たす．

3.1.2 電離平衡近似

陽子と電子が再結合すると，電子は水素原子のさまざまなエネルギー準位に落ち込み，光子を放出する．放出される光子のエネルギーは，準位 n が持つ束縛エネルギー（$B_n \equiv 13.6/n^2\,\mathrm{eV}$）と電子の運動エネルギーとの和で与えられ，基底状態は $n = 1$ である．一方，水素原子は周囲にふんだんに存在する光子を吸収し，光子のエネルギーが許す限り準位を上げる．B_n を超えるエネルギーの光子を吸収すれば，水素原子は再電離する．このように，$n > 1$ の準位の水素原子は，その後光子を放出・吸収し，時には再電離されながらエネルギー準位間の遷移を繰り返し，基底状態にたどり着く．基底状態の水素原子も，十分なエネルギーを受

け取れば $n>1$ に遷移したり，再電離する．

水素原子と光子とが頻繁にエネルギーをやりとりし，平衡状態にあるとしよう．水素原子のエネルギー準位がすべて平衡状態にあれば，任意の準位 n にあり，角運動量量子数 ℓ を持つ水素原子の数密度 $n_{n\ell}$ は基底状態の数密度 n_{1s} を用いて

$$n_{n\ell}^{\text{平衡}}=(2\ell+1)n_{1s}\exp\left[(B_n-B_1)/k_{\mathcal{B}}T\right], \tag{3.2}$$

と書ける．本節では，慣例に従って $\ell=0$，1，2 をそれぞれ s，p，d と書く．ただし，数字を伴わず単に n_p と書く場合は陽子の数密度を表す．全水素原子の数密度は $n_{\mathrm{H}}=\sum_{n\ell}n_{n\ell}$ で与えられる．今考えている温度は数千度 K なので，$n>1$ の数密度は n_{1s} に比べて指数関数的に小さい．よって，良い近似で $n_{\mathrm{H}}\approx n_{1s}$ である．異なるエネルギー準位間の平衡状態は光子の吸収・放出によって保たれるが，同じエネルギー準位で異なる ℓ を持つ状態間の平衡状態は粒子間の衝突による遷移で保たれる．再結合の問題を解く鍵は，いかにして平衡状態からのずれを考慮に入れるかであるが，しばらくは平衡状態を仮定して議論を進める．

平衡状態にある陽子，電子，水素原子の数密度は**サハの式**[*1]

$$\left(\frac{n_pn_e}{n_{1s}}\right)_{\text{平衡}}=\frac{g_pg_e}{g_{1s}}\left(\frac{m_p}{m_{\mathrm{H}}}\frac{m_ek_{\mathcal{B}}T}{2\pi\hbar^2}\right)^{3/2}\exp(-B_1/k_{\mathcal{B}}T), \tag{3.3}$$

を通して互いに関係づく．$g_p=2$，$g_e=2$，$g_{1s}=4$ はそれぞれの粒子のスピン状態数である．基底状態の水素原子の状態数は，陽子と電子のスピンが反平行な状態数が 1，平行な状態数が 3 と数える．水素原子質量 m_{H} と陽子質量 m_p は等しいとしてかまわない．サハの式が成り立つ平衡状態を，**電離平衡**と呼ぶ．すなわち，陽子，電子，水素原子，光子間の再結合・電離反応 $p+e^-\rightleftarrows \mathrm{H}+\gamma$ を考えたとき，単位時間あたりの再結合反応と電離反応の数は等しい．**水素原子の電離度** X を

$$X\equiv\frac{n_p}{n_p+n_{1s}}, \tag{3.4}$$

と定義する．完全電離は $X=1$，完全中性は $X=0$ に対応する．電離度を用いると，サハの式 (3.3) は

$$\left(\frac{X^2}{1-X}\right)_{\text{平衡}}=\frac{1}{n_p+n_{1s}}\left(\frac{m_ek_{\mathcal{B}}T}{2\pi\hbar^2}\right)^{3/2}\exp(-B_1/k_{\mathcal{B}}T), \tag{3.5}$$

---

*1 「ワインバーグの宇宙論」，2.3 節．

と書ける．水素原子と陽子の和はバリオン質量の 4 分の 3 を占めるので，$n_p + n_{1s} = 0.75 n_B$ である．すると，

$$\left(\frac{X^2}{1-X}\right)_{\text{平衡}} = \frac{2.53\times10^6}{\eta}\tilde{T}^{-3/2}\exp(-1/\tilde{T}), \tag{3.6}$$

を得る．ここで $\tilde{T} \equiv T/157894\,\mathrm{K}$ で，157894 K は B_1 をボルツマン定数で割って温度に換算したものに等しい．η はバリオン–光子比

$$\eta \equiv \frac{n_B}{n_\gamma} = 2.73\times10^{-8}\,\Omega_B h^2, \tag{3.7}$$

で，電子・陽電子の対消滅後は時刻に依らず一定である．式 (3.6) は X の解として

$$X_{\text{平衡}}(T) = \frac{2}{1+\sqrt{1+1.58\times10^{-6}\eta\tilde{T}^{3/2}\exp(1/\tilde{T})}}, \tag{3.8}$$

を与える．

式 (3.8) の分母の係数 $1.58\times10^{-6}\eta$ が非常に小さいことに注目しよう．$\Omega_B h^2 = 0.022$ を代入すると，$X_{\text{平衡}} = 0.5$ に対応する温度として $T \approx 3700\,\mathrm{K}$ を得て，これは束縛エネルギーに対応する温度よりずっと低い．

$n_e = n_p = 0.75 X n_B$ を用いて式 (3.1) で与えられる光子の平均自由時間とハッブル時間との比を計算すると $T \approx 3000\,\mathrm{K}$，あるいは $z \approx 1100$ で光子の平均自由時間とハッブル時間は等しくなり，宇宙は晴れ上がる．

3.1.3 再結合反応の凍結

式 (3.8) によれば，電離度は温度が下がるほど減少し，限りなくゼロに近づく．しかし，ハッブル時間あたりの再結合反応数が 1 を下回ると，再結合反応は平衡状態の場合と比べて遅くなり，電離度はサハの式の解 (3.8) よりもずっと大きくなる．

電子数密度の減少率を求めよう．電子数密度は再結合によって減少し，再電離によって増大する．自由電子が基底状態へ直接遷移すると，13.6 eV を超える光子が放出される．この光子の平均自由時間はハッブル時間よりもはるかに短く，すぐに近くの水素原子を電離する．すなわち，基底状態への直接再結合は正味で水素原子を形成せず，自由電子の数を減らさない．そこで，自由電子は励起状態

$n>1$ へ再結合し，そこから基底状態へ遷移するとする．この**ライマン系列**と呼ばれる遷移，すなわち $n=2\to 1$（ライマン・アルファ遷移），$n=3\to 1$（ライマン・ベータ遷移），$\cdots$ から放出される光子の平均自由時間もハッブル時間より短く，近くの基底状態の水素原子をそれぞれ $n=1\to 2$，$n=1\to 3$，$\cdots$ のように励起する．励起された水素原子は，その後光子の放出・吸収を繰り返し，$n=2$ に到達する．$n=2$ の束縛エネルギーは $B_2=3.4\,\mathrm{eV}$ なので，$n=2$ へのいかなる遷移も基底状態の水素原子を励起しない．よって，自由電子の数密度の変化率は，$n=2$ への遷移率によって決まる．

$n=2$ への遷移 $p+e^-\rightleftarrows \mathrm{H}_{2s}+\gamma$ による電子数密度の変化率は

$$a^{-3}\frac{d}{dt}(n_e a^3)=-\alpha n_e n_p+\beta n_{2s}\,, \tag{3.9}$$

で与えられる．$n=2$ 状態にある水素原子の全数密度は $n_{2s}+n_{2p}$ であるが，平衡状態では $n_{2p}=3n_{2s}$ と関係するので，n_{2s} のみ考えれば良い．左辺で $n_e a^3$ の時間微分を考えるのは，宇宙膨張による効果 $n_e\propto a^{-3}$ を相殺するためである．右辺第1項は再結合，第2項は再電離を表す．α，β はそれぞれ温度のみに依存する係数である．温度を固定すれば，平衡状態において電子数密度は正味で変化しないので，左辺はゼロとなる．よって，係数の比 β/α はサハの式の右辺に等しい．サハの式（3.3）で n_{1s} の代わりに n_{2s} を用いれば，

$$\frac{\beta}{\alpha}=\left(\frac{m_e k_{\mathcal{B}}T}{2\pi\hbar^2}\right)^{3/2}\exp(-B_2/k_{\mathcal{B}}T)\,, \tag{3.10}$$

を得る．

陽子と自由電子が再結合し，$n=2$ の水素原子を形成する．$n=2$ への直接遷移でも良いし，$n>2$ に最初に遷移し，そこから光子を吸収・放出して $n=2$ に到達するのでも良い．ライマン系列を除き，$n=2$ へ遷移するあらゆる経路の遷移率を $n\geqq 2$ の準位が平衡状態にあると仮定して足し上げた係数 α を**ケース B（Case B）の再結合係数**と呼ぶ（慣例的には α_B と書かれることが多い）．ダニエル・フンマー（Daniel G. Hummer）による数値計算[*2]は

$$\alpha=10^{-19}\frac{4.309\,(T/10^4\,\mathrm{K})^{-0.6166}}{1+0.6703\,(T/10^4\,\mathrm{K})^{0.5300}}\,\mathrm{m^3\,s^{-1}}\,, \tag{3.11}$$

[*2] D. G. Hummer, *Mon. Not. Roy. Astron. Soc.*, **268**, 109 (1994).

で記述できる．α に現れる温度は物質（陽子，電子，水素原子）の温度である．一方，光電離率を決める係数 β は光の温度に依存すべきである．ここでは物質と光子の温度は等しいと近似した[*3]ため，平衡状態の詳細つりあいを用いて α と β を式（3.10）を用いて関係づけることができた．物質と光子の温度が異なる場合にはより詳しい扱いが必要となる．

自由電子の減少率は式（3.9）を数値的に解けば得られるが，電離度 $X = n_p/(n_p + n_{1s})$ を計算するには基底状態の水素原子の数密度 n_{1s} が必要である（n_p は n_e と等しい）．このため，n_{1s} と n_{2s} を結ぶ必要がある．そこで，まず基底状態と $n = 2$ とが平衡状態にあると仮定し，式（3.2）を用いて n_{2s} を n_{1s} で書く．このモデルは基底状態と電離状態のみを解き，その他のエネルギー準位は平衡状態として扱うので**実効的 2 準位モデル**と呼ぶ．ただし，基底状態と $n = 2$ とが平衡状態にある仮定は正しくないことを 3.1.4 節で学ぶ．

式（3.9）の両辺を $(n_p + n_{1s})a^3$（= 一定）で割り，X を用いて書き直す．独立変数を時間から温度にすれば $d/dt = -HT\, d/dT$ である．そして $n_p = n_e$ と $n_p + n_{1s} = 0.75 n_B$ を用いれば，式（3.9）は

$$\frac{dX}{dT} = \frac{\alpha}{HT}\left[0.75 n_B X^2 - \left(\frac{m_e k_B T}{2\pi\hbar^2}\right)^{3/2} \exp(-B_1/k_B T)(1 - X)\right], \tag{3.12}$$

と書ける．ここで，$n_B = 11.23\, \Omega_B h^2\, (T/2.725\,\mathrm{K})^3\,\mathrm{m}^{-3}$ である．今考えている温度ではニュートリノは相対論的であり，宇宙定数の効果は無視できるので，ハッブル宇宙膨張率は式（2.36）より

$$H(T) = 7.204 \times 10^{-19}\, T^{3/2} \sqrt{\Omega_M h^2 + 1.534 \times 10^{-5}\, T}\,\mathrm{s}^{-1}, \tag{3.13}$$

と書ける．Ω_M には非相対論的ニュートリノの寄与を含まない．また，$(m_e k_B T/2\pi\hbar^2)^{3/2} = 2.414 \times 10^{21}\, T^{3/2}\,\mathrm{m}^{-3}$ である．T はケルビン単位で表す．

図 3.1（44 ページ）に，式（3.12）の数値解を破線で，サハの式の解（式（3.8））を点線で示す．両者は温度が約 3000 K に下がるまでは良く一致する．より低温では，サハの式の電離度が指数関数的に減少し続けるのに対し，実効的 2 準位モデルの電離度はゆっくりとしか減少しない．これは，電子と陽子の数密度が小さくなり，再結合反応の平均自由時間がハッブル時間より長くなるためである．平

[*3] この近似は，温度が 1000 K 以上であれば正しいことを 3.1.6 節で調べる．

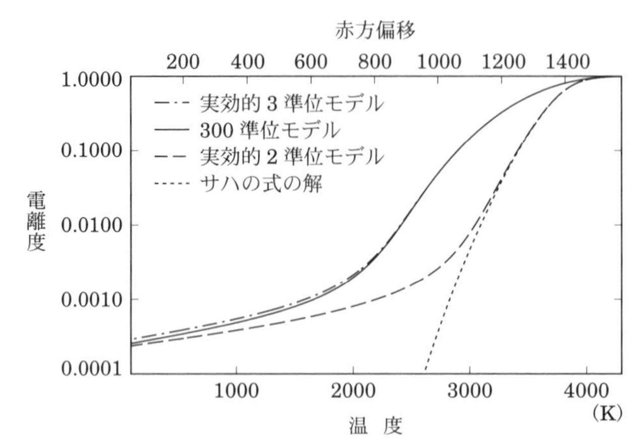

図3.1 水素原子の電離度 X を温度と赤方偏移の関数として示す．点線はサハの式の解（式 (3.8)），破線は実効的2準位モデルの微分方程式 (3.12) の解，一点鎖線は実効的3準位モデルの微分方程式 (3.19) の解，実線はより正確な300準位モデル（3.1.5節）の解を示す．$\Omega_M h^2 = 0.14$，$\Omega_B h^2 = 0.022$ を仮定した．光子とバリオン粒子の温度は等しいとして計算した．

均自由時間とハッブル時間との比 $H/0.75\alpha n_B X$ をサハの式の解 $X_{平衡}$ を用いて計算すると，$T \lesssim 2700\,\mathrm{K}$ において $H/0.75\alpha n_B X_{平衡} \gtrsim 1$ となる．図3.1より，$T \approx 2700\,\mathrm{K}$ で実効的2準位モデルの電離度の減少の傾きが変わるのがわかる．再結合がゆっくりになるため，宇宙の晴れ上がりから時間が十分経過しても電離度はゼロにならず，2×10^{-4} 程度が残る．

3.1.4 ライマン・アルファのボトルネックと2光子遷移

実効的2準位モデルでは，基底状態と $n = 2$ の準位とが平衡状態にあると仮定したが，実はこの仮定は成り立たない．温度が約 4400 K を下回ると，$n = 1 \to 2$ の遷移に必要なエネルギー（10.2 eV）を持つ光子の数密度は陽子の数密度を下回り，以降も指数関数的に減少する．しかし，$n = 2 \to 1$ の遷移で放出されるライマン・アルファ光子の平均自由時間はハッブル時間よりもはるかに短く，すぐに近くの基底状態の水素原子を励起する．このため，$n = 2$ の準位にある水素原子の数密度は平衡状態の数密度よりもずっと大きくなる．これを「$n = 2$ のボトルネック」と呼ぶ．

光子のスピン角運動量量子数は1なので，1つの光子の放出により角運動量量子数ℓは1だけ変化する．そのため，$n=2\to1$の遷移は通常$2p$状態から$1s$状態へのライマン・アルファ遷移を指す．しかし，遷移率は小さいものの，$2s$状態から$1s$状態へ2つの光子を放出して遷移する**2光子遷移**も可能である．放出される光子のエネルギー分布は5.1 eVで最大となり，0 eVと10.2 eVに向かって減少する．これらの光子は基底状態の水素原子を励起しない．

1968年，ピーブルス，およびヤーコフ・ゼルドヴィッチ（Yakov B. Zeldovich）とウラジミール・クルト（Vladimir G. Kurt）とラシッド・スニヤエフ（Rashid A. Sunyaev）は，$n=2\to1$の遷移はライマン・アルファ遷移ではなく，おもに2光子遷移によって進むことを示した[*4]．ライマン・アルファ遷移の遷移率は$\Gamma_{2p}=4.699\times10^8\,\mathrm{s}^{-1}$であるが，2光子遷移の遷移率は$\Gamma_{2s}=8.225\,\mathrm{s}^{-1}$であり，後者は圧倒的に小さい．しかし，ライマン・アルファ遷移は正味で基底状態の水素原子を形成しないため，2光子遷移が重要となる．このため，中性水素の形成は実効的2準位モデルに比べてずっと遅く進む．

厳密に言えば，ライマン・アルファ遷移で放出された光子のすべてが近くの水素原子を励起するわけではない．光子のエネルギーが宇宙膨張によって赤方偏移し，エネルギーがライマン・アルファのエネルギー10.2 eVより低くなれば，光子は基底状態の水素原子を励起しない．より詳しく言えば，ライマン・アルファ遷移による吸収は10.2 eVのまわりの小さなエネルギー幅で起こるので，赤方偏移によってそのエネルギー幅よりも光子のエネルギーが低くなれば，光子の平均自由時間はハッブル時間を超え，水素原子を励起することなく遠方まで飛び去る．ピーブルス，およびゼルドヴィッチ等によって計算された$2p\to1s$の遷移確率は[*5]

$$P(t)\Gamma_{2p}=\frac{8\pi H(t)}{3\lambda_\alpha^3 n_{1s}(t)}, \tag{3.14}$$

で，$\lambda_\alpha=121.6\,\mathrm{nm}$はライマン・アルファ光子の波長である．$P$はライマン・アルファ光子の「脱出確率」で時間に依存し，遷移確率をΓ_{2p}に比べて大幅に減ら

[*4] P. J. E. Peebles, *Astrophys. J.*, **153**, 1 (1968)；Ya. B. Zeldovich, V. G. Kurt, R. A. Sunyaev, *Zh. Eksp. Teor. Fiz.*, **55**, 278 (1968)（ロシア語原文）；*ibid. Soviet Physics JETP*, **28**, 146 (1969)（英訳）.

[*5] 「ワインバーグの宇宙論」, 2.3節.

す．宇宙膨張率 $H(t)$ が大きいほどライマン・アルファ光子は脱出しやすく，基底状態の水素原子の数密度 $n_{1s}(t)$ が大きいほど脱出しにくい．計算によると，基底状態の水素原子の 6 割が 2 光子遷移で，残りはライマン・アルファ遷移で形成されたものである．

今考えている温度では 2 光子遷移率 Γ_{2s} とライマン・アルファ遷移率 $P(t)\Gamma_{2p}$ はほぼ同じ大きさで，それらは宇宙膨張率 H よりもずっと大きい．そのため，$n=2$ の水素原子の数密度は正味で変化しないとして良く，式 (3.9) の右辺で与えられる $n=2$ 状態への遷移率は，$n=2$ から基底状態へ出てゆく遷移率と等しいと近似できる．また，基底状態と $n=2$ とは平衡状態にないが，$n \geqq 2$ はすべて平衡状態にあると仮定する（この仮定の正しさは 3.1.5 節で議論する）．すると $n_e = n_p$ として

$$\alpha n_e^2 - \beta n_{2s} = (\Gamma_{2s} + 3P\Gamma_{2p})n_{2s} - \mathcal{E}n_{1s}\,, \tag{3.15}$$

を得る．左辺は再結合と光電離による n_{2s} の変化率を，右辺は基底状態との遷移による n_{2s} の変化率を表す．右辺の $P\Gamma_{2p}$ の前の因子 3 は，$2p$ 状態の数密度が $2s$ 状態の 3 倍であることによる（式 (3.2)）．係数 $\mathcal{E}$ はライマン・アルファ遷移を除いた $n=1 \to 2$ の励起率である．平衡状態では式 (3.15) の両辺はゼロなので，

$$\frac{\mathcal{E}}{\Gamma_{2s} + 3P\Gamma_{2p}} = \left(\frac{n_{2s}}{n_{1s}}\right)_{平衡} = \exp\left[(B_2 - B_1)/k_{\mathcal{B}}T\right]\,, \tag{3.16}$$

を得る．式 (3.15) より n_{2s} を求め，式 (3.9) に代入すれば

$$a^{-3}\frac{d}{dt}(n_e a^3) = C\Big\{-\alpha n_e^2 + \beta n_{1s}\exp\left[(B_2 - B_1)/k_{\mathcal{B}}T\right]\Big\}, \tag{3.17}$$

を得る．C は

$$C \equiv \frac{\Gamma_{2s} + 3P\Gamma_{2p}}{\Gamma_{2s} + 3P\Gamma_{2p} + \beta}\,, \tag{3.18}$$

と定義した．

式 (3.17) の両辺を $(n_p + n_{1s})a^3 = 0.75 n_B a^3$ で割り，X を用いて書き直し，式 (3.10) を用いて β を消去し，独立変数を時間から温度にすれば

$$\frac{dX}{dT} = \frac{C\alpha}{HT}\left[0.75 n_B X^2 - \left(\frac{m_e k_{\mathcal{B}}T}{2\pi\hbar^2}\right)^{3/2}\exp(-B_1/k_{\mathcal{B}}T)(1-X)\right]\,, \tag{3.19}$$

を得る．これは，実効的 2 準位モデルの式 (3.12) の右辺に C をかけたものであ

る．式（3.19）は，基底状態，第 1 励起状態，電離状態を解き，その他のエネルギー準位は平衡状態として扱うので**実効的 3 準位モデル**と呼ばれる．図 3.1 の一点鎖線は式（3.19）の数値解を示す．実効的 2 準位モデルに比べ，水素原子の形成は大きく遅れることがわかる．

温度が低くなると，光電離率 β は $\Gamma_{2s} + 3P\Gamma_{2p}$ に比べて無視でき，さらに式（3.19）の右辺第 2 項も無視できる．すると式（3.19）は

$$\frac{dX}{dT} \longrightarrow \frac{0.75\alpha n_B X}{H}\frac{X}{T}, \tag{3.20}$$

に漸近する．この極限では，X の変化率は再結合率と宇宙膨張率との比によって決まり，$n = 2 \to 1$ の遷移率に依存しない．そのため，実効的 2 準位モデルと 3 準位モデルは $T \approx 100\,\mathrm{K}$ においてほぼ同じ $X \approx 2 \times 10^{-4}$ を与える．すなわち，約 5000 個の水素原子あたり自由電子 1 個が残される．

3.1.5 300 準位モデル

温度が約 1500 K 以下になると，$n = 2$ の束縛エネルギー（$B_2 = 3.4\,\mathrm{eV}$）を持つ光子の数密度は水素原子の数密度を下回り，その後も指数関数的に減少する．$n \geqq 2$ の準位間は平衡状態でなくなり，$n = 2$ への遷移率は式（3.11）で与えられるケース B の再結合係数 α で近似できなくなる．より精度の良い計算を行うには，各準位への再結合，および準位間の遷移をそれぞれ解く必要がある．1968 年のピーブルスの論文以降，実効的 3 準位モデルは 30 年間に渡って使われたが，1999 年，サラ・シーガー（Sara Seager），ディミター・サセロフ（Dimitar D. Sasselov），ダグラス・スコット（Douglas Scott）[*6]により，$n = 300$ までの準位間の遷移が計算された．結果，温度が約 2000 K 以下になると，自然放射による低準位への遷移が励起を上回って再結合が**速く**進み，電離度は実効的 3 準位モデルに比べて 10%程度小さくなることが示された．図 3.1 の実線は，300 準位モデルの計算結果を示す．うまいことに，この過程はケース B の再結合係数 α に 1.14 をかけ，実効的 3 準位モデルの式（3.19）を解くことで再現できる．

[*6] S. Seager, D. D. Sasselov, D. Scott, *Astrophys. J. Lett.*, **523**, L1（1999）; *ibid. Astrophys. J. Suppl.*, **128**, 407（2000）.

3.1.6 バリオン物質の温度

これまでは光子とバリオン粒子の温度は等しいと仮定したが，温度が約 1500 K を下回ると，バリオンの温度は光子の温度よりも低くなる．温度が約 1500 K 以上のときは，電子は圧倒的に数の多い光子と頻繁に衝突してエネルギーを交換し，光子と同じ温度に保たれる．陽子は電子とのクーロン散乱によって同じ温度に保たれ，水素原子は陽子との衝突によって同じ温度に保たれる．宇宙膨張のため粒子の数密度が減少し，電子と光子のエネルギーのやりとりが頻繁でなくなると，電子の温度は宇宙膨張とともに a^{-2} に比例して減少する．これは，非相対性論的物質の温度が粒子の平均運動エネルギー $\langle p^2\rangle/(2m)$ に比例し，赤方偏移で運動量 p は a^{-1} に比例して減少するためである．

この過程を記述するバリオン温度の発展方程式は

$$a^{-2}\frac{d}{dt}(T_B a^2) = \frac{8\sigma_{\mathcal{T}}\rho_\gamma}{3m_e c}\frac{X(T-T_B)}{1+X+f_{\rm He}}, \tag{3.21}$$

で与えられる．右辺は T_B を T に保とうとする効果を表し，その反応率は $T-T_B$ の係数で与えられる．これが宇宙膨張率よりも大きければ $T_B \to T$ となるし，小さければ $T_B \propto a^{-2}$ となる．ここで，$f_{\rm He} \equiv n_{\rm He}/(n_p+n_{\rm H})$ である．ヘリウムの質量は全バリオン質量の約 4 分の 1 なので $\rho_{\rm He}=\rho_B/4$，すなわち $n_{\rm He}=n_B/4$ であり，$n_p+n_{\rm H}=3n_B/4$ を用いると $f_{\rm He}=1/12\approx 0.083$ を得る．光の温度 T は引き続き a^{-1} に比例して減少する．光のエネルギー密度は $\rho_\gamma(T)=0.2606\,(T/2.725\,{\rm K})^4\,{\rm MeV\,m^{-3}}$，電子の静止質量エネルギーは $m_e c^2 = 0.5110\,{\rm MeV}$，トムソン散乱断面積と光速との積は $\sigma_{\mathcal{T}}c = 1.994\times 10^{-20}\,{\rm m^3\,s^{-1}}$ である．独立変数を時間から温度にすれば，

$$\frac{d}{dT}\left(T_B\frac{2.725^2}{T^2}\right) = -\frac{2.712\times 10^{-20}\,{\rm s^{-1}}}{H}\left(\frac{T}{2.725}\right)^2\frac{X(1-T_B/T)}{1+X+0.083}, \tag{3.22}$$

を得る．H は式 (3.13) で与えられ，温度はケルビン単位である．この微分方程式を式 (3.19) と同時に解く．光子と物質の温度を区別した，より正しい表式は

$$\begin{aligned}\frac{dX}{dT} = 1.14\frac{C\alpha(T_B)}{H(T)T}\Bigg[&0.75 n_B(T)X^2 \\ &-\left(\frac{m_e k_{\mathcal{B}} T_B}{2\pi\hbar^2}\right)^{3/2}\exp(-B_1/k_{\mathcal{B}}T_B)(1-X)\Bigg],\end{aligned} \tag{3.23}$$

で，式 (3.18) で与えられる因子 C の β は式 (3.10) で $T=T_B$ として計算する．

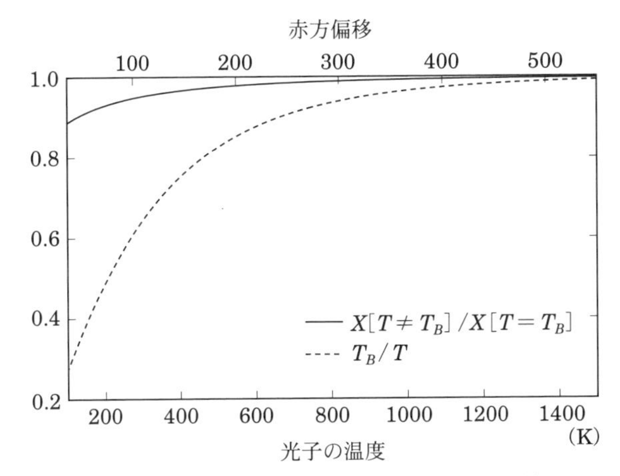

図 3.2 バリオン温度と光子の温度との比 T_B/T（点線），および $T_B \neq T$ として計算した電離度と $T_B = T$ として計算した電離度との比（実線）を，光子の温度と赤方偏移の関数として示す．$\Omega_M h^2 = 0.14$，$\Omega_B h^2 = 0.022$ を仮定した．

連立微分方程式を解いた結果を図 3.2 に示す．点線はバリオン温度と光子の温度との比 T_B/T を，実線は $T_B \neq T$ として計算した電離度と $T_B = T$ として計算した電離度との比を示す．物質の温度が低くなると再結合が速く進み，光と物質の温度が等しいとした場合に比べ電離度が小さくなる．この効果は低温でのみ重要で，温度 300 K で 5%，100 K で 10%程度電離度が小さくなる．

式 (3.23) では熱平衡の詳細つりあいの式 (3.10) を用い，光電離率の係数 β を再結合率の係数 α と関係づけた．その際に用いた温度は T_B である．しかし，物質と光子の温度が異なる場合にはこの議論は適用できず，より詳しい扱いが必要となる．幸いにして，物質と光子の温度の違いが顕著となる時期 ($T \lesssim 1000\,\mathrm{K}$) では電離度は α のみで決まり，β に依らない（式 (3.20) を見よ）ので，式 (3.23) を用いてかまわない．

しかし，再結合後，何らかの物理過程において物質の温度が光子の温度よりもずっと高くなった場合，式 (3.23) は光電離率を過大評価し，電離度を過大評価してしまう．この場合，β の式 (3.10) に現れる T_B をすべて T に置き換えれば，より詳しい計算と同程度の結果が得られる*7．α には引き続き T_B を用いる．

これまでに述べた物理過程以外による水素原子の電離度の補正は 2%以下であ

る．シーガー等の計算では，同じエネルギー準位にあって異なる ℓ を持つ状態は粒子間の衝突による遷移で平衡状態にあると仮定されたが，宇宙膨張によって数密度が低くなると粒子間の衝突の頻度が減少し，平衡状態でなくなる．この効果は，低温領域（$T \lesssim 2000\,\mathrm{K}$）において再結合をわずかに遅らせ，電離度を 1.6%増やす．高温領域（$T \gtrsim 2000\,\mathrm{K}$）では，2 光子遷移の誘導放射，$n > 2$ から基底状態への 2 光子遷移とラマン散乱，ライマン系列のより詳しい取り扱いなどさまざまな放射輸送過程を考慮すると，約 2300 K で 1.6%電離度が上昇し，約 3400 K で 1.5%電離度が減少する．そこまでの精度が必要でない場合には，式（3.22），（3.23）を連立して数値的に解けば水素原子の電離度を得ることができる．

3.1.7　宇宙の晴れ上がりの時刻

300 準位モデルから計算された電離度を用いてトムソン散乱による光子の平均自由時間を計算すると，平均自由時間とハッブル時間は約 2500 K で等しくなる．

「宇宙の晴れ上がり」の時刻を，より正確に定義しよう．トムソン散乱の平均自由時間とハッブル時間との比は便利であるが，厳密ではない．そこで，より厳密な定義として，光子が最後に電子にぶつかる確率が最大となる時刻を宇宙の晴れ上がりの時刻とする．この時刻は，**最終散乱時刻**と呼ばれる．

ある時刻 t にある光子が，現在までに少なくとももう一回散乱される確率 $\mathcal{O}(t)$ を $\mathcal{O}(t) = 1 - \exp[-\tau(t)]$ と書く．$\tau(t)$ は**光学的厚さ**と呼ばれる無次元量で，

$$\tau(t) \equiv \int_t^{t_0} dt\ c\sigma_{\mathcal{T}} n_e(t)\,, \tag{3.24}$$

と定義する．これは，平均自由時間の逆数（つまり，トムソン散乱の反応率）の時間積分である．τ が 1 より十分小さければ，τ そのものを散乱確率とみなせる．

時刻が t から $t + dt$ の間に光子が散乱される確率を計算するため，微分形式で書くと

$$\dot{\mathcal{O}}(t) \equiv -\dot{\tau} \exp(-\tau) = c\sigma_{\mathcal{T}} n_e(t) \exp[-\tau(t)]\,, \tag{3.25}$$

である．$t = 0$ から t_0 まで積分した値が 1 となるように定義したので，$\dot{\mathcal{O}}(t)$ は最終散乱時刻の確率分布を与える．

---

*7　（49 ページ）J. Chluba, D. Paoletti, F. Finelli, J. A. Rubiño-Martín, *Mon. Not. Roy. Astron. Soc.*, **451**, 2244（2015）.

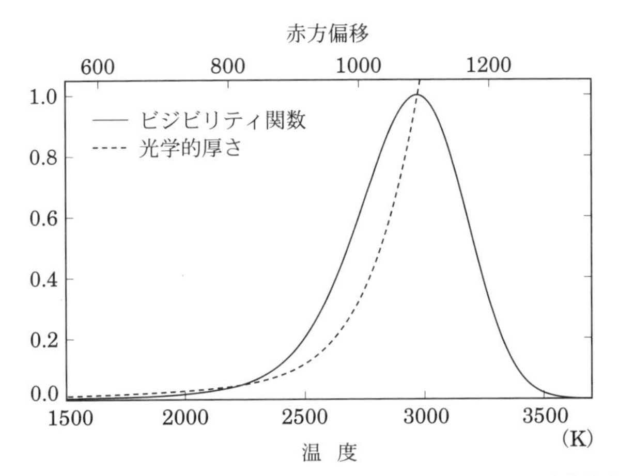

図3.3 ビジビリティ関数（共形時間に関して規格化した最終散乱時刻の確率分布）と光学的厚さを，温度と赤方偏移の関数として示す．ビジビリティ関数（実線）は最大値で 1 となるように規格化した．光学的厚さ（点線）は 2.725 K からある温度までの積分値を示す．$\Omega_M h^2 = 0.14$，$\Omega_B h^2 = 0.022$ を仮定した．

ここで，時間の代わりに**共形時間** η と呼ばれる量を

$$\eta \equiv \int_0^t \frac{dt'}{a(t')}, \tag{3.26}$$

と定義する（本節では η はバリオン–光子比ではない）．光が時刻 t までに進んだ物理的な距離は共形時間を用いて $a(t)c\eta$ と書ける．共形時間で積分して 1 となるように規格化された最終散乱時刻の確率分布は**ビジビリティ（Visibility）関数**と呼ばれ，

$$\mathcal{V}(\eta) \equiv \frac{dt}{d\eta}\dot{\mathcal{O}} = c\sigma_{\mathcal{T}} n_e(\eta) a(\eta) \exp[-\tau(\eta)], \tag{3.27}$$

と定義される．τ は独立変数のとりかたに依らないので，ビジビリティ関数は $\dot{\mathcal{O}}$ に単にスケール因子 a をかけたものである．ビジビリティ関数の最大値を与える時刻を最終散乱時刻と定義する．

300 準位モデルを用いて計算したビジビリティ関数と光学的厚さを図 3.3 に示す．ビジビリティ関数は温度 2974 K で最大となり，そのときの赤方偏移は $z = 1090$，時刻は $t = 3.738 \times 10^5$ 年である．光学的厚さは 2.725 K から 2977 K まで

積分して1となり，そのときの赤方偏移は $z = 1091$，時刻は $t = 3.732 \times 10^5$ 年である．どちらの定義でもほぼ同じ最終散乱時刻（37万年）を与える．

観測者を中心とする球座標において，最終散乱時刻に対応する動径座標を r_L，現在のスケール因子を a_0 と書けば，$a_0 r_L = 13.95$ ギガパーセク（Gpc）である．r_L を半径とする球殻を**最終散乱面**と呼ぶ．共形時間で書けば $r_L = c(\eta_0 - \eta_L)$ である．

3.1.8 ライマン・アルファ光子のゆくえ

スニヤエフは，前述のゼルドヴィッチとクルトとの共著論文を執筆するに至った経緯をこう回想している[*8]．

「1966年9月，私はモスクワのシュテルンベルク天文研究所のセミナーで，再結合がサハの式に従ってどのように起こるべきか説明していました．講演の後，紫外線天文学者で友人であるウラジミール・クルトが，『でも，再結合時に放出されたライマン・アルファ光子はどこへ行ったんだ？』と質問してきました．実際，これは素晴らしい質問で，ゼルドヴィッチ，クルト，スニヤエフの1968年の論文で詳しく説明されたのでした」

赤方偏移して共鳴吸収を受けず，脱出したライマン・アルファ光子はどこへ行ったのか？　どこへも行かず，CMBの黒体放射同様，現在の宇宙空間を満たしている．ライマン・アルファ光子のみならず，その他のライマン系列の光子も，2光子遷移で放出された光子も，$n = 2$ への遷移であるバルマー系列の光子も，$n = 3$ への遷移であるパッシェン系列の光子も，現在の宇宙空間を満たしている．図3.4に，水素原子の形成にともなって放出された光子のスペクトル[*9]を示す．スペクトルに見られる輝線は，高周波数側から順番にライマン・アルファ（“Lyα”），バルマー限界（自由電子から $n = 2$ への直接遷移），バルマー・アルファ（“Hα”, $n = 3 \to 2$），パッシェン・アルファ（“Paα”, $n = 4 \to 3$），その後は $n = 5 \to 4$，$n = 6 \to 5$ などが続く．ライマン限界（$n = 1$ への直接遷移）の光子は平均自由距離が短すぎて脱出できず，観測できない．パッシェン限界（$n = 3$ への直接遷移）

[*8] R. A. Sunyaev, J. Chluba, *ASP Conference Series*, **395**, 35 (2008) [arXiv:0710.2879]. 2011年にスニヤエフが稲森財団京都賞を受賞した際の記念講演会の講演録にもこの記述がある．講演録の和訳は `http://www.inamori-f.or.jp/laureates/k27_b_rashid/lct.html` で読める．

[*9] この計算を行ってくれた，イェンス・クルバ（Jens Chluba）に感謝する．

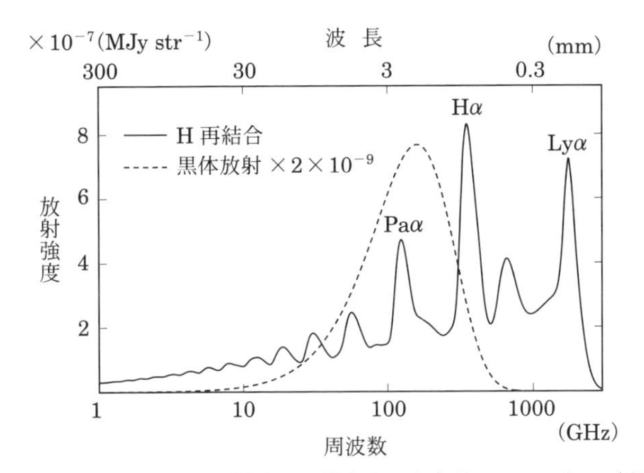

図3.4 陽子と電子の再結合から放出された光子のスペクトル（実線）を，周波数と波長の関数として示す．ヘリウム原子核の再結合中に放出された光子は無視した．縦軸は 1 ステラジアンあたりに受け取る放射強度をメガジャンスキー単位で与える．1 メガジャンスキーは 10^{-20} W m^{-2} Hz^{-1} に等しい．点線は，2.725 K の黒体放射の輝度に 2×10^{-9} をかけたものを示す．$\Omega_M h^2 = 0.14$, $\Omega_B h^2 = 0.023$ を仮定した．

は輝度が小さい上，バルマー・アルファと重なるため，単独の輝線として見ることができない．$n > 3$ への直接遷移はさらに輝度が小さいため見えない．各輝線間の放射は，2 光子遷移やライマン・ベータ，ライマン・ガンマなどの重ね合わせである．

再結合にともなうこれらの光子は原理的に観測可能であるが，バリオン粒子の数が黒体放射の光子に比べて圧倒的に少ないため，黒体放射の輝度に比べて非常に小さい．図 3.4 の点線は，CMB の黒体放射を 2×10^{-9} 倍したものである．ライマン・アルファ線は，その波長（0.17 ミリ）における黒体放射の輝度と同程度であるが，そのような短波長ではサブミリ波で明るく輝く遠方銀河の放射の重ね合わせが卓越し，検出が難しい．しかし，再結合の光子を検出できれば，本節で学んだ再結合の物理過程の正しさを直接証明できるため，挑戦すべき課題である．

3.2 ヘリウム原子の形成

ヘリウム原子核と電子の再結合過程は，1969 年に松田卓也，佐藤文隆，武田英徳[*10] によって計算された．2 階電離のヘリウム原子核（He^{++}）から 1 階電離のヘリウム原子（He^+）への再結合過程は，水素原子の形成同様，He^+ の $2s \to 1s$ の2光子遷移と，$2p \to 1s$ の遷移で放出された光子の赤方偏移によって進む．水素原子の場合と異なるのは，2光子遷移の反応率[*11]が大きいため「$n=2$ のボトルネック」が存在せず，電離平衡が保たれる点である．

$He^{++} + e^- \leftrightarrows He^+ + \gamma$ を記述するサハの式は

$$\left(\frac{n_{\mathrm{He}++}n_e}{n_{\mathrm{He}+}}\right)_{平衡} = \frac{g_{\mathrm{He}++}g_e}{g_{\mathrm{He}+}}\left(\frac{m_e k_{\mathcal{B}} T}{2\pi\hbar^2}\right)^{3/2} \exp(-B_1^{\mathrm{He}+}/k_{\mathcal{B}}T), \tag{3.28}$$

で与えられる．スピン状態数は，ヘリウム原子核のスピン角運動量量子数はゼロなので $g_{\mathrm{He}++}=1$，$g_{\mathrm{He}+}=2$ で，束縛エネルギーは $B_1^{\mathrm{He}+}=54.4\,\mathrm{eV}$ である．

一方，He^+ から中性ヘリウム原子（He）への再結合では，He の2光子遷移の遷移率が He^+ の約10分の1（$\Gamma_{2s}^{\mathrm{He}}=50.94\,\mathrm{s}^{-1}$）であるため，水素原子同様 $n=2$ のボトルネックが存在し，サハの式で記述できない．しかし，後述する物理過程により，ボトルネックは水素原子の場合よりゆるくなり，サハの式に近づく（が，サハの式からのずれは無視できない）．$He^+ + e^- \leftrightarrows He + \gamma$ を記述するサハの式は

$$\left(\frac{n_{\mathrm{He}+}n_e}{n_{\mathrm{He}}}\right)_{平衡} = \frac{g_{\mathrm{He}+}g_e}{g_{\mathrm{He}}}\left(\frac{m_e k_{\mathcal{B}} T}{2\pi\hbar^2}\right)^{3/2} \exp(-B_1^{\mathrm{He}}/k_{\mathcal{B}}T), \tag{3.29}$$

で与えられる．中性ヘリウム原子の基底状態では，パウリの排他原理より2つの電子のスピンは反平行なので，$g_{\mathrm{He}}=1$ である．束縛エネルギーは $B_1^{\mathrm{He}}=24.6\,\mathrm{eV}$ である．

He^+ から He への再結合は実効的3準位モデルで記述できる．ただし，$n=2$ の準位では2個の電子のスピンが反平行な場合（スピン1重項）と平行な場合（3重項）とを区別せねばならない．反平行の場合の遷移は $2^1p \to 1^1s$ と2光子遷移 $2^1s \to 1^1s$，平行の場合は $2^3p \to 1^1s$ と2光子遷移 $2^3s \to 1^1s$ である．しかし，後者は電子のスピンの反転をともない遷移率が小さいため，再結合はおもに前者の遷移によって進む．

水素原子の場合と同様，遷移 $2^1p \to 1^1s$ で放出された光子は近くの基底状態の He を励起するため，赤方偏移による脱出を待たねばならないが，もう一つ重要な

---

*10 （53ページ）T. Matsuda, H. Sato, H. Takeda, *Prog. Theor. Phys.*, **42**, 219 (1969).

*11 He^+ は，原子核のまわりに電子が1個ある「水素型原子」である．水素型原子の2光子遷移の反応率は原子番号の6乗に比例し，$\Gamma_{2s}^{\mathrm{He}+}=526.5\,\mathrm{s}^{-1}$ である．

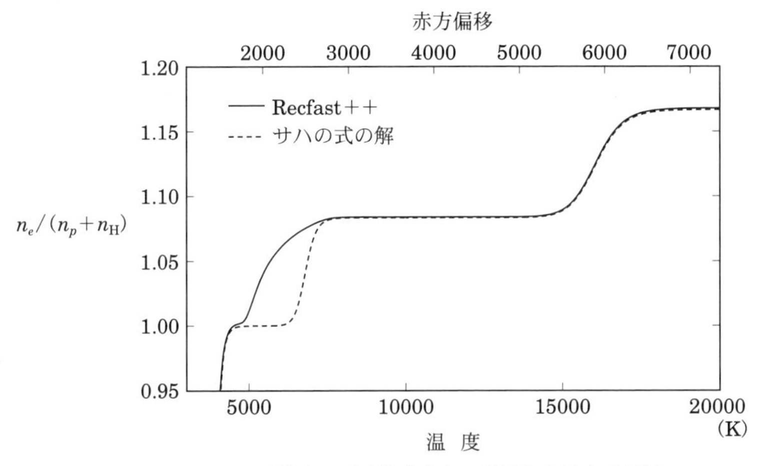

図3.5 ヘリウムの再結合．電子数密度と，陽子と中性水素原子の数密度の和との比を，温度と赤方偏移の関数として示す．点線はサハの式の解，実線はコンピュータープログラム "Recfast++" を用いて得た解を示す．$\Omega_M h^2 = 0.14$，$\Omega_B h^2 = 0.022$ を仮定した．

物理過程がある．ヘリウムが再結合する時期にはサハの式に従ってほぼすべての水素原子は電離しているが，ごくわずかな中性水素原子は存在する．$2^1p \to 1^1s$ で放出された光子（21.2 eV）の一部は近くの基底状態の He を励起する代わりに水素原子を電離し，その分だけヘリウムの再結合が速く進む．この過程がどの程度重要であるかは長い間議論されてきたが，2008 年のエリック・スイッツァー（Eric R. Switzer）とクリストファー・ヒラタ（Christopher M. Hirata）による詳しい計算[*12]によって，確かに $n=2$ のボトルネックは弱まり，ヘリウムの再結合は速く進むが，サハの式よりはずっとゆるやかであることが示された．

図 3.5 に，ヘリウムの再結合による $n_e/(n_p+n_{\rm H})$ の変化を示す．これは前節まで「水素原子の電離度」と呼んでいたものに等しいが，ヘリウム原子が電離すると電子の数は陽子の数より多くなるため，比は 1 を超える．よって，本節ではこの比を「電離度」と呼ばないことにする．水素もヘリウムも完全電離すれば，$n_e/(n_p+n_{\rm H}) \to 1+2n_{\rm He}/n_p$ である．$n_p = 3n_B/4$，$n_{\rm He} = n_B/16$ を用いればこの比は $7/6 \approx 1.167$ である．点線はサハの式の解を，実線はクルバによるコンピュー

*12 E. R. Switzer, C. M. Hirata, *Phys. Rev. D*, **77**, 083006 (2008).

タープログラム "Recfast++"[*13] を用いて得た解である．温度約 17000 K で He^{++} の再結合が，7000 K で He^{+} の再結合が始まり，それぞれ 15000 K，5000 K で終了する．He^{++} の再結合はサハの式で記述できるが，He^{+} はサハの式よりずっとゆるやかに再結合する．温度が約 4000 K を下回ると，陽子と電子が再結合して中性水素原子を形成し，$n_e/(n_p + n_{\rm H})$ は 1 を下回る．

3.3　レイリー散乱

光子が電子とのトムソン散乱をやめると，宇宙は晴れ上がる．一方，再結合によって形成された水素原子は**レイリー散乱**によって光子を散乱する．レイリー散乱は，光の波長が散乱粒子の束縛された荷電粒子の特徴的な半径に比べて大きい場合に成り立ち，散乱断面積は波長が長くなると波長の 4 乗に反比例して小さくなる．地上から見た昼間の地球の空が青いのは，地球大気の粒子が太陽光をレイリー散乱するためである．波長の短い青い光ほど強く散乱され，空は青く見える．

水素原子によるレイリー散乱の散乱断面積は

$$\sigma_{\text{レイリー}}(\nu) = \left(\tilde{\nu}^4 + \frac{638}{243}\tilde{\nu}^6 + \cdots\right)\sigma_{\mathcal{T}}, \tag{3.30}$$

で与えられる．ここで $\tilde{\nu} \equiv \nu/(\sqrt{8/9}cR_\infty) \approx \nu/(3.1 \times 10^6\,\text{GHz})$ で，R_∞ はリュードベリ定数である．リュードベリ定数に光速とプランク定数をかけたもの hcR_∞ は基底状態の水素原子の束縛エネルギー（13.6 eV）に等しい．宇宙の晴れ上がりの温度は約 3000 K なので，光子のエネルギーは 13.6 eV よりもはるかに小さく，常に $\sigma_{\text{レイリー}} \ll \sigma_{\mathcal{T}}$ が成り立つ．ゆえに，本書で扱う精度ではレイリー散乱の効果は無視できる．中性ヘリウム原子によるレイリー散乱の断面積は水素原子の 10%程度であり，やはり無視できる．

レイリー散乱による CMB の温度異方性への影響は，1991 年に高原文郎と佐々木伸によって調べられた[*14]．将来的に温度異方性と偏光の高周波数帯での測定精度が向上すれば，レイリー散乱の効果を測定できるかもしれない[*15]．そのためには，約 500 GHz 以上（再結合の時期 $z \approx 1400$ で 0.7×10^6 GHz 以上に相当）での測定が必要となるが，そのような高周波数帯では銀河系に広く存在する星間塵

---

*13　http://www.cita.utoronto.ca/~jchluba/Science_Jens/Recombination/Recfast++.html

*14　H. Takahara, S. Sasaki, *Prog. Theor. Phys.*, **86**, 1021 (1991).

*15　A. Lewis, *JCAP*, **1308**, 053 (2013).

（ダスト）の熱放射が全天で卓越し，CMB の精密な測定が難しい．挑戦的課題である．

第4章

地球の運動による温度異方性

天球上の CMB の温度分布はほぼ等方的で，天球上のどの方向にアンテナを向けても 2.725 K の黒体放射が測定される．しかし，測定精度を改善するとアンテナを向ける方向によってわずかに異なる温度が測定される．これを**温度異方性**と呼ぶ．

観測者を中心とする球座標を考え，観測者の視線方向を表す単位ベクトル $\hat{n}$ を

$$\hat{n} \equiv (\sin\theta\cos\phi, \sin\theta\sin\phi, \cos\theta)\,, \tag{4.1}$$

と定義する．図 4.1（60 ページ）に座標系を示す．θ の原点は任意の方向にとれる．問題に応じて適切な原点の選び方があり，天頂や，銀河座標の北極や，観測者の運動方向などが用いられる．たとえば天頂を原点に選べば，θ は天頂からの極角，ϕ は天頂まわりの同心円上の方位角を表す．

天球上の温度分布を $T(\hat{n})$ と書く．平均温度 $\bar{T}$ は

$$\bar{T} \equiv \int \frac{d\Omega}{4\pi}\,T(\hat{n}) = \int_{-1}^{1}\frac{d(\cos\theta)}{2}\int_0^{2\pi}\frac{d\phi}{2\pi}\,T(\hat{n})\,, \tag{4.2}$$

である．温度異方性 ΔT は平均値からのずれとして $\Delta T \equiv T - \bar{T}$ と定義する．CMB の温度異方性には 2 種類ある．一つは我々観測者の運動による**光のドップラー効果**で，もう一つは宇宙の物質分布の不均一性による異方性である．本章では，4.1 節で天球上の温度異方性の分布を記述する数学を準備したのち，残りの節で光のドップラー効果による温度異方性を学ぶ．物質分布の不均一性による異方性は 5 章と 9 章で学ぶ．

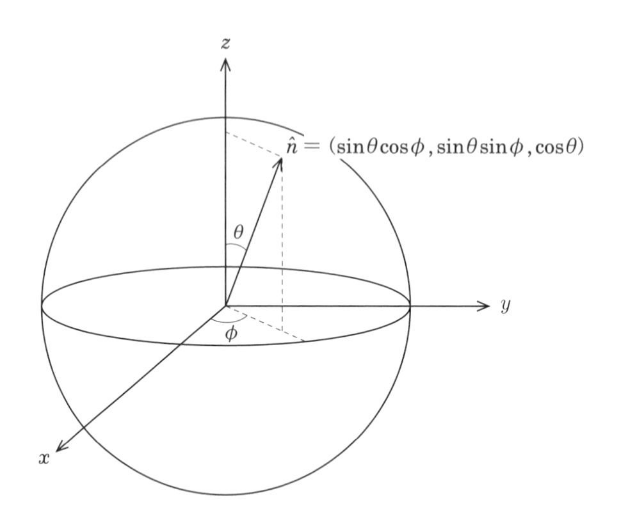

図4.1 デカルト座標 (x, y, z) と球座標 (θ, ϕ) との関係

4.1 ルジャンドル多項式展開，球面調和関数展開，2次元フーリエ展開

まず特殊な場合として，天球上の温度分布が極角 θ のみに依存し，方位角 ϕ に依らないとする．すると，温度異方性はルジャンドル多項式 $P_\ell(x)$ を用いて

$$\Delta T(\theta) = \sum_\ell \sqrt{\frac{2\ell+1}{4\pi}} a_\ell P_\ell(\cos\theta)\,, \tag{4.3}$$

と展開できる．a_ℓ は展開係数で，$\sqrt{(2\ell+1)/4\pi}$ は後に球面調和関数の展開係数と定義を合わせるための因子である．ルジャンドル多項式は，たとえば $P_0(x) = 1$，$P_1(x) = x$，$P_2(x) = (3x^2 - 1)/2$ である[*1]．このような温度異方性は，θ の原点方向を軸として回転対称であるから，**軸対称**であると言われる．ルジャンドル多項式で展開するメリットは，異なる ℓ を持つ項が直交することである．すなわち，ルジャンドル多項式は規格直交性関係

[*1] 一般にルジャンドル多項式は $P_\ell(x) = (2^\ell \ell!)^{-1} d^\ell[(x^2-1)^\ell]/dx^\ell$ と書けるが，それよりも $P_0(x) = 1$ と $P_1(x) = x$ を初期条件として漸化式

$$(\ell+1)P_{\ell+1}(x) = (2\ell+1)xP_\ell(x) - \ell P_{\ell-1}(x)\,,$$

を用いるのが便利である．

$$\int_{-1}^{1} \frac{dx}{2}\ P_\ell(x) = \delta_{\ell_0}\,, \qquad \int_{-1}^{1} \frac{dx}{2}\ P_\ell(x)P_{\ell'}(x) = \frac{\delta_{\ell\ell'}}{2\ell+1}\,, \tag{4.4}$$

を満たす．$\delta_{\ell\ell'}$ はクロネッカーのデルタ記号で，$\ell = \ell'$ のときは 1，それ以外ではゼロとなる．

温度異方性の定義より，式 (4.3) の左辺を全天に渡って積分すればゼロとなる．右辺も同様に積分すれば，式 (4.4) より $\ell = 0$ のみが残る．よって，$\ell = 0$ は全天に渡って等方な成分（モノポール）を表し，$a_0 = 0$ である．$\ell = 1$ は $\cos\theta$ に比例する異方性成分で，原点で温度が最高になり，原点と逆方向（$\theta = \pi$）で温度が最低になり，その間は $\cos\theta$ でなめらかにつながる．この成分は**双極的異方性**（ダイポール）と呼ばれる．$\ell = 2$ は $(3\cos^2\theta - 1)/2$ に比例する成分で，原点で温度が最高になり，$\theta = \pi/2$ 離れた同心円上で温度が最低になり，原点と逆方向で再び温度が最高になる．この成分は**四重極異方性**（クワドルポール）と呼ばれる．一般に $P_\ell(\cos\theta)$ は $\cos\theta$ の ℓ 次関数であり，$P_\ell(\cos\theta)$ がゼロとなる点の間の距離は $\delta\theta \approx \pi/\ell$ で与えられる．よって，ルジャンドル多項式による展開は，北極（$\theta = 0$）と南極（$\theta = \pi$）の近傍を除き，全天を $\ell - 1$ 個の円環に分割する．北極と南極の近傍を含めれば，全天を $\ell + 1$ の領域に分割する．円環の幅は $\delta\theta \approx \pi/\ell$ で与えられる．この性質より，ある ℓ を持つ異方性は，天球上で半波長の見込み角度が π/ℓ 程度となる分布を持つ．

軸対称な温度異方性は，光のドップラー効果から生じる温度異方性（4.2 節）のように，天球上に特別な方向が存在する場合に現れる．一般的な温度異方性は，$\ell = 1$ を除き θ の原点をどのように選んでも方位角依存性を消せず，式 (4.3) では記述できない．よって，ルジャンドル多項式の代わりに球面調和関数 $Y_\ell^m(\theta, \phi)$ を用いて温度異方性を展開する．

$$\Delta T(\hat{n}) = \sum_{\ell=1}^{\infty} \sum_{m=-\ell}^{\ell} a_{\ell m} Y_\ell^m(\hat{n})\,. \tag{4.5}$$

展開係数 $a_{\ell m}$ の値は座標原点の選び方に依存するが，その絶対値の 2 乗を m について和をとったもの $\sum_{m=-\ell}^{\ell} a_{\ell m} a_{\ell m}^*$ は座標原点の選び方に依らず，天球座標の回転変換に対して不変である．

球面調和関数の定義より，ϕ 依存性は指数関数 $Y_\ell^m(\hat{n}) \propto \exp(im\phi)$ で与えられ，

m のとりうる値は $m=-\ell,-\ell+1,\cdots,\ell-1,\ell$ の $2\ell+1$ 個である．θ 依存性はルジャンドル陪多項式で与えられ，より複雑であるが，重要なのは $m=0$ 以外では北極（$\theta=0$）と南極（$\theta=\pi$）で Y_ℓ^m の値はゼロとなり，$|m|$ の値が大きいほど北極と南極まわりの幅広い領域で Y_ℓ^m の値が小さくなることである．

本書では球面調和関数を

$$Y_\ell^m(\hat{n})\equiv(-1)^m\sqrt{\frac{2\ell+1}{4\pi}\frac{(\ell-m)!}{(\ell+m)!}}P_\ell^m(\cos\theta)\exp(im\phi)\,, \tag{4.6}$$

と定義する．$P_\ell^m(x)$ はルジャンドルの陪多項式で，$m\geqq 0$ の場合はルジャンドル多項式の m 回微分に比例し，$P_\ell^m(x)=(1-x^2)^{m/2}d^mP_\ell/dx^m$ である．たとえば $P_\ell^0(x)=P_\ell(x)$，$P_1^1(x)=\sqrt{1-x^2}$，$P_2^1(x)=3x\sqrt{1-x^2}$，$P_2^2(x)=3(1-x^2)$ である．$x=\cos\theta$ の場合，$P_\ell(x)$ は $\cos\theta$ しか含まないのに対し，$P_\ell^1(x)$ や $P_\ell^2(x)$ は $\sin\theta$ を含むのがミソである．特に $P_\ell^2(x)$ は，11 章と 12 章で天球上の CMB の直線偏光を記述する際に用いる．

上付き添え字が負のルジャンドルの陪多項式は $P_\ell^{-m}(x)=P_\ell^m(x)(-1)^m(\ell-m)!/(\ell+m)!$ を満たす．この性質により，Y_ℓ^m の複素共役は $Y_\ell^{m*}=(-1)^mY_\ell^{-m}$ である[*2]．式（4.5）の左辺は実数であるから，展開係数の複素共役は $a_{\ell m}^*=(-1)^ma_{\ell\,-m}$ を満たす．

球座標の反転 $\hat{n}\to\hat{n}'=-\hat{n}$（すなわち $\theta\to\theta'=\pi-\theta$，$\phi\to\phi'+\pi$）に対しては，$P_\ell^m(-x)=(-1)^{\ell+m}P_\ell^m(x)$ と $\exp(im\phi+im\pi)=(-1)^m\exp(im\phi)$ より $Y_\ell^m(-\hat{n})=(-1)^\ell Y_\ell^m(\hat{n})$ となる．よって展開係数は球座標の反転によって $a_{\ell m}\to(-1)^\ell a_{\ell m}$ と変換する．

異なる ℓ を持つルジャンドルの陪多項式は，ルジャンドル多項式の規格直交性関係式（4.4）と似た関係式[*3]

$$\int_{-1}^1\frac{dx}{2}\;P_\ell^m(x)P_{\ell'}^m(x)=\frac{\delta_{\ell\ell'}}{2\ell+1}\frac{(\ell+m)!}{(\ell-m)!}\,, \tag{4.7}$$

---

*2 「ワインバーグの宇宙論」では $Y_\ell^{m*}=Y_\ell^{-m}$ を満たすように球面調和関数を定義している．その場合，展開係数の複素共役は $a_{\ell m}^*=a_{\ell\,-m}$ を満たす．

*3 異なるゼロでない m を持つルジャンドルの陪多項式は規格直交性関係

$$\int_{-1}^1\frac{dx}{2}\;\frac{P_\ell^m(x)P_\ell^{m'}(x)}{1-x^2}=\frac{\delta_{mm'}}{2m}\frac{(\ell+m)!}{(\ell-m)!}\,,$$

を満たす．m も m' もゼロの場合は発散する．

を満たすので，球面調和関数は規格直交性関係

$$\int_{-1}^{1} d(\cos\theta) \int_{0}^{2\pi} d\phi \, Y_\ell^m(\hat{n}) Y_{\ell'}^{m'*}(\hat{n}) = \delta_{\ell\ell'} \delta_{mm'} , \tag{4.8}$$

を満たす．ここで $\int_0^{2\pi} d\phi \, \exp[i(m-m')\phi] = 2\pi\delta_{mm'}$ を用いた．その他に，本書で用いる球面調和関数の性質は

$$Y_\ell^0(\theta) = \sqrt{\frac{2\ell+1}{4\pi}} P_\ell(\cos\theta) , \quad \int_{-1}^{1} \frac{d(\cos\theta)}{2} \int_0^{2\pi} \frac{d\phi}{2\pi} \, Y_\ell^m(\hat{n}) = \frac{\delta_{\ell 0}}{\sqrt{4\pi}} , \tag{4.9}$$

$$\sum_m Y_\ell^m(\hat{n}) Y_\ell^{m*}(\hat{n}') = \frac{2\ell+1}{4\pi} P_\ell(\hat{n}\cdot\hat{n}') , \tag{4.10}$$

である．式 (4.3) の a_ℓ と式 (4.5) の $a_{\ell m}$ は，$a_\ell = a_{\ell 0}$ という関係にある．すなわち，天球上に特別な方向が存在し，θ の原点をその方向に選べば温度異方性が軸対称となる場合，その座標系における $a_{\ell m}$ は $m=0$ を除いてすべてゼロになる．$\ell = 1$ では $m=0$ 以外の $a_{\ell m}$ がゼロとなる座標系を常に選べるが，$\ell \geqq 2$ では温度異方性が軸対称でない限りすべての $m \neq 0$ に対して $a_{\ell m}$ がゼロとなる座標系は存在しない．たとえば $\ell = 2$ を考えよう．$m=0$ は $(3\cos^2\theta - 1)/2$ に比例する成分で，θ の原点で温度が最高になり，$\theta = \pi/2$ 離れた同心円上で温度が最低になり，原点と逆方向で再び温度が最高になる．しかし，$m \neq 0$ の場合は $\exp(im\phi)$ がかかり，同心円上の方位角に応じて温度が変化する．

図 4.2（64 ページ），4.3，4.4（65 ページ）に，天球上の $\ell = 1$，2，3 の分布をモルワイデ図法で示す．それぞれのパネルに対応する (ℓ, m) を持つ係数を $a_{\ell m} = 1$ とし，それ以外の係数はゼロとした．θ の原点（北極）は各パネルの上端である．まず，$m=0$ の分布は軸対称であり，全天は東西方向に輪切りにされ，$\ell+1$ 個の領域に分けられる．北極と南極近傍の領域を除けば $\ell - 1$ 個の正や負の円環があり，各円環の幅は $\delta\theta = \pi/\ell$ である．次に，$|m| = \ell$ は全天を南北方向に輪切りにし，2ℓ 個の正負の領域に分割する．これは，球面調和関数の方位角依存性が $Y_\ell^m \propto \exp(im\phi)$ であることによる．各正負の領域の幅は $\delta\phi = \pi/\ell$ である．それ以外の組み合わせによる分布は $m=0$ と $|m| = \ell$ の分布の中間であり，東西や南北方向のみでなく，傾いた方向も π/ℓ 程度の幅で分割する．

球面調和展開に関してより深い理解を得るため，温度異方性を 2 次元の平面波

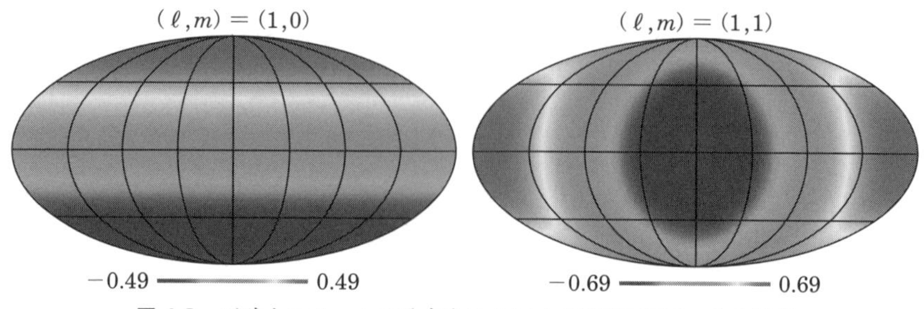

図 4.2　天球上の $\ell = 1$ の分布をモルワイデ図法で示す．θ の原点は各パネルの上端である．経線は方位角一定線（$\phi = $ 一定），緯線は極角一定線（$\theta = $ 一定）を示す．左のパネルは $(\ell, m) = (1, 0)$，右のパネルは $(\ell, m) = (1, 1)$ を示す．

でフーリエ展開する．天球は球面であるから平面波を用いるフーリエ展開は適さないが，θ が 1 より十分小さい場合，すなわち，天球上の極角原点からの距離が十分小さい場合は，原点近傍の天域を平面と近似して良い．このとき，原点から任意の点 (θ, ϕ) を指す 3 次元位置単位ベクトルは $\hat{n} \approx (\theta\cos\phi, \theta\sin\phi, 1)$ と近似でき，2 次元位置ベクトルを $\boldsymbol{\theta} \equiv (\theta\cos\phi, \theta\sin\phi)$ と定義すれば $\hat{n} \approx (\boldsymbol{\theta}, 1)$ と書ける．

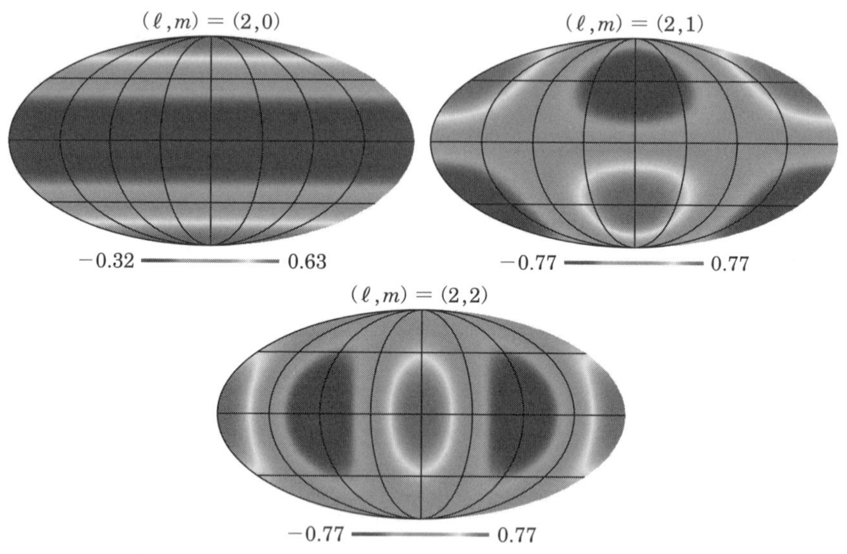

図 4.3　$\ell = 2$ の分布．左上のパネルは $(\ell, m) = (2, 0)$，右上のパネルは $(\ell, m) = (2, 1)$，下のパネルは $(\ell, m) = (2, 2)$ を示す．

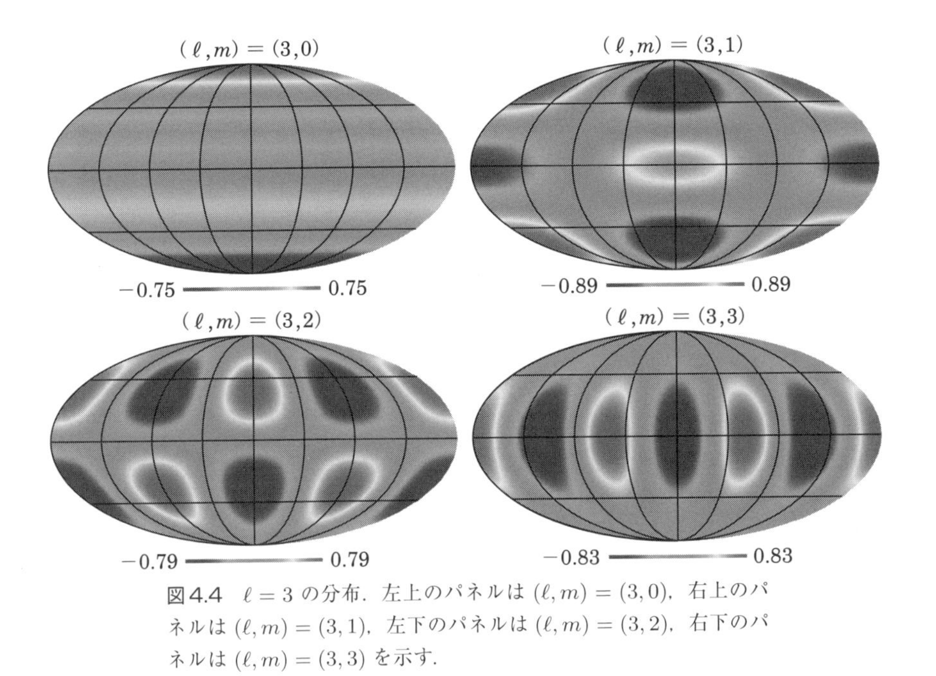

図4.4 $\ell = 3$ の分布．左上のパネルは $(\ell, m) = (3,0)$，右上のパネルは $(\ell, m) = (3,1)$，左下のパネルは $(\ell, m) = (3,2)$，右下のパネルは $(\ell, m) = (3,3)$ を示す．

フーリエ展開の係数 $a_{\boldsymbol{\ell}}$ は

$$\Delta T(\hat{n}) = \int \frac{d^2\ell}{(2\pi)^2}\, a_{\boldsymbol{\ell}} \exp(i\boldsymbol{\ell}\cdot\boldsymbol{\theta}) = \int_0^\infty \frac{\ell d\ell}{2\pi} \int_0^{2\pi} \frac{d\phi_\ell}{2\pi}\, a_{\boldsymbol{\ell}} \exp(i\boldsymbol{\ell}\cdot\boldsymbol{\theta}), \tag{4.11}$$

と定義できる．2 次元波数ベクトル $\boldsymbol{\ell}$ は，大きさを ℓ として $\boldsymbol{\ell} = (\ell\cos\phi_\ell, \ell\sin\phi_\ell)$ と書ける．ℓ が大きいほど波長の短い平面波，すなわち，温度異方性の細かい構造に対応する．式（4.11）の左辺は実数であるから，展開係数の複素共役は $a^*_{\boldsymbol{\ell}} = a_{-\boldsymbol{\ell}}$ を満たす．この展開は $\ell \gg 1$ の場合しか意味をなさないが，便宜上フーリエ積分は $\ell = 0$ から行うことにする．

式（4.11）の積分内の指数関数を，ベッセル関数 $J_n(x)$ を用いて

$$\exp(i\boldsymbol{\ell}\cdot\boldsymbol{\theta}) = \sum_{m=-\infty}^{\infty} i^m J_m(\ell\theta) \exp[im(\phi - \phi_\ell)], \tag{4.12}$$

と展開する．これは，ヤコビ–アンガー展開（Jacobi-Anger expansion）として知られる表式である．一方，原点近傍（$\theta \ll 1$）かつ $\ell \gg 1$ での球面調和関数は，$\ell \gg 1$ でのルジャンドル陪関数の近似式 $P_\ell^{-m} = \ell^{-m}\sqrt{\theta/\sin\theta}\, J_m[(\ell + 1/2)\theta] +$

$\mathcal{O}(\ell^{-1})$ を用いて

$$Y_\ell^m(\theta,\phi) \approx \sqrt{\frac{\ell}{2\pi}} J_m(\ell\theta)\exp(im\phi)\,, \tag{4.13}$$

と近似できる．よって，原点近傍の指数関数は球面調和関数を用いて

$$\exp(i\boldsymbol{\ell}\cdot\boldsymbol{\theta}) \approx \sqrt{\frac{2\pi}{\ell}} \sum_{m=-\ell}^{\ell} i^m Y_\ell^m(\theta,\phi)\exp(-im\phi_\ell)\,, \tag{4.14}$$

と書ける．この式を用いれば，異なる m を持つ球面波をどのように組み合わせれば，原点近傍に2次元平面波を再現できるかわかる．たとえば，図4.4は $\ell=3$ を持つ球面波を表し，式(4.14)に従って異なる m を組み合わせれば北極近傍に平面波を再現できる（ただし，式(4.14)は $\ell \gg 1$ でのみ正しい近似式であるから，図4.4の m を重ね合わせても精度の良い平面波は得られない．あくまで直観を養うための例である）．

式(4.11)に式(4.14)を代入し，式(4.5)に式(4.13)を代入して両者を比べれば，展開係数の対応式として

$$a_{\ell m} \approx i^m \sqrt{\frac{\ell}{2\pi}} \int_0^{2\pi} \frac{d\phi_\ell}{2\pi}\, a_{\boldsymbol{\ell}} \exp(-im\phi_\ell)\,, \tag{4.15}$$

$$a_{\boldsymbol{\ell}} \approx \sqrt{\frac{2\pi}{\ell}} \sum_{m=-\ell}^{\ell} i^{-m} a_{\ell m}\exp(im\phi_\ell)\,, \tag{4.16}$$

を得る．すなわち球面調和関数による展開の係数は，2次元フーリエ展開の係数を，ℓ 空間の方位角 ϕ_ℓ で1次元フーリエ変換したものに比例する．言い換えれば，m は2次元フーリエ展開の係数が ϕ_ℓ とともにどのように変化するかを表す．フーリエ展開の係数が ϕ_ℓ に依存しなければ $m=0$ のみが残り，これは原点まわりの温度異方性が軸対称の場合（式(4.3)）に等しい．さまざまな波数ベクトルの方向 $\boldsymbol{\ell}$ を向いた2次元平面波が原点近傍で重ね合わさった状況を考えよう．もしあらゆる方向の平面波が同じ振幅を持っていて，かつ位相がそろっていれば（すなわち，$a_{\boldsymbol{\ell}}$ の値が ϕ_ℓ に依らなければ），それらの重ね合わせは原点を中心にして軸対称となり，$m=0$ しか残らない．しかし，ある方向の平面波が卓越したり，平面波の位相がそろっていなければ（すなわち，$a_{\boldsymbol{\ell}}$ の値が ϕ_ℓ に依存すれば），$m\neq 0$ の構造が現れる．

まとめると，球面調和関数の添字 ℓ は，2次元フーリエ展開の波数 $\boldsymbol{\ell}$ の絶対値

に等しく，ℓ が大きいほど天球上の細かい温度異方性の構造を表す．ある ℓ の値に対応する波の半波長が見込む角度は π/ℓ である．もう一つの添字 m は，2 次元フーリエ展開係数が ℓ 空間の方位角方向に持つ構造を表す．

4.2 光のドップラー効果

球面調和関数を用いた温度異方性の展開に慣れるため，例を挙げよう．ある系に対して天球上の CMB の温度分布は等方的で，温度 T_0 を持つとする．これを **CMB の静止系**と呼ぶ．次に，CMB の静止系に対し速度 $\boldsymbol{v}$ で運動する観測者を考える．すると光のドップラー効果のため，運動方向から到来する光子のエネルギーは増加し，逆方向から到来する光子のエネルギーは減少する．しかし，輝度スペクトルは黒体放射のまま保たれ，温度は運動方向と光子の到来方向（すなわち視線方向）とがなす角度に応じて変化する．CMB の静止系に対して速度 $\boldsymbol{v}$ で運動する観測者が天球上のある方向 $\hat{n}$ に測定する温度は，特殊相対性理論より

$$T(\hat{n}) = \frac{T_0\sqrt{1-\dfrac{v^2}{c^2}}}{1-\dfrac{\boldsymbol{v}\cdot\hat{n}}{c}}, \tag{4.17}$$

で与えられる．観測者の速度が光速に比べて十分小さければ，式（4.17）を v/c に関してテイラー展開できる．両辺から T_0 を引けば，温度異方性の表式として

$$T(\hat{n}) - T_0 = T_0\left[-\frac{v^2}{6c^2} + \frac{v}{c}P_1(x) + \frac{2v^2}{3c^2}P_2(x) + \cdots\right], \tag{4.18}$$

を得る．$x \equiv \hat{v}\cdot\hat{n}$ は，観測者の速度ベクトルと視線方向とがなす角度の余弦である．x は任意の座標系 (θ,ϕ) で表せるが，その表式は複雑となる．そこで θ の原点を速度ベクトルの方向にとれば $x=\cos\theta$ となり，温度異方性は原点まわりの方位角に依存しない．式（4.18）より，$v/c \ll 1$ のとき光のドップラー効果による温度異方性はほぼ双極的である．右辺の初項は視線方向に依らないので，平均温度 $\bar{T}$ に含める．COBE によって測定された 2.725 K は，この項も含めた温度であると理解する．この項の大きさは $v^2/6c^2 \approx 2.5\times10^{-7}$ である．

球面調和関数を用いてこの問題を記述すると，θ の原点を速度ベクトルの方向にとらなければ $a_{\ell m}$ はすべての m の値に対してゼロでない．原点を速度ベクトルの方向にとれば，$a_{\ell m}$ は $m=0$ を除くすべての m の値に対してゼロになる．

地球は太陽のまわりを秒速約30キロで公転運動する．CMBの静止系から見れば，地球は季節に応じて速度ベクトルの向きを変えるから，地球から見たCMBの温度異方性は季節変動する．この効果は1年を通して複数の時期に測定を行えば除くことができる．地球の公転運動による異方性を除くと，銀河系中心まわりの太陽の公転運動や，銀河系がアンドロメダ銀河と互いに引き合う運動や，銀河系，アンドロメダ銀河，ほかいくつかの銀河で構成される**局所銀河群**が，宇宙の大規模構造の重力によりCMBの静止系に対して運動することによって生じる温度異方性が残る．我々が観測するのは，これらすべての速度ベクトルの和による温度異方性である．すなわち，CMBの静止系に対する太陽系の速度ベクトル $\boldsymbol{v}_{\text{太陽系}}$ は

$$\boldsymbol{v}_{\text{太陽系}} = (\boldsymbol{v}_{\text{太陽系}} - \boldsymbol{v}_{\text{銀河系}}) + (\boldsymbol{v}_{\text{銀河系}} - \boldsymbol{v}_{\text{局所銀河群}}) + \boldsymbol{v}_{\text{局所銀河群}}, \tag{4.19}$$

と書ける．右辺の初項と第2項は天文学の観測から測定されており，速度の大きさはそれぞれ約 $220\,\mathrm{km\,s^{-1}}$ と $80\,\mathrm{km\,s^{-1}}$ である．第3項は天文学の観測から求めるのは難しいが，CMBの温度異方性の観測から求められる量である．

4.3 双極的異方性の発見

双極的異方性や四重極異方性の測定はほぼ全天に渡る観測が必要なため，地上観測では難しい．限られた天域の測定からは速度ベクトルの全成分は測定できず，ある限られた成分の測定にとどまるからである．その難しさにもかかわらず，双極的異方性の発見は二人の大学院生によってなされた．一人はスタンフォード大学のエドワード・コンクリン（Edward K. Conklin）で，もう一人はプリンストン大学のポール・ヘンリー（Paul S. Henry）である[*4]．

1966年より，コンクリンは指導教官であったロナルド・ブレイスウェル（Ronald N. Bracewell）とともにCMBの温度異方性を探していた．彼らはすぐに，ペンジアスとウィルソンが行ったような空の信号とコールドロードとを比較する方法では十分な感度を得られないことに気づいた．天球上の異なる2点間のわずかな温度差を測定することを考えよう．ある時刻にアンテナを1点に向け，温度を記

[*4] コンクリンとヘンリーに関する記述は，エッセイ集 "*Finding the Big Bang*", Cambridge University Press（2009）（P. J. E. Peebles, L. A. Page, R. B. Partridge 編）[以下 "FBB" と引用する] の 4.12.1，4.12.4 節に収録された，それぞれの手記にもとづく．

録する．次に，別の時刻にアンテナを別の点に向け，温度を記録し，比較する．コールドロードを含めたすべての装置が時間変動しなければ，測定される温度差は天球上の温度差と等しい．現実には，コールドロードの温度変動や，地上放射のアンテナへの漏れ込みがアンテナを向ける方向によって変動するなど，装置の時間変動に起因する誤差が大きすぎてこの方法は使えない．そこで彼らは**差分検出法**を用いた．まず，性能が同一のアンテナを 2 台用意する．これらのアンテナは天頂から 30 度ずつ離れた 2 方向へ向けられ，それぞれの方向における CMB の温度を**同時に**測定する．これらの差をとれば，たとえ装置が時間変動しても差をとることで相殺し，CMB の温度差のみが残る．もう一つの工夫は，アンテナを動かさない代わりに，地球の自転によって空が回転することを利用して天球上のさまざまな方向の温度差を測定したことである．こうすれば，2 つのアンテナと地上とがなす角度は固定され，地上放射のアンテナへの漏れ込みは常に相殺できる．測定は周波数 8 GHz で行われた．

1969 年，コンクリンは双極的異方性の発見に成功し，論文[*5]に発表した．固定したアンテナによる測定のため，観測期間中の赤緯[*6]（$\delta = +32^\circ$）は一定であった．一方，地球の自転による空の回転で赤経は変化し，赤経に沿った温度異方性は測定できる．すべての赤経を網羅するため，1968 年 10 月と 1969 年 4 月の 2 か月間に渡って観測が行われた．コンクリンによる最終結果は，赤経 10h58m で最大値 $\Delta T = 2.28 \pm 0.92\,\mathrm{mK}$ を持つ双極的温度異方性で，1972 年の国際天文学連合シンポジウムで発表された．実に，ペンジアスとウィルソンが測定した平均温度の 1000 分の 1 の異方性であった．

世界中で自分一人しか知らない瞬間

コンクリンは，双極的異方性の発見の瞬間をこう回想している[*7]．

「1969 年の夏，私は CMB の異方性を見つけるため，2 か月間に渡って取得した観測データを解析していた．解析は，放射計が記録した 1 分ごとのデータを 5 桁の数字として印字した何百枚もの IBM カードと，複雑なコンピューター・プログラムによって行った．プログラムは，それぞれの観測データをつなぎ合わせて一つの時系列上に並べ，平均化し，銀河系からの放射を推定して除

[*5] E. K. Conklin, *Nature*, **222**, 971 (1969).

[*6] 赤緯と赤経は，地球から見た天球上の天体の位置を表す赤道座標の緯度と経度である．

去し，結果をフーリエ変換するものであった．双極的異方性の大きさは非常に小さかったので，解析しながら信号の手がかりを見つけることは不可能であった．要するに，終わってみるまで結果のわからない，一か八かの解析であった．

ある夜遅くに計算機センターにいた私は，ついに，最終の解析結果を得る準備を整えた．計算機の運転技師にカードの束を渡し，待つこと 30 分．解析結果を示す紙の束が戻って来た．この紙の束には，18 か月間におよぶ努力の末に得られた 2 つの重要な数字，すなわち，双極的異方性とその誤差が印字されていた．私は，統計的に有意な信号を発見できたのか？

答えはイエスであった！　このときふと，最近読んだ記事を思い出した．たしか，フィリップ・モリソン（Philip Morrison）によるものだったと思うが，『研究する喜びの一つは，他の誰かに話すまでの間，世界中で自分一人しか知らない瞬間があることだ』という内容であった．その夜は，それがまさに自分の身に起きたことに高揚しつつ，家に帰った．35 年も前のことだが，忘れたことはない」．

ヘンリーの指導教官であったウィルキンソンは，それまでに行っていた地上観測では大気中の水蒸気の吸収による影響が大きすぎ，異方性の検出には十分な感度が得られないことに気づいていた．そこでヘンリーに，ディッケのグループではまだやったことのない，気球を用いた観測を設計するよう指示した．ヘンリーは，観測装置の設計から作製，試験などを多くの困難を乗り越えてやり遂げた．1969 年秋に行った 1 回目の観測は失敗に終わったが，同年冬の 2 回目の観測は成功した．コンクリンは赤経方向の異方性しか測定しなかったが，ヘンリーは赤緯方向の異方性の測定にも成功した．測定は周波数 10.15 GHz で行われた．1971 年に発表された論文[*8]では，赤経 $10.5\mathrm{h} \pm 4\mathrm{h}$，赤緯 $-30^\circ \pm 25^\circ$ で最大値 $\Delta T = 3.2 \pm 0.8\,\mathrm{mK}$ を持つ双極的異方性が報告された．コンクリンもヘンリーも，双極的異方性をテーマとした博士論文を書き，無事に博士号を取得した．

コンクリンとヘンリーによる発見の後，高高度航空機 U2 を用いた測定や COBE 衛星による宇宙空間からの測定を経て，2001 年に NASA が打ち上げた，COBE の後継機となるウィルキンソン・マイクロ波異方性探査機（Wilkinson

---

*7　（69 ページ）FBB，4.12.1 節．

*8　P. S. Henry, *Nature*, **231**, 516（1971）．

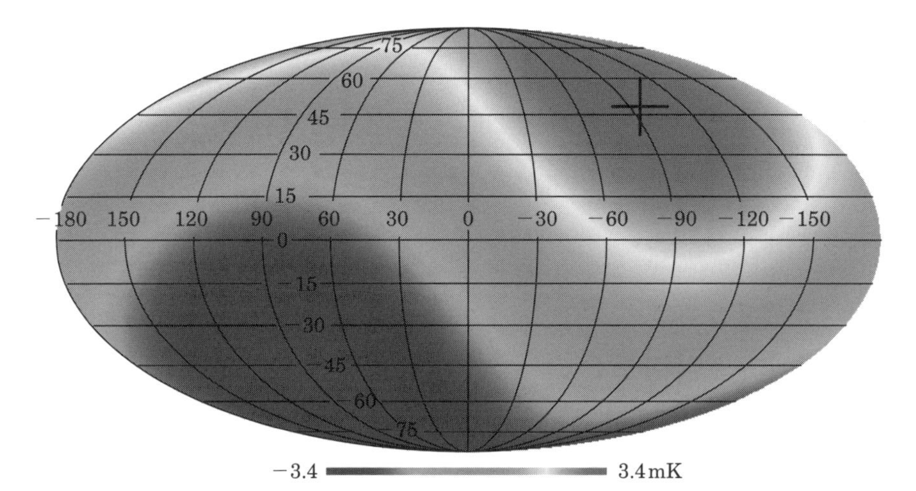

図4.5 太陽系の運動による双極的異方性の温度分布を，銀河座標におけるモルワイデ図法で示す．図の中心は銀河中心で，銀経（銀河座標系での経度）と銀緯（同緯度）はともに 0° である．上に向かうほど銀緯は増加し，北極（図の上端）は銀緯 $+90^\circ$，南極（下端）は銀緯 -90° に対応する．東（図の左側）に向かうほど銀経は増加し，図の左端と右端は銀経 180° に対応する．右端から中心に向かうと銀緯は 180° から 360° まで増加するが，図のラベルでは -180° から 0° まで増加するとしている．十字は，温度が最大値（3.355 mK）になる方向 (銀経, 銀緯) $= (263.^\circ 99, 48.^\circ 26)$ を示す（図のラベルでは $(-96.^\circ 01, 48.^\circ 26)$ に対応)．その逆方向（図の左下）で温度は最小値（-3.355 mK）になる．

Microwave Anisotropy Probe; 以下 WMAP）が得た測定値[*9]は，$\Delta T = 3.355 \pm 0.008\,\mathrm{mK}$ であった（季節とともに変動する地球の公転運動による異方性は除いた）．

COBE と WMAP は温度異方性を全天に渡って測定したので，地上観測に便利な赤道座標ではなく，銀河座標を用いるのが慣例である．銀河座標で双極的異方性が最大となる方向を表すと，銀経 $263.^\circ 99 \pm 0.^\circ 14$，銀緯 $48.^\circ 26 \pm 0.^\circ 03$ である．赤道座標では赤経 11h11m41.5s，赤緯 $-6^\circ 56' 06''.4$ で，しし座とコップ座の間に位置する．誤差は68%の信頼領域を表す．

図 4.5 に，銀河座標における双極的異方性の温度分布をモルワイデ図法で示す．最大温度となる方向は十字で示す．銀河座標の北極を θ の原点とする座標系で図 4.5 を球面調和関数で展開すると，係数は $a_{10} = 5.124\,\mathrm{mK\,str}^{1/2}$，$a_{11} = 0.3384 -$

[*9] G. Hinshaw, *et al.*, *Astrophys. J. Suppl.*, **180**, 225 (2009).

$3.215i\,\mathrm{mK\,str}^{1/2}$，$a_{1\,-1}=-a_{11}^*$ である．十字の方向を原点とする座標系で展開すると $a_{10}=6.867\,\mathrm{mK\,str}^{1/2}$ で，残りの係数はゼロである．この座標系では最大温度は $\sqrt{3/4\pi}a_{10}=3.355\,\mathrm{mK}$ で与えられる．絶対値の2乗を m について和をとったもの $\sum_{m=-1}^{1} a_{1m}a_{1m}^*$ は天球座標の回転変換に対して不変であるから，どちらの座標系でも同じ値となる．

4.4 太陽系の速度

CMBの静止系に対する太陽系の運動速度の大きさは，双極的異方性の測定値より $|\boldsymbol{v}_{\text{太陽系}}|=369.11\pm0.88\,\mathrm{km\,s^{-1}}$ と求まる．式（4.19）を用い，この速度ベクトルから銀河系中心まわりの太陽系の公転運動（$\boldsymbol{v}_{\text{太陽系}}-\boldsymbol{v}_{\text{銀河系}}$）と局所銀河群の重心まわりの銀河系の運動（$\boldsymbol{v}_{\text{銀河系}}-\boldsymbol{v}_{\text{局所銀河群}}$）を取り除けば，CMBの静止系に対する局所銀河群の速度ベクトルを得る．

銀河系中心まわりの太陽系の公転運動は銀河面上にあり，銀経 $91^\circ\!.1$，銀緯 0° の方向で，速度の大きさは $222\pm5\,\mathrm{km\,s^{-1}}$ と見積もられている．局所銀河群の重心は，銀河系とアンドロメダ銀河でほぼ決まっている．銀河系とアンドロメダ銀河の距離は比較的近いため，重心に対する銀河系の速度は $80\,\mathrm{km\,s^{-1}}$ 程度である．2つの速度ベクトルを足すと，速度の大きさは $307\,\mathrm{km\,s^{-1}}$ で，方向は銀経 $105^\circ\pm5^\circ$，銀緯 $-7^\circ\pm4^\circ$ である．この方向は，双極的異方性から導かれた運動方向のほぼ逆であり，研究者を驚かせた．双極的異方性から導かれた速度の大きさは予想値とほぼ同じだったのに，方向は逆だったのである．これより得られる局所銀河群の速度の大きさは $|\boldsymbol{v}_{\text{局所銀河群}}|=626\pm30\,\mathrm{km\,s^{-1}}$ で，方向は銀経 $276^\circ\pm2^\circ$，銀緯 $30^\circ\pm2^\circ$ である．

ヘンリーの測定結果を見たウィルキンソンは，当時の様子をこう回想している[*10]．

「ポール（ヘンリー）は，ほぼ正しい大きさの双極的異方性を見つけたが，予想とはほぼ真逆の方向を向いていた．方向を予想する上では，銀河系中心は放射に対して静止しており，我々は銀河系の回転のため放射に対して運動するとした．これより，空のどの方向に向って我々が運動しているかがわかり，それは高温な

[*10] FBB, 4.7.2 節.

方向となるはずであった．しかし，高温の方向は予想の逆であった．これにはまいった．私は図書室に数日間こもり，天文学者は銀河の回転方向をきちんと理解していたかどうかを確認する作業にあたった（彼らはきちんと理解していた）．残された唯一の解釈は，銀河系は実は逆方向にすさまじい速さで運動しているというもので，後に実際そうであることが判明した．これは科学につきもののサプライズで，まさかそんなことがあるとは予想していないので，そのような結果を発表する前にはじっくり考える必要がある」

局所銀河群を引っ張る重力源は何であろうか？　局所銀河群に最も近い大きな質量集中は，16.5 メガパーセク（Mpc）の距離にある「おとめ座銀河団」である．アラン・サンデイジ（Alan Sandage）等による見積もり[*11]では，局所銀河群はおとめ座銀河団に $220\,\mathrm{km\,s^{-1}}$ の速度で引っ張られている．この寄与を取り除けば $495\,\mathrm{km\,s^{-1}}$ が残る．この残った速度は，おとめ座銀河団よりさらに遠方の，宇宙の大規模構造の重力場の総和によるものである．具体的にどの構造がこの速度を説明するかは良くわかっていない．

4.5 四重極異方性

光のドップラー効果は，双極的異方性のみならず四重極異方性（$\ell = 2$）や $\ell \geqq 3$ も生成する（式（4.18））．しかし，その大きさは ℓ が増えるごとに $(v/c)^\ell$ に比例して小さくなる．図 4.6（74 ページ）に四重極異方性の温度分布を示す．双極的異方性の温度が最大となる方向で 4 重極異方性の温度も最大となり，逆方向も同じ温度を持つ．その大きさは双極的異方性の約 1000 分の 1 で，$\Delta T = 2.754\,\mu\mathrm{K}$ である．温度が最大となる 2 点の中点の同心円上で温度は最小（$-1.377\,\mu\mathrm{K}$）となる．最大値と最小値の絶対値が異なるのにとまどうかもしれない．これは，$\ell = 2$ のルジャンドル多項式の定義のためである．温度異方性は全天に渡る平均がゼロであるよう定義される．このため，$\ell = 2$ のルジャンドル多項式は $P_2(\cos\theta) = (3\cos^2\theta - 1)/2$ であり，最大値は $P_2(1) = 1$，最小値は $P_2(0) = -1/2$ である（温度が最大となる方向を θ の原点とした．）．式（4.18）の右辺の初項を加えると，最大値と最小値が対称的な分布 $P_2(\cos\theta) - 1/4$ を得るが，この関数の全天に渡る平均はゼロでない．

[*11] A. Sandage, B. Reindl, G. A. Tammann, *Astrophys. J.*, **714**, 1441 (2010).

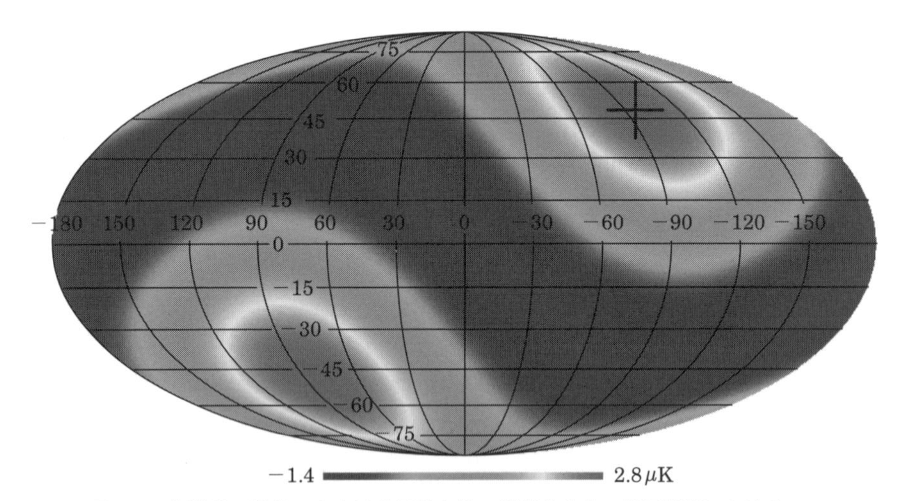

図4.6 太陽系の運動による四重極異方性の温度分布を，銀河座標におけるモルワイデ図法で示す．十字は，双極的異方性が最大値となる方向を示す．4 重極異方性も同じ方向で最大値（2.754 μK）を持ち，逆方向（図の左下）でも同じ値を持つ．これら 2 点の中点の同心円上で温度は最小値（−1.377 μK）を持つ．最大値と最小値の絶対値が異なるのは，四重極のルジャンドル多項式の定義による．

銀河座標の北極を θ の原点とする座標系で図 4.6 を球面調和関数で展開すると，係数は $a_{20} = 1.463\,\mu\mathrm{K\,str}^{1/2}$，$a_{21} = 0.2781 - 2.642i\,\mu\mathrm{K\,str}^{1/2}$，$a_{22} = -1.159 - 0.2468i\,\mu\mathrm{K\,str}^{1/2}$ である．m が負の係数は $a_{2\ -m} = (-1)^m a_{2m}^*$ で与えられる．十字の方向を原点とする座標系で展開すると $a_{20} = 4.366\,\mu\mathrm{K\,str}^{1/2}$ で，残りの係数はゼロである．この座標系では最大温度は $\sqrt{5/4\pi}a_{20} = 2.754\,\mu\mathrm{K}$ で与えられる．絶対値の 2 乗を m について和をとったもの $\sum_{m=-2}^{2} a_{2m}a_{2m}^*$ は天球座標の回転変換に対して不変であるから，どちらの座標系でも同じ値となる．

双極的異方性と異なり，光のドップラー効果による四重極異方性は測定が難しい．強度が小さいこともあるが，5 章で解説する重力場による四重極の温度異方性との区別が難しいためである．

第5章

重力場による温度異方性

本章では，宇宙の重力場の不均一性から生じる温度異方性を解説する．物質分布が不均一であれば重力場も不均一となり，宇宙を伝播する光は**重力赤方偏移**や青方偏移を受け，温度異方性が生じる．重力波が存在すれば，やはり光は重力赤方偏移や青方偏移を受け，温度異方性が生じる．

晴れ上がり以前の宇宙では光とバリオンは散乱を通じて強く結びつき，ともに運動する．バリオンの質量密度が高い領域では光のエネルギー密度も高い．晴れ上がり時刻になるとバリオンとの結合が切れて光の平均自由行程は急激に広がり，光は自由に進む．バリオンの質量密度が高い領域で暗黒物質の質量密度も高ければ（すなわち全質量密度が高ければ），光は物質密度が高い領域から飛び去る際に重力赤方偏移によってエネルギーを失う．その後，光が宇宙空間を旅する間に再び重力場の強い領域に入ると重力青方偏移によってエネルギーを得て，その領域を出る際にエネルギーを失う．重力場が時間変化しなければ得るエネルギーと失うエネルギーは相殺するが，時間変化すれば正味で温度は変化する．重力波が存在すれば重力場は時間変化し，温度は変化する．これらの効果により，天球上に$\ell \geqq 2$を持つ温度異方性が形成される．

重力場は光にエネルギーを与えたり光からエネルギーを奪うだけでなく，**重力レンズ効果**によって光の軌跡を曲げる．重力レンズ効果は新しい異方性を生成せず，等方的な CMB は重力レンズ効果を受けても等方的なままである．我々が天球上に測定する温度異方性の分布は，重力レンズ効果による光の軌跡の曲がりのため，晴れ上がり時刻の動径座標 r_L にある最終散乱面上の温度異方性の分布とはわずかに異なる．

時空のゆがみを数学的に定義するには，時空の任意の 2 点間の距離を定義すれば良い（5.1 節）．光の経路は時空のゆがみを決めれば決まり（5.2 節），光のエネルギーの変化（5.3 節）と軌跡の変化（5.6 節）を決める．天球上で大きな見込み角度を持つ温度異方性はゆらぎの初期条件の情報を保存している（5.4 節）．双極的異方性以外の，$\ell \geqq 2$ を持つ温度異方性は 1992 年に発見された（5.5 節）．この異方性は重力場による温度異方性として解釈できる．

5.1 ゆがんだ時空における 2 点間の距離

一般相対性理論によれば，エネルギー密度の分布に応じて時空はゆがみ，空間の任意の 2 点間の距離は式 (2.1) では記述できなくなる．エネルギー密度の高い領域では時計の進みは遅れるため，空間の任意の 2 点間の距離のみならず，4 次元時空の任意の 2 点間の距離も変化する．

本章では光速 c を 1 とする単位系を用いる．時空の任意の 2 点間の距離 ds_4 の 2 乗をデカルト座標で[*1]

$$ds_4^2 = -\exp(2\Phi)dt^2 + a^2\exp(-2\Psi)\sum_{i=1}^{3}\sum_{j=1}^{3}[\exp(D)]_{ij}dx^i dx^j\,, \tag{5.1}$$

と書く．添字 i や j は 1 から 3 までの自然数をとる．$[\exp(D)]_{ij}$ は，テイラー展開で $[\exp(D)]_{ij} \equiv \delta_{ij} + D_{ij} + \frac{1}{2}\sum_k D_{ik}D_{kj} + \frac{1}{6}\sum_{km} D_{ik}D_{km}D_{mj} + \cdots$ と定義する．新しい無次元変数 $\Phi(t,\boldsymbol{x})$，$\Psi(t,\boldsymbol{x})$，$D_{ij}(t,\boldsymbol{x})$ は時間と空間座標に依存し，絶対値は 1 より十分小さいとする．これらの変数の物理的な意味は，Φ はニュートンの重力ポテンシャル，Ψ は**空間曲率のゆらぎ**，D_{ij} は**重力波**である．Ψ は空間の任意の 2 点間の距離を等方的に変え，D_{ij} は非等方に変える．スケール因子 $a(t)$ は時間のみの関数である．ゆがみのない空間の曲率がゼロの場合，Ψ は 3 次元空間のスカラー曲率を $R_3 = 4\nabla^2\Psi/a^2$ と与える．∇^2 は共動座標 $\boldsymbol{x}$ に関するラプラス演算子で，$\nabla^2 = \sum_i \partial^2/\partial x^{i2}$ である．曲率の次元は長さの 2 乗の逆数で，Ψ は無次元量である．大雑把に言えば，Ψ は空間曲率のポテンシャルを表す．

D_{ij} は 3×3 の対称行列で，条件 $\sum_i D_{ii} = 0$，$\sum_i \partial D_{ij}/\partial x^i = 0$ を満たす．対称

行列 D_{ij} は自由に選べる行列要素が 6 個あるが，これらの条件のため 2 個のみが自由に選べる．一つ目の条件は，D_{ij} による空間のゆがみは面積を変えないという条件である．これは，$[\exp(D)]_{ij}$ の行列式は $\exp(\sum_i D_{ii})$ で，$\sum_i D_{ii}=0$ ならば行列式は 1 であることによる（Ψ によるゆがみは面積を変える）．二つ目の条件は，D_{ij} が横波であるという条件である．重力波の進行方向を x^3 方向にとると，D_{ij} は x^1-x^2 平面上でゼロでない値を持ち

$$D_{ij}=\begin{pmatrix} h_+ & h_\times & 0 \\ h_\times & -h_+ & 0 \\ 0 & 0 & 0 \end{pmatrix}, \tag{5.2}$$

と書ける．この重力波が，x^1-x^2 平面上（x-y 平面上）に円状に置いた質点に及ぼす影響を図 5.1（78 ページ）に示す．h_+ が増加すると x^1 方向の空間は引き伸ばされ，x^1 方向の質点間の距離は増加する．重力波は面積を変えないので x^2 方向の空間は縮まり，x^2 方向の質点間の距離は減少する．h_+ が減少すれば逆のこと

*1 （76 ページ）式（5.1）をゆがみの変数に関してテイラー展開すれば，1 次の精度で

$$ds_4^2=-(1+2\Phi)dt^2+a^2\sum_{i=1}^{3}\sum_{j=1}^{3}\left[(1-2\Psi)\delta_{ij}+D_{ij}\right]dx^i dx^j\,,$$

を得る．これは最も一般的な形ではないが，本書で扱う問題には適した形である．本書の記号は「ワインバーグの宇宙論」と同じである．文献 C.-P. Ma, E. Bertschinger, *Astrophys. J.*, **455**, 7（1995）の記号 ϕ，ψ，χ_{ij} との対応関係は $\psi=\Phi$，$\phi=\Psi$，$\chi_{ij}=D_{ij}$ である．一般的には，時空の任意の 2 点間の距離の 2 乗は 4×4 の対称行列 $g_{\mu\nu}$ を用いて $ds_4^2=\sum_{\mu\nu}g_{\mu\nu}dx^\mu dx^\nu$ と書く．ギリシャ文字の添字 μ，ν は 0 から 3 までの整数をとり，$x^0\equiv t$ とする．一般相対性理論は，任意の座標変換に対して方程式の形が変わらないように定義される．そのため，物理的自由度でない，座標変換の自由度を除去する必要がある．すなわち，物理的な時空のゆがみがないのに，座標変換によって見かけ上現れるゆがみを除去する必要がある．微小な座標変換を $x^\mu\to x'^\mu=x^\mu+\epsilon^\mu(x)$ と書く．ϵ^μ の大きさは 1 より十分小さいとする．この微小座標変換は時空にゆがみを生成するが，適当な座標条件を課し，ϵ^μ を曖昧さなく決めれば座標変換の自由度を除去できる．対称行列 $g_{\mu\nu}$ は自由に選べる行列要素が 10 個あるが，座標変換の自由度を除去すれば 6 個の自由度が残る．内訳は，2 個の**スカラー型**ゆがみ（Φ，Ψ），2 個の**テンソル型**ゆがみ（D_{ij}），2 個の**ベクトル型**ゆがみ（G_i）である．G_i は条件 $\sum_i \partial G_i/\partial x^i=0$ を満たす．本書で扱う問題では，ベクトル型ゆがみは時間とともに常に減衰するので，最初からゼロであると仮定する．式（5.1）を与える座標系は**ニュートンゲージ**と呼ばれる．宇宙論研究者が良く使う座標系には他に**同期ゲージ**があり，2 点間の距離は

$$ds_4^2=-dt^2+a^2\sum_{i=1}^{3}\sum_{j=1}^{3}(\delta_{ij}+h_{ij})dx^i dx^j\,,$$

で与えられる．座標変換の自由度に関するより詳しい解説は，「ワインバーグの宇宙論」，5.3 節を見よ．

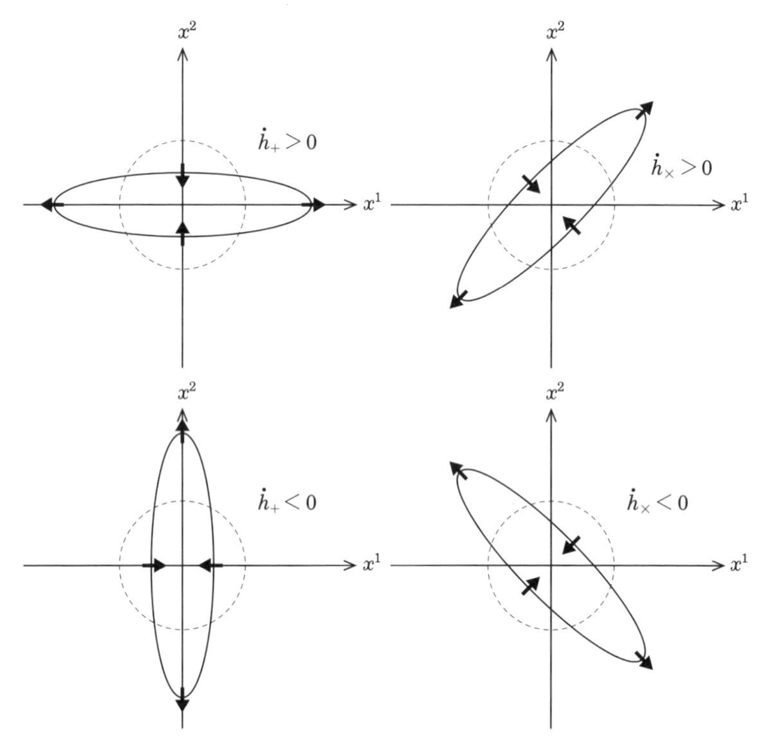

図5.1 x^3 方向に進行する重力波によって生じる質点の集合の運動．破線は重力波に影響される前の質点の集合の位置を，実線は重力波が通過したときの質点の集合の位置を示す．左図は h_+ による運動，右図は $h_\times$ による運動を示す．

が起こる．次に，$h_\times$ が増加すると x^1-x^2 平面上で 45 度の方向の空間が引き伸ばされ，それと直交する方向の空間は縮まる．$h_\times$ が減少すれば逆のことが起こる．

重力波が直接測定された！(1)

2016 年 2 月 11 日，米国ワシントン DC の米国科学財団（National Science Foundation; 以下 NSF）の記者会見場で，カリフォルニア工科大学のデービッド・ライツェ（David Reitze）は開口一番，こう切り出した．「みなさん．我々は重力波を検出しました．やりました！(Ladies and gentlemen, we have detected gravitational waves. We did it!)」1916 年にアインシュタイン*2によってその存在が予言された重力波は，ちょうど 100 年の時を経て，ついに直接的に測定された[*3]のであった．測定は，米国ワシントン州ハンフォードと，ルイジアナ州リビングストンに設置されたレーザー干渉計重力波観測所「ライゴ」（Laser Interferometer Gravitational-Wave Observatory; LIGO）によってなされた．信号が測定されたのは発表の約半年前の 2015 年 9 月 14 日で，信号の持続時間は 0.4 秒程度であった．すなわち，何か突発的な天体現象による重力波であった．信号はまずハンフォードの装置で測定され，その 7 ミリ秒後に同様の信号がリビングストンで測定された．これは重力波が光速度で伝わったことと矛盾しない．測定された重力波の周波数は 35 から 250 ヘルツ程度で，波長にして 8500 キロから 1200 キロ程度であった．0.4 秒間に記録された重力波の波形は，太陽質量の 36^{+5}_{-4} 倍と 29 ± 4 倍の質量を持つ 2 つのブラックホールが互いのまわりを公転運動し，重力波を放出しながら互いに近づき，最後に合体して太陽質量の 62 ± 4 倍の質量を持つブラックホールになったものだと解釈された．誤差は 90%の信頼領域を示す．すなわち，太陽質量の 3.0 ± 0.5 倍に光速の 2 乗をかけたエネルギーに相当する重力波が放出されたことになる．凄まじい天体現象である．ブラックホールが互いに近づくほど重力波の周波数と振幅は増加し，合体した後の振幅は弱くなる．そのような特徴的な波形により，初の重力波の直接測定，および初のブラックホールの「連星系」の発見は確実なものとされた．

重力波が直接測定された！(2)

ライゴ計画は，マサチューセッツ工科大学のライナー・ヴァイス（Rainer Weiss），およびカリフォルニア工科大学のキップ・ソーン（Kip S. Thorne）とロナルド・ドレバー（Ronald W.P. Drever）を中心として，1992 年に NSF に提案された．ヴァイスは，COBE 衛星を立ち上げた中心人物の一人でもある．NSF がこれまでに投じた費用は約 11 億ドルであった．これは NSF の歴史の中で最大の金額で，まさにハイ・リスク，ハイ・リターンの計画であった．ライゴにより，ついに「重力波天文学」の幕が明けたのであった．

レーザー干渉計を用いた重力波の測定手法はヴァイスのアイデアであった．それに基づき，ミュンヘン郊外のガーヒングにあるマックス・プランク宇宙物理学研究所のハインツ・ビリング（Heinz Billing）は，長さが 30 メートルのレーザー干渉計を製作して実験を行った．その実験データから得られた知見は，その後のすべてのレーザー干渉計の計画に多大な影響を与え，ライゴ計画が NSF

に承認されるのを大いに助けた．ヴァイスによれば，ビリングは「重力波が発見されるまでは生き続ける」と語っていたそうである．その言葉どおり，彼は101歳のとき，ライゴによる重力波検出の報告を聞いた．そして2017年1月4日，102歳でこの世を去った．ビリングは，ドイツで初めての計算機（ゲッティンゲン1; Göttingen 1）を開発した人物でもあった．

本書で扱う「原始重力波」の波長は，数十億光年に及ぶ．そのような長波長の重力波を測定するにはライゴのようなレーザー干渉計ではなく，テンソル型のザクス–ヴォルフェ効果による温度異方性，およびそれを電子が散乱して生成される偏光の測定が必要である．

5.2 測地線の方程式

散乱や吸収がなければ，光は時空の任意の2点間を「まっすぐ」進む．より正確に言えば，光は任意の2点間の距離が最短になる経路を進み，その経路は $ds_4 = 0$ で与えられる．最短経路に沿う座標を u と書こう．すると，デカルト座標で書いた光子の位置座標 $x^\mu = (t, x^i)$ が従う運動方程式は，**測地線の方程式**と呼ばれる以下の方程式[*4]

$$\frac{d^2 x^\lambda}{du^2} + \sum_{\mu=0}^{3} \sum_{\nu=0}^{3} \Gamma^\lambda_{\mu\nu} \frac{dx^\mu}{du} \frac{dx^\nu}{du} = 0\,, \tag{5.3}$$

に従う．この方程式はまっすぐ進む光を記述する．初項だけ（$d^2 x^\lambda / du^2 = 0$）だとわかりやすいが，これは一般座標変換に対して方程式の形を変えるので，一般相対性理論の要請に適さない．2項目を加えると一般座標変換に対して方程式の形は変わらず，この項が重力場による時空のゆがみの効果を記述する．

$\Gamma^\lambda_{\mu\nu}$ はアフィン接続，あるいはクリストッフェル記号と呼ばれ，式（5.1）の変数の1階微分の組み合わせで与えられる．具体的には，時空の任意の2点間の距離の2乗を $ds_4^2 = \sum_{\mu\nu} g_{\mu\nu} dx^\mu dx^\nu$ と書けば，アフィン接続は

---

*2 （78ページ）A. Einstein, *Sitzungsber. K. Preuss. Akad. Wiss.*, **1**, 688（1916）.

*3 （79ページ）LIGO Scientific Collaboration and Virgo Collaboration, *Phys. Rev. Lett.*, **116**, 061102（2016）.

*4 「ワインバーグの宇宙論」，B.4節．

$$\Gamma^{\lambda}_{\mu\nu} \equiv \frac{1}{2}\sum_{\rho=0}^{3} g^{\lambda\rho}\left(\frac{\partial g_{\rho\mu}}{\partial x^{\nu}} + \frac{\partial g_{\rho\nu}}{\partial x^{\mu}} - \frac{\partial g_{\mu\nu}}{\partial x^{\rho}}\right), \tag{5.4}$$

と定義される．$g_{\mu\nu}$ の成分はそれぞれ $g_{00} = -\exp(2\Phi)$，$g_{0i} = 0$，$g_{ij} = a^2\exp(-2\Psi)[\exp(D)]_{ij}$ である．

式 (5.3) を解けば，ゆがんだ時空中を光子がどのように伝わるかがわかる．温度異方性を得るには位置座標よりも運動量を扱うのが便利である．光子の 4 元運動量ベクトルを

$$p^{\mu} \equiv \frac{dx^{\mu}}{du}, \tag{5.5}$$

と定義し，測地線の方程式を

$$\frac{dp^{\lambda}}{dt} + \sum_{\mu=0}^{3}\sum_{\nu=0}^{3}\Gamma^{\lambda}_{\mu\nu}\frac{p^{\mu}p^{\nu}}{p^{0}} = 0, \tag{5.6}$$

と書く．

式 (5.1) の変数を用いてアフィン接続を計算[*5]し，式 (5.6) を書き下せば，非一様時空における光の伝播を記述する方程式を得る．計算は煩雑でも，概念は単純である．すなわち，任意の 2 点間の距離を用いてゆがんだ時空を定義し，光子は 2 点間の最短距離を進むとすれば，非一様時空における光の伝播が決まる．

5.3 光子のエネルギー変化

光子の運動量ベクトルの空間成分の内積は

[*5] スカラー型の時空のゆがみでは

$$\Gamma^{0}_{00} = \dot{\Phi}, \quad \Gamma^{0}_{0i} = \frac{\partial\Phi}{\partial x^{i}}, \quad \Gamma^{i}_{00} = \exp(2\Phi)\sum_{j} g^{ij}\frac{\partial\Phi}{\partial x^{j}},$$
$$\Gamma^{i}_{0j} = \left(\frac{\dot{a}}{a} - \dot{\Psi}\right)\delta^{i}_{j}, \quad \Gamma^{0}_{ij} = \exp(-2\Phi)\left(\frac{\dot{a}}{a} - \dot{\Psi}\right)g_{ij},$$
$$\Gamma^{k}_{ij} = \delta_{ij}\sum_{\ell}\delta^{k\ell}\frac{\partial\Psi}{\partial x^{\ell}} - \delta^{k}_{i}\frac{\partial\Psi}{\partial x^{j}} - \delta^{k}_{j}\frac{\partial\Psi}{\partial x^{i}},$$

である．この表式は厳密で，すべての次数の Φ と Ψ に対して成り立つ．変数の上の点（ドット）は時間に関する偏微分を表し，たとえば $\dot{\Phi} = \partial\Phi/\partial t$ である．テンソル型のゆがみでも同様に厳密な表式を導けるが煩雑なので，D_{ij} に関して 1 次の精度で

$$\Gamma^{i}_{0j} = \frac{\dot{a}}{a}\delta^{i}_{j} + \frac{1}{2}\sum_{k}\delta^{ik}\dot{D}_{kj}, \quad \Gamma^{0}_{ij} = \frac{\dot{a}}{a}g_{ij} + \frac{a^2}{2}\dot{D}_{ij},$$
$$\Gamma^{k}_{ij} = \frac{1}{2}\sum_{\ell}\delta^{k\ell}\left(\frac{D_{i\ell}}{\partial x^{j}} + \frac{D_{\ell j}}{\partial x^{i}} - \frac{D_{ij}}{\partial x^{\ell}}\right),$$

と書く．残りの成分はゼロである．

$$p^2 \equiv \sum_{i=1}^{3}\sum_{j=1}^{3} g_{ij}p^i p^j\,, \tag{5.7}$$

で，光子のエネルギーの2乗を与える．光子の経路は $ds_4 = 0$ で与えられるので，4元運動量ベクトルは

$$\sum_{\mu=0}^{3}\sum_{\nu=0}^{3} g_{\mu\nu}p^\mu p^\nu = 0\,, \tag{5.8}$$

を満たし，$p = \exp(\Phi)p^0$ を得る．次に，デカルト座標における光子の進行方向ベクトル γ^i を定義する．p^i は γ^i に比例し，方向ベクトルは $\sum_i(\gamma^i)^2 = 1$ を満たすとすれば，D_{ij} に関して1次の精度で

$$\gamma^i = a\exp(-\Psi)\left[1 + \frac{a^2\exp(-2\Psi)}{2}\sum_{jk} D_{jk}\frac{p^j p^k}{p^2}\right]\frac{p^i}{p}\,, \tag{5.9}$$

を得る．D_{jk} を含む項は，重力波による光の軌跡の曲がりを考慮する際にのみ必要で，その効果は小さい．よって本書では無視し，方向ベクトルを

$$\gamma^i \equiv a\exp(-\Psi)\frac{p^i}{p}\,, \tag{5.10}$$

と定義する．これらの関係式と測地線の方程式（5.6）で $\lambda = 0$ とした表式とを組み合わせれば，光子のエネルギー変化を与える方程式として

$$\frac{1}{p}\frac{dp}{dt} = -\frac{\dot{a}}{a} + \dot{\Psi} - \frac{1}{a}\sum_i \frac{\partial\Phi}{\partial x^i}\gamma^i - \frac{1}{2}\sum_{ij}\dot{D}_{ij}\gamma^i\gamma^j\,, \tag{5.11}$$

を得る．ただし，Ψ，Φ，D_{ij} に関して1次の項のみ残した．$\dot{\Psi}$ と $\dot{D}_{ij}$ は時間に関する偏微分を表す．

右辺の各項は物理的に理解できる．初項は一様等方な宇宙膨張による赤方偏移で，光子のエネルギーは a^{-1} に比例して減衰する．2項目も初項と同様の効果である．Ψ は空間2点間の距離を等方的に変える．重力波を無視すれば，空間2点間の距離の2乗は $a^2(t)\exp[-2\Psi(t,\boldsymbol{x})]d\boldsymbol{x}^2$ で与えられ，Ψ はスケール因子 a が局所的な重力場によって変化する割合とみなせる．そこで，新しいスケール因子として $\tilde{a}(t,\boldsymbol{x}) \equiv a(t)\exp[-\Psi(t,\boldsymbol{x})]$ を定義し，光子のエネルギーは局所的な重力場の効果を含むスケール因子の逆数 $\tilde{a}^{-1}$ に比例して減衰すると理解する．

3項目は重力赤方偏移を表す．光子の進行方向に向かって重力ポテンシャルが

深くなると，$\sum_i (\partial \Phi / \partial x^i) \gamma^i < 0$ であるから光子はエネルギーを得る．逆の場合はエネルギーを失う．例として，地球の表面からある波長の光を上空へ放射し，人工衛星などを用いてその光の波長を測定するとしよう．地表からの距離を u と書けば，ポテンシャルは $\Phi(u) = -GM_E/(r_E + u)$ で与えられる．光子の進行方向とポテンシャルの微分との内積は $\sum_i (\partial \Phi / \partial x^i) \gamma^i = \partial \Phi / \partial u > 0$ なので，光子はエネルギーを失い，波長がわずかに伸びる．M_E と r_E はそれぞれ地球の質量と平均半径である．光速が 1 の単位系では $t = u$ であるから，式（5.11）から微分方程式 $d \ln p / du = -\partial \Phi / \partial u$ が得られ，解は $p(u) = p(0) \exp[\Phi(0) - \Phi(u)]$ である．指数関数をテイラー展開すれば，Φ に関して 1 次の精度のエネルギー変化の割合として $[p(u) - p(0)]/p(0) \approx \Phi(0) - \Phi(u) = \Phi(0) u/(u + r_E)$ を得る．$\Phi(0)$ の値は，地表の重力加速度 $g = GM_E/r_E^2 = 9.8\,\mathrm{m\,s^{-2}}$ と $r_E = 6378\,\mathrm{km}$ とを用いて $\Phi(0) = -g r_E / c^2 \approx -6.95 \times 10^{-10}$ と得られる．これは小さい効果であるが，現実に測定[*6]されている．

4 項目は重力波による重力赤方偏移を表す．x^3 方向に進行する重力波 D_{ij} は式（5.2）で与えられる．x^3 方向は空間がゆがまないので，x^3 方向に進む光子のエネルギーは変化しない．他の方向の振る舞いを理解するため，x^3 方向に伝播する重力波が生成する温度異方性を具体的に書き下そう．

$$\left(\frac{1}{p} \frac{dp}{dt} \right)_{\text{重力波}} = -\frac{1}{2} \dot{h}_+ \left[(\gamma^1)^2 - (\gamma^2)^2 \right] - \dot{h}_\times \gamma^1 \gamma^2 . \tag{5.12}$$

h_+ が増加すれば x^1 方向の空間は伸び（図 5.1），x^1 方向に進む光子は赤方偏移でエネルギーを失う．x^2 方向の空間は縮み，光子はエネルギーを得る．$h_\times$ が増加すれば x^1-x^2 平面上の 45 度方向の空間は伸び，光子はエネルギーを失い，直交する方向に進む光子はエネルギーを得る．すなわち，**重力波による光子のエネルギー変化（ひいては温度変化）は，四重極の角度依存性を持つ**．

式（5.11）を積分するため，x^i に関する偏微分を時間に関する全微分 $d\Phi/dt$ と偏微分 $\dot{\Phi}$ で

$$\frac{1}{a} \sum_i \frac{\partial \Phi}{\partial x^i} \gamma^i = \frac{d\Phi}{dt} - \dot{\Phi} , \tag{5.13}$$

---

*6 R. V. Pound, G. A. Rebka, Jr., *Phys. Rev. Lett.*, **3**, 439（1959）; *ibid.* **4**, 337（1960）.

と書く．すると，式（5.11）の積分は t_L を最終散乱時刻として

$$\ln(ap)(t_0)=\ln(ap)(t_L)+\Phi(t_L)-\Phi(t_0)+\int_{t_L}^{t_0}dt\ (\dot{\Phi}+\dot{\Psi})-\frac{1}{2}\sum_{ij}\int_{t_L}^{t_0}dt\ \dot{D}_{ij}\gamma^i\gamma^j\,, \tag{5.14}$$

である．時空のゆがみは，1次の精度では黒体放射のスペクトルを変えないので，光子のエネルギーの変化は黒体放射の温度の変化に等しい．さらに，平均温度は a^{-1} に比例して減少するので，光子のエネルギーと a との積 ap の変化は平均温度からのずれ，すなわち温度異方性を表す．

時空のゆがみを表す変数の空間座標依存性も省略せずに書くため，地球を中心とする球座標の動径座標 r と視線方向ベクトル $\hat{n}$（式（4.1））とを用いて，空間座標を $x^i=\hat{n}^i r$ と書く．$\hat{n}^i$ は光子の進行方向ベクトル γ^i と $\hat{n}^i=-\gamma^i$ で関係する．積分は光子の経路に沿って行われ，異なる時刻は異なる r に相当する．時刻 t に対応する動径座標は，光子の経路 $ds_4=0$ を空間曲率がゼロの平坦な一様等方宇宙で動径座標に沿って積分して

$$r(t)=\int_t^{t_0}\frac{dt'}{a(t')}\,, \tag{5.15}$$

で与えられる．スケール因子 $a(t)$ の絶対値に物理的意味はないので，絶対値に依存する r は物理的な距離を意味**しない**．物理的な距離を得るには適当な時刻でのスケール因子をかける必要がある．たとえば $a(t)r(t)$ は時刻 t までの物理的な**角径距離**を表し，動径座標 r にある物理的長さ D の物体を見込む角度を $\theta=D/ar$ と与える．現在のスケール因子 a_0 をかけた量 $a_0r(t)$ は**共動距離**と呼ばれる．本書ではしばしば r を距離と呼ぶことがあるが，特に断らない限りそれは共動距離を指す．

式（5.14）より，任意の方向 $\hat{n}$ における温度異方性は

$$\begin{aligned}\frac{\Delta T(\hat{n})}{T_0}=&\frac{\delta T(t_L,\hat{n}r_L)}{\bar{T}(t_L)}+\Phi(t_L,\hat{n}r_L)-\Phi(t_0,0)\\&+\int_{t_L}^{t_0}dt\ (\dot{\Phi}+\dot{\Psi})(t,\hat{n}r)-\frac{1}{2}\sum_{ij}\int_{t_L}^{t_0}dt\ \dot{D}_{ij}(t,\hat{n}r)\hat{n}^i\hat{n}^j\,,\end{aligned} \tag{5.16}$$

と書ける．我々が現在の時刻で測定する天球上の温度異方性を $\Delta T(\hat{n})$ と書き，ある時刻 t に空間座標 $\boldsymbol{x}$ に存在する温度ゆらぎ $\delta T(t,\boldsymbol{x})$ とは区別する．$\bar{T}(t)$ は時

図5.2 スカラー型の時空のゆがみによる温度異方性（式（5.16））．光は左方向に進む．波線は光の波長を表す．晴れ上がり時刻 t_L に重力ポテンシャルの底にある光が温度ゆらぎ $\delta T/\bar{T}$ を持つとする．晴れ上がり後に光が重力ポテンシャルから脱出すると，重力赤方偏移で波長が伸びてエネルギーを失い，温度は $\delta T/\bar{T}+\Phi$ と変化する．その後光が別の重力ポテンシャルに落ち込むと，重力青方偏移で波長は縮んでエネルギーを得る．光がこのポテンシャルを脱出する前にポテンシャルが時間変化して浅くなれば，赤方偏移で失うエネルギーは得たエネルギーより小さいので光は正味でエネルギーを得る．

刻 t における平均温度で，対応する赤方偏移で書けば $\bar{T}=T_0(1+z)$ である．式 (5.16) は，1967 年にライナー・ザクス（Rainer K. Sachs）とアーサー・ヴォルフェ（Arthur M. Wolfe）によって導かれた[*7]．ただし，この式は 4.2 節で述べた観測者の運動による光のドップラー効果を含まない．最終散乱面上の物質の運動による光のドップラー効果は $\delta T(t_L,\hat{n}r_L)$ に含める．

式 (5.16) の右辺の物理的な意味を考えよう（図 5.2）．最終散乱面において，光子は重力ポテンシャルの底にいたとする．この光子が持っていた温度異方性は $\delta T(t_L,\boldsymbol{x})/\bar{T}(t_L)$ である．この光子が重力ポテンシャルを脱出すると，重力赤方偏移によって温度は $\delta T(t_L,\boldsymbol{x})/\bar{T}(t_L)+\Phi(t_L,\boldsymbol{x})$ と変化する．これが最初の 2 項の意味である．3 項目は観測者の位置の重力ポテンシャルによる重力赤方偏移であるが，視線方向に依存しないので温度の平均値を再定義して除く．

4 項目は時間変動する重力ポテンシャルと曲率ゆらぎによる温度変化を表す．光子が宇宙空間を旅する間に，物質密度が高い領域を通過したとしよう．この領域に入ると，光子は重力青方偏移によってエネルギーを得るが，この領域から出る際に同じ量のエネルギーを失うため，正味で温度は変化しない．しかし，光子

[*7] R. K. Sachs, A. M. Wolfe, *Astrophys. J.*, **147**, 73 (1967)．論文では，本書で無視したベクトル型のゆがみも考慮されている．

が通過する間に Φ や Ψ が時間変化すれば，光子の温度も変化する．光子が通過する間に重力ポテンシャルが浅くなった（$\dot{\Phi} > 0$）とする．8章で学ぶが，本書で扱う範囲では Ψ と Φ は常にほぼ等しいので，$\dot{\Phi} + \dot{\Psi} \approx 2\dot{\Phi} > 0$ である．すると，光子がこの領域を出る際に失うエネルギーは入ったときに得たエネルギーより小さいので，温度は上昇する．5項目の物理的解釈は先ほど述べたとおりである．これらの項は，時空のゆがみの変数の時間変動による効果である．温度異方性の解が積分形式で与えられるため，**積分ザクス–ヴォルフェ効果**と呼ばれる．4項目はスカラー型，5項目はテンソル型の積分ザクス–ヴォルフェ効果である．

式（5.16）は，最終散乱面から観測者に到達するまで光は散乱されたり吸収されたりしない，つまり晴れ上がり以降の宇宙はCMBの光子に対して透明であることを仮定している．これは良い近似であるが，厳密には正しくない．特に，赤方偏移が20程度より小さくなると，初代の星々が形成され，星々が発する強い紫外光によって宇宙は**再電離**する．再電離によって生じた自由電子はCMBの光子を再び散乱する．この効果を取り入れるには，スカラー型とテンソル型の積分ザクス–ヴォルフェ効果の被積分関数に $\exp[-\tau(t)]$ をかければ良い．$\tau(t)$ は式（3.24）で定義した光学的厚さで，1より十分小さいときには光子が散乱される確率を表す．

11.5節で学ぶように，宇宙の再電離で生成された電子に再び散乱されたCMBは偏光する．その偏光強度は，現在から最終散乱時刻まで積分された光学的厚さ τ に比例する．τ の測定値はまだ不定性が大きいが，0.1よりは小さく[*8]，再散乱されたCMBの光子は全体の10%以下であると結論できる．

5.4 ゆらぎの初期条件

本節では，最終散乱面上の温度異方性を表す式（5.16）の右辺初項を議論する．本書では，数密度，エネルギー密度，圧力などを表す変数 $X(t,\boldsymbol{x})$ の空間的な平均値を $\bar{X}(t)$ と書き，**ゆらぎ**を平均値からのずれ $\delta X(t,\boldsymbol{x}) \equiv X(t,\boldsymbol{x}) - \bar{X}(t)$ と定義する．方程式は，ゆらぎの変数に関して1次の精度まで書く．ゆらぎの初期条件を与える時刻は t_i と書き，最終散乱時刻よりもずっと早期（$t_i \ll t_L$）であるとする．

[*8] L. Page, *et al.*, *Astrophys. J. Suppl.*, **170**, 335（2007）; G. Hinshaw, *et al.*, *Astrophys. J. Suppl.*, **208**, 19（2013）; Planck Collaboration, *Astron. Astrophys.*, **594**, A13（2016）; *ibid.* **596**, A107（2016）.

5.4.1 断熱ゆらぎ

最終散乱時刻以前には光子とバリオンは電子を介した散乱によって結びついているので，バリオンの密度が高い領域では光子の密度も高いと考えるのは自然である．そこで，それぞれの領域においてバリオン粒子と光子の数密度は異なるが，**数密度の比はあらゆる領域で等しい**とする初期条件が考えられる．この条件のもとでは，光子数密度のゆらぎ δn_γ とバリオン数密度のゆらぎ δn_B は $\delta n_\gamma(\boldsymbol{x})/\bar{n}_\gamma = \delta n_B(\boldsymbol{x})/\bar{n}_B$ で関係する．黒体放射の光子の数密度は温度のみの関数（$n_\gamma \propto T^3$）で，バリオン数密度は質量密度 ρ_B に比例するので，温度とバリオン質量密度のゆらぎとの関係式として

$$3\frac{\delta T(t_i, \boldsymbol{x})}{\bar{T}(t_i)} = \frac{\delta\rho_B(t_i, \boldsymbol{x})}{\bar{\rho}_B(t_i)}, \tag{5.17}$$

を得る．これは**断熱的初期条件**として知られる．名前の由来は歴史的な理由から[*9]であるが，物理的には，**異なる種類の粒子の数密度比があらゆる場所で等しい**という条件として理解すれば良い．この条件に従うゆらぎは**断熱ゆらぎ**と呼ばれる．同様に，ニュートリノは温度が 100 億度 K 以上あったころには光子やバリオン粒子と熱平衡状態にあったので，断熱的初期条件を課すのは自然である．

バリオンと光子は電子を介して散乱するので断熱的初期条件で良いとしても，重力相互作用を除いて光子とほとんど相互作用しない暗黒物質にも断熱的初期条件を課して良いだろうか？　この問いに答えるためには，CMB の温度異方性の観測データを断熱的初期条件を仮定して計算した理論予言と比較して判断する以外に方法はない．現在の観測データは断熱的初期条件と無矛盾である．暗黒物質が断熱的初期条件に従う可能性として，2 つ挙げる．まず，現在は暗黒物質は他の粒子と重力以外に相互作用しないが，相互作用は弱いだけでゼロではないかもしれない．すると，過去に数密度が高かった頃には相互作用の平均自由時間はハッブル時間より短かったかもしれない．そうであれば，暗黒物質，バリオン，光子

---

*9　光子のエントロピー密度 s は光子の数密度に比例する．したがって，光子とバリオン粒子の数密度の比があらゆる場所で等しいということは，バリオン粒子 1 個あたりの光子のエントロピー s/n_B があらゆる場所で等しいということである．熱力学では，エントロピーを一定に保つ過程を「断熱過程」と呼ぶため，s/n_B を一定に保つゆらぎは，歴史的に断熱ゆらぎと呼ばれる．現在では，特に断熱過程にこだわらず，異なる種類の粒子の数密度比があらゆる場所で等しいゆらぎを断熱ゆらぎと定義する．同様の理由により，粒子の数密度比のゆらぎは「エントロピーゆらぎ」と呼ばれる（5.4.2 節）．

は局所的熱平衡となり，空間の各点における各々の数密度は局所的な温度のみで決まり[*10]，数密度比はあらゆる場所で等しくなる．しかし，暗黒物質と他の粒子との相互作用が非常に弱ければ，過去にも他の粒子と熱平衡になれなかったかもしれない．その場合には断熱的初期条件が成り立つ理由はない．2 つ目の可能性として，宇宙初期には単一のエネルギー成分しかなく，それが暗黒物質，バリオン，光子，ニュートリノなど，すべての粒子の源となったとする．すべての粒子の起源が同じなら，数密度比はあらゆる場所で等しくなる．

エネルギー成分 α が持つ平均圧力と平均エネルギー密度との比が $w_\alpha \equiv \bar{P}_\alpha/\bar{\rho}_\alpha$ で与えられるとする．各々の成分間にエネルギーのやりとりがなければ，エネルギー保存則の式（2.14）より，平均エネルギー密度は $a^{-3(1+w_\alpha)}$ に比例する．数密度は a^{-3} に比例するから，$\rho_\alpha \propto n_\alpha^{1+w_\alpha}$ である．すると，任意の成分 α と β との間に成り立つ断熱的初期条件の一般形は

$$\frac{\delta\rho_\alpha(t_i,\boldsymbol{x})}{\bar{\rho}_\alpha(t_i)+\bar{P}_\alpha(t_i)} = \frac{\delta\rho_\beta(t_i,\boldsymbol{x})}{\bar{\rho}_\beta(t_i)+\bar{P}_\beta(t_i)}\,, \tag{5.18}$$

となる．エネルギー保存則の式（2.14）を再び用いれば，これは

$$\frac{\delta\rho_\alpha(t_i,\boldsymbol{x})}{\dot{\bar{\rho}}_\alpha(t_i)} = \frac{\delta\rho_\beta(t_i,\boldsymbol{x})}{\dot{\bar{\rho}}_\beta(t_i)}\,, \tag{5.19}$$

に等しい．

初期時刻で断熱的なゆらぎは，その後も断熱的であり続けるだろうか？　この問いに答えるため，ゆらぎの**長波長極限**をとる．$X(t,\boldsymbol{x})$ をフーリエ変換し，ゆらぎの波長がその時刻におけるハッブル長よりも長いフーリエ係数のみを取り出し，フーリエ逆変換する．長波長を残すフィルターを「ローパスフィルター（LPF）」と呼ぶ[*11]．長波長では空間微分は時間微分に比べて無視できる．エネルギー保存

[*10] ただし，熱平衡状態の数密度は温度だけでなく化学ポテンシャルにも依存するため，熱平衡状態になる前にゼロでない化学ポテンシャルが暗黒物質，バリオン，あるいは光子のどれかに存在すれば，数密度比が一様にならない可能性もある．

[*11] 長波長は，小さな（ローな）値の波数 q に相当することから，そのような名前で呼ばれる．フィルターとしては，たとえばガウス関数が考えられ，

$$[X(t,\boldsymbol{x})]_{\rm LPF} = \int \frac{d^3q}{(2\pi)^3}\; X_{\boldsymbol{q}}(t)\exp\left(i\boldsymbol{q}\cdot\boldsymbol{x} - \frac{q^2}{2q_{\rm LPF}^2}\right)\,,$$

と書けば，$q > q_{\rm LPF}$ を持つ短波長のゆらぎの寄与は指数関数的に小さくなる．ハッブル長に相当する波数は aH なので，$q_{\rm LPF}$ として aH より小さな値を選べば良い．

則が個別の成分に対して成り立てば，密度ゆらぎの発展方程式の長波長極限は[12]

$$\delta\dot{\rho}_\alpha + \frac{3\dot{a}}{a}(\delta\rho_\alpha + \delta P_\alpha) - 3(\bar{\rho}_\alpha + \bar{P}_\alpha)\dot{\Psi} = 0\,, \tag{5.20}$$

と書ける．この式の導出は 8 章で行うが，結果は物理的に理解できる．最初の 3 項は，$\dot{\rho}_\alpha + (3\dot{a}/a)(\rho_\alpha + P_\alpha) = 0$ のゆらぎの部分である．次の項 $-3(\bar{\rho}_\alpha + \bar{P}_\alpha)\dot{\Psi}$ は，測地線の方程式（5.11）の右辺第 2 項を理解したように，曲率ゆらぎを含めたスケール因子 $\tilde{a}(t, \boldsymbol{x}) = a(t)\exp[-\Psi(t, \boldsymbol{x})]$ を用い，ゆらぎを含むエネルギー密度は $\tilde{a}^{-3(1+w_\alpha)}$ に比例するとすれば理解できる．このような物理的考察から得られた式（5.20）が，きちんと導出した式と一致するのは興味深いことである．ゆらぎの波長がハッブル長より長い極限では，ハッブル長程度の大きさを持つ領域内部の密度分布はほぼ一様である．異なる領域間の距離はハッブル長以上なので，お互いに影響を及ぼさない．すなわち，ハッブル長程度の大きさを持つ各々の領域はそれぞれが孤立した一様等方宇宙であるかのように振る舞い，それぞれの領域のスケール因子は長波長の曲率ゆらぎ Ψ のぶんだけ異なる．このような考え方は，それぞれの領域を孤立した（セパレートした）宇宙として扱うので，**セパレート宇宙**と呼ばれる．

もし，$P_\alpha(t, \boldsymbol{x})$ が $\rho_\alpha(t, \boldsymbol{x})$ のみの関数であれば，長波長極限において便利な保存量 $\zeta_\alpha(\boldsymbol{x})$ が存在する．$P_\alpha = P_\alpha(\rho_\alpha)$ であれば $\delta P_\alpha = (\dot{\bar{P}}_\alpha/\dot{\bar{\rho}}_\alpha)\delta\rho_\alpha$ であり，式（5.20）を時間積分すれば

$$\frac{1}{3}\frac{\delta\rho_\alpha(t, \boldsymbol{x})}{\bar{\rho}_\alpha(t) + \bar{P}_\alpha(t)} - \Psi(t, \boldsymbol{x}) = \zeta_\alpha(\boldsymbol{x})\,, \tag{5.21}$$

を得る．積分定数 $\zeta_\alpha(\boldsymbol{x})$ は，時間に依らない定数である．式（5.18）より，断熱的初期条件が満たされれば ζ_α はエネルギー成分 α に依存せず，すべてのエネルギー成分に対して等しい[13]．すなわち，断熱的初期条件ではすべての成分の組み合わせに対して $\zeta_\alpha = \zeta_\beta$ かつ，ζ_α は時間に依らないので，**初期時刻に断熱的初期条件を満たすゆらぎは，ゆらぎの波長がハッブル長より長い限り，その後も断熱的であり続ける**．この場合の ζ_α を単に ζ と書こう．ゆらぎの波長がハッブル長より長

[12] D. H. Lyth, K. A. Malik, M. Sasaki, *JCAP*, **0505**, 004 (2005).

[13] すべての α に対して $\zeta_\alpha \equiv 0$ となる初期条件も，断熱的初期条件とみなせる．この場合，エネルギー密度の初期ゆらぎは $\delta\rho_\alpha(t_i, \boldsymbol{x}) = 3[\bar{\rho}_\alpha(t_i) + \bar{P}_\alpha(t_i)]\Psi(t_i, \boldsymbol{x})$ で与えられ，Ψ の解は $\Psi(t, \boldsymbol{x}) = \mathcal{C}(\boldsymbol{x})H(t)/a(t)$ で与えられる．$\mathcal{C}(\boldsymbol{x})$ は時間に依らない積分定数である．すると $\delta\rho_\alpha(t, \boldsymbol{x})/[\bar{\rho}_\alpha(t, \boldsymbol{x}) + \bar{P}_\alpha(t, \boldsymbol{x})] \propto H(t)/a(t)$ が得られ，これは**時間とともに減衰する断熱的な解**である．

いと ζ の値は変化しない．宇宙初期にはハッブル長（$cH^{-1} = 2ct$）は短いので，宇宙初期における ζ の値を初期値とすれば，現在の時刻で観測可能な波長を持つゆらぎの初期値が決まる．そのような断熱的初期ゆらぎの起源の解明は現代宇宙論の重要課題の一つである．

物質密度が高い領域のポテンシャルは深いので，$\delta\rho_M(t,\boldsymbol{x}) \propto -\Phi(t,\boldsymbol{x})$ である．導出は 8.6.1 節で与えるが，物質優勢宇宙で，かつ長波長では

$$\frac{\delta\rho_M(t,\boldsymbol{x})}{\bar{\rho}_M(t)} = -2\Phi(t,\boldsymbol{x}), \tag{5.22}$$

である．長波長のゆらぎは断熱的でありつづけるので，最終散乱時刻を物質優勢宇宙と近似すれば

$$\frac{\delta T(t_L,\boldsymbol{x})}{\bar{T}(t_L)} = -\frac{2}{3}\Phi(t_L,\boldsymbol{x}), \tag{5.23}$$

が得られ，式（5.16）の右辺の初項と第2項との和は

$$\frac{\delta T(t_L,\hat{n}r_L)}{\bar{T}(t_L)} + \Phi(t_L,\hat{n}r_L) = \frac{1}{3}\Phi(t_L,\hat{n}r_L), \tag{5.24}$$

で与えられる．物理的解釈を与えよう．断熱的初期条件により，物質密度が高い領域は光子の温度も高い．しかし，最終散乱後に重力ポテンシャルを脱出する際に光子は重力赤方偏移によってエネルギーを失い，温度は下がる（図 5.2）．長波長では，断熱的初期条件による温度（式（5.23））を上回るエネルギーを重力赤方偏移によって失うため，最終散乱面で物質密度が高い領域の方向の温度は，平均温度よりも**低い**．この結果は**ザクス-ヴォルフェ効果**として知られる．最終散乱時刻は完全に物質優勢ではないので式（5.24）は近似であるが，物理的描像を得るには適している．

最終散乱面においてハッブル長よりも長い波長を持つゆらぎは，天球上において大きな見込み角度を持つ温度異方性として測定される．温度異方性の天球上の分布を球面調和関数で展開すると，$\Delta T(\hat{n}) = \sum_{\ell m} a_{\ell m} Y_\ell^m(\hat{n})$ より係数 $a_{\ell m}$ を得る．ℓ が大きい係数ほど細かい構造を表すので，LPF をかけて $\ell > \ell_{\rm LPF}$ を持つ $a_{\ell m}$ を除けば，長波長の温度異方性を取り出せる．LPF としてガウス関数を用いれば

$$[\Delta T(\hat{n})]_{\rm LPF} = \sum_{\ell=1}^{\infty}\sum_{m=-\ell}^{\ell} a_{\ell m}\exp\left(-\frac{\ell^2}{2\ell_{\rm LPF}^2}\right)Y_\ell^m(\hat{n}), \tag{5.25}$$

と書ける．最終散乱時刻 t_L のハッブル長に対応する見込み角度は約 1 度である．ハッブル長を半径とする円の直径を見込む角度は約 2 度であるから，それに対応する ℓ は $\ell \approx 90$ である（見込み角度 θ と ℓ との対応関係は $\ell \approx \pi/\theta$ である）．よって，温度異方性の測定データに ℓ_{LPF} が 90 よりずっと小さい値を持つ LPF を作用させれば，最終散乱面上の温度異方性の式（5.24）は良い近似となる．

8.4 節で学ぶように，物質優勢宇宙では $\Phi = \Psi$ で，長波長の物質密度ゆらぎは $\delta\rho_M/\bar{\rho}_M = -2\Phi$ であるから，$\zeta = -5\Phi/3$ を得る．Φ の値は宇宙の状態（たとえば放射優勢宇宙や物質優勢宇宙）に応じて変化するが，断熱ゆらぎの保存量 ζ は変化しない．ζ を用いれば，物質優勢宇宙におけるザクス–ヴォルフェ効果は

$$\frac{\delta T(t_L, \hat{n}r_L)}{\bar{T}(t_L)} + \Phi(t_L, \hat{n}r_L) = -\frac{1}{5}\zeta(\hat{n}r_L), \tag{5.26}$$

とも書ける．

5.4.2 等曲率ゆらぎ

異なる種類の粒子の数密度比があらゆる場所で等しくならない初期条件は，すべてひっくるめて非断熱的初期条件と呼ばれる．断熱的初期条件に従わないゆらぎは歴史的な理由から**エントロピーゆらぎ**と呼ばれる（脚注 9）．これはエネルギー成分 α と β の数密度比のゆらぎであり，ある初期時刻 t_i で

$$\begin{aligned} S_{\alpha\beta}(t_i, \boldsymbol{x}) &\equiv \frac{\delta n_\alpha(t_i, \boldsymbol{x})}{\bar{n}_\alpha(t_i)} - \frac{\delta n_\beta(t_i, \boldsymbol{x})}{\bar{n}_\beta(t_i)} \\ &= \frac{\delta\rho_\alpha(t_i, \boldsymbol{x})}{\bar{\rho}_\alpha(t_i) + \bar{P}_\alpha(t_i)} - \frac{\delta\rho_\beta(t_i, \boldsymbol{x})}{\bar{\rho}_\beta(t_i) + \bar{P}_\beta(t_i)}, \end{aligned} \tag{5.27}$$

と定義する．式（5.21）で与えられる保存量を用いて書けば，任意の時刻で

$$S_{\alpha\beta}(t, \boldsymbol{x}) = 3[\zeta_\alpha(\boldsymbol{x}) - \zeta_\beta(\boldsymbol{x})], \tag{5.28}$$

とも書ける．

長波長ではエントロピーゆらぎも保存量である．この結果は物理的に理解できる．ゆらぎの波長がハッブル長より長いと，ハッブル長程度を持つ領域はそれぞれが孤立した一様等方のセパレート宇宙として振る舞うことを述べた．長波長のエントロピーゆらぎのため，異なる領域は異なる平均数密度比を持つ．しかし，それぞれの領域内の平均数密度比は時間に依らず一定であるから，各領域ごとに

初期条件で与えられた数密度比の違いは，その後も保存される．

個別の成分 α の密度ゆらぎの発展方程式の長波長極限（式（5.20））を，α に渡って和をとれば

$$\sum_\alpha \delta\dot{\rho}_\alpha + \frac{3\dot{a}}{a}\sum_\alpha(\delta\rho_\alpha + \delta P_\alpha) - 3\sum_\alpha(\bar{\rho}_\alpha + \bar{P}_\alpha)\dot{\Psi} = 0\,, \tag{5.29}$$

を得る．もし，全圧力 $\sum_\alpha P_\alpha(t,\boldsymbol{x})$ が全エネルギー密度 $\sum_\alpha \rho_\alpha(t,\boldsymbol{x})$ のみの関数であれば，以下の量

$$\begin{aligned}\tilde{\zeta}(t,\boldsymbol{x}) &\equiv \frac{\sum_\alpha \delta\rho_\alpha(t,\boldsymbol{x})}{3\sum_\alpha[\bar{\rho}_\alpha(t) + \bar{P}_\alpha(t)]} - \Psi(t,\boldsymbol{x}) \\ &= \frac{\sum_\alpha \dot{\bar{\rho}}_\alpha(t)\zeta_\alpha(\boldsymbol{x})}{\sum_\alpha \dot{\bar{\rho}}_\alpha(t)}\,,\end{aligned} \tag{5.30}$$

は長波長で保存する．全エネルギー密度が一定となる面（等密度面; $\sum_\alpha \delta\rho_\alpha = 0$）では $\tilde{\zeta}$ は $-\Psi$ に等しいため，この量は**等密度面における曲率ゆらぎ**と呼ばれる（ただし負符号に注意）．断熱的なゆらぎでは ζ_α は α に依らず ζ に等しいので，$\tilde{\zeta}(t,\boldsymbol{x}) = \zeta(\boldsymbol{x})$ となる．

エントロピーゆらぎが存在する場合には，$\tilde{\zeta}(t,\boldsymbol{x})$ は一般的に時間に依存する．全圧力が全エネルギー密度のみの関数でない場合，全圧力のゆらぎは全エネルギー密度のゆらぎに比例する部分と，そうではない部分とに分けられる．すなわち，

$$\sum_\alpha \delta P_\alpha(t,\boldsymbol{x}) = \frac{\sum_\alpha \dot{\bar{P}}_\alpha(t)}{\sum_\alpha \dot{\bar{\rho}}_\alpha(t)}\sum_\alpha \delta\rho_\alpha(t,\boldsymbol{x}) + \delta\mathcal{P}(t,\boldsymbol{x})\,, \tag{5.31}$$

と書ける．すると，式（5.29）と（5.30）より $\tilde{\zeta}$ の長波長極限の運動方程式として

$$\dot{\tilde{\zeta}}(t,\boldsymbol{x}) = -\frac{H(t)\delta\mathcal{P}(t,\boldsymbol{x})}{\sum_\alpha[\bar{\rho}_\alpha(t) + \bar{P}_\alpha(t)]}\,, \tag{5.32}$$

を得る．

$\delta\mathcal{P}$ と $S_{\alpha\beta}$ は比例関係にある．それを示すため，$\delta\mathcal{P}$ の定義式（5.31）を用いて 2 成分系（$\alpha = 1, 2$）の $\delta\mathcal{P}$ を求めれば，

$$\delta\mathcal{P} = \frac{(\bar{\rho}_1 + \bar{P}_1)(\bar{\rho}_2 + \bar{P}_2)}{\sum_\alpha(\bar{\rho}_\alpha + \bar{P}_\alpha)} \left(\frac{\dot{\bar{P}}_1}{\dot{\bar{\rho}}_1} - \frac{\dot{\bar{P}}_2}{\dot{\bar{\rho}}_2}\right) S_{12}\,, \tag{5.33}$$

を得る[*14]．ただし，各成分の圧力 $P_\alpha(t,\boldsymbol{x})$ はエネルギー密度 $\rho_\alpha(t,\boldsymbol{x})$ のみの関数であることを仮定した．これで，2 成分間にエントロピーゆらぎ S_{12} が存在し，かつ $\dot{\bar{P}}_\alpha/\dot{\bar{\rho}}_\alpha$ の値が異なれば，ゼロでない $\delta\mathcal{P}$ が存在することを示せた．たとえば物質と放射からなる系を考えれば

$$\delta\mathcal{P} = -\frac{4}{9}\frac{\bar{\rho}_M\bar{\rho}_R S_{MR}}{\bar{\rho}_M + 4\bar{\rho}_R/3}\,, \tag{5.34}$$

を得る．放射優勢宇宙では $\delta\mathcal{P} \to -\bar{\rho}_M S_{MR}/3$，物質優勢宇宙では $\delta\mathcal{P} \to -4\bar{\rho}_R S_{MR}/9$ である．

良く使われる非断熱的初期条件は，ある初期時刻 t_i において $\tilde{\zeta}(t_i,\boldsymbol{x})$ がゼロとなる初期条件である．例として，初期時刻で等曲率（$\Psi(t_i,\boldsymbol{x}) \equiv 0$）となるゆらぎを考えよう．条件式 $\tilde{\zeta}(t_i,\boldsymbol{x}) \equiv 0$ より，$\sum_\alpha \delta\rho_\alpha(t_i,\boldsymbol{x}) = 0$ を得る．この初期条件は**等曲率ゆらぎ**と呼ばれる[*15]．この条件を課すと，放射優勢宇宙の温度ゆらぎは物質密度のゆらぎに比べてずっと小さくなるので，**等温初期条件**とも呼ばれる．等温初期条件は物理的に不自然と思うかもしれないが，COBE 衛星が打ち上がる以前，$\ell \geqq 2$ の温度異方性がまだ観測的に発見されなかった時代には検討すべき可能性であった．エネルギー成分を放射と物質とに分けると，条件 $\sum_\alpha \delta\rho_\alpha = 0$ より $\delta\rho_R = -\delta\rho_M$ である．放射優勢宇宙では $\bar{\rho}_R \gg \bar{\rho}_M$ であるから，$|\delta\rho_R|/\bar{\rho}_R = |\delta\rho_M|/\bar{\rho}_R \ll |\delta\rho_M|/\bar{\rho}_M$ で，放射のエネルギー密度の分布は物質密度の分布に比べ

---

*14　多成分系の場合は

$$\delta\mathcal{P} = \frac{1}{2}\sum_{\alpha\beta} \frac{(\bar{\rho}_\alpha + \bar{P}_\alpha)(\bar{\rho}_\beta + \bar{P}_\beta)}{\sum_\gamma(\bar{\rho}_\gamma + \bar{P}_\gamma)} \left(\frac{\dot{\bar{P}}_\alpha}{\dot{\bar{\rho}}_\alpha} - \frac{\dot{\bar{P}}_\beta}{\dot{\bar{\rho}}_\beta}\right) S_{\alpha\beta}\,, \tag{5.35}$$

である．

*15　本書では「ニュートンゲージ」と呼ばれる座標系を用いているが，歴史的には，ゆらぎの研究は「同期ゲージ（脚注 1）」と呼ばれる座標系を用いて行われてきた．等曲率ゆらぎは最初，同期ゲージにおける空間のゆがみ h_{ij} の全成分と，そのトレースの時間微分 $\sum_i \dot{h}_{ii}$ とが，初期時刻でともにゼロになる初期条件として定義された．h_{ij} に関するこれらの条件より，同期ゲージにおいて $\sum_\alpha \delta\rho_\alpha(t_i,\boldsymbol{x}) \equiv 0$ が満たされる．このとき $\tilde{\zeta}$ はゼロとなる．うまいことに，$\tilde{\zeta}$ は座標変換（正確にはゲージ変換）に対して不変であり，ニュートンゲージでも同期ゲージでも同じ値を持つ．一般的なゲージでの $\tilde{\zeta}$ の表式は「ワインバーグの宇宙論」，5.4 節を見よ．そこでは $\tilde{\zeta}$ は単に ζ と表記される．

てずっと均一である．このとき，物質と放射との間のエントロピーゆらぎは，初期時刻で $S_{MR}(\boldsymbol{x}) \approx \delta\rho_M(t_i, \boldsymbol{x})/\bar{\rho}_M(t_i)$ と近似できる．

初期時刻に曲率ゆらぎも全エネルギー密度のゆらぎもゼロであれば，その後も何も起こらないように思うかもしれないが，エントロピーゆらぎの存在のためこの系は不安定である．導出は 8.6.2 節で行うが，以下に結論を述べる．エントロピーゆらぎは，全エネルギー密度のゆらぎに比例しない付加的な圧力 $\delta\mathcal{P}$（式 (5.33)）を与える．この圧力のため，放射エネルギー密度のゆらぎはスケール因子 $-a$ に比例して負の方向に成長する（$\delta\rho_R/\bar{\rho}_R \propto -a$）．すると，保存量 S_{MR} を一定に保つため，物質密度のゆらぎは初期値 S_{MR} から $-a$ に比例して減少する（$\delta\rho_M(t, \boldsymbol{x})/\bar{\rho}_M(t) - S_{MR}(\boldsymbol{x}) \propto -a(t)$）．加えて ζ_R を一定に保つため，曲率ゆらぎも $-a$ に比例して負の方向に成長する．負の曲率ゆらぎは深い重力ポテンシャルを意味するので，等曲率の初期条件から出発してゼロでない重力ポテンシャルが得られる．物質粒子の持つ圧力は小さい（本書ではゼロとする）ので，物質優勢宇宙になると圧力の効果はなくなり，放射のエネルギー密度は成長をやめて一定値（$\delta\rho_R/\bar{\rho}_R = -4S_{MR}/5$）に落ち着く．曲率ゆらぎも成長をやめて一定値（$\Psi = -S_{MR}/5$）を持つ．物質の質量密度ゆらぎは放射優勢期には初期値 S_{MR} から減少するが，物質優勢期には初期値の 40%の値（$\delta\rho_M/\bar{\rho}_M = 2S_{MR}/5$）に落ち着く．

温度ゆらぎは $\delta T/\bar{T} = \delta\rho_R/4\bar{\rho}_R$ で与えられ，物質優勢宇宙では $\Phi = \Psi$ である．最終散乱時刻を物質優勢と近似すれば，長波長において

$$\frac{\delta T(t_L, \boldsymbol{x})}{\bar{T}(t_L)} = -\frac{1}{5}S_{MR}(\boldsymbol{x}), \quad \Phi(t_L, \boldsymbol{x}) = -\frac{1}{5}S_{MR}(\boldsymbol{x}), \tag{5.36}$$

を得る．すると，式 (5.16) と (5.30) の右辺の初項と第2項との和は

$$\frac{\delta T(t_L, \hat{n}r_L)}{\bar{T}(t_L)} + \Phi(t_L, \hat{n}r_L) = 2\Phi(t_L, \hat{n}r_L), \tag{5.37}$$

となる．断熱ゆらぎとは逆に，最終散乱面で重力ポテンシャルの底（物質密度が高い領域）にある光子の温度は平均温度よりも**低い**．最終散乱後，光子は重力ポテンシャルから脱出する際にエネルギーを失い，温度はさらに低くなる．結果として，物質優勢期における重力ポテンシャルの値が与えられたとき，エントロピーゆらぎによる温度異方性の絶対値は断熱ゆらぎの6倍となる．ただし，積分ザクス–ヴォルフェ効果は考慮していない．等曲率ゆらぎでは長波長の Φ と Ψ は

放射優勢宇宙で時間変化するため，積分ザクス–ヴォルフェ効果も重要な寄与をする．

光子，ニュートリノ，バリオンは宇宙初期に熱平衡状態にあったので，これらの成分間のエントロピーゆらぎはゼロである[*16]．暗黒物質の正体は不明なので，5.4.1 節で述べたように他の成分との相互作用が弱すぎて熱平衡になれなかった可能性があり，エントロピーゆらぎを生成しうる．$S_{D\gamma} = S_{D\nu} = S_{DB} \equiv S_D$ と書けば，これは一般的な物質–放射のエントロピーゆらぎ S_{MR} と

$$
\begin{aligned}
S_{MR} &= \frac{\delta\rho_D + \delta\rho_B}{\bar{\rho}_D + \bar{\rho}_B} - \frac{3\delta\rho_R}{4\bar{\rho}_R} = \frac{\bar{\rho}_D}{\bar{\rho}_D + \bar{\rho}_B}\frac{\delta\rho_D}{\bar{\rho}_D} + \frac{\bar{\rho}_B}{\bar{\rho}_D + \bar{\rho}_B}\frac{\delta\rho_B}{\bar{\rho}_B} - \frac{3\delta\rho_R}{4\bar{\rho}_R} \\
&= \frac{\bar{\rho}_D}{\bar{\rho}_D + \bar{\rho}_B}\left(\frac{\delta\rho_D}{\bar{\rho}_D} - \frac{3\delta\rho_R}{4\bar{\rho}_R}\right) = \frac{\bar{\rho}_D S_D}{\bar{\rho}_B + \bar{\rho}_D}\,, \qquad (5.38)
\end{aligned}
$$

のように関係する．ここで断熱条件 $\delta\rho_B/\bar{\rho}_B = 3\delta\rho_R/\bar{\rho}_R$ を用いた．

時間変化する重力ポテンシャルの代わりに，長波長での保存量を用いて温度ゆらぎを表すと便利である．任意のゆらぎは断熱ゆらぎとエントロピーゆらぎの重ね合わせで表せるから，両者の寄与を加えれば

$$
\frac{\delta T(t_L, \hat{n}r_L)}{\bar{T}(t_L)} + \Phi(t_L, \hat{n}r_L) = -\frac{1}{5}\zeta(\hat{n}r_L) - \frac{2}{5}S_{MR}(\hat{n}r_L)\,, \qquad (5.39)
$$

を得る．左辺は観測可能量であり，右辺は保存量で書けているので，観測量からゆらぎの初期条件の情報を得られる．温度異方性の観測からはエントロピーゆらぎは見つかっておらず，我々が観測できる宇宙では断熱ゆらぎが支配的である．しかし，小さいがゼロではないエントロピーゆらぎが存在する可能性は残されている．

5.5 $\ell \geqq 2$ の温度異方性の発見

多くの研究者は，初期条件が断熱ゆらぎであろうとエントロピーゆらぎであろうと，大きな見込み角度における温度異方性は発見されると考えていた．銀河の数密度分布から重力ポテンシャルの大きさは推定されていたので，研究者は，発見されるべき温度異方性の大きさを予想していた．しかし銀河の分布は必ずしも物質の分布を反映しないため，予想は正確ではなかった．また，$\ell = 2$ の異方性に

*16 これらの成分が熱平衡に達する前にゼロでない化学ポテンシャルが生成されれば，エントロピーゆらぎが生じる可能性もある．

対応する最終散乱面上の重力ポテンシャルの波長は，銀河の分布によって測定できる重力ポテンシャルの波長にくらべてずっと長いため外挿が必要で，これも予想を不正確にしていた．ある研究者が $\ell \geqq 2$ の温度異方性は平均温度の 1000 分の 1 程度であると言うと，観測データがそれを否定した．別の研究者が，温度異方性は平均温度の 10000 分の 1 程度であると言うと，観測データがそれを否定した．ウィルキンソンによれば[*17]，温度異方性がなかなか発見されないため，研究者はパニック状態にあった．1992 年に COBE 衛星のデータから発見された温度異方性の大きさは，平均温度の 100000 分の 1 であった．

COBE 衛星は，分光器 FIRAS の他に，マイクロ波放射計を 6 台搭載していた．観測周波数は 31.5，53，90 GHz で，それぞれの周波数ごとに放射計が 2 台ずつ用意された．それぞれの放射計はホーンアンテナのペアを持ち，天球上で互いに 60 度離れた 2 方向から到来する光の強度差を測定するよう設計されていた．これ

図5.3 COBE に搭載された差分マイクロ波放射計（DMR）の予備ユニット．31.5 GHz の測定に用いられたものと同じ．DMR の筆頭研究者であったジョージ・スムート（George F. Smoot）によりミュンヘンのドイツ博物館に寄贈され，展示されている．

[*17] FBB，4.7.2 節．

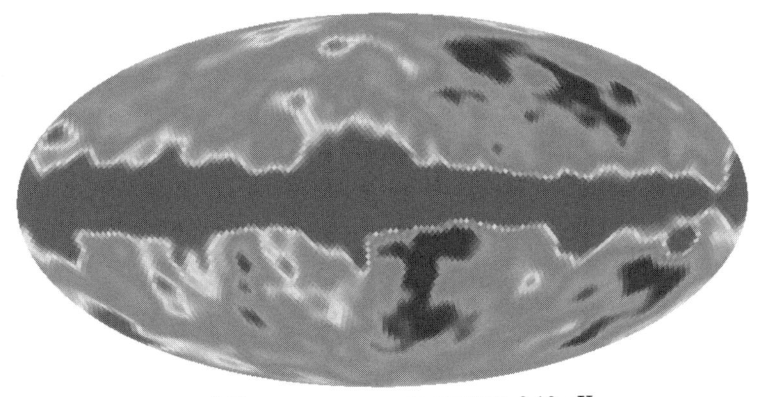

図 5.4 DMR による 4 年間の観測で測定された温度異方性の全天マップを，銀河座標におけるモルワイデ図法で示す（カバー裏表紙参照）．双極的異方性を取り除き，53 GHz と 90 GHz のデータを平均し，半値幅 7 度（$\ell_{\rm LPF} = 19.3$）のガウス関数でローパスフィルターした．

は，双極的異方性の発見に成功したコンクリンとブレイスウェルの用いた手法と同じである（4.3 節）．強度差を測定することから，放射計は「差分マイクロ波放射計（DMR）」と名付けられた．図 5.3 に，DMR の 31.5 GHz の予備ユニットの 1 つを示す．強度差の測定を全天に渡って繰り返し行えば，天球上のあらゆる方向の宇宙マイクロ波背景放射の温度と平均温度 2.725 K との差を測定できる．もし温度があらゆる方向で同じであれば，DMR はゼロを計測するはずである．

1992 年，DMR の初年度の測定データの解析結果*18が発表された．双極的異方性を取り除き，銀河面放射に影響された銀緯 $\pm 20^\circ$ 以内のデータを除き，半値幅 10 度のガウス関数*19でローパスフィルターした（式 (5.25) で $\ell_{\rm LPF} = 13.5$ とした）データは，標準偏差で $30 \pm 5\,\mu$K の温度異方性を示した．これは $\ell \geqq 2$ に相当する温度異方性で，平均温度の約 100000 分の 1 の大きさである．小さな異方性であるが，太陽系の運動による 4 重極異方性（図 4.6）よりは約 10 倍大きい．

図 5.4 に，4 年間の観測から得られた DMR のデータ*20を示す．双極的異方

*18 G. F. Smoot, *et al.*, *Astrophys. J.*, **396**, L1 (1992).

*19 半値幅とは，実空間におけるガウス関数が最大値の半分になるときのガウス関数の幅のこと．半値幅を $\Delta\theta_{\text{半値}}$ と書けば，$\exp(-\Delta\theta^2_{\text{半値}}/8\sigma^2) = 1/2$ で定義される．ガウス関数のフーリエ変換は $\exp(-\ell^2\sigma^2/2)$ で，半値幅で書けば $\exp(-\ell^2\Delta\theta^2_{\text{半値}}/16\ln 2)$ である．

*20 C. L. Bennett, *et al.*, *Astrophys. J.*, **464**, L1 (1996).

性は除き，放射計の雑音の影響を減らすため 53 GHz と 90 GHz のデータを平均し，半値幅7度（$\ell_{\rm LPF} = 19.3$）のガウス関数でローパスフィルターした．銀河座標における中央の東西に伸びる構造は銀河面の放射である．高銀緯（図の上側と下側）に見られる構造は CMB の温度異方性で，最終散乱面の重力ポテンシャル（ザクス–ヴォルフェ効果）であると解釈された（この解釈の妥当性は6章で議論する）．すなわち，宇宙初期には物質分布のわずかな不均一性がすでに存在しており，この不均一性が重力の作用によって増幅され，138億年かけて現在見られる宇宙の大規模構造が形成されたのである．宇宙のどこにどのような構造ができるかは，宇宙初期にすでに定められていたのである．研究者は温度異方性が発見されることを予想してはいたが，文字どおり「宇宙初期の写真を撮った」と言える DMR の成果は画期的であった．これ以降，CMB の研究は理論的にも観測的にも爆発的な進展を遂げることになる．

5.6 重力レンズ効果

重力場が存在すると，光子のエネルギーが変化するのに加えて光子の軌跡も「曲がる」．ただし光子の視点から見れば，光子は測地線の方程式に従い，ゆがんだ時空をまっすぐ進んでいるだけである．軌跡が「曲がる」というのは，ゆがみのない時空での軌跡に比べて軌跡が変化するということである．スカラー型のゆがみもテンソル型のゆがみも軌跡の曲がりに寄与するが，後者は前者に比べてずっと小さいので，本書では無視する．

測地線の方程式 (5.6) で $\lambda = i$（空間成分）とした表式を光子の進行方向ベクトルの定義式 (5.10) と光子のエネルギーの方程式 (5.11) と組み合わせれば，進行方向ベクトルの変化を与える方程式として

$$\frac{d\gamma^i}{dt} = \frac{1}{a}\sum_{j=1}^{3}(\gamma^i\gamma^j - \delta^{ij})\frac{\partial}{\partial x^j}(\Phi + \Psi), \tag{5.40}$$

を得る．重力ポテンシャル Φ と曲率のゆらぎ Ψ の両方が光の軌跡の変化に寄与する．

式 (5.40) を用いて，太陽の重力場による重力レンズ効果を計算しよう．曲率ゆらぎは重力ポテンシャルに等しく，太陽質量を $M_\odot$ として $\Phi = \Psi = -GM_\odot/R$ と書ける．R は太陽からの距離である．問題の対称性より x^1-x^2 平面上のみ考え

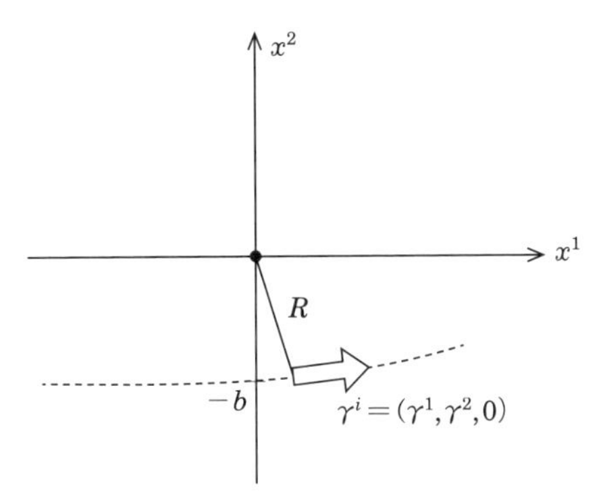

図5.5 座標原点の質点による重力レンズ効果で，光子の進行方向ベクトル γ^i は微小であるがゼロでない γ^2 を得る．原点から光子までの距離は R，重力レンズ効果を受ける前の光子の座標は $x^i=(x^1,-b,0)$ である．

れば良く，一般性を失わず $x^3=0$ とできる．太陽がない場合，光子は x^1 方向に沿って $x^1=-\infty$ から ∞ まで進むとする．すなわち，$\gamma^i=(1,0,0)$ である．光子の座標の x^2 成分を $x^2=-b$ と書けば，光子の座標は $x^i=(x^1,-b,0)$ である．太陽は座標原点に置く．重力レンズによって光子の進行方向は太陽側にわずかに曲がり，微小であるがゼロでない正の γ^2 の成分が現れる．図 5.5 に状況をまとめる．

γ^2 を計算するには，式 (5.40) で $i=2$ とすれば良い．宇宙膨張は無視して $a=1$ とし，$\Psi=\Phi$ を用いれば

$$\frac{d\gamma^2}{dt}=2\gamma^2\sum_j\gamma^j\frac{\partial\Phi}{\partial x^j}-2\frac{\partial\Phi}{\partial x^2}, \tag{5.41}$$

を得る．第 2 項は初期に $\gamma^2=0$ でも $d\gamma^2/dt\neq0$ を与えるので，γ^2 は Φ 程度の大きさである．初項は γ^2 を含むので，Φ に関して 2 次の項であり無視できる．$R=\sqrt{(x^1)^2+(x^2)^2}$ を用いれば，Φ に関して 1 次の精度で

$$\frac{d\gamma^2}{dt}=\frac{2GM_\odot b}{[(x^1)^2+b^2]^{3/2}}, \tag{5.42}$$

を得る．光速 c が 1 の単位系では $dt=dx^1$ であるから，γ^2 の解として

$$\gamma^2=2b\int_{-\infty}^{\infty}dx\ \frac{GM_\odot}{(x^2+b^2)^{3/2}}=\frac{4GM_\odot}{b}, \tag{5.43}$$

を得る．重力レンズ効果は太陽表面を通る光線に対して最大となる．b として太陽の平均半径 $6.96 \times 10^8\,\mathrm{m}$，太陽質量として $M_\odot = 1.99 \times 10^{30}\,\mathrm{kg}$ を用いれば，ラジアン単位で $4GM_\odot/bc^2 = 8.49 \times 10^{-6}$，あるいは 1.75 秒角を得る．この値は，1916 年にアインシュタインによって得られた*21．太陽の背後の星の位置は太陽表面で 1.75 秒角だけ外側にずれる．天球上における太陽からの距離が増加すると，星の位置のずれは距離に反比例して小さくなる．

太陽の重力レンズ効果を測定するには，太陽がない場合の星の位置と，太陽がある場合の星の位置とが異なることを示せば良い．それには，皆既日食が必要である．英国グリニッジ天文台のフランク・ダイソン（Frank W. Dyson）が提案した計画のもと，1919 年 5 月 29 日の皆既日食の際，英国ケンブリッジ天文台のアーサー・エディントン（Arthur S. Eddington）率いる観測隊は，西アフリカのギニア湾に浮かぶプリンシペ島にて観測を試み，日食中の太陽付近の星の位置が，太陽がないときの位置と比べて $(1.61 \pm 0.30)R_\odot/R$ 秒角だけ異なることを示した．R は太陽からの距離で，$R_\odot$ は太陽の平均半径である．これは，1.75 秒角と無矛盾であり，一般相対性理論の正しさを世界中に知らしめる一大事件となった．この結果は，もう一組の，グリニッジ天文台のチャールズ・デビッドソン（Charles Davidson）とアンドリュー・クロンメリン（Andrew Claude de la Cherois Crommelin）の観測隊がブラジルのソブラルで得た結果とともに，1920 年の論文*22に報告された．

物理学の歴史を変えた皆既日食

アインシュタインが 1915 年に提唱した一般相対性理論のため，今でこそ重力場の正体が時空のゆがみであることは常識となっているが，アインシュタイン自身も「時空のゆがみ」という概念に到達するには時間がかかった．彼の試行錯誤を表す良い例が，重力レンズ効果の計算である．

1911 年，アインシュタインは太陽の重力ポテンシャルによって光線の軌跡は曲がり，星の位置は 0.87 秒角ずれることを示した*23．これは 1916 年の論文の値のちょうど半分である．1911 年の段階では，アインシュタインの理論は空間曲率 Ψ を含まず，時空の任意の 2 点間の距離の 2 乗は $ds_4^2 = -(1+2\Phi)dt^2 +$

*21 A. Einstein, *Ann. Phys.* (*Leipzig*), **49**, 769 (1916).

*22 F. W. Dyson, A. S. Eddington, C. R. Davidson, *Philos. Trans. R. Soc. London, Ser. A*, **220**, 291 (1920).

$d\boldsymbol{x}^2$ であった．実は 0.87 秒角という値は，光子がゼロでない質量を持つと仮定し，ニュートン力学を用いても得られる．光子の進行方向ベクトルを γ^i と書き，速度の大きさを光速に等しいとすれば，式（5.40）で $\Psi = 0$ とした表式が得られ，結果は光子の質量の大きさに依らない．

1804 年，ヨハン・フォン・ゾルトナー（Johann G. von Soldner）がニュートン力学を用いて得た光の曲がり角*24は，「ニュートン的光の曲がり」として知られ，1911 年にアインシュタインが得た結果と一致する．この光の曲がりを測定しようと，1914 年にベルリン天文台のエルヴィン・フロイントリッヒ（Erwin Finlay-Freundlich）は皆既日食の観測隊を組織したが，第一次世界大戦の勃発によってロシアに抑留されてしまい，達成できなかった．この試みが成功していれば，アインシュタインの 1911 年の予言は誤っていたことが示され，アインシュタインの物理学者としての評判は，現在とは違っていたであろう．一般相対性理論は完成したに違いないが，空間曲率の存在と重力レンズ効果は理論予言とはみなされず，光の曲がりの測定結果によって導かれたものとみなされたであろう．

1916 年以降の皆既日食の観測の目的は，光の曲がりがニュートン的か，アインシュタイン的かを決めるものであった．1919 年 5 月 29 日の皆既日食では，エディントンの観測隊は西アフリカのプリンシペ島へ向かったが，デビッドソンの観測隊はブラジルのソブラルへ向った．デビッドソン組の観測では，当初使用予定であった広視野レンズが皆既日食中の温度変化によってピンぼけしたため，急遽予備のレンズを用いた観測を行った．予備のレンズを用いた観測では太陽まわりの星の位置の変化として $(1.98 \pm 0.18)R_\odot/R$ 秒角を得たが，ピンぼけした広視野レンズを用いた観測では $0.93R_\odot/R$ 秒角を得た．前者はアインシュタインの値と無矛盾であるが，後者はニュートンの値に近い．最終的には，広視野レンズの結果は装置の不具合として採用されず，プリンシペ島とソブラルでの観測結果は両者ともアインシュタインの値を支持するものと結論された．

CMB の光子は，重力レンズ効果によって進行方向をわずかに変えつつ，最終散乱面から 138 億年間の旅を経て観測者に届く．重力レンズ効果は光子のエネルギーを変えず，方向のみを変える．視線方向 $\hat{n}$ に観測される重力レンズ効果を受けた温度異方性 $\Delta\tilde{T}$ は，重力レンズ効果がない場合の温度異方性 ΔT を用いて

*23 （100 ページ）A. Einstein, *Ann. Phys.*（*Leipzig*）, **35**, 898（1911）.

*24 J. G. von Soldner, *Berl. Astron. Jahrb.*, 161（1804）.

$$\Delta\tilde{T}(\hat{n}) = \Delta T(\hat{n}+\boldsymbol{d}), \tag{5.44}$$

と書ける．等方的なCMBは重力レンズによる影響を受けない．$\boldsymbol{d}$は，光子が最終散乱面から地球に到達するまでに受けた重力レンズ効果による正味の曲がり角である．

太陽のような，近傍の1個の質点レンズによる曲がり角は式（5.43）で与えられるので，観測者から見て異なる距離にある複数のレンズによる正味の曲がり角を考えよう．観測者から見たレンズの動径座標をrとする．レンズ効果を受けるのはCMBの光子で，それは動径座標r_Lの最終散乱面からやってくる．微小な時間間隔δtの間にこのレンズ近傍を通過する光子の方向ベクトルの変化量$\delta\gamma^i$は，式（5.40）より時空のゆがみに関して1次の精度で$\delta\gamma^i = -\delta t(ar)^{-1}\partial(\Phi+\Psi)/\partial\hat{n}^i$と書ける．これはレンズの動径座標$r$での光の曲がり角であるが，原点にいる観測者から見れば，光源の動径座標r_Lでの光子の真の到来方向に比べ，実際に測定される到来方向は$\delta d^i = \dfrac{r_L - r}{r_L}\delta\gamma^i$だけずれる（太陽による重力レンズでは，地球から太陽までの距離が近傍の星までの距離に比べて十分小さい（$r \ll r_L$）ため$\delta d^i \approx \delta\gamma^i$とできた）．視線方向のすべてのレンズを足せば，正味の曲がり角は

$$\begin{aligned}\boldsymbol{d} &= -\int_{t_L}^{t_0}\frac{dt'}{a(t')}\frac{r_L - r(t')}{r_L r(t')}\frac{\partial}{\partial\hat{n}}(\Phi+\Psi)(t',\hat{n}r(t')) \\ &= -\int_0^{r_L} dr\,\frac{r_L - r}{r_L r}\frac{\partial}{\partial\hat{n}}(\Phi+\Psi)(r,\hat{n}r),\end{aligned} \tag{5.45}$$

と書ける．ここで$dt = -a(t)dr$を用いた．本来ならば時空のゆがみも含めた$\exp(\Phi)dt = -a(t)\exp(-\Psi)dr$を用いるべきであるが，被積分関数は$\Phi+\Psi$に比例するので，ゆがみの1次の精度では$dt = -a(t)dr$を用いて良い．式（5.45）は，ゆがみのない一様等方空間の曲率がゼロ（フリードマン方程式（2.16）において$K\equiv 0$）の場合にのみ正しいことに注意する．

曲がり角ベクトル$\boldsymbol{d}$はスカラー関数の勾配[*25]で書ける．このスカラー関数をψと書けば，$\boldsymbol{d} = \partial\psi/\partial\hat{n}$である．$\psi$は**レンズポテンシャル**と呼ばれ，

[*25] 任意のベクトルはスカラー関数の勾配と，発散がゼロ（$\partial/\partial\hat{n}\cdot\boldsymbol{\omega}=0$）となるベクトル$\boldsymbol{\omega}$の和で書けるので，一般の曲がり角ベクトルは$\boldsymbol{d} = \partial\psi/\partial\hat{n}+\boldsymbol{\omega}$と書ける．本書では$\psi$の項しか扱わないが，時空のベクトル型ゆがみやテンソル型ゆがみ（重力波）より$\boldsymbol{\omega}$の項が生じる．A. Cooray, M. Kamionkowski, R. R. Caldwell, *Phys. Rev. D*, **71**, 123527（2005）を見よ．

$$\psi(\hat{n}) \equiv -\int_0^{r_L} dr \, \frac{r_L - r}{r_L r} (\Phi + \Psi)(r, \hat{n}r) \,, \tag{5.46}$$

で定義される．以上より，重力レンズ効果を受けた温度異方性の分布は $\Delta\tilde{T}(\hat{n}) = \Delta T(\hat{n} + \partial\psi/\partial\hat{n})$ と書ける．

6章 温度異方性のパワースペクトル

COBE 衛星の放射計 DMR により，$\ell \geqq 2$ を持つ CMB の温度異方性が発見された．これは，最終散乱面上の重力ポテンシャル*1による光の重力赤方・青方偏移のため，CMB の温度が場所ごとに平均温度からずれたものだと理解できる．しかし，空間の各点における重力ポテンシャルの値を理論的に予言することはできない．それらの値は，ある確率分布にしたがってランダムに選ばれるからである．空間の各点ごとにサイコロを振り，出た目に相当する重力ポテンシャルの値を割り振るようなものである．ただし，空間の異なる点の重力ポテンシャルの値は互いに相関を持って分布することがわかっている，すなわち，ある点で出るサイコロの目は，別の点で出るサイコロの目と無関係ではない．一体誰が（どのような物理過程が）サイコロを振ったかを解明するのは，現代宇宙論の最重要課題の一つである．現在有力な説は，宇宙初期の量子力学的過程がサイコロに相当し，それから生じた真空の量子ゆらぎが重力ポテンシャルを形成した，というものである．

本章と 7 章では，ある確率分布にしたがってランダムに選ばれた温度異方性を記述するための統計的手法を学ぶ．準備として 6.1 節では，地平線とゆらぎの波長との関係から，宇宙初期には急激な加速膨張，あるいは緩やかな減速膨張の時

---

*1 最終散乱面と観測者との間の重力ポテンシャルや重力波の時間変化から生じる温度異方性（積分ザクス–ヴォルフェ効果）も存在するが，断熱的ゆらぎではそれらの寄与は最終散乱面上の重力ポテンシャルによる寄与に比べて小さい．積分ザクス–ヴォルフェ効果は，暗黒エネルギーによる重力ポテンシャルの時間変動を測定したり，原始重力波の振幅を観測的に制限するのに重要な役割を果たす．

期が必要であることを議論し，その時期に生成された真空の量子ゆらぎがCMBの温度異方性の起源である可能性に触れる．次に，温度異方性の天球上の分布を重力ポテンシャルの空間分布と関係づけ（6.2節），天球上の異なる方向における温度ゆらぎの値の相関を記述するために**パワースペクトル**と呼ばれる量を導入する（6.3節）．6.4節では重力レンズ効果がパワースペクトルに与える影響を理解する．7章では確率密度関数を導入し，パワースペクトルでは記述できない温度異方性の統計的性質を論じる．

6.1 地平線とゆらぎの波長

ある時刻 t までに光が伝わることのできた距離を**粒子の地平線距離**と呼ぶ．曲率がゼロの空間を動径方向に飛ぶ光の経路は $ds_4^2 = -dt^2 + a^2(t)dr^2 = 0$ で与えられる．これを積分すれば，光子の伝わる共動距離は $r = \int_0^r dr' = \int_0^t \frac{dt'}{a(t')}$ と求まり，物理的な距離は

$$d_{\text{粒子}}(t) \equiv a(t)r = a(t)\int_0^t \frac{dt'}{a(t')}, \tag{6.1}$$

となる．これを粒子の地平線距離と定義する．ここで，光速 c を1とする単位系を用いた．粒子の地平線距離以上離れた領域は互いに因果関係がなく，影響を及ぼさない．減速膨張宇宙では粒子の地平線距離は時間に比例して増大する．本書では，特に断らない限り粒子の地平線距離を単に「地平線」と書く．

あるスケール因子 a（あるいは赤方偏移 $1+z=a_0/a$）におけるハッブル時間（$H^{-1}=a/\dot{a}$）は，宇宙年齢 t の近似値を与える．放射優勢期では $a \propto t^{1/2}$ であるから $H^{-1}=2t$ で，物質優勢期では $a \propto t^{2/3}$ であるから $H^{-1}=3t/2$ である．ハッブル時間に光速をかけたものは，減速膨張宇宙における地平線距離の近似値を与える．これらのスケール因子の時間依存性を式（6.1）に代入すれば，放射優勢宇宙では $d_{\text{粒子}}=2t=H^{-1}$，物質優勢宇宙では $d_{\text{粒子}}=3t=2H^{-1}$ である．宇宙膨張のため，地平線距離は光速に t をかけた距離よりも大きい．

本書では，ゆらぎの変数 $\delta X(t,\boldsymbol{x})$ を共動座標 $\boldsymbol{x}$ に関してフーリエ変換することを頻繁に行う．すなわち $\delta X(t,\boldsymbol{x}) = (2\pi)^{-3}\int d^3q\ \delta X_{\boldsymbol{q}}(t)\exp(i\boldsymbol{q}\cdot\boldsymbol{x})$ と定義する．$\delta X_{\boldsymbol{q}}(t)$ はフーリエ変換の係数である．$\boldsymbol{q}$ は**共動座標に関して定義された波数**で，宇

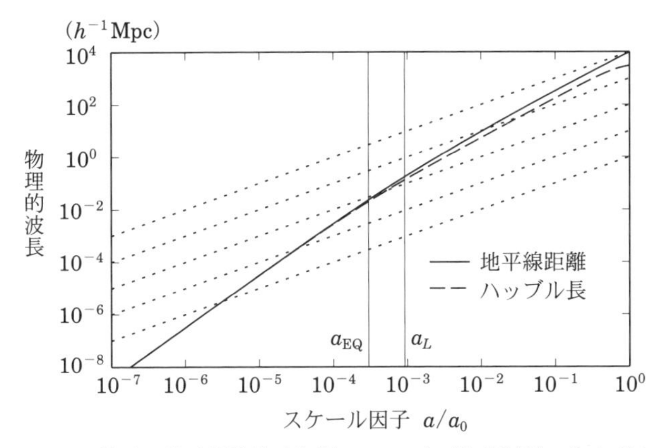

図 6.1 粒子の地平線距離（実線），ハッブル長（破線），およびゆらぎの物理的波長（点線）をスケール因子 a/a_0 の関数として示す．縦軸の単位は h^{-1} Mpc である．ゆらぎの波長の現在での値は上から順に 10^4，10^3，100，10，1 h^{-1} Mpc で，ゆらぎの波長は過去に地平線距離を上回る．縦の実線は宇宙の晴れ上がりの時刻 a_L と物質と放射のエネルギー密度が等しくなる時刻 $a_{\rm EQ}$ を示す．

宙膨張とともに変化しない量である．物理的な波数は q/a で与えられ，物理的なゆらぎの波長は $2\pi a/q$ で与えられる．逆変換は $\delta X_{\boldsymbol{q}}(t) = \int d^3x\ \delta X(t, \boldsymbol{x}) \exp(-i\boldsymbol{q} \cdot \boldsymbol{x})$ である．これが逆変換となっているのは，$\delta X_{\boldsymbol{q}}(t)$ をフーリエ変換の定義式の右辺に代入してデルタ関数の定義式 $\delta_D^{(3)}(\boldsymbol{x} - \boldsymbol{x}') = (2\pi)^{-3} \int d^3q\ \exp\left[i\boldsymbol{q} \cdot (\boldsymbol{x} - \boldsymbol{x}')\right]$ を用いれば確認できる．

ゆらぎの物理的な波長は a に比例して引き伸ばされ，放射優勢期には $t^{1/2}$ に，物質優勢期には $t^{2/3}$ に比例して増大する．地平線距離は t に比例するから，ゆらぎの波長よりも速く増大する．すなわち，時間が経つと，より長波長の大規模なゆらぎの構造が見えるようになる．この現象を指して，「ゆらぎが地平線の内側に入る」と言う．地平線を超える領域は互いに影響を及ぼさないから，地平線距離以上離れた領域のエネルギー密度はてんでばらばらの値を持つのが自然である．

減速膨張宇宙では，**現在測定できるゆらぎの波長は過去において必ず地平線を超える**（図 6.1）．たとえば，COBE 衛星が発見した温度異方性（図 5.4）に対応するゆらぎの波長は，晴れ上がり時刻における地平線距離をはるかに超える．にも関わらず，CMB の温度の天球上の分布は，標準偏差で 10 万分の 1 程度の異方性を除けば等方的である．断熱ゆらぎであっても等曲率ゆらぎであっても，最終散乱面における温度異方性は重力ポテンシャルに比例する．したがって，我々は二つのことを説明せねばならない．一つは，なぜ地平線距離以上離れた領域のエネルギー密度や重力ポテンシャルが均一であるのかで，もう一つは，なぜ微小であるがゼロでないゆらぎが存在するのかである．前者は，宇宙は産まれたときから均一であったと仮定すれば良いかもしれない．これは不満足な仮定ではあるが，そのような宇宙を真空のゆらぎからつくることは可能である．しかし，後者の説明は難しい．宇宙は産まれたときから均一でないのであれば，地平線距離以上離れた領域のエネルギー密度の値はまったく異なっているのが自然であり，標準偏差で 10 万分の 1 程度にまで調整される理由はない．これは**地平線問題**と呼ばれる．

この問題は，地平線距離がゆらぎの波長よりも速く増大することに起因する．なぜなら，現在測定できるゆらぎの波長は過去において必ず地平線距離を超えるからである．これは減速膨張宇宙の帰結である．一般的な膨張宇宙を調べるため，スケール因子は t^m に比例するとしよう．式 (6.1) の積分の下限を t_* とすれば，

$$d_{\text{粒子}}(t) = \left[\left(\frac{t}{t_*}\right)^m - \frac{t}{t_*}\right]\frac{t_*}{m-1}, \tag{6.2}$$

を得る．初期時刻よりも十分後（$t \gg t_*$）での地平線距離の振る舞いは，$m<1$（減速膨張）か $m>1$（加速膨張）かで大きく変わる．まず $m<1$ の場合，$d_{\text{粒子}}$ は t に比例し，t^m に比例するゆらぎの波長よりも速く増大する．しかし $m>1$ の場合，$d_{\text{粒子}}$ もゆらぎの波長もともに t^m に比例する．すなわち加速膨張宇宙では，ある時刻で地平線の内側にあるゆらぎ（波長が地平線距離よりも短いゆらぎ）は，過去に遡っても常に地平線の内側にあるため，地平線問題は存在しない．

宇宙初期の加速膨張期はいつか終わり，減速膨張に転じねばならない．式 (6.1) の積分を，加速膨張が終わる時刻 t_I で分けると

$$d_{\text{粒子}}(t) = a(t)\left[\int_{t_*}^{t_I}\frac{dt'}{a(t')} + \int_{t_I}^{t}\frac{dt'}{a(t')}\right], \tag{6.3}$$

となる．加速膨張期に $m \gg 1$ であれば，地平線距離は時間とともに指数関数的に増大し，減速膨張を仮定した場合よりもはるかに大きくなる．すると，2 項目

は初項よりずっと小さく無視でき，減速膨張期にも $d_{粒子} \propto a$ となり，地平線問題は解決する．

全天に渡る CMB の温度異方性の小ささを説明するには，過去の一時期において宇宙が加速膨張を起こし，地平線を大きく押し広げ，最終散乱時刻における地平線距離が $\ell = 2$ に対応するゆらぎの波長よりも大きくなれば良い．そうすれば，過去にどれほど遡ろうとも観測可能なゆらぎの波長は常に地平線の内側にあり，地平線問題は解決する．ありていに言えば，宇宙初期に局所的熱平衡状態にあった微小な領域は加速膨張によって指数関数的に増大し，観測可能な宇宙をすっぽり包んだ，ということである．

エネルギー密度と圧力を用いて a の加速度を書けば $\ddot{a}/a = -(4\pi G/3)\sum_\alpha(\rho_\alpha + 3P_\alpha)$ であるから，宇宙初期に $P_\alpha < -\rho_\alpha/3$ を満たすエネルギー成分があれば加速膨張が起こる．現在の宇宙も加速膨張しており，その説明に必要な暗黒エネルギー（2.4.4 節）の性質と，宇宙初期の加速膨張の説明に必要なエネルギー成分とは関係するのかもしれない．

宇宙初期において宇宙がゆっくり収縮すれば，やはり地平線問題は解決する．スケール因子は $(T-t)^{1/\epsilon}$ に比例して減少するとしよう．T は a がゼロになる時刻で，常に $t < T$ とする．地平線距離を計算すれば，

$$d_{粒子}(t) = \left[\left(1 - \frac{t}{T}\right)^{\frac{1}{\epsilon}} - \left(1 - \frac{t}{T}\right)\right]\frac{\epsilon T}{\epsilon - 1}, \tag{6.4}$$

を得る．$\epsilon > 1$ では，t が T に近づくほど初項が支配的となり，$d_{粒子}$ は a に比例してゆっくりと減少する．ゆらぎの波長も a に比例するから，ある時刻で地平線の内側にあるゆらぎは過去に遡っても常に地平線の内側にあり，地平線問題は存在しない．

一方，ハッブル長は $|H|^{-1} = \epsilon(T-t) \propto a^\epsilon$ で与えられ，$\epsilon > 1$ であればハッブル長は $d_{粒子}$ よりも速く縮む．t が T に近づくと，ハッブル長は $d_{粒子}$ よりもずっと小さくなる．

現在の宇宙は膨張しているから，過去の一時期における収縮は，ある時刻で膨張に転じねばならない．膨張に転じた後の宇宙は減速膨張するものとすれば，膨張に転じた時刻から測った地平線距離は近似的にハッブル長で与えられる．一方，収縮期も含めた真の地平線距離はハッブル長よりもはるかに大きいので，地平線

問題は解決する．

ゆっくりとした宇宙の収縮を実現するには，どのようなエネルギー成分が必要だろうか？　このエネルギー成分を X と呼ぼう．$a \propto (T-t)^{1/\epsilon}$ を実現するエネルギー密度のスケール因子依存性は $\rho_X \propto a^{-2\epsilon}$ である．a が減少するとともに ρ_X が物質や放射のエネルギー密度より大きくならねば $a \propto (T-t)^{1/\epsilon}$ を実現できないので，$\epsilon > 2$ が要請される．さらに，宇宙は収縮するにつれてわずかな非一様性や非等方性が増幅され，フリードマン方程式の右辺に a^{-6} に比例する項が現れる．この項よりも速く X のエネルギー密度が増加するには，$\epsilon > 3$ が要請される．このとき，圧力は $P_X > \rho_X$ である．

収縮中は $H < 0$ であるが，膨張に転じる前に H はゼロとなり，膨張宇宙では $H > 0$ である．すると，$\dot{H} > 0$ となる時期が必ず存在する[*2]．一方，空間曲率がゼロのフリードマン方程式より $\dot{H} = -4\pi G \sum_\alpha (\rho_\alpha + P_\alpha)$ であり，ヌルエネルギー条件 $\rho_\alpha + P_\alpha > 0$ が満たされれば常に $\dot{H} < 0$ である．すなわち，**一般相対性理論の枠組みで，空間曲率がゼロの宇宙が収縮から膨張に転じるには，ヌルエネルギー条件を破らねばならない**．8.1 節で述べるように，ヌルエネルギー条件とは負のエネルギーを持つ粒子が存在しない条件である．負のエネルギーを持つ粒子が存在すれば，最低のエネルギー状態はエネルギーが $-\infty$ の状態となり，安定な状態は存在しない．通常は安定な真空であっても，負と正のエネルギーを持つ粒子のペアが際限なく生成されれば真空は崩壊する．もし，何らかの物理過程によって，この場合でも有限の負のエネルギーの最低状態が存在すれば（すなわちエネルギー最低状態は $-\infty$ ではなく有限であれば），安定な物理状態を構築できるかもしれない．そのような理論的可能性は存在する[*3]が，ヌルエネルギー条件を破るようなエネルギー成分はまだ見つかっていない．以上より，COBE 衛星によって発見された温度異方性を説明するには，宇宙初期に加速膨張の時期か，ゆっくりとした収縮の時期かを仮定する必要がある．前者は**インフレーション宇宙**[*4]と

[*2] $\dot{H} > 0$ となる時期の前後では $\dot{H} < 0$ である．収縮中は $\dot{H} = -1/\epsilon(T-t)^2 < 0$ で，膨張中は $\dot{H} = -m/t^2 < 0$ である．

[*3] たとえば，レビュー論文 V. A. Rubakov, *Physics-Uspekhi*, **57**, 128 (2014) [arXiv:1401.4024] を見よ．

[*4] A. A. Starobinsky, *Phys. Lett. B*, **91**, 99 (1980)；D. Kazanas, *Astrophys. J. Lett.*, **241**, L59 (1980)；K. Sato, *Mon. Not. Roy. Astron. Soc.*, **195**, 467 (1981)；A. H. Guth, *Phys. Rev. D*, **23**, 347 (1981)；A. D. Linde, *Phys. Lett. B*, **108**, 389 (1982)；A. Albrecht, P. J. Steinhardt, *Phys. Rev. Lett.*, **48**, 1220 (1982).

呼ばれ，インフレーションを引き起こすエネルギー成分は**インフラトン**と呼ばれる．後者は膨張宇宙に転じる際にヌルエネルギー条件の破れをともなうので困難と考えられているが，興味深い可能性として研究されている[*5]．

インフレーション宇宙とゆっくりした収縮宇宙とでは，量 $-\dot{H}/H^2$ の値が異なる．前者では $-\dot{H}/H^2 = 1/m < 1$ であり，後者では $-\dot{H}/H^2 = \epsilon > 3$ である．特に，地平線問題を解決するためにはインフレーション中の膨張はほぼ指数関数的でなければならず，$m \gg 1$，すなわち $-\dot{H}/H^2 \ll 1$ が要請される．$-\dot{H}/H^2$ の値の違いは，それぞれのシナリオが予言する観測量の違いとなって現れる．

インフレーション期や収縮の時期にハッブル長より短い波長を持つゆらぎは，時間が経過するとハッブル長を超える．すると，断熱ゆらぎもエントロピーゆらぎも保存される．後に宇宙が減速膨張に転じると，ハッブル長はゆらぎの波長より速く増加し，いずれゆらぎの波長はハッブル長よりも短くなる．ハッブル長より短波長のゆらぎは重力の作用で増幅され，銀河や銀河団といった宇宙の大規模構造を形成し，星や惑星，ひいては我々をも形成した．それでは，「インフレーション期や収縮の時期にハッブル長より短い波長を持つゆらぎ」の起源は何であろうか？　有力な仮説は，量子力学の不確定性原理による**真空の量子ゆらぎ**である[*6]．極微のスケールでは，不確定性原理によってエネルギー密度にゆらぎが生じる．通常そのような極微のスケールは問題にならないが，インフレーション期や収縮の時期では極微のスケールがハッブル長を超え，巨視的なスケールとなる．インフレーションや収縮が単一のエネルギー成分によって担われていれば，そのエネルギー成分の量子ゆらぎは断熱ゆらぎである．エネルギー成分が複数個あれば，エントロピーゆらぎも生成される．どのようなエネルギー成分がインフレーションや収縮を担ったのかはわかっていないが，CMB の観測データは重要なヒントを与える．初期宇宙の物理状態は，観測可能なのである．

[*5] J. Khoury, B. A. Ovrut, P. J. Steinhardt, N. Turok, *Phys. Rev. D*, **64**, 123522 (2001)；J. Khoury, B. A. Ovrut, N. Seiberg, P. J. Steinhardt, N. Turok, *Phys. Rev. D*, **65**, 086007 (2002)；P. J. Steinhardt, N. Turok, *Science*, **296**, 1436 (2002)；P. J. Steinhardt, N. Turok, *Phys. Rev. D*, **65**, 126003 (2002)；J. Khoury, P. J. Steinhardt, N. Turok, *Phys. Rev. Lett.*, **92**, 031302 (2004)；P. J. Steinhardt, N. Turok, *New. Astron. Rev.*, **49**, 43 (2005).

[*6] V. F. Mukhanov, G. Chibisov, *JETP Lett.*, **33**, 532 (1981)；S. W. Hawking, *Phys. Lett. B*, **115**, 295 (1982)；A. A. Starobinsky, *Phys. Lett. B*, **117**, 175 (1982)；A. H. Guth, S. Y. Pi, *Phys. Rev. Lett.*, **49**, 1110 (1982)；J. M. Bardeen, P. J. Steinhardt, M. S. Turner, *Phys. Rev. D*, **28**, 679 (1983).

量子ゆらぎによって，原始重力波 D_{ij} も生成される可能性がある[*7]．すると，テンソル型の積分ザクス–ヴォルフェ効果（式 (5.16)）により温度異方性[*8]が生じる．この原始重力波の振幅の波長依存性を観測できれば，インフレーション宇宙とゆっくりした収縮宇宙とを区別できるかもしれない．フーリエ空間の波数を q とすると，真空の量子ゆらぎによる原始重力波の振幅の 2 乗は q^{n_T-3} に比例し，インフレーションでは $n_T = 2\dot{H}/H^2 < 0$ [*9]，収縮宇宙では $n_T = 2$（脚注 5）である．すなわち，インフレーションは q が増加するとゆっくりと減衰する振幅を予言するのに対し，収縮宇宙では q が増加すると振幅は増加する．よって，原始重力波の発見と n_T の値の測定は，初期宇宙のシナリオを決定する上で重要な役割を果たす．

6.2 ザクス–ヴォルフェ効果の球面調和関数展開

断熱的初期条件を課し，晴れ上がり時刻 t_L での宇宙は物質優勢であると近似すれば，ザクス–ヴォルフェ効果による温度異方性は式 (5.16) の右辺の最初の 2 項に式 (5.24) を代入して

$$\left[\frac{\Delta T(\hat{n})}{T_0}\right]_{\mathrm{SW}} = \frac{1}{3}\Phi(t_L, \hat{n}r_L), \tag{6.5}$$

である．添字の “SW” はザクス–ヴォルフェ効果を表す．この近似では，天球上の温度異方性の分布は最終散乱面上の重力ポテンシャルの分布で与えられる．重力ポテンシャルの空間分布には特別な位置も方向も存在しない（少なくとも，まだ見つかっていない）ので，温度異方性にも特別な方向は存在しない．すなわち，温度異方性の球面調和展開係数 $a_{\ell m}$ は，どのような座標系を選んでもすべての m に対してゼロでない．

式 (4.5) の逆変換 $a_{\ell m} = \int d\Omega \Delta T(\hat{n}) Y_\ell^{m*}(\hat{n})$ を用いるため，式 (6.5) の両辺

[*7] L. P. Grishchuk, *Zh. Eksp. Teor. Fiz.*, **67**, 825 (1974)（ロシア語原文）; *ibid. JETP*, **40**, 409 (1975)（英訳）; A. A. Starobinsky, *Pis'ma Zh. Eksp. Teor. Fiz.*, **30**, 719 (1979)（ロシア語原文）; *ibid. JETP Lett.*, **30**, 682 (1979)（英訳）; L. F. Abbott, M. B. Wise, *Nucl. Phys. B*, **244**, 541 (1984).

[*8] V. A. Rubakov, M. V. Sazhin, A. V. Veryaskin, *Phys. Lett. B*, **115**, 189 (1982); R. Fabbri, M. D. Pollock, *Phys. Lett. B*, **125**, 445 (1983); L. F. Abbott, M. B. Wise, *Nucl. Phys. B*, **244**, 541 (1984); A. A. Starobinsky, *Sov. Astron. Lett.*, **11**, 133 (1985).

[*9] 「ワインバーグの宇宙論」，10.3 節．

に $Y_\ell^{m*}(\hat{n})$ をかけて積分し，右辺の Φ を 3 次元フーリエ展開すれば

$$a_{\ell m}^{\mathrm{SW}} = \frac{T_0}{3} \int d\Omega\, Y_\ell^{m*}(\hat{n}) \int \frac{d^3q}{(2\pi)^3}\, \Phi_{\boldsymbol{q}} \exp(i\boldsymbol{q}\cdot\hat{n}r_L)\,, \tag{6.6}$$

を得る．$\boldsymbol{q}$ は共動座標に関して定義した波数である．次に，指数関数を球面調和関数を用いて展開すると，

$$\exp(i\boldsymbol{q}\cdot\hat{n}r_L) = 4\pi \sum_{\ell=0}^{\infty} i^\ell j_\ell(qr_L) \sum_{m=-\ell}^{\ell} Y_\ell^m(\hat{n}) Y_\ell^{m*}(\hat{q})\,, \tag{6.7}$$

である．これはレイリーの公式（Rayleigh's formula，あるいは plane-wave expansion）として知られ，$j_\ell(x) \equiv \sqrt{\pi/2x}J_{\ell+1/2}(x)$ は球ベッセル関数，$\hat{q} \equiv \boldsymbol{q}/|\boldsymbol{q}|$ は単位ベクトルである．すると $a_{\ell m}$ は

$$a_{\ell m}^{\mathrm{SW}} = \frac{4\pi T_0 i^\ell}{3} \int \frac{d^3q}{(2\pi)^3}\, \Phi_{\boldsymbol{q}} j_\ell(qr_L) Y_\ell^{m*}(\hat{q})\,, \tag{6.8}$$

と書ける．m 依存性は $Y_\ell^{m*}(\hat{q}) = (-1)^m Y_\ell^{-m}(\hat{q})$ で決まる．ある波数ベクトル $\boldsymbol{q}$ を持つ重力ポテンシャルを考えよう．天球上の極角の原点（図 4.1 の z 軸方向）を $\boldsymbol{q}$ の方向に選べば，球面調和関数の展開係数は $m=0$ を除くすべての m に対してゼロとなる．式 (6.8) ではあらゆる方向の $\boldsymbol{q}$ が温度異方性に寄与するため，$m \neq 0$ で $a_{\ell m}^{\mathrm{SW}} = 0$ となる座標系は存在しない．このような性質を持つ温度異方性の発見は研究者の悲願であり，DMR の温度異方性の発見により達成された．ただし，DMR の測定では断熱ゆらぎかエントロピーゆらぎかを判断できない．なぜなら，DMR で測定されるような長波長では，エントロピーゆらぎは係数 1/3 を 2 に置き換えるだけだからである（式 (5.37)）．

6.2.1 幾何学的意味：小角度近似

式 (6.8) は，最終散乱面上の重力ポテンシャルの 3 次元フーリエ変換を，天球上の球面調和関数による展開係数に射影する厳密な式である．しかし，なじみの薄い球ベッセル関数を含んでおり，3 次元空間から 2 次元の天球上への射影がどのように行われているか見えにくい．これは，3 次元のフーリエ変換が 3 次元デカルト座標で自然に定義されるのに対し，球面調和関数は観測者を中心とする球座標で自然に定義されるため，$\boldsymbol{q}$ と (ℓ, m) との対応関係が単純でないからである．そこで，天球上の適当な方向を中心とし，その近傍の天域を平面とみな

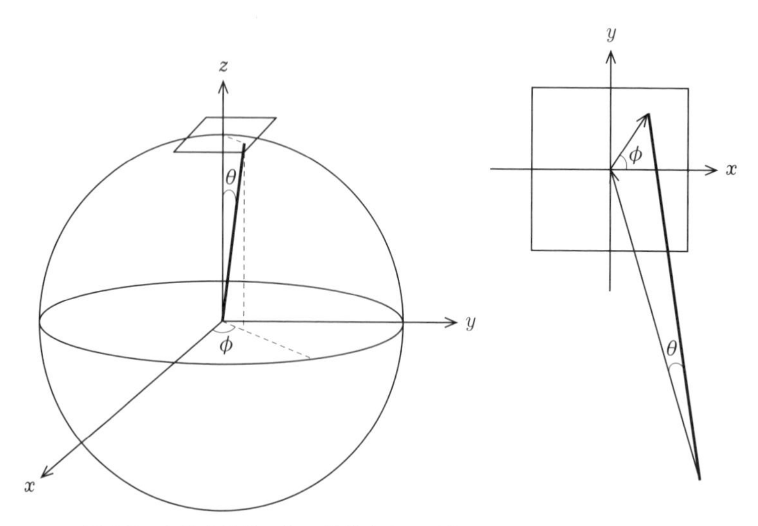

図6.2 小角度近似．ある視線方向の近傍の天域を平面とみなし，2次元デカルト座標 $(x, y) = (\theta\cos\phi, \theta\sin\phi)$ で記述する．

す．その天域の中心を z 軸方向（x^3 方向）に取って球座標を貼り直せば，z 軸の近傍を考える限りは極角は小さいので，観測者から見た視線方向ベクトルは $\hat{n} \approx (\theta\cos\phi, \theta\sin\phi, 1-\theta^2/2)$ と近似でき，平面上の2次元デカルト座標を $(x, y) = (\theta\cos\phi, \theta\sin\phi)$ と定義できる．これらの作業を図6.2に示す．

温度異方性をこの平面上で2次元フーリエ展開すると，2次元波数ベクトル $\boldsymbol{\ell}$ は3次元波数ベクトルの平面上の成分 $\boldsymbol{q}_\perp$ に比例し，幾何学的関係が明らかとなる．これを**小角度近似**と呼ぶ．これ以降，2次元デカルト座標の原点から任意の点までの位置ベクトルを $\boldsymbol{\theta} = (\theta\cos\phi, \theta\sin\phi)$ と書く．小角度近似で良く用いるのは，平面波の規格直交性関係

$$\int d^2\boldsymbol{\theta}\ \exp\left[i(\boldsymbol{\ell}-\boldsymbol{\ell}')\cdot\boldsymbol{\theta}\right] = (2\pi)^2\delta_D^{(2)}(\boldsymbol{\ell}-\boldsymbol{\ell}'), \tag{6.9}$$

である．$\delta_D^{(2)}(\boldsymbol{x})$ は2次元のデルタ関数である．これは球面調和関数の規格直交性関係式（4.8）に対応する．

式（6.5）の両辺に $\exp(-i\boldsymbol{\ell}\cdot\boldsymbol{\theta})$ をかけて積分し，2次元フーリエ展開係数 $a_{\boldsymbol{\ell}}$ を得る．そして右辺の Φ を3次元フーリエ展開すれば，

$$a_{\boldsymbol{\ell}}^{\mathrm{SW}} = \frac{T_0}{3}\int d^2\theta\ \exp(-i\boldsymbol{\ell}\cdot\boldsymbol{\theta}) \times \int \frac{d^3q}{(2\pi)^3}\,\Phi_{\boldsymbol{q}}\ \exp(i\boldsymbol{q}_\perp r_L\cdot\boldsymbol{\theta} + iq_\parallel r_L\cos\theta)\,, \tag{6.10}$$

を得る．$q_\parallel$ は波数ベクトルの z 軸成分である．$\theta \ll 1$ であるから $\cos\theta \approx 1$ とすれば，$\boldsymbol{\theta}$ 積分から 2 次元のデルタ関数 $(2\pi)^2\delta_D^{(2)}(\boldsymbol{q}_\perp r_L - \boldsymbol{\ell})$ を得る．このデルタ関数は幾何学的に理解できる．4.1 節で学んだように，ℓ に対応する半波長の見込み角度は $\delta\theta = \pi/\ell$ である．一方，動径座標 r_L に置いた 3 次元の半波長 $\pi/q_\perp$ の見込み角度は $\delta\theta = \pi/q_\perp r_L$ であるから，ℓ と $q_\perp$ との幾何学的関係として $\ell = q_\perp r_L$ を得る．$\boldsymbol{q}_\perp$ に渡る積分を実行すれば

$$a_{\boldsymbol{\ell}}^{\mathrm{SW}} = \frac{T_0}{3r_L^2}\int_{-\infty}^{\infty}\frac{dq_\parallel}{2\pi}\,\Phi_{\boldsymbol{q}}\left(\boldsymbol{q}_\perp = \frac{\boldsymbol{\ell}}{r_L}, q_\parallel\right)\exp(iq_\parallel r_L)\,, \tag{6.11}$$

を得る．すなわち，$\boldsymbol{\ell}$ として測定されるのは視線方向に垂直な波数ベクトルの成分 $\boldsymbol{q}_\perp$ である．

波数の大きさは $q = \sqrt{\ell^2/r_L^2 + q_\parallel^2}$ なので，積分の寄与は $q \geqq \ell/r_L$ の領域に制限される．また，$\ell \gg 1$ であるから $q_\parallel r_L \lesssim 1$ の寄与は $q \approx \ell/r_L$ を与える．よってこの積分は $q \approx \ell/r_L$ で大きな寄与を持つが，$q \geqq \ell/r_L$ を満たす波数からの寄与も無視できない．これは，式 (6.8) の球ベッセル関数は ℓ が大きなときに $\ell = qr_L$ で大きな値を持ち，$\ell > qr_L$ ではゼロのまわりを振動しつつ緩やかに減少するが，$\ell < qr_L$ では急激に減衰するのに対応している．

直観的な理解を助けるため，図 6.3（116 ページ）では単一のフーリエ波数ベクトル $\boldsymbol{q}$ を持つ重力ポテンシャルが天球上にどう射影されるかを示す．観測者を中心とする球座標を考え，波数ベクトルは極角の原点方向（z 軸方向）に取る．観測者は円で示す最終散乱面上の重力ポテンシャルを測定する．円の半径は r_L なので，これは $\Phi(\hat{n}r_L)$ である．この座標系では天球上の重力ポテンシャルの分布は方位角に依らないので，一般性を失うことなく x-z 平面で議論できる．観測者が x 軸方向に測定する重力ポテンシャルの半波長を見込む角度を θ_1，z 軸方向の見込み角度を θ_2 と書けば，図より $\theta_2 > \theta_1$ である．x 軸方向の見込み角度は全天で最小値を持ち，$\theta_1 = \pi/qr$ である．よって単一の波数を持つ重力ポテンシャルの天球上への射影は，全天に見込み角度 $\theta \geqq \pi/qr$ を持つゆらぎを生成する．こ

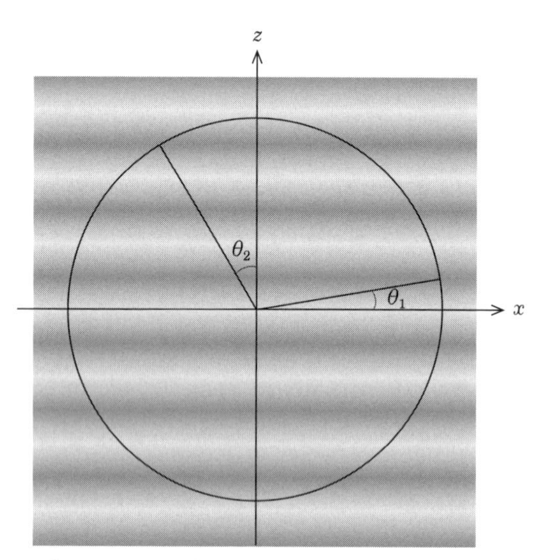

図 6.3 単一のフーリエ波数 $\boldsymbol{q}$ を持つ重力ポテンシャルの天球上への射影．$\boldsymbol{q}$ の方向を z 軸方向にとったので，重力ポテンシャルは $\Phi_{\boldsymbol{q}} \propto \cos(qz)$ で与えられる．色の濃い部分は負の，薄い部分は正の $\Phi_{\boldsymbol{q}}$ を表す．

れは $\ell \leqq qr$ に対応し，式 (6.11) の結果を再現する．これで式 (6.8) の幾何学的な意味を理解できた．

6.2.2 積分ザクス-ヴォルフェ効果の球面調和関数展開

DMR の測定データは最終散乱面上の重力ポテンシャルによるザクス–ヴォルフェ効果で説明できるとしたが，式 (5.16) の右辺の，スカラー型とテンソル型の積分ザクス–ヴォルフェ効果の影響にも触れておこう．

スカラー型の積分ザクス–ヴォルフェ効果は

$$\left[\frac{\Delta T(\hat{n})}{T_0}\right]_{\rm ISW} = \int_{t_L}^{t_0} dt\ (\dot{\Phi} + \dot{\Psi})(t, \hat{n}r)\,, \tag{6.12}$$

で与えられる．添字の "ISW" は積分 (Integrated) ザクス–ヴォルフェ効果を表す．光子の動径座標は時間の関数として $r(t) = \displaystyle\int_t^{t_0} dt'/a(t')$ と与えられる．8.4 節と 10.1 節で学ぶように，物質優勢宇宙では重力ポテンシャル (Φ) と曲率ゆらぎ

(Ψ) は等しく，ゆらぎの変数に関して1次の精度ではゆらぎの波長に関わらず重力ポテンシャルは時間変動しない．よって，**物質優勢宇宙ではスカラー型の積分ザクス–ヴォルフェ効果はゼロである**．導出は 8.4，10.1 節で与え，ここでは物理的な理解にとどめておこう．物質粒子は重力によって集まる一方，宇宙膨張によって散らばる．よって，物質の密度ゆらぎの振幅の成長率と宇宙膨張率とのバランスが重力ポテンシャルの振る舞いを決める．宇宙膨張率 $H=\sqrt{8\pi G\sum_\alpha \rho_\alpha/3}$（式(2.18)）はすべての成分のエネルギー密度の和によって決まり，重力ポテンシャルはすべての成分の密度**ゆらぎ**の和によって決まる．そのため，どの成分のエネルギー密度，およびどの成分のゆらぎが支配的であるかによって結果が変わる．物質優勢期には重力ポテンシャルは物質の密度ゆらぎによって決まり，物質密度ゆらぎの振幅の成長率は $\sqrt{G\rho_M}$ で与えられる．物質優勢期の宇宙膨張率は $\sqrt{G\rho_M}$ で与えられるから，両者はつりあい，重力ポテンシャルは一定に保たれる．

現在のように宇宙定数が優勢な宇宙でも，重力ポテンシャルと曲率ゆらぎは等しい．宇宙定数のエネルギー密度はゆらぎを持たず，重力ポテンシャルに寄与しない．そのため重力ポテンシャルは引き続き物質の密度ゆらぎによって決まり，密度ゆらぎの振幅の成長率は $\sqrt{G\rho_M}$ で与えられる．しかし，宇宙膨張率は宇宙定数のエネルギー密度によって決まり（$H\propto\sqrt{G\rho_\Lambda}$），これは $\sqrt{G\rho_M}$ よりも大きく，粒子は集まれない．このため，ゆらぎの波長に関わらず重力ポテンシャルの絶対値は時間とともに減衰し，ゼロでない積分ザクス–ヴォルフェ効果が現れる．**スカラー型の積分ザクス–ヴォルフェ効果を用いれば，宇宙定数が物質密度ゆらぎの成長を抑える効果を測定できる**．

物質優勢期の重力ポテンシャルが時間に依らないことを用いて，物質優勢期から現在に至るまでのポテンシャルを $\Phi(t,\boldsymbol{x})=g(t)\Phi_{物質優勢}(\boldsymbol{x})$ と書く．$g(t)$ は暗黒エネルギーの効果による重力ポテンシャルの減衰を表し，物質優勢期には $g(t_{物質優勢})=1$ で，暗黒エネルギーが重要になると $g(t)<1$ である．t の代わりに共動的な動径座標 r を用いて積分ザクス–ヴォルフェ効果の式を書き直し，式(6.8) を導いたのと同様に球面調和関数で展開すれば

$$a_{\ell m}^{\rm ISW}=-8\pi T_0 i^\ell\int_0^{r_L}dr\,\frac{dg}{dr}\int\frac{d^3q}{(2\pi)^3}\,\Phi_{\boldsymbol{q}}^{物質優勢}j_\ell(qr)Y_\ell^{m*}(\hat{q}), \tag{6.13}$$

を得る．ΛCDM モデルの枠組みでは，宇宙定数による積分ザクス–ヴォルフェ効

果は赤方偏移が1より小さい現在の時刻付近で生じるので，見込み角度は大きくなる．典型的には $\ell \lesssim 10$ で重要となるので，2次元フーリエ変換を用いた小角度近似は適さない．

放射優勢宇宙では，ニュートリノの非等方ストレスの効果（8.6節）により重力ポテンシャルと曲率ゆらぎは若干異なる．断熱的初期条件では，長波長の物質と放射のエネルギー密度ゆらぎは $3\delta\rho_R/4\bar{\rho}_R = \delta\rho_M/\bar{\rho}_M$（式（5.18）で $\alpha = R, \beta = M, P_R = \rho_R/3, P_M = 0$ とする）を満たすので，放射優勢宇宙では $\delta\rho_R \gg \delta\rho_M$ である．よって重力ポテンシャルは放射の密度ゆらぎで決まり，密度ゆらぎの振幅の成長率は $\sqrt{G\rho_R}$ で与えられる．宇宙膨張率も $\sqrt{G\rho_R}$ で与えられるから，両者はつりあい，長波長の重力ポテンシャルは一定に保たれる．しかし，ゆらぎの波長がハッブル長よりも短い場合は状況が変わる．

ゆらぎの波長がハッブル長よりも短いと，放射は自身の圧力によって収縮できず，放射のエネルギー密度ゆらぎは小さく抑えられる．すると宇宙膨張率は密度ゆらぎの振幅の成長率を上回り，重力ポテンシャルの絶対値は時間とともに減衰し（9.3節），ゼロでない積分ザクス–ヴォルフェ効果が現れる．この効果は，宇宙定数による後期の効果と区別して**早期**積分ザクス–ヴォルフェ効果と呼ばれる．10.4節で学ぶように，早期積分ザクス–ヴォルフェ効果は温度異方性の測定から冷たい暗黒物質の密度パラメータを決める際に重要な役割を果たす．

テンソル型の積分ザクス–ヴォルフェ効果を用いれば，CMBの温度異方性を用いて重力波を間接的に検出できる．しかし，スカラー型温度異方性との区別が難しい．そこで，テンソル型の積分ザクス–ヴォルフェ効果による温度異方性を電子が散乱して生じる**偏光**を用いることが提案されている．これは12.3節で論じる．

6.3 パワースペクトル

温度異方性の大きさを表す単純な統計量として**分散**，すなわち各ピクセルの温度異方性の2乗平均を考える．分散を $C(0)$ と書けば，

$$C(0) \equiv \frac{1}{N_p - 1} \sum_{i=1}^{N_p} \Delta T^2(\hat{n}_i), \tag{6.14}$$

である．N_p は，図5.4で銀河系放射が強い領域を除いたピクセルの数である．分母が $N_p - 1$ であるのは，測定データから平均温度 $\bar{T}$ を測定して差し引いたので

自由度が一つ減少したためである．図 5.4 を解析するにあたっては，さまざまな見込み角度にどのくらいの温度異方性があるか知りたいので，式 (5.25) を用いてさまざまな値の $\ell_{\rm LPF}$ でローパスフィルターして分散を測れば良い．

銀河系放射は問題にならず，ΔT^2 の全天平均を測定できるとしよう．式 (4.5) と (4.8)，および式 (5.25) を用いれば

$$
\begin{aligned}
C(0) &= \int \frac{d\Omega}{4\pi} \Delta T^2(\hat{n}) = \sum_{\ell m} \sum_{\ell' m'} a_{\ell m} a^*_{\ell' m'} b_\ell b_{\ell'} \int \frac{d\Omega}{4\pi} Y_\ell^m(\hat{n}) Y_{\ell'}^{m' *}(\hat{n}) \\
&= \frac{1}{4\pi} \sum_{\ell=2}^{\infty} \sum_{m=-\ell}^{\ell} a_{\ell m} a^*_{\ell m} b_\ell^2 , \qquad (6.15)
\end{aligned}
$$

を得る．ここで，$b_\ell \equiv \exp(-\ell^2/2\ell_{\rm LPF}^2)$ である．双極型異方性を除くため，ℓ に渡る和は $\ell = 2$ から始まる．この結果は，次のように定義する**パワースペクトル**と呼ばれる量 C_ℓ

$$
C_\ell \equiv \frac{1}{2\ell+1} \sum_{m=-\ell}^{\ell} a_{\ell m} a^*_{\ell m} , \qquad (6.16)
$$

を用いれば

$$
C(0) = \sum_{\ell=2}^{\infty} \frac{2\ell+1}{4\pi} C_\ell b_\ell^2 , \qquad (6.17)
$$

と書ける．すなわち，パワースペクトルに $\ell(2\ell+1)/4\pi$ をかけた量は $\ln \ell$ あたりの温度異方性の分散である[*10]．後に式 (6.33) で説明する理由より，CMB の研究者は $\ell(2\ell+1)C_\ell/4\pi$ の代わりに $\ell(\ell+1)C_\ell/2\pi$ を好んで用いる．これも，大きな値の ℓ では $\ln \ell$ あたりの分散とみなして良い．

4 章で学んだように，$a_{\ell m}$ の値は天球座標の回転変換に対して不変ではないが，その 2 乗を m に渡って和を取ったパワースペクトルの値は回転変換に対して不変である．すなわち，$a_{\ell m}$ の値は天球座標の極角の原点の取り方によって変化するが，C_ℓ の値は変化しない．

6.3.1 DMR のパワースペクトル

図 6.4 に，DMR から得られたパワースペクトルを示す．パワースペクトルを測定するには，温度異方性を球面調和関数で展開して展開係数を 2 乗し，m に関して平均すれば良い（式 (6.16)）[*11]．$\ell \geqq 3$ のデータ点は $\ell(\ell+1)C_\ell/2\pi \approx (30\,\mu{\rm K})^2$

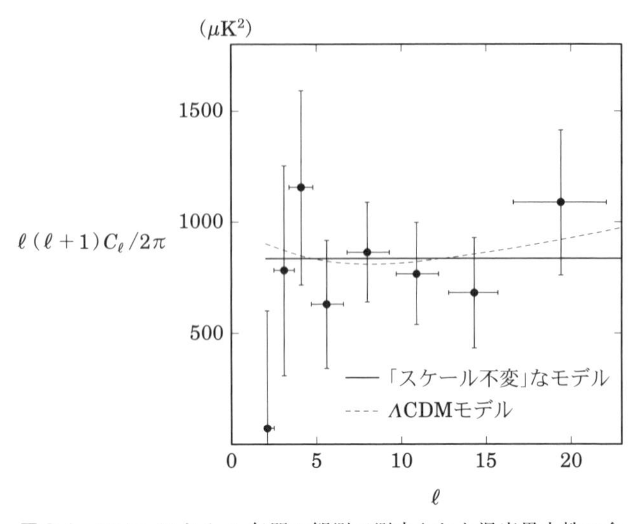

図6.4 DMR による 4 年間の観測で測定された温度異方性の全天マップ（図 5.4）のパワースペクトル．$\ell(\ell+1)C_\ell/2\pi$ を ℓ の関数として示す．単位は $\mu\mathrm{K}^2$．ℓ と見込み角度 θ との対応関係は $\ell \approx \pi/\theta$ である．銀河系放射が強い領域のデータは除き，全天の 64.1%を解析に用いた．本来は各 ℓ ごとにデータ点があるが，見やすさのため，ある ℓ の区間ごとに区切って平均化してある．横軸方向の誤差棒はそれぞれの ℓ 区間を表す．縦軸方向の誤差棒は標準偏差を表す．実線は $\ell(\ell+1)C_\ell/2\pi$ が ℓ に依らないとする「スケール不変」なモデルを，破線は ΛCDM モデルから計算されたパワースペクトルを示す．前者はザクス–ヴォルフェ効果しか含まないが，後者はザクス–ヴォルフェ効果，スカラー型の積分ザクス–ヴォルフェ効果，および最終散乱面上の物質の運動による光のドップラー効果の寄与を含む．DMR のホーンアンテナの角度分解能は半値幅で 7 度であり，$\ell \approx 20$ 以上の ℓ には感度がない．

で説明できる．$\ell = 2$ のデータ点は小さいように見えるが，統計的にはこの点も $(30\,\mu\mathrm{K})^2$ と無矛盾である（7.4 節）．すなわち DMR のデータは，**温度異方性の分散は見込み角度に依らずほぼ一定である**ことを示している．

ザクス–ヴォルフェ効果から予想されるパワースペクトルは，式 (6.16) に (6.8) を代入して

$$C_{\ell,\mathrm{SW}} = \frac{4\pi T_0^2}{9} \int \frac{d^3q}{(2\pi)^3} \int \frac{d^3q'}{(2\pi)^3}\ \Phi_{\boldsymbol{q}} \Phi^*_{\boldsymbol{q}'} j_\ell(qr_L) j_\ell(q'r_L) P_\ell(\hat{q}\cdot\hat{q}'), \tag{6.18}$$

と得られる．これは最終散乱面上の重力ポテンシャルと，天球上で測定された温度異方性のパワースペクトル（図 6.4 のデータ点）とを結ぶ関係式である．

6.3.2 統計的期待値

次に，温度異方性のパワースペクトルの**統計的期待値**を計算する．我々が測定する温度異方性は，我々にとって観測可能な宇宙に存在する重力ポテンシャルによるものである．宇宙の異なる場所にいる観測者は異なる重力ポテンシャルによる温度異方性を測定する．宇宙には特別な位置も方向も存在しないので，異なる場所にいる観測者が測定するパワースペクトルは統計的に等価である．そこで，さまざまな観測者に渡る統計平均を考え，この平均作業を角括弧 $\langle\cdots\rangle$ で書くことにする．このような平均作業は**アンサンブル平均**と呼ばれる．我々の天球上の温度異方性のパワースペクトル C_ℓ は，パワースペクトルのアンサンブル平均 $\langle C_\ell\rangle$ のまわりを，ある確率分布に従って分布する．

式 (6.18) の両辺のアンサンブル平均をとると，右辺は $\langle \Phi_{\boldsymbol{q}}\Phi^*_{\boldsymbol{q}'}\rangle$ を含む．$\Phi_{\boldsymbol{q}}$ を

---

[10] （119 ページ）パワースペクトルの意味をより深く理解するため，2 次元フーリエ変換を用いて式 (6.17) を再導出する．天球座標の極角の原点近傍の天域を平面とみなし（図 6.2），原点からの 2 次元位置ベクトルを $\boldsymbol{\theta}$ と書き，天域の面積を Ω と書けば

$$C(0) = \int \frac{d^2\ell}{(2\pi)^2}\int \frac{d^2\ell'}{(2\pi)^2}\, a_{\boldsymbol{\ell}} a^*_{\boldsymbol{\ell}'} b_\ell b_{\ell'} \int \frac{d^2\theta}{\Omega} \exp\left[i\left(\boldsymbol{\ell}-\boldsymbol{\ell}'\right)\cdot\boldsymbol{\theta}\right]$$
$$= \int \frac{d^2\ell}{(2\pi)^2}\, a_{\boldsymbol{\ell}} a^*_{\boldsymbol{\ell}} b_\ell^2 = \int_0^\infty \frac{\ell d\ell}{2\pi}\int_0^{2\pi}\frac{d\phi_\ell}{2\pi}\, a_{\boldsymbol{\ell}} a^*_{\boldsymbol{\ell}} b_\ell^2\,, \tag{6.19}$$

を得る．パワースペクトルを，2 次元フーリエ展開係数の 2 乗をフーリエ空間の方位角 ϕ_ℓ に渡って平均したもの

$$C_\ell \equiv \int_0^{2\pi}\frac{d\phi_\ell}{2\pi}\, a_{\boldsymbol{\ell}} a^*_{\boldsymbol{\ell}}\,, \tag{6.20}$$

として定義すれば，分散は

$$C(0) = \int_0^\infty d\ln\ell\, \frac{\ell^2}{2\pi} C_\ell b_\ell^2\,, \tag{6.21}$$

と書ける．パワースペクトルに $\ell^2/2\pi$ をかけた量は $\ln\ell$ あたりの分散を与える．これは，式 (6.17) から得る結果を $\ell \gg 1$ としたものに等しい．4.1 節で学んだように，球面調和関数による展開と 2 次元フーリエ展開は小さな天域で等価であるから，$\ell \gg 1$ のときに等しい結果を与える．

[11] （119 ページ）厳密には，式 (6.16) は全天のデータを使える場合にのみ正しい表記である．実際の解析では，銀河系放射のため低銀緯のデータを除く．DMR の解析では全天の 64.1%が用いられた．全天データが使えないと球面調和関数の直交性関係 $\int d\Omega\, Y_\ell^m(\hat{n}) Y_{\ell'}^{m'*}(\hat{n}) = \delta_{\ell\ell'}\delta_{mm'}$ は満たされず，C_ℓ と $a_{\ell m}$ との関係式 (6.16) は補正されねばならない．これはパワースペクトルの測定を若干複雑にするが，物理的解釈としてはパワースペクトルは球面調和関数の展開係数の 2 乗平均と思って差し支えない．E. Hivon, *et al.*, *Astrophys. J.*, **567**, 2 (2002) を見よ．

フーリエ逆変換すると，

$$\langle \Phi_{\boldsymbol{q}} \Phi^*_{\boldsymbol{q}'} \rangle = \int d^3x \int d^3r \ \langle \Phi(\boldsymbol{x}) \Phi(\boldsymbol{x}+\boldsymbol{r}) \rangle \exp\left[i(\boldsymbol{q}-\boldsymbol{q}')\cdot\boldsymbol{x} - i\boldsymbol{q}'\cdot\boldsymbol{r} \right], \tag{6.22}$$

を得る．右辺の $\langle \Phi(\boldsymbol{x}) \Phi(\boldsymbol{x}+\boldsymbol{r}) \rangle$ は **2 点相関関数**と呼ばれる量で，異なる 2 点の重力ポテンシャルがどの程度相関するかを表す．もし，異なる点における重力ポテンシャルが互いに無関係にバラバラの値をとれば，2 点相関関数はゼロである．ある点の重力ポテンシャルが正の値を持つとき，$\boldsymbol{r}$ だけ離れた点の重力ポテンシャルも正の値を持つ傾向があるなら，2 点は正の相関を持つ．同様に，両者が負の値を持つ場合も正の相関である．一方，$\boldsymbol{r}$ だけ離れた 2 点の重力ポテンシャルが逆の符号を持つ傾向があるなら，相関は負である．

2 点相関関数は空間座標の並進変換に対して不変，すなわち，$\boldsymbol{c}$ を定数ベクトルとして，座標変換 $\boldsymbol{x} \to \boldsymbol{x}+\boldsymbol{c}$ に対して不変であると仮定しよう．任意の 2 点 $\boldsymbol{x}_1$，$\boldsymbol{x}_2$ の位置ベクトルの差 $\boldsymbol{r} = \boldsymbol{x}_1 - \boldsymbol{x}_2$ は並進変換で変化しないから，2 点相関関数 $\xi_\phi(\boldsymbol{r}) \equiv \langle \Phi(\boldsymbol{x}) \Phi(\boldsymbol{x}+\boldsymbol{r}) \rangle$ は $\boldsymbol{x}$ に依存せず，2 点間の位置ベクトルの差のみの関数となる．これは，宇宙には特別な場所が存在しないことと等価である．宇宙のどの場所でも 2 点相関関数は 2 点間の位置ベクトルの**差**のみに依存し，位置そのものには依存しない．**一様性**とも呼ばれるこの仮定より，フーリエ展開係数の相関関数は

$$\langle \Phi_{\boldsymbol{q}} \Phi^*_{\boldsymbol{q}'} \rangle = (2\pi)^3 \delta_D^{(3)}(\boldsymbol{q}-\boldsymbol{q}') \int d^3r \ \xi_\phi(\boldsymbol{r}) \exp(-i\boldsymbol{q}\cdot\boldsymbol{r}), \tag{6.23}$$

となる．$\delta_D^{(3)}(\boldsymbol{q})$ は 3 次元のデルタ関数で，$\int d^3x \ \exp(i\boldsymbol{q}\cdot\boldsymbol{x}) = (2\pi)^3 \delta_D^{(3)}(\boldsymbol{q})$ が成り立つ．すなわち，相関関数が空間座標の並進変換に対して不変であれば，異なる波数 $\boldsymbol{q} \neq \boldsymbol{q}'$ を持つ重力ポテンシャルのフーリエ変換は相関しない．

次に，宇宙には特別な方向は存在せず，2 点相関関数は 2 点間の距離 $r = |\boldsymbol{r}|$ のみの関数で，$\boldsymbol{r}$ の方向に依らないと仮定する．すると，2 点相関関数は空間座標の回転変換に対しても不変で，

$$\langle \Phi_{\boldsymbol{q}} \Phi^*_{\boldsymbol{q}'} \rangle = (2\pi)^3 \delta_D^{(3)}(\boldsymbol{q}-\boldsymbol{q}') \int 4\pi r^2 dr \ \xi_\phi(r) \frac{\sin(qr)}{qr}, \tag{6.24}$$

を得る．積分は $\boldsymbol{q}$ の大きさのみに依存し，方向に依らない．これは**等方性**とも呼ばれる．よって，この式を次のように書き換える．

$$\langle \Phi_{\boldsymbol{q}} \Phi^*_{\boldsymbol{q}'} \rangle = (2\pi)^3 \delta_D^{(3)}(\boldsymbol{q} - \boldsymbol{q}') P_\phi(q) \,. \tag{6.25}$$

重力ポテンシャルのフーリエ変換の積のアンサンブル平均がこのように書けるのは，2 点相関関数の空間並進対称性と回転対称性の帰結である．$P_\phi(q)$ は重力ポテンシャルの 3 次元パワースペクトルで，2 点相関関数を用いれば

$$P_\phi(q) = \int_0^\infty 4\pi r^2 dr \; \xi_\phi(r) \frac{\sin(qr)}{qr} \,, \tag{6.26}$$

と書ける．

一様性と等方性

宇宙には特別な場所もなければ方向もない，というのはもっともらしく思える．このような宇宙を「一様等方宇宙」と呼ぶ．では，一様でなかったり等方でなかったりする宇宙とはどのようなものであろうか？　たとえば，あるベクトル場 $\boldsymbol{A}(\boldsymbol{x})$ が宇宙に存在するとする．このベクトル場の値は位置 $\boldsymbol{x}$ に依らないとすれば，一様である．しかし，ベクトル場は方向を持つので等方性は破るから，一様であるが非等方である．一様等方膨張宇宙では任意の 2 点間の距離の 2 乗は $a^2(t)(dx^2 + dy^2 + dz^2)$ で与えられ，あらゆる方向はあらゆる点において等しく膨張する．一様なベクトル場が存在すれば，宇宙膨張は一様であるが非等方となり得る．ベクトルが z 方向を向いていれば z 方向の膨張は他の方向と異なり，任意の 2 点間の距離の 2 乗は $a^2(t)(dx^2 + dy^2) + b^2(t)dz^2$ と与えられる．$a(t)$，$b(t)$ の値は位置に依らないので，一様性は破らない．

次に，一つの質点が作る重力場のように，ある点からの距離 r のみに依存する場 $\Phi(r)$ を考える．場の値が位置に依るので一様性は破るが，質点の位置から見れば等方的である．すなわち，等方であるが非一様である．しかし，Φ は質点の位置以外から見れば等方的でない．もし，**任意の点から見て等方的であれば，それは一様である**．なぜなら，3 次元空間の任意の点には，異なる点を中心とする回転変換の組み合わせで移動できるので，任意の点を中心とした回転変換に対して不変（等方的）であれば並進変換に対しても不変，すなわち一様である．

式 (6.25) を式 (6.18) のアンサンブル平均に代入すれば，温度異方性のパワースペクトルの統計的期待値として

$$\langle C_{\ell,\mathrm{SW}} \rangle = \frac{16\pi^2 T_0^2}{9} \int_0^\infty \frac{q^2 dq}{(2\pi)^3} P_\phi(q) j_\ell^2(qr_L), \tag{6.27}$$

を得る．$C_{\ell,\mathrm{SW}}$ の ℓ 依存性は重力ポテンシャルの q 依存性によって決まる．DMR の測定データ（図 6.4）はザクス–ヴォルフェ効果で説明できると仮定すれば，測定データを式（6.27）と比較することで最終散乱面上の重力ポテンシャルの相関関数の情報が得られる．

$a_{\ell m}$ の絶対値の 2 乗を m に渡って和を取ったものは天球座標の回転に対して不変であることを用いれば，式（6.27）をよりたやすく導くことができる．この手法は 12.2 節でテンソル型の積分ザクス–ヴォルフェ効果のパワースペクトルを求める際に有用なので，スカラー型のザクス–ヴォルフェ効果を用いて慣れておこう．図 6.3 のように，単一のフーリエ波数 $\boldsymbol{q}$ を持つ重力ポテンシャルによるザクス–ヴォルフェ効果を考え，$\boldsymbol{q}$ の方向を z 軸方向にとる．動径座標 r_L にある重力ポテンシャルを $\Phi(\hat{n}r_L) = A_q \exp(i\boldsymbol{q}\cdot\hat{n}r_L)$ と書けば，$\mu \equiv \cos\theta$ として

$$\left[\frac{\Delta T(\hat{n})}{T_0}\right]_{\mathrm{SW}} = \frac{1}{3} A_q \exp(iq\mu r_L) = \frac{1}{3} A_q \sum_\ell i^\ell (2\ell+1) j_\ell(qr_L) P_\ell(\mu), \tag{6.28}$$

を得る．ここで，レイリーの公式（6.7）で m に渡って和を取り，球面調和関数の積の和に関する公式（4.10）を用いた．ルジャンドル多項式は $Y_\ell^0(\mu)\sqrt{4\pi/(2\ell+1)}$ に等しいので，両辺に Y_ℓ^{m*} をかけて積分して $a_{\ell m}$ を求めれば

$$a_{\ell m}^{\mathrm{SW}} = \frac{T_0 i^\ell}{3} A_q \sqrt{4\pi(2\ell+1)} j_\ell(qr_L) \delta_{m0}, \tag{6.29}$$

を得る．6.2 節で述べたように，単一のフーリエ波数ベクトルの方向が z 軸方向の場合は $a_{\ell m}^{\mathrm{SW}}$ は $m=0$ を除いてゼロとなる．パワースペクトルは

$$\frac{1}{2\ell+1} \sum_{m=-\ell}^{\ell} a_{\ell m}^{\mathrm{SW}} a_{\ell m}^{\mathrm{SW}*} = \frac{4\pi T_0^2}{9} A_q^2 j_\ell^2(qr_L), \tag{6.30}$$

である．これは球座標の取り方に依らない量なので，あらゆる方向を持つ $\boldsymbol{q}$ はパワースペクトルに同じ寄与をするから，あらゆる $\boldsymbol{q}$ に渡って積分すれば式（6.27）を再現するはずである．単一のフーリエ波数の重力ポテンシャルの分散は，平均する体積を V と書けば $V^{-1}\int d^3x\, \Phi^2(\boldsymbol{x}) = A_q^2$ である．すべての波数の寄与を足せばこれは $(2\pi)^{-3}\int d^3q\, P_\phi(q)$ に等しいので，式（6.30）において $A_q^2 j_\ell^2(qr_L) \to$

$(2\pi)^{-3}\int d^3q\ P_\phi(q)j_\ell^2(qr_L)$ と置き換えれば，確かに式 (6.27) を再現する．

パワースペクトルの回転不変性と問題の対称性を生かした導出は見通しが良く，物理的直観も養えるので有用である．そして何より，扱うべき数式の量を大幅に減らせる．この手法は 11.3.3 節，12.2 節，および 12.3.3 節でも用いる．

6.3.3 小角度近似

式 (6.27) はザクス–ヴォルフェ効果のパワースペクトルの厳密な式であり，最終散乱面上の重力ポテンシャルの 3 次元パワースペクトルを天球上の 2 次元パワースペクトルに射影する．しかし，球ベッセル関数は直観的に理解しにくいので，2 次元フーリエ展開係数（式 (6.11)）を用いてパワースペクトルの期待値を計算する．式 (6.25) を導いたのと同様の議論より，温度異方性の 2 点相関関数 $\langle \Delta T(\hat{n})\Delta T(\hat{n}+\boldsymbol{\beta})\rangle$ が 2 次元平面上の並進・回転変換に対して不変[*12]であれば，2 次元フーリエ変換の積のアンサンブル平均は $\langle a_{\boldsymbol{\ell}} a^*_{\boldsymbol{\ell}'}\rangle = (2\pi)^2\delta_D^{(2)}(\boldsymbol{l}-\boldsymbol{l}')\langle C_\ell\rangle$ で与えられる．パワースペクトルは

$$\langle C_{\ell,\mathrm{SW}}\rangle = \frac{T_0^2}{9r_L^2}\int_{-\infty}^{\infty}\frac{dq_\parallel}{2\pi}\ P_\phi\left(\sqrt{\frac{\ell^2}{r_L^2}+q_\parallel^2}\right), \tag{6.31}$$

と求まる．球ベッセル関数を用いた表式 (6.27) に比べて，最終散乱面上の 3 次元のパワースペクトルの，天球上のパワースペクトルへの射影の幾何学的意味が明らかである．すなわち視線方向に垂直な波数は ℓ/r_L を与える．積分に寄与する波数は $q \geqq \ell/r_L$ である．$\ell \gg 1$ であるから $q_\parallel r_L \lesssim 1$ の寄与は $q\approx \ell/r_L$ を与え，$q=\ell/r_L$ が支配的な寄与をするが，それより大きな波数の寄与も無視できない．これは ℓ が大きいときの球ベッセル関数の振る舞いと一致する．$P_\phi(q)$ が波数に関して減少関数であれば，$q=\ell/r_L$ はより支配的な寄与をする．

$P_\phi(q)$ として単純なべき関数 $P_\phi(q)=(2\pi)^3N_\phi^2q^{n-4}$ を仮定すれば，式 (6.31) の積分は解析的に実行できて，

$$\langle C_{\ell,\mathrm{SW}}\rangle = \frac{8\pi^2N_\phi^2T_0^2}{9\ell^2}\left(\frac{\ell}{r_L}\right)^{n-1}\frac{\sqrt{\pi}}{2}\frac{\Gamma[(3-n)/2]}{\Gamma[(4-n)/2]}, \tag{6.32}$$

[*12] 小角度近似を用いず空を球面として扱う場合は，天球上の任意の点を他の点に移す変換は 3 次元の回転変換である．これは 3 つの角度（オイラー角）で表せるので，2 次元平面上の並進・回転変換と同じ自由度を持つ．

を得る．$\Gamma(x)$ はガンマ関数である．特に，$n=1$ の場合にはパワースペクトルに ℓ^2 をかけたものは ℓ に依らず一定となり，$\ell^2\langle C_{\ell,\mathrm{SW}}\rangle_{n=1}/2\pi = 4\pi N_\phi^2 T_0^2/9$ で与えられる．$n \neq 1$ なら $\ell^2\langle C_{\ell,\mathrm{SW}}\rangle \propto \ell^{n-1}$ である．

小角度近似を用いない厳密な表式 (6.27) の積分も解析的に実行できるが，表式は複雑である．$n=1$ の場合は簡単な表式が得られ，

$$\langle C_{\ell,\mathrm{SW}}\rangle_{n=1} = \frac{8\pi^2 N_\phi^2 T_0^2}{9\ell(\ell+1)}, \tag{6.33}$$

となる．パワースペクトルに $\ell(\ell+1)$ をかけたものは ℓ に依らず一定となり，$\ell(\ell+1)\langle C_{\ell,\mathrm{SW}}\rangle/2\pi = 4\pi N_\phi^2 T_0^2/9$ で与えられる．このため，CMB の研究者は $\ell(2\ell+1)C_\ell/4\pi$ ではなく，$\ell(\ell+1)C_\ell/2\pi$ を好む．小角度近似の結果とは $\ell \gg 1$ において一致する．

6.3.4 スケール不変なゆらぎ

$n=1$ は**スケール不変なゆらぎ**と呼ばれる．この意味を理解するため，式 (6.26) の逆変換

$$\xi_\phi(r) = \int_0^\infty \frac{q^2 dq}{2\pi^2}\, P_\phi(q)\frac{\sin(qr)}{qr}, \tag{6.34}$$

で，r を $r \to \lambda r$ のように定数倍（スケール変換）する．この式に $P_\phi \propto q^{n-4}$ を代入すると相関関数は $\xi_\phi(r) \to \xi_\phi(\lambda r) = \lambda^{1-n}\xi_\phi(r)$ と変換されるから，$n=1$ のとき $\xi_\phi(r)$ はスケール変換に対して不変である．この理由により，$n=1$ はスケール不変なゆらぎと呼ばれる．重力ポテンシャルの分散 $\xi_\phi(0)$ は $\xi_\phi(0) = \int d\ln q\; q^3 P_\phi(q)/2\pi^2$ と書け，$P_\phi(q)$ に $q^3/2\pi^2$ をかけた量 $q^3 P_\phi(q)/2\pi^2 = 4\pi N_\phi^2 q^{n-1}$ は $\ln q$ あたりの分散を与える．$n=1$ はすべての q の寄与が等しくなる場合である．

図 6.4 の実線は $n=1$ のザクス–ヴォルフェ効果のパワースペクトルを示し，これはデータをうまく説明する．ゆらぎの振幅は $4\pi N_\phi^2 \approx 1.1\times10^{-9}$ である．もし $n=1$ を仮定しなければ，68%の信頼領域で $n=1.2\pm0.3$ [*13] を得る．図 6.4 の破線は，$n=0.95$ のザクス–ヴォルフェ効果に加え，宇宙定数によるスカラー型の

*13 C. L. Bennett, *et al.*, *Astrophys. J. Lett.*, **363**, L1 (1996).

積分ザクス–ヴォルフェ効果と最終散乱面上の物質の運動による光のドップラー効果の寄与を含めた ΛCDM モデルの理論曲線を示す．積分ザクス–ヴォルフェ効果は ℓ が小さいところで寄与し，光のドップラー効果は ℓ の大きいところで寄与する．これらの効果を考慮しても，DMR の測定は誤差の範囲内で $n=1$ と無矛盾であった．$n=1$ のパワースペクトル $P_\phi(q) \propto q^{-3}$ は，提唱者[*14]の名前をとって**ハリソン–ゼルドヴィッチ–ピーブルス・スペクトル**と呼ばれる．このスペクトルは，1980 年代に提唱された初期宇宙のインフレーション理論（脚注 4）により，インフレーション中に生成された量子ゆらぎが重力ポテンシャルの源であれば実現できることが示された．DMR の結果が $n=1$ と無矛盾であったことはインフレーション理論を支持するものであった．詳しく調べると，たいていのインフレーション理論のモデルが予言する n は 1 よりわずかに小さい[*15]ので，DMR 以降の研究では n の 1 からのずれの発見が目標の一つとされた．DMR の測定から約 20 年後，NASA の WMAP 衛星と欧州宇宙機関（ESA）のプランク衛星が測定した CMB のデータより，5 シグマ以上の統計的有意性で $n<1$（$n \approx 0.96$[*16]）であることが発見された．

6.3.5 WMAP とプランクのパワースペクトル

WMAP 衛星[*17]は COBE 衛星の後継機で，2001 年から 2010 年までの 9 年間に渡り観測を行った．COBE に搭載された DMR のホーンアンテナ（図 5.3）の角度分解能は 7 度であったが，WMAP は 1.4 メートル × 1.6 メートル のパラボラアンテナを主鏡とする反射望遠鏡で，角度分解能は DMR より 35 倍良い 0.2 度であった．温度異方性の測定手法には，コンクリンとブレイスウェルの双極的異方性の測定や DMR と同様の差分検出法が用いられた．すなわち，パラボラアンテナを 2 つ用意し，天球上で互いに 140 度離れた 2 方向から到来する光の強度の差

*14 E. R. Harrison, *Phys. Rev. D*, **1**, 2726 (1970)；Ya. B. Zeldovich, *Mon. Not. Roy. Astron. Soc.*, **160**, 1 (1972)；P. J. E. Peebles, J. T. Yu, *Astrophys. J.*, **162**, 815 (1970).

*15 V. F. Mukhanov, G. V. Chibisov, *Pis'ma Zh. Eksp. Teor. Fiz.*, **33**, 549 (1981)（ロシア語原文）；*ibid. JETP Lett.*, **33**, 532 (1981)（英訳）.

*16 G. Hinshaw, *et al.*, *Astrophys. J. Suppl.*, **208**, 19 (2013)；Planck Collaboration, *Astron. Astrophys.*, **571**, A16 (2014).

*17 C. L. Bennett, *et al.*, *Astrophys. J.*, **583**, 1 (2003)；レビュー論文 E. Komatsu, C. L. Bennett, *Prog. Theor. Exp. Phys.*, 06B102 (2014) も見よ.

を測定するように設計された．これを全天に渡って繰り返すことで温度異方性の全天マップを得た．WMAP は 23，33，41，61，94 GHz の 5 つの周波数で測定を行った．周波数が高いほど角度分解能が良く，94 GHz の分解能（0.2 度）がもっとも良い．図 6.5 に 94 GHz の全天マップを示す．図 5.4 の DMR のマップと比べ，細かい温度異方性の構造が明らかである．

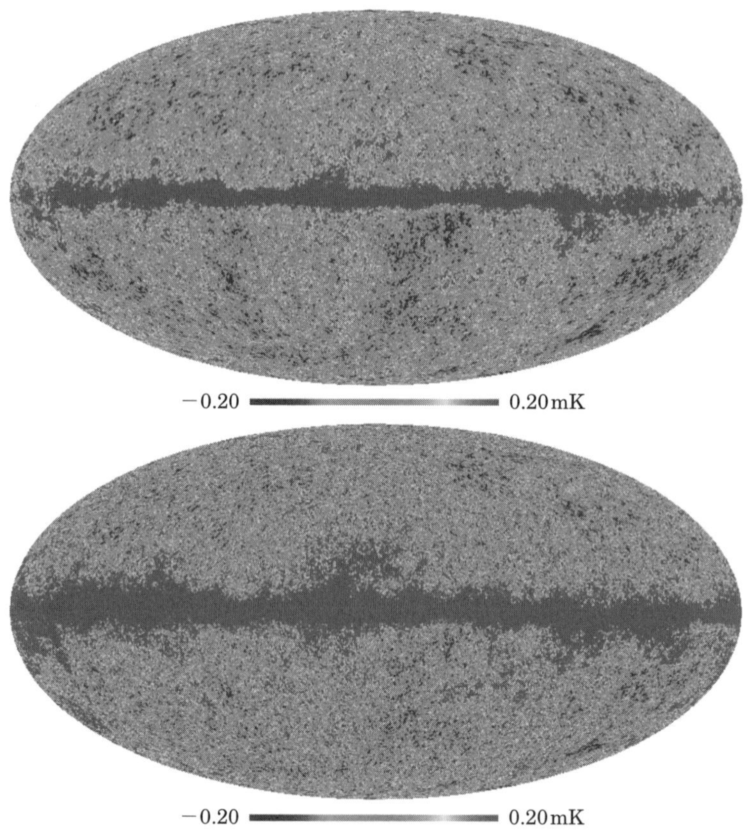

図6.5 WMAP 衛星による 9 年間の観測（上図）と，プランク衛星による 29 か月間の観測（下図）で測定された温度異方性の全天マップを，銀河座標におけるモルワイデ図法で示す（カバー裏表紙参照）．双極的異方性は取り除いた．WMAP は 94 GHz，プランクは 143 GHz のデータを示す．WMAP は半値幅 0.2 度（$\ell_{\rm LPF}=675$），プランクは半値幅 0.12 度（$\ell_{\rm LPF}=1109$）のガウス関数でローパスフィルターした．

2009年にESAが打ち上げたプランク衛星[18]は，WMAPよりもさらに2倍良い角度分解能を持つ．主鏡の大きさ（1.5メートル×1.9メートル）はほぼ同じであるが，観測周波数が高いことにより角度分解能が良い．プランク衛星は30，44，70，100，143，217，353，545，857 GHzの9つの周波数で測定を行った．CMBの測定に用いられたのは主に100，143，217 GHzであり，角度分解能はそれぞれ0.16，0.12，0.08度であった．検出器の熱雑音は周波数が高くなるほど大きくなるので，100 GHz以上の周波数では検出器を0.1 Kという極低温まで冷やして雑音を低く抑えた．冷媒として液体ヘリウムを用いたため，観測期間は液体ヘリウムが気化するまでの約2年半（29か月間）であった．プランクは差分検出法は用いず，主鏡1枚で全天の放射強度分布の測定を行った．図6.5に143 GHzの全天マップを示す．WMAPに比べてさらに細かい構造が測定されている．また，WMAPの94 GHzのマップに比べて銀河面の放射が大きい．この周波数で見える放射は主に銀河系内の星間物質（星間塵，ダスト）の熱放射で，これは周波数が高くなるほど放射強度が増大するためである．

銀河面放射が強い天域のデータを除いて測定されたWMAP[19]とプランク[20]のパワースペクトルを図6.6（130ページ）に示す．WMAPは61 GHzと94 GHzのデータを，プランクは100，143，217 GHzのデータを用いた．角度分解能が大幅に改善されたため，図6.4のDMRのパワースペクトルに比べてはるかに大きなℓまで測定できている．WMAPのパワースペクトルの統計的誤差は，検出器の雑音と角度分解能のため$\ell \approx 1000$で大きくなる（7.4節）が，プランクのパワースペクトルは$\ell \approx 2500$まで高精度で測定されている．両者ともにDMRの分解能で測定できた$\ell \lesssim 20$においてDMRのパワースペクトルと一致し，WMAPの分解能で測定できた$\ell \lesssim 1000$において一致した．異なる衛星が得た結果が一致するので，測定は精度が高いだけでなく信頼性も高い．

ℓが小さい領域のパワースペクトルと異なり，ℓが大きい領域の$\ell(\ell+1)C_\ell/2\pi$はℓに強く依存する．すなわち，温度異方性のパワースペクトルはスケール不変でないように見える．これは，晴れ上がりの時期までに光が進むことのできた地平線距離（ただし，インフレーションや収縮期のような宇宙初期の寄与は除く）

[18] Planck Collaboration, *Astron. Astrophys.*, **571**, A1 (2014); *ibid.* **594**, A1 (2016).

[19] C. L. Bennett, *et al.*, *Astrophys. J. Suppl.*, **208**, 20 (2013).

[20] Planck Collaboration, *Astron. Astrophys.*, **594**, A11 (2016).

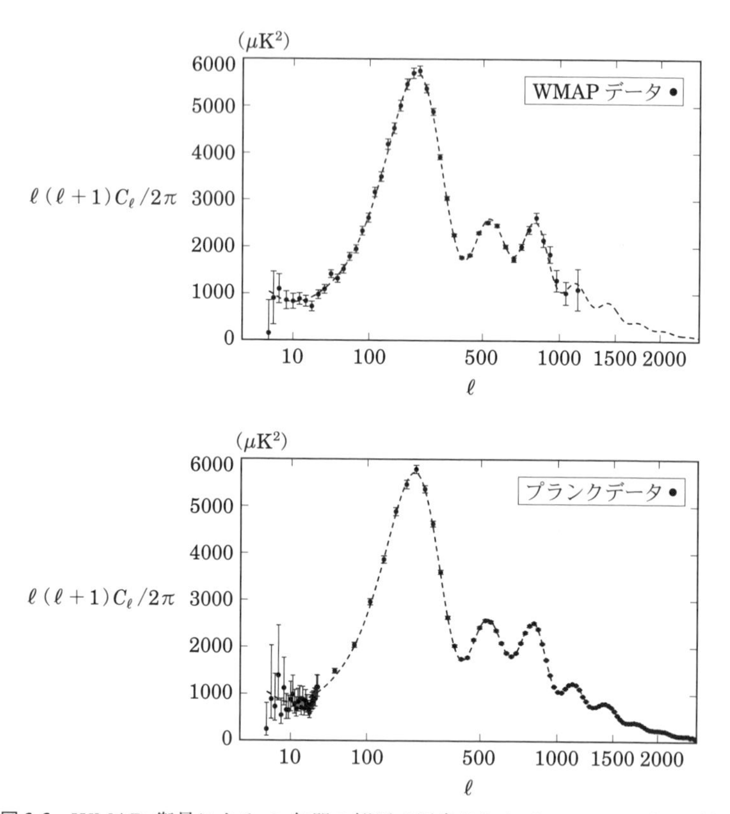

図 6.6　WMAP 衛星による 9 年間の観測で測定されたパワースペクトル（上図）と，プランク衛星による 29 か月間の観測で測定されたパワースペクトル（下図）．本来は各 ℓ ごとにデータ点があるが，見やすさのため，ある ℓ の区間ごとに区切って平均化してある．$\ell \leqq 29$ におけるプランクのデータは平均化せず，各 ℓ ごとのデータ点を示す．誤差棒は標準偏差を表すが，$\ell \leqq 29$ におけるプランクのデータでは 68%の信頼領域を表す（7.4 節）．破線は ΛCDM モデルから計算されたパワースペクトルを示し，宇宙論パラメータは $\Omega_B h^2 = 0.02226$，$\Omega_D h^2 = 0.1186$，$\Omega_\nu^{\text{非相対論}} h^2 = 6.4 \times 10^{-4}$，$H_0 = 67.81\,\mathrm{km\,s^{-1}\,Mpc^{-1}}$，$n = 0.9677$，$\tau = 0.066$，$A_s = 2.139 \times 10^{-9}$ である．

の見込み角度に対応する ℓ よりも大きな ℓ では**流体力学的効果**によってパワースペクトルの形がザクス–ヴォルフェ効果の予言から大きく変形するためである．測定されたパワースペクトルの形を流体力学的効果も含めた ΛCDM の理論曲線と比較すれば，バリオンや冷たい暗黒物質の質量密度などの宇宙論パラメータの情報を引き出せる．また，流体力学的効果を取り除けば n の値などの原始ゆらぎの情報を引き出すこともでき，$n < 1$ が 5 シグマ以上の統計的有意性で発見された．流体力学的効果とその宇宙論パラメータ依存性は 9 章と 10 章で学ぶ．

6.4 パワースペクトルの重力レンズ効果

重力レンズ効果が CMB の温度異方性のパワースペクトルに与える影響を調べよう．最終散乱面で発せられた光が観測者に届くまでの光の軌跡の正味の曲がり角 $\boldsymbol{d}$（式 (5.45)）の典型的な大きさは数分角程度である．そのような小さな角度を議論するには 2 次元フーリエ変換を用いるのが便利である．球面調和関数を用いても良いが，数式が複雑で見通しが悪い．これ以降，特に断らない限り $\langle C_\ell \rangle$ を単に C_ℓ と書く．

天球座標の極角の原点近傍を平面とみなし，その平面上の任意の点の位置ベクトルを $\boldsymbol{\theta}$ と書けば（図 6.2），重力レンズ効果を受けた温度異方性 $\Delta\tilde{T}$ の 2 点相関関数 $\tilde{C}(\beta)$ は

$$\tilde{C}(\beta) \equiv \langle \Delta\tilde{T}(\boldsymbol{\theta})\Delta\tilde{T}(\boldsymbol{\theta}') \rangle = \langle \Delta T(\boldsymbol{\theta}+\boldsymbol{d})\Delta T(\boldsymbol{\theta}'+\boldsymbol{d}') \rangle\,, \tag{6.35}$$

と書ける．ΔT は最終散乱面上での温度異方性を表し，$\boldsymbol{\beta} \equiv \boldsymbol{\theta} - \boldsymbol{\theta}'$ は平面上の任意の 2 点間を結ぶベクトルである．最右辺の温度異方性を 2 次元フーリエ展開すれば，

$$\begin{aligned}\tilde{C}(\beta) = &\int \frac{d^2\ell}{(2\pi)^2}\int \frac{d^2\ell'}{(2\pi)^2} \exp\left[i(\boldsymbol{\ell}\cdot\boldsymbol{\theta} - \boldsymbol{\ell}'\cdot\boldsymbol{\theta}')\right] \\ &\times \langle a_{\boldsymbol{\ell}} a^*_{\boldsymbol{\ell}'} \exp\left[i(\boldsymbol{\ell}\cdot\boldsymbol{d} - \boldsymbol{\ell}'\cdot\boldsymbol{d}')\right]\rangle\,,\end{aligned} \tag{6.36}$$

を得る．右辺のアンサンブル平均は 2 つの独立な確率変数 $a_{\boldsymbol{\ell}}$ と $\boldsymbol{d}$ を含む．宇宙定数による積分ザクス–ヴォルフェ効果を考えなければ，前者は最終散乱面上の重力ポテンシャルで決まり，後者は観測者にずっと近い位置の重力ポテンシャルで決まる．よって，宇宙定数による後期の積分ザクス–ヴォルフェ効果を無視する近似ではこれらの変数は互いに相関を持たず，アンサンブル平均はそれぞれの変数に関して別個に計算できる．すなわち

$$\begin{aligned}&\langle a_{\boldsymbol{\ell}} a^*_{\boldsymbol{\ell}'} \exp\left[i(\boldsymbol{\ell}\cdot\boldsymbol{d} - \boldsymbol{\ell}'\cdot\boldsymbol{d}')\right]\rangle = \langle a_{\boldsymbol{\ell}} a^*_{\boldsymbol{\ell}'}\rangle\langle \exp\left[i(\boldsymbol{\ell}\cdot\boldsymbol{d} - \boldsymbol{\ell}'\cdot\boldsymbol{d}')\right]\rangle \\ &= (2\pi)^2\delta_D^{(2)}(\boldsymbol{\ell}-\boldsymbol{\ell}')C_\ell \exp\left(-\frac{1}{2}\langle[\boldsymbol{\ell}\cdot(\boldsymbol{d}-\boldsymbol{d}')]^2\rangle\right)\,,\end{aligned} \tag{6.37}$$

である．宇宙定数による積分ザクス–ヴォルフェ効果は C_ℓ に含めない．ここで，$\boldsymbol{d}$ はガウス統計に従うと仮定し，平均値はゼロで分散は σ^2 のガウス統計に従う任意の確率変数 y に対して

$$\langle \exp(iy) \rangle = \frac{1}{\sqrt{2\pi}\sigma} \int_{-\infty}^{\infty} dy \, \exp(iy - y^2/2\sigma^2) = \exp\left(-\frac{1}{2}\sigma^2\right), \tag{6.38}$$

が成り立つことを用いた．

式（6.37）の指数関数の中身を計算する．レンズポテンシャル ψ を $\boldsymbol{d} \equiv \partial\psi/\partial\hat{n}$（式（5.46））と定義し，その 2 次元フーリエ変換のパワースペクトルを C_ℓ^ψ とすれば[*21]

$$\begin{aligned}\langle [\boldsymbol{\ell}\cdot(\boldsymbol{d}-\boldsymbol{d}')]^2 \rangle = \ell^2 \int \frac{d^2L}{(2\pi)^2}\, L^2 C_L^\psi \left[1 - \exp(i\boldsymbol{L}\cdot\boldsymbol{\beta})\right] \\ + \ell^2 \cos 2\phi_\ell \int \frac{d^2L}{(2\pi)^2}\, L^2 \cos 2\phi_L C_L^\psi \left[1 - \exp(i\boldsymbol{L}\cdot\boldsymbol{\beta})\right] \\ + \ell^2 \sin 2\phi_\ell \int \frac{d^2L}{(2\pi)^2}\, L^2 \sin 2\phi_L C_L^\psi \left[1 - \exp(i\boldsymbol{L}\cdot\boldsymbol{\beta})\right],\end{aligned} \tag{6.39}$$

を得る．ここで ϕ_ℓ と ϕ_L はそれぞれのフーリエ波数の方位角である．方位角の原点を $\boldsymbol{\beta}$ の方向に取れば，指数関数は $\exp(iL\beta\cos\phi_L)$ と書ける．右辺最後の項の積分はゼロである．

式（4.12）のヤコビ–アンガー展開は平面波をベッセル関数 $J_n(x)$ で展開する公式で，その逆変換は

$$i^n J_n(L\beta) = \int_0^{2\pi} \frac{d\phi}{2\pi}\, \exp(i\boldsymbol{L}\cdot\boldsymbol{\beta} - in\phi), \tag{6.40}$$

である．これを用いて式（6.39）の方位角 ϕ_L に渡る積分を実行すれば $\langle[\boldsymbol{\ell}\cdot(\boldsymbol{d} - \boldsymbol{d}')]^2\rangle = \sigma_0^2(\beta) + \sigma_2^2(\beta)\cos 2\phi_\ell$ と書け，関数 $\sigma_0^2(\beta)$ と $\sigma_2^2(\beta)$ はそれぞれ

---

*21 導出は

$$\begin{aligned}&\sum_{i=1}^{2}\sum_{j=1}^{2} \ell_i \ell_j \langle (d_i - d_i')(d_j - d_j') \rangle \\ &= 2\sum_{i=1}^{2}\sum_{j=1}^{2} \ell_i \ell_j \int \frac{d^2L}{(2\pi)^2}\, L_i L_j C_L^\psi \left[1 \quad \exp(i\boldsymbol{L}\cdot\boldsymbol{\beta})\right] \\ &= 2\ell^2 \int \frac{d^2L}{(2\pi)^2}\, L^2 \cos^2(\phi_L - \phi_\ell) C_L^\psi \left[1 - \exp(i\boldsymbol{L}\cdot\boldsymbol{\beta})\right] \\ &= \ell^2 \int \frac{d^2L}{(2\pi)^2}\, L^2 \left\{1 + \cos[2(\phi_L - \phi_\ell)]\right\} C_L^\psi \left[1 - \exp(i\boldsymbol{L}\cdot\boldsymbol{\beta})\right],\end{aligned}$$

で，三角関数の加法定理を用いてコサインを展開すれば良い．

$$\sigma_0^2(\beta) \equiv \int_0^\infty \frac{L^3 dL}{2\pi} C_L^\psi \left[1 - J_0(L\beta)\right], \tag{6.41}$$

$$\sigma_2^2(\beta) \equiv \int_0^\infty \frac{L^3 dL}{2\pi} C_L^\psi J_2(L\beta), \tag{6.42}$$

と定義される．$\sigma_0^2(\beta)$ は $\langle(\boldsymbol{d}-\boldsymbol{d}')^2\rangle/2$ と等しく，これは 2 点の曲がり角度の差の分散（の半分）である．σ_0^2 も σ_2^2 も 1 よりずっと小さく，後者は前者よりもさらに小さい．

これらの結果を式（6.36）に代入すれば，

$$\begin{aligned}\tilde{C}(\beta) &= \int \frac{d^2\ell}{(2\pi)^2} C_\ell \exp\left(i\boldsymbol{\ell}\cdot\boldsymbol{\beta} - \frac{1}{2}\langle[\boldsymbol{\ell}\cdot(\boldsymbol{d}-\boldsymbol{d}')]^2\rangle\right) \\ &= \int_0^\infty \frac{\ell d\ell}{2\pi} C_\ell \int_0^{2\pi} \frac{d\phi_\ell}{2\pi} \exp(i\ell\beta\cos\phi_\ell) \\ &\quad \times \exp\left(-\frac{\ell^2}{2}[\sigma_0^2(\beta) + \sigma_2^2(\beta)\cos 2\phi_\ell]\right),\end{aligned} \tag{6.43}$$

を得る．これは 1996 年にウーロス・セルジェック（Uros Seljak）によって導かれた[*22]．表式は複雑だが，重力レンズ効果を受けた 2 点相関関数 の式（6.35）の最右辺をフーリエ展開しただけである．物理的意味は後に述べる．

式（6.43）を単純化するため $\exp(-\ell^2\sigma_2^2\cos 2\phi_\ell/2)$ をテイラー展開し，σ_2^2 に関して 1 次の項を残し，ベッセル関数の積分公式（6.40）を用いれば

$$\begin{aligned}\tilde{C}(\beta) \approx \int_0^\infty \frac{\ell d\ell}{2\pi} C_\ell \exp\left[-\frac{\ell^2}{2}\sigma_0^2(\beta)\right] \\ \times \left[J_0(\ell\beta) + \frac{\ell^2}{2}\sigma_2^2(\beta) J_2(\ell\beta)\right],\end{aligned} \tag{6.44}$$

を得る．数値計算の精度を良くするため σ_0^2 に関してはテイラー展開しなかった．σ_2^2 に関して 2 次の項を含めるのも難しくない．

2 点相関関数が求まったので，これを逆変換してパワースペクトルを求める．一般に，2 次元の 2 点相関関数とパワースペクトルとの関係式は

$$C_\ell = 2\pi \int_{-1}^{1} d(\cos\beta)\, C(\beta) P_\ell(\cos\beta), \tag{6.45}$$

である．よって，重力レンズ効果を受けたパワースペクトルの期待値は

*22 U. Seljak, *Astrophys. J.*, **463**, 1 (1996).

$$\tilde{C}_\ell = \int_{-1}^{1} d(\cos\beta) \int_0^\infty \ell' d\ell' \; C_{\ell'} \exp\left[-\frac{\ell'^2}{2}\sigma_0^2(\beta)\right] \times \left[J_0(\ell'\beta) + \frac{\ell'^2}{2}\sigma_2^2(\beta) J_2(\ell'\beta)\right] P_\ell(\cos\beta)\,, \tag{6.46}$$

と書ける．

式（6.46）の物理的な意味を理解するため，σ_2^2 の項を無視しよう．今は天域が平面とみなせるほどの小さな見込み角度を考えているので，$\ell \gg 1$ におけるルジャンドル多項式の近似式 $P_\ell(\cos\beta) = J_0(\ell\beta) + \mathcal{O}(\ell^{-1})$ を用いる．すると近似式として

$$\tilde{C}_\ell \approx \int_{-1}^{1} d(\cos\beta) \int_0^\infty \ell' d\ell' \; C_{\ell'} \exp\left[-\frac{\ell'^2}{2}\sigma_0^2(\beta)\right] \times P_{\ell'}(\cos\beta) P_\ell(\cos\beta)\,, \tag{6.47}$$

を得る．もし σ_0^2 が β に依存しなければ，ルジャンドル多項式の直交性（式（4.4））より $\tilde{C}_\ell \to C_\ell \exp(-\ell^2\sigma_0^2/2)$ を得る．すなわち，天球上の任意の 2 方向から到来する光子が互いに相関なくバラバラに重力レンズ効果を受けると，典型的な光の曲がり角度 σ_0 よりも小さな見込み角度の温度異方性はならされて，指数関数的に小さくなる．

次に，$\sigma_0(\beta)$ は β に比例すると近似しよう．図 6.7 に示すように，これは β が数分角以下であれば良い近似であるが，それ以上では σ_0/β は β の単調減少関数である．しかし式（6.46）の物理的意味を理解する目的には便利な近似である．定数 $\epsilon \equiv \sigma_0(\beta)/\beta$ を定義すれば，式（6.47）の β 積分を実行できて[*23]

$$\tilde{C}_\ell = \int_0^\infty \frac{d\ell'}{\epsilon^2\ell'} \; C_{\ell'} I_0\left(\frac{\ell}{\epsilon^2\ell'}\right) \exp\left[-\frac{\ell^2+\ell'^2}{2(\epsilon\ell')^2}\right]\,, \tag{6.49}$$

を得る．$I_n(x) \equiv i^{-n} J_n(ix)$ は変形ベッセル関数である．

[*23] この積分を実行するには，まずルジャンドル多項式をベッセル関数に戻し，積分範囲の上限値を無限大に飛ばして $\int_{-1}^{1} d(\cos\beta)\; P_{\ell'}(\cos\beta) P_\ell(\cos\beta) \to \int_0^\infty \beta d\beta\; J_0(\ell'\beta) J_0(\ell\beta)$ とする．これは一見小角度近似に反するようだが，積分は β の小さなところの振る舞いで決まるので，解析的な表式を得るための便宜的な手続きと思えば良い．すると 2 つのベッセル関数を含む積分の公式

$$\int_0^\infty x dx\; J_n(ax) J_n(bx) \exp(-cx^2) = \frac{1}{2c} I_n\left(\frac{ab}{2c}\right) \exp\left(-\frac{a^2+b^2}{4c}\right)\,, \tag{6.48}$$

を使える．

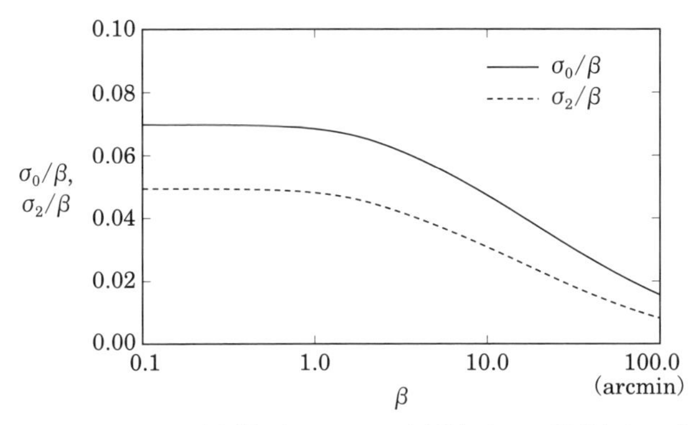

図6.7 $\sigma_0(\beta)/\beta$（実線）と $\sigma_2(\beta)/\beta$（破線）を β の関数として示す．横軸の単位は分角である．

$\epsilon \ll 1$ であるから $I_n(x)$ の $x \gg 1$ における近似式 $I_n(x) = [1 + \mathcal{O}(x^{-1})] \times \exp(x)/\sqrt{2\pi x}$ を用いれば，結果をなじみのある初等関数で書けて

$$\sqrt{\ell}\tilde{C}_\ell \approx \int_0^\infty \frac{d\ell'}{\sqrt{2\pi}\epsilon\ell'} \left(\sqrt{\ell'}C_{\ell'}\right) \exp\left[-\frac{(\ell - \ell')^2}{2(\epsilon\ell')^2}\right], \tag{6.50}$$

を得る．すなわち，$\sigma_0(\beta)$ が β に比例し，光の曲がり角度が 2 点相関関数の見込み角度に比べてずっと小さい極限では，重力レンズ効果を受けたパワースペクトルは重力レンズ効果を受けないパワースペクトルを標準偏差 $\epsilon\ell$ のガウス関数でたたみこみ積分したものである．

この結果を理解するため，最終散乱面上の温度異方性の分布がさまざまな見込み角度を持つ高温領域や低温領域で構成されるとしよう．観測される各領域の見込み角度は，最終散乱面と観測者との間の物質分布による重力レンズ効果で大きくなったり小さくなったりする．このため，重力レンズ効果がなかった場合に見込み角度 $\beta \approx \pi/\ell$ で見える構造は，重力レンズによって別の見込み角度に変わる．天球上の異なる方向は異なる重力レンズ効果を受けるので，見込み角度はある確率分布で別の見込み角度に変わる．$\epsilon = \sigma_0(\beta)/\beta$ が一定の極限では，ある ℓ に対応する異方性が別の ℓ' に変わる確率分布は標準偏差 $\epsilon\ell$ のガウス分布で与えられる．よって，重力レンズ効果により C_ℓ の関数形はなめらかになる．

重力レンズ効果がおよぼす温度ゆらぎのパワースペクトルへの影響は，DMR が測定した大きな見込み角度では無視しうるほど小さいが，見込み角度が約 0.1

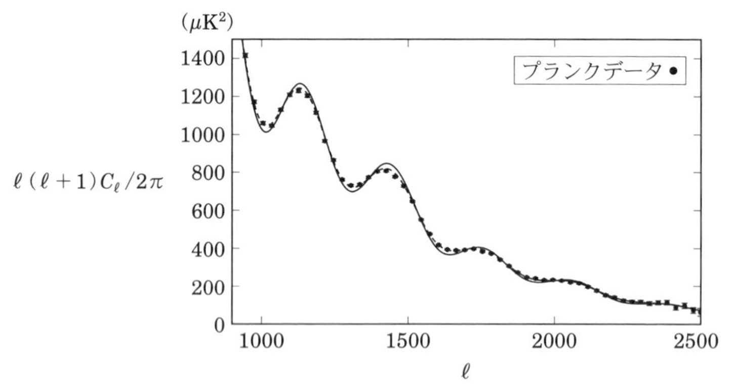

図6.8 重力レンズ効果によってパワースペクトルがなめらかになる様子を示す．実線は重力レンズ効果を考慮しない場合に ΛCDM モデルから計算されるパワースペクトルを示す．宇宙論パラメータは図 6.6 のものと同じである．破線は重力レンズ効果を考慮したパワースペクトルで，プランク衛星によって測定されたデータ点とより整合する．

度より小さくなると顕著となる．重力レンズ効果によって C_ℓ の関数形がなめらかになる効果は，南極に設置された口径 10 メートルのマイクロ波望遠鏡である「南極望遠鏡」(South Pole Telescope; SPT) により，5 シグマ以上の統計的有意性で確認された[*24]．図 6.8 は，重力レンズ効果を含めなかった場合と含めた場合のパワースペクトルと，プランク衛星の測定データとを比較する．重力レンズ効果を含めたパワースペクトルはなめらかとなり，データとより整合する．

[*24] R. Keisler, *et al.*, *Astrophys. J.*, **743**, 28 (2011).

第7章 温度異方性の統計的性質

6 章では，パワースペクトル C_ℓ は見込み角度が π/ℓ 程度の温度異方性の大きさを表す量であることを学んだ．これは便利な量であるが，CMB の温度異方性の統計的性質をすべて記述できるのであろうか？　すなわち，C_ℓ さえ測定すれば，温度異方性に含まれるすべての情報を得られるのであろうか？　この問いに答えるには，各視線方向の温度異方性が従う**確率密度関数**が分かれば良い．結論から言えば，もし CMB の温度異方性が**ガウス分布**（7.1 節）に従い，かつ 2 点相関関数が天球の回転変換に対して不変であれば，C_ℓ は温度異方性に含まれる情報をすべて含む．しかし，確率密度関数がガウス分布でない**非ガウス分布**（7.2 節）の場合，非ガウス分布を系統的に調べる手法が必要となる．また，確率密度関数がガウス分布であっても，さまざまな効果によって 2 点相関関数は天球の回転変換に対して不変でなくなる（7.3 節）．これらの効果を調べれば C_ℓ では記述できない情報を得られる．7.4 節では C_ℓ が従う確率密度関数を論じる．

宇宙マイクロ波背景放射の研究では，ほとんどの場合に確率密度関数はガウス分布で，2 点相関関数は天球の回転変換に対して不変であると仮定される．これが良い近似であることは観測データから確認されている．ガウス分布や回転変換不変性からのずれの扱いは数学的にやや煩雑であるから，興味のない読者は本章では 7.1 節と 7.4 節を読むだけでかまわない．

7.1 ガウス分布

確率変数を x と書き，その確率密度関数は 1 変数のガウス分布に従うとする．平均値を $\langle x\rangle=\mu$，分散を $\langle x^2\rangle-\mu^2=\sigma^2$ と書けば，確率密度関数は $P(x)=\exp\left[-(x-\mu)^2/2\sigma^2\right]/\sqrt{2\pi\sigma^2}$ と書ける．規格化因子 $1/\sqrt{2\pi\sigma^2}$ は，P の積分が 1 となるように選ばれる．積分して 1 となるため，P は確率**密度**関数と呼ばれる．

天球上にはたくさんの温度ゆらぎの測定データがあり，それらは互いに相関しているから，1 変数ではなく多変数の確率密度関数が必要となる．各視線方向の温度ゆらぎの値を ΔT_i と書こう．定義より平均値はゼロである．添字の i は i 番目の視線方向（ピクセル番号）を表す．2 点相関関数を対称行列として $C_{ij}\equiv\langle\Delta T_i\Delta T_j\rangle$ と書けば，ΔT_i が従う多変数ガウス分布は

$$P(\Delta T)=\frac{\exp\left[-\frac{1}{2}\sum_{ij}\Delta T_i(C^{-1})_{ij}\Delta T_j\right]}{(2\pi)^{N_{\rm pix}/2}|C|^{1/2}},\tag{7.1}$$

と書ける．この表式は 2 点相関関数の回転不変性は仮定しておらず，一般的な C_{ij} に対して成り立つ．$(C^{-1})_{ij}$ は逆行列，$|C|$ は行列式，$N_{\rm pix}$ は使用するピクセル数（C_{ij} の対角要素の個数）である．分母は，確率密度関数の積分が 1 である要請から得られる．すなわち，$\int\prod_i d\Delta T_i\ P(\Delta T)=1$ である．

式 (7.1) の ΔT_i を球面調和関数で展開すれば

$$P(a)=\frac{\exp\left[-\frac{1}{2}\sum_{\ell\ell'}\sum_{mm'}a_{\ell m}(C^{-1})_{\ell m,\ell'm'}a^*_{\ell'm'}\right]}{(2\pi)^{N_{\rm harm}/2}|C|^{1/2}},\tag{7.2}$$

を得る．ここで，展開係数の相関関数として $C_{\ell m,\ell'm'}\equiv\langle a_{\ell m}a^*_{\ell'm'}\rangle$ を定義した．$|C|$ はその行列式で，$N_{\rm harm}$ は $C_{\ell m,\ell'm'}$ の対角要素の個数である（添字は調和関数の英語 "harmonics" による）．m と m' に関する和は，それぞれ $m=-\ell,-\ell+1,\cdots,\ell-1,\ell$ と $m'=-\ell',-\ell'+1,\cdots,\ell'-1,\ell'$ に渡ってとる．式 (7.1) と (7.2) は互いに球面調和関数による展開で関係しており，等価である．ここで，もし 2 点相関関数の回転不変性を仮定すれば，$C_{\ell m,\ell'm'}$ は対角行列 $C_{\ell m,\ell'm'}=C_\ell\delta_{\ell\ell'}\delta_{mm'}$ となり，式 (7.2) は

$$P(a)=\prod_\ell\prod_{m=-\ell}^{\ell}\frac{\exp(-a_{\ell m}a^*_{\ell m}/2C_\ell)}{\sqrt{2\pi C_\ell}},\tag{7.3}$$

となる．確率密度関数は C_ℓ のみで書け，C_ℓ が測定されれば CMB の温度異方性の情報はすべて得られる．

残された問題は，果たして CMB の温度異方性はガウス分布に従うのか，そして 2 点相関関数は回転変換に関して不変であるか（天球上に特別な方向はないか）である．図 5.4 の COBE の全天図を見ると，銀河面の強いマイクロ波放射のため，温度異方性はガウス分布に従うようには見えないし，天球上には銀河面という特別な方向が存在するように見える．しかし，知りたいのは CMB の温度異方性の統計的性質であるから，データ解析では銀河面のマイクロ波放射の影響をできるだけ小さくする工夫が施される．たとえば，銀河面の放射が強いと思われる領域のデータは使わなければ良い．また，銀河系外の天体の放射の影響も小さくしたいので，マイクロ波放射が強い既知の系外天体の方向のデータも使わない．

たとえ最終散乱面上の温度異方性がガウス分布に従い，2 点相関関数が回転変換に対して不変だったとしても，観測者の運動や重力レンズ効果により，我々が測定する温度異方性の確率密度関数はわずかに回転変換に関して不変でなくなったり，わずかにガウス分布からずれたりする（7.3 節）．それらの効果を補正すれば，最終散乱面上の CMB の温度異方性の統計的性質は回転変換に対して不変な 2 点相関関数を持つガウス分布と無矛盾である．これは最終散乱面上の重力ポテンシャルの分布を反映するから，重力ポテンシャルが従う確率密度関数もガウス分布で，その 2 点相関関数は 3 次元の並進・回転変換に対して不変である．

宇宙には特別な場所も方向もないというのはもっともらしく思える（が，それは観測データによって検証されねばならない）．一方，重力ポテンシャルがガウス分布に従うというのは自明ではない．それはすなわち，重力ポテンシャルの初期条件を与えるスカラー型原始ゆらぎの保存量 ζ（式 (5.21)）がガウス分布に従うことを意味し，ゆらぎの起源に関する重要な知見を与える．たとえば，相互作用のないエネルギー場が持つ量子力学的ゆらぎの基底状態の確率密度関数はガウス分布なので，ζ がガウス分布に従うことは，ゆらぎの起源が宇宙初期の量子力学的過程で生成された真空の量子ゆらぎであるという仮説と無矛盾[*1]である．

[*1] これは十分条件である．真空における基底状態の量子ゆらぎはガウス分布に従うが，ガウス分布に従うものすべてが量子ゆらぎであるわけではない．よって，CMB の温度異方性の確率密度関数がガウス分布と無矛盾であることは量子ゆらぎ仮説と無矛盾であるが，その証明とはならない．

7.2 非ガウス分布

CMB の温度異方性がガウス分布と無矛盾であることを示すには，測定データをガウス分布，および非ガウス分布と比べて，前者がデータをより良く記述することを示せば良い．非ガウス分布の可能性は無数にあるが，ガウス分布からのずれが小さい場合には確率密度関数を「ガウス分布の近傍でテイラー展開」して，非ガウス分布を系統的に得ることができる．

感覚をつかむため，1 変数の確率密度関数を考えよう．確率変数から平均値を引き，標準偏差で割れば，平均値はゼロで分散は 1 の確率変数 y を得る．ガウス分布を $G(y) \equiv \exp(-y^2/2)/\sqrt{2\pi}$ と書き，非ガウス分布 $P(y)$ を $G(y)$ とそれからの微小なずれの和で

$$
\begin{aligned}
P(y) &= \sum_{n=0}^{\infty} c_n \frac{d^n G}{dy^n} \\
&= G(y)\left[c_0 + c_1(-y) + c_2(y^2-1) + c_3(-y^3+3y)\cdots\right], \qquad (7.4)
\end{aligned}
$$

と書く．この表式は**グラム–シャリエ展開**（Gram-Charlier expansion）と呼ばれる．以下で定義されるチェビシェフ–エルミート多項式[*2]

$$
He_n(x) \equiv (-1)^n \exp\left(\frac{x^2}{2}\right) \frac{d^n}{dx^n} \exp\left(-\frac{x^2}{2}\right), \qquad (7.5)
$$

を用いると，$P(y)/G(y) = \sum_n c_n (-1)^n He_n(y)$ のようにコンパクトに書ける．この多項式は規格直交性関係として

$$
\int_{-\infty}^{\infty} dy\ G(y) He_n(y) He_m(y) = n!\delta_{nm}, \qquad (7.6)
$$

を満たす．この関係を用いると係数 c_n を $P(y)$ の性質と関係付けられる．式 (7.4) の両辺に $He_n(y)$ をかけて積分すれば

$$
c_n = \frac{(-1)^n}{n!} \int_{-\infty}^{\infty} dy\ P(y) He_n(y), \qquad (7.7)
$$

を得る．これを $n = 0, 1, 2$ に適用すると，$P(y)$ の積分は 1 であるから $c_0 = 1$，y の平均値は 0 なので $c_1 = 0$，そして y の分散は 1 から $c_2 = 0$ が，それぞれ要請される．

[*2] エルミート多項式 $H_n(x) \equiv (-1)^n \exp(x^2) \dfrac{d^n}{dx^n} \exp(-x^2)$ とは若干定義が異なる．

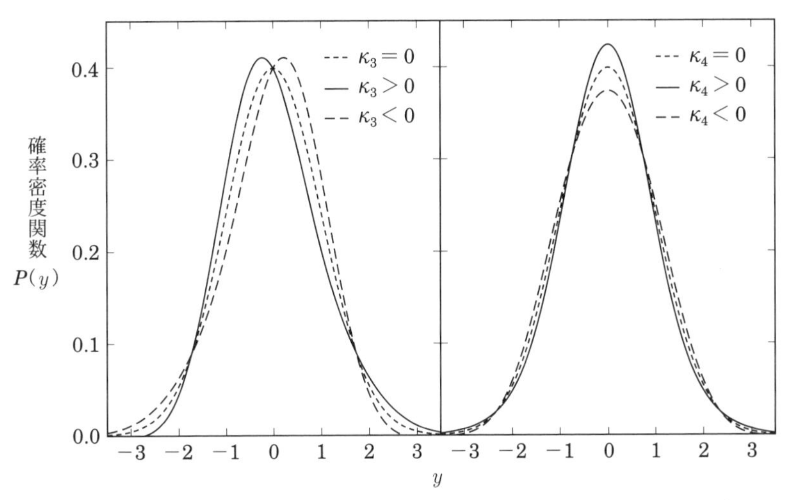

図 7.1　確率密度関数 $P(y)$．確率変数 y の平均はゼロで分散は 1 である．左の図は歪度 κ_3 の効果を示す．点線はガウス分布を，実線と破線はそれぞれ $\kappa_3 = 0.5$ と -0.5 の場合を示す．ゼロでない κ_3 は $P(y)$ を左右非対称にする．κ_3 が正であれば，y の値が正の大きな領域で $P(y)$ はガウス分布より大きくなる．右の図は尖度 κ_4 の効果を示す．点線はガウス分布を，実線と破線はそれぞれ $\kappa_4 = 0.5$ と -0.5 の場合を示す．ゼロでない κ_4 は $P(y)$ の尖り具合を変える．κ_4 が正であれば，$P(y)$ はより尖った形になる．

$n = 3$ **以降はガウス分布の場合にはゼロとなる項**で，ガウス分布からのずれを表す．$n = 3$ と 4 は

$$c_3 = -\frac{1}{6}\int_{-\infty}^{\infty} dy\ (y^3 - 3y)P(y) \equiv -\frac{1}{6}\kappa_3\,, \tag{7.8}$$

$$c_4 = \frac{1}{24}\int_{-\infty}^{\infty} dy\ (y^4 - 6y^2 + 3)P(y) \equiv \frac{1}{24}\kappa_4\,, \tag{7.9}$$

を与える．κ_3 は $P(y)$ の $y > 0$ と $y < 0$ における非対称性を表し，**歪度**（わいど）(skewness) と呼ばれる．κ_4 は $P(y)$ の尖り具合を表し，**尖度**（せんど）(kurtosis) と呼ばれる．これらの量を用いて確率密度関数を書き換えれば

$$P(y) = G(y)\left[1 + \frac{1}{6}\kappa_3(y^3 - 3y) + \frac{1}{24}\kappa_4(y^4 - 6y^2 + 3)\cdots\right], \tag{7.10}$$

を得る．図 7.1 に歪度と尖度が確率密度関数に与える影響を示す．

分散が 1 でなく σ^2 で与えられる確率変数 x を扱う場合は，$y \to x/\sigma$ と置換し

て，P の x 積分が 1 になるように規格化し，κ_n は x に関して定義されるとすれば良い．

同様の計算を式 (7.2) の多変数ガウス分布に施せば，$a_{\ell m}$ の非ガウス分布は

$$
\begin{aligned}
P(a) = &\frac{\exp\left[-\frac{1}{2}\sum_{\ell\ell'}\sum_{mm'} a_{\ell m}(C^{-1})_{\ell m,\ell' m'}a^*_{\ell' m'}\right]}{(2\pi)^{N_{\rm harm}/2}|C|^{1/2}} \times \left\{1+\frac{1}{6}\sum_{\text{すべての }\ell,m}\langle\prod_{i=1}^{3}a_{\ell_i m_i}\rangle\right. \\
&\times\left[\prod_{i=1}^{3}(C^{-1}a)_{\ell_i m_i} - 3(C^{-1})_{\ell_1 m_1,\ell_2 m_2}(C^{-1}a)_{\ell_3 m_3}\right] \\
&+\frac{1}{24}\sum_{\text{すべての }\ell,m}\langle\prod_{i=1}^{4}a_{\ell_i m_i}\rangle_c \\
&\times\left[\prod_{i=1}^{4}(C^{-1}a)_{\ell_i m_i} - 6(C^{-1})_{\ell_1 m_1,\ell_2 m_2}(C^{-1}a)_{\ell_3 m_3}(C^{-1}a)_{\ell_4 m_4}\right. \\
&\left.\left.+3(C^{-1})_{\ell_1 m_1,\ell_2 m_2}(C^{-1})_{\ell_3 m_3,\ell_4 m_4}\right]+\cdots\right\},
\end{aligned}
\tag{7.11}
$$

となる．$\langle a_{\ell_1 m_1}a_{\ell_2 m_2}a_{\ell_3 m_3}\rangle$ は **3 点相関関数**，または**バイスペクトル**と呼ばれ，ガウス分布ではゼロになる．表式は複雑であるが，係数を含めた基本的な構造は式 (7.10) と同じである．すなわち，1 変数の非ガウス分布の歪度 κ_3 を多変数の非ガウス分布に一般化したものがバイスペクトルである．同様に，1 変数非ガウス分布の尖度 κ_4 を多変数非ガウス分布に一般化したものは **4 点相関関数**，または**トライスペクトル**と呼ばれ，$\langle a_{\ell_1 m_1}a_{\ell_2 m_2}a_{\ell_3 m_3}a_{\ell_4 m_4}\rangle_c$ と書かれる．添字の "c" はガウス分布でゼロになる成分であることを表す．ガウス分布では 4 つの $a_{\ell m}$ の積の平均値はゼロではなく，

$$
\langle\prod_{i=1}^{4}a_{\ell_i m_i}\rangle_{\text{ガウス分布}} = \langle a_{\ell_1 m_1}a_{\ell_2 m_2}\rangle\langle a_{\ell_3 m_3}a_{\ell_4 m_4}\rangle+\cdots, \tag{7.12}
$$

である．"$\cdots$" は，添字 1, 2, 3, 4 の組み合わせを入れ替えたもので，5 つの項がある．すなわち $\langle\prod_{i=1}^{4}a_{\ell_i m_i}\rangle_{\text{ガウス分布}}$ は 6 つの項からなり，各項は 2 点相関関数の積で書ける．ガウス分布でゼロとなるトライスペクトルの定義は

$$
\langle\prod_{i=1}^{4}a_{\ell_i m_i}\rangle_c \equiv \langle\prod_{i=1}^{4}a_{\ell_i m_i}\rangle - \langle\prod_{i=1}^{4}a_{\ell_i m_i}\rangle_{\text{ガウス分布}}, \tag{7.13}
$$

である．7.3.2 節で学ぶように，重力レンズ効果によって CMB の確率密度関数はガウス分布からずれ，ゼロでないバイスペクトルやトライスペクトルが生成さ

れる．

原始ゆらぎζが非ガウス分布に従う可能性もある．この可能性を調べるため，ζを

$$\zeta(\boldsymbol{x}) = \zeta_{ガウス}(\boldsymbol{x}) + \frac{3}{5} f_{NL} \zeta^2_{ガウス}(\boldsymbol{x}), \tag{7.14}$$

と書く．f_{NL}は任意の定数である．$\zeta_{ガウス}$はガウス分布に従うとすれば，第 2 項の存在によりζの確率密度関数はガウス分布からずれ，ゼロでないバイスペクトルが生成される．ζのバイスペクトルは

$$\langle \prod_{i=1}^{3} \zeta_{\boldsymbol{q}_i} \rangle = (2\pi)^3 \delta_D^{(3)} \left(\sum_{i=1}^{3} \boldsymbol{q}_i \right) \frac{6}{5} f_{NL} \Big[P_\zeta(q_1) P_\zeta(q_2) + P_\zeta(q_2) P_\zeta(q_3) + P_\zeta(q_3) P_\zeta(q_1) \Big], \tag{7.15}$$

である．ここで$P_\zeta(q)$はζのパワースペクトルである．右辺のデルタ関数は$\boldsymbol{q}_i$が三角形をなすことを要請するが，これは 3 点相関関数が空間の並進変換に対して不変であることの帰結であり，それ以外の項が$\boldsymbol{q}_i$の方向に依らないのは回転変換に対する不変性の帰結である．CMB の温度異方性のバイスペクトルはζのバイスペクトルによって与えられ[*3]，f_{NL}に比例する．よって，温度異方性のバイスペクトルを測定すればf_{NL}を測定できる．バイスペクトルの測定は$\prod_{i=1}^{3} a_{\ell_i m_i}$を適当に平均して得られる．

バイスペクトルの波数ベクトルの組み合わせは三角形をなす（$\boldsymbol{q}_1 + \boldsymbol{q}_2 + \boldsymbol{q}_3 = 0$）ので，正方形や二等辺三角形などさまざまな形の三角形が考えられる．バイスペクトルを生成する物理過程が異なれば，支配的な寄与をする三角形の形も変わる．式（7.15）の場合，$P_\zeta(q) \propto q^{n-4}$かつ$n \approx 0.96$であるから，パワースペクトルは波数が小さいほど大きくなる．波数の大きさの順序を$q_3 \leqq q_2 \leqq q_1$とすると，$q_3 \to 0$のときにバイスペクトルは最大となる．一方，$\boldsymbol{q}_i$は三角形を作らねばならないから，$q_3 \ll q_2 \approx q_1$が要請される．すなわち，式（7.15）は 1 辺が非常に短く，残りの 2 辺が非常に長くてほぼ等しい三角形のときに大きくなる．同様に，温度異方性のバイスペクトルも$\ell_3 \ll \ell_2 \approx \ell_1$で大きくなる．$q_3 \to 0$の極限では

$$\langle \prod_{i=1}^{3} \zeta_{\boldsymbol{q}_i} \rangle \to (2\pi)^3 \delta_D^{(3)} \left(\sum_{i=1}^{3} \boldsymbol{q}_i \right) \frac{12}{5} f_{NL} P_\zeta(q_1) P_\zeta(q_3), \tag{7.16}$$

---

*3 E. Komatsu, D. N. Spergel, *Phys. Rev. D*, **63**, 063002 (2001).

である．単一のエネルギー成分による単純なインフレーションモデルは，同じ極限で $\langle\prod_i \zeta_{\boldsymbol{q}_i}\rangle \to (2\pi)^3\delta_D^{(3)}(\sum_i \boldsymbol{q}_i)(1-n)P_\zeta(q_1)P_\zeta(q_3)$ となることを予言する[*4]．すなわち $f_{NL}=(5/12)(1-n)\approx 0.02$ であり，f_{NL} の測定値がこれよりもずっと大きな値であれば，単一のエネルギー成分による単純なインフレーションモデルは棄却される．2002 年，COBE 衛星の DMR のデータを用いて初めて f_{NL} が測定[*5]されてから，WMAP 衛星[*6]とプランク衛星[*7]により f_{NL} の制限は強まっていった．2015 年発表のプランク衛星のデータから得られた制限[*8]は，68%の信頼領域で $f_{NL}=0.8\pm 5.0$ であった．すなわち，誤差の範囲内で ζ のバイスペクトルはゼロと無矛盾である．式 (7.14) の 2 項目は初項に比べて $(3/5)f_{NL}\zeta$ だけ小さい．$\zeta\approx 10^{-5}$ であるから，これは非常に小さい．式 (7.14) の右辺に $\zeta^3_{ガウス}$ に比例する項があるとゼロでないトライスペクトルも生成されるが，これもプランク衛星のデータから制限され，誤差の範囲でゼロと無矛盾である．

原始ゆらぎがガウス分布に従うことが高精度で確認されたことは，ゆらぎの起源は真空の量子ゆらぎであるとする説を支持するものである．現在のところ，単一のエネルギー成分による単純なインフレーションモデルが予言する原始ゆらぎの統計的性質（$n<1$ とガウス分布）は観測データと無矛盾である．

7.3 回転不変性の破れ

小角度近似を用いて天球上の極角の原点近傍を 2 次元平面とみなせば（図 6.2），任意の点を別の点に移す変換は 2 次元平面上の並進と回転変換である．2 次元フーリエ展開係数の相関関数は $\langle a_{\boldsymbol{\ell}} a^*_{\boldsymbol{\ell}'}\rangle = \int d^2\theta \int d^2\theta' \langle \Delta T(\boldsymbol{\theta})\Delta T(\boldsymbol{\theta}')\rangle \exp(-i\boldsymbol{\ell}\cdot\boldsymbol{\theta}+i\boldsymbol{\ell}'\cdot\boldsymbol{\theta}')$ と書ける．2 点相関関数 $\langle\Delta T(\boldsymbol{\theta})\Delta T(\boldsymbol{\theta}')\rangle$ が 2 次元平面上の並進と回転変換に対して不変であれば，これは 2 点間がなす角度 $\boldsymbol{\beta}\equiv\boldsymbol{\theta}-\boldsymbol{\theta}'$ の大きさのみの関数 $C(\beta)$ となる．すると

[*4] J. Maldacena, *JHEP*, **0305**, 013 (2003)；レビュー論文 N. Bartolo, E. Komatsu, S. Matarrese, A. Riotto, *Phys. Rept.*, **402**, 103 (2004) も見よ．

[*5] E. Komatsu, B. D. Wandelt, D. N. Spergel, A. J. Banday, K. M. Gorski, *Astrophys. J.*, **566**, 19 (2002).

[*6] E. Komatsu, *et al.*, *Astrophys. J. Suppl.*, **148**, 119 (2003)；C. L. Bennett, *et al.*, *Astrophys. J. Suppl.*, **208**, 20 (2013).

[*7] Planck Collaboration, *Astron. Astrophys.*, **571**, A24 (2014).

[*8] Planck Collaboration, *Astron. Astrophys.*, **594**, A17 (2016).

$$\langle a_{\boldsymbol{\ell}} a^*_{\boldsymbol{\ell}'} \rangle = \int d^2\beta\, C(\beta) \exp(-i\boldsymbol{\ell}\cdot\boldsymbol{\beta}) \int d^2\theta' \exp\left[-i(\boldsymbol{\ell}-\boldsymbol{\ell}')\cdot\boldsymbol{\theta}'\right]$$
$$= (2\pi)^2 \delta_D^{(2)}(\boldsymbol{\ell}-\boldsymbol{\ell}') C_\ell\,, \tag{7.17}$$

となる．ここで，パワースペクトルとして

$$C_\ell = \int d^2\beta\, C(\beta)\exp(-i\boldsymbol{\ell}\cdot\boldsymbol{\beta}) = 2\pi\int_0^\infty \beta d\beta\, C(\beta) J_0(\ell\beta)\,, \tag{7.18}$$

を定義した．2 つ目の等号はベッセル関数の積分公式（6.40）による．

すなわち，温度異方性の 2 点相関関数が 2 次元平面上の並進と回転変換に対して不変であれば，異なる波数を持つフーリエ展開係数は相関を持たず，パワースペクトルは $\boldsymbol{\ell}$ の大きさのみに依る．また，$\langle \Delta T(\boldsymbol{\theta})\Delta T(\boldsymbol{\theta}')\rangle$ に ΔT のフーリエ変換を代入すれば，

$$C(\beta) = \int \frac{d^2\ell}{(2\pi)^2}\, C_\ell \exp(i\boldsymbol{\ell}\cdot\boldsymbol{\beta}) = \int_0^\infty \frac{\ell d\ell}{2\pi}\, C_\ell J_0(\ell\beta)\,, \tag{7.19}$$

を得る．

小角度近似を用いず空を球面として扱うなら，球面上の任意の点を別の点に移す変換は 3 次元の回転変換である．2 点相関関数が天球の回転変換に対して不変であれば，やはり β のみの関数となる．このとき，球面調和関数の展開係数の積のアンサンブル平均は対角要素のみゼロでなく，$\langle a_{\ell m} a^*_{\ell' m'}\rangle = \delta_{\ell\ell'}\delta_{mm'} C_\ell$ となる．$\Delta T(\hat{n}) = \sum_{\ell m} a_{\ell m} Y_\ell^m(\hat{n})$ と書いて $\langle \Delta T(\hat{n})\Delta T(\hat{n}')\rangle$ に代入し，$\cos\beta \equiv \hat{n}\cdot\hat{n}'$ とすれば

$$C(\beta) = \sum_{\ell=2}^{\infty} \frac{2\ell+1}{4\pi} C_\ell P_\ell(\cos\beta)\,, \tag{7.20}$$

を得る．逆変換は $C_\ell = 2\pi \int_{-1}^{1} d(\cos\beta)\; C(\beta) P_\ell(\cos\beta)$ である．

一方，2 点相関関数が天球の回転変換に対して不変で**なければ**，$\langle a_{\ell m} a^*_{\ell' m'}\rangle$ の非対角成分（$\ell \neq \ell'$，$m \neq m'$）もゼロでない．最終散乱面上の温度異方性の 2 点相関関数が天球の回転変換に対して不変であっても，観測者の運動や重力レンズ効果によって，我々が測定する 2 点相関関数はわずかに回転不変でなくなる．宇宙初期に原始ゆらぎが生成された際，すでに相関関数の回転不変性が破れていた可能性もある．これらはパワースペクトルを測定するだけでは得られない情報で

ある．

7.3.1 太陽系の運動

4 章で太陽系の運動から生じる双極的な温度異方性を学んだ際には，光のドップラー効果による温度変化のみを考慮した．これは，CMB の静止系において CMB の温度分布は等方的であるとしたためである．しかし 5 章で学んだように，最終散乱面上の重力ポテンシャルのため CMB の静止系においても温度異方性は存在する．この場合，太陽系の運動による**光行差**で光の到来方向が変化することを考慮せねばならない．光の到来方向の変化のため，測定される温度異方性の分布は CMB の静止系のものとは異なる．

式 (4.17) に CMB の静止系における温度異方性 $\Delta T(\hat{n})$ を含めて書き換えれば，

$$\tilde{T}(\hat{n}) = \frac{[T_0 + \Delta T(\hat{n}')]\sqrt{1 - \dfrac{v^2}{c^2}}}{1 - \dfrac{\boldsymbol{v}\cdot\hat{n}}{c}}, \tag{7.21}$$

である．$\hat{n}'$ は CMB の静止系における光の到来方向である．特殊相対性理論を用いて $\hat{n}$ と $\hat{n}'$ との関係を導き，v/c に関して 1 次まで取れば $\hat{n}' = \hat{n} - \boldsymbol{v}/c + \hat{n}(\hat{n}\cdot\boldsymbol{v}/c) + \mathcal{O}(v^2/c^2)$ を得る．これを $\hat{n}' = \hat{n} + \boldsymbol{d}_{\text{光行差}}$ と書けば，$\boldsymbol{d}_{\text{光行差}} \equiv -\boldsymbol{v}/c + \hat{n}(\hat{n}\cdot\boldsymbol{v}/c)$ である．$\boldsymbol{d}_{\text{光行差}}$ は光の到来方向の変化を表すベクトルで，視線方向に垂直 ($\hat{n}\cdot\boldsymbol{d}_{\text{光行差}} = 0$) である．「光行差のポテンシャル」として $\psi_{\text{光行差}} \equiv -\hat{n}\cdot\boldsymbol{v}/c$ を定義すれば，$\boldsymbol{d}_{\text{光行差}} = \partial\psi_{\text{光行差}}/\partial\hat{n}$ と書くこともできる．天球上で $\psi_{\text{光行差}}$ は双極的に分布する．球座標の極角の原点を $\boldsymbol{v}$ の方向に取れば，$\psi_{\text{光行差}} = -(v/c)\cos\theta$，よって $d_{\text{光行差}} = (v/c)\sin\theta$ を得る．すなわち，光行差により光の到来方向は $\boldsymbol{v}$ の方向に近づく．CMB の静止系で，ある見込み角度を持つ高温領域や低温領域を考えると，光行差によって見込み角度は $\boldsymbol{v}$ の方向で小さくなり，逆方向で大きくなる．

式 (7.21) を v/c に関して 1 次まで取れば，

$$\Delta\tilde{T}(\hat{n}) = (\hat{n}\cdot\boldsymbol{v}/c)T_0 + (1 + \hat{n}\cdot\boldsymbol{v}/c)\Delta T(\hat{n} + \boldsymbol{d}_{\text{光行差}}), \tag{7.22}$$

を得る．右辺の初項は 4 章で学んだ双極的な温度異方性で，残りは新しい効果である．光行差によって光の到来方向が変化するのに加え，ΔT に $1 + \hat{n}\cdot\boldsymbol{v}/c$ がかかっている．どちらも $\boldsymbol{v}$ という特別な方向を持ち，2 点相関関数の回転不変性を破る．

天球上の温度異方性の見え方を図 7.2（148 ページ）に示す．特別な方向の存在は明らかであり，どちらの効果もほぼ双極的である（つまり，天球の南北に違いが現れる）．このため，球面調和関数の展開係数の相関関数 $\langle \tilde{a}_{\ell m}\tilde{a}^*_{\ell' m'}\rangle$ は $\delta_{\ell\ell'}\delta_{mm'}C_\ell$ と書くことができず，v/c に比例する補正項[*9]が加わる．v/c に関して 1 次の精度では回転不変性の破れは双極的で，補正項は $\ell' = \ell \pm 1$ でゼロでない値を持つ．

太陽系の運動による回転不変性の双極的な破れは，プランク衛星のデータによって初めて測定された[*10]．まだ誤差は大きいが，この測定から得られた太陽系の運動方向と速度は，双極的温度異方性の測定から得られたものと無矛盾である．

相関関数の回転不変性を破る補正項が $\ell' = \ell \pm 1$ でゼロでないことを導いてみよう．数学的にやや煩雑であるから，導出に興味のない読者は飛ばして 7.3.2 節に進んでかまわない．式（7.22）の $\Delta T(\hat{n} + \boldsymbol{d})$ をテイラー展開して v/c の 1 次まで取ると

$$\Delta\tilde{T}(\hat{n}) = (\hat{n}\cdot\boldsymbol{v}/c)T_0 + (1 + \hat{n}\cdot\boldsymbol{v}/c)\Delta T(\hat{n}) + \frac{\partial \Delta T}{\partial \hat{n}}\cdot\frac{\partial\psi}{\partial\hat{n}}\,, \tag{7.23}$$

を得る．両辺に $Y_\ell^{m*}(\hat{n})$ をかけて積分し，球面調和関数の展開係数を得る．極角の原点を $\boldsymbol{v}$ の方向に取れば $\hat{n}\cdot\boldsymbol{v}/c = \sqrt{4\pi/3}(v/c)Y_1^0(\hat{n})$ なので，右辺の初項は $\sqrt{4\pi/3}(v/c)T_0\delta_{\ell 1}\delta_{m0}$ を与える．2 項目は

$$\begin{aligned} a_{\ell m} &+ \sqrt{\frac{4\pi}{3}}\frac{v}{c}\int d\Omega\ Y_\ell^{m*}(\hat{n})Y_1^0(\hat{n})\Delta T(\hat{n}) \\ &= a_{\ell m} + (-1)^m\sqrt{\frac{4\pi}{3}}\frac{v}{c}\sum_{\ell' m'}\mathcal{G}_{\ell\ell' 1}^{-mm'0}a_{\ell' m'}\,, \end{aligned} \tag{7.24}$$

を与える．ここで，**ガウント積分**（Gaunt integral）と呼ばれる量

$$\mathcal{G}_{\ell_1\ell_2\ell_3}^{m_1m_2m_3} \equiv \int d\Omega\ Y_{\ell_1}^{m_1}(\hat{n})Y_{\ell_2}^{m_2}(\hat{n})Y_{\ell_3}^{m_3}(\hat{n})\,, \tag{7.25}$$

を定義し，$Y_\ell^{m*} = (-1)^m Y_\ell^{-m}$ を用いた[*11]．本書で必要となるガウント積分の

---

*9 A. Challinor, F. van Leeuwen, *Phys. Rev. D*, **65**, 103001（2002）.

*10 Planck Collaboration, *Astron. Astrophys.*, **571**, A27（2014）.

*11 球面調和関数の異なる定義 $Y_\ell^{m*} = Y_\ell^{-m}$ を用いた場合は，式（7.24）の右辺の $(-1)^m$ を除く．

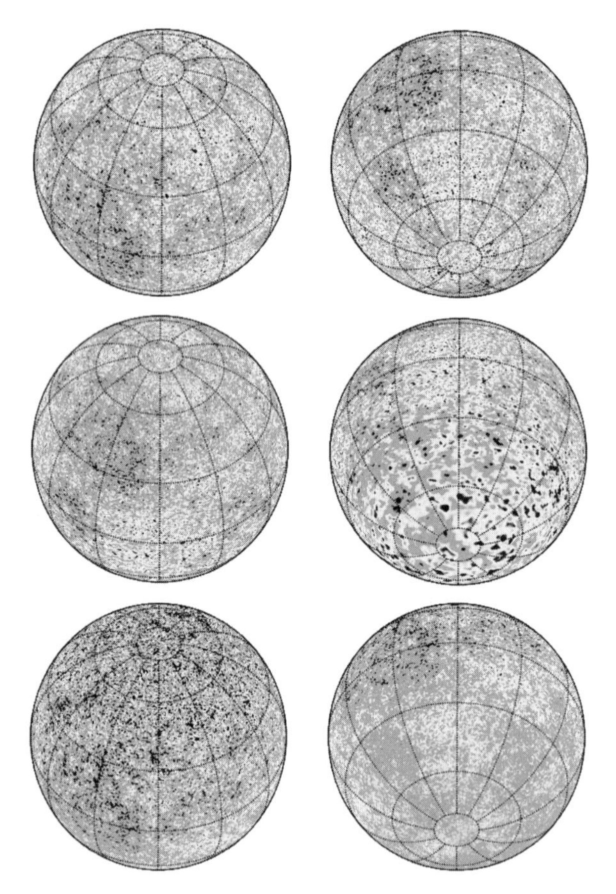

図7.2 観測者の運動が引き起こす天球上の温度異方性の変化のシミュレーション．Planck Collaboration, *Astron. Astrophys.*, **571**, A27（2014）より抜粋．左の図は天球の北半球を，右の図は南半球を示す．観測者の運動方向を北極とし，効果を見やすくするため速度は光速の 85 パーセントを仮定した．このような大きな速度の場合，本文中で用いた v/c のテイラー展開は精度が悪いので，近似は用いず特殊相対性理論の厳密な表式を用いた．一番上の図は CMB の静止系における温度異方性の分布を示し，中央の図は光行差による効果を示す．上の図と比べると，光の到来方向は観測者の運動方向に近づくため，高温・低温領域の位置は北極の方向に移動する．たとえば北半球の図では，上の図の左下に見える温度ゆらぎの低温領域（黒っぽい点の集合）が中央の図では北極方向に移動している．さらに，高温・低温領域の大きさは観測者の運動方向では小さくなり，逆方向では大きくなる様子がわかる．下の図は式（7.21）で $(1-\hat{n}\cdot\boldsymbol{v}/c)^{-1}$ がかかる効果を示す．上の図と比べると，観測者の運動方向の温度異方性は増幅し，逆方向は減衰するのがわかる．

性質を3つ述べておこう．まず，$Y_\ell^m \propto \exp(im\phi)$ であるから，ϕ 積分より $m_1 + m_2 + m_3 = 0$ を得る．次に，ガウント積分は ℓ_i が三角形をなす場合のみゼロでなく，許される ℓ_i の組み合わせは $|l_i - l_j| \leqq l_k \leqq l_i + l_j$ である．最後に，ガウント積分は l_i の和が偶数のときのみゼロでない．これらの条件より，式（7.24）の右辺は $m' = m$ かつ $\ell' = \ell \pm 1$ のときのみゼロでない．

式（7.23）の右辺3項目を球面調和関数で展開するため，ψ の展開係数を ψ_{LM} と書こう．光行差の場合は $\psi_{LM}^{\text{光行差}} = -\sqrt{4\pi/3}(v/c)\delta_{L1}\delta_{M0}$ であるが，少しの間，一般的にすべての (L, M) を考える．すると $(\partial Y_L^M/\partial\hat{n}) \cdot (\partial Y_{\ell'}^{m'}/\partial\hat{n})$ が出てくるので，部分積分と $\partial^2 Y_\ell^m/\partial\hat{n}^2 = -\ell(\ell+1)Y_\ell^m$ を何度か用いて整理すれば，

$$\int d\Omega\, Y_\ell^{m*} \frac{\partial \Delta T}{\partial\hat{n}} \cdot \frac{\partial\psi}{\partial\hat{n}} = (-1)^m \sum_{\ell' m'} \sum_{LM} \mathcal{G}_{\ell\ell' L}^{-mm'M} \frac{\ell'(\ell'+1) - \ell(\ell+1) + L(L+1)}{2} a_{\ell' m'} \psi_{LM}\,, \quad (7.26)$$

を得る．光行差の場合（$L = 1$, $M = 0$）に当てはめれば，右辺は $m' = m, \ell' = \ell \pm 1$ のときのみゼロでない．以上の結果を用いて $\langle \tilde{a}_{\ell m} \tilde{a}_{\ell' m'}^* \rangle$ の $\ell \neq \ell'$ 成分を計算すると，$\ell' = \ell \pm 1$ の場合にゼロでないことが導ける．

2点相関関数の回転不変性の破れのデータから $\boldsymbol{v}$ を求める際は，双極的異方性からすでに得られた $\boldsymbol{v}$ の方向を極角の原点として $\boldsymbol{v}$ の大きさを求めても良いし，極角の原点を銀河座標の北極などに固定して $\boldsymbol{v}$ の各成分を求めても良い．どちらの場合でも，$\sum_{mm'} (-1)^{m'+M} \mathcal{G}_{\ell\ell' 1}^{m-m'-M} \tilde{a}_{\ell m} \tilde{a}_{\ell' m'}^*$ に適当な ℓ, ℓ' の関数をかけて和を取れば $\boldsymbol{v}$ が得られる．M は $\boldsymbol{v}$ の天球上の方向を表す．前者の手法の場合は $M = 0$ であり，プランク衛星の温度異方性のデータより $v = 384 \pm 78 \pm 115\,\mathrm{km\,s^{-1}}$ が得られた（脚注10）．一つ目の誤差は統計的誤差で，二つ目の誤差は異なる周波数から得られた結果が若干食い違うことによる系統的誤差の評価である．この v の値は，双極的異方性から得られた太陽系の速度 $v = 369\,\mathrm{km\,s^{-1}}$（4.4節）と誤差の範囲で無矛盾である．

7.3.2 重力レンズ効果

5.6節で学んだように，我々が天球上で測定する温度異方性は，最終散乱面上の温度異方性と $\Delta\tilde{T}(\hat{n}) = \Delta T(\hat{n} + \boldsymbol{d}_{\text{レンズ}})$ のように関係する．曲がり角 $\boldsymbol{d}_{\text{レンズ}}$ は，

式 (5.46) で定義されるレンズポテンシャル $\psi_{\text{レンズ}}$ を用いて $\boldsymbol{d}_{\text{レンズ}} = \partial\psi_{\text{レンズ}}/\partial\hat{n}$ と書ける．これは光行差と同じ形をしているが，$\psi_{\text{光行差}}$ の天球上の分布が双極的であったのに対し，$\psi_{\text{レンズ}}$ は最終散乱面と観測者との間に存在する重力ポテンシャルによって生じるので，その球面調和関数の展開係数 $\psi_{\ell m}^{\text{レンズ}}$ は $\ell \geqq 2$ でもゼロでない値を持つ．重力レンズ効果により，温度異方性の展開係数の相関関数 $\langle \tilde{a}_{\ell m}\tilde{a}^*_{\ell' m'}\rangle$ は $\delta_{\ell\ell'}\delta_{mm'}\tilde{C}_\ell$ と書くことができず，$\psi_{\text{レンズ}}$ の展開係数に比例する補正項[*12]が加わる．ここで，本書で扱う範囲内では，重力レンズ効果が重要になる時期の重力ポテンシャルと曲率ゆらぎは等しいとして良い．式 (5.46) を球面調和関数で展開すると，

$$\psi_{\ell m}^{\text{レンズ}} = -8\pi i^\ell \int_0^{r_L} dr\ \frac{r_L - r}{r_L r}\ \int \frac{d^3q}{(2\pi)^3}\ \Phi_{\boldsymbol{q}}(r) j_\ell(qr) Y_\ell^{m*}(\hat{q})\,, \tag{7.27}$$

を得る．

太陽系の運動による回転不変性の破れは双極的なので小角度近似 ($\ell \gg 1$) は適さないが，重力レンズ効果による破れを調べるには有用である．重力レンズ効果が存在すると，2次元フーリエ展開係数の相関関数 $\langle \tilde{a}_{\boldsymbol{\ell}}\tilde{a}^*_{\boldsymbol{\ell}'}\rangle$ は $\delta_D^{(2)}(\boldsymbol{\ell}-\boldsymbol{\ell}')\tilde{C}_\ell$ と書くことができず，$\psi_{\text{レンズ}}$ の2次元フーリエ展開係数に比例する補正項[*13]が加わる．式 (5.46) を2次元フーリエ変換すれば，

$$\psi_{\boldsymbol{\ell}}^{\text{レンズ}} = -2\int_0^{r_L} dr\ \frac{r_L - r}{r_L r^3} \int_{-\infty}^{\infty} \frac{dq_\parallel}{2\pi}\ \Phi_{\boldsymbol{q}}\left(\boldsymbol{q}_\perp = \frac{\boldsymbol{\ell}}{r}, q_\parallel, r\right) \exp(iq_\parallel r)\,, \tag{7.28}$$

を得る．これ以降，$\psi_{\text{レンズ}}$ を単に ψ と書く．

重力レンズ効果の式 (5.44) を ψ に関してテイラー展開すれば

$$\Delta\tilde{T}(\hat{n}) = \Delta T(\hat{n}) + \frac{\partial \Delta T}{\partial \hat{n}} \cdot \frac{\partial \psi}{\partial \hat{n}} + \mathcal{O}(\psi^2)\,, \tag{7.29}$$

を得る．両辺を2次元フーリエ展開すれば

$$\tilde{a}_{\boldsymbol{\ell}} = a_{\boldsymbol{\ell}} + \int \frac{d^2\ell'}{(2\pi)^2}\boldsymbol{\ell}' \cdot (\boldsymbol{\ell}' - \boldsymbol{\ell}) a_{\boldsymbol{\ell}'}\psi_{\boldsymbol{\ell}-\boldsymbol{\ell}'}\,, \tag{7.30}$$

を得る[*14]．天球上に，ある $\psi(\hat{n})$ の分布が与えられたときの $\tilde{a}_{\boldsymbol{\ell}}$ の相関関数を求める．ψ はアンサンブル平均に含めない．すると

---

*12　T. Okamoto, W. Hu, *Phys. Rev. D*, **67**, 083002 (2003).

*13　W. Hu, T. Okamoto, *Astrophys. J.*, **574**, 566 (2002).

$$\langle \tilde{a}_{\boldsymbol{\ell}} \tilde{a}^*_{\boldsymbol{\ell}'} \rangle = (2\pi)^2 \delta_D^{(2)}(\boldsymbol{\ell} - \boldsymbol{\ell}')\tilde{C}_\ell + (\tilde{C}_\ell \boldsymbol{\ell} - \tilde{C}_{\ell'} \boldsymbol{\ell}') \cdot (\boldsymbol{\ell} - \boldsymbol{\ell}')\psi_{\boldsymbol{\ell}-\boldsymbol{\ell}'}, \tag{7.31}$$

を得る．$\tilde{C}_\ell$ は重力レンズ効果を受けたパワースペクトル[*15]である．すなわち，異なる $\boldsymbol{\ell}$ と $\boldsymbol{\ell}'$ を持つ CMB の温度異方性のフーリエ展開係数の相関は，それらの差の波数ベクトル $\boldsymbol{\ell} - \boldsymbol{\ell}'$ を持つレンズポテンシャルよって決まる．

$\langle \tilde{a}_{\boldsymbol{\ell}} \tilde{a}^*_{\boldsymbol{\ell}'} \rangle$ が $\boldsymbol{\ell} \neq \boldsymbol{\ell}'$ でゼロでないということは，温度異方性の 2 点相関関数は 2 次元平面上の並進変換に対して不変でないということである．6.4 節で学んだように，重力レンズ効果により，観測される温度異方性の高温・低温領域の見込み角度は最終散乱面と観測者との間の物質分布によって変化する．物質の多い方向のパワースペクトルは物質の少ない方向のパワースペクトルと異なり，並進対称性が破れる．この性質を用いれば，CMB の温度異方性の測定データから ψ の天球上の分布を推定できる．すなわち，波数 $\boldsymbol{L}$ を持つレンズポテンシャル $\psi_{\boldsymbol{L}}$ は，積 $a_{\boldsymbol{\ell}} a^*_{\boldsymbol{\ell}-\boldsymbol{L}}$ を $\boldsymbol{\ell}$ に渡って適当に平均して推定できる（脚注 13）．プランク衛星のデータから推定されたレンズポテンシャルの天球上の分布を図 7.3（152 ページ）に示す．全天のレンズポテンシャルを求める際には小角度近似は使えず，球面調和関数を用いた扱いが必要となる（脚注 12）．

$\psi(\hat{n})$ もまた，ある確率密度関数に従ってランダムに選ばれたものである．たとえば ψ の従う確率密度関数はガウス分布で，レンズポテンシャルのパワースペクトル C_ℓ^ψ で完全に決まるとする．データから推定されたレンズポテンシャルの展開係数 ψ_{LM} を用いれば，これは式（6.16）にならって $C_L^\psi = (2L+1)^{-1} \sum_M \psi_{LM} \psi^*_{LM}$ となる．ψ_{LM} は $\sum_{mm'} (-1)^{m'+M} \mathcal{G}_{\ell\ell' L}^{m-m'-M} \tilde{a}_{\ell m} \tilde{a}^*_{\ell' m'}$ に適当な ℓ, ℓ', L の関数（脚注 12）をかけて平均したもので，そのパワースペクトルは $\tilde{a}_{\ell m}$ の **4 つの積**，すなわち CMB の温度異方性の 4 点相関関数（トライスペクトル）から得られる．これはガウス分布ではゼロになる量であり，**レンズを受けた温度**

[*14]（150 ページ）これは式（7.26）の小角度近似である．比較を明らかにするため $\boldsymbol{L} \equiv \boldsymbol{\ell} - \boldsymbol{\ell}'$ と書けば

$$\tilde{a}_{\boldsymbol{\ell}} = a_{\boldsymbol{\ell}} + \int \frac{d^2\ell'}{(2\pi)^2} \frac{\ell'^2 - \ell^2 + L^2}{2} a_{\boldsymbol{\ell}'} \psi_{\boldsymbol{L}}, \tag{7.32}$$

を得る．$\boldsymbol{\ell}$，$\boldsymbol{\ell}'$，$\boldsymbol{L}$ は三角形を形成し，$\boldsymbol{\ell}' + \boldsymbol{L} = \boldsymbol{\ell}$ である．式（7.26）ではガウント積分が三角形の条件を与える．

[*15] 式（7.29）のテイラー展開を 1 次で止めれば，右辺は $\tilde{C}_\ell$ ではなく C_ℓ となる．しかし，$C_\ell \to \tilde{C}_\ell$ とすれば展開の高次の項を考慮でき，近似の精度が良くなることが A. Lewis, A. Challinor, D. Hanson, *JCAP*, **1103**, 018（2011）によって示された．

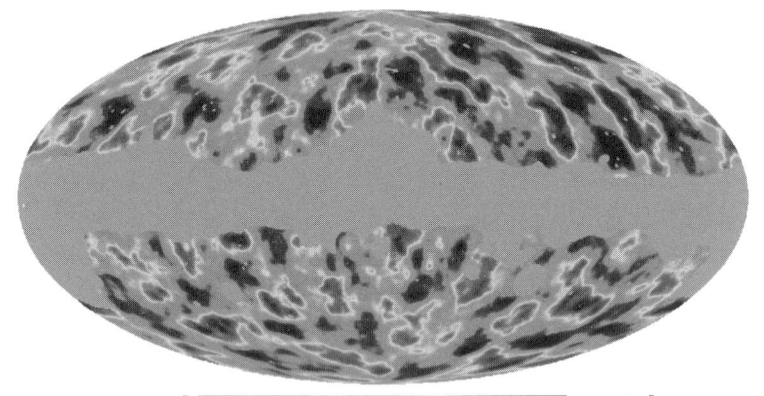

図7.3 プランク衛星のデータから得られたレンズポテンシャル $\psi(\hat{n})$ の天球上の分布を，銀河座標におけるモルワイデ図法で示す．Planck Collaboration, *Astron. Astrophys.*, **594**, A15 (2016) より抜粋．

異方性の確率密度関数はガウス分布からわずかにずれる[*16]．重力レンズ効果によって並進対称性は破れ，パワースペクトルは観測する方向に依存するが，異なる 2 方向で測定されたパワースペクトルは互いに相関する．この，**パワースペクトルの 2 点相関関数**はトライスペクトルとなって現れる．トライスペクトルを 2 次元フーリエ展開係数で書けば，

$$\begin{aligned}\langle \prod_{i=1}^{4} \tilde{a}_{\boldsymbol{\ell}_i} \rangle_c =& (2\pi)^2 \delta_D^{(2)} \left(\sum_{i=1}^{4} \boldsymbol{\ell}_i \right) \\ &\times \left\{ C_{\ell_3} C_{\ell_4} \left[C^{\psi}_{|\boldsymbol{\ell}_1+\boldsymbol{\ell}_3|} (\boldsymbol{\ell}_1 + \boldsymbol{\ell}_3) \cdot \boldsymbol{\ell}_3 (\boldsymbol{\ell}_2 + \boldsymbol{\ell}_4) \cdot \boldsymbol{\ell}_4 \right.\right. \\ &\left.\left. + C^{\psi}_{|\boldsymbol{\ell}_1+\boldsymbol{\ell}_4|} (\boldsymbol{\ell}_2 + \boldsymbol{\ell}_3) \cdot \boldsymbol{\ell}_3 (\boldsymbol{\ell}_1 + \boldsymbol{\ell}_4) \cdot \boldsymbol{\ell}_4 \right] + \cdots \right\}, \end{aligned} \tag{7.33}$$

である．このトライスペクトルは，4 つの $\tilde{a}_{\boldsymbol{\ell}}$（式 (7.30)）のうち 2 つが $\psi_{\boldsymbol{\ell}-\boldsymbol{\ell}'}$ を含む組み合わせの場合にゼロでない値を持つ．順列組み合わせより ${}_4\mathrm{C}_2 = 6$ 個の組み合わせがあるから，"$\cdots$" は残りの 5 個の組み合わせを表す．デルタ関数により，$\boldsymbol{\ell}_i$ は四角形をなす．

[*16] F. Bernardeau, *Astron. Astrophys.*, **324**, 15 (1997); U. Seljak, M. Zaldarriaga, *Phys. Rev. Lett.*, **82**, 2636 (1999); M. Zaldarriaga, *Phys. Rev. D*, **62**, 063510 (2000); W. Hu, *Phys. Rev. D*, **64**, 083005 (2001).

重力レンズ効果を受けた温度異方性の確率密度関数は，式（7.2）を拡張して[17]

$$P(\tilde{a}) = \int \prod_{LM} d\psi_{LM} \frac{\exp(-\psi_{LM}\psi^*_{LM}/2C_L^{\psi})}{\sqrt{2\pi C_L^{\psi}}} \times \frac{\exp\left[-\frac{1}{2}\sum_{\ell\ell'}\sum_{mm'}\tilde{a}_{\ell m}(\tilde{C}^{-1})_{\ell m,\ell' m'}\tilde{a}^*_{\ell' m'}\right]}{(2\pi)^{N_{\rm harm}/2}|\tilde{C}|^{1/2}}, \tag{7.34}$$

で与えられる．$\tilde{C}_{\ell m,\ell' m'}$ は ψ_{LM} に依存するから，$P(\tilde{a})$ はガウス分布では**ない**．図 7.3 に示す $\psi(\hat{n})$ の分布を得るには CMB の 2 点相関関数の回転不変性の破れを用いたが，パワースペクトルを求めるには重力レンズによって CMB の分布がガウス分布からずれる効果を用いる．

レンズポテンシャルのパワースペクトルは最終散乱面と地球との間の重力ポテンシャルの情報を持ち，最終散乱面上の CMB の温度異方性のパワースペクトルからは得られない，物質密度ゆらぎの時間進化の情報をもたらす．これを用いれば，たとえばニュートリノの質量によって物質ゆらぎの成長が遅れる効果を測定でき，ニュートリノの質量和を観測的に制限できる[18]．レンズポテンシャルのパワースペクトルは，南米チリのアタカマ砂漠に設置された口径 6 メートルのマイクロ波望遠鏡（Atacama Cosmology Telescope; ACT）と，SPT によって初めて測定された[19]．その後，プランク衛星によって図 7.4（154 ページ）に示すレンズポテンシャルのパワースペクトル[20]が得られた．測定値は ΛCDM モデルの予言と無矛盾であったが，ニュートリノの質量の効果を測定するにはまだ誤差が大きい．

図 7.4 は $[L(L+1)]^2C_L^{\psi}/2\pi$ を示す．$L(L+1)$ が余計に一つかかっているが，これは曲がり角 $\boldsymbol{d} = \partial\psi/\partial\hat{n}$ のパワースペクトルに相当する．すなわち，$[L(L+1)]^2C_L^{\psi}/2\pi$ は $\ln L$ あたりの曲がり角の分散を表し，標準偏差は数分角である．曲がり角のパワースペクトルは $L \approx 40$ で最大となる．この L に対応する数度の見込み角度を持つ領域はほぼ同じ曲がり角ベクトルを持ち，CMB の温度異方性は

[17] レンズポテンシャルの確率密度関数は回転不変な相関関数を持つガウス分布であるとしたが，より一般的な分布を用いても良い．

[18] M. Kaplinghat, L. Knox, Y.-S. Song, *Phys. Rev. Lett.*, **91**, 241301（2003）; K. N. Abazajian, *et al.*, *Astropart. Phys.*, **63**, 66 （2015）.

[19] S. Das, *et al.*, *Phys. Rev. Lett.*, **107**, 021301 （2011）; A. van Engelen, *et al.*, *Astrophys. J.*, **756**, 142 （2012）.

[20] Planck Collaboration, *Astron. Astrophys.*, **571**, A17（2014）; *ibid.* **594**, A15（2016）.

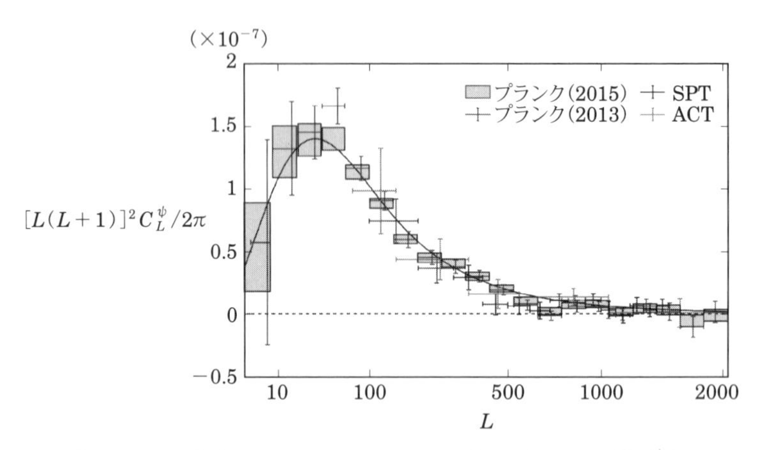

図7.4 レンズポテンシャルのパワースペクトル．$[L(L+1)]^2 C_L^{\psi}/2\pi$ を L の関数として示す．Planck Collaboration, *Astron. Astrophys.*, **594**, A15 (2016) より抜粋．塗りつぶした四角形は，2015 年発表のプランク衛星のデータから得られた測定値の 68%の信頼領域を示す．誤差棒は 2013 年発表のプランク衛星のデータ，および地上のマイクロ波望遠鏡である ACT と SPT から得られた測定値を示す．実線は ΛCDM モデルの理論曲線を示し，宇宙論パラメータは $\Omega_B h^2 = 0.0222$，$\Omega_D h^2 = 0.1203$，$\Omega_\nu^{\text{非相対論}} h^2 = 6.4\times10^{-4}$，$H_0 = 67.12\,\mathrm{km\,s^{-1}\,Mpc^{-1}}$，$n = 0.96$ である．

一斉に（コヒーレントに）ほぼ同じ方向に重力レンズ効果を受ける．

重力レンズ効果により，ゼロでないバイスペクトル $\langle \tilde{a}_{\boldsymbol{\ell}_1} \tilde{a}_{\boldsymbol{\ell}_2} \tilde{a}_{\boldsymbol{\ell}_3} \rangle$ も生じる．これはレンズポテンシャルと，宇宙定数による積分ザクス–ヴォルフェ効果のような最終散乱面と観測者との間で生じる温度異方性とが同じ重力ポテンシャルから生じるため，互いに相関を持つことによる[*21]．温度異方性を

$$\Delta\tilde{T}(\hat{n}) = \Delta T(\hat{n} + \boldsymbol{d}) + \Delta T_{\mathrm{ISW}\ \text{など}}(\hat{n}), \tag{7.35}$$

と書く．右辺第 2 項は，積分ザクス–ヴォルフェ効果（ISW）だけでなく**最終散乱面と観測者との間で生じるあらゆる温度異方性を含む**．両辺を 2 次元フーリエ変換すれば式（7.30）の右辺に $a_{\boldsymbol{\ell}}^{\mathrm{ISW}\ \text{など}}$ が加わり，バイスペクトルは

[*21] D. M. Goldberg, D. N. Spergel, *Phys. Rev. D*, **59**, 103002 (1999) ; U. Seljak, M. Zaldarriaga, *Phys. Rev. D*, **60**, 043504 (1999).

$$\langle \prod_{i=1}^{3} \tilde{a}_{\boldsymbol{\ell}_i} \rangle = -(2\pi)^2 \delta_D^{(2)} \left(\sum_{i=1}^{3} \boldsymbol{\ell}_i \right) \left(\boldsymbol{\ell}_1 \cdot \boldsymbol{\ell}_3 \tilde{C}_{\ell_1} C_{\ell_3}^{\psi-\mathrm{ISW}\ \text{など}} + \cdots \right), \tag{7.36}$$

となる．このバイスペクトルは，3 つの $\tilde{a}_{\boldsymbol{\ell}}$ のそれぞれが最終散乱面上の温度異方性 $a_{\boldsymbol{\ell}}$，重力レンズポテンシャル $\psi_{\boldsymbol{\ell}-\boldsymbol{\ell}'}$ を含む項，そして $a_{\boldsymbol{\ell}}^{\mathrm{ISW}\ \text{など}}$ のときにゼロでない値を持つ．順列組み合わせより ${}_3\mathrm{P}_2 = 6$ 個の組み合わせがあるから，"..." は残りの 5 個の組み合わせを表す．脚注 15 と同じ理由で，右辺の $\tilde{C}_\ell$ は重力レンズ効果を受けた温度異方性のパワースペクトルを用いる．$C_\ell^{\psi-\mathrm{ISW}\ \text{など}}$ は $\psi_{\boldsymbol{\ell}}$ と $a_{\boldsymbol{\ell}}^{\mathrm{ISW}\ \text{など}}$ との相互相関パワースペクトルで，$\langle \psi_{\boldsymbol{\ell}} a_{\boldsymbol{\ell}'}^{\mathrm{ISW}\ \text{など}} \rangle = (2\pi)^2 \delta_D^{(2)}(\boldsymbol{\ell} + \boldsymbol{\ell}') C_\ell^{\psi-\mathrm{ISW}\ \text{など}}$ と定義する．

このバイスペクトルが大きくなるのはどのような三角形だろうか？ 答えは「ISW など」に何を選ぶかに依る．例として $C_\ell^{\psi-\mathrm{ISW}}$ を考えると，7.2 節で学んだ f_{NL} のように 1 辺が他の 2 辺よりずっと短い三角形（$\ell_3 \ll \ell_2 \approx \ell_1$）でバイスペクトルが大きくなる．$C_\ell^{\psi-\mathrm{ISW}}$ のバイスペクトルはプランク衛星により測定された[*22]．統計的有意性は 3 シグマ程度であるが，測定結果は ΛCDM モデルの予言と無矛盾である．

積分ザクス–ヴォルフェ効果とレンズポテンシャルとの相互相関によるバイスペクトルが $\ell_3 \ll \ell_2 \approx \ell_1$ を満たす三角形で大きくなることを導いてみよう．数学的にやや煩雑であるから，導出に興味のない読者は飛ばして 7.3.3 節まで進んでかまわない．6.2.2 節で学んだように，小さな ℓ で重要となる積分ザクス–ヴォルフェ効果には小角度近似は適さないので，球面調和関数を用いた厳密なバイスペクトルの表式

$$\langle \prod_{i=1}^{3} \tilde{a}_{\ell_i m_i} \rangle = \mathcal{G}_{\ell_1 \ell_2 \ell_3}^{m_1 m_2 m_3} \Big[\frac{\ell_1(\ell_1+1) - \ell_2(\ell_2+1) + \ell_3(\ell_3+1)}{2} \times \tilde{C}_{\ell_1} C_{\ell_3}^{\psi-\mathrm{ISW}} + \cdots \Big], \tag{7.37}$$

を用いる．式（7.36）で $-\boldsymbol{\ell}_1 \cdot \boldsymbol{\ell}_3 = (\ell_1^2 - \ell_2^2 + \ell_3^2)/2$ と書けば，小角度近似との対応関係は明らかである．積分ザクス–ヴォルフェ効果の球面調和展開係数の式（6.13）とレンズポテンシャルの式（7.27）を用いて相互相関パワースペクトルを計算すれば

[*22] Planck Collaboration, *Astron. Astrophys.*, **571**, A19 (2014); *ibid.* **594**, A21 (2016).

$$C_\ell^{\psi-\mathrm{ISW}} = 4T_0 \int_0^{r_L} dr \, \frac{dg}{dr} \int_0^{r_L} dr' \, g(r') \frac{r_L - r'}{r_L r'} \times \frac{2}{\pi} \int_0^\infty q^2 dq \, P_\phi^{\text{物質優勢}}(q) j_\ell(qr) j_\ell(qr') \,, \tag{7.38}$$

を得る．ここで，6.2.2節にならって重力ポテンシャルを $\Phi(t,\boldsymbol{x}) = g(t)\Phi_{\text{物質優勢}}(\boldsymbol{x})$ と書いた．$P_\phi(q)$ は式（6.25）で定義した重力ポテンシャルのパワースペクトルである．この結果を理解するのは単純ではないが，ℓ が増加すると $C_\ell^{\psi-\mathrm{ISW}}$ は急激に小さくなることを示せれば，ℓ_i が三角形を形成する条件と合わせて，式（7.37）は $\ell_3 \ll \ell_2 \approx \ell_1$ を満たす三角形で大きくなることを示せたことになる．$C_\ell^{\psi-\mathrm{ISW}}$ の ℓ が大きな領域での振る舞いを見るため，$\ell \gg 1$ において球ベッセル関数の積 $j_\ell(qr)j_\ell(qr')$ は符号を変えつつ急激に振動することを用いる．積は $r \neq r'$ の場合のみ符号を変えない．重力ポテンシャルのパワースペクトル $P_\phi(q)$ は振動せずになめらかに変化する関数なので，式（7.38）の2行目は $r \neq r'$ でなければ急激に小さくなる．1次元のデルタ関数 $\delta_D^{(1)}(r)$ に関する以下の公式

$$\frac{2}{\pi} \int_0^\infty q^2 dq \, j_\ell(qr) j_\ell(qr') = \frac{\delta_D^{(1)}(r-r')}{r^2} \,, \tag{7.39}$$

を用いれば，$\ell \gg 1$ における近似式として

$$\frac{2}{\pi} \int_0^\infty q^2 dq \, P_\phi(q) j_\ell(qr) j_\ell(qr') \approx P_\phi\left(q = \frac{\ell}{r}\right) \frac{\delta_D^{(1)}(r-r')}{r^2} \,, \tag{7.40}$$

を得る．球ベッセル関数 $j_\ell(x)$ は $\ell \gg 1$ のとき $\ell = x$ で最大となることを用いた．すると式（7.38）は

$$C_\ell^{\psi-\mathrm{ISW}} \approx 2T_0 \int_0^{r_L} dr \, \frac{dg^2}{dr} \frac{r_L - r}{r_L r^3} P_\phi^{\text{物質優勢}}\left(q = \frac{\ell}{r}\right) \,, \tag{7.41}$$

と近似できる．球ベッセル関数の性質を用いたこの近似法は**リンバーの近似式**[*23]（Limber's approximation）として知られ，被積分関数がベッセル関数の積よりもゆっくりと変化する場合に良い近似を与える．この近似の幾何学的意味は後に述べる．

式（7.41）より，$C_\ell^{\psi-\mathrm{ISW}}$ の ℓ 依存性は重力ポテンシャルのパワースペクトル

[*23] $q = \ell/r$ を $q = (\ell + 1/2)/r$ に置き換えると近似の精度がよくなることが M. Loverde, N. Afshordi, *Phys. Rev. D*, **78**, 123506（2008）によって示された．

の q 依存性によって決められる．DMR が測定した大きな見込み角度の温度異方性より，近似的に $P_\phi^{\text{物質優勢}} \propto q^{-3}$ であることが示された（6.3.4 節）．6.2.2 節で触れたように，放射優勢期にハッブル長より短波長の重力ポテンシャルは時間とともに減衰するので，それに相当する波長では $P_\phi^{\text{物質優勢}}$ は q^{-3} より速く小さくなる．すなわち，$C_\ell^{\psi-\text{ISW}}$ は ℓ^{-3} より速く小さくなるから，式（7.37）は $\ell_3 \ll \ell_2 \approx \ell_1$ を満たす三角形で大きくなる．

リンバーの近似式の幾何学的意味を理解する．$\ell \gg 1$ に興味があるので小角度近似を用い，2 次元フーリエ変換を用いて相互相関関数を書けば，式（6.31）を得たのと同様の手法で

$$\langle \psi_{\boldsymbol{\ell}} a_{\boldsymbol{\ell}'}^{\text{ISW}*} \rangle = 4T_0 \int_0^{r_L} dr\ g(r) \frac{r_L - r}{r_L r^3} \int_0^{r_L} \frac{dr'}{r'^2}\ \frac{dg}{dr'} (2\pi)^2 \delta_D^{(2)}(\boldsymbol{\ell}/r - \boldsymbol{\ell}'/r')$$
$$\times \int_{-\infty}^{\infty} \frac{dq_\parallel}{2\pi} P_\phi^{\text{物質優勢}} \left(\sqrt{\frac{\ell^2}{r^2} + q_\parallel^2} \right) \exp[iq_\parallel (r - r')], \qquad (7.42)$$

を得る．指数関数は $q_\parallel$ が $1/(r-r')$ よりも大きくなると激しく振動し，積分は小さくなる．$1/(r-r')$ は $1/r$ 程度の大きさだとすれば，今 $\ell \gg 1$ であるから P_ϕ の引数は $\ell^2/r^2 + q_\parallel^2 \approx \ell^2/r^2$ とできる．すると $q_\parallel$ に渡る積分より $\delta_D^{(1)}(r-r')$ が得られ，

$$\langle \psi_{\boldsymbol{\ell}} a_{\boldsymbol{\ell}'}^{\text{ISW}*} \rangle = (2\pi)^2 \delta_D^{(2)}(\boldsymbol{\ell} - \boldsymbol{\ell}') \times 2T_0 \int_0^{r_L} dr\ \frac{dg^2}{dr} \frac{r_L - r}{r_L r^3} P_\phi^{\text{物質優勢}} \left(q = \frac{\ell}{r} \right), \qquad (7.43)$$

を得る．$\langle \psi_{\boldsymbol{\ell}} a_{\boldsymbol{\ell}'}^{\text{ISW}*} \rangle = (2\pi)^2 \delta_D^{(2)}(\boldsymbol{\ell} - \boldsymbol{\ell}') C_\ell^{\psi-\text{ISW}}$ と書けば，これは式（7.41）と一致する．幾何学的な解釈は以下のとおりである．視線方向に平行な波数成分 $q_\parallel$ では，距離 r よりも短い波長のゆらぎの寄与は視線方向の積分で正と負が打ち消しあうため，ゼロでない寄与は長波長成分 $q_\parallel \lesssim 1/r$ に制限される．視線方向に垂直な成分 $\boldsymbol{q}_\perp$ では正と負のゆらぎは打ち消し合わず，そのまま天球上で $\boldsymbol{\ell} = \boldsymbol{q}_\perp r$ を持つゆらぎとして観測される．$\ell \gg 1$ の極限では $q_\perp \gg 1/r \gtrsim q_\parallel$ であるから，$q \approx q_\perp = \ell/r$ となる．

同様にしてレンズポテンシャルのパワースペクトルを求めれば

$$C_\ell^{\psi} = 4 \int_0^{r_L} dr\ g(r) \frac{r_L - r}{r_L r} \int_0^{r_L} dr'\ g(r') \frac{r_L - r'}{r_L r'}$$

$$
\times \frac{2}{\pi}\int_0^\infty q^2 dq\ P_\phi^{\text{物質優勢}}(q) j_\ell(qr) j_\ell(qr')
$$
$$
\approx 4\int_0^{r_L} dr\ g^2(r)\left(\frac{r_L - r}{r_L r^2}\right)^2 P_\phi^{\text{物質優勢}}\left(q=\frac{\ell}{r}\right), \tag{7.44}
$$

を得る.

7.3.3 原始ゆらぎ

これまでは，最終散乱面上の温度異方性の相関関数は，観測者を中心とする球座標の回転変換に対して不変であるとした．これは重力ポテンシャル，ひいてはスカラー型原始ゆらぎの保存量 ζ の相関関数が，3 次元空間の回転と並進変換に対して不変であることと無矛盾である．では，宇宙初期において原始ゆらぎを生成した物理過程は回転・並進不変であったのだろうか？　これはゆらぎの起源に関わる重要な問いである．

たとえばインフレーションを考える．インフレーションを引き起こすエネルギー成分が回転不変性を破らない場合（たとえばスカラー場），ひとたびインフレーションが始まればそれ以前に存在した非一様性や非等方性は指数関数的に小さくなる．しかし，もしインフレーションの期間はそれほど長くなく，宇宙の地平線問題（6.1 節）を解決するのにちょうどの期間であったとすれば，インフレーションが起こる前に存在していた非一様性や非等方性の痕跡は CMB の温度異方性にわずかに残っているかもしれない．インフレーションを起こす前の我々の宇宙は混沌としていたと考えるのはもっともらしい*24ので，その時期の時空は一様等方でなく，初期ゆらぎの相関関数は並進・回転不変性を破っていたかもしれない．すると，現在測定される CMB の相関関数も天球の回転変換に対して不変でないかもしれない*25.

また，インフレーション中に回転不変性を破るようなエネルギー成分（たとえばベクトル場）が重要な役割を果たせば，インフレーション中に生成される量子

*24　ド・ジッター時空から量子力学的トンネル効果によって生成される泡の内部の時空は一様等方であることを用い，我々の宇宙はそのような泡として生まれ，最初から一様等方であったとする説もある．J. R. Gott, *Nature*, **295**, 304（1982）; M. Sasaki, T. Tanaka, K. Yamamoto, J. Yokoyama, *Phys. Lett. B*, **317**, 510（1993）; M. Bucher, A. S. Goldhaber, N. Turok, *Phys. Rev. D*, **52**, 3314（1995）を見よ．

*25　A. Dey, S. Paban, *JCAP*, **1204**, 039（2012）.

ゆらぎの相関関数は回転不変性を破るかもしれない[*26].

これらの効果を観測的に検証するため，ζ の 2 点相関関数を

$$\langle \zeta_{\boldsymbol{q}} \zeta^*_{\boldsymbol{q}'} \rangle = (2\pi)^3 \delta_D^{(3)}(\boldsymbol{q} - \boldsymbol{q}') P_0(q) \left[1 + g_*(q)(\hat{q} \cdot \hat{E})^2 \right], \tag{7.45}$$

と書く[*27]．$\hat{E}$ は 3 次元空間の特別な方向を表し，$g_*(q)$ は回転不変性の破れの大きさを表す．$P_0(q)$ は回転不変な部分のパワースペクトルである．ζ の相関関数が 3 次元空間の並進変換と反転変換（$\boldsymbol{q} \to -\boldsymbol{q}$）に対して不変であれば，式（7.45）は回転不変性を破る最低次の一般的な表式である．より高次の項を含めた表式は $g_*(q)(\hat{q} \cdot \hat{E})^2 \to \sum_{LM} g_{LM}(q) Y_L^M(\hat{q}) Y_L^{M*}(\hat{E})$ とすれば良い．最低次は四重極（$L = 2$）である．

CMB の温度異方性の 2 点相関関数は $\delta_{\ell\ell'}\delta_{mm'}C_\ell$ で与えられず，g_* に比例する補正項が加わり，それは $\ell' = \ell \pm 2$ でゼロでない．よって，$\sum_{mm'} (-1)^{m'+M} \mathcal{G}_{\ell\ell' 2}^{m -m' -M} \times a_{\ell m} a^*_{\ell' m'}$ に適当な ℓ と ℓ' の関数[*28]をかけて和を取れば g_* を求められる．g_* は q に依らない定数としてプランク衛星のデータを解析すると，68%の信頼領域で $g_* = 0.002^{+0.017}_{-0.012}$ を得る[*29]．誤差の範囲内で ζ の 2 点相関関数は回転不変性と無矛盾である．

原始ゆらぎの確率密度関数の回転不変性の破れは，バイスペクトル[*30]やトライスペクトル[*31]にも現れる．プランク衛星による測定では ζ のバイスペクトルとトライスペクトルはゼロと無矛盾であるので，これらを用いた回転不変性の破れの検証は 2 点相関関数を用いたものよりも精度が良くない．

式（7.45）の意味を考えよう．波数 $\boldsymbol{q}$ の方向が特別な方向 $\hat{E}$ と平行，あるいは反平行なときのパワースペクトルは $P_0(q)(1 + g_*)$ で，垂直なときは $P_0(q)$ である．g_* の符号が正であれば，$\hat{E}$ に平行・反平行なパワースペクトルは大きくなる．ここで，天球上の温度異方性の分布として，ある大きさを持つ真円の円盤を考える．円盤内の温度は等しいとし，円盤外の温度はゼロとする．この円盤

[*26] この話題に関してはレビュー論文 J. Soda, *Class. Quant. Grav.*, **29**, 083001（2012）を見よ．

[*27] L. Ackerman, S. M. Carroll, M. B. Wise, *Phys. Rev. D*, **75**, 083502（2007）．

[*28] A. R. Pullen, M. Kamionkowksi, *Phys. Rev. D*, **76**, 103529（2007）．

[*29] J. Kim, E. Komatsu, *Phys. Rev. D*, **88**, 101301（2013）；Planck Collaboration, *Astron. Astrophys.*, **594**, A20（2016）．

[*30] M. Shiraishi, E. Komatsu, M. Peloso, N. Barnaby, *JCAP*, **1305**, 002（2013）．

[*31] M. Shiraishi, E. Komatsu, M. Peloso, *JCAP*, **1404**, 027（2014）．

の 2 次元パワースペクトルは $\boldsymbol{\ell}$ の方向に依らないが，g_* が正であれば，円盤は $\hat{E}$ と平行・反平行の方向に縮む．天球上にある多くの高温・低温領域の形がすべて真円の円盤であれば，$g_* > 0$ のとき円盤の形は $\hat{E}$ の北極・南極方向に一斉に縮む．$\hat{E}$ の北極と南極では真円のままであるが，赤道で変形は最大になる．$\sum_{mm'}(-1)^{m'+M}\mathcal{G}_{\ell\ell'2}^{m-m'-M}a_{\ell m}a_{\ell' m'}^*$ を用いて測定データから g_* を求める数学的手法は，物理的には高温・低温領域の形が系統的に変わるように見える特別な方向を天球上に探すことである．

7.4 パワースペクトルの統計的不定性と確率密度関数

温度異方性のデータから C_ℓ を得たら，次にその統計的不定性を評価せねばならない．分散は $\langle C_\ell^2\rangle - \langle C_\ell\rangle^2$ である．本節では，パワースペクトルの測定値 $C_\ell = (2\ell+1)^{-1}\sum_m a_{\ell m}a_{\ell m}^*$ とそのアンサンブル平均 $\langle C_\ell\rangle$ とを区別して書く．

より一般的に，異なる ℓ を持つパワースペクトルの共分散を書けば

$$\langle C_\ell C_{\ell'}\rangle - \langle C_\ell\rangle\langle C_{\ell'}\rangle = \frac{1}{(2\ell+1)^2}\sum_{mm'}\langle a_{\ell m}a_{\ell m}^* a_{\ell' m'}a_{\ell' m'}^*\rangle, \tag{7.46}$$

である．4 つの $a_{\ell m}$ の積の平均値は，ガウス分布でもゼロでない成分（式 (7.12)）とガウス分布ではゼロの成分とに分けられる．2 点相関関数が天球の回転変換に対して不変であれば

$$\langle C_\ell C_{\ell'}\rangle - \langle C_\ell\rangle\langle C_{\ell'}\rangle = \frac{2\langle C_\ell\rangle^2}{2\ell+1}\delta_{\ell\ell'} + \frac{1}{(2\ell+1)^2}\sum_{mm'}\langle a_{\ell m}a_{\ell m}^* a_{\ell' m'}a_{\ell' m'}^*\rangle_c, \tag{7.47}$$

を得る．ガウス分布に従う温度異方性のパワースペクトルの共分散は $\ell = \ell'$ でのみゼロでないので，分散だけ考えれば良い．重力レンズ効果によるトライスペクトル（式 (7.33)）は 2 項目に寄与し，$\ell \neq \ell'$ でもゼロでないが，その効果は十分小さく，プランク衛星のデータ解析では無視できる．

パワースペクトルの分散を求めたが，パワースペクトルの従う確率密度関数は何であろうか？ $a_{\ell m}$ がガウス分布に従うなら，その 2 乗であるパワースペクトルはガウス分布に従わず，**カイ 2 乗**（χ^2）**分布**に従う．$m = -\ell, -\ell+1, \cdots, \ell-1, \ell$ に渡る和は $2\ell+1$ 個あるので，確率密度関数は自由度が $2\ell+1$ のカイ 2 乗分布となる．

ガウス分布の式 (7.3) の m に渡る積を実行すれば

$$P(a) = \prod_{\ell} \frac{\exp[-(2\ell+1)C_\ell/2\langle C_\ell\rangle]}{(2\pi\langle C_\ell\rangle)^{(2\ell+1)/2}}\,, \tag{7.48}$$

を得る．これを C_ℓ の確率密度関数とみなすため，$a_{\ell m}$ ではなく C_ℓ に関して積分して 1 となるように規格化すれば

$$\prod_{\ell} P(C_\ell)\, dC_\ell = \prod_{\ell} \frac{x_\ell^{(2\ell-1)/2}\exp(-x_\ell/2)}{2^{(2\ell+1)/2}\Gamma[(2\ell+1)/2]}\, dx_\ell\,, \tag{7.49}$$

と書ける．ここで，新たな確率変数 $x_\ell \equiv (2\ell+1)C_\ell/\langle C_\ell\rangle$ を定義した．ガンマ関数は $\Gamma(x) = \int_0^\infty dt\; t^{x-1}\exp(-t)$ で，積分 $\int \prod_\ell P(C_\ell)dC_\ell$ が 1 となることを保証する．右辺は自由度が $2\ell+1$ のカイ 2 乗分布の積である．カイ 2 乗分布の平均値は自由度に等しいので，x_ℓ の平均値は $2\ell+1$，すなわち C_ℓ の平均値は $\langle C_\ell\rangle$ に等しい．カイ 2 乗分布の分散は自由度の 2 倍に等しいので，x_ℓ の分散は $2(2\ell+1)$，すなわち C_ℓ の分散は $2\langle C_\ell\rangle^2/(2\ell+1)$ に等しい．この結果は式（7.47）の右辺の初項と一致する．

カイ 2 乗分布は確率密度関数が最大となる最尤値（さいゆうち）に対して対称的ではなく，**C_ℓ の平均値と最尤値は一致しない**．C_ℓ の平均値は $\langle C_\ell\rangle$ に等しいが，最尤値は $\langle C_\ell\rangle(2\ell-1)/(2\ell+1)$ であり，ℓ が大きいところでのみ C_ℓ の平均値と最尤値は一致する．自由度が大きくなると中心極限定理によってカイ 2 乗分布はガウス分布に近づき，ℓ の大きいパワースペクトルの統計的な信頼領域は最尤値を挟んで近似的に対称的となるためである．

式（7.49）は，ある $\langle C_\ell\rangle$ が与えられたときの測定値 C_ℓ の分布を記述する．しかし，宇宙論的な興味ではむしろ逆に，ある測定値 C_ℓ が与えられたときにそれと無矛盾な $\langle C_\ell\rangle$ の分布を知りたい．理論的に予言できるのはアンサンブル平均 $\langle C_\ell\rangle$ であって，ランダムに選ばれた個々の測定値ではないからである．そこで式（7.49）の左辺を，「ある $\langle C_\ell\rangle$ が与えられたとき，測定値 C_ℓ が従う条件付き確率密度関数」という意味で $P(C_\ell|\langle C_\ell\rangle)$ と書く．知りたいのは，逆の条件付き確率「ある測定値 C_ℓ が与えられたとき，許されるアンサンブル平均 $\langle C_\ell\rangle$ の確率密度関数」$P(\langle C_\ell\rangle|C_\ell)$ である．これは，条件付き確率を結ぶ**ベイズの定理** $P(B|A) = P(A|B)P(B)/P(A)$ を用いれば良い．すなわち，

$$P(\langle C_\ell\rangle|C_\ell) = \frac{P(C_\ell|\langle C_\ell\rangle)P(\langle C_\ell\rangle)}{P(C_\ell)}\,, \tag{7.50}$$

である．右辺の分子の $P(\langle C_\ell\rangle)$ は**事前確率**（prior probability）と呼ばれ，データを取る以前にすでに持っている情報を表す．今の例なら，たとえば $\langle C_\ell\rangle$ は正でなければならない．CMB のデータ解析では，たいていの場合事前確率は $\langle C_\ell\rangle > 0$ で一定，すなわち，正である以外は $\langle C_\ell\rangle$ の値に関して何の仮定もしない．分母の $P(C_\ell)$ は求めたい $\langle C_\ell\rangle$ に依存しないので，左辺の確率密度関数を積分して 1 に規格化する際の規格化因子に含める．以上の作業より，$P(\langle C_\ell\rangle|C_\ell)$ を得る．式 (7.49) を $\langle C_\ell\rangle$ の関数と読み替えて，$\langle C_\ell\rangle$ に関して積分して 1 となるように規格化すれば

$$\prod_\ell P(\langle C_\ell\rangle|C_\ell)\, d\langle C_\ell\rangle$$
$$= \prod_\ell \frac{[(2\ell+1)C_\ell]^{(2\ell-1)/2}\exp[-(2\ell+1)C_\ell/2\langle C_\ell\rangle]}{2^{(2\ell-1)/2}\Gamma[(2\ell-1)/2]}\,\frac{d\langle C_\ell\rangle}{\langle C_\ell\rangle^{(2\ell+1)/2}}, \tag{7.51}$$

を得る．これは**逆ガンマ分布**（inverse gamma distribution）と呼ばれ，最尤値は $\langle C_\ell\rangle = C_\ell$ に等しく，平均値は $C_\ell(2\ell+1)/(2\ell-3)$ である．やはりこの場合も確率密度関数は最尤値に対して対称的ではないが，ℓ が大きければ近似的に対称的となる．

図 7.5 に，WMAP のデータから得られた $\ell=2$ のパワースペクトルの確率密度関数を示す．最尤値を挟み分布は非対称で，$\langle C_2\rangle$ が大きい方に広く伸びている．縦の点線は測定値 C_2 を示し，これは最尤値に等しい．DMR，WMAP，プランクによって測定された $\ell=2$ のパワースペクトルの値は ΛCDM の値より標準偏差以上に小さいが，広く伸びた分布のため ΛCDM の値と無矛盾である．確率密度関数が非ガウス分布のときは標準偏差のみに基づいて議論するのは危険であり，正確な確率密度関数を用いて統計的有意性を評価せねばならない．図 6.6 の $\ell \leqq 29$ におけるプランクのデータでは，確率密度関数に基づいた 68%の信頼領域を示す．

これまでは温度異方性の測定に用いる装置の雑音などの誤差は無視してきたので，式 (7.47) で与えられるパワースペクトルの分散は，雑音のない完璧な測定ができたとしても減らすことのできない統計的不定性である．パワースペクトルはランダムな変数 $a_{\ell m}$ の分散であり，$2\ell+1$ 個の変数から推定される．推定に使えるサンプル数が無限個ではなく有限個に限られることから，推定された分散には統計的不定性，すなわち「分散の分散」が生じる．我々が測定できる天球は 1 つしかないので，式 (7.47) で与えられる値よりもパワースペクトルの分散を減

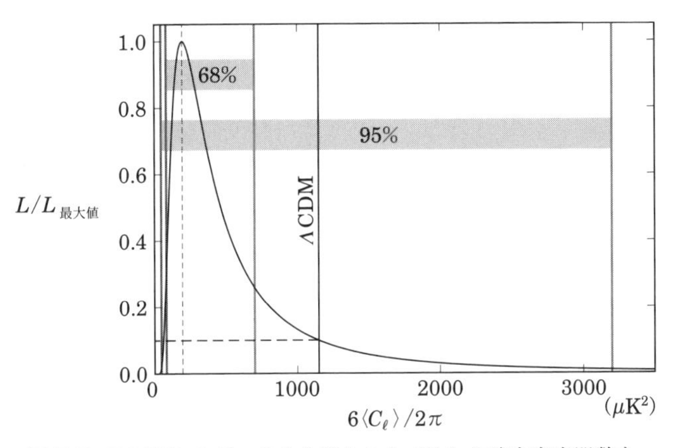

図7.5 WMAP のデータから得られた $\langle C_2 \rangle$ の確率密度関数を，$6\langle C_2 \rangle/2\pi$ の関数（$\ell(\ell+1)\langle C_\ell \rangle/2\pi$ で $\ell=2$）として示す．縦軸は確率密度関数の最大値が 1 になるように規格化した．C. L. Bennett, *et al.*, *Astrophys. J. Suppl.*, **192**, 17 (2011) より抜粋．曲線は確率密度関数を示し，縦の点線と実線はそれぞれ最尤値と ΛCDM モデルの値を示す．"68%"，"95%" はそれぞれ 68%と 95%の信頼領域を示す．ΛCDM モデルの値は 95%の信頼領域の中に十分収まる．

らすことはできない．このパワースペクトルの分散の最小値を**コスミック・バリアンス**（cosmic variance）と呼ぶ．

装置の雑音を含めた場合を考えよう．アンテナは有限の分解能を持つため，大きい ℓ の情報を得られない効果をローパスフィルター（式 (6.15) の b_ℓ）として含める．我々が測定する球面調和関数の展開係数は CMB 起源と装置の雑音起源とに分けられ，$a_{\ell m} = a_{\ell m}^{\mathrm{CMB}} b_\ell + a_{\ell m}^{\text{雑音}}$ と書ける．CMB と雑音とは互いに相関がないので，パワースペクトルは $C_\ell = C_\ell^{\mathrm{CMB}} b_\ell^2 + N_\ell$ と書ける．N_ℓ は雑音のパワースペクトルである．雑音が空間的に相関のない**ホワイト・ノイズ**であれば，N_ℓ は ℓ に依らず一定である．たいていの場合 N_ℓ は事前にわかっている．求めたいのは CMB のパワースペクトルで，$C_\ell^{\mathrm{CMB}} = (C_\ell - N_\ell) b_\ell^{-2}$ である．このパワースペクトルの分散は

$$\langle (C_\ell^{\mathrm{CMB}})^2 \rangle - \langle C_\ell^{\mathrm{CMB}} \rangle^2 = \frac{2(\langle C_\ell^{\mathrm{CMB}} \rangle + N_\ell b_\ell^{-2})^2}{2\ell+1}, \tag{7.52}$$

で与えられる．アンテナの角度分解能に対応する ℓ（たとえば式 (6.15) の ℓ_{LPF}）

よりも大きな ℓ では，b_ℓ は指数関数的に減少する．N_ℓ はほぼ一定なので，パワースペクトルの統計的不定性は ℓ_{LPF} よりも大きな ℓ で指数関数的に大きくなる．

式 (7.52) をコスミック・バリアンスとそれ以外の部分とに分ければ，

$$\langle (C_\ell^{\mathrm{CMB}})^2 \rangle - \langle C_\ell^{\mathrm{CMB}} \rangle^2 = \frac{2\langle C_\ell^{\mathrm{CMB}} \rangle^2}{2\ell+1} + \frac{4\langle C_\ell^{\mathrm{CMB}} \rangle N_\ell b_\ell^{-2} + 2N_\ell^2 b_\ell^{-4}}{2\ell+1}, \tag{7.53}$$

を得る．装置の雑音がゼロでない場合，$2N_\ell^2 b_\ell^{-4}$ だけでなく $4\langle C_\ell^{\mathrm{CMB}} \rangle N_\ell b_\ell^{-2}$ もパワースペクトルの分散に寄与する．

8章 ゆらぎの方程式

5 章では，天球上の CMB の温度異方性と，時空のゆがみを表す変数（Φ, Ψ, D_{ij}）とを関係づけた．COBE 衛星による温度異方性の発見は，宇宙の晴れ上がり時刻において当時のハッブル長を超えるほど長波長の Φ や Ψ が存在したことを示した．宇宙初期のインフレーションや収縮期に生成され，ハッブル長を超える波長を持つスカラー型の原始ゆらぎは，式（5.21）の保存量 ζ_α を用いて表せる．ζ_α は直接の観測可能量ではないから，ζ_α を Φ や Ψ などの観測可能量に近いゆらぎの変数と関係づけねばならない．これらの変数は保存しないので，ζ_α を初期値として，ゆらぎの変数の時間発展を記述する連立微分方程式を解く．

本書では，重力レンズ効果と 13 章で扱う黒体放射のスペクトルの歪みを除けば，ゆらぎの変数に関して 1 次の精度までで議論する．これを**線形摂動理論**と呼ぶ．

ゆらぎの進化は，ゆらぎの波長がハッブル長より長いか短いかで大きく変わる．長波長では粒子の散乱や圧力勾配といったエネルギー成分の個性が出る効果は重要でなく，重力的効果だけが重要である．宇宙初期のインフレーションや収縮期以降は宇宙空間は減速膨張するので，ハッブル長はスケール因子よりも速く増大する．すると，ある時刻でハッブル長を超える波長は，時間が経つといずれハッブル長よりも短くなる（図 6.1）．これを「ゆらぎが地平線の内側に入る」と言ったり，インフレーションのためハッブル長よりもずっと大きくなった真の粒子の地平線距離とハッブル長とを区別して，より正確に「ゆらぎがハッブル長の内側に入る」と言ったりする．

ゆらぎの時間発展は2つの領域に分けられる．一つはζ_αを初期条件とし，長波長のΦやΨの重力的進化を解くこと．もう一つは，得られた長波長のΦやΨを初期条件とし，ゆらぎが地平線の内側に入った後のCMBの温度ゆらぎや物質密度のゆらぎを解くことである．本章では長波長のスカラー型断熱ゆらぎと等曲率ゆらぎの解を与える．これらの解から得られる温度ゆらぎは5.4節で述べた．短波長のスカラー型ゆらぎの進化は，温度異方性のパワースペクトルに見られる振動（図6.6）を与える．これは9章と10章で扱う．テンソル型のゆらぎは12章で扱う．

8.1 ポアソン方程式とアインシュタイン方程式

時空のゆがみは，一般相対性理論の**アインシュタイン方程式**に従って時間発展する．物理現象の本質を簡潔な言葉で説明するのを得意とした理論物理学者のジョン・ホィーラー（John A. Wheeler）は，「時空は物質がどう動くかを決め，物質は時空がどうゆがむかを決める（Spacetime tells matter how to move; matter tells spacetime how to curve.）」と表現した．アインシュタイン方程式の左辺は時空の曲率で書け，長さの2乗の逆数の次元を持つ．右辺はエネルギー密度，運動量密度，圧力などを含む．

ニュートンの重力理論では時空はゆがまないと考えるが，実はポアソン方程式はアインシュタイン方程式の考え方に沿う形をしている．物質の質量密度をρ_Mと書けば，ニュートンの重力ポテンシャルΦを与えるポアソン方程式は

$$\nabla^2\Phi(\boldsymbol{x}) = 4\pi G\rho_M(\boldsymbol{x}), \tag{8.1}$$

である．$\nabla^2 \equiv \sum_{i=1}^{3} \partial^2/\partial x^{i2}$は空間座標$\boldsymbol{x}$に関するラプラス演算子である．一般相対性理論では左辺は3次元空間の曲率に比例するとみなす．アインシュタイン方程式はポアソン方程式よりずっと複雑であるが，アインシュタイン方程式の物理的な本質は，時空の曲率という概念を用いたポアソン方程式の再解釈であると理解すれば良い．一般に，時空のゆがみは静的でなく時間に依存するため，アインシュタイン方程式の左辺は時空のゆがみの変数（Φ，Ψ，D_{ij}）の時間微分を含む．

時空の任意の隣接する2点間の距離の2乗を$ds_4^2 = \sum_{\mu\nu} g_{\mu\nu}dx^\mu dx^\nu$と書けば，

アインシュタイン方程式の左辺は $g_{\mu\nu}$ とその 1 階微分と 2 階微分で書け，右辺はエネルギー成分 α の分布を表す**エネルギー運動量テンソル** $T_{\mu\nu}^{(\alpha)}$ で

$$R_{\mu\nu} + \Lambda g_{\mu\nu} = -8\pi G \sum_{\alpha} \left(T_{\mu\nu}^{(\alpha)} - \frac{1}{2} g_{\mu\nu} T^{(\alpha)} \right), \tag{8.2}$$

と書ける．左辺の Λ は 2.3 節で述べた宇宙定数である．$R_{\mu\nu}$ は**リッチテンソル**と呼ばれ，時空の曲率を表し，長さの 2 乗の逆数の次元を持つ 4×4 の対称行列である（光速 c を 1 とする単位系を用いる）．これは，式（5.4）で定義したアフィン接続 $\Gamma_{\mu\nu}^{\lambda}$ を用いて[*1]

$$R_{\mu\nu} \equiv \sum_{\lambda=0}^{3} (\partial_\nu \Gamma_{\mu\lambda}^{\lambda} - \partial_\lambda \Gamma_{\mu\nu}^{\lambda}) + \sum_{\lambda=0}^{3} \sum_{\kappa=0}^{3} (\Gamma_{\mu\lambda}^{\kappa} \Gamma_{\nu\kappa}^{\lambda} - \Gamma_{\mu\nu}^{\kappa} \Gamma_{\lambda\kappa}^{\lambda}), \tag{8.3}$$

と定義される．ここで，表記を簡略化するため $\partial_\mu \equiv \partial / \partial x^\mu$ と書いた．スカラー型の時空のゆがみでは

$$R_{00} = \frac{3\ddot{a}}{a} - \frac{3\dot{a}}{a} \left(\dot{\Phi} + 2\dot{\Psi} \right) - 3\ddot{\Psi} - \frac{1}{a^2} \nabla^2 \Phi, \tag{8.4}$$

$$R_{0i} = -2\partial_i \left(\dot{\Psi} + \frac{\dot{a}}{a} \Phi \right), \tag{8.5}$$

$$R_{ij} = -g_{ij} \left[\left(\frac{\ddot{a}}{a} + \frac{2\dot{a}^2}{a^2} \right) (1 - 2\Phi) - \frac{\dot{a}}{a} \left(\dot{\Phi} + 6\dot{\Psi} \right) - \ddot{\Psi} + \frac{1}{a^2} \nabla^2 \Psi \right] + \partial_i \partial_j (\Phi - \Psi), \tag{8.6}$$

である．R_{00} の初項はゆらぎの変数を含まないので，平均的な宇宙の膨張を決め，式（2.10）の左辺を説明する．

式（8.2）の右辺の $T_{\mu\nu}$ も 4×4 の対称行列である．T は対角成分の和（トレース）で，$T \equiv \sum_{\lambda=0}^{3} \sum_{\kappa=0}^{3} g^{\lambda\kappa} T_{\lambda\kappa}$ と定義した．$T_{\mu\nu}$ の成分の物理的意味は次節で述べる．式（8.2）の 0-0 成分は式（2.10）を与える．

適当な極限において，アインシュタイン方程式はポアソン方程式に一致せねばならない．たとえば，アインシュタイン方程式の右辺の比例係数 $8\pi G$ はポアソン方程式との比較で決められる．スカラー型の時空のゆがみの変数が従うアインシュタイン方程式はポアソン方程式と対応するが，テンソル型の時空のゆがみの変数 D_{ij} が従うアインシュタイン方程式は重力波の伝播を記述し，ニュートン力学とは対応しない．

[*1] 本書の $R_{\mu\nu}$ と $T_{\mu\nu}$ の定義は「ワインバーグの宇宙論」に従う．

8.2 エネルギー密度，運動量密度，ストレス

アインシュタイン方程式の左辺の $R_{\mu\nu}$ は時空の曲率を記述する．では，右辺のエネルギー–運動量テンソル $T_{\mu\nu}$ の各成分の物理的意味は何であろうか？ 宇宙のエネルギー成分は流体で記述できるとすると，$T_{\mu\nu}$ は流体素片に含まれる粒子のエネルギーと運動量が平均的にどの方向に運ばれるかや，流体素片が周囲に及ぼす圧力や粘性を表す．

一般的に，$T^{\mu\nu}$ は x^ν **一定面を通過する粒子の，単位体積あたりの平均的な 4 元運動量の** μ **成分**を表す[*2]．T^{00} は時間（x^0）一定面を通過する粒子の単位体積あたりの平均的なエネルギー（p^0），すなわちエネルギー密度を表し，T^{i0} は時間一定面を通過する粒子の単位体積あたりの平均的な 4 元運動量の i 成分，すなわち 3 元運動量密度を表す．これらは観測者から見た流体素片の運動状態に応じて値が変わる量である．たとえば，熱伝導によるエネルギーや運動量の流れを無視すれば，流体素片と共に運動する観測者の系（流体素片の静止系）では粒子の平均運動量はゼロであり，$T^{i0}=0$ である．

流体素片の静止系での $T^{\mu\nu}$ の成分を決めれば任意の系での $T^{\mu\nu}$ も決まる．ρ_α と P_α を流体素片の静止系（かつ局所慣性系）におけるエネルギー密度と圧力とすれば，あるエネルギー成分 α を記述する流体のエネルギー–運動量テンソルは

$$T^{\mu\nu}_{(\alpha)} = P_\alpha g^{\mu\nu} + (\rho_\alpha + P_\alpha) u^\mu_{(\alpha)} u^\nu_{(\alpha)} + \Delta T^{\mu\nu}_{(\alpha)}, \tag{8.7}$$

で与えられる．$g^{\mu\nu}$ は $g_{\mu\nu}$ の逆行列である．最初の 3 項はエネルギー密度と圧力で書け，粘性や熱伝導などはゼロの**完全流体**を表し，最後の $\Delta T^{\mu\nu}_{(\alpha)}$ は完全流体からのずれを表す．$u^\mu_{(\alpha)}$ は成分 α の流体が観測者に対して持つ 4 元速度ベクトルで，規格化条件

$$\sum_{\mu=0}^{3}\sum_{\nu=0}^{3} g_{\mu\nu} u^\mu_{(\alpha)} u^\nu_{(\alpha)} = -1, \tag{8.8}$$

[*2] 正確を期すため，しばらくは上付き添字のエネルギー–運動量テンソル $T^{\mu\nu}$ を用いて議論する．本書の目的では添字の上下を気にする必要はないが，一般相対性理論では添字の上下によって量の値が変わる場合があるので，一般相対性理論を学んだ読者を混乱させないため $T^{\mu\nu}$ を用いる．下付き添字と上付き添字のエネルギー–運動量テンソルの関係は $T_{\mu\nu} = \sum_{\kappa\lambda} g_{\mu\kappa} g_{\nu\lambda} T^{\kappa\lambda}$ で与えられる．より詳しくは，B. F. Schutz, *A First Course in General Relativity*, Cambridge University Press (1985)；（邦訳）『シュッツ相対論入門』江里口良治・二間瀬敏史訳，丸善株式会社（1988）の 4 章を見よ．

を満たす．表記を簡略化するため，これより必要でない限りはエネルギー成分を表す添字 α を省いて書く．

8.2.1 エネルギー密度

8.3 節で必要なので，下付き添字のエネルギー–運動量テンソルの成分を書き下しておく．これまでの解説でイメージがわかなかった読者のため，もう一つの考え方として，エネルギー密度や圧力をエネルギー–運動量テンソルの射影成分として考えることにする．粒子は流体素片の静止系において乱雑な運動をするが，平均すれば流体素片の 4 元速度ベクトル u^μ の方向へ運ばれる．流体素片の静止系では $u^i = 0$ であるから，規格化条件より $u^0 = 1/\sqrt{-g_{00}}$ を得る．すなわち $u^\mu = (1/\sqrt{-g_{00}}, 0, 0, 0)$ で，流体素片は静止しつつ時間の方向へ運ばれる．つまり単に時間が経過する．よって，エネルギー–運動量テンソルの u^μ 方向への射影は流体のエネルギー密度や運動量密度を与える．また，乱雑な運動によって粒子の運動量が u^μ に垂直な方向へも流れる場合（すなわち，流体が u^μ に垂直な方向に力を与える場合），エネルギー–運動量テンソルの u^μ に垂直な方向への射影は圧力や粘性を与える．流体素片の静止系では，u^μ に垂直な方向は空間方向を意味する．

流体素片が静止系で持つエネルギー密度 ρ は，$T_{\mu\nu}$ を u^μ 方向へ射影した成分として

$$\rho = \sum_{\mu=0}^{3} \sum_{\nu=0}^{3} T_{\mu\nu} u^\mu u^\nu \,, \tag{8.9}$$

とも書ける．これは式 (8.7) を用いれば確認できる．この式は任意の 4 元速度ベクトルに対して成立する．流体素片の静止系では

$$T_{00}^{\text{静止系}} = \frac{\rho}{(u^0)^2} = -g_{00}\ \rho \,, \tag{8.10}$$

である．よって，T_{00} は流体と共に動く観測者が測定するエネルギー密度に $-g_{00}$ をかけたものである．ただし，完全流体からのずれを u^μ 方向に射影した成分はゼロ（$\sum_\nu \Delta T_{\mu\nu} u^\nu \equiv 0$）とした．

エネルギー密度は正である．直観的にも納得できるこの条件より $T_{\mu\nu}$ の成分に制限が与えられ，これをエネルギー–運動量テンソルの**エネルギー条件**と呼ぶ．式 (8.8) のように内積が -1 である 4 元ベクトルを「時間的ベクトル」と呼ぶが，

任意の時間的ベクトルを射影ベクトルとした条件 $\sum_{\mu\nu} T_{\mu\nu}u^\mu u^\nu > 0$ は**弱いエネルギー条件**と呼ばれる．時間的ベクトルに流体素片の 4 元速度ベクトルを選ぶと，式（8.9）より流体素片の静止系におけるエネルギー密度 ρ は正である．

射影するベクトルとして光の運動量ベクトルを用いると，別の条件が得られる．光の運動量ベクトルの内積はゼロであり（式（5.8）），そのようなベクトルを一般的に**ヌルベクトル**と呼ぶ．任意のヌルベクトルを k^μ と書けば，条件 $\sum_{\mu\nu} T_{\mu\nu}k^\mu k^\nu > 0$ より $\rho + P > 0$ が得られる．これは**ヌルエネルギー条件**と呼ばれ，負のエネルギーを持つ粒子が存在しない条件としては弱いエネルギー条件よりも一般的である．2.3 節で学んだように，ヌルエネルギー条件が満たされれば ρ は時間とともに減少し，空間曲率がゼロの宇宙のハッブル膨張率 H も時間とともに減少する．

8.2.2 圧力と非等方ストレス

流体の持つ圧力や粘性を，$T_{\mu\nu}$ を u^μ に垂直な面に射影した成分として書くと

$$P \perp_{\mu\nu} + \Delta T_{\mu\nu} = \sum_{\lambda=0}^{3} \sum_{\kappa=0}^{3} T_{\lambda\kappa} \perp_\mu^\lambda \perp_\nu^\kappa , \tag{8.11}$$

を得る．$\perp_{\mu\nu}$ は**空間射影テンソル**と呼ばれ，

$$\perp_{\mu\nu} \equiv g_{\mu\nu} + u_\mu u_\nu , \qquad \perp_\nu^\mu \equiv \delta_\nu^\mu + u^\mu u_\nu , \tag{8.12}$$

と定義される．下付き添字の u_μ は 4 元速度ベクトルと $u_\mu \equiv \sum_\nu g_{\mu\nu}u^\nu$ と関係するように定義する．$\perp_{\mu\nu}$ と u^ν との内積をとれば $\sum_\nu \perp_{\mu\nu} u^\nu = 0$ で，$\perp_{\mu\nu}$ と u^ν はその定義どおり直交する．P や $\Delta T_{\mu\nu}$ は，u^μ に垂直な運動量の成分が u^μ に垂直な方向に運ばれることで生じる「ストレス」を表す．流体素片の静止系では $\perp_{\mu\nu}$ は $T_{\mu\nu}$ を空間方向に射影するから，

$$T_{ij}^{\text{静止系}} = P g_{ij} + \Delta T_{ij} , \tag{8.13}$$

を得る．

ストレスとは，広い意味での圧力のことである．g_{ij} に比例する成分は通常の意味の圧力で，比例しない成分は**非等方ストレス**と呼ばれる．たとえば，x^1-x^2 平

面（すなわち x^3 一定面）を貫くように x^3 方向に運動量が流れるとする．ニュートン力学の運動の第2法則より運動量の変化率は力に等しいから，力の方向（x^3 方向）は力が作用する面（x^3 一定面）に垂直で，これは圧力である．次に，x^1 方向，あるいは x^2 方向に運動量が流れるとする．この流体が x^3 一定面に作用する力は非等方ストレスで，力の方向は面に平行，すなわち面を引きずるような力である．流体が粘性を持てばこのような力が生じる．総じて，T_{ij} は x^i 方向に流れる運動量によって流体が x^j 一定面に作用する力を表す．

一般に，流体の ΔT_{ij} は速度場の空間微分で与えられる．流体の持つ剪断（せんだん）粘性（shear viscosity）と体積粘性（bulk viscosity）をそれぞれ η，ζ と書けば，

$$\Delta T_{ij} = -\eta \left[\partial_j u_i + \partial_i u_j + \sum_{\kappa=0}^{3} (u_j u^\kappa \partial_\kappa u_i + u_i u^\kappa \partial_\kappa u_j) \right] - \left(\zeta - \frac{2}{3}\eta \right) (g_{ij} + u_i u_j) \sum_{\kappa=0}^{3} \partial_\kappa u^\kappa \,, \tag{8.14}$$

である[*3]．本書では，スカラー型の完全流体からのずれを**非等方ストレスのポテンシャル** π を用いて[*4]

$$\Delta T_{ij} = a^2 \partial_i \partial_j \pi \,, \tag{8.15}$$

と書くことにする．次節で導入する速度ポテンシャル δu を用いて u_i を $u_i \equiv \partial_i \delta u$ と書けば，π は δu に比例することが期待される．式（8.14）の右辺で速度場に関して2次の項を無視すれば

$$a^2 \partial_i \partial_j \pi = -2\eta \left(\partial_i \partial_j - \frac{1}{3} \delta_{ij} \nabla^2 \right) \delta u - \zeta \delta_{ij} \nabla^2 \delta u \,, \tag{8.16}$$

である．よって，$a^2\pi = -2\eta\delta u$ と $\zeta = 2\eta/3$ を得る．

相対論的流体（放射）のエネルギー–運動量テンソルのトレースはゼロである．$\sum_{\mu\nu} g^{\mu\nu} T^R_{\mu\nu} = 0$ より，放射のエネルギー密度，圧力，非等方ストレスは $\rho_R = 3P_R + \nabla^2 \pi_R$ を満たす．添字の R は放射（Radiation）を表す．

テンソル型のゆらぎはベクトル場の微分では書けないので，式（8.14）ではテンソル型の非等方ストレスは記述できない．

[*3] 「ワインバーグの宇宙論」，B.10 節．本節のみ，ζ は原始スカラー型ゆらぎの保存量ではなく，体積粘性を意味するものとする．

[*4] 文献 C.-P. Ma, E. Bertschinger, *Astrophys. J.*, **455**, 7 (1995) では，π の代わりに σ が用いられており，対応関係は $\nabla^2\pi = -\frac{3}{2}(\bar{\rho} + \bar{P})\sigma$，フーリエ空間では $q^2 \pi_{\boldsymbol{q}} = \frac{3}{2}(\bar{\rho} + \bar{P})\sigma_{\boldsymbol{q}}$ である．

8.2.3 運動量密度と速度場のポテンシャル

u^μ に垂直な方向に流れるエネルギー流束 J_μ を[*5]

$$J_\mu \equiv -\sum_{\lambda=0}^{3}\sum_{\nu=0}^{3} T_{\lambda\nu}u^\lambda \perp^\nu_\mu\,, \tag{8.18}$$

と定義する．流体のエネルギーは u^μ に沿って運ばれるならば $J_\mu = 0$ であり，本書では常にそのようにする．流体素片の静止系では $J_i = -T_{0i}^{\text{静止系}}/\sqrt{-g_{00}} = 0$ である．

流体が観測者に対してゼロでない u^i を持つ場合，**速度場のポテンシャル** δu を[*6]

$$u_i = \sum_{j=1}^{3} g_{ij}u^j \equiv \partial_i\delta u\,, \tag{8.19}$$

と定義する．流体の3元速度場 u^i は，共動座標における位置ベクトルの変化 dx^i に対して定義したものである．一方，一様等方宇宙の物理的な座標における位置ベクトルの変化は adx^i であるから，一様等方宇宙の物理的な速度場 v^i は

$$v^i \equiv au^i = a\sum_j \bar{g}^{ij}\partial_j\delta u = \frac{\partial_i\delta u}{a}\,, \tag{8.20}$$

である．速度場のポテンシャルを用いれば，T_{0i} は δu に関して1次の精度で

$$T_{0i} = -\frac{\rho + P}{u^0}\partial_i\delta u\,, \tag{8.21}$$

と書ける．$\sum_j \Delta T_{ij}u^j$ は無視した．ΔT_{ij} は速度場の空間微分で与えられるので，速度場に関して1次の項までを残す近似と無矛盾である．式 (8.21) の右辺は流体の運動量密度を表す．一般相対性理論では圧力も流体の運動量に寄与する．これで $T_{\mu\nu}$ の全成分が求まった．

---

*5 右辺の負の符号は，J^μ を式 (8.7) の拡張として

$$T^{\mu\nu} = \rho u^\mu u^\nu + J^\mu u^\nu + J^\nu u^\mu + P\perp^{\mu\nu} + \Delta T^{\mu\nu}\,, \tag{8.17}$$

と定義したことによる．本書では $J_\mu \equiv 0$ となるように u^μ を定義するので，式 (8.7) を得る．

*6 本書ではベクトル型のゆらぎは無視するため，スカラーポテンシャルの空間微分で書けない速度場は考慮しない．文献 C.-P. Ma, E. Bertschinger, *Astrophys. J.*, **455**, 7 (1995) の記号は θ が用いられており，これは速度場ベクトルの発散として定義されている．本書の速度場ポテンシャルとの対応関係は $\theta = \nabla^2\delta u$，フーリエ空間では $\theta_{\boldsymbol{q}} = -q^2\delta u_{\boldsymbol{q}}$ である．

8.3 保存則

エネルギー密度や運動量密度の時間発展は，保存則から導かれる．これはエネルギー–運動量テンソルの発散をゼロとすることで得られる．一般座標変換によって方程式の形が変わらないという要請より，発散は

$$\sum_{\nu=0}^{3}\sum_{\lambda=0}^{3} g^{\nu\lambda}\left[\partial_\lambda T_{\mu\nu} - \sum_{\kappa=0}^{3}\left(T_{\kappa\nu}\mathit{\Gamma}^{\kappa}_{\mu\lambda} + T_{\mu\kappa}\mathit{\Gamma}^{\kappa}_{\nu\lambda}\right)\right] = 0\,, \tag{8.22}$$

と定義される．エネルギー保存則は $\mu = 0$，運動量保存則は $\mu = i$ に対応する．ゆらぎの変数に関して 1 次の精度で，エネルギー保存則の式は

$$\sum_\alpha \left[\dot{\bar{\rho}}_\alpha + \frac{3\dot{a}}{a}(\bar{\rho}_\alpha + \bar{P}_\alpha)\right] = 0\,, \tag{8.23}$$

$$\sum_\alpha \left\{\delta\dot{\rho}_\alpha + \frac{\dot{a}}{a}(3\delta\rho_\alpha + 3\delta P_\alpha + \nabla^2\pi_\alpha) - 3(\bar{\rho}_\alpha + \bar{P}_\alpha)\dot{\mathit{\Psi}} + \frac{1}{a^2}(\bar{\rho}_\alpha + \bar{P}_\alpha)\nabla^2\delta u_\alpha\right\} = 0\,, \tag{8.24}$$

を与え，運動量保存則の式は

$$\sum_\alpha \left\{\frac{\partial}{\partial t}[(\bar{\rho}_\alpha + \bar{P}_\alpha)\delta u_\alpha] + \frac{3\dot{a}}{a}(\bar{\rho}_\alpha + \bar{P}_\alpha)\delta u_\alpha + (\bar{\rho}_\alpha + \bar{P}_\alpha)\mathit{\Phi} + \delta P_\alpha + \nabla^2\pi_\alpha\right\} = 0\,, \tag{8.25}$$

を与える．∇^2 は共動座標におけるラプラス演算子 $\nabla^2 \equiv \sum_i \partial_i^2$ である．これらの式はすべての成分 α の和に対して成り立つものであり，個々の成分に対しては必ずしも成り立たない．しかし，異なる成分間にエネルギーや運動量のやりとりがない場合には，個々の成分に対しても成り立つ．本書で扱う問題では，エネルギー保存則は個々の成分に対して成り立つ．運動量保存則は暗黒物質とニュートリノに対しては個別に成り立つが，バリオンと光子は散乱によって運動量をやりとりするため，補正が必要である．

ゆらぎを含まないエネルギー密度の保存則の式 (8.23) の物理的な意味は 2.3 節で述べたとおりである．ゆらぎが従う式 (8.24) も物理的に理解できる．最初の 4 項は $\dot{\rho}_\alpha + (3\dot{a}/a)(\rho_\alpha + P_\alpha) = 0$ をゆらぎを含まない部分（式 (8.23)）とゆらぎの部分に分けただけである．$\nabla^2\pi_\alpha$ が現れた理由は，式 (8.13) のトレース $\sum_i T_{ii}$ が $3\delta P_\alpha + \nabla^2\pi_\alpha$ を含むためで，$\nabla^2\pi_\alpha$ も広義の圧力ゆらぎの一部とみなせ

る．次の項 $-3(\bar{\rho}_\alpha+\bar{P}_\alpha)\dot{\Psi}$ は式（5.20）で説明したとおりである．最後の項は速度場による密度の増減を表す．空間の任意の領域を考えよう．定義式（8.19）より，速度場は δu の勾配 $\nabla\delta u_\alpha$ で与えられるので，$\nabla^2\delta u_\alpha$ は速度場ベクトルの発散である．もし，正味の速度場がこの領域から出て行く方向を向いていれば $\nabla^2\delta u_\alpha > 0$ であり，密度は減少する．

次に，運動量保存則の式（8.25）を理解する．Φ を含む項はニュートンポテンシャルの勾配による重力加速度を，δP_α は圧力勾配による加速度を表す．最後の項は非等方ストレスによる圧力勾配である．流体力学を学んだことのある読者は，この項を式（8.16）を用いて速度ポテンシャルと剪断・体積粘性係数で書けば，式（8.25）は速度ポテンシャルに関して 2 次の項を無視したナビエ–ストークス方程式となることを確認できる．$\dot{a}/a$ に比例する項は宇宙膨張による赤方偏移を表し，重力や圧力勾配などの外力がなければ $(\bar{\rho}_\alpha+\bar{P}_\alpha)\delta u_\alpha$ は a^{-3} に比例して減衰し，物理的な運動量密度 $(\bar{\rho}_\alpha+\bar{P}_\alpha)\boldsymbol{v}_\alpha$ は a^{-4} に比例して減衰する．よって，非相対論的流体の物理的な速度場は a^{-1} に比例して減衰し，相対論的流体の速度場は時間に依らず一定である．

8.4 重力場の方程式

ニュートンの重力理論では，重力ポテンシャル Φ は物質の質量密度の平均値からのずれ $\delta\rho_M$ とポアソン方程式を通して関係する．膨張宇宙でのポアソン方程式は

$$\nabla^2\Phi(t,\boldsymbol{x}) = 4\pi G a^2(t)\delta\rho_M(t,\boldsymbol{x}), \tag{8.26}$$

である．∇^2 は共動座標系におけるラプラス演算子 $\nabla^2 \equiv \sum_i \partial_i^2$ である．アインシュタイン方程式は，その適当な極限においてポアソン方程式に帰着せねばならない．

スカラー型の時空のゆがみ（Φ, Ψ）の発展を記述するアインシュタイン方程式（8.2）から時間微分を消去すれば，ゆらぎの変数に関して 1 次の精度で，重力場の方程式として

$$\partial_i\partial_j(\Phi-\Psi) = -8\pi G a^2\partial_i\partial_j\sum_\alpha \pi_\alpha, \tag{8.27}$$

$$\nabla^2\Psi = 4\pi G a^2 \sum_\alpha \left[\delta\rho_\alpha - \frac{3\dot{a}}{a}(\bar{\rho}_\alpha + \bar{P}_\alpha)\delta u_\alpha\right], \tag{8.28}$$

を得る．これらの方程式は Φ や Ψ の時間微分を含まないので，**束縛条件**を与える．Φ や Ψ の時間発展は $\delta\rho_\alpha$，δu_α，π_α の時間発展によって決まる．式（8.27）を得るには，アインシュタイン方程式の i-j 成分で $\partial_i\partial_j X$（X は任意のスカラー量）に比例する項を残す．式（8.28）を得るには，アインシュタイン方程式の時間–時間（0-0）成分[*7]，時間–空間（0-i）成分[*8]，空間–空間（i-j）成分で g_{ij} に比例する項[*9]，そして式（8.27）を組み合わせ，時間微分，圧力のゆらぎ，非等方ストレスを消去する．

式（8.28）は唯一の組み合わせではなく，$\dot{\Phi}$ や $\dot{\Psi}$ を残すことも考えられるが，エネルギー密度などの分布から束縛条件を解いて重力場を決める方法はポアソン方程式（8.26）と似ているので，なじみのあるニュートン的描像を用いて物理を直観的に理解するという本書の目的には，式（8.28）の組み合わせを用いるのが便利である．非等方ストレスの寄与を無視すれば，式（8.27）より $\Psi = \Phi$ を得る．運動量が重力場に与える寄与を無視すれば式（8.28）よりポアソン方程式を得るから，これは一般相対論的に拡張されたポアソン方程式とみなせる．

完全流体は等方的な圧力しか持たない．光子や相対論的ニュートリノのように運動速度の大きな粒子は，散乱が無視できるときの平均自由距離がハッブル長程度なので完全流体では記述できず，一般に π_γ や π_ν は無視できない．最終散乱時刻以前にはバリオンと光子は電子を介した散乱によって強く結びつき，個々の光子の平均自由時間はハッブル時間に比べてずっと小さいため，光子の集合は完全流体のように振る舞い π_γ は無視できる．バリオンや暗黒物質のように運動速度の小さな粒子の平均自由距離はハッブル長よりはるかに小さく，平均自由行程よりも長波長の現象を扱う際には非等方ストレスは無視できる．よって，最終散乱時刻以前の宇宙では π_ν のみが重要であり，

$$\partial_i\partial_j(\Phi - \Psi) = -8\pi G a^2 \partial_i\partial_j \pi_\nu, \tag{8.29}$$

[*7] $3\ddot{\Psi} + \dfrac{3\dot{a}}{a}\left(\dot{\Phi} + 2\dot{\Psi}\right) + \dfrac{1}{a^2}\nabla^2\Phi = 4\pi G \sum_\alpha (\delta\rho_\alpha + 3\delta P_\alpha + \nabla^2\pi_\alpha) - \dfrac{6\ddot{a}}{a}\Phi$.

[*8] $\dot{\Psi} + \dfrac{\dot{a}}{a}\Phi = -4\pi G \sum_\alpha (\bar{\rho}_\alpha + \bar{P}_\alpha)\delta u_\alpha$.

[*9] $\ddot{\Psi} + \dfrac{\dot{a}}{a}\left(\dot{\Phi} + 6\dot{\Psi}\right) - \dfrac{1}{a^2}\nabla^2\Psi + \left(\dfrac{2\ddot{a}}{a} + \dfrac{4\dot{a}^2}{a^2}\right)\Phi = -4\pi G \sum_\alpha (\delta\rho_\alpha - \delta P_\alpha - \nabla^2\pi_\alpha)$.

と書ける．

式 (8.28) によれば $\nabla^2\Psi$ の大きさは $G\sum_\alpha \delta\rho_\alpha$ 程度であるから，放射優勢期には $G\delta\rho_R$ 程度である．$P_R=\rho_R/3$ より，これは $G\delta P_R$ と同程度である．ニュートリノの非等方ストレスと圧力のゆらぎは同程度の大きさなので，式 (8.29) の右辺は $G\delta P_\nu$ 程度の大きさで，これは $\partial^2\Psi$ と同程度である．よって，**放射優勢期にはニュートリノの非等方ストレスを無視できない**．一方，物質優勢期には $\nabla^2\Psi$ の大きさは $G\delta\rho_M$ 程度の大きさで，式 (8.29) の右辺よりもはるかに大きい．したがって物質優勢期には Φ と Ψ の差は Φ そのものに比べて無視でき，$\Phi=\Psi$ として良い．宇宙定数はエネルギー密度のゆらぎを持たないから Φ に寄与せず[*10]，宇宙定数優勢期でも $\nabla^2\Psi$ の大きさは $G\delta\rho_M$ 程度の大きさで，やはり $\Phi=\Psi$ として良い．

8.5 解の数とゆらぎの初期条件

式 (8.24)，(8.25)，(8.28)，(8.29) はゆらぎの時間発展を決める基礎方程式であるが，方程式系として閉じておらず，各エネルギー成分の圧力のゆらぎ δP_α と非等方ストレス π_α を与えねばならない．本書で扱う物理の範囲内では，前者は近似的にゼロか，エネルギー密度と非等方ストレスによって決まる．すなわち，バリオンと暗黒物質の圧力のゆらぎは近似的にゼロで，光子とニュートリノの圧力のゆらぎはそれぞれ $(\delta\rho_\gamma-\nabla^2\pi_\gamma)/3$ と $(\delta\rho_\nu-\nabla^2\pi_\nu)/3$ である．最終散乱時刻以前ではニュートリノ以外の非等方ストレスは無視できるので，π_ν のみ考えれば良い．

ここで，一時的に π_ν を無視しよう．すると式 (8.29) より $\Phi=\Psi$ を得る．エネルギー保存則の式 (8.24) と運動量保存則の式 (8.25) は各々のエネルギー成分について成り立つとすれば，方程式系は閉じる．時間に関する 1 階微分の方程式が 8 本あるので，8 個の独立解が存在する．

次に，最終散乱時刻よりずっと前の時刻を考えよう．バリオンと光子は電子を介した散乱によって強く結びつき，共に運動するため，運動量保存則の式 (8.25)

[*10] 暗黒エネルギーが宇宙定数でなければ，そのエネルギー密度のゆらぎと運動量密度の寄与を式 (8.28) の右辺に加えねばならない．無視できない非等方ストレスを持つ暗黒エネルギーを考えることもでき，その場合は式 (8.29) の右辺に対応する非等方ストレスを加える．

はバリオンと光子の運動量の和に対しては成り立つが，それぞれには成り立たない．バリオンと光子の運動量がそれぞれ従う式は，右辺にトムソン散乱によるバリオンと光子の運動量のやりとりを含み，

$$\frac{4}{3}\frac{\partial}{\partial t}(\bar{\rho}_\gamma \delta u_\alpha) + \frac{4\dot{a}}{a}\bar{\rho}_\gamma \delta u_\gamma + \frac{4}{3}\bar{\rho}_\gamma \Phi + \frac{1}{3}\delta\rho_\gamma = \frac{4}{3}\sigma_{\mathcal{T}}\bar{n}_e\bar{\rho}_\gamma(\delta u_B - \delta u_\gamma), \tag{8.30}$$

$$\frac{\partial}{\partial t}(\bar{\rho}_B \delta u_B) + \frac{3\dot{a}}{a}\bar{\rho}_B \delta u_B + \bar{\rho}_B \Phi = -\frac{4}{3}\sigma_{\mathcal{T}}\bar{n}_e\bar{\rho}_\gamma(\delta u_B - \delta u_\gamma), \tag{8.31}$$

で与えられる．$\bar{n}_e$ と $\bar{\rho}_\gamma$ は，それぞれゆらぎを含まない電子の数密度と光子のエネルギー密度である．式 (8.31) の右辺は，式 (8.30) と (8.31) の両辺の辺々の和が式 (8.25) と等しくなるように決められる．右辺の効果により，トムソン散乱の平均自由時間がハッブル時間よりも短いと $\delta u_B = \delta u_\gamma$ が解となる．すると独立解の数が 1 つ減り，7 個の独立解が得られる．すなわち，最終散乱時刻よりずっと前の時刻でゆらぎの初期条件を与えるには**7 個の初期条件が必要**である．

7 個の初期条件のうち，2 個は 5.4.1 節で学んだ断熱的初期条件に対応する．1 つはゼロでない ζ で与えられ，もう 1 つは $\zeta = 0$ で与えられる．後者は時間とともに減衰する Ψ や密度ゆらぎを与える解である．

残りの 5 個は 5.4.2 節で学んだエントロピーゆらぎである．断熱ゆらぎと独立な解を探すため，初期時刻における等密度面の曲率ゆらぎはゼロ（$\tilde{\zeta}(t_i, \mathbf{x}) \equiv 0$）とする．エントロピーゆらぎは式 (5.27) で定義される変数 $S_{\alpha\beta}$ で決まる．バリオン，冷たい暗黒物質（CDM），光子，ニュートリノからなる系では $S_{\alpha\beta}$ の組み合わせは 6 通り存在するが，3 つは残りの 3 つを用いて書けるため，3 つが独立である．慣例的に，光子とその他のエネルギー成分とのエントロピーゆらぎが用いられ，それぞれ**バリオン等曲率ゆらぎ**（$S_{B\gamma} \neq 0$），**CDM 等曲率ゆらぎ**（$S_{D\gamma} \neq 0$），**ニュートリノ等曲率ゆらぎ**（$S_{\nu\gamma} \neq 0$）と呼ばれる．

本書で扱う範囲内では，エネルギー成分は放射と物質のどちらかに属する．この場合，2 つの異なる成分 α，β がそれぞれ従うエネルギー保存則の式 (8.24) の両辺を辺々引き算し，式を変形すると

$$\dot{S}_{\alpha\beta} = -\frac{1}{a^2}\nabla^2(\delta u_\alpha - \delta u_\beta), \tag{8.32}$$

を得る．すなわち，$\dot{S}_{\alpha\beta}$ は成分間の相対速度ポテンシャルのみで決まり[*11]，それ

[*11] 空間微分を無視する長波長極限では，相対速度の差によらず $S_{\alpha\beta}$ は保存する．

ぞれの等曲率ゆらぎはさらに2つに分けられる．1つは光子と他のエネルギー成分との初期相対速度がゼロであるもので，もう1つは初期相対速度がゼロでないものである．しかし，トムソン散乱によって光子とバリオンの相対速度はゼロになるため，バリオン等曲率ゆらぎは1つしか存在しない．これで，5個のエントロピーゆらぎを同定できた．

光子とニュートリノの初期相対速度がゼロである場合は**ニュートリノ密度等曲率ゆらぎ**と呼ばれ，ゼロでない場合は**ニュートリノ速度等曲率ゆらぎ**[*12]と呼ばれる．一方，ゼロでない光子と暗黒物質の初期相対速度が存在しても，この相対速度は時間とともに減衰する．したがって，CDM 等曲率ゆらぎでは初期相対速度がゼロの解が支配的となる．以上より，全7個の初期条件のうち，減衰する解を除いた5個の解（断熱ゆらぎ1つ，等曲率ゆらぎ4つ）を考慮すれば良い．

解の数に関するこの結論は，π_ν を無視しなくても成り立つ．付録 A で述べるように π_ν は1階の微分方程式に従うが，初期条件は $\pi_\nu = 0$ で与えられ，解の数を変えないからである．

8.6 長波長のスカラー型ゆらぎの発展

保存則と重力場の方程式を解いて解を求めよう．本節では長波長の解を求める．ゆらぎの波長がハッブル長よりも長いと，散乱や圧力勾配などの各々のエネルギー成分の個性は失われ，ゆらぎの発展は圧力とエネルギー密度の関係式と初期条件によって決まる．よって，エネルギー成分を区別せず

$$\rho \equiv \sum_\alpha \rho_\alpha\,, \quad P \equiv \sum_\alpha P_\alpha\,, \quad (\bar{\rho} + \bar{P})\delta u \equiv \sum_\alpha (\bar{\rho}_\alpha + \bar{P}_\alpha)\delta u_\alpha\,, \tag{8.33}$$

と書く．δu の意味は，$\bar{\rho}_\alpha + \bar{P}_\alpha$ で重みをつけた δu_α の平均値である．長波長では空間微分を無視できて，

$$\delta\rho = \frac{3\dot{a}}{a}(\bar{\rho} + \bar{P})\delta u\,, \tag{8.34}$$

$$\Phi - \Psi = -8\pi G a^2 \pi_\nu\,, \tag{8.35}$$

$$\delta\dot{\rho} + \frac{3\dot{a}}{a}(\delta\rho + \delta P) - 3(\bar{\rho} + \bar{P})\dot{\Psi} = 0\,, \tag{8.36}$$

$$\frac{\partial}{\partial t}[(\bar{\rho} + \bar{P})\delta u] + \frac{3\dot{a}}{a}(\bar{\rho} + \bar{P})\delta u + (\bar{\rho} + \bar{P})\Phi + \delta P = 0\,, \tag{8.37}$$

[*12] M. Bucher, K. Moodley, N. Turok, *Phys. Rev.*, **D62**, 083508 (2000).

$$\frac{\partial}{\partial t}(a^4\pi_\nu) = -\frac{8}{15}a^2\bar{\rho}_\nu\delta u_\nu\,, \tag{8.38}$$

を得る．最後の式（8.38）は付録 A で導出する．時間微分を含む式では，空間微分は時間微分に対して小さいと考える．ゆらぎの変数はハッブル時間程度で変化するので，**長波長極限とはハッブル長よりもずっと長い波長のゆらぎを扱うこと**に等しい．この連立方程式を解くには δu_ν と δP を与えねばならない．8.5 節で述べたように，ニュートリノ速度等曲率ゆらぎを考えなければすべての成分の初期相対速度はゼロである．長波長極限では相対速度は変化しないので，$\delta u_\nu = \delta u$ として良い．次に，本書で扱う範囲内では，あるエネルギー成分の長波長の圧力ゆらぎは同じ成分のエネルギー密度で書けるが，**全**圧力ゆらぎは**全**エネルギー密度のゆらぎで書けるとは限らない．$P(t,\boldsymbol{x})$ が $\rho(t,\boldsymbol{x})$ のみの関数であれば $\delta P = (\dot{\bar{P}}/\dot{\bar{\rho}})\delta\rho$ であるが，より一般には式（5.31）のように $\delta\rho$ に比例しない圧力 $\delta\mathcal{P}$ が加わり，それはエントロピーゆらぎに比例する（式（5.33））．式（8.34）を式（8.36）と（8.37）に代入して整理すれば

$$\frac{\partial}{\partial t}\left(\frac{\dot{a}}{a}\delta u\right) + \frac{\dot{a}}{a}\frac{\delta\mathcal{P}}{\bar{\rho}+\bar{P}} - \dot{\Psi} = 0\,, \tag{8.39}$$

$$\delta\dot{u} + \Phi + \frac{\delta\mathcal{P}}{\bar{\rho}+\bar{P}} = 0\,, \tag{8.40}$$

を得る．各々のエネルギー成分が従う微分方程式を連立して解く場合には $\delta\mathcal{P}$ を導入する必要はないが，今のように全エネルギー密度や全圧力を用いて解く場合にはエントロピーゆらぎを記述するのに必要な作業である．

8.6.1 断熱ゆらぎ

断熱ゆらぎを考える．式（8.39）と（8.40）で $\delta\mathcal{P} = 0$ とすれば，$\Psi = (\dot{a}/a)\delta u + C$ と $\Phi = -\delta\dot{u}$ を得る．C は積分定数である．また，式（8.34）より $\delta\rho/(\bar{\rho}+\bar{P}) = (3\dot{a}/a)\delta u$ である．断熱ゆらぎではあらゆるエネルギー成分 α の $\delta\rho_\alpha/(\bar{\rho}_\alpha+\bar{P}_\alpha)$ や δu_α の長波長の値は等しいので，この解は各成分ごとに成り立つ．式（5.21）で与えられる保存量 ζ の定義を用いれば，積分定数 C は $-\zeta$ に等しいことが導ける．

放射優勢期の解を求める．式（8.35）を式（8.38）に代入して整理すれば

$$\frac{\partial}{\partial t}[t(\Phi-\Psi)] = \frac{2R_\nu}{5}\frac{\delta u}{t}\,, \tag{8.41}$$

を得る．ここで，全放射エネルギー密度に対するニュートリノのエネルギー密度

の割合として $R_\nu \equiv \bar{\rho}_\nu/(\bar{\rho}_\gamma + \bar{\rho}_\nu)$ を定義した．これはニュートリノが相対論的であれば時間に依らない定数で，ΛCDM モデルでは $R_\nu = \Omega_\nu^{\text{放射}}/(\Omega_\gamma + \Omega_\nu^{\text{放射}}) \approx 0.409$ である（2.4.2 節）．これに $\Phi - \Psi = -\delta\dot{u} - \delta u/2t + \zeta$ を代入すれば

$$\delta\ddot{u} + \frac{3}{2}\frac{\delta\dot{u}}{t} + \frac{2R_\nu}{5}\frac{\delta u}{t^2} - \frac{\zeta}{t} = 0, \tag{8.42}$$

を得る．これを解き，時間とともにもっとも速く成長する解を求めれば

$$\delta u = \frac{10\zeta t}{15 + 4R_\nu}, \tag{8.43}$$

を得る．$\zeta = 0$ とした斉次微分方程式の解は ζ を含む特殊解に比べて時間とともに速く減衰する．その他のゆらぎの変数は $\delta\rho/(\bar{\rho} + \bar{P}) = 3\delta u/2t$，$\Psi = \delta u/2t - \zeta$，$\Phi = -\delta\dot{u}$ を用いて得られる．特に，Φ と Ψ は

$$\Phi = -\frac{10\zeta}{15 + 4R_\nu}, \qquad \Psi = \left(1 + \frac{2}{5}R_\nu\right)\Phi, \tag{8.44}$$

と求まる．長波長の Φ と Ψ の断熱的な解は放射優勢期において一定であるが，ニュートリノの非等方ストレスのため Φ と Ψ は等しくない．

物質優勢期の解を求める．ニュートリノの非等方ストレスは無視して良いので，Φ と Ψ は等しい．すると

$$\delta\dot{u} + \frac{2}{3}\frac{\delta u}{t} - \zeta = 0, \tag{8.45}$$

を得る．これを解き，時間とともにもっとも速く成長する解を求めれば $\delta u = 3\zeta t/5$ を得る．重力ポテンシャルは $\Phi = -3\zeta/5$ である．物質優勢期では $\delta\rho/(\bar{\rho} + \bar{P})$ は $\delta\rho_M/\rho_M$ に等しいので，$\delta\rho_M/\rho_M = 2\delta u/t = -2\Phi$ を得る（これで式 (5.22) を導けた）．

重要な結論は，**断熱的初期条件では，長波長の Φ と Ψ は放射優勢期でも物質優勢期でも時間に依らず一定**であることだ．ただし，放射優勢期中の値と物質優勢期中の値は異なる．ニュートリノの非等方ストレスの寄与を無視すると，物質優勢期の Φ の値は放射優勢期の値の 9/10 倍である．ニュートリノの寄与を含めると，物質優勢期の Φ の値は放射優勢期の値の 0.998 倍で，ほとんど変わらない．Ψ の値はより大きく変わる．9 章では，物質優勢期には短波長の Φ と Ψ も時間に依らず一定であるが，放射優勢宇宙では時間とともに減衰することを学ぶ．これらは温度異方性のパワースペクトルに重要な影響を持つ．

物質優勢期の後，宇宙膨張率に宇宙定数の効果が効くようになると，重力ポテンシャルは減衰する．$a(t)$ の形を決めずに $\delta\dot{u}+(\dot{a}/a)\delta u-\zeta=0$ を解くと $\delta u(t)=\delta u(t_*)+(\zeta/a)\int_{t_*}^{t}dt'\ a(t')$ で，重力ポテンシャルは

$$\Phi=-\delta\dot{u}=\zeta\left[-1+\frac{H(a)}{a}\int_{a_*}^{a}\frac{da'}{H(a')}\right], \tag{8.46}$$

である．t_* は物質優勢期中の任意の時刻で，a_* は対応するスケール因子である．物質と宇宙定数が支配的な宇宙のハッブル宇宙膨張率 $H=\dot{a}/a$ は式（2.20）より $H(a)=H_0\sqrt{\Omega_M a_0^3/a^3+\Omega_\Lambda}$ で与えられる．重力ポテンシャルを $\Phi(t,\boldsymbol{x})=g(t)\Phi_{\text{物質優勢}}(\boldsymbol{x})$ と書けば，

$$g(t)=\frac{5}{3}\left[1-\frac{H(a)}{a}\int_{a_*}^{a}\frac{da'}{H(a')}\right], \tag{8.47}$$

である．宇宙定数の効果が効くようになると角括弧内の 2 項目は単調増加関数であるから，$g(t)$ は 1 より小さくなる．この結果は短波長領域でも成り立ち，宇宙定数の効果が効くようになるとすべての波長で積分ザクス–ヴォルフェ効果はゼロでなくなる．

8.6.2 等曲率ゆらぎ

エントロピーゆらぎを考える．8.5 節で述べたように，時間とともに減衰しないエントロピーゆらぎは 5 種類存在するが，そのすべてが物理的にもっともらしいわけではない．とりわけ，光子とバリオンや光子とニュートリノは宇宙初期において熱平衡状態にあったので，断熱的初期条件に従うのが自然である．よって，これより本書では CDM 等曲率ゆらぎ $S_{D\gamma}$ のみを考える．これは，より一般的な物質と放射とのエントロピーゆらぎ S_{MR} と $S_{MR}=\bar{\rho}_D S_{D\gamma}/\bar{\rho}_M$ と関係する（式（5.38））．式（5.34）より，物質と放射との間のエントロピーゆらぎは放射優勢期の余分な圧力ゆらぎとして $\delta\mathcal{P}=-\bar{\rho}_M S_{MR}/3$ を与える．物質と放射のエネルギー密度が等しくなる時刻を $t_{\rm EQ}$ と書けば，放射優勢期において $\bar{\rho}_M/\bar{\rho}_R=(t/t_{\rm EQ})^{1/2}$ である．

放射優勢期の解を求める．式（8.39）を積分すれば $\Psi=-(S_{MR}/4)\sqrt{t/t_{\rm EQ}}+\delta u/2t+C$ を得る．8.6.1 節で見たように積分定数 C は断熱ゆらぎに対応するの

で，$C=0$ とする．式 (8.40) は $\Phi=-\delta\dot{u}+(S_{MR}/4)\sqrt{t/t_{\rm EQ}}$ を与える．これらを式 (8.41) に代入すれば

$$\delta\ddot{u}+\frac{3}{2}\frac{\delta\dot{u}}{t}+\frac{2R_\nu}{5}\frac{\delta u}{t^2}-\frac{3S_{MR}}{4\sqrt{tt_{\rm EQ}}}=0\,, \tag{8.48}$$

を得る．断熱ゆらぎの式 (8.42) と比べると，最後の項が異なるだけである．この項は非斉次微分方程式の特殊解を与え，ここに初期条件の違いが現れる．微分方程式を解き，時間とともにもっとも速く成長する解を求めれば

$$\delta u=\frac{15S_{MR}t^{3/2}}{4(15+2R_\nu)\sqrt{t_{\rm EQ}}}\,, \tag{8.49}$$

を得る．$S_{MR}=0$ とした斉次微分方程式の解は S_{MR} を含む特殊解に比べて時間とともに速く減衰する．全エネルギー密度のゆらぎは $\delta\rho/(\bar{\rho}+\bar{P})=3\delta u/2t$ から得られ，$\sqrt{t}$ に比例する．

物質と放射のエネルギー密度ゆらぎは

$$\frac{\delta\rho}{\bar{\rho}+\bar{P}}=\frac{\delta\rho_M+\delta\rho_R}{4\bar{\rho}_R/3}=\frac{3\delta u}{2t}\,, \tag{8.50}$$

$$S_{MR}=\frac{\delta\rho_M}{\bar{\rho}_M}-\frac{\delta\rho_R}{4\bar{\rho}_R/3}\,, \tag{8.51}$$

を連立して得られる．放射優勢宇宙であるから $\bar{\rho}_M/\bar{\rho}_R\ll 1$ を用いれば

$$\frac{\delta\rho_R}{\bar{\rho}_R}=-\frac{15+4R_\nu}{15+2R_\nu}\frac{S_{MR}}{2}\sqrt{\frac{t}{t_{\rm EQ}}}\,, \tag{8.52}$$

$$\frac{\delta\rho_M}{\bar{\rho}_M}=\left[1-\frac{15+4R_\nu}{15+2R_\nu}\frac{3}{8}\sqrt{\frac{t}{t_{\rm EQ}}}\right]S_{MR}\,, \tag{8.53}$$

を得る．Φ と Ψ は

$$\Phi=-\frac{15-4R_\nu}{15+2R_\nu}\frac{S_{MR}}{8}\sqrt{\frac{t}{t_{\rm EQ}}}\,,\qquad \Psi=\frac{15+4R_\nu}{15-4R_\nu}\Phi\,, \tag{8.54}$$

と求まる．Φ も Ψ も時間に依らず一定であった断熱ゆらぎと異なり，CDM 等曲率ゆらぎが初期条件の場合は Φ も Ψ も $t=0$ でゼロから始まり，$\sqrt{t}$（すなわちスケール因子 a）に比例して成長する．等曲率の初期条件から出発して，ゼロでない重力ポテンシャルと曲率ゆらぎが生成されるのである．式 (5.30) で定義される，等密度面における曲率ゆらぎ $\tilde{\zeta}$ を求めれば $\tilde{\zeta}=(S_{MR}/4)\sqrt{t/t_{\rm EQ}}$ を得るから，確かに $\tilde{\zeta}$ も $t=0$ でゼロである．等密度面で曲率ゆらぎがなければ何も起

こらないように思うかもしれないが，エントロピーゆらぎに起因する圧力ゆらぎ $\delta\mathcal{P}$ のためこの系は不安定であり，ゼロでない Φ や Ψ が生成される．

放射優勢期での $\delta\rho_R$，Φ，Ψ の初期条件による振る舞いの違いは，ℓ が大きいところでの温度ゆらぎのパワースペクトル C_ℓ の振動の振る舞いに大きな影響を与える．これを用いれば，断熱ゆらぎと CDM 等曲率ゆらぎとを観測的に見分けることができる．これは 9.3 節で学ぶ．

物質優勢期の解を求める．式（5.34）より $\delta\mathcal{P} = -4\bar{\rho}_R S_{MR}/9$ で，物質優勢期では $\bar{\rho}_M/\bar{\rho}_R = (t/t_{\rm EQ})^{2/3}$ である．式（8.39）を積分すれば $\Psi = 2\delta u/3t + C + (4S_{MR}/9)(t_{\rm EQ}/t)^{2/3}$ を得る．放射優勢期では積分定数 C をゼロとしたが，物質優勢期では放射優勢期中に生成された曲率ゆらぎがすでに存在するため，C を残す．式（8.40）は $\Phi = -\delta\dot{u} + (4S_{MR}/9)(t_{\rm EQ}/t)^{2/3}$ を与える．ニュートリノの非等方ストレスは無視して良いので Φ と Ψ は等しいから，$\delta\dot{u} + 2\delta u/3t + C = 0$ を得る．S_{MR} に比例する項は相殺する．これを解き，時間とともにもっとも速く成長する解を求めれば $\delta u = -3Ct/5$ を得る．重力ポテンシャルの解において S_{MR} に比例する項は C に比例する項より時間とともに速く減衰するので，$\Phi = 3C/5$ を得る．すなわち，物質優勢期ではエントロピーゆらぎによる圧力ゆらぎの効果は無視でき，放射優勢期にスケール因子に比例して成長した Φ と Ψ は，物質優勢期で一定値に落ち着く．物質密度ゆらぎは式（8.34）より $\delta\rho_M/\bar{\rho}_M = 2\delta u/t = -6C/5 = -2\Phi$ である．

積分定数 C はどう決めれば良いか？　エントロピーゆらぎでは，式（5.21）の保存量 ζ_α はエネルギー成分 α ごとに異なる．CDM 等曲率ゆらぎでは物質と放射の ζ_α の値が異なる．ζ_α は保存量であるからどの時刻で計算しても良く，物質優勢期の解を用いて物質の ζ_α を求めると $\zeta_M = \delta\rho_M/3\bar{\rho}_M - \Psi = -C$ を得る．つまり積分定数は保存量で書け，$C = -\zeta_M$ である．次に，物質と放射のエントロピーゆらぎ S_{MR} の定義式（5.27）より $S_{MR} = \delta\rho_M/\bar{\rho}_M - 3\delta\rho_R/4\bar{\rho}_R$ である．S_{MR} も保存量であるからどの時刻で計算しても良い．5.4.2 節で述べたように，CDM 等曲率ゆらぎでは初期時刻 t_i で等密度，すなわち全エネルギー密度ゆらぎはゼロなので，$\delta\rho_M(t_i, \boldsymbol{x}) = -\delta\rho_R(t_i, \boldsymbol{x})$ である．放射優勢期では $\bar{\rho}_R(t_i) \gg \bar{\rho}_M(t_i)$ なので $S_{MR} = \delta\rho_M(t_i)/\bar{\rho}_M(t_i)$ を得る．同様に，保存量 ζ_M も初期時刻の量で書けば $\zeta_M = \delta\rho_M(t_i, \boldsymbol{x})/3\bar{\rho}_M(t_i) - \Psi(t_i, \boldsymbol{x})$ であるが，CDM 等曲率ゆらぎでは初期時刻

で Ψ はゼロであり，$\zeta_M = \delta\rho_M(t_i, \boldsymbol{x})/3\bar{\rho}_M(t_i) = S_{MR}/3$ を得る．これより積分定数は $C = -S_{MR}/3$ と求まる．

以上より，物質優勢期における CDM 等曲率ゆらぎの解は $\delta u = S_{MR}t/5$，$\Phi = \Psi = -S_{MR}/5$，$\delta\rho_M/\bar{\rho}_M = 2S_{MR}/5$，$\delta\rho_R/\bar{\rho}_R = -4S_{MR}/5$ である（これで式 (5.36) を導けた）．

9章 音波による温度異方性

宇宙初期は灼熱の火の玉で，晴れ上がり前の宇宙では光は電子に頻繁に散乱され，まっすぐ進めなかった．熱いスープのような状態を想像してみよう．このスープは透き通っておらず，味噌汁のように不透明である．味噌の代わりに光子，電子，陽子，ヘリウム原子核がからまりあったスープである．このスープをゆらすと波がたち，その波はスープ全体を伝わる．この波は**疎密波**で，その波長はスープのゆらし方で決まり，波の伝わる速度はスープの組成で決まる．このスープはさらさらしているもののゼロでない粘性を持ち，波はいずれ減衰して消える．波がこまかいほど，すなわち波長が短くなるほど粘性の効果は顕著で，波は速く減衰する．ニュートリノはスープにからまりあうことなくどんどん通過する．暗黒物質粒子もスープにからまりあうことはないが，運動速度が小さいためほぼその場にとどまる．ニュートリノと暗黒物質は重力的な効果を通してのみ疎密波に影響を与える．

本章で学ぶ内容は，このたとえ話で尽きている．すなわち，光子，電子，陽子，ヘリウム原子核からなる流体にさまざまな波長の波がたち，長波長の波は残るが短波長の波は減衰する．本章では，流体にたつ疎密波という意味でこの波を**音波**[*1]と呼ぶことにする．晴れ上がりの時点で残る音波を，我々は CMB の温度異方性として観測する．

[*1] スープの例を想像しにくい読者は，スープを空気などの適当な気体に置き換えてたとえ話を作れば良い．スープをゆらす代わりに，さまざまな波長で空気を震わせると考えれば良いだろう．空気を伝わる疎密波なのだから，音波と呼ぶのも抵抗がないかもしれない．

すると次に,「そもそも誰が（どのような物理過程が）スープをゆらせたのか?」という疑問が生じる．これは**原始ゆらぎの起源**に関わる疑問である．現在有力な起源は，量子力学の不確定性原理による真空の量子ゆらぎである（6.1 節）．インフレーションのような何らかの過程によってハッブル長を超える長波長となった真空の量子ゆらぎは，後に再びハッブル長の内側に入り，宇宙の火の玉スープをゆらす．我々が CMB の温度異方性として観測するのは，さまざまな波長を持つ原始ゆらぎがハッブル長の内側に入るたびに生み出す音波が，オーケストラのように響きあう宇宙の姿である．

重力場による温度異方性のパワースペクトルはザクス–ヴォルフェ効果の式 (6.32) で与えられ，断熱的な原始ゆらぎ ζ のパワースペクトルがほぼスケール不変 $n \approx 1$ であれば $\ell(\ell+1)C_\ell/2\pi$ は ℓ に依らずほぼ一定となる．これは COBE に搭載された放射計 DMR が測定した $\ell \lesssim 20$ のパワースペクトル（図 6.4）を説明するが，それより大きな ℓ のパワースペクトル（図 6.6）は説明しない．図 6.6 に見られる振動は，断熱的初期条件を持つ原始ゆらぎが光子とバリオン（陽子とヘリウム原子核）からなる流体をゆらして生じた音波である．CDM 等曲率ゆらぎの初期条件では，パワースペクトルの測定データを説明できない．

本章では，光子とバリオンからなる流体を伝わる音波を詳しく調べる．音波が伝わる速度を 9.1 節で導いたのち，光子とバリオン流体それぞれのエネルギーと運動量保存則を用いて光子のエネルギー密度のゆらぎが音波の解を持つことを示す（9.2 節）．光子–バリオン流体の非等方ストレスによって短波長の音波が減衰することも学ぶ．9.3 節では，原始ゆらぎの初期条件が断熱的であるかそうでないかによって短波長の音波の解がコサイン的であるかサイン的であるかが決まり，ニュートリノの非等方ストレスがおよぼす重力的な効果によってコサインとサインがわずかに混じることを学ぶ．

本書は CMB の物理の理解を目的としているので，数式のみに基づく，厳密ではあるが形式的な議論を避けてきた．しかし，厳密な結果を得るにはどの方程式を解いて何を計算すれば良いのか興味を持つ読者のために，9.4 節にボルツマン方程式に基づく温度異方性のパワースペクトルの導出を与えておく．形式的な導出に興味のない読者は読み飛ばしてかまわない．

9.1 音波の地平線

宇宙は最終散乱時刻 t_L において一瞬で晴れ上がり，以降トムソン散乱はなかったと近似すれば，天球上の任意の方向 $\hat{n}$ における温度異方性は式（5.16）で与えられる．本章では晴れ上がり時刻での温度異方性に興味があるので，t_L 以降の時空のゆらぎの変数の時間変化による積分ザクス–ヴォルフェ効果を無視すれば，

$$\frac{\Delta T(\hat{n})}{T_0} = \frac{\delta T(t_L, \hat{n}r_L)}{\bar{T}(t_L)} + \Phi(t_L, \hat{n}r_L), \tag{9.1}$$

である．右辺初項は晴れ上がり時刻に重力ポテンシャルの底（あるいは丘）にあった温度ゆらぎを表し，2 項目は光子が重力ポテンシャルから逃げる際にエネルギーを失う（あるいは得る）重力赤方（青方）偏移効果を表す．断熱的初期条件を仮定し，宇宙は時刻 t_L で物質優勢であったとすれば初項は $\delta T/\bar{T} = -2\Phi/3$ を与えるが，これはゆらぎの波長がハッブル長よりも大きな長波長でしか正しくない．ゆらぎの波長が短くなると初期条件は保存されず，圧力などの流体力学的な効果を無視できなくなる．また，最終散乱面上の物質の運動による光のドップラー効果も加えねばならない．

流体力学的な効果が無視できなくなる ℓ を見積もってみよう．電子，陽子，ヘリウム原子核はクーロン散乱によって強く結びつくので，単一のバリオン流体として扱う．光子とバリオンからなる流体を伝わる音波の速度（音速）を c_s と書き，音波が時刻 t までに伝わることのできた「距離」を

$$r_s(t) \equiv \int_0^t \frac{dt'}{a(t')}\, c_s(t'), \tag{9.2}$$

と定義する．本章では光速 c を 1 とする単位系を用いる．r_s は**音波の共動的な地平線距離**と呼ばれる．式（6.1）で定義した粒子の地平線距離は光が時刻 t までに伝わることのできた物理的な距離であるが，それに比べてスケール因子 $a(t)$ はかかっておらず，被積分関数に光速の代わりに音速が現れる．スケール因子の絶対値に物理的意味はないので，絶対値に依存する r_s は物理的な距離では**ない**．物理的な距離に直すには，適当な時刻でのスケール因子をかける．たとえば，音波が時刻 t までに伝わった物理的な距離，すなわち真の意味での音波の地平線距離は $a(t)r_s(t)$ である．本書では現在の時刻まで引き伸ばした音波の地平線距離として a_0r_s を用いるが，特に断らない限り r_s と a_0r_s を両方とも音波の共動的地平線距

離，あるいは単に音波の地平線距離と呼ぶことにする．ゆらぎの共動的波長が音波の地平線距離より短ければ[*2]，すなわち $qr_s \gtrsim 1$ であれば，流体力学的な効果は無視できない．

音波の地平線距離を求めるには音速を知らねばならない．光子流体のような相対論的流体を伝わる音速は光速の $1/\sqrt{3}$ 倍である．これは相対論的ガスの状態方程式が $P=\rho/3$ で与えられるからである．音波の復元力は圧力であるから，音速の 2 乗は圧力ゆらぎと密度ゆらぎとの比で与えられ，$c_s^2=\delta P/\delta\rho=1/3$ である．しかし，ここにバリオンという「不純物」が混じることにより，**光子とバリオンからなる流体を伝わる音波の速度は光速の $1/\sqrt{3}$ 倍よりも小さくなる**．c_s^2 の分子の圧力ゆらぎは光子のみで決まる（バリオンの圧力は無視できるほど小さい）が，分母の密度ゆらぎは光子とバリオンの寄与を含むため，相対的に音速が小さくなるのである．これを理解するため，バリオンと光子の数密度比があらゆる場所で等しい流体を考えよう．このとき，式（5.18）より $\delta\rho_B/\bar{\rho}_B=\delta\rho_\gamma/(\bar{\rho}_\gamma+\bar{P}_\gamma)=3\delta\rho_\gamma/4\bar{\rho}_\gamma$ であるから，音速の 2 乗は $c_s^2=\delta P_\gamma/(\delta\rho_\gamma+\delta\rho_B)=1/3(1+3\bar{\rho}_B/4\bar{\rho}_\gamma)$ となる．ここで新しい量 $R\equiv 3\bar{\rho}_B/4\bar{\rho}_\gamma$ を定義すれば，音速は

$$c_s=\frac{1}{\sqrt{3(1+R)}}, \tag{9.3}$$

と書ける．R はスケール因子 a に比例し，

$$R=\frac{3\Omega_B}{4\Omega_\gamma}\frac{a}{a_0}=0.6120\left(\frac{\Omega_B h^2}{0.022}\right)\frac{1091}{1+z}, \tag{9.4}$$

である．a_0 は現在のスケール因子で，スケール因子と赤方偏移との関係式は $1+z=a_0/a(t)$ である．Ω_γ の値には式（2.29）を用いた．我々の宇宙の $\Omega_B h^2$ の値では，晴れ上がり時刻 $1+z_L=1091$（3.1.7 節）での R は 1 程度の大きさで，放射優勢宇宙では 1 よりずっと小さい．

式（9.3）を式（9.2）に代入して積分すれば，音波の地平線距離として

$$a_0 r_s(t)=\frac{2}{H_0\sqrt{3R\Omega_M(1+z)}}\ln\left(\frac{\sqrt{1+R}+\sqrt{R_{\rm EQ}+R}}{1+\sqrt{R_{\rm EQ}}}\right), \tag{9.5}$$

を得る．$R_{\rm EQ}$ は物質と放射のエネルギー密度が等しくなる時刻での R の値であ

[*2] 1 程度の大きさの因子を無視すれば，音速が時間に依らずほぼ一定と近似して，音波がハッブル時間内に進む距離がゆらぎの波長より大きいという条件も考えられる．これは $a/q \lesssim c_s H^{-1}$ を与える．

る．$\Omega_M h^2 = 0.14$ では $1 + z_{\mathrm{EQ}} = \Omega_M/(\Omega_\gamma + \Omega_\nu^{放射}) = 3349$ であるから $R_{\mathrm{EQ}} = 0.1994$ を得る．$\Omega_\nu^{放射}$ の値には式（2.30）を用いた．すると，晴れ上がり時刻での音波の地平線距離は $a_0 r_s(t_L) = 145.3\,\mathrm{Mpc}$ と求まる．

式（6.31）で学んだように，地球から見て動径座標 r_L にある最終散乱面上の波数 q と ℓ との関係式は $\ell \approx q r_L$ である．$a_0 r_L = 13.95\,\mathrm{Gpc}$ を用いれば，音波が無視できなくなる ℓ は $\ell \gtrsim r_L/r_s = 96$ と求まる．

9.2 光子–バリオン流体

本章と 10 章の目標は，式（9.1）の右辺を求めることである．光子のエネルギー密度は温度の 4 乗に比例するから $\delta T/\bar{T} = \delta\rho_\gamma/4\bar{\rho}_\gamma$ である．また，バリオン物質の速度を $\boldsymbol{v}_B$ と書けば，式（9.1）は

$$\frac{\Delta T(\hat{n})}{T_0} = \frac{\delta\rho_\gamma(t_L, \hat{n}r_L)}{4\bar{\rho}_\gamma(t_L)} + \Phi(t_L, \hat{n}r_L) - \hat{n}\cdot\boldsymbol{v}_B(t_L, \hat{n}r_L), \tag{9.6}$$

と書ける．右辺最後の項はバリオン物質の運動による光のドップラー効果を表す．厳密には光子の非等方ストレスによる項も存在するが，小さいので無視する．物理の理解のためにはさして重要でないが，興味のある読者のため厳密な表式を 9.4 節で与えておく．

光子とバリオンからなる流体に，いかにして音波がたつか調べる．バリオン流体と光子流体のエネルギー密度はそれぞれ独立に保存するから，式（8.24）をフーリエ展開すれば

$$\frac{\partial}{\partial t}(\delta\rho_\gamma/\bar{\rho}_\gamma) - \frac{4q^2}{3a^2}\delta u_\gamma = 4\dot{\Psi}, \tag{9.7}$$

$$\frac{\partial}{\partial t}(\delta\rho_B/\bar{\rho}_B) - \frac{q^2}{a^2}\delta u_B = 3\dot{\Psi}, \tag{9.8}$$

を得る．ここで，相対論的流体の圧力ゆらぎとエネルギー密度ゆらぎとの関係式 $\delta\rho_\gamma = 3\delta P_\gamma + \nabla^2\pi_\gamma$（8.2.2 節）を用いた．任意の変数 $X(t, \boldsymbol{x})$ のフーリエ展開は $X(t, \boldsymbol{x}) = (2\pi)^{-3}\int d^3q\, X\boldsymbol{q}(t)\exp(i\boldsymbol{q}\cdot\boldsymbol{x})$ とした．記号を単純にするため，本章ではフーリエ空間の波数を表す添え字 $\boldsymbol{q}$ を省く．

式（9.7）と（9.8）の左辺 2 項目は速度場が外向きの場合にエネルギー密度が減少する効果を表す．右辺は，式（5.20）を理解したのと同様に，光子密度は $\rho_\gamma \propto$

a^{-4}，バリオン密度は $\rho_\gamma \propto a^{-3}$ に比例することによる．

バリオンと光子流体はトムソン散乱を通じて運動量をやりとりするため，全運動量保存則の式（8.25）ではなく，右辺にトムソン散乱による運動量のやりとりの項（8.5 節）を加えて

$$a\frac{\partial}{\partial t}(\delta u_\gamma/a) + \Phi + \frac{\delta\rho_\gamma}{4\bar{\rho}_\gamma} - \frac{q^2\pi_\gamma}{2\bar{\rho}_\gamma} = \sigma_{\mathcal{T}}\bar{n}_e(\delta u_B - \delta u_\gamma), \tag{9.9}$$

$$\delta\dot{u}_B + \Phi = -\frac{\sigma_{\mathcal{T}}\bar{n}_e}{R}(\delta u_B - \delta u_\gamma), \tag{9.10}$$

を得る．上式では光子の非等方ストレスも無視せず書いたが，非相対論的なバリオン流体の非等方ストレスは無視できる．式（9.9）と（9.10）の左辺 2 項目はいずれも重力ポテンシャルの勾配による重力加速度を表し，光子の式（9.9）の左辺 3 項目と 4 項目はそれぞれ圧力勾配と非等方ストレスの勾配による光子流体の加速度を表す．バリオン流体の圧力勾配は無視できる．右辺はトムソン散乱によってバリオンと光子流体が結びつき，運動速度が等しくなる効果を表す．

晴れ上がり時刻以前では式（9.9）と（9.10）の右辺の係数 $\sigma_{\mathcal{T}}\bar{n}_e$ は大きく，バリオンと光子流体の速度ポテンシャルは等しくなり，バリオンと光子流体は単一の流体「**光子–バリオン流体**」として振る舞う．頻繁な散乱によって光子の平均自由距離は小さく抑えられるので非等方ストレスは小さく，光子–バリオン流体は完全流体として近似できる．非等方ストレスは粘性を表すので，晴れ上がり時刻以前の光子–バリオン流体は粘り気の小さい「さらさら」な状態であった．

9.2.1 1 次の強結合近似：音波の方程式

晴れ上がり前の宇宙ではバリオンと光子流体はほぼ同じ速度で運動するので，近似的に $\delta u_\gamma = \delta u_B$ とできる．式（9.9）から式（9.10）を辺々引き算し，$\sigma_{\mathcal{T}}\bar{n}_e \to \infty$ とすれば $\partial(\delta u_\gamma - \delta u_B)/\partial t = -\sigma_{\mathcal{T}}\bar{n}_e(1+1/R)(\delta u_\gamma - \delta u_B)$ となる．よって，光学的厚さ $\tau = \sigma_{\mathcal{T}}\int dt\, n_e$ が 1 より大きければ $\delta u_\gamma - \delta u_B$ は指数関数的にゼロに近づく．9.2.2 節で学ぶように，このとき π_γ も指数関数的にゼロに近づく．

エネルギー密度のゆらぎは，式（9.7）の両辺を 3/4 倍して式（9.8）と辺々引き算し，$\delta u_\gamma = \delta u_B$ とすれば $\delta\rho_B/\bar{\rho}_B = 3\delta\rho_\gamma/4\bar{\rho}_\gamma + S_{B\gamma}$（$S_{B\gamma}$ は積分定数）を得る．5.4.2 節で学んだように，$S_{B\gamma}$ はバリオンと光子のエントロピーゆらぎに対応するので，断熱ゆらぎを考えれば $S_{B\gamma} = 0$，すなわち $\delta\rho_B/\bar{\rho}_B = 3\delta\rho_\gamma/4\bar{\rho}_\gamma$ で

ある．

次に，小さいがゼロでない速度差を考慮するため $\delta u_B - \delta u_\gamma = d/\sigma_T \bar{n}_e$ と書く．d は任意の無次元変数である．d を有限の大きさに保ちつつ $\sigma_T \bar{n}_e \to \infty$ とすれば π_γ は指数関数的にゼロに近づくが，式 (9.9) と (9.10) はそれぞれ

$$a\frac{\partial}{\partial t}(\delta u_\gamma/a) + \Phi + \frac{\delta\rho_\gamma}{4\bar{\rho}_\gamma} = d\,, \qquad \delta\dot{u}_\gamma + \Phi = -\frac{d}{R}\,, \tag{9.11}$$

となる．任意変数 d を消去し，$R \propto a$ を用いれば

$$a\frac{\partial}{\partial t}\left[(1+R)\delta u_\gamma/a\right] + (1+R)\Phi + \frac{\delta\rho_\gamma}{4\bar{\rho}_\gamma} = 0\,, \tag{9.12}$$

を得る．全運動量保存則の式 (8.25) を光子とバリオン流体の運動量の和に適用し，$\delta u_\gamma = \delta u_B$ としても同じ式を得る．最後に光子のエネルギー保存則の式 (9.7) を用いて δu_γ を消去すれば

$$\frac{1}{a(1+R)}\frac{\partial}{\partial t}\left[a(1+R)\frac{\partial}{\partial t}(\delta\rho_\gamma/\bar{\rho}_\gamma - 4\Psi)\right] + \frac{4q^2}{3a^2}\Phi + \frac{q^2}{a^2}\frac{\delta\rho_\gamma/\bar{\rho}_\gamma}{3(1+R)} = 0\,, \tag{9.13}$$

を得る．一見複雑であるが，これは $\delta\rho_\gamma/\bar{\rho}_\gamma$ に関する**波動方程式**になっている．左辺最後の項は圧力による復元力を表し，9.1 節で導いた音速の 2 乗 $c_s^2 = 1/3(1+R)$ が現れる．バリオンによって音速が光速の $1/\sqrt{3}$ 倍よりも小さくなる効果がきちんと入っていることに注目しよう．

式を単純にするため短波長の極限 $q/a \gg H$ を考える．R，Ψ はハッブル時間程度で変化するから，これらの変数の時間微分は q/a を含む項に比べて近似的に無視できて

$$\frac{1}{a}\frac{\partial}{\partial t}\left[a\frac{\partial}{\partial t}(\delta\rho_\gamma/\bar{\rho}_\gamma)\right] + \frac{q^2 c_s^2}{a^2}\left[\delta\rho_\gamma/\bar{\rho}_\gamma + 4(1+R)\Phi\right] = 0\,, \tag{9.14}$$

を得る．R の時間微分を無視したのだから左辺初項の a の時間微分も無視して良いが，無視せずともこの微分方程式は解析的に解けるので残した．Φ の時間微分も無視すれば，解は[*3]

[*3] R の時間微分を完全に無視せず，WKB 近似を用いて解けばより良い近似式

$$\frac{\delta\rho_\gamma}{4\bar{\rho}_\gamma} + \Phi = (1+R)^{-1/4}\left[A\cos(qr_s) + B\sin(qr_s)\right] - R\Phi\,, \tag{9.15}$$

を得る．P. J. E. Peebles, J. T. Yu, *Astrophys. J.*, **162**, 815 (1970)，あるいは「ワインバーグの宇宙論」6.4 節を見よ．

$$\frac{\delta\rho_\gamma}{4\bar{\rho}_\gamma} + \Phi = A\cos(qr_s) + B\sin(qr_s) - R\Phi\,, \tag{9.16}$$

である．左辺の組み合わせは我々が観測する温度異方性の表式（9.6）の右辺最初の 2 項の組み合わせと同じであるから，この量の晴れ上がり時刻 t_L での値を求めれば良い．r_s は式（9.2）で定義した音波の地平線距離で，A と B は積分定数である．この解は音速 c_s で伝わる音波を記述するから，式（9.14）は確かに光子–バリオン流体を伝わる音波を記述する波動方程式である．

晴れ上がる前の宇宙に音波が存在することは，1970 年にピーブルスと虞哲奘 (Yu, Jer Tsang)，およびゼルドヴィッチとスニヤエフによって独立に予言された[*4]．図 6.6 に示す温度異方性のパワースペクトルの振動は，まさにこの音波によるものである．$\ell \approx 220$ に見られるパワースペクトルの音波振動の最初のピークは，米国プリンストン大学が主導して，チリ北部のアタカマ砂漠のセロ・トコ山頂近くで行った地上観測実験[*5]，イタリアのローマ大学と米国カリフォルニア工科大学，NASA/JPL が主導して行った，南極をほぼ一周する長期間観測気球実験「ブーメラン」[*6]，およびブーメラン計画から派生した，米国カリフォルニア大学バークレー校主導の観測気球実験「マキシマ-1（MAXIMA-1）」[*7]によって測定された．プリンストンのチームは 1999 年に，気球観測のチームは両方とも 2000 年に成果を発表した．晴れ上がり前の宇宙は，やはり熱いスープのような状態だったのである．

誰も測定できるとは思っていなかった

1970 年当時は，ピーブルスも，ゼルドヴィッチもスニヤエフも，CMB の音波が実際に測定される日が来るとは考えていなかった．スニヤエフの回想[*8] によれば，「ゼルドヴィッチが（彼らの 1970 年の論文の）要旨から，私が書いた，CMB 異方性の振幅の準周期的な角度依存性を観測する重要性の記述を削除したのには戸惑いました．彼は，この効果は非常に小さく，観測できそうもない

[*4] P. J. E. Peebles, J. T. Yu, *Astrophys. J.*, **162**, 815 (1970)；R. A. Sunyaev, Ya. B. Zeldovich, *Astrophys. Space Sci.*, **7**, 3 (1970)．それ以前にも，放射優勢宇宙における音波はエフゲニー・リフシッツ（Evgeny Lifshitz）によって調べられていた．E. Lifshitz, *Zh. Eksp. Teor. Fiz.*, **16**, 587 (1946)（ロシア語原文）；*ibid. J. Phys.*, **10**, 116 (1946)（英訳）．

[*5] A. D. Miller, *et al.*, *Astrophys. J. Lett.*, **524**, L1 (1999).

[*6] P. de Bernardis, *et al.*, *Nature*, **404**, 955 (2000).

[*7] S. Hanany, *et al.*, *Astrophys. J. Lett.*, **545**, L5 (2000).

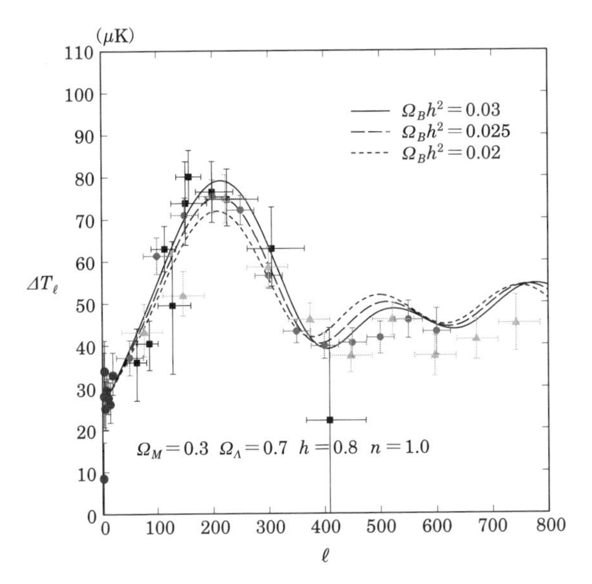

図 9.1　2000 年 5 月当時のパワースペクトルのおもな測定値．パワースペクトルの平方根 $\Delta T_\ell \equiv \sqrt{\ell(\ell+1)C_\ell/2\pi}$ を ℓ の関数として示す．単位は μK である．$\ell \leqq 20$ に示す COBE/DMR のデータは図 6.4 と同じものである．プリンストン大学によるセロ・トコ山での測定結果は四角形で，気球観測ブーメランの結果は丸印で，気球観測マキシマ-1 の結果は三角形で示す．実線，破線，点線は ΛCDM モデルから計算されたパワースペクトルで，バリオン密度パラメータはそれぞれ $\Omega_B h^2 = 0.03, 0.025, 0.02$ である．それ以外の宇宙論パラメータは図中に示すとおりである．

と書いたのです．そして私をなだめるため，この論文で書いた現象の物理は美しいのだから，論文は出版しないとね，と言いました」．

ピーブルスは，虞との 1970 年の論文の後，CMB の研究を離れて宇宙の大規模構造の研究に重点を移した．理由の一つ[*9]は，1970 年当時，CMB の輝度スペクトルは黒体放射からずれているという報告がなされて状況は混沌としており，他の研究テーマを探そうとしたのと，もう一つ[*10]は「こんなに小さな CMB のゆらぎが測定できるなんて，想像するのが難しかった」からであった．彼らがその存在を予言した音波が発見されたのは，論文の出版から 30 年後であった．基礎的な理論研究が観測・実験によって確認されるには，時としてこのくらいの時間はかかる．理論研究者の使命の一つは，そのときは測定が難しくても，原理的には測定可能な，興味深い現象を提唱することである．しかし，宇宙論研究者の中にも，学会などですぐ「そんな小さな効果は測定できないよ」と言う人たちがたくさんいる．そのような人たちには，CMB の研究の歴史から何かを学び取ってほしい．

193 ページの図 9.1 に，COBE の DMR，プリンストンの観測，および 2 つの気球観測によって得られたパワースペクトルを示す．この図は 2000 年 5 月，筆者が大学院生のときにプリンストン大学で研究中に作成したものである．これほどクリアに音波が見えたことは衝撃的であった．これは筆者が WMAP 計画に参加する 1 年ほど前の出来事で，WMAP の可能性に一段と期待を膨らませたのであった．

音波のパワースペクトルは，式 (9.16) を 2 乗し，$q \to \ell/r_L$ とすれば近似的に得られる．すると，たとえばコサインの解が支配的ならパワースペクトルのピークの位置は $\ell = (1,\ 2,\ \cdots)\pi r_L/r_s(t_L) = (1,\ 2,\ \cdots) \times 302$ に現れると予想できる．図 6.6 に示す実際のピークの位置はこの予想と厳密には一致しないが，定性的な振る舞いはこれで理解できる．厳密に一致しない理由は 9.3.1 節で述べる．

これまで，重力が音波に与える影響は気にせず議論を進めてきたが，式 (9.16) の右辺最後の項 $-R\Phi$ は重要である．この項はバリオン密度に比例する．重力ポテンシャルに光子–バリオン流体が落ち込むと，バリオンの質量のため，バリオンがないときに比べて流体は余計に圧縮される．光子とバリオンはトムソン散乱を通じて強く結びつくので，バリオン流体が重力ポテンシャルに落ち込むのに引きずられて光子流体も余計に落ち込む．そのため，**音波の振動のゼロ点は変わる**．観測される CMB の温度異方性のパワースペクトルは式 (9.16) の 2 乗で与えられるから，振動のゼロ点が変わることで奇数番目と偶数番目のピークの高さの比が変わる．これは 10 章で再び論じる．

これまでの結果をまとめると，トムソン散乱によって結びついた光子とバリオン流体のエネルギーと運動量の保存則から光子–バリオン流体を伝わる音波が現れ，その音速は光速の $1/\sqrt{3}$ 倍より小さく，式 (9.3) と一致する．式 (9.16) で与えられる音波の解は $q/a \gg H$ で正しい解なので，これを $q/a \approx H$，すなわち

---

*8 （192 ページ）FBB，4.4.4 節．

*9 （193 ページ）FBB，4.7.1 節．

*10 （193 ページ）P. J. E. Peebles, *Annu. Rev. Astron. Astrophys.*, **50**, 1 (2012).

ちょうどハッブル長の内側に入ってきたゆらぎに拡張するには積分定数 A, B をうまく選ばねばならない．これは 9.3 節で行うが，重要なことをすでに述べておく．**断熱ゆらぎではコサインの解が支配的となり，CDM 等曲率ゆらぎではサインの解が支配的となる．**この決定的な違いによって，我々はゆらぎの初期条件が断熱的かそうでないかを見分けることができる*11．図 6.6 に示すパワースペクトルは断熱ゆらぎを仮定して得られた理論曲線と一致する．

9.2.2 非等方ストレスの方程式

晴れ上がり前の宇宙では，トムソン散乱によって強く結びついた光子とバリオン流体は同じ速度ポテンシャル $\delta u_\gamma = \delta u_B$ を持つ単一の流体として振る舞う．もちろん，個々の光子と電子の散乱を見ると，光子と電子は互いに異なる運動をしている．光子が電子に散乱されてから次に散乱されるまでに進める平均的な距離（平均自由距離）は $(\sigma_T n_e)^{-1}$ である．光子は電子に頻繁に散乱されつつランダムウォークをし，拡散する．ハッブル時間内の散乱回数は $N_{散乱} = \sigma_T n_e/H$ で与えられるから，ハッブル時間内に光子がランダムウォークで進む**拡散距離**は $d_{拡散} = \sqrt{N_{散乱}}(\sigma_T n_e)^{-1} = (\sigma_T n_e H)^{-1/2}$，すなわち**平均自由距離とハッブル長の相乗平均**で与えられる（光速 c が 1 の単位系を用いた）．拡散距離はハッブル時間内に光子が電子から離れる平均距離であるから，拡散距離程度の波長のゆらぎを考えると，光子とバリオンは単一の完全流体として扱えず，非等方ストレスを無視できない．非等方ストレスは流体の粘性を表す（式 (8.16)）から，拡散距離程度の波長を持つ音波は，粘性によって指数関数的に減衰する．この現象は，流体の熱伝導を考慮すると光子–バリオン流体の音波が減衰することを初めて示した*12ジョセフ・シルク（Joseph Silk）にちなんで**シルク減衰**と呼ばれる．粘性と熱伝導は両方とも音波の減衰に寄与し，粘性の方が寄与は大きい（199 ページの脚注 13 を見よ）．

9.2.1 節ではエネルギーと運動量の保存則を用いて音波を導いた．非等方ストレスの時間進化を決めるには，光子の位相空間数密度の時間発展を記述する**ボルツマン方程式**が必要である．ボルツマン方程式は，流体素片を構成する粒子の位

---

*11 W. Hu, M. J. White, *Phys. Rev. Lett.*, **77**, 1687 (1996); *ibid.* *Astrophys. J.*, **471**, 30 (1996).

*12 J. Silk, *Astrophys. J.*, **151**, 459 (1968).

置 $\boldsymbol{x}$ だけでなく，運動量 $\boldsymbol{p}$ も考慮する．散乱が頻繁に起こって粒子の平均自由距離が短い場合には，運動量の効果は流体素片のエネルギー密度や運動量，そして圧力を与えるが，平均自由距離が長くなると非等方ストレスやさらに高次の効果を無視できない．そのような粒子の集合体は完全流体として近似でき**ない**．

ボルツマン方程式は粒子の集合の発展を記述する強力な道具であるが，エネルギー密度や運動量のような見慣れた量ではなく位相空間数密度 $n^{\text{位相}}(t,\boldsymbol{x},\boldsymbol{p})$ を直接扱うため，直観的に理解するのは容易ではない．そこでまず，位相空間数密度そのものを扱うのではなく，エネルギー密度や運動量密度，非等方ストレスなどの，より馴染みのある量と結びつけられるゆらぎの変数を定義する．まず，位相空間数密度をフーリエ変換して $n^{\text{位相}}(t,\boldsymbol{x},\boldsymbol{p})=(2\pi)^{-3}\int d^3q\, n_{\boldsymbol{q}}^{\text{位相}}(t,\boldsymbol{p})\exp(i\boldsymbol{q}\cdot\boldsymbol{x})$ と書く．$\boldsymbol{q}$ はフーリエ変換の波数ベクトルである．そして，光子のエネルギー p をかけて，運動量の方向依存性は残したまま運動量空間に渡って積分した量を

$$\bar{\rho}_\gamma(t)[1+\varDelta_T(t,\boldsymbol{q},\boldsymbol{\gamma})]\equiv 4\pi\int_0^\infty p^2dp\, n_{\boldsymbol{q}}^{\text{位相}}(t,\boldsymbol{p})p\,, \tag{9.17}$$

と定義する．$\boldsymbol{\gamma}$ は光子の運動量ベクトル $\boldsymbol{p}$ の方向を表す単位ベクトルである．右辺を方向 $\boldsymbol{\gamma}$ に渡って積分すれば，光子のエネルギー密度（式 (1.2)）を得る．よって $\varDelta_T(t,\boldsymbol{q},\boldsymbol{\gamma})$ は，波数ベクトル $\boldsymbol{q}$ を持つゆらぎが生成する，天球上の光子のエネルギー密度ゆらぎの分布を表す．

フーリエ波数の方向を球座標の極角の原点方向（z 軸方向）に取れば，$\varDelta_T$ は極角 θ のみに依存する．これをルジャンドル多項式 (4.3) を用いて $\varDelta_T(t,q,\theta)=\sum_\ell i^{-\ell}(2\ell+1)P_\ell(\cos\theta)\varDelta_{T,\ell}(t,q)$ と展開する．$\varDelta_{T,\ell}$ は実数である．これを示すには，$\varDelta_T^*(t,\boldsymbol{q},\boldsymbol{\gamma})=\varDelta_T(t,-\boldsymbol{q},\boldsymbol{\gamma})$ より $\varDelta_T^*(t,q,\theta)=\varDelta_T(t,q,\theta+\pi)$ で，かつ $P_\ell(-x)=(-1)^\ell P_\ell(x)$ であることを用いる．

式 (9.17) の両辺を $\boldsymbol{\gamma}$ に渡って積分するとエネルギー密度となり，左辺は $\bar{\rho}_\gamma+\delta\rho_\gamma$ であるから，$\ell=0$ の項（$\varDelta_{T,0}$）はエネルギー密度のゆらぎ $\delta\rho_\gamma/\bar{\rho}_\gamma$ に等しい．$\ell=1$ の天球上の分布は図 4.2 の左図で与えられる．右図は方位角に依存するから当てはまらない．これは光子流体素片に対する観測者（地球上の観測者とは限らない．電子やバリオン粒子も含む．すなわち，$\varDelta_T$ は電子やバリオン粒子から見た光子の分布を記述する）の運動によるエネルギー密度の双極的異方性であるから，$\varDelta_{T,1}$ は光子流体の速度ポテンシャルに比例する．正確な関係式は A.4

節で与えるように $\Delta_{T,1} = -4q\delta u_\gamma/3a$（式（A.27））である．

$\ell = 2$ の天球上の分布は図 4.3 の左上図で与えられる．残りの図は方位角に依存するから当てはまらない．A.4 節で見るように，これは非等方ストレスに対応し，関係式は $\Delta_{T,2} = q^2\pi_\gamma/\bar{\rho}_\gamma$（式（A.28））である．さらに高次の項である $\ell = 3$ の分布は図 4.4 の左上図で与えられる．

ボルツマン方程式を Δ_T を用いて書き直してルジャンドル多項式展開したものは，任意の ℓ の係数 $\Delta_{T,\ell}$ の発展方程式を与える．これは強力な道具であるが物理的な理解を必ずしも助けないので，ボルツマン方程式の解説は付録 A に譲り，結果だけ示せば，$\ell = 2$ の方程式は

$$\frac{\partial}{\partial t}(\pi_\gamma/\bar{\rho}_\gamma) + \frac{3}{5}\frac{\Delta_{T,3}}{aq} + \frac{8}{15}\frac{\delta u_\gamma}{a^2} = -\sigma_T\bar{n}_e\pi_\gamma/\bar{\rho}_\gamma + \frac{1}{10}\sigma_T\bar{n}_e\Pi/q^2\,, \tag{9.18}$$

である．複雑に見えるが，物理の理解には左辺 2 項目と右辺 2 項目を無視した

$$\partial(\pi_\gamma/\bar{\rho}_\gamma)/\partial t + 8\delta u/15a^2 = -\sigma_T\bar{n}_e\pi_\gamma/\bar{\rho}_\gamma$$

で足りる．すなわち，光子–バリオン流体の非等方ストレスは速度勾配によって生成され（8.2.2 節），散乱によって指数関数的に減衰する．

式（9.18）の左辺 2 項目の $\Delta_{T,3}$ は光子の位相空間数密度の非等方性の高次の効果を表す．左辺は（A.43）式に等しいが，右辺は異なる．なぜなら，付録 A は相対論的ニュートリノのボルツマン方程式の解説で，ニュートリノは（本書の扱う範囲では無視できるほど非常に弱くしか）散乱しないのに対し，光子はバリオンと散乱するためである．右辺の初項は $\sigma_T\bar{n}_e$ が大きいと π_γ を指数関数的にゼロにする効果で，トムソン散乱が効率的であればバリオン流体の静止系から見た位相空間数密度は等方的となる．右辺 2 項目は小さい効果であるので，本節の最後に解説する．

光子の位相空間数密度の非等方性の高次項の発展方程式は，式（A.39）の右辺に散乱による等方化の項を加えて

$$\dot{\Delta}_{T,\ell} + \frac{q}{(2\ell+1)a}[(\ell+1)\Delta_{T,\ell+1} - \ell\Delta_{T,\ell-1}] = -\sigma_T\bar{n}_e\Delta_{T,\ell}\,, \tag{9.19}$$

である．ここで $\ell \geqq 3$ である．トムソン散乱が効果的であれば $\Delta_{T,\ell\geqq 3}$ は指数関数的にゼロに近づく．ニュートリノの場合は，長波長の極限を考えない限りすべての ℓ を含めて計算する必要があった．光子の場合は，トムソン散乱が効果的で

あれば大きな値の ℓ を無視できて，ボルツマン方程式は有限の ℓ で閉じる．特に，$\ell \geqq 3$ が無視できれば光子は粘性を持つ流体として扱え，物理的理解がたやすくなる．

本節の最後に，式 (9.18) の右辺第 2 項に戻ろう．この項は数値計算の結果は変えるが物理的描像は変えないので，CMB の物理の理解を目指す本書の目的には重要ではない．よって興味のない読者は 9.2.3 節に進んでかまわない．

11 章で学ぶように，電子による光子のトムソン散乱は光子を等方的に散乱せず，散乱確率は散乱角度に関して四重極の依存性を持つ．このため，トムソン散乱によってわずかに非等方ストレスが生成される．式 (9.18) の右辺第 2 項はこの効果を表すが，これは小さく，結局は散乱による光子の位相空間数密度の等方化（すなわち非等方ストレスの指数関数的減衰）を表す右辺の初項が支配的となる．具体的に見てみよう．右辺 2 項目の変数 Π は $\Pi \equiv q^2\pi_\gamma/\bar{\rho}_\gamma + \Delta_{P,0} + \Delta_{P,2}$ と定義され，$\Delta_{P,\ell}$ は 11.3 節で導く光の偏光による効果である．11 章で学ぶように，光の偏光は電子から見た光子の位相空間数密度の四重極によって生成される．トムソン散乱の効果が効率的であれば $\Delta_{P,2} = \Delta_{P,0}/5 = \Pi/10$（11.3.2 節）となり，$\Pi = 5q^2\pi_\gamma/2\bar{\rho}_\gamma$ を得る．すると右辺は

$$-\sigma_{\mathcal{T}}\bar{n}_e\pi_\gamma/\bar{\rho}_\gamma + \frac{1}{10}\sigma_{\mathcal{T}}\bar{n}_e\Pi/q^2 = -\frac{3}{4}\sigma_{\mathcal{T}}\bar{n}_e\pi_\gamma/\bar{\rho}_\gamma\,, \tag{9.20}$$

となり，$\sigma_{\mathcal{T}}\bar{n}_e\pi_\gamma/\bar{\rho}_\gamma$ の係数が -1 から $-3/4$ になる（偏光を無視すれば係数は $-9/10$ となる）．よって，数値計算の結果は変えるが物理的な描像は変えない．すなわち，トムソン散乱が効率的で $\sigma_{\mathcal{T}}\bar{n}_e$ が大きいと，π_γ は指数関数的に減衰する．トムソン散乱によって生成されるわずかな非等方ストレスは，この減衰をほんの少し遅くするだけである．

9.2.3 2 次の強結合近似：シルク減衰

シルク減衰を導くため，光子とバリオン流体の速度ポテンシャルの差を $\delta u_B - \delta u_\gamma = d_1/\sigma_{\mathcal{T}}\bar{n}_e + qd_2/(\sigma_{\mathcal{T}}\bar{n}_e)^2$ と書く．d_1 と d_2 は無次元変数である．d_1 は 9.2.1 節で扱った効果で，式 (9.11) の右の式より $d_1 = -R(\delta\dot{u}_\gamma + \Phi)$ である．本節ではトムソン散乱の平均自由距離とゆらぎの波長との比 $q/\sigma_{\mathcal{T}}\bar{n}_e$ に関して 2 次の効果を取り入れる．

光子とバリオンの運動量保存則の式 (9.9) と (9.10) はそれぞれ

$$a\frac{\partial}{\partial t}(\delta u_\gamma/a)+\Phi+\frac{\delta\rho_\gamma}{4\bar{\rho}_\gamma}-\frac{q^2\pi_\gamma}{2\bar{\rho}_\gamma}=-R(\delta\dot{u}_\gamma+\Phi)+\frac{q}{\sigma_{\mathcal{T}}\bar{n}_e}d_2\,, \tag{9.21}$$

$$\frac{\partial}{\partial t}\left[\frac{R(\delta\dot{u}_\gamma+\Phi)}{\sigma_{\mathcal{T}}\bar{n}_e}\right]=\frac{q}{R\sigma_{\mathcal{T}}\bar{n}_e}d_2\,, \tag{9.22}$$

となる．d_2 を消去すれば

$$a\frac{\partial}{\partial t}\left[(1+R)\delta u_\gamma/a\right]+(1+R)\Phi+\frac{\delta\rho_\gamma}{4\bar{\rho}_\gamma}-\frac{q^2\pi_\gamma}{2\bar{\rho}_\gamma}+R\frac{\partial}{\partial t}\left[\frac{R(\delta\dot{u}_\gamma+\Phi)}{\sigma_{\mathcal{T}}\bar{n}_e}\right]=0\,, \tag{9.23}$$

を得る．左辺最後の項は $1/\sigma_{\mathcal{T}}\bar{n}_e$ がかかっているので，前節で得た $1/\sigma_{\mathcal{T}}\bar{n}_e$ に関して 1 次の精度で正しい式（9.12）を用いて $R(\delta\dot{u}_\gamma+\Phi)$ を消去する．左辺 4 項目の π_γ は無視しないが，高次の項 $\Delta_{T,\ell\geqq 3}$ は無視できる．そこで式（9.18）で時間微分と $\Delta_{T,3}$ を無視して

$$\pi_\gamma=-\frac{32}{45}\frac{\bar{\rho}_\gamma}{\sigma_{\mathcal{T}}\bar{n}_e}\frac{\delta u_\gamma}{a^2}\,, \tag{9.24}$$

を得る．この結果を式（8.16）と比較すると，光子–バリオン流体の剪断粘性係数は $\eta=16\bar{\rho}_\gamma/45\sigma_{\mathcal{T}}\bar{n}_e$ と得られ，光子の平均自由距離 $(\sigma_{\mathcal{T}}\bar{n}_e)^{-1}$ に比例する．すなわち，散乱が頻繁に起こって光子の平均自由距離が小さいと，光子–バリオン流体は粘性の小さな「さらさら」したスープとなる．

エネルギー保存則の式（9.7）を用いて式（9.23）の左辺初項の δu_γ を消去すれば

$$\frac{1}{a}\frac{\partial}{\partial t}\left[a\frac{\partial}{\partial t}(\delta\rho_\gamma/\bar{\rho}_\gamma)\right]+2\Gamma\frac{\partial}{\partial t}(\delta\rho_\gamma/\bar{\rho}_\gamma)+\frac{q^2c_s^2}{a^2}\left[\delta\rho_\gamma/\bar{\rho}_\gamma+4(1+R)\Phi\right]=0\,, \tag{9.25}$$

を得る．ただし $q/a\gg H$ の極限を考え，$\bar{n}_e$，R，Ψ，Φ はハッブル時間程度で変化するからこれらの変数の時間微分は q/a を含む項に比べて無視し，また $(\sigma_{\mathcal{T}}\bar{n}_e)^{-1}$ に比例する項は新しく現れた左辺 2 項目を除いて無視した．

光子–バリオン流体の粘性を無視して得た音波の式（9.14）と比べて新しく加わった左辺 2 項目は音波の減衰を与え，減衰率 Γ は[*13]

$$\Gamma(q,t)\equiv\frac{q^2}{6a^2\sigma_{\mathcal{T}}\bar{n}_e}\left[\frac{16}{15(1+R)}+\frac{R^2}{(1+R)^2}\right]\,, \tag{9.26}$$

[*13] N. Kaiser, *Mon. Not. Roy. Astron. Soc.*, **202**, 1169（1983）．本書では流体の熱伝導を分けて議論しなかったが，式（9.26）の右辺の初項は粘性による音波の減衰率，2 項目は熱伝導による音波の減衰率と解釈できる．「ワインバーグの宇宙論」6.4 節を見よ．

で与えられる．解は

$$\frac{\delta\rho_\gamma}{4\bar{\rho}_\gamma}+\Phi=[A\cos(qr_s)+B\sin(qr_s)]\exp\left[-\int_0^t dt'\ \Gamma(q,t')\right]-R\Phi\,, \qquad (9.27)$$

で，A と B は積分定数である．ただし減衰率 Γ は振動の周波数 qc_s より十分小さいとした．すなわち，この解は物理的な波数 q/a が $c_s\sigma_{\mathcal{T}}\bar{n}_e$ より十分小さい，あるいは物理的な波長がトムソン散乱の平均自由距離 $(\sigma_{\mathcal{T}}\bar{n}_e)^{-1}$ を音速で割ったものより十分大きいときに成り立つ．ゆらぎの波長がトムソン散乱の平均自由距離より短いと，光は流体として近似できず，音波は発生しないからである．

減衰率は波数の 2 乗に比例するから，**短波長の音波ほど速く減衰する**．そこで，シルク減衰の特徴的な波数として

$$q^{-2}_{\text{シルク}}(t)\equiv\int_0^t dt'\frac{1}{6a^2\sigma_{\mathcal{T}}\bar{n}_e}\left[\frac{16}{15(1+R)}+\frac{R^2}{(1+R)^2}\right], \qquad (9.28)$$

を定義すれば，解は

$$\frac{\delta\rho_\gamma}{4\bar{\rho}_\gamma}+\Phi=[A\cos(qr_s)+B\sin(qr_s)]\exp(-q^2/q^2_{\text{シルク}})-R\Phi\,, \qquad (9.29)$$

と書ける．$q^{-1}_{\text{シルク}}$ より短波長の音波は指数関数的に減衰する．1 程度の因子を除けば，シルク減衰の特徴的な物理的波長 $a/q_{\text{シルク}}$ はトムソン散乱の平均自由距離とハッブル長の相乗平均 $(\sigma_{\mathcal{T}}\bar{n}_eH)^{-1/2}$ 程度の大きさである．これは 9.2.2 節の始めで述べた物理的考察と一致する．

式 (9.28) を求めるには，分母の $\bar{n}_e=0.75Xn_B$ を 3.2 節で求めたヘリウム原子の電離を含めた電離度 $X=n_e/(n_p+n_{\rm H})$ を用いて計算すれば良く，$\sigma_{\mathcal{T}}\bar{n}_e=1.73\times10^{-5}X(1+z)^3\,\Omega_Bh^2\,{\rm Mpc}^{-1}$ である．時間積分は $dt/dz=-1/H(z)(1+z)$ を用いて赤方偏移積分にする．晴れ上がり時刻では宇宙定数は無視できるのでハッブル宇宙膨張率は $H(z)=\sqrt{\Omega_Mh^2(1+z)^3+4.18\times10^{-5}(1+z)^4}/2998\,{\rm Mpc}^{-1}$ で与えられる．$\Omega_Mh^2=0.14$，$\Omega_Bh^2=0.022$ を用いれば，晴れ上がり時刻 t_L での値は $q_{\text{シルク}}(t_L)/a_0=0.139\,{\rm Mpc}^{-1}$ と求まる．

放射優勢宇宙では $R\ll1$ であるから

$$q^{\text{放射優勢}\,-2}_{\text{シルク}}=\frac{8}{45\sigma_{\mathcal{T}}}\int_0^t\frac{dt'}{a^2\bar{n}_e}\,, \qquad (9.30)$$

と単純になる．ハッブル宇宙膨張率は $H(z)=2.157\times10^{-6}(1+z)^2\,{\rm Mpc}^{-1}$ なので

$q^{放射優勢}_{シルク}/a_0 = 127(\Omega_B h^2/0.022)^{1/2}[(1+z)/10^5]^{3/2}\,\mathrm{Mpc}^{-1}$ を得る．

図 6.6 に示す温度異方性のパワースペクトルの振動は $\ell \gtrsim 1000$ で急激に減衰する．この減衰の一部はシルク減衰によるもので，残りは宇宙の晴れ上がりが一瞬ではなく，図 3.3 のように幅があるための温度異方性の減衰である．式 (3.25) で定義した最終散乱時刻の確率分布 $\dot{\mathcal{O}}$ を用いれば，式 (9.6) は

$$\frac{\Delta T(\hat{n})}{T_0} = \int_0^{t_0} dt' \dot{\mathcal{O}}(t') \left[\frac{\delta\rho_\gamma(t', \hat{n}r)}{4\bar{\rho}_\gamma(t')} + \Phi(t', \hat{n}r) - \hat{n} \cdot \boldsymbol{v}_B(t', \hat{n}r) \right], \tag{9.31}$$

となる．右辺の角括弧内は音波による振動関数であるから，積分を実行すると $\dot{\mathcal{O}}$ の幅より短い波長の寄与は指数関数的に減衰する．$\dot{\mathcal{O}}$ をガウス関数で近似すれば，この減衰の特徴的な波数 $q_{幅}$ は[*14]

$$q_{幅}^{-2} = \frac{3\sigma^2 t_L^2}{8a_0^2 T_0^2 (1+R_L)}, \tag{9.32}$$

である．$t_L \approx 3.7 \times 10^5$ 年は 3.1.7 節で求めた晴れ上がりの時刻，$R_L \approx 0.61$ は t_L における R の値，$T_0 = 2.725\,\mathrm{K}$ は現在の CMB の温度，そして $\sigma \approx 250\,\mathrm{K}$ は図 3.3 に示すビジビリティ関数を温度に関するガウス関数と近似したときのガウス関数の幅である．これらの値を代入すれば $q_{幅}/a_0 \approx 0.20\,\mathrm{Mpc}^{-1}$ を得る．これは $q_{シルク}/a_0 \approx 0.14\,\mathrm{Mpc}^{-1}$ とほぼ同じである．シルク減衰とビジビリティ関数の幅による減衰を合わせて $\exp(-q^2/q^2_{減衰})$ と書けば $q^{-2}_{減衰} \equiv q^{-2}_{シルク} + q^{-2}_{幅}$ で，$q_{減衰}/a_0 \approx 0.11\,\mathrm{Mpc}^{-1}$ を得る．パワースペクトルは $\delta\rho_\gamma/4\bar{\rho}_\gamma + \Phi$ の 2 乗で与えられるから，この指数関数的な減衰はパワースペクトルに $\exp(-2\ell^2/\ell^2_{減衰})$ のように現れ，$\ell_{減衰} = q_{減衰} r_L \approx 1500$ である．パワースペクトルは $\ell_{減衰}/\sqrt{2} \approx 1100$ より大きな ℓ で減衰する．

シルク減衰のため，$q^{-1}_{シルク}$ より短波長の音波が持つエネルギーは散逸する．散逸したエネルギーのうち 2/3 は光子–バリオン流体の温度の上昇に使われ，残りの 1/3 は CMB 光子の黒体放射のスペクトルを歪めるのに使われる．この現象は 13.3.3 節で論じる．

[*14] 「ワインバーグの宇宙論」，7.2 節．

9.3 放射優勢宇宙の解：サインかコサインか，混合か？

放射優勢宇宙での解は，その後の時期の解の初期条件を与えるので重要である．本節では放射優勢宇宙の音波の短波長解を，8.6 節で導いた長波長解とつなぐことで式 (9.16) の積分定数 A，B を求める．8.6 節で学んだように，長波長解の振る舞いはゆらぎの初期条件によって異なるから，初期条件によって A と B は異なる．結論から言えば，断熱ゆらぎではおもにコサインが，CDM 等曲率ゆらぎではサインが支配的となる．すなわち，前者では $A \gg B$，後者では $A \ll B$ となる．放射優勢宇宙ではシルク減衰は非常に短波長の音波にしか効かないので，本節では光子の非等方ストレスを無視する．

放射優勢宇宙の解が重要となる ℓ を見積もっておこう．ゆらぎの波長が放射優勢期にハッブル長の内側に入ってくる条件を求めれば良い．すなわち $q/a_{\rm EQ} > H_{\rm EQ}$ である．$a_{\rm EQ}/a_0 = \Omega_R/\Omega_M$ と $H_{\rm EQ}$ は，それぞれ物質と放射のエネルギー密度が等しくなる時刻でのスケール因子と宇宙膨張率である．特徴的な波数として[*15]

$$q_{\rm EQ} \equiv a_{\rm EQ} H_{\rm EQ} = \frac{\sqrt{2} a_0 H_0 \Omega_M}{\sqrt{\Omega_R}}\,, \tag{9.33}$$

を定義すれば，条件は $q > q_{\rm EQ}$ となる．$\Omega_M h^2 = 0.14$，$\Omega_R h^2 = (\Omega_\gamma + \Omega_\nu^{\text{放射}})h^2 = 4.18 \times 10^{-5}$ を用いれば $q_{\rm EQ}/a_0 = 0.010\,{\rm Mpc}^{-1}$ であり，これは $\ell \approx q_{\rm EQ} r_L \approx 140$ に対応する．よって，$\ell \gtrsim 140$ では放射優勢宇宙の解が重要となる．これは図 6.6 に示すパワースペクトルの音波振動のすべてのピークを含む．

まず，単純化のためニュートリノの非等方ストレスを無視する．すなわち $\Phi = \Psi$ である．さらに，大雑把な感触を得るためだけに Φ は時間に依存しないとする．これは，放射優勢宇宙では本来やってはならない近似である．6.2.2 節で述べたように，初期条件に関わらず，ハッブル長より短い波長の重力ポテンシャルは減衰するためである．長波長では断熱ゆらぎの Φ は時間に依存しないが，エントロピーゆらぎの代表である CDM 等曲率ゆらぎの Φ はスケール因子に比例して成長する．にも関わらず Φ を一定と近似するのは，この近似は積分定数 A，B の数

[*15] 放射優勢宇宙のスケール因子を $a(t) = a_{\rm EQ}\sqrt{t/t_{\rm EQ}}$ と書けば，$q_{\rm EQ}/a_{\rm EQ} = 1/\sqrt{2}t_{\rm EQ}$ とも書ける．宇宙定数が重要とならない時期でのフリードマン方程式は $H_{\rm EQ}$ を用いて $H^2(t) = H_{\rm EQ}^2\left[(a_{\rm EQ}/a)^4 + (a_{\rm EQ}/a)^3\right]/2$ と書ける．放射優勢期では $H = 1/2t$ なので，右辺初項に $a(t) = a_{\rm EQ}\sqrt{t/t_{\rm EQ}}$ を代入して 2 項目を無視すれば $H_{\rm EQ} = q_{\rm EQ}/a_{\rm EQ} = 1/\sqrt{2}t_{\rm EQ}$ を得る．

値は変えるが，断熱ゆらぎと等曲率ゆらぎによるコサインとサインの選択は変えないので，物理的描像の感触を掴むのに便利だからである．

放射優勢宇宙では $R \ll 1$ であるから無視し，Φ を一定とすれば，式（9.16）で $R \ll 1$ とした解はすべての波数で成り立つ．R を無視すれば音波の地平線距離は $r_s = 2t/\sqrt{3}a = 2a_{\rm EQ}^{-1}\sqrt{tt_{\rm EQ}/3}$ となる（$t_{\rm EQ}$ の定義は脚注 15 に与える）．式（9.16）の長波長極限を考えれば，解は

$$\frac{\delta\rho_\gamma}{4\bar{\rho}_\gamma} + \Phi \longrightarrow A + Bq\frac{2\sqrt{tt_{\rm EQ}/3}}{a_{\rm EQ}}\,, \tag{9.34}$$

である．放射優勢宇宙における断熱ゆらぎの長波長解は 8.6.1 節で求めた．それによれば $\delta\rho_\gamma/4\bar{\rho}_\gamma + \Phi = -\zeta/3$ である（ニュートリノの非等方ストレスは無視したので $R_\nu = 0$ の解を用いた）．これは時間に依存しないので積分定数は $A_{断熱} = -\zeta/3$，$B_{断熱} = 0$ となり，コサインが選ばれる．CDM 等曲率ゆらぎの長波長解は 8.6.2 節で求めた．それによれば $\delta\rho_\gamma/4\bar{\rho}_\gamma + \Phi = -(S_{MR}/4)\sqrt{t/t_{\rm EQ}}$ である．これは $\sqrt{t}$ に比例するので積分定数は $A_{等曲率} = 0$，$B_{等曲率} = -\sqrt{3}a_{\rm EQ}S_{MR}/8qt_{\rm EQ}$ となり，サインが選ばれる．$a_{\rm EQ}$ の絶対値に物理的意味はないので，放射と物質のエネルギー密度が等しくなる時刻にハッブル長の内側に入るゆらぎの波数 $q_{\rm EQ} = a_{\rm EQ}/\sqrt{2}t_{\rm EQ}$（脚注 15）を用いて書けば $B_{等曲率} = -\sqrt{6}S_{MR}q_{\rm EQ}/8q$ とも書ける．

ここから先はより厳密な導出を行うが，断熱ゆらぎと等曲率ゆらぎによるコサインとサインの選択に関して，この大雑把な議論で満足できた読者は 10 章まで進んでかまわない．

Φ の時間変動を考慮して正しい係数を得るには，重力場の発展を記述するアインシュタイン方程式と音波の式（9.13）とを連立して解けば良い．非等方ストレスを無視すれば，放射優勢宇宙では解析解[*16]が求まる．式（9.13）の独立変数を t から $\varphi \equiv qr_s = 2qt/\sqrt{3}a$ に変え，新しいゆらぎの変数として $X \equiv \delta\rho_\gamma/4\bar{\rho}_\gamma - \Psi$ を定義すれば $\partial^2 X/\partial\varphi^2 + X + \Phi + \Psi = 0$ を得る．解は

$$X = \tilde{A}\cos\varphi + \tilde{B}\sin\varphi - \int_0^\varphi d\varphi' \sin(\varphi - \varphi')(\Phi + \Psi)(\varphi')\,, \tag{9.35}$$

である．積分定数 $\tilde{A}$，$\tilde{B}$ は X に関するもので，これまでの $\delta\rho_\gamma/4\bar{\rho}_\gamma + \Phi$ に

---

*16 H. Kodama, M. Sasaki, *Int. J. Mod. Phys. A*, **1**, 265（1986）; *ibid.* **2**, 491（1987）．本節は D. Baumann, D. Green, J. Meyers, B. Wallisch, *JCAP*, **1601**, 007（2016）を参考にした．

関する積分定数 A, B とは異なる．三角関数の加法定理を用いれば $X = (\tilde{A} + \Delta A)\cos\varphi + (\tilde{B} + \Delta B)\sin\varphi$ とも書ける．ここで

$$\Delta A(\varphi) \equiv \int_0^{\varphi} d\varphi' \sin\varphi' (\Phi + \Psi)(\varphi')\,, \tag{9.36}$$

$$\Delta B(\varphi) \equiv -\int_0^{\varphi} d\varphi' \cos\varphi' (\Phi + \Psi)(\varphi')\,, \tag{9.37}$$

を定義した．非等方ストレスを無視すれば $\Phi + \Psi = 2\Phi$ である．

8.4 節で議論したアインシュタイン方程式 (8.28) は Φ の束縛条件を与える．これとエネルギーと運動量保存則の式 (8.24), (8.25) とを組み合わせれば Φ の発展方程式を得るが，計算は煩雑である．そこで，運動量保存則の式の代わりにアインシュタイン方程式の時間–空間 (0-i) 成分 (8.4 節の脚注 8)

$$\dot{\Psi} + \frac{\dot{a}}{a}\Phi = -4\pi G \sum_{\alpha} (\bar{\rho}_\alpha + \bar{P}_\alpha)\delta u_\alpha\,, \tag{9.38}$$

を用いる．独立変数を t から φ に取り直し，束縛条件の式 (8.28) [*17]をエネルギー保存則の式 (8.24) [*18]に代入して $\delta\rho_R/\bar{\rho}_R$ を消去する．そして式 (9.38) [*19]を代入して $\delta u_R/t$ を消去すれば

$$\frac{\partial^2 \Phi}{\partial \varphi^2} + \frac{4}{\varphi}\frac{\partial \Phi}{\partial \varphi} + \Phi = \frac{3}{2\varphi^2}\frac{\delta \mathcal{P}}{\bar{\rho}_R}\,, \tag{9.39}$$

を得る．放射優勢宇宙を仮定し，非等方ストレスは無視した．$\delta\mathcal{P}$ は式 (5.34) で与えられるエントロピーゆらぎに比例する圧力ゆらぎで，放射優勢期には $\delta\mathcal{P} = -\bar{\rho}_M S_{MR}/3$ である．よって右辺は

$$\frac{3}{2\varphi^2}\frac{\delta \mathcal{P}}{\bar{\rho}_R} = -\frac{\sqrt{6}q_{\mathrm{EQ}}}{4q}\frac{S_{MR}}{\varphi}\,, \tag{9.40}$$

となる．ここで $\bar{\rho}_M/\bar{\rho}_R = \sqrt{t/t_{\mathrm{EQ}}} = \sqrt{6}\varphi q_{\mathrm{EQ}}/2q$ を用いた．これで解くべき式が出そろった．

---

*17 独立変数を φ とすると，放射優勢宇宙では $\delta\rho_R/\bar{\rho}_R = -2\varphi^2\Psi + 2\delta u_R/t$ である．

*18 $\partial(\delta\rho_R/\bar{\rho}_R - 4\Psi)/\partial\varphi = 2\varphi\delta u_R/t - (3/\varphi)\delta\mathcal{P}/\bar{\rho}_R$.

*19 $\varphi\partial\Psi/\partial\varphi + \Phi = -\delta u/t$.

9.3.1 断熱ゆらぎ

断熱ゆらぎでは，ゆらぎの波長がハッブル長を超える長波長で $S_{MR} \equiv 0$ である．長波長で S_{MR} は保存するので，S_{MR} が初期時刻でゼロであればゼロであり続ける．しかし，短波長では S_{MR} は保存し**ない**（式（8.32））ので，ゼロでない値を持てる．バリオンと光子はトムソン散乱によって強く結びつくので短波長でも $S_{B\gamma} = 0$ であるが，暗黒物質と放射は相互作用しないので，短波長で S_{DR} はゼロでない値を持ちうる．すると式（5.38）より $S_{MR} = S_{DR}\bar{\rho}_D/\bar{\rho}_M$ である．

特に，非常に短波長では放射の密度ゆらぎは無視できて，暗黒物質の密度ゆらぎはスケール因子に関して対数的に成長できる[20]．放射優勢期には $a \propto \varphi$ なので，$S_{MR} \approx \delta\rho_D/\bar{\rho}_M = c_1 + c_2 \ln\varphi$ である（c_1, c_2 は時間に依らない定数）．しかし，これは非常に短波長でのみ効く効果で，かつ数値的に小さいので，本節では単純化のため短波長でも $S_{MR} = 0$ として解き，最後に数値計算結果を引用する．

式（9.39）を $S_{MR} = 0$ で解き，長波長極限 $\varphi \ll 1$ で式（8.44）（ただし $R_\nu = 0$）と一致するように積分定数を選べば，

$$\Phi_{\text{断熱}} = -\frac{2\zeta(\sin\varphi - \varphi\cos\varphi)}{\varphi^3}, \tag{9.41}$$

を得る．ゆらぎの波長が音波の地平線よりもずっと短い場合は $\varphi \gg 1$ で，ポテンシャルは $\Phi_{\text{断熱}} \propto \cos\varphi/\varphi^2 \propto a^{-2}$ に比例して減衰する．これは，放射優勢宇宙で重力ポテンシャルを担う放射の密度ゆらぎが，放射圧を復元力とする音波振動によって $\varphi \gg 1$ では成長できないためである．さらに短波長になると暗黒物質の密度ゆらぎに比べて放射の密度ゆらぎは無視できるようになり，$S_{MR} = 0$ とした解は成り立たなくなる．

この短波長でのポテンシャルの振る舞いは，ハッブル長より短波長で成り立つニュートン的なポアソン方程式 $-q^2\Phi = 4\pi Ga^2\delta\rho$ を用いて理解できる．暗黒物質の密度ゆらぎが支配的になるほどの短波長を考えなければ，右辺の密度ゆらぎは放射が担う．断熱ゆらぎでは $\delta\rho_R/\bar{\rho}_R \propto \cos\varphi$ という解を持つから，$q^2\Phi_{\text{断熱}} \propto a^2\bar{\rho}_R\cos\varphi \propto \cos\varphi/a^2$，すなわち $\Phi_{\text{断熱}} \propto \cos\varphi/\varphi^2$ を得る．

得られたポテンシャルの解を式（9.36）と（9.37）に代入すれば，

---

[20] P. Mészáros, *Astron. Astrophys.*, **37**, 225（1974）; E. J. Groth, P. J. E. Peebles, *Astron. Astrophys.*, **41**, 143（1975）;「ワインバーグの宇宙論」, 6.5 節.

$$\Delta A_{断熱} = -2\zeta\left(1 - \frac{\sin^2\varphi}{\varphi^2}\right), \tag{9.42}$$

と

$$\Delta B_{断熱} = \frac{2\zeta(\varphi - \cos\varphi\sin\varphi)}{\varphi^2}, \tag{9.43}$$

を得る．両者とも長波長でゼロとなるが，前者は短波長で一定値 $\Delta A_{断熱} \to -2\zeta$ となる．後者は短波長でもゼロで，ゆらぎの波長が音波の地平線距離程度のとき $\varphi \approx 1$ にゼロでない値を持つ．短波長で S_{MR} がゼロでない場合は ΔB も短波長でゼロでない値を持つ．

X の解（式 (9.35)）の長波長極限を 8.6.1 節で導いた断熱ゆらぎの解と比べれば，積分定数は $\tilde{A}_{断熱} = \zeta$，$\tilde{B}_{断熱} = 0$ となる．以上より

$$X = \frac{\delta\rho_\gamma}{4\bar{\rho}_\gamma} - \Psi = \zeta\left(-\cos\varphi + \frac{2}{\varphi}\sin\varphi\right), \tag{9.44}$$

を得る．音波の地平線より短波長の極限 $\varphi \gg 1$ を考えればポテンシャルは減衰してゼロになるため $X \approx \delta\rho_\gamma/4\bar{\rho}_\gamma$ となり，放射優勢期の断熱ゆらぎの解として $\delta\rho_\gamma/4\bar{\rho}_\gamma \approx -\zeta\cos\varphi$ を得る．これを短波長極限の式 (9.16) と比べれば，求めたかった積分定数 $A_{断熱} = -\zeta$，$B_{断熱} = 0$ を得る．すなわち，$A_{断熱}$ は Φ の減衰を無視した場合（203 ページ）に比べて絶対値で 3 倍大きい．言いかえれば，**Φ の減衰によって，放射優勢期の温度ゆらぎは 3 倍に増幅される**[*21]．波動方程式 (9.13) の左辺初項を見ると，光子のエネルギー密度ゆらぎの運動方程式は $\Psi (= \Phi)$ の時間微分を含む．断熱ゆらぎの場合，長波長では $\dot{\Phi} = 0$ であるが，宇宙膨張によってゆらぎの波長がハッブル長程度になると Φ は減衰する．物質密度が高い領域では $\Phi < 0$ であるから，減衰するポテンシャルは $\dot{\Phi} > 0$ を与え，光子のエネルギー密度ゆらぎは増大する．ハッブル長よりずっと内側ではポテンシャルは減衰してゼロとなるので，光子のエネルギー密度ゆらぎの増幅はゆらぎの波長が音波の地平線の内側に入ってきたときに生じ，その後は増幅された振幅で晴れ上がり時刻まで音波振動を行う．この重力的な効果は，CMB の温度異方性のパワースペクトルから全物質密度 $\Omega_M h^2$ を決めるのに重要な役割を果たす．

ニュートリノの非等方ストレスを無視する極限では，音波の地平線より短波長

[*21] W. Hu, N. Sugiyama, *Astrophys. J.*, **471**, 542 (1996).

$\varphi \gg 1$ の温度ゆらぎは純粋にコサインである．よって，パワースペクトルのピークの位置は $\ell = (1,\ 2,\ \cdots)\pi r_L/r_s(t_L) = (1,\ 2,\ \cdots)\times 302$ に現れると予想できる．一方，**ゆらぎの波長が音波の地平線距離程度** $\varphi \approx 1$ **のときにはコサインとサインが混じり，ピークの位置は小さな** ℓ **へずれる**．図 6.6 に示す実際のピークの位置が $\ell = (1,\ 2,\ \cdots)\times 302$ と正確には一致しない理由の一つはこのためである．ℓ が大きくなると一致は良くなるが，最初の数個のピークではずれが大きい．たとえば最初のピークの位置は $\ell \approx 220$ である．このずれにはいくつかの効果が寄与するが，およそ 3 割は Φ の減衰で説明できる[*22]．残りは q と ℓ との対応関係 $\ell \approx qr_L$ は近似であって，式 (6.31) で学んだように $q \geqq \ell/r_L$ も寄与することと，パワースペクトル全体に原始ゆらぎ ζ のパワースペクトル $P_\zeta(q) \propto k^{n-4}$ がかかっているため，その傾きでピークの位置が少しずれることで説明できる．

数値計算[*23]によれば，短波長で $\Delta B_{\text{断熱}} \approx -0.07\zeta$ である．これは短波長において暗黒物質の密度ゆらぎが放射の密度ゆらぎと異なる成長をすることによる S_{MR} の効果と解釈できる．$\tilde{A}_{\text{断熱}} + \Delta A_{\text{断熱}} = -\zeta$ であるから解はコサインの項が支配的で，サインの項は小さな補正を与える．

9.3.2 等曲率ゆらぎ

重力ポテンシャルの発展方程式 (9.39) を等曲率ゆらぎを表す非斉次項 S_{MR} を含めて解く．非常に短波長では S_{MR} に $\ln\varphi$ に比例する項が現れるが，これはとりあえず無視し，S_{MR} は時間に依らない定数として議論を進め，最後に数値計算結果を引用する．

$\varphi \ll 1$ で式 (8.54) と一致するように積分定数を選べば，

$$\Phi_{\text{等曲率}} = -\frac{(\sqrt{6}S_{MR}q_{\text{EQ}}/4q)(2+\varphi^2-2\cos\varphi-2\varphi\sin\varphi)}{\varphi^3}, \tag{9.45}$$

を得る．断熱ゆらぎのポテンシャルの短波長極限が $\Phi_{\text{断熱}} \propto \cos\varphi/\varphi^2 \propto a^{-2}$ に比例して減衰するのに対し，等曲率ゆらぎのポテンシャルの短波長極限は $\Phi_{\text{等曲率}} \propto \varphi^{-1} \propto a^{-1}$ と，断熱ゆらぎに比べて減衰が遅い．

この振る舞いを，短波長で成り立つニュートン的なポアソン方程式 $-q^2\Phi =$

[*22] Z. Pan, L. Knox, B. Mulroe, A. Narimani, *Mon. Not. Roy. Astron. Soc.*, **459**, 2513 (2016).

[*23] J. Chluba, D. Grin, *Mon. Not. Roy. Astron. Soc.*, **434**, 1619 (2013).

$4\pi G a^2 \delta\rho$ を用いて理解すると断熱ゆらぎとの違いが明らかとなる．断熱ゆらぎの場合は右辺の $\delta\rho$ は放射で決まっていたため，$\delta\rho_R \propto \cos\varphi/a^4$ とした．しかし，CDM 等曲率ゆらぎの場合は物質密度ゆらぎが支配的となる．まず，放射優勢期には $\delta\rho = \delta\rho_M + \delta\rho_R = \bar{\rho}_M S_{MR} + (3\bar{\rho}_M/4\bar{\rho}_R + 1)\delta\rho_R \approx \bar{\rho}_M S_{MR} + \delta\rho_R$ である．これは $\bar{\rho}_M(S_{MR} + \sqrt{t_{\rm EQ}/t}\delta\rho_R/\bar{\rho}_R)$ とも書ける．放射のエネルギー密度ゆらぎの長波長解（式 (8.52)）を用いれば，括弧内の 2 項目は $-S_{MR}/2$ に等しいので，物質と放射のゆらぎの寄与は同程度である．しかし，短波長では $\delta\rho_R/\bar{\rho}_R \propto S_{MR}(q_{\rm EQ}/q)\sin\varphi$ であるから，$\sqrt{q_{\rm EQ}^2 t_{\rm EQ}/q^2 t} \approx \varphi^{-1} \ll 1$ を満たすような短波長では放射のゆらぎの寄与（括弧内の 2 項目）は物質のゆらぎの寄与（同 1 項目）に比べて小さい．よって，ポテンシャルは $\Phi_{等曲率} \propto a^2 \bar{\rho}_M S_{MR} \propto S_{MR}/a$，すなわち a に反比例して減衰する．

得られたポテンシャルから ΔA と ΔB を計算すれば

$$\Delta A_{等曲率} = -\frac{(\sqrt{6}S_{MR}q_{\rm EQ}/q)\sin^2(\varphi/2)(\varphi - \sin\varphi)}{\varphi^2}, \tag{9.46}$$

と

$$\Delta B_{等曲率} = \frac{(\sqrt{6}S_{MR}q_{\rm EQ}/4q)(1 - \varphi^2 - 2\cos\varphi + \cos 2\varphi + 2\varphi\sin\varphi)}{\varphi^2}, \tag{9.47}$$

を得る．両者とも長波長でゼロとなるが，後者は短波長で一定値 $\Delta B \to -\sqrt{6}S_{MR}q_{\rm EQ}/4q$ となる．前者は短波長でもゼロで，$\varphi \approx 1$ でゼロでない値を持つ．短波長の S_{MR} に $\ln\varphi$ に比例する項を含めれば，ΔA も短波長でゼロでない値を持つ．

X の解（式 (9.35)）の長波長極限を 8.6.2 節で導いた等曲率ゆらぎの解と比べれば，積分定数は両方ともゼロ $\tilde{A}_{等曲率} = 0 = \tilde{B}_{等曲率}$ となり，

$$\frac{\delta\rho_\gamma}{4\bar{\rho}_\gamma} - \Psi = \frac{\sqrt{6}q_{\rm EQ}}{4q} S_{MR}\left(-\frac{2}{\varphi}\cos\varphi - \sin\varphi + \frac{2}{\varphi}\right), \tag{9.48}$$

を得る．短波長では純粋なサインとなるが，ゆらぎの波長が音波の地平線距離程度の場合にはサインとコサインが混じる．短波長ではポテンシャルは減衰してゼロとなるから $\delta\rho_\gamma/4\bar{\rho}_\gamma \approx -(\sqrt{6}S_{MR}q_{\rm EQ}/4q)\sin\varphi$ を得る．これを式 (9.16) と比べれば，$A_{等曲率} = 0$，$B_{等曲率} = -\sqrt{6}S_{MR}q_{\rm EQ}/4q$ を得る．すなわち，Φ の時間変動を無視した場合（203 ページ）に比べて絶対値で 2 倍大きい．Φ を一定とする

近似は等曲率ゆらぎの場合は特に許されないので，関数形は同じで係数だけ 2 倍異なる結果が得られたのはむしろ驚くべきことかもしれない．

脚注 23 の数値計算によれば，短波長で $\Delta A_{\text{等曲率}} \approx -0.05 S_{MR} q_{\text{EQ}}/q$ である．これは短波長において暗黒物質の密度ゆらぎが対数的に成長する効果と解釈できる．$\tilde{B}_{\text{等曲率}} + \Delta B_{\text{等曲率}} = -\sqrt{6} S_{MR} q_{\text{EQ}}/4q \approx -0.6 S_{MR} q_{\text{EQ}}/q$ であるから解はサインの項に支配され，コサインの項は小さな補正を与える．

9.3.3 相対論的ニュートリノ

9.3.1 節では，相対論的ニュートリノによる非等方ストレスを無視すれば断熱ゆらぎの音波の短波長解はコサイン的になることを導いた．しかし，ニュートリノの非等方ストレスにより $\Phi + \Psi = 2\Phi + 8\pi G a^2 \pi_\nu$ （式（8.35））となり，$\Delta A_{\text{断熱}}$ や $\Delta B_{\text{断熱}}$ の数値は変わる．$\Delta B_{\text{断熱}}$ は音波の地平線より短波長の極限 $\varphi \gg 1$ でもゼロにならず，断熱ゆらぎであってもコサインとサインが混じる[*24]．これは相対論的ニュートリノによって生じる独特の効果[*25]で，断熱的初期条件に基づく ΛCDM モデルの範囲内では，**他の宇宙論パラメータによって再現できない効果**である．よってこの効果を用いれば，ニュートリノの非等方ストレスの効果を曖昧さなく区別できる．

相対論的ニュートリノの非等方ストレスによる寄与 $\Delta A_\nu, \Delta B_\nu$ を計算するには，ボルツマン方程式とアインシュタイン方程式を連立して解かねばならない．ニュートリノの位相空間数密度のゆらぎの解は式（A.46）で与えられ，式（A.28）より π_ν が求まる．この計算は，$R_\nu \ll 1$ として R_ν の 1 次の精度まで考えれば解析解を得られるが，$R_\nu = 0.409$ はそれほど小さくないため，解析解は 15%程度の精度[*26]である．代わりに脚注 23 の数値計算の結果をまとめれば，短波長 $\varphi \gg 1$ で $\Delta A_\nu \approx 0.338 R_\nu \zeta$，$\Delta B_\nu \approx 0.418 R_\nu \zeta$ である．サインの項は，三角関数の加

[*24] S. Bashinsky, U. Seljak, *Phys. Rev. D*, **69**, 083002 （2004）; D. Baumann, D. Green, J. Meyers, B. Wallisch, *JCAP*, **1601**, 007（2016）．

[*25] ΛCDM の範囲を離れ，ニュートリノ以外にも物質と相互作用をほとんどしない未知の相対論的な粒子が存在すれば，同様の効果が得られる．必要条件は，**非等方ストレスを担う粒子の運動速度が光子ーバリオン流体の音速より大きい**ことである．相対論的ニュートリノは光速で運動するのでこの条件を満たす．詳しい議論は脚注 24 を見よ．

[*26] 脚注 24 の計算によれば，$\Delta A_\nu = 0.268 R_\nu \zeta + \mathcal{O}(R_\nu^2)$，$\Delta B_\nu = 0.600 R_\nu \zeta + \mathcal{O}(R_\nu^2)$ である．脚注 24 の ζ の定義は本書の定義（式（5.21））と符号が逆である．

法定理を用いてコサインの項の**位相のずれ**と解釈することもできる．$\delta\rho_\gamma/4\bar{\rho}_\gamma = (-\zeta + \Delta A_\nu)\cos\varphi + \Delta B_\nu \sin\varphi \equiv -\sqrt{(-\zeta+\Delta A_\nu)^2 + \Delta B_\nu^2}\cos(\varphi+\theta)$ と書けば，

$$\tan\theta = -\frac{\Delta B_\nu}{-\zeta + \Delta A_\nu} \approx 0.063\pi\,, \tag{9.49}$$

を得る．大きな ℓ での n 番目のピークの位置は近似的に $\varphi_n + \theta = n\pi$ で与えられる．$\varphi_n = q_n r_s$ および $\ell_n \approx q_n r_L$ を用いれば $\ell_n \approx (n\pi - \theta) r_L/r_s = (n - \theta/\pi) \times 302$ である．よって，位相のずれによってピークの位置は ℓ に依らず $\Delta\ell \approx -302\theta/\pi \approx -19$ だけ小さな ℓ にずれる．これは小さなずれであるが，プランク衛星の温度異方性のパワースペクトルから測定されたずれ*27は予想と無矛盾であった．

位相のずれに加えて，短波長の音波の**振幅**が変わることも重要である．すなわち，

$$\frac{\delta\rho_\gamma}{4\bar{\rho}_\gamma} = -\zeta\cos\varphi \longrightarrow -C\cos(\varphi+\theta)\,, \tag{9.50}$$

と書けば，

$$C \equiv \sqrt{(-\zeta + \Delta A_\nu)^2 + \Delta B_\nu^2}\,, \tag{9.51}$$

である．興味深いことに，この新しい振幅は式（8.44）で得た Φ の長波長解のニュートリノによる補正と数値的に良く一致する．すなわち $C \approx \zeta(1+4R_\nu/15)^{-1}$ で，これは 1996 年にウエイン・フー（Wayne Hu）と杉山直によって予想された結果（脚注 21）と一致する．よって，ニュートリノの非等方ストレスの効果により，放射優勢期の温度ゆらぎの振幅は 10%程度小さくなる．この効果は，2009 年に WMAP の 5 年間のデータ*28を用いて測定された．宇宙背景ニュートリノの存在の証拠が CMB のデータのみから得られた初めての例であった．この測定から，宇宙背景ニュートリノのエネルギー密度を決めるパラメータ $N_{\rm eff}$（式（1.11））を決められる．プランク衛星の 29 か月間の観測*29から得られた結果は標準モデルの期待値 $N_{\rm eff} = 3.046$ と 10%の精度で一致した．これは 1.5 節で述べた，火の玉宇宙における宇宙背景ニュートリノの記述の正当性を強固にするものである．

CDM 等曲率ゆらぎの場合は $\Delta A_\nu \approx -0.195 R_\nu q_{\rm EQ}/q$，$\Delta B_\nu \approx 0.235 R_\nu q_{\rm EQ}/q$

*27 B. Follin, L. Knox, M. Millea, Z. Pan, *Phys. Rev. Lett.*, **115**, 091301（2015）.

*28 E. Komatsu, *et al.*, *Astrophys. J. Suppl.*, **180**, 330（2009）.

*29 Planck Collaboration, *Astron. Astrophys.*, **594**, A13（2016）.

である（脚注 23）．ニュートリノによる振幅の変化を

$$\frac{\delta\rho_\gamma}{4\bar{\rho}_\gamma} = -\left(\frac{\sqrt{6}S_{MR}q_{\mathrm{EQ}}}{4q}\right)\sin(\varphi+\theta) \longrightarrow -D\sin(\varphi+\theta)\,, \tag{9.52}$$

と書けば，

$$D \equiv \sqrt{\Delta A_\nu^2 + (-\sqrt{6}S_{MR}q_{\mathrm{EQ}}/4q + \Delta B_\nu)^2}\,, \tag{9.53}$$

および

$$\tan\theta = \frac{\Delta A_\nu}{-\sqrt{6}S_{MR}q_{\mathrm{EQ}}/4q + \Delta B_\nu} \approx 0.049\pi\,, \tag{9.54}$$

である．振幅の補正項は，式（8.54）で得た Φ の長波長解のニュートリノによる補正と数値的に良く一致する．すなわち $D \approx (\sqrt{6}S_{MR}q_{\mathrm{EQ}}/4q)(15-4R_\nu)(15+2R_\nu)^{-1}$ [*30]で，ニュートリノによって振幅は 15%程度小さくなる．

9.4 スカラー型温度異方性のボルツマン方程式

本章ではエネルギー保存則と運動量保存則の式から出発して音波の運動方程式を導き，放射優勢宇宙での物理的な振る舞いを調べた．得られた音波の解は，10 章で温度異方性のパワースペクトル C_ℓ と関係づける．シルク減衰を導くには非等方ストレスの情報が必要で，そこではボルツマン方程式の助けを借りた．

物理の理解には，流体力学を軸とするアプローチは見通しが良いが，流体の方程式とボルツマン方程式を混ぜるようなことはせず，より系統的なアプローチを学びたい読者のために，本節では温度異方性のパワースペクトルまでの筋道を形式的に書き下す．興味のない読者は本節を読み飛ばしてかまわない．

付録 A で述べるように，相対論的流体のエネルギー密度のゆらぎ，速度ポテンシャル，非等方ストレスは，流体を構成する粒子の位相空間数密度の運動量積分を用いてそれぞれ式（A.22），(A.23)，(A.24）と書ける．これを見ると，速度ポテンシャルと非等方ストレスは流体素片中の粒子の運動の非等方性で与えられることがわかる．具体的には，速度ポテンシャルは双極型の異方性（$\ell=1$，図 4.2 の左図），非等方ストレスは四重極型の異方性（$\ell=2$，図 4.3 の左上図）に相当す

[*30] 脚注 23 は近似的な補正項として $(1+2R_\nu/5)^{-1}$ を提案するが，これは数値解を単純な解析的表式に表す試みなので，精度が十分であればどちらの表式を用いても良い．

る．トムソン散乱が頻繁に起これば，電子の静止系において光子の位相空間数密度は等方的となり，等方的な成分（$\ell=0$）を残して残りはゼロとなる．等方的な成分は光子のエネルギー密度に対応する．

この知見に基づき，位相空間数密度の非等方性を式 (9.17) に従って定義し，$\bar{\rho}_\gamma(t)[1+\Delta_T(t,\boldsymbol{q},\boldsymbol{\gamma})]=4\pi\int p^2dp\, n_{\boldsymbol{q}}^{\text{位相}}(t,\boldsymbol{p})p$ と書く．$\boldsymbol{\gamma}$ は光子の運動量ベクトル $\boldsymbol{p}$ の方向を表す単位ベクトル，$\boldsymbol{q}$ はフーリエ変換の波数ベクトルである．

波数ベクトルを球座標の極角の原点方向（図 4.1 の z 軸方向）に取れば，Δ_T の方向依存性は極角 θ のみで，方位角には依存しない．そこで，そのような座標系で Δ_T をルジャンドル多項式展開できる．しかし，座標系の選び方に依らない手法を学びたい読者のために，別の考え方を紹介する．$\Delta_T(t,\boldsymbol{q},\boldsymbol{\gamma})$ の $\boldsymbol{q}$ の方向依存性は，$\zeta_{\boldsymbol{q}}$ や $S_{MR,\boldsymbol{q}}$ といったゆらぎの変数の初期条件で与えられるもので，その後の進化は q，p，$\mu\equiv\boldsymbol{q}\cdot\boldsymbol{p}/qp$ のみに依存する（$\boldsymbol{q}$ を z 軸方向にとる座標系では $\mu=\cos\theta$ である）．そこで，初期条件の $\boldsymbol{q}$ の方向依存性を $\zeta_{\boldsymbol{q}}=\alpha_{\boldsymbol{q}}\zeta_q$ や $S_{MR,\boldsymbol{q}}=\alpha_{\boldsymbol{q}}S_{MR,q}$ のように抜き出す．$\alpha_{\boldsymbol{q}}$ はパワースペクトルが 1 の確率変数で $\langle\alpha_{\boldsymbol{q}}\alpha^*_{\boldsymbol{q}'}\rangle=(2\pi)^3\delta_D^{(3)}(\boldsymbol{q}-\boldsymbol{q}')$ を満たし，複素共役は $\alpha^*_{\boldsymbol{q}}=\alpha_{-\boldsymbol{q}}$ を満たす．そして $\Delta_T(t,\boldsymbol{q},\boldsymbol{\gamma})=\alpha_{\boldsymbol{q}}\Delta_T(t,q,\mu)$ と書き，$\Delta_T(t,q,\mu)$ をルジャンドル多項式展開して

$$\Delta_T(t,q,\mu)=\sum_\ell i^{-\ell}(2\ell+1)P_\ell(\mu)\Delta_{T,\ell}(t,q)\,, \tag{9.55}$$

と書く．μ は $\boldsymbol{q}$ と $\boldsymbol{p}$ とがなす角度の余弦なので，座標系に依らない概念である．$\Delta_T^*(t,q,\mu)=\Delta_T(t,q,-\mu)$ と $P_\ell(-\mu)=(-1)^\ell P_\ell(\mu)$ を用いれば，$\Delta_{T,\ell}$ は実数であることを示せる．

ルジャンドル多項式展開係数 $\Delta_{T,\ell}$ の最初の 3 つの項（$\ell=0,1,2$）はそれぞれエネルギー密度のゆらぎ，速度ポテンシャル，非等方ストレスと比例しており，関係式は式 (A.26)，(A.27)，(A.28) で与えられる．これらの関係式を用いて光子のエネルギー保存則の式 (9.7)，運動量保存則の式 (9.9)，非等方ストレスの式 (9.18) を $\Delta_{T,\ell}$ を用いて書き直せば

$$\dot{\Delta}_{T,0}+\frac{q}{a}\Delta_{T,1}-4\dot{\Psi}=0\,, \tag{9.56}$$

$$\dot{\Delta}_{T,1}+\frac{q}{3a}(2\Delta_{T,2}-\Delta_{T,0})-\frac{4q}{3a}\Phi=-\sigma_{\mathcal{T}}\bar{n}_e\left(\Delta_{T,1}+\frac{4q}{3a}\delta u_B\right), \tag{9.57}$$

$$\dot{\Delta}_{T,2}+\frac{q}{5a}(3\Delta_{T,3}-2\Delta_{T,1})=-\sigma_{\mathcal{T}}\bar{n}_e\Delta_{T,2}+\frac{1}{10}\sigma_{\mathcal{T}}\bar{n}_e\Pi\,, \tag{9.58}$$

を得る．$\ell \geqq 3$ は式 (9.19) で与えられる．散乱のない場合のボルツマン方程式 (A.36)–(A.38) と比べると，式 (9.56) は (A.36) と等しいが，式 (9.57), (9.58) の右辺はトムソン散乱による項を含む．これは前述のように，トムソン散乱が効果的であれば，電子の静止系（すなわちバリオン流体の静止系）$\delta u_B \equiv 0$ では散乱によって光子の位相空間数密度は等方化して $\Delta_{T,\ell\geqq 1} \to 0$ となる効果である．バリオン流体の静止系でなければ，トムソン散乱によって光子流体とバリオン流体はともに運動し，$\Delta_{T,1} = -4q\delta u_B/3a$ が解となる．

$\ell = 2$ の式 (9.58) の右辺 2 項目は，トムソン散乱が等方的な散乱ではなく，散乱角度に関して四重極の依存性を持つことによる．ここで，$\Pi \equiv \Delta_{T,2} + \Delta_{P,0} + \Delta_{P,2}$ を定義した．$\Delta_{P,\ell}$ は偏光のルジャンドル展開係数で，11.3.2 節で扱う．

これらの連立 1 階常微分方程式は $\ell \to \infty$ まで続くが，形式的に積分することができて[*31]

$$\frac{1}{4}\Delta_{T,\ell}(t_0, q) + \Phi(t_0, q)\delta_{\ell 0}$$

[*31] これは「視線方向積分形式」と呼ばれ，U. Seljak, M. Zaldarriaga, *Astrophys. J.*, **469**, 437 (1996) で初めて用いられた．彼らの Δ_T と本書の定義は $\Delta_T(\text{本書}) = 4\Delta_T(\text{Seljak-Zaldarriaga})$ と関係する．本書での表式は W. Hu, M. White, *Phys. Rev. D*, **56**, 596 (1997) により近い．前者の結果とは部分積分によって関係する．この解を導くには，ルジャンドル多項式展開する前のボルツマン方程式 (A.35) に戻った方が見通しが良い．式 (A.35) にはないトムソン散乱の項を右辺に加えれば

$$\dot{\Delta}_T + i\frac{q\mu}{a}\Delta_T - 4\left(\dot{\Psi} - i\frac{q\mu}{a}\Phi\right) = -\sigma_T \bar{n}_e \left(\Delta_T - \Delta_{T,0} - 4i\frac{q\mu}{a}\delta u_B + \frac{1}{2}P_2(\mu)\Pi\right), \tag{9.59}$$

である．右辺の導出は 11.3.2 節で与える．これをルジャンドル多項式展開すれば式 (9.56), (9.57), (9.58), (9.19) を得る．右辺最初の 2 項は散乱によって光子の位相空間数密度の角度分布が等方化することを表し，3 項目はバリオン流体の運動による光のドップラー効果を表し，最後の項はトムソン散乱は等方的ではなく散乱角度に関して四重極の依存性を持つことによる．積分すれば形式解として

$$\begin{aligned}\Delta_T(t_0, q, \mu) = {} & 4\int_0^{t_0} dt\ \exp(-iq\mu r - \tau)\left(\dot{\Psi} - i\frac{q\mu}{a}\Phi\right) \\ & + \int_0^{t_0} dt\ \exp(-iq\mu r)\dot{\mathcal{O}}(t)\left(\Delta_{T,0} + 4i\frac{q\mu}{a}\delta u_B - \frac{1}{2}P_2(\mu)\Pi\right),\end{aligned} \tag{9.60}$$

を得る．指数関数はレイリーの公式 (6.7) を用いて展開できる．式 (6.7) で $\hat{n} = -\boldsymbol{\gamma}$ として球面調和関数の関係式 $Y_\ell^m(-\boldsymbol{\gamma}) = (-1)^\ell Y_\ell^m(\boldsymbol{\gamma})$ と $\sum_m Y_\ell^m(\boldsymbol{\gamma})Y_\ell^{m*}(\hat{q}) = (2\ell+1)P_\ell(\mu)/4\pi$ を用いれば

$$\exp(-iq\mu r) = \sum_\ell i^{-\ell}(2\ell+1)j_\ell(qr)P_\ell(\mu), \tag{9.61}$$

を得る．あとは Φ の項を部分積分し，$\exp(-iq\mu r)i\mu = [-\exp(-iq\mu r)]'$ および $\exp(-iq\mu r)\mu^2 = [-\exp(-iq\mu r)]''$ を用い，ルジャンドル多項式展開係数 $\Delta_{T,\ell}$ の定義式 (9.55) を用い，両辺を 4 で割れば式 (9.62) を得る．ほとんどの文献は式 (9.59) をまず導くところから始まるが，本書では物理的直観を磨くため，エネルギーや運動量の保存則の式から出発した．

$$= \int_0^{t_0} dt\ \dot{\mathcal{O}} \left[\left(\frac{1}{4}\Delta_{T,0} + \Phi \right) j_\ell - \frac{q}{a}\delta u_B j'_\ell + \frac{1}{16}\Pi(3j''_\ell + j_\ell) \right]$$
$$+ \int_0^{t_0} dt\ \exp(-\tau)(\dot{\Phi} + \dot{\Psi}) j_\ell\,, \tag{9.62}$$

を得る．ここで t_0 は現在の時刻，$\tau = \sigma_{\mathcal{T}} \int_t^{t_0} dt\ \bar{n}_e$ は現在から過去に遡って測ったトムソン散乱の光学的厚さ，$\dot{\mathcal{O}} = \sigma_{\mathcal{T}} \bar{n}_e \exp(-\tau)$ は時刻 t から $t + dt$ の間に光子が散乱される確率，そして $j_\ell = j_\ell(qr)$ は球ベッセル関数で，$'$ は引数 qr に関する微分である．$r(t) = \int_t^{t_0} dt'/a(t')$ は地球を中心とする球座標の動径座標で，時刻 t での光子の位置を表す．

この式を単純化したものは，すでに見たことがある．$\ell = 0$ は光子のエネルギー密度のゆらぎ $\Delta_{T,0} = \delta\rho_\gamma/\bar{\rho}_\gamma$ に等しいので，右辺の角括弧内の最初の 3 項は式 (9.31) の右辺に対応する．右辺で Π を含む項は小さく，式 (9.31) では無視した．最後の項は，式 (5.16) で導いたスカラー型の積分ザクス–ヴォルフェ効果である．式 (9.62) の左辺の t_0 における重力ポテンシャルは，式 (5.16) の右辺 3 項目に対応する．

式 (9.62) の右辺に現れる球ベッセル関数やその微分は，それぞれの項のフーリエ係数を ℓ 空間に射影する役割を担う．我々が観測する温度異方性は

$$\frac{\Delta T(\hat{n})}{T_0} = \int \frac{d^3q}{(2\pi)^3} \frac{\Delta_T(t_0, \boldsymbol{q}, -\hat{n})}{4} = \int \frac{d^3q}{(2\pi)^3} \frac{\alpha_{\boldsymbol{q}} \Delta_T(t_0, q, -\mu)}{4}\,, \tag{9.63}$$

で与えられる．観測者を中心とする球座標の視線方向ベクトル $\hat{n}$ は，観測者に向かう光子の方向ベクトル $\boldsymbol{\gamma}$ の逆向きなので $\hat{n} = -\boldsymbol{\gamma}$ である．両辺に Y_ℓ^{m*} をかけて積分すれば，球面調和関数の展開係数として[*32]

$$a_{\ell m} = 4\pi T_0 i^\ell \int \frac{d^3q}{(2\pi)^3}\ \alpha_{\boldsymbol{q}} Y_\ell^{m*}(\hat{q}) \frac{\Delta_{T,\ell}(t_0, q)}{4}\,, \tag{9.64}$$

を得る．たとえば断熱ゆらぎを仮定すると，長波長でザクス–ヴォルフェ効果を表す式 (9.62) 右辺角括弧内の最初の 2 項の和は式 (6.8) に対応する．これは小角度近似を用いると式 (6.11) となり，球ベッセル関数によるフーリエ係数の天球

[*32] 式 (9.55) で $P_\ell(-\mu) = (-1)^\ell P_\ell(\mu)$ と $(2\ell+1)P_\ell(\mu)/4\pi = \sum_m Y_\ell^{m*}(\hat{q}) Y_\ell^m(\hat{n})$ を用いれば良い．

上への射影を理解する手助けとなる．光のドップラー効果では j_ℓ ではなく j'_ℓ が現れるのは，ドップラー効果の角度依存性は μ に比例するためである．物理的には，ドップラー効果は速度の視線方向成分のみが寄与し，速度ベクトルは波数ベクトルに比例するから，波数の視線方向成分のみが寄与するためである．これは小角度近似を用いるとより明らかになる（式 (10.5)）．Π に現れる $3j''_\ell + j_\ell$ は，非等方ストレスは位相空間数密度の非等方性の四重極成分に対応するので，角度依存性は $(-3\mu^2+1)$ に比例するためである．

式 (9.62) を計算するには，Φ，Ψ，$\Delta_{T,0}$，δu_B，Π が必要である．最初の 2 つはアインシュタイン方程式から得られ，そこではニュートリノの非等方ストレスも必要なので付録 A のニュートリノのボルツマン方程式と連立して解く．残りの 3 つは $\dot{\mathcal{O}}$ がかかっているので，散乱が頻繁な時期のみ重要である．晴れ上がりの時刻以前ではバリオンと光子流体の強結合近似を使えるので，ボルツマン方程式を $\ell \to \infty$ まで解く必要はなく，たとえば $\ell = 7$ 程度で打ち切れば良い．

このようにして $\Delta_{T,\ell}(t_0, q)$ を求めれば，パワースペクトル $C_\ell = \langle a_{\ell m} a^*_{\ell m} \rangle$ は式 (9.64) を用いて

$$C_\ell = \frac{2T_0^2}{\pi} \int_0^\infty q^2 dq \ (\Delta_{T,\ell}/4)^2 , \tag{9.65}$$

と得られる．断熱ゆらぎでは $\Delta_{T,\ell}(t_0, q)$ は ζ_q に比例する．たとえば，ザクス–ヴォルフェ効果では $\Delta_{T,\ell}(t_0, q)/4 = -\zeta_q j_\ell(q r_L)/5$ である．そこで $\tilde{\Delta}_{T,\ell}(t_0, q) \equiv \Delta_{T,\ell}(t_0, q)/\zeta_q$ を定義すれば

$$C_\ell = \frac{2T_0^2}{\pi} \int_0^\infty q^2 dq \ P_\zeta(q) (\tilde{\Delta}_{T,\ell}/4)^2 , \tag{9.66}$$

とも書ける．$P_\zeta(q)$ は ζ のパワースペクトルで，$q^3 P_\zeta(q)/2\pi^2 = A_s (q/q_*)^{n-1}$ と表されることが多い．q_* は適当な波数で，$q_* = 0.05\,\mathrm{Mpc}^{-1}$ と選ぶのが慣例である．ザクス–ヴォルフェ効果の場合 $\tilde{\Delta}_{T,\ell}/4 = -j_\ell(q r_L)/5$ を代入し，物質優勢期の重力ポテンシャルと ζ の長波長での関係式 $\Phi = -3\zeta/5$ を用いれば，式 (9.66) は式 (6.27) と一致する．等曲率ゆらぎの場合は ζ を S_{MR} に置き換えれば良い．

以上の手続きによりパワースペクトルが求まるが，本書ではこの表式は用いず，解析解や小角度近似などを駆使して物理的な理解を得ることを優先する．これは 10 章で行うが，興味のある読者は，折に触れて厳密な表式 (9.62) と比較すると

さらに理解が深まるであろう.

0章 温度異方性の宇宙論パラメータ依存性

2000 年代の CMB 研究のハイライトは，温度異方性のパワースペクトルを用いた宇宙論パラメータの決定であった．ザクスとヴォルフェ，シルク，ピーブルスと虞，およびゼルドヴィッチ とスニヤエフによる先駆的な仕事[*1]の後，温度異方性のパワースペクトルの計算は，トムソン散乱の非等方性[*2]や暗黒物質[*3]の追加などの物理的仮定の改善，および数値計算の精度の改善[*4]によって大きく発展した．平行して，フーと杉山の一連の仕事[*5]によってパワースペクトルの数値計算結果の物理的解釈が与えられ，大きな ℓ に見られる音波振動を測定すれば宇宙論パラメータを精密に決められる[*6]ことが明らかとなった．これは WMAP やプ

---

*1 R. K. Sachs, A. M. Wolfe, *Astrophys. J.*, **147**, 73 (1967) ; J. Silk, *Astrophys. J.*, **151**, 459 (1968) ; P. J. E. Peebles, J. T. Yu, *Astrophys. J.*, **162**, 815 (1970) ; R. A. Sunyaev, Ya. B. Zeldovich, *Astrophys. Space Sci.*, **7**, 3 (1970).

*2 M. L. Wilson, J. Silk, *Astrophys. J.*, **243**, 14 (1981) ; N. Kaiser, *Mon. Not. Roy. Astron. Soc.*, **202**, 1169 (1983).

*3 N. Vittorio, J. Silk, *Astrophys. J. Lett.*, **285**, L39 (1984) ; J. R. Bond, G. Efstathiou, *Astrophys. J.*, **285**, L45 (1984) ; *ibid. Mon. Not. Roy. Astron. Soc.*, **226**, 655 (1987).

*4 N. Sugiyama, *Astrophys. J. Suppl.*, **100**, 281 (1995) ; U. Seljak, M. Zaldarriaga, *Astrophys. J.*, **469**, 437 (1996).

*5 W. Hu, N. Sugiyama, *Astrophys. J.*, **444**, 489 (1995) ; *ibid. Phys. Rev. D* **51**, 2599 (1995) ; *ibid. Astrophys. J.*, **471**, 542 (1996) ; W. Hu, N. Sugiyama, J. Silk, *Nature*, **386**, 37 (1997).

*6 G. Jungman, M. Kamionkowski, A. Kosowsky, D. N. Spergel, *Phys. Rev. D* **54**, 1332 (1996) ; J. R. Bond, G. Efstathiou, M. Tegmark, *Mon. Not. Roy. Astron. Soc.*, **291**, L33 (1997).

ランク衛星（6.3.5 節）を打ち上げる動機となった．

音波の波形は音波が伝わる媒質の性質に依存するため，図 6.6 の波形を調べればバリオン密度が観測的に決まる．重力的な効果を考慮すれば，暗黒物質やニュートリノの密度も決まる．また，観測されるパワースペクトルは晴れ上がり時刻から 138 億年間旅をしてきた光の分布であるから，最終散乱面の動径座標 r_L や，最終散乱面と地球との間の電離ガスによるトムソン散乱の光学的厚さ τ，および物質分布による重力レンズ効果にも依存する．これらの依存性を用いれば，ΛCDM モデルを決める宇宙論パラメータを精密に決定できる．

本章では，図 6.6 のパワースペクトルの音波振動の波形を物理的に理解し，それがバリオン密度や暗黒物質密度といった宇宙論パラメータにどう依存するかを学ぶ．そのための準備として，10.1 節では晴れ上がり時刻における音波の解析解を求める．得られた解を用い，10.2 節では温度異方性のパワースペクトルがバリオン密度と全物質密度にどう依存するか調べる．さらに理解を深めるには光のドップラー効果と積分ザクス–ヴォルフェ効果を含める必要があり，これはそれぞれ 10.3 節と 10.4 節で行う．10.5 節と 10.6 節では本章で学ぶ内容を総動員し，CMB の温度異方性のパワースペクトルから得られる ΛCDM モデルのパラメータを解説する．10.7 節では相対論的，および非相対論的ニュートリノがパワースペクトルに与える影響を論じる．

本章では断熱的初期条件のみ考える．なぜなら，音波振動の位相がサイン的となる等曲率ゆらぎでは図 6.6 のデータを説明できないからである．断熱ゆらぎとごく少量の等曲率ゆらぎの混合は観測的に許されるが，ゼロでない等曲率ゆらぎの証拠は見つかっていない．

10.1 晴れ上がり時刻の温度ゆらぎの解析解

晴れ上がり時の宇宙は物質優勢であると近似する．晴れ上がり時刻での物質密度は放射密度の 3 倍程度なので完全に物質優勢とは言えないが，悪くない近似である．ただし，晴れ上がり時はまだ完全に物質優勢でないことは，10.4 節で早期の積分ザクス–ヴォルフェ効果を議論する際に重要となる．物質優勢宇宙ではニュートリノの非等方ストレスは無視できて $\Phi = \Psi$ である．

物質優勢期では，重力ポテンシャル Φ はすべての波長で時間に依らず一定である．これを導くには，エネルギーと運動量保存則の式（8.24）と（8.25），および束縛条件を与える一般相対論的なポアソン方程式（8.28）を連立して解けば良い．式（8.25）より $\Phi = -\delta\dot{u}$ が得られ，式（8.24）と（8.28）に代入して Φ を消去し，最後に $\delta\rho_M/\bar{\rho}_M$ を消去すれば

$$\delta\ddot{u} + \frac{2}{3}\frac{\delta\dot{u}}{t} - \frac{2}{3}\frac{\delta u}{t^2} = 0\,, \tag{10.1}$$

を得る．時間とともにもっとも速く成長する解は $\delta u = D_q t$ である．D_q は積分定数で，波数に依存することを強調するため添え字 q を付与した．$\Phi = -\delta\dot{u} = -D_q$ より，すべての波長で Φ は時間に依らず一定である．これは初期条件が断熱ゆらぎかそうでないかに関わらず成り立ち，初期条件の違いは長波長の D_q の値に現れる．断熱ゆらぎでは $D_{q,\,\text{長波長}}^{\text{断熱}} = 3\zeta/5$，CDM 等曲率ゆらぎでは $D_{q,\,\text{長波長}}^{\text{等曲率}} = S_{MR}/5$ である．9.3.1 節と 9.3.2 節で学んだように，放射優勢宇宙では音波の地平線距離より短波長のポテンシャルは減衰するので，D_q は波数に関して単調に減少する関数である．

重力ポテンシャルと速度ポテンシャルの解が得られたので，束縛条件の式 (8.28) より物質密度ゆらぎの解は $\delta\rho_M/\bar{\rho}_M = 2D_q(1 + q^2/3H^2a^2)$ と求まる．$\delta\rho_M/\bar{\rho}_M$ はハッブル長より長波長 $q/a \ll H$ では時間に依らず一定であるが，短波長では $(Ha)^{-2} \propto t^{2/3} \propto a$ と，スケール因子に比例して成長する．ただし，バリオンの密度ゆらぎは晴れ上がり時刻までは光子の密度ゆらぎと強く結びついており，この解を満たさない．宇宙が晴れ上がると，光子流体から解き放たれたバリオンは重力ポテンシャルに落ち込み，暗黒物質と同様の解に近づく．

音波に戻ろう．物質優勢期だがまだ $R \ll 1$ である時期を考えると，音波の運動方程式（9.13）の解は放射優勢期の解（式（9.35））と同じ形に書ける．$\Phi(=\Psi)$ は一定なので，解として $\delta\rho_\gamma/4\bar{\rho}_\gamma - \Phi = (\tilde{A} + 2\Phi)\cos\varphi + \tilde{B}\sin\varphi - 2\Phi$ を得る．ここで，独立変数 φ は音波の地平線距離を r_s（式（9.2））として $\varphi = qr_s$ で，$R \ll 1$ かつ物質優勢期では $\varphi = \sqrt{3}qt/a$ である．組み合わせ $\delta\rho_\gamma/4\bar{\rho}_\gamma + \Phi$ の長波長極限は表式（5.26）より $-\zeta/5$ である．$\Phi = -3\zeta/5$ であるから積分定数は $\tilde{A} = \zeta$，$\tilde{B} = 0$ と求まる．

次に R が無視できない場合を考える．音波の地平線より短波長の解を考えれば，R の時間変化はさほど重要でない．R の時間変化を完全には無視せず，WKB 近似[*7]を用いれば解は $\delta\rho_\gamma/4\bar{\rho}_\gamma + \Phi = (1+R)^{-1/4}[A\cos(qr_s) + B\sin(qr_s)] - R\Phi$

[*7] 「ワインバーグの宇宙論」，6.3 節．

である．この解と先ほど $R \ll 1$ を仮定して求めた解はなめらかにつながるので，積分定数として $A = \tilde{A} + 2\Phi = -\zeta/5$，$B = 0$ を得る．すなわち

$$\frac{\delta\rho_\gamma}{4\bar{\rho}_\gamma} + \Phi = \frac{\zeta}{5}\left[3R - (1+R)^{-1/4}\cos(qr_s)\right], \tag{10.2}$$

が $aH/c_s \lesssim q \ll q_{\rm EQ}$ での解となる．ここで，$q_{\rm EQ}/a_0 = 0.010(\Omega_M h^2/0.14)\,{\rm Mpc}^{-1}$（式 (9.33)）は放射と物質のエネルギー密度が等しくなる時刻にハッブル長の内側に入るゆらぎの波数である．音波の地平線より長波長 $q \lesssim aH/c_s$ では圧力の影響は小さいので $R = 0$ とした解で近似する．

物質優勢期での $q \gg q_{\rm EQ}$ の解は放射優勢期にハッブル長の内側に入ってきた音波の解（式 (9.44)）と同じ形をしているので，両者をつなげば積分定数として $A = -\zeta$，$B = 0$ を得る．すなわち**晴れ上がり時刻では，シルク減衰する前の短波長の音波の振幅は長波長の振幅の 5 倍**である．これらの解を $q \approx q_{\rm EQ}$ でなめらかにつなげば，$q \gtrsim aH/c_s$ で

$$\frac{\delta\rho_\gamma}{4\bar{\rho}_\gamma} + \Phi = \frac{\zeta}{5}\left\{3R\mathcal{T}(\kappa) - (1+R)^{-1/4}\mathcal{S}(\kappa)\cos[qr_s + \theta(\kappa)]\right\}, \tag{10.3}$$

を得る．長波長では $R = 0$ として，適当な波数[*8]で二つの解を接続する．新しい関数 $\mathcal{S}$ は長波長と短波長の音波の振幅をなめらかに繋ぎ，$\mathcal{T}$ は長波長と短波長の重力ポテンシャルをなめらかにつなぐ．θ は位相のずれで，9.3.1 節で学んだ放射優勢期の重力ポテンシャルの時間変化による寄与と，9.3.3 節で学んだ相対論的ニュートリノによる寄与を表す．これらの関数はすべて $q_{\rm EQ}$ で規格化した波数 $\kappa \equiv \sqrt{2}q/q_{\rm EQ}$ の関数である．というのは，これらの関数は物質優勢期と放射優勢期の解をなめらかにつなぐのが役割だからである．

図 10.1 にこれらの関数[*9]を示す．最終散乱面上 r_L にある波数 $q_{\rm EQ}$ を見込む角度は $\ell_{\rm EQ} \approx q_{\rm EQ} r_L \approx 140$ に対応するから，最終散乱面上の κ は近似的に $\ell \approx 100\kappa$ に対応する．関数 $\mathcal{T}(\kappa)$，$\mathcal{S}(\kappa)$，$\theta(\kappa)$ の漸近的な振る舞いは，9 章で学んだ内容で理解できる．すなわち，$\kappa \ll 1$ において $\mathcal{S} \to 1$，$\mathcal{T} \to 1$，$\theta \to 0$ で，$\kappa \gg 1$ において $\mathcal{S} \to 5$（ただし図 10.1 に示す κ の範囲ではこの値にまだ達していない），ニュートリノの非等方ストレスを無視すれば $\theta \to 0$，無視しなければ $\theta \to 0.062\pi$

---

*8　たとえば晴れ上がり時刻 t_L で物質優勢宇宙を仮定すれば，$q_{\text{接続}}/a_0 = a_L H_L/a_0 c_s = H_0\sqrt{3\Omega_M(1+z_L)(1+R_L)} \approx 9 \times 10^{-3}\,{\rm Mpc}^{-1}$ と選べる．

*9　具体的な表式は「ワインバーグの宇宙論」，式 6.5.12，6.5.13，6.5.14 を用いた．

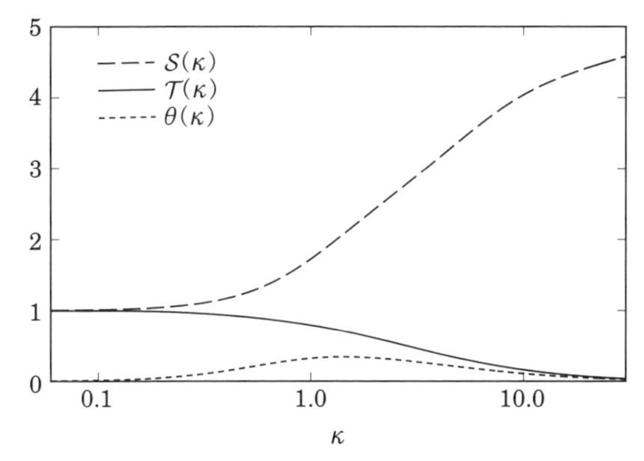

図 10.1　放射優勢期と物質優勢期にハッブル長の内側に入るゆらぎの解をなめらかにつなぐ関数を $\kappa=\sqrt{2}q/q_{\rm EQ}$ の関数として示す．$\mathcal{T}$（破線）は重力ポテンシャルを，$\mathcal{S}$（実線）と θ（点線）はそれぞれ音波の振幅と位相のずれをつなぐ関数である．ニュートリノの非等方ストレスの効果は無視した．

（式（9.49））である．位相のずれ θ は $\kappa\approx 1$ のときに最大となる．短波長の $\mathcal{T}$ の振る舞いは，放射優勢期のポテンシャルは短波長で φ^{-2} に比例して減衰することから $\mathcal{T}\propto\kappa^{-2}$ が予想されるが，非常に短波長では放射の密度ゆらぎが無視できて暗黒物質の密度ゆらぎがスケール因子に関して対数的に成長できる[*10]ことから $\mathcal{T}\propto\ln\kappa/\kappa^2$ である．これらの関数の具体的な形をすべての κ で解析的に求めるのは困難なので数値計算をせねばならないが，パワースペクトルの宇宙論パラメータ依存性を定性的に理解する目的には，$\mathcal{T}$ は単調減少関数，$\mathcal{S}$ は単調増加関数，θ は長波長でゼロ，$\kappa\approx 1$ で最大，短波長で一定値となることだけ理解できれば十分である．

最後に，9.2.3 節で学んだシルク減衰と，晴れ上がりが一瞬ではないことによる音波の減衰を合わせた $\exp(-q^2/q^2_{\text{減衰}})$ を式（10.3）のコサインにかければ，光子のエネルギー密度のゆらぎと重力ポテンシャルによる温度ゆらぎの解析解の完成である．

---

*10　P. Mészáros, *Astron. Astrophys.*, **37**, 225（1974）; E. J. Groth, P. J. E. Peebles, *Astron. Astrophys.*, **41**, 143（1975）;「ワインバーグの宇宙論」，6.5 節．

10.2 バリオン密度と全物質密度

得られた解析解を用いて，温度異方性のパワースペクトルがバリオン密度と全物質密度にどう依存するかを調べる．パワースペクトルから決められる密度パラメータは Ω_M や Ω_B ではなく，$\Omega_M h^2$ や $\Omega_B h^2$ である．なぜなら，パワースペクトルを決める物理量は全物質と全放射のエネルギー密度比 $\bar{\rho}_M/\bar{\rho}_R \propto \Omega_M h^2$ やバリオンと光子のエネルギー密度比 $\bar{\rho}_B/\bar{\rho}_\gamma \propto \Omega_B h^2$ だからである．

ニュートリノがパワースペクトルに与える影響は 10.7 節で調べることにして，本節では単純化のためニュートリノの非等方ストレスを無視する．

観測される温度異方性のパワースペクトルは，晴れ上がりの時刻での $\delta\rho_\gamma/4\bar{\rho}_\gamma + \Phi$ のフーリエ展開の係数を 2 乗して $qr_L \to \ell$ と対応させたものでおおまかに理解できる．図 10.2 の左上図の破線は $\mathcal{S}$ の効果，すなわち放射優勢宇宙での温度ゆらぎの増幅の効果を示す．横軸は qr_s/π で，ℓ との対応関係は $\ell \approx 302qr_s/\pi$ である．バリオンによる効果は，バリオンと光子流体が強く結びつくため音波が発生するということ以外は無視した．すなわち，式 (10.3) において $R=0$ とした．実線はシルク減衰と，晴れ上がりが一瞬ではなく幅を持つことによる減衰 $\exp(-q^2/q^2_{減衰})$ を含めた結果を示す．増幅と減衰が近似的に相殺し，最初の 3 つのピークの高さはほぼ同じであるが，4 番目のピークから減衰の効果が顕著となる．

右上図の破線は，$q_{\rm EQ} \propto \Omega_M h^2$ を半分にしたものを示す．これは放射と物質のエネルギー密度が等しくなる赤方偏移が半分になったことと同じである．すなわち，より長く放射優勢期が続く．$\Omega_M h^2$ が変化することによる $q_{減衰}$ の変化は考慮せず，純粋に $\mathcal{S}$ の効果を示す．$q_{\rm EQ}$ が小さくなると，$\mathcal{S}$ による増幅がより小さな波数から始まるため，ピークが高くなる．この効果は最初のピークが最大である．2 番目以降のピークも高くなるが，効果は徐々に小さくなる．なぜなら，大きな波数になるほど $\mathcal{S}$ の増大がゆるやかになるためである．よって，**$\Omega_M h^2$ を減らすと最初の数個のピークが高くなる．**

左下図の実線は，$R \propto \Omega_B h^2$ によって音波の振幅が $(1+R)^{-1/4}$ 倍になり，かつ振動のゼロ点が $3R\mathcal{T}$ だけシフトしたものを示す．バリオン密度が変化することによる $q_{減衰}$ の変化は考慮しない．**振動のゼロ点の変化によって奇数番目のピークは高くなり，偶数番目のピークは低くなる．** $\mathcal{T}$ は波数が大きいほど小さくなるか

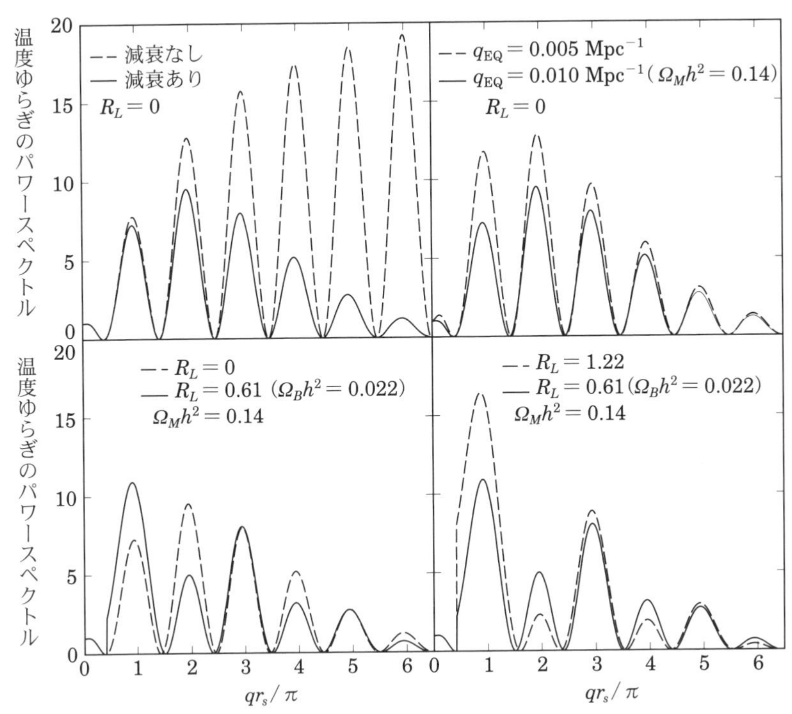

図10.2 晴れ上がり時刻における，光子のエネルギー密度ゆらぎと重力ポテンシャルによる温度ゆらぎのパワースペクトル $(\delta\rho_\gamma/4\bar{\rho}_\gamma + \Phi)^2$. 断熱ゆらぎの長波長の値の 2 乗 $(\zeta/5)^2$ で規格化したものを qr_s/π の関数として示す．計算には式（10.3）を用いた．ニュートリノの非等方ストレスの効果は無視した．（左上）放射優勢期の重力ポテンシャルの時間変動による温度ゆらぎの増幅．破線はシルク減衰や晴れ上がりが有限の幅を持つことによる減衰を無視した結果を，実線は減衰を含めた結果を示す．ただしバリオンによる振動のゼロ点の変化は含まず，式（10.3）で $R = 0$ とした．（右上）全物質密度パラメータによって $q_{\rm EQ}$ が変わる効果．実線は $\Omega_M h^2 = 0.14$ に相当する $q_{\rm EQ} = 0.01\,\rm Mpc^{-1}$ の場合を，破線は $\Omega_M h^2 = 0.07$ に相当する $q_{\rm EQ} = 0.005\,\rm Mpc^{-1}$ の場合を示す．（左下）バリオン密度の効果．破線はバリオンによる振動のゼロ点の変化がない場合で左上図の実線に等しく，実線は $\Omega_B h^2 = 0.022$ の場合を示す．（右下）破線はバリオン密度を 2 倍にした結果を示す．下の二つの図の曲線が不連続なのは長波長と短波長の解を $q = 0.009\,\rm Mpc^{-1}$ でつないだためである．

らゼロ点の変化も小さくなるが，音波の振幅は減衰によって指数関数的に小さくなるため，波数の大きなところでもピークの高さの変化は顕著である．左下図の実線と破線（$R = 0$）とを比べると，バリオンによって最初のピークは高くなり，

2番目のピークは低くなる．これは予想どおりである．3番目のピークは高さが変わらないが，これはゼロ点のシフトによってピークが高くなるのと，振動の振幅が $(1+R)^{-1/4}$ だけ小さくなるのとが相殺したためである．このため，最初のピークが最大のピークとなる．4番目のピークは低くなるが，5番目のピークの高さはほぼ変わらない．右下図の破線は，R を2倍（すなわちバリオン密度を2倍）したものを示す．まとめると，$\Omega_B h^2$ を増やすと最初のピークは高くなり，2番目のピークは低くなるが，3番目のピークはほぼ変わらない．4番目のピークは低くなるが，シルク減衰の効果も相まって4番目以降のピークは3番目のピークに比べて急激に低くなる．

このように，バリオン密度と全物質密度パラメータによるパワースペクトルの変化ははっきり異なるので，少なくとも**最初の3つのピークを測定できれば** $\Omega_B h^2$ **と** $\Omega_M h^2$ **を同時に決定できる**．両者の差を取れば暗黒物質の密度パラメータ $\Omega_D h^2$ も決まる．これはWMAPの3年間の観測*11によって達成された．

図10.2では省略したが，$\Omega_B h^2$ はシルク減衰の特徴的な波数 $q_{シルク}$ も変える．バリオン密度が小さくなると光子とバリオンとの結合が弱まるので拡散距離は増大する．そのため $q_{シルク}$ は小さくなり，より小さな波数から減衰が始まる．

10.3 光のドップラー効果

図10.2の左下図の実線で $\ell \approx 302 q r_s/\pi$ としたものを図6.6と比較すると，最初のピークが最大であることや，4番目以降のピークが3番目のピークに比べて急激に低くなることなど似ている点もあるが，顕著に異なる点が3つある．まず，図6.6では最初のピークは3番目のピークの2倍以上の高さで，図10.2よりもずっと高い．次に，ピークとピークとの間はゼロではない．最後に，2番目と3番目のピークの高さはほぼ同じである．最初の点は積分ザクス-ヴォルフェ効果で，残り2つは光のドップラー効果で説明できる．

まず，光のドップラー効果から論じる．これまでは式(9.6)の右辺の最初の2項 $\delta\rho_\gamma/4\bar{\rho}_\gamma + \Phi$ のみ考えてきたが，最終散乱面上のバリオンの運動による光のドップラー効果のため温度ゆらぎ $-\hat{n}\cdot\boldsymbol{v}_B$ が生じる．フーリエ空間では $-i\hat{n}\cdot\boldsymbol{q}\delta u_B/a$ である（物理的な速度場 $\boldsymbol{v}$ と速度ポテンシャル δu との関係式(8.20)

*11 D. N. Spergel, *et al.*, *Astrophys. J. Suppl.*, **170**, 377 (2007).

を用いた）．トムソン散乱が効果的であればバリオンと光子流体は同じ速度ポテンシャルを持つので，$\delta u_B = \delta u_\gamma$ として良い．光子の速度ポテンシャルはエネルギー保存則の式（9.7）より $\delta u_\gamma = (3a^2/q^2)\partial(\delta\rho_\gamma/4\bar{\rho}_\gamma)/\partial t$ と求まる．物質優勢期を仮定し，曲率ゆらぎの時間微分は無視した．これに式（10.3）を代入すれば

$$\frac{q}{a}\delta u_\gamma = \frac{\sqrt{3}\zeta}{5}(1+R)^{-3/4}\mathcal{S}(\kappa)\sin[qr_s + \theta(\kappa)], \tag{10.4}$$

を得る．R の微分は無視できるような短波長の解を考えた．最後に，光子とバリオン流体の速度場のずれによるシルク減衰と，晴れ上がりが一瞬ではないことによる音波の減衰の効果 $\exp(-q^2/q^2_{\text{減衰}})$ をかければ，光のドップラー効果よる温度ゆらぎの解析解が求まる．

光のドップラー効果による寄与はサインに比例するから，コサインである $\delta\rho_\gamma/4\bar{\rho}_\gamma + \Phi$ がゼロになる波数でピークを持つ．このため，**光のドップラー効果はピークとピークの谷間を埋める**．しかし，合計のパワースペクトルでは $\delta\rho_\gamma/4\bar{\rho}_\gamma + \Phi$ の寄与が支配的である．なぜなら，ドップラー効果は観測者の視線方向の速度成分のみが寄与するため，パワースペクトルでは $\delta u_\gamma^2/3$ しか温度異方性に寄与しないのと，$-\partial\cos(qr_s)/\partial t = qc_s\sin(qr_s)/a$ より，音速の分だけ値が小さいからである．バリオン密度が大きいほど音速は小さくなるため，光のドップラー効果の寄与も小さくなる．

光のドップラー効果はバリオンによる振動のゼロ点の変化がないため，$\mathcal{S}$ による温度ゆらぎの増幅やシルク減衰を考えなければ奇数・偶数番目に関わらずピークは同様の高さを持つ．このため，光のドップラー効果はバリオンの効果で低くなった $\delta\rho_\gamma/4\bar{\rho}_\gamma + \Phi$ の 2 番目のピークの高さを押し上げ，3 番目のピークと同程度の高さにする．

今は ℓ の値が大きいパワースペクトルの形に興味があるので，6.2.1 節で学んだ小角度近似を用いてパワースペクトルを上記で計算した量と結びつけることができる．式（6.31）を導いたのと同様にすれば

$$C_\ell = \frac{T_0^2}{r_L^2}\int_{-\infty}^{\infty}\frac{dq_\parallel}{2\pi}P_\zeta(q)\left[F^2(q) + \frac{q_\parallel^2}{q^2}G^2(q)\right], \tag{10.5}$$

を得る．ここで $q_\parallel \equiv \hat{n}\cdot\boldsymbol{q}$ は波数の視線方向成分，および $q = \sqrt{\ell^2/r_L^2 + q_\parallel^2}$ である．$P_\zeta(q)$ は原始断熱ゆらぎの保存量 ζ のパワースペクトルで，関数 $F(q)$ と

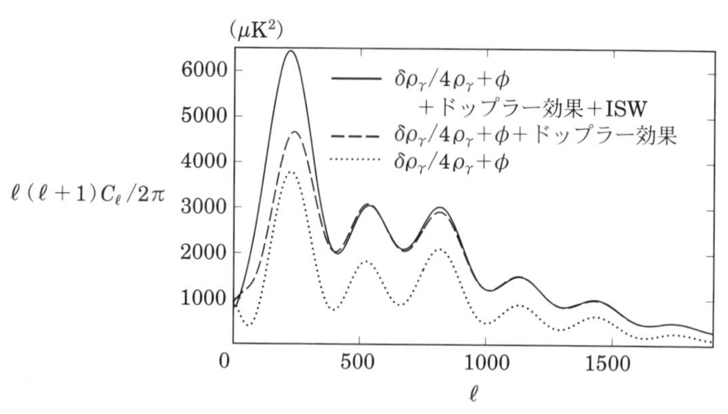

図 10.3 パワースペクトルの構築．点線は $\delta\rho_\gamma/4\bar{\rho}_\gamma + \Phi$ の寄与を，破線はそれに光のドップラー効果を足したものを，実線は積分ザクス–ヴォルフェ効果も足した合計を示す．宇宙論パラメータは $\Omega_B h^2 = 0.022$，$\Omega_M h^2 = 0.14$，$H_0 = 68.31\,\mathrm{km\,s^{-1}\,Mpc^{-1}}$ で，スケール不変な原始パワースペクトル $q^3 P_\zeta(q)/2\pi^2 = 2.2 \times 10^{-9}$ を用いた．重力レンズと宇宙の再電離の効果は考慮しない（厳密には，後者には無視しうるほど小さい光学的厚さ $\tau = 0.005$ を用いた）．

$G(q)$ はそれぞれ $\delta\rho_\gamma/4\bar{\rho}_\gamma + \Phi$ と $q\delta u_\gamma/a$ を ζ で割ったものである．原始ゆらぎのパワースペクトルは $P_\zeta(q) \propto q^{n-4}$ で，観測よりほぼスケール不変なスペクトル $n \approx 0.96$ が得られているため，$P_\zeta(q)$ は波数に関して減少関数である．よって積分の初項は $q \geqq \ell/r_L$ のすべての波数の寄与を受けるものの，$q \approx \ell/r_L$ が支配的な寄与をする．光のドップラー効果を表す 2 項目では，速度の視線方向成分しか温度ゆらぎを作らない効果を表す $q_\parallel^2/q^2$ がかかるため $q_\parallel \approx 0$，すなわち $q \approx \ell/r_L$ からの寄与はなくなり，積分は初項に比べて小さく抑えられる．

図 10.3 は，解析的な近似ではなく “CLASS” というアインシュタインの重力場の方程式と光子・ニュートリノのボルツマン方程式を連立して解くコンピュータープログラム[*12]を用いて計算した結果である．点線は $\delta\rho_\gamma/4\bar{\rho}_\gamma + \Phi$ の寄与を，破線は光のドップラー効果を足したものを，実線は積分ザクス–ヴォルフェ効果も足した合計を示す．点線と図 10.2 の左下図の実線は良く似ている．点線の谷間はゼロに達していないが，これはすでに述べたように $\ell \approx q r_L$ が近似であって，ℓ は

*12 D. Blas, J. Lesgourgues, T. Tram, *JCAP*, **1107**, 034 (2011). http://class-code.net よりダウンロードできる．

より広い範囲の波数 $q \geqq \ell/r_L$ の寄与を受けるからである．このためピークの位置も ℓ の小さい方へずれる．次に破線と点線とを比べると，光のドップラー効果によってピークの谷間はさらに埋まり，全体が押し上げられたのがわかる．より詳しく見ると，確かに 2 番目と 3 番目のピークの高さは揃っている．

10.4 積分ザクス–ヴォルフェ効果

図 10.3 の破線と実線とを比べると，2 番目以降のピークは $\delta\rho_\gamma/4\bar{\rho}_\gamma + \Phi$ と光のドップラー効果の和で説明できる．しかし，最初のピークの高さはまだ十分説明できない．これは積分ザクス–ヴォルフェ効果（ISW）によるものである．積分ザクス–ヴォルフェ効果は式（5.16）の右辺 4 項目で与えられ[*13]

$$\frac{\Delta T_{\mathrm{ISW}}(\hat{n})}{T_0} = \int_{t_L}^{t_0} dt\ (\dot{\Phi} + \dot{\Psi})(t, \hat{n}r)\,, \tag{10.6}$$

である．物質優勢期には $\Phi + \Psi = 2\Phi$ で，これはあらゆる波数で時間に依らず一定なので，積分ザクス–ヴォルフェ効果はゼロである．そのため，積分ザクス–ヴォルフェ効果は物質優勢期以前の「早期」と，以降の「後期」の寄与に分けられる．

9.3.1 節で学んだように，物質優勢宇宙になる前に音波の地平線の内側に入る重力ポテンシャルは減衰するので，早期の寄与は，まだ完全に物質優勢でない晴れ上がり時刻から，後に完全に物質優勢になるまでの時期に限定される．よって，早期の積分ザクス–ヴォルフェ効果が現れる見込み角度は，晴れ上がり時刻の音波の地平線が見込む角度よりも**大きい**．図 10.3 の実線と破線を比べると，早期積分ザクス–ヴォルフェ効果によって最初のピークは高くなるだけでなく，より小さな ℓ のパワースペクトルも増大し，ピークの幅は太くなる．

$\Omega_M h^2$ を減らすと放射と物質のエネルギー密度が等しくなる時刻は遅れ，晴れ上がり時刻以降のポテンシャルの減衰は大きくなり，最初のピークはより高く，より太くなる．一方，2 番目以降のピークへの影響は無視しうるほど小さい．これは，10.2 節で述べた放射優勢期のポテンシャルの減衰による温度ゆらぎの増幅

[*13] 宇宙は t_L で一瞬で晴れ上がり，それ以降散乱はないものと近似した．この近似を省くには，被積分関数にトムソン散乱の光学的厚さによる減衰 $\exp[-\tau(t)]$ をかけ，積分の下限を $t=0$ にすれば良い．しかし晴れ上がり時刻以前の τ は大きいので，積分の下限を t_L にするのは良い近似である．晴れ上がり以降，Φ や Ψ が時間変動する時期の τ は小さいので，よほどの精度が必要でない限り $\exp[-\tau(t)]$ は無視しても良い．

$\mathcal{S}$ とは異なる振る舞いである．

まとめると，$\Omega_M h^2$ を減らすと $\mathcal{S}$ の効果によって最初の数個のピークは高くなる．加えて，最初のピークは早期の積分ザクス–ヴォルフェ効果によってより高く，太くなる．この効果を用いれば CMB の温度異方性のパワースペクトルより $\Omega_M h^2$ を決定できる．奇数番目・偶数番目のピークの高さの比より $\Omega_B h^2$ が決まるので，暗黒物質の密度パラメータ $\Omega_D h^2$ も決まる．

以上は断熱ゆらぎの議論であるが，等曲率ゆらぎの場合，放射優勢期にはハッブル長を超える長波長領域でもポテンシャルは時間変動（成長）するため，ℓ の小さい領域のパワースペクトルは早期積分ザクス–ヴォルフェ効果が支配的となる．これは，ℓ の小さい領域のパワースペクトルが静的なポテンシャルによるザクス–ヴォルフェ効果に支配される断熱ゆらぎとは大きく異なる．物質優勢期では等曲率ゆらぎであってもすべての波長で重力ポテンシャルは時間に依らず一定であるから積分ザクス–ヴォルフェ効果はゼロとなる．

さらに時間が経過して $z \lesssim 1$ で暗黒エネルギー（宇宙定数）の効果が重要になると，重力ポテンシャルは式 (8.46) によってすべての波長で減衰し，後期積分ザクス–ヴォルフェ効果が現れる．これは現在の時刻に近いので見込み角度は非常に大きく，$\ell \lesssim 10$ で現れる効果である．そのような小さな ℓ ではコスミック・バリアンス（7.4 節）のため統計的不定性が大きく，晴れ上がり時刻の温度異方性の寄与と区別できない．一方，後期積分ザクス–ヴォルフェ効果を生み出す低赤方偏移の重力ポテンシャルは銀河分布の観測データを用いて推定でき，銀河分布と CMB の温度異方性の分布との相互相関を測定することで，後期積分ザクス–ヴォルフェ効果を直接取り出せる．ロバート・クリッテンデン（Robert Crittenden）とニール・テュロック（Neil Turok）によって提唱されたこの手法[*14]は，暗黒エネルギーが宇宙の構造形成を遅くすることを直接示せるため重要であり，これまでに多くの測定[*15]がなされ，ΛCDM モデルの予想と無矛盾な結果が得られている．7.3.2 節で学んだ CMB の重力レンズ効果と後期積分ザクス–ヴォルフェ効果との相互相関によるバイスペクトルの測定も，同様の原理に基づく．

[*14] R. Crittenden, N. Turok, *Phys. Rev. Lett.*, **76**, 575 (1996).

[*15] たとえば T. Giannantonio, R. Crittenden, R. Nichol, A. J. Ross, *Mon. Not. Roy. Astron. Soc.*, **426**, 2581 (2012) を見よ．以前の仕事はこの論文に引用されている．このトピックに関するレビュー論文は A. J. Nishizawa, *Prog. Theor. Exp. Phys.*, 06B110 (2014) を見よ．

10.5 宇宙論パラメータの依存性：まとめ

図 10.4 に，CLASS を用いて計算したパワースペクトルの $\Omega_B h^2$（左上図）と $\Omega_M h^2$（左下図）への依存性をまとめる．それぞれのパラメータ依存性を区別するため，$\Omega_B h^2$ を変える際には $\Omega_M h^2 = 0.14$ を変えないように，$\Omega_M h^2$ を変える際には $\Omega_B h^2 = 0.022$ を変えないように，それぞれ暗黒物質密度パラメータ $\Omega_D h^2$ を調整した．図 10.2 に示す，晴れ上がり時刻での q 空間のパワースペクトルは qr_s と q/q_{EQ} のみの関数であるが，我々が観測する ℓ 空間のパワースペクトルは天球上への射影 $\ell \approx qr_L$ を通じて r_L にも依存する．

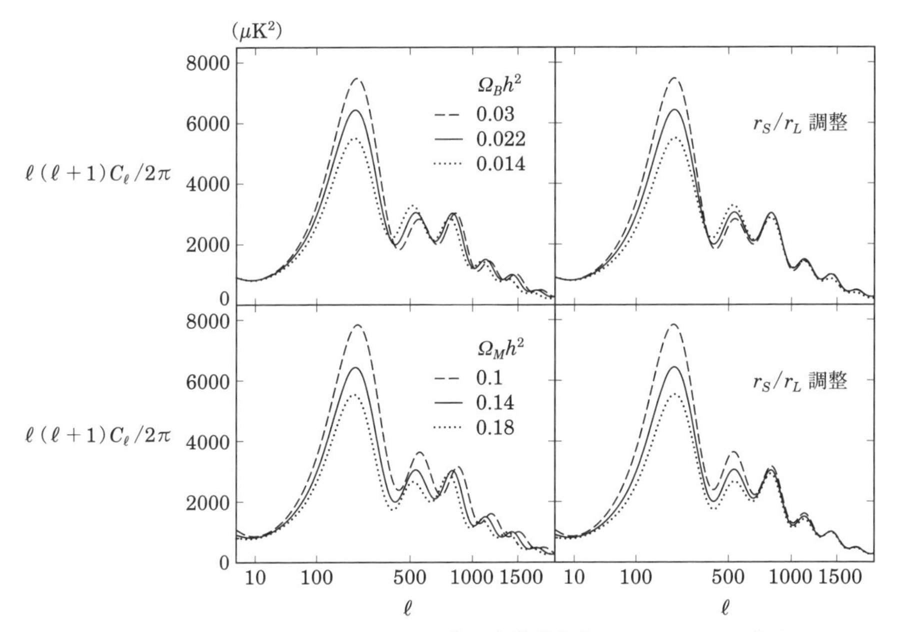

図 10.4　バリオン密度パラメータ $\Omega_B h^2$ と全物質密度パラメータ $\Omega_M h^2$ がパワースペクトルに与える影響のまとめ．基本となる宇宙論パラメータは図 10.3 と同じである．（左上）$\Omega_B h^2$ の効果．$\Omega_M h^2 = 0.14$ は変化させないように，暗黒物質密度パラメータ $\Omega_D h^2$ を 0.11（破線），0.126（点線）と選んだ．（右上）音波の地平線が変化することによる r_s/r_L の変化を相殺するように点線と破線の横軸を定数倍した．（左下）$\Omega_M h^2$ の効果．$\Omega_B h^2 = 0.022$ は変化させないように，$\Omega_D h^2 = 0.078$（破線），0.158（点線）と選んだ．（右下）音波の地平線と最終散乱面までの共動距離が変化することによる r_s/r_L の変化を相殺するように点線と破線の横軸を定数倍した．

$\Omega_B h^2$ を変えると音波の地平線距離 r_s は変わり，最終散乱時刻が変わるため r_L もわずかに変わる．この効果を除くため，右上図では点線と破線の横軸を r_s/r_L の変化分を相殺するように定数倍した．するとすべての曲線でピークの位置は変化せず，天球上への射影による幾何学的な影響を除外した，最終散乱面上での $\Omega_B h^2$ の物理的影響を取り出せる．バリオン密度が増加（破線）すると最初のピークは高くなり，2 番目のピークは低くなり，3 番目のピークはほぼ変わらず，4 番目のピークはわずかに低くなる．これは $\delta\rho_\gamma/4\bar{\rho}_\gamma+\Phi$ の解析解で理解したとおりである．バリオン密度が減少（点線）すると，最初の 4 つのピークに関しては破線と逆になるが，5 番目と 6 番目のピークは低くなる．これは，バリオン密度が減少すると光子とバリオンの結合が弱まり，拡散距離が広がってシルク減衰が小さな波数から重要になるためである．これで，$\Omega_B h^2$ の影響をすべて理解できた．

$\Omega_M h^2$ を変えると r_L は変わり，r_s も変わる．よって r_s/r_L の変化分だけ横軸を定数倍したものを図 10.4 の右下に示す．全物質密度が減少（破線）すると最初のピークは大きく増大し，太くなる．2, 3, 4 番目のピークも高くなるが，効果は徐々に小さくなる．これは早期の積分ザクス–ヴォルフェ効果と，放射優勢期に音波の地平線より短波長の重力ポテンシャルが減衰することによる温度異方性の増幅ですべて理解できる．

この $\Omega_M h^2$ 依存性は，もとをただせば物質と放射のエネルギー密度比 Ω_M/Ω_R への依存性であった．分母は光子と相対論的ニュートリノのエネルギー密度の和である．前者は CMB の温度が既知であるから既知の量である．後者も，相対論的ニュートリノのエネルギー密度を決めるパラメータ $N_{\rm eff}$（式 (1.11)）を標準的な値 3.046 に取れば既知であるが，$N_{\rm eff}$ を自由なパラメータとすれば $\Omega_M h^2$ は決まらなくなる．$N_{\rm eff}$ をニュートリノの非等方ストレスなどの別の効果から決められれば $\Omega_M h^2$ は決まる．

宇宙定数はどのような影響を及ぼすであろうか？　宇宙定数は，r_L を通じてピークの位置を変える．また，後期の積分ザクス–ヴォルフェ効果を通じて $\ell \lesssim 10$ のパワースペクトルに寄与する．しかし，r_L はハッブル定数 H_0 や Ω_M のような他のパラメータにも影響されるため，宇宙定数に特別な効果ではない．積分ザクス–ヴォルフェ効果はコスミック–バリアンスによる大きな不定性のため測定が難しいので，銀河分布との相互相関などを用いた方が良い．

本書ではこれまで空間曲率がゼロの平坦な宇宙を仮定してきたが，宇宙空間の曲率がゼロでないと，最終散乱面のゆらぎの波数を見込む角度は大きく変わる．最終散乱面までの共動的な角径距離を d_A と書けば（添え字 A は角径距離の英語 “Angular diameter distance” の頭文字），天球上への射影は $\ell \approx qd_A$ となる．三角形の内角の和が π に等しい平坦な宇宙では $d_A = r_L$ であるが，三角形の内角の和が π より大きい正の三次元空間曲率を持つ空間では $d_A = \mathcal{R}_{曲率} \sin(r_L/\mathcal{R}_{曲率})$ となる．$\mathcal{R}_{曲率}$ は三次元空間の共動的な曲率半径である．逆に，三角形の内角の和が π より小さくなる，負の曲率を持つ空間では $d_A = \mathcal{R}_{曲率} \sinh(r_L/\mathcal{R}_{曲率})$ となる．最終散乱面は非常に遠いため，曲率半径が大きな場合，すなわち局所的には平坦に見える空間の場合であっても，CMB のパワースペクトルには影響を与える可能性がある．曲率半径が十分大きく $r_L \ll \mathcal{R}_{曲率}$ であればこれらの表式はテイラー展開でき，正の曲率の場合は $d_A = r_L(1 - r_L^2/6\mathcal{R}_{曲率}^2) + \cdots$，負の曲率の場合は $d_A = r_L(1 + r_L^2/6\mathcal{R}_{曲率}^2) + \cdots$ を得る．すなわち，正の曲率の場合の見込み角度は大きくなり，平坦な場合と比べてピークは ℓ の小さい方へずれ，負の曲率の場合は ℓ の大きい方へずれる．

空間曲率がゼロでなければ，Ω_M と宇宙定数の密度パラメータ Ω_Λ の和は 1 である必要はなく，曲率の寄与を表す無次元パラメータとして $\Omega_K \equiv 1 - \Omega_M - \Omega_\Lambda$ がよく用いられる．正の曲率は $\Omega_K < 0$ に対応し，負の曲率は $\Omega_K > 0$ に対応する．曲率の符号と Ω_K の定義の符号が逆なのは歴史的な理由による．Ω_K の絶対値は曲率半径の 2 乗に反比例し，$|\Omega_K| = (H_0 a_0 \mathcal{R}_{曲率})^{-2}$ である．

図 10.5（232 ページ）の左上図に，$\Omega_M = 0.3$ を固定して Ω_Λ を変化させた場合のパワースペクトルの変化を示す．他の宇宙論パラメータは変えないので，音波の地平線距離 r_s は変わらない．右上図では d_A の変化を相殺するように横軸を定数倍した．$\Omega_\Lambda = 0.9$（$\Omega_K = -0.2$，点線）では，大きな宇宙定数による後期の積分ザクス–ヴォルフェ効果のため $\ell \lesssim 10$ のパワースペクトルは増大するが，それ以外は変わらない．このため，宇宙の平坦性を仮定しない限り，最終散乱面上の温度異方性のパワースペクトルを用いて d_A を決める量 $\Omega_\Lambda, \Omega_M, H_0$ を独立に決定でき**ない**．そこで，H_0 を超新星のような個々の天体までの距離測定から求め，パワースペクトルの高さの比から求めた $\Omega_M h^2$ と組み合わせて Ω_M を求め

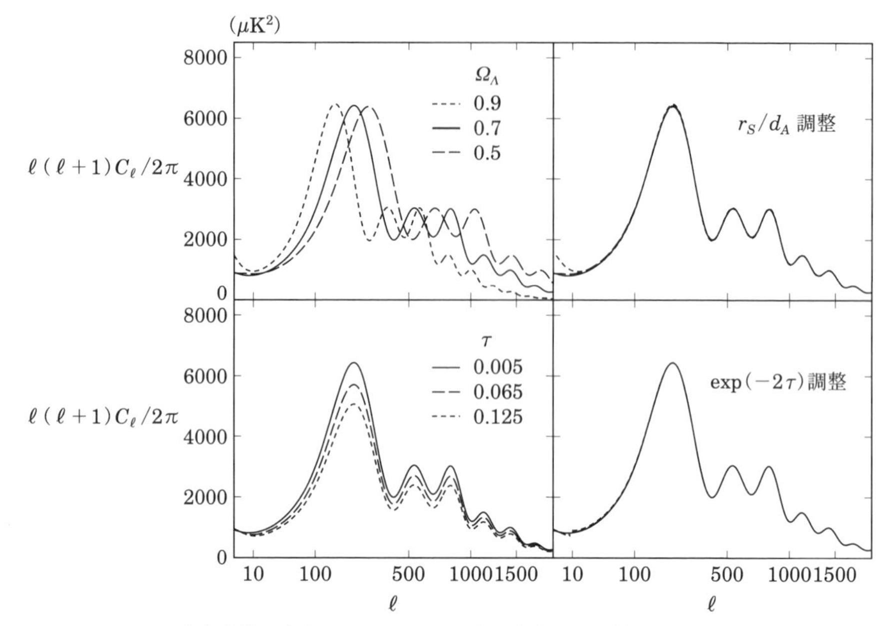

図 10.5 宇宙定数の密度パラメータ Ω_Λ と，宇宙の再電離によるトムソン散乱の光学的厚さ τ がパワースペクトルに与える影響のまとめ．基本となる宇宙論パラメータは図 10.3 と同じである．（左上）Ω_Λ の効果．他の宇宙論パラメータは変えないので，大きな Ω_Λ（点線）は正の空間曲率を持つ宇宙に，小さな Ω_Λ（破線）は負の空間曲率を持つ宇宙にそれぞれ対応する．（右上）最終散乱面までの角径距離 d_A が変わって見込み角度が変わることによる $\ell \approx qd_A$ の変化を相殺するように点線と破線の横軸を定数倍した．（左下）τ の効果．（右下）$\ell \gtrsim 10$ のパワースペクトルは $\exp(-2\tau)$ に比例するため，$\ell \geqq 10$ では点線と破線を $\exp(2\tau - 0.01)$ 倍した．

れば，ピークの位置から Ω_Λ（あるいは Ω_K）が求まる．このようにして得られた Ω_K は誤差の範囲内でゼロと無矛盾であった．宇宙空間の幾何学は，少なくとも観測可能な領域においては曲率がゼロで平坦な空間であり，三角形の内角の和は π に等しい．

一方，宇宙の平坦性を最初から仮定すれば，ピークの位置は近似的に $\Omega_M h^{3.2}$ に依存する*16．ピークの高さの比より $\Omega_M h^2$ が決まればハッブル定数も決まる．

最後に，本章ではこれまで無視してきた，晴れ上がり時刻から現在までに CMB

の光子が受けるトムソン散乱と，重力レンズ効果を議論する．赤方偏移が 20 程度より小さくなると初代の星々が形成され，星々から発せられる強い紫外光によって銀河間空間の水素原子は**再電離**する．再電離によって生じた自由電子は CMB の光子を再び散乱する．電子の数密度は $(1+z)^3$ に比例するので，赤方偏移が大きいほど散乱確率は増大する．水素原子が完全電離した赤方偏移では，ハッブル長より短波長の温度異方性はトムソン散乱によって $\exp(-\tau)$ だけ消されてしまい，CMB のパワースペクトルは $\ell \gtrsim 10$ で一様に $\exp(-2\tau)$ だけ小さくなる．ここで $\tau = c\sigma_T \int_{t_{再電離}}^{t_0} dt\, \bar{n}_e$ は，ある時刻 $t_{再電離}$ で瞬時に水素原子が完全電離したと仮定した場合の光学的厚さである．実際は，おそらくある程度の時間をかけて宇宙は完全電離するので，ある時刻で瞬時に完全電離する描像は物理的ではないが，温度異方性のパワースペクトルは再電離の過程の詳細にあまり依らず，$\exp(-2\tau)$ の値におもに依存する．図 10.5 の左下図は τ の効果を示し，実線，破線，点線はそれぞれ $\tau = 0.005$（$z_{再電離} = 1.1$），0.065（$z_{再電離} = 8.8$），0.125（$z_{再電離} = 14$）である．ガン–ピーターソン効果と呼ばれる，銀河間ガスの水素原子によるクエーサーの吸収線の観測より，水素原子は $z \lesssim 6$ で完全電離している[*17]ことがわかっているので，$\tau = 0.005$ は観測的に棄却されている．右下図では，$\ell \geqq 10$ の破線と点線に $\exp(2\tau - 0.01)$ をかけて τ の効果を相殺した．すべての曲線は重なるので，τ の効果もこれで理解できた．

τ の効果はやっかいである．なぜなら，温度異方性のパワースペクトルだけでは，原始ゆらぎのパワースペクトルの大きさ $P_\zeta(q)$ と $\exp(-2\tau)$ とを区別できないからである．原始パワースペクトルを $q^3 P_\zeta(q)/2\pi^2 = A_s(q/0.05\,\mathrm{Mpc}^{-1})^{n-1}$ と書くと，温度異方性のパワースペクトルからは $A_s \exp(-2\tau)$ の組み合わせしか決まらない（スカラー型の原始ゆらぎの振幅なので，添え字の "s" は英語 "scalar" の頭文字である）．この問題を解決するには，再電離した宇宙で散乱された CMB 光子は偏光し，$\ell \lesssim 10$ の偏光パワースペクトルは $A_s\tau^2$ に比例することを用いれば良い．これは 11.5 節で学ぶ．もう一つの解決策は，CMB の重力レンズ効果を

[*16]（232 ページ）W. J. Percival, *et al.*, *Mon. Not. Roy. Astron. Soc.*, **337**, 1068（2002）; Planck Collaboration, *Astron. Astrophys.*, **571**, A16（2014）.

[*17] J. E. Gunn, B. A. Peterson, *Astrophys. J.*, **142**, 1633（1965）; X.-H. Fan, *et al.*, *Astron. J.*, **132**, 117（2006）.

用いることである.

最終散乱面と地球との間に存在する物質分布によって光の軌跡は曲がり，CMB の温度異方性の分布は変わる．これは図 6.8 のように音波振動をなめらかにし，7.3.2 節で学んだように温度異方性の確率密度関数をガウス分布からずらす．これらの効果は重力レンズポテンシャル ψ のパワースペクトル C_ℓ^ψ に依存し，現在までに図 7.4 に示すような C_ℓ^ψ の測定データが得られている．C_ℓ^ψ の表式 (7.44) を見ると，物質優勢期の重力ポテンシャルの 3 次元パワースペクトル $P_\phi^{\text{物質優勢}}(q)$，物質優勢期以降の重力ポテンシャルの時間進化 $g(r)$，そしてレンズを起こす物質と最終散乱面までの相対的な距離 $(r_L - r)/r_L$ に依存する．まず，温度異方性のガウス分布からのずれを用いた重力レンズポテンシャルの測定は τ に依存しないことは重要である．$P_\phi^{\text{物質優勢}}(q)$ は A_s に比例するから，C_ℓ^ψ の測定データを用いて $A_s \exp(-2\tau)$ の組み合わせを分離でき，偏光のデータがなくとも τ と A_s とを分けて決定できる[*18].

$g(r)$ と $(r_L - r)/r_L$ はどちらも $H_0, \Omega_\Lambda, \Omega_M$ に依存するが，重力レンズ効果は晴れ上がり時刻よりもずっと低赤方偏移（$z \approx 0.5$–3）で生じるので，音波振動のピークの位置から得られる $H_0, \Omega_\Lambda, \Omega_M$ とは異なった組み合わせが得られる．よって重力レンズ効果を考慮すれば，宇宙の平坦性を仮定せずに **CMB のデータのみから Ω_Λ を決定[*19]できる**．現在までに測定された重力レンズポテンシャルのパワースペクトルの統計的誤差は大きく（図 7.4），ここで述べた手法はまだ高精度で $\tau, A_s, \Omega_\Lambda$ を決定するに至らないが，将来の測定によって飛躍的な精度の改善が期待できる．

銀河分布に残る音波の刻印（1）

本書の主題は CMB なので光子流体の密度ゆらぎに焦点を当ててきたが，バリオンと光子流体はトムソン散乱によって結びつくから，光子流体に音波がたてばバリオン流体の密度ゆらぎも音波の解を持つ．宇宙が晴れ上がると，光子とバリオンは別々の道を歩む．光子は飛び去り，バリオン流体は暗黒物質が支配する重力ポテンシャルに落ち込む．それでも，バリオン流体はかつて自分が音波であったときのことを覚えており，全物質密度ゆらぎ $\delta\rho_M$ は音波振動

[*18] Planck Collaboration, *Astron. Astrophys.*, **571**, A16 (2014).

[*19] B. D. Sherwin, *et al.*, *Phys. Rev. Lett.*, **107** 021302 (2011).

の痕跡を残す．ただし，CMB に見られる音波振動はくっきりしているのに対し，$\delta\rho_M$ に残された音波振動の振幅は，全物質密度中のバリオン密度の割合 $\Omega_B/\Omega_M \approx 0.16$ だけ小さく抑えられる．**バリオン音響振動**（英語名の Baryon Acoustic Oscillation の頭文字をとって “BAO”）と呼ばれるこの音波振動は，2005 年に初めて測定された．この測定は，銀河の天球上の位置と赤方偏移の測定から得られた銀河数密度の 3 次元分布による．BAO の振幅は小さいので，多くの銀河の位置が必要となる．

2005 年，オーストラリアとイギリスの共同プロジェクト「2dF 銀河赤方偏移サーベイ」は，アングロ・オーストラリアン天文台の口径 3.9 m の望遠鏡を用いて約 22 万個の銀河の位置を測定し，BAO が見えていると報告*20 した．時を同じくして，米国，日本，ドイツの共同プロジェクト「スローン・デジタル・スカイサーベイ」は，ニューメキシコ州のアパッチポイント天文台に設置した口径 2.5 m の専用望遠鏡を用いて約 4.7 万個の銀河の位置を測定し，BAO を報告*21 した．CMB と銀河分布の両方に音波振動が見えたことは，本章で学んだことの正しさを強力に裏付ける．晴れ上がり前の宇宙は，やはり熱いスープのような状態だったのである．

銀河分布に残る音波の刻印 (2)

BAO の影響はそれだけにとどまらない．このコラムの最後に述べる小さな効果を別にすれば，$\delta\rho_M$ の音波振動の周期は晴れ上がり時刻の音波の地平線距離 $a_0 r_s(t_L)$ で与えられる．CMB の音波振動のピークの位置が音波の地平線距離と最終散乱面までの共動距離との比 $r_s(t_L)/r_L$ を与えるのと同じ理屈で，BAO の測定に用いる銀河分布の平均的な赤方偏移を $\bar{z}$ とすれば，天球上の銀河分布の BAO ピークの位置は $r_s(t_L)/r(\bar{z})$ を与える．$r_s(t_L)$ は CMB の測定より既知なので，$\bar{z}$ までの共動距離 $a_0 r(\bar{z})$ を得る．長い天文学の歴史の中で，銀河までの正確な距離を求めるのは至難の技であったが，BAO によってまったく新しい距離測定の方法が得られたのである．これは，「遠くのものほど小さく見えるので，もとの大きさがわかっていれば距離もわかる」というわかりやすい原理に基づき，**標準物差し法**と呼ばれる．

さらに，銀河分布は天球上の分布だけでなく奥行き（赤方偏移）方向の分布も測定できる．赤方偏移方向の銀河分布の BAO ピークの位置より $r_s(t_L)H(\bar{z})$ も得られる．赤方偏移の違いにより，$r(\bar{z})$ や $H(\bar{z})$ の宇宙論パラメータ依存性

は r_L と異なるので，BAO と CMB の測定を組み合わせると，宇宙論パラメータの決定精度は大幅に改善する．たとえば，CMB の重力レンズ効果を用いずとも，宇宙の平坦性を仮定することなしに Ω_Λ や H_0 を決定できる（脚注 11）．

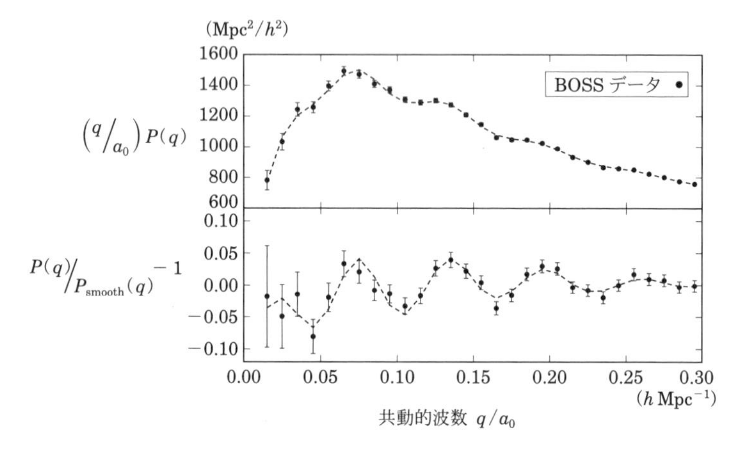

図 10.6 スローン・デジタル・スカイサーベイの観測プログラムの一つである BOSS によって得られた銀河分布のパワースペクトル．赤方偏移 $0.4 < z < 0.6$ の約 69 万個の銀河を用いた．測定される銀河の位置は天球上の座標と赤方偏移であるから，これらを共動座標に変換し，図のように共動的波数 q/a_0 の関数として示すには，宇宙論パラメータを仮定する必要がある．この図では $\Omega_M = 0.31$ を仮定した．（上図）$(q/a_0)P(q)$ を q/a_0 の関数として示す．誤差棒は標準偏差を表す．破線は ΛCDM モデルから計算されたパワースペクトルを示す．（下図）音波振動を強調するため，パワースペクトルを，音波振動を含まないなめらかな関数で割って 1 を引いたもの．

図 10.6 に，3 世代目のスローン・デジタル・スカイサーベイの観測プログラムの一つ「バリオン音響振動サーベイ（英語名の頭文字をとって BOSS)」から得られたパワースペクトル[*22] と，その BAO を示す．測定は，天球上の面積約 1 万平方度，および赤方偏移の範囲 $0.2 < z < 0.75$ に渡る約 120 万個の銀河の位置を用いて行われたが，図ではその一部の銀河を用いた結果を示す．パワースペクトル全体から見ると振幅は小さいが，音波振動の存在は明らかである．断熱ゆらぎでは光子流体にたつ音波振動はコサイン的なので，銀河分布の BAO もコサイン的だと思うところだが，実は後者はサイン的である．

宇宙が晴れ上がって光子が飛び去ると，バリオン流体は重力ポテンシャルに落ち込むが，晴れ上がり時刻での速度ポテンシャルによる運動も残る．この運動によって生成された密度ゆらぎは，短波長でコサイン的な寄与より大きくなり，BAO の振る舞いを決める．10.1 節の始めで述べたように，短波長での物質密度ゆらぎの解は $\delta\rho_M/\bar{\rho}_M = (3q^2t/2a^2)\delta u \propto t^{2/3}$ で与えられる．晴れ上がり時刻の解とつなげれば $\delta\rho_M/\bar{\rho}_M = (t/t_L)^{2/3}(3q^2t_L/2a_L^2)\delta u(t_L)$ である．全速度ポテンシャル δu は，暗黒物質とバリオン流体の寄与に分けると $\delta u = (\Omega_D\delta u_D + \Omega_B\delta u_B)/\Omega_M$ と書ける．晴れ上がり時刻では $\delta u_B = \delta u_\gamma$ として良いので，これは式 (10.4) で与えられ，サイン的な振動を得る．音波の振動が短波長ほど減衰するのはシルク減衰による効果と，銀河分布が非線形になることで BAO が減衰する効果[*23]の重ね合わせである．

銀河分布に残る音波の刻印（3）

最後に，音波の地平線距離の話をしよう．CMB の音波振動のピークの位置を決めるのは，晴れ上がり時刻での音波の地平線距離であった．晴れ上がり時刻は，光子の視点から見て光子がバリオン流体と運動量のやりとりをやめた時刻で，これはトムソン散乱の光学的厚さが 1 になった時刻として求めた (3.1.7 節)．

一方，物質密度の BAO ピークの位置を決めるのは，**バリオンの視点から見て**バリオンが光子流体と運動量のやりとりをやめた時刻である．バリオン流体の運動量保存則の式 (9.10) の右辺の係数 $\sigma_T\bar{n}_e/R$ には分母に R があるため，通常の光学的厚さではなく，$\tau_{\rm drag} \equiv c\sigma_T\int_{t_{\rm drag}}^{t_0} dt\ \bar{n}_e/R$ が 1 となる時刻が BAO ピークの位置を決める[*24]．この時刻は，光子がバリオンを引っ張る (drag) のをやめた時刻として $t_{\rm drag}$ と書かれる．$\Omega_Mh^2 = 0.14$，$\Omega_Bh^2 = 0.022$ では $z_{\rm drag} = 1060$ を得て，これは光子の晴れ上がり時刻よりわずかに後期である．そのため，対応する音波の地平線距離 $a_0r_s(t_{\rm drag}) = 148\,{\rm Mpc}$ は CMB のもの $a_0r_s(t_L) = 145\,{\rm Mpc}$ より 2%大きい．小さな効果であるが，図 10.6 に示すように観測データの統計的不定性も小さいので，気を使わねばならない．BOSS データから得られる $r_s/r(\bar{z})$ や $r_sH(\bar{z})$ の測定誤差はすでに 2%以下で，2 つの音波の地平線距離の違いより小さいので，正しい r_s を用いなければ $r(\bar{z})$ や $H(\bar{z})$ の推定を誤る．

表 10.1 ΛCDM のモデルパラメータとその 68%の信頼領域

	WMAP	プランク	＋重力レンズ
$100\Omega_B h^2$	2.264 ± 0.050	2.222 ± 0.023	2.226 ± 0.023
$\Omega_D h^2$	0.1138 ± 0.0045	0.1197 ± 0.0022	0.1186 ± 0.0020
Ω_Λ	0.721 ± 0.025	0.685 ± 0.013	0.692 ± 0.012
n	0.972 ± 0.013	0.9655 ± 0.0062	0.9677 ± 0.0060
$10^9 A_s$	2.203 ± 0.067	$2.198^{+0.076}_{-0.085}$	2.139 ± 0.063
τ	0.089 ± 0.014	0.078 ± 0.019	0.066 ± 0.016
t_0（億年）	137.4 ± 1.1	138.13 ± 0.38	137.99 ± 0.38
H_0 (km/s/Mpc)	70.0 ± 2.2	67.31 ± 0.96	67.81 ± 0.92
$\Omega_M h^2$	0.1364 ± 0.0044	0.1426 ± 0.0020	0.1415 ± 0.0019
$10^9 A_s e^{-2\tau}$	1.844 ± 0.031	1.880 ± 0.014	1.874 ± 0.013
σ_8	0.821 ± 0.023	0.829 ± 0.014	0.8149 ± 0.0093

10.6 ΛCDM モデルのパラメータの決定

表 10.1 に，図 6.6 に示す WMAP とプランクの温度異方性のパワースペクトルから得られた ΛCDM モデルのパラメータとその 68%の信頼領域をまとめる．最後の列は，図 7.4 に示す重力レンズポテンシャルのパワースペクトルの情報を加えて得たパラメータである．ただし，宇宙の再電離によるトムソン散乱の光学的厚さ τ は 11.5 節で学ぶ CMB の偏光の情報を用いて得られる．最初の 6 つのパラメータ（$\Omega_B h^2$, $\Omega_D h^2$, Ω_Λ, n, A_s, τ）が主となるパラメータ*25で，残りはこれらのパラメータから計算できる．WMAP のパラメータは 9 年間のデータを*26，プランクのパラメータは 29 か月間のデータ*27を用いて得られた．τ を除き，パラメータの不定性はわずか数パーセントで，プランクのパラメータの不定性は

*20 （235 ページ）S. Cole, *et al.*, *Mon. Not. Roy. Astron. Soc.*, **362**, 505 (2005).

*21 （235 ページ）D. J. Eisenstein, *et al.*, *Astrophys. J.*, **633**, 560 (2005).

*22 （236 ページ）これらのデータ点は，BOSS の最終データリリースに用いられたものである．データを提供してくれ，図の作成を助けてくれた斎藤俊，フロリアン・ボイトラー (Florian Beutler)，アシュリー・ロス (Ashley J. Ross) に感謝する．データに関する記述は S. Alam, *et al.*, *Mon. Not. Roy. Astron. Soc.*, **470**, 2617 (2017)；F. Beutler, *et al.*, *Mon. Not. Roy. Astron. Soc.*, **464**, 3409 (2016) を見よ．

*23 （237 ページ）D. J. Eisenstein, H.-J. Seo, M. J. White, *Astrophys. J.*, **664**, 660 (2007).

*24 （237 ページ）W. Hu, N. Sugiyama, *Astrophys. J.*, **471**, 542 (1996)；D. J. Eisenstein, W. Hu, *Astrophys. J.*, **605**, 496 (1998).

WMAP の約半分である．

この表から得られる重要な結論は，暗黒物質と宇宙定数は確かに必要であることと，n は 1 より小さいことである．n の値は，たとえばインフレーション中に生成された量子ゆらぎなどの，原始ゆらぎの起源の解明の鍵となる．

WMAP とプランクから得られたパラメータは不定性の範囲内でほぼ一致するが，プランクの $\Omega_M h^2$ は WMAP よりやや大きめ，H_0 はやや小さめである．このため $\Omega_M = 1 - \Omega_\Lambda$ も大きめとなる．プランクの H_0 の値は，超新星までの距離測定による直接的な手法で得られた値[*28] $H_0 = 74.03 \pm 1.42\,\mathrm{km\,s^{-1}\,Mpc^{-1}}$ よりも有意に小さく，議論となっている．小さいが有意なこのハッブル定数の食い違いは，ΛCDM モデルのほころびを示すものなのか，それとも直接的な距離測定方法に，あるいはプランクデータに，あるいはその両方にまだ理解しきれていない系統的な誤差があるのか，理解を深める必要がある．いずれにせよ，これほどの精度でハッブル定数の食い違いを議論できるようになったのは印象的である．

前節で述べたように，温度ゆらぎのパワースペクトルからは $A_s \exp(-2\tau)$ の組み合わせしか決まらない．これらを分離するには CMB の偏光を用いて τ を決めるか，重力レンズ効果を用いて A_s を決める必要がある．プランクは $A_s \exp(-2\tau)$ を高精度で決定したが，2015 年に発表されたプランクの偏光の測定結果は WMAP よりも精度が悪く，A_s の精度は WMAP よりも悪い．ここでプランクの重力レンズポテンシャルのパワースペクトルを用いると，表の最後の列に示すように A_s と τ の決定精度は向上する．それ以外のパラメータは，重力レンズ効果を加えることによる改善はまだ小さい．

表に示す最後のパラメータ σ_8 は，現在の時刻における**線形**物質密度ゆらぎの振幅を表すパラメータである．具体的には，線形の物質密度ゆらぎを半径 $8\,h^{-1}\,\mathrm{Mpc}$ の球[*29]で平均化した際のゆらぎの標準偏差である．CMB の温度異方性のパワー

[*25] (238 ページ) 厳密に言えば，プランクデータの解析では Ω_Λ の代わりに晴れ上がり時の音波の地平線距離を見込む角度 $\theta_* \equiv r_s/r_L$ を主とするパラメータとし，Ω_Λ は θ_*，$\Omega_B h^2$，$\Omega_D h^2$ から求めている．表の最後の列のデータから得られた θ_* は $100\theta_* = 1.04103 \pm 0.00046 = 0.59647 \pm 0.00026$ 度で，今や CMB の特徴的な見込み角度はおそるべき精度でわかっている．WMAP の解析ではニュートリノ質量をゼロとしたが，プランクの解析では現在の非相対論的ニュートリノの質量密度パラメータを $\Omega_\nu^{\text{非相対論}} h^2 = 6.4 \times 10^{-4}$ としたので，$\Omega_M h^2 = \Omega_B h^2 + \Omega_D h^2 + \Omega_\nu^{\text{非相対論}} h^2$ である．

[*26] (238 ページ) Hinshaw, *et al.*, *Astrophys. J. Suppl.*, **208**, 19 (2013).

[*27] (238 ページ) Planck Collaboration, *Astron. Astrophys.*, **594**, A13 (2016).

[*28] A. G. Riess, *et al.*, *Astrophys. J.*, **876**, 85 (2019).

スペクトルは主に晴れ上がり時刻の物質密度ゆらぎの振幅を決めるので，現在の振幅は直接決まらず，ΛCDM モデルによって計算する．しかし，CMB の重力レンズ効果はより現在に近いところで生じるので，この情報を加えると σ_8 の決定精度は大きく改善する．

宇宙論パラメータの高精度決定は，CMB の研究が打ち立てた金字塔である．これにより CMB の研究は次の段階に入った．すなわち，高精度の偏光測定を用いた τ の決定と，重力波を表すテンソル型の時空のゆがみによる積分ザクス–ヴォルフェ効果起源の温度異方性，およびそれに伴う偏光の測定である．後者はまだ見つかっていないが，将来的な発見が期待されている．高精度の偏光測定により，図 7.4 に示す重力レンズポテンシャルのパワースペクトルの測定精度も大幅に改善するので，それによるニュートリノ質量の決定も重要な課題である．これは 10.7.2 節で再び述べる．

10.7　ニュートリノの効果

本章の締めくくりに，ニュートリノが温度異方性のパワースペクトルに与える影響を調べる．現在得られているニュートリノの質量和の上限値は，95%の信頼領域で $\sum_{\alpha=e,\mu,\tau} m_\alpha \lesssim 0.2\,\mathrm{eV}$ である（脚注 27）．そのような小さな質量のニュートリノは，晴れ上がり時刻ではまだ相対論的である（2.4.3 節）．

10.7.1　相対論的ニュートリノ

相対論的ニュートリノは，温度異方性のパワースペクトルに 5 つの影響を与える．仮に，ニュートリノのエネルギー密度を決めるパラメータ N_{eff}（式（1.11））を標準的な値 3.046 から増やすとしよう．すると，

効果 1. 宇宙が完全に物質優勢になる前の宇宙膨張率は大きくなり，音波の地平線距離は小さくなってピークの位置は ℓ の大きな方にずれる．

効果 2. 放射と物質のエネルギー密度が等しくなる時刻は遅れ，$\mathcal{S}$ と積分ザクス–ヴォルフェ効果のため最初の数個のピークは高くなる．

---

*29　(239 ページ) $8\,h^{-1}\,\mathrm{Mpc}$ という値が選ばれた歴史的な理由は，この値で平均化した銀河の数密度分布の標準偏差が 1 程度であったことによる．銀河分布は物質密度分布と必ずしも同じではないので，これらの σ_8 の値は違って良い．

効果 3. ニュートリノの非等方ストレスのため音波の振幅は減少する.

効果 4. 宇宙膨張率が大きくなると拡散距離も小さくなるが，拡散距離は宇宙膨張率の平方根に反比例するため，拡散距離と音波の地平線距離との比は増大する．このためシルク減衰の効果は大きくなり，大きな ℓ のパワースペクトルは減衰する.

効果 5. ニュートリノの非等方ストレスのため音波振動の位相はずれ，大きな ℓ でのピークの位置は ℓ の小さな方にずれる.

番号は効果が大きな順番を示す．効果 1, 2, 4 はニュートリノの平均的なエネルギー密度が増える効果だが，効果 3 と 5 はニュートリノの非等方ストレス，すなわちニュートリノの**ゆらぎ**による効果である．ΛCDM の範囲内では効果 3 と 5 はニュートリノに特別なものであるから，これらを測定できれば宇宙背景ニュートリノの存在の間接的な証拠となる．効果 3 は WMAP の 5 年間の観測データによって，効果 5 はプランクの 15 か月半の観測データによってそれぞれ測定された[*30].

図 10.7（242 ページ）に，$N_{\rm eff} = 3.046$（実線）と 7（破線）の理論曲線を示す．これより，上記の効果を一つずつ相殺して破線を実線に近づけることで，個々の効果を理解する．左上図では，音波の地平線距離が 145 Mpc から 129 Mpc に減ることによるピークの位置のずれを相殺するため，破線の横軸を 129/145 倍した．右上図では，放射と物質のエネルギー密度が等しくなる時刻が変わらないように破線の $\Omega_M h^2$ を増やした．ただしバリオン密度は変えたくないので，暗黒物質密度を $\Omega_D h^2 = 0.118$ から 0.192 に増やした．すると r_s も r_L も変化するので，r_s/r_L の変化分だけ破線の横軸を定数倍した.

9.3.3 節で学んだように，放射優勢期にハッブル長の内側に入るゆらぎの振幅はニュートリノの非等方ストレスによって $(1 + 4R_\nu/15)^{-1}$ だけ減少する．これを相殺するため，左下図では破線に $N_{\rm eff} = 7$ の $(1 + 4R_\nu/15)^2 = 1.354$ をかけて，$N_{\rm eff} = 3.046$ の $(1 + 4R_\nu/15)^2 = 1.230$ で割った．ただし非等方ストレスの効果は $\ell \gtrsim q_{\rm EQ} r_L \approx 140$ で重要になるので，近似として $\ell < 140$ ではこの補正は行わない.

[*30] E. Komatsu, *et al.*, *Astrophys. J. Suppl.*, **180**, 330（2009）; B. Follin, L. Knox, M. Millea, Z. Pan, *Phys. Rev. Lett.*, **115**, 091301（2015）.

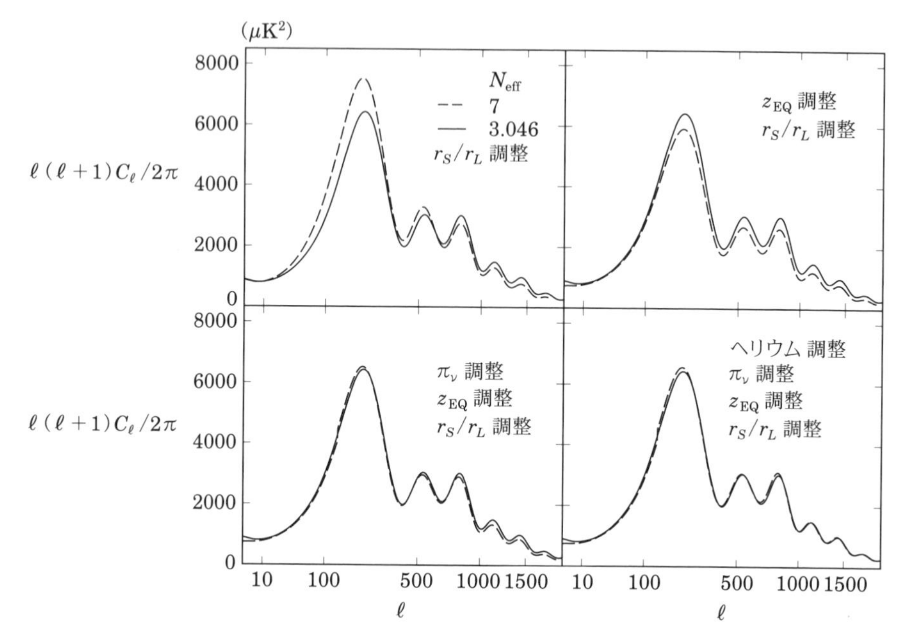

図10.7　相対論的ニュートリノの効果．実線と破線はそれぞれ $N_{\rm eff}=3.046$ と 7 を用いた理論曲線を示す．その他の宇宙論パラメータは図 10.3 と同じである．（左上）効果 1 を相殺するため破線の横軸を定数倍してピークの位置のずれを補正した．（右上）効果 2 を相殺するため放射と物質のエネルギー密度が等しくなる時刻が変わらないように破線の暗黒物質密度を増やした．（左下）効果 3 を相殺するため $\ell \geqq 140$ の破線の振幅を定数倍した．（右下）効果 4 を相殺するため全バリオンに対するヘリウムの割合を減らした．

効果 4 の補正は説明[*31]が必要である．効果 1 では，$N_{\rm eff}$ が大きくなると宇宙膨張率は大きくなり，音波の地平線距離は小さくなる効果を相殺した．同様に，宇宙膨張率が増加すれば光子とバリオン流体の運動のずれを表す拡散距離も小さくなる．拡散距離はシルク減衰の波数（式 (9.28)）を決める．これは宇宙論パラメータに関して複雑な依存性を持つが，近似的にはハッブル長と光子の平均自由距離の相乗平均で与えられ，$d_{拡散}=(cH\sigma_T n_e)^{-1/2}$ である．音波の地平線距離は近似的にハッブル長と音速の積 $c_s H^{-1}$ で与えられるから，拡散距離との比は $d_{拡散}/r_s \propto \sqrt{H/n_e}$ に比例する．すなわち，宇宙膨張率が増加すると，拡散距離と

*31　S. Bashinsky, U. Seljak, *Phys. Rev. D*, **69**, 083002 (2004)；Z. Hou, R. Keisler, L. Knox, M. Millea, C. Reichardt, *Phys. Rev. D*, **87**, 083008 (2013).

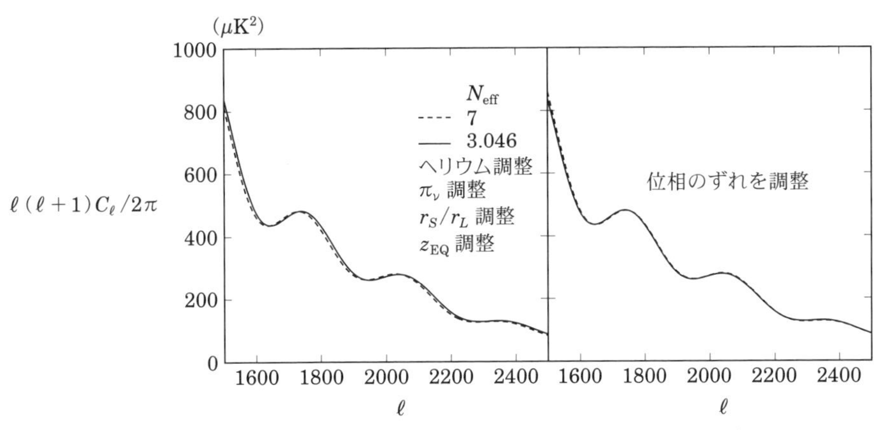

図 10.8 相対論的ニュートリノによる音波振動の位相のずれ．実線と破線はそれぞれ $N_{\rm eff} = 3.046$ と 7 を用いた理論曲線を示す．その他の宇宙論パラメータは図 10.3 と同じである．（左図）図 10.7 の右下の $1500 \leqq \ell \leqq 2500$ を拡大したものを示す．（右図）効果 5 を相殺するため破線の横軸に定数を加えた．

音波の地平線距離との比は増大する．このため，r_s の変化を相殺するように破線の横軸を定数倍すると，シルク減衰は小さな ℓ から重要となって，パワースペクトルはより減衰する．図 10.7 の左下を見ると，大きな ℓ で確かに破線は実線よりも減衰が大きい．この効果を相殺するには電子の数密度 n_e を増やせば良い．宇宙膨張率は，放射と物質のエネルギー密度が等しくなる時刻の赤方偏移を $z_{\rm EQ}$ とすれば $H = \sqrt{\Omega_R}H_0\sqrt{(1+z_{\rm EQ})(1+z)^3+(1+z)^4}$ と書けるので，$z_{\rm EQ}$ を固定すれば $\sqrt{\Omega_R h^2}$ に比例する．よって，$N_{\rm eff}$ の増加によって増えた $\sqrt{\Omega_R h^2}$ の分だけ電子の数密度を増やせば，H/n_e の変化を相殺できる．

全バリオンの数密度 n_B を固定すれば，晴れ上がり時刻における自由電子の数密度はヘリウムの存在量に依存する．3.2 節で学んだように，ヘリウムは晴れ上がり時刻よりもずっと前に再結合して中性原子となるためである．すなわち，ヘリウムの存在量が増えればより多くの電子が捕獲され，晴れ上がり時刻に残る電子は少なくなる．電離度を X，全バリオン質量中のヘリウムの質量の割合を Y と書けば $n_e = X(1-Y)n_B$ であり，Y を 0.25 から 0.07 に減らせば効果 4 を相殺できる．図 10.7 の右下にその結果を示す．

残るのは位相のずれの効果 5 である．これは小さい効果であるから，図 10.7 の右下を拡大したものを図 10.8 に示す．破線の振動は実線よりも小さな ℓ の方にずれている．ニュートリノの非等方ストレスによる位相のずれ θ は式 (9.49) で与えられ，$\tan\theta = 0.418R_\nu/(1-0.338R_\nu)$ である．$N_{\rm eff}$ が 3.046 から 7 に増加することによる余分な位相のずれを $\delta\theta$ と書けば，ピークの位置のずれは $\delta\ell \approx -302\delta\theta/\pi \approx -11$ である．右図ではこの効果を相殺するため破線の横軸に 11 を加えた．実線と破線はほぼ完全に重なる．これで相対論的ニュートリノが CMB の温度異方性のパワースペクトルに与える影響をすべて理解できた．

プランクのパワースペクトルより得られた制限（脚注 27）は，68%の信頼領域で $N_{\rm eff} = 3.13 \pm 0.32$ である．コラムで述べた BAO の情報を加えると $N_{\rm eff} = 3.15 \pm 0.23$ が得られる．これは 3.046 と無矛盾である．

10.7.2 非相対論的ニュートリノ

晴れ上がり時刻よりずっと後にニュートリノが非相対論的になると，式 (2.36) によって宇宙膨張率は増加する．すると地球から最終散乱面までの共動距離 $a_0 r_L$ は減少し，ピークの位置は小さな ℓ にずれる．ニュートリノ質量が 1 eV 程度であれば，ニュートリノは晴れ上がり時刻ですでに非相対論的となるのでパワースペクトルは直接影響を受けるが，現在許される範囲のニュートリノ質量ではパワースペクトルは r_L を通してのみニュートリノ質量に依存する．これを相殺するには他の宇宙論パラメータを変えて r_L の変化を相殺すれば良い．ピークの高さを変えないように $\Omega_M h^2$ を固定すると，平坦な宇宙で変化できるパラメータはハッブル定数 H_0 のみである．r_L は H_0 に反比例するので，**ハッブル定数を減らせばニュートリノ質量の効果を相殺できる**[*32]．よって，温度異方性のパワースペクトルのみから小さなニュートリノ質量を制限するのは困難であり，超新星のような個々の天体までの距離測定やコラムで述べた BAO からハッブル定数を求め，CMB のデータと組み合わせて質量を制限する．

プランクのパワースペクトルより得られた上限値（脚注 27）は，95%の信頼領域で $\sum_\alpha m_\alpha < 0.72\,\mathrm{eV}$ である．これに BAO の情報を加えると，制限は劇的に改善して $\sum_\alpha m_\alpha < 0.21\,\mathrm{eV}$ が得られる．

一方，CMB の重力レンズ効果はニュートリノが非相対論的になった時期の物質分布によって生じるので，重力レンズ効果を用いれば小さなニュートリノ質量

[*32] K. Ichikawa, M. Fukugita, M. Kawasaki, *Phys. Rev. D*, **71**, 043001 (2005).

まで測定できる[*33]．非相対論的ニュートリノの密度ゆらぎは，バリオンや暗黒物質の密度ゆらぎのように重力によって成長する．しかし，2.4.3 節（A.2 節も見よ）で学んだように，非相対論的ニュートリノの位相空間数密度は引き続き相対論的なフェルミ–ディラック分布で与えられるため，ニュートリノは大きな速度分散を持つ．

種類 α のニュートリノが持つ速度分散を σ_α^2 と書けば，

$$\sigma_\alpha^2 = \frac{c^2}{m_\alpha^2}\frac{\displaystyle\int p^4 dp\,[\exp(p/k_{\mathcal{B}}T_\nu)+1]^{-1}}{\displaystyle\int p^2 dp\,[\exp(p/k_{\mathcal{B}}T_\nu)+1]^{-1}} \approx \frac{13c^2(1+z)^2k_{\mathcal{B}}^2T_{\nu 0}^2}{m_\alpha^2}, \tag{10.7}$$

である．ここで $T_{\nu 0} = 1.95\,\mathrm{K}$，あるいは $k_{\mathcal{B}}T_{\nu 0} = 1.68 \times 10^{-4}\,\mathrm{eV}$ は現在のニュートリノの温度である．これより $\sigma_\alpha \approx 1800(1+z)(0.1\,\mathrm{eV}/m_\alpha)\,\mathrm{km\,s^{-1}}$ を得る．大きな速度分散のためニュートリノは散らばってしまい，ある特徴的な波長より短波長のニュートリノの密度ゆらぎは成長できない[*34]．この特徴的な波長は，ニュートリノの速度分散にハッブル時間をかけた程度で与えられ，$a/q_\alpha = \sqrt{2/3}\sigma_\alpha/H \approx 39\ (0.1\,\mathrm{eV}/m_\alpha)[\Omega_M h^2(1+z)/0.14]^{-1/2}\,\mathrm{Mpc}$ である．ここで物質優勢宇宙を仮定し，宇宙定数は無視した．銀河団の典型的な大きさは数メガパーセクであることを考えると，これはかなりの長波長である．

非相対論的なニュートリノの質量密度 $\rho_\nu^{\text{非相対論}}$ は全物質密度 $\rho_M = \rho_D + \rho_B + \rho_\nu^{\text{非相対論}}$ に寄与する．しかし，バリオンや暗黒物質とは異なり，a/q_α 以下の波長ではニュートリノの密度ゆらぎは成長できないため，バリオンや暗黒物質の密度ゆらぎの成長は ρ_M よりも小さな物質密度 $\rho_D + \rho_B$ によって担われる．すなわち，密度ゆらぎの振幅の成長率は $\sqrt{G(\rho_D+\rho_B)}$ である．一方，物質優勢期には宇宙膨張率は $\sqrt{G\rho_M}$ で決まるので，宇宙膨張率は密度ゆらぎの成長率よりもわずかに大きい．このため，**バリオンや暗黒物質のゆらぎの成長は遅れる**．言い換えれば，大きな速度分散を持つニュートリノは，重力ポテンシャルを「持ち逃げ」してしまうのである．具体的には，q_α より大きい波数のニュートリノの密度ゆらぎは，重力ポテンシャルを決めるポアソン方程式において無視できる．このため，

[*33] M. Kaplinghat, L. Knox, Y.-S. Song, *Phys. Rev. Lett.*, **91**, 241301 (2003).

[*34] J. R. Bond, G. Efstathiou, J. Silk, *Phys. Rev. Lett.*, **45**, 1980 (1980); J. R. Bond, A. Szalay, *Astrophys. J.*, **274**, 443 (1983).

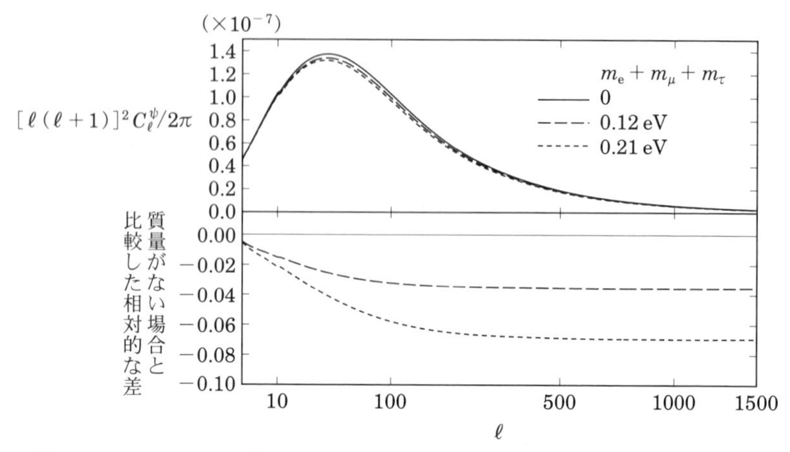

図 10.9 ニュートリノ質量による，重力レンズポテンシャルのパワースペクトル C_ℓ^ψ の減衰．（上図）$[\ell(\ell+1)]^2 C_\ell^\psi$ を ℓ の関数として示す．実線はニュートリノに質量がない場合を，破線と点線はそれぞれ $\sum_{\alpha=e,\mu,\tau} m_\alpha = 0.12$, $0.21\,\mathrm{eV}$ の場合を示す．密度パラメータはそれぞれ $\Omega_\nu^{\text{非相対論}} h^2 = (1.3,\ 2.3) \times 10^{-3}$ に相当する．全種類のニュートリノは等しい質量を持つと仮定したので，各種のニュートリノ質量は $m_\alpha = 0.04\,\mathrm{eV}$（破線），$0.07\,\mathrm{eV}$（点線）である．（下図）質量がない場合と比較した相対的な差 $C_\ell^\psi(m_\alpha)/C_\ell^\psi(m_\alpha = 0) - 1$ を示す．宇宙論パラメータは $\Omega_B h^2 = 0.022$, $\Omega_D h^2 = 0.118$, $H_0 = 68.31\,\mathrm{km\,s^{-1}\,Mpc^{-1}}$ で，スケール不変な原始パワースペクトル $q^3 P_\zeta(q)/2\pi^2 = 2.2 \times 10^{-9}$ を用いた．

重力ポテンシャルのパワースペクトル $P_\phi(q)$ は q_α より大きな波数で減衰し，減衰の大きさは $\Omega_\nu^{\text{非相対論}}/\Omega_M$ に比例する[*35]．結果，重力レンズポテンシャルのパワースペクトル C_ℓ^ψ（式 (7.44)）は小さくなる．

図 10.9 に，ニュートリノ質量による重力レンズポテンシャルの減衰を示す．全種類のニュートリノは等しい質量を持つとした．図 7.4 と比べれば，現在の統計的不定性は 0.1 eV 程度のニュートリノ質量和を測定するには大きすぎるが，これは現在精力的に観測が進められている分野であり，そう遠くない将来に高精度のデータが得られると期待[*36]されている．プランクのパワースペクトルより得られた上限値に重力レンズポテンシャルの情報を加えると，95%の上限値はわずかに小さくなり，$\sum_\alpha m_\alpha < 0.68\,\mathrm{eV}$ を得る．

---

*35 このトピックに関するレビュー論文は J. Lesgourgues, S. Pastor, *Phys. Rept.*, **429**, 307 (2006) を見よ．

*36 K. N. Abazajian, *et al.*, *Astropart. Phys.*, **63**, 66 (2015).

11章 偏光

CMB は**直線偏光**している．光は横波で，進行方向と直交する向きに振動する電場と磁場から成る．ある特定の向きに振動する電場や磁場の振幅が他の振動方向のものに比べて大きく，振動の位相は振動方向に依らず等しい状態（図 11.1）を直線偏光と呼ぶ．これとは別に，振動方向によって振動の位相が異なる状態を楕円偏光[*1]と呼ぶ．本書では楕円偏光は考えず，直線偏光を単に偏光と呼ぶ．電場と磁場の向きは互いに直交するので，どちらか一方の振動方向のみ考えれば良く，本章では電場を用いる．

日常生活では気づきにくいが，偏光は身のまわりの至るところで生じる．太陽光は無偏光であるが，太陽光が大気中の粒子に散乱されると，散乱方向によっては偏光が生じる．日中の空が青く見えるのは，波長の短い青い光が大気中の粒子によってレイリー散乱（3.3 節）されて地上に届くからである．たとえば太陽が南の空にあるとき，東と西の空から届く散乱光は偏光している．また，太陽光が海面や車のフロントガラスに入射すると，その反射光は海面やフロントガラスに水平な方向に偏光する（図 11.2（248 ページ））．これは大気と水，あるいは大気とガラスの屈折率が異なるために生じる偏光で，フレネルの公式によって記述される．どちらの例にも共通点がある．それは，「特定の方向から入射した光が散乱，あるいは反射されると偏光が生じる」ことである．

[*1] 1.4 節で学んだヘリシティの概念を用いれば，楕円偏光は異なるヘリシティを持つ光子が等量でない場合に対応する．1.4 節の脚注 13 を見よ．

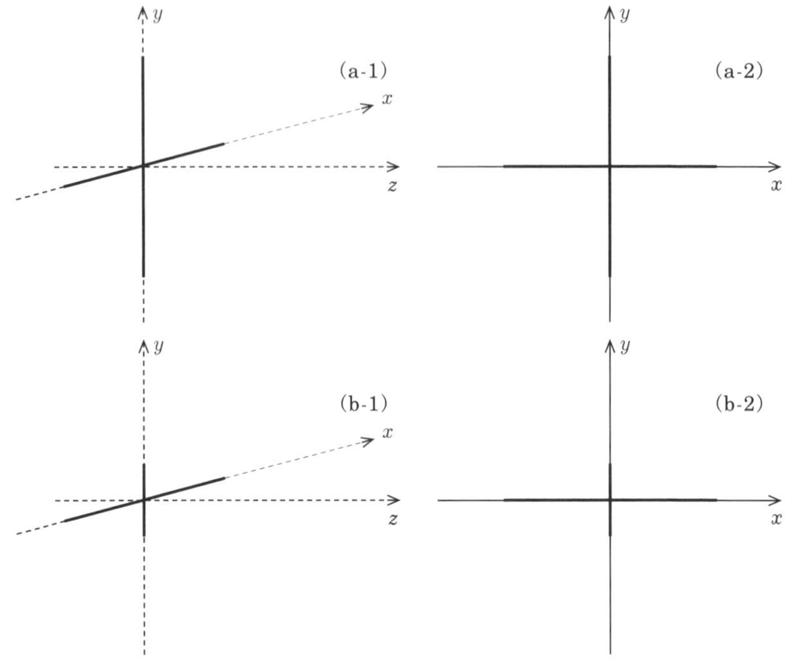

図11.1　光の直線偏光．z 方向に進む光の電場は x-y 平面上で振動する．線の方向は電場の振動方向を，長さは振幅を表す．図 a-1 と a-2 は無偏光の光を示し，x と y 方向に振動する電場は同じ振幅を持つ．図 b-1 と b-2 は x 方向に直線偏光した光を示す．

図11.2　太陽光が車のフロントガラスに入射すると，散乱光はフロントガラスに水平な方向に偏光する．左図では反射光のために車内は見えないが，水平方向の偏光を通さないフィルターを通して見ると，反射光は遮断されて車内を見通せる（画像提供：株式会社タレックス）．

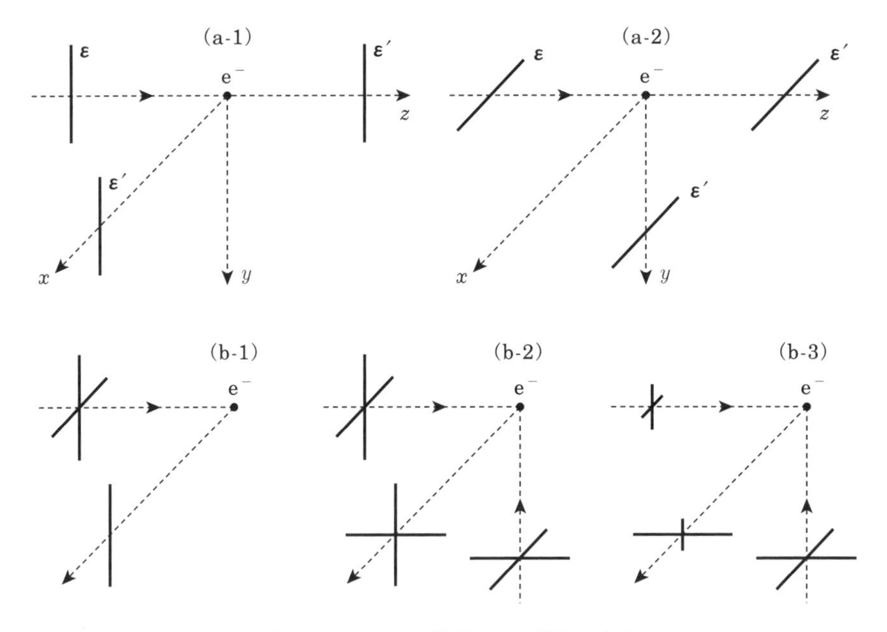

図 11.3　トムソン散乱による偏光の生成

CMB の偏光はトムソン散乱によって生じる．宇宙には特別な方向は存在しないので，偏光は生じないように思う．仮に宇宙は一様等方でなく，特別な方向が存在すれば偏光は生じる[*2]が，我々の知る限り宇宙は一様等方であり，非等方な宇宙モデルは強く制限される．

一様等方宇宙で生じる CMB の偏光を理解する鍵は，**電子の静止系から見た温度異方性**である．図 11.3 に偏光の生成過程を示す．a-1 図では，z 軸方向に進む光の電場の振動方向は y 軸に平行である．この光が電子に入射すると，電場の振動によって電子は力を受け，y 軸方向に振動する．この電子の振動によって y 軸方向に振動する電場が生成され，さまざまな方向に散乱光が放射される．光は横波であるから，y 軸方向に振動する電場は y 軸方向には進めず，y 軸方向に散乱される確率はゼロである．a-2 図では入射光の電場の振動方向は x 軸に平行で，x 軸方向に散乱される確率はゼロである．これをまとめると，散乱角度に応じた光と電子の散乱確率を表す微分散乱断面積 $d\sigma/d\Omega$ は，入射光の電場の振動の向き

[*2] M. J. Rees, *Astrophys. J. Lett.*, **153**, L1 (1968) ; M. M. Basko, A. G. Polnarev, *Mon. Not. Roy. Astron. Soc.*, **191**, 207 (1980).

を表す偏光ベクトル $\boldsymbol{\epsilon}$ と散乱光の偏光ベクトル $\boldsymbol{\epsilon}'$ を用いて[*3]

$$\frac{d\sigma}{d\Omega} = \frac{3\sigma_{\mathcal{T}}}{8\pi}(\boldsymbol{\epsilon}\cdot\boldsymbol{\epsilon}')^2\,, \tag{11.2}$$

と書ける．

この描像に基づけば，z 軸方向に入射する無偏光の光が x 軸方向に散乱されると，散乱面に垂直に振動する成分は残るが水平な成分は消え，ゼロでない偏光が生成される（b-1 図）．すなわち，ある特定の方向から入射する無偏光の光が散乱されれば偏光が生じる．宇宙には特別な方向は存在しないため，電子にはあらゆる方向から光が入射する．たとえば，z 軸と y 軸方向に入射する無偏光の光の強度が等しければ，x 軸方向に散乱される光は無偏光である（b-2 図）．しかし，もし電子の静止系において四重極の温度異方性が存在すれば，すなわち z 軸と y 軸方向に入射する無偏光の光の強度が等しく**なければ**（y-z 平面上で電子からぐるっと見回した光の温度が 90 度ごとに熱い，冷たい，熱い，冷たいという分布であれば），x 軸方向に散乱される光はゼロでない偏光を持つ（b-3 図）．まとめると，CMB に偏光が生じる必要十分条件は，トムソン散乱と，電子から見た四重極の温度異方性の存在である．

電子の静止系から見た四重極の温度異方性とは，すなわち光子流体の非等方ストレスである．9.2.2 節で学んだように，光子と電子の散乱が頻繁であれば，バリオン流体から見た光子の位相空間数密度は等方化され，非等方ストレスは指数関数的にゼロとなる．偏光は生じないから，**CMB の偏光が生じるには，光子とバリ**

[*3] この式を，より馴染みがある散乱角度，すなわち図 11.3 の a-1 の x-z 平面上で z 軸と散乱方向とがなす角度を用いて書いてみよう．散乱角度を β とすれば，図 a-1 は $\beta = 90$ 度の場合を表す．図 a-1 のように入射偏光ベクトル $\boldsymbol{\epsilon}$ が y 軸方向を向いているときには，散乱光の強度は β に依らず x-z 平面上のどの方向でも入射強度と等しい．一方，図 a-2 のように入射偏光ベクトルが x 軸方向を向いているときには，散乱光の強度は $\beta = 0$ で入射強度に等しく，$\beta = 90$ 度でゼロとなる．よって角度依存性は $\cos^2\beta$ である．入射光が無偏光であれば，入射光の偏光ベクトルに関して平均すれば良いから，図 a-1 と a-2 の寄与を足して 2 で割る．これら以外の振動方向の寄与は相殺する．すると

$$\left\langle \frac{d\sigma}{d\Omega} \right\rangle_{\text{入射光の偏光に関して平均}} = \frac{3\sigma_{\mathcal{T}}}{16\pi}(1+\cos^2\beta) = \frac{\sigma_{\mathcal{T}}}{4\pi}\left[1+\frac{1}{2}P_2(\cos\beta)\right]\,, \tag{11.1}$$

を得る．$P_2(x) = (3x^2-1)/2$ は $\ell = 2$ のルジャンドル多項式である．最右辺の角括弧内の初項は等方的な散乱を表し，あらゆる散乱光の方向で和を取れば（すなわち電子から見て全方位 $\Omega = 4\pi$ に積分すれば）$\sigma_{\mathcal{T}}$ を与える．2 項目は非等方な散乱を表し，電子から見て全方位に積分すればゼロとなる．この項の存在が，トムソン散乱は四重極の依存性を持つといわれるゆえんで，CMB の偏光を産み出す二つの条件のうちの一つである．もう一つの条件は，電子に入射する光が四重極の温度異方性を持つことである．

オン流体の結合が弱まる必要がある.

本章では，11.1 節で天球上の偏光の分布を表す**ストークスパラメータ**を導入し，11.2 節でそれらを組み合わせた便利な観測量である **E モード偏光**と **B モード偏光**を定義する．トムソン散乱によって偏光が生じる過程を 11.3 節で学んだのち，11.4 節では音波を表すスカラー型の温度異方性が電子に散乱されて生じる偏光のパワースペクトルを議論する．非等方ストレスはシルク減衰の源なので，音波による偏光が大きくなる見込み角度は，シルク減衰によって温度ゆらぎが減衰する見込み角度と同程度である．テンソル型のゆらぎによる偏光は 12.3 節で扱う．

我々が天球上に測定する偏光の分布は，地球と最終散乱面との間に存在する物質の影響のため，最終散乱面上の偏光の分布とは異なる．赤方偏移が $z \lesssim 20$ 程度になり，初代の星々による宇宙の再電離で生じた自由電子は，CMB 光子を再び散乱して温度異方性を減衰させるとともに，大きな見込み角度（$\ell \lesssim 10$）で新たに偏光を生成する（11.5 節）．また，$z \lesssim 3$ の物質の重力場による重力レンズ効果も偏光の分布に重要な影響を与える（11.6 節）．原始重力波による CMB の偏光を除けば，本書で学んできた現象はすべて測定されており，ΛCDM モデルの予言と無矛盾であった．これは驚くべきことである．

11.1 ストークスパラメータ

ストークスパラメータは，天球上の偏光の分布を記述する観測量である．ある視線方向から到来する光の電場の振動方向を測定したとする．視線方向まわりの天域を平面とみなし，デカルト座標 (x, y) を用意する．x 軸の取り方は任意であり，たとえば銀河座標の経線に沿うようにとる．ストークスパラメータの値は座標系の取り方に依存することを先に述べておく．これは後に重要となる．

偏光は電場の振動方向の偏りを表すので，x 方向に振動する電場の振幅の 2 乗と y 方向に振動する電場の振幅の 2 乗の差を取れば良い．これを Q と呼び，$Q \propto E_x^2 - E_y^2$ と書く．比例係数は，最終結果を温度の単位で書きたいか，光の輝度の単位で書きたいかによって適当に選べば良い．図 11.1 の b-2 では x 方向の電場の振幅が大きいので $Q > 0$ であり，逆に y 方向の電場の振幅が大きければ $Q < 0$ である．電場の振動方向が x-y 平面上で 45 度の傾きを持っていれば $Q = 0$ である．そこで，x-y 平面上で 45 度の方向の電場の成分を E_a，それに直交する成分（す

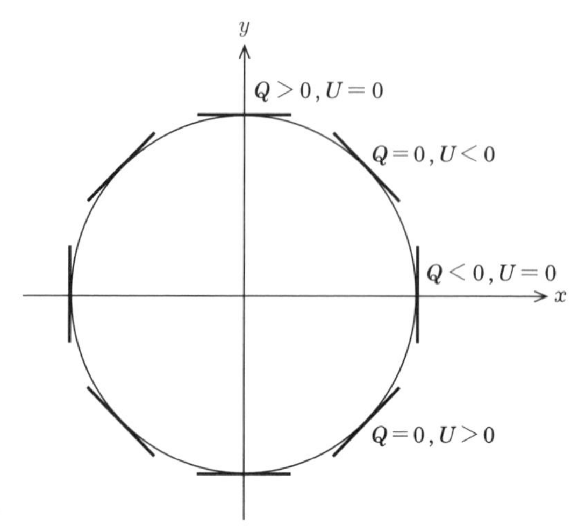

図 11.4 ストークスパラメータ Q, U のデカルト座標における定義．球座標における定義は図 11.6 を参照．

なわち 135 度の方向の成分）を E_b と書き，もう一つのストークスパラメータを $U \propto E_a^2 - E_b^2$ と定義する．図 11.1 の b-2 では $U = 0$ である．図 11.4 に，電場の振動方向とストークスパラメータの関係を示す．直線偏光は Q と U で完全に記述できるが，円偏光を記述するにはまた別のストークスパラメータが必要となる．

試しに，図 11.3 で x 軸方向の振動を $Q > 0$ と定義する座標系を考えよう．a-1 図と a-2 図の入射光はそれぞれ y 軸と x 軸方向に振動するので，入射光の強度をそれぞれ $I_y \propto E_y^2$ と $I_x \propto E_x^2$ と書く．光が x-z 平面上で散乱されて強度が I'_y と I'_x に変わったとすると，散乱方向と z 軸とのなす角度（散乱角度）を β として $I'_y \propto I_y$，$I'_x \propto I_x \cos^2 \beta$ を得る（脚注 3）．ストークスパラメータの定義を用いれば $Q = I_x - I_y$ である．光の全強度（あるいは温度ゆらぎ δT）を $T \equiv I_x + I_y$ と書けば，T と Q の散乱前後の関係式として

$$\begin{pmatrix} T' \\ Q' \end{pmatrix} \propto \begin{pmatrix} 1 + \cos^2 \beta & -\sin^2 \beta \\ -\sin^2 \beta & 1 + \cos^2 \beta \end{pmatrix} \begin{pmatrix} T \\ Q \end{pmatrix}, \tag{11.3}$$

を得る．入射光が無偏光であれば $Q = 0$ なので，$T' \propto T(1 + \cos^2 \beta)$ と $Q' \propto -T \sin^2 \beta$ を得る．これは，偏光のない入射光からストークス Q が生成されたことを意味する．入射光が無偏光であればこれ以外の効果は相殺するため，**散乱面**

に水平な方向を $U=0$ とする座標系では，トムソン散乱はストークス Q のみを生成する．我々観測者がゼロでない U を測定するのは，我々にとって自然な座標系はトムソン散乱の散乱面を基準とする座標系ではないためである．

入射光は無偏光ではなくゼロでない Q を持つ場合も上記の結果で記述できる．この場合，散乱光の全強度は $T' \propto T(1+\cos^2\beta) - Q\sin^2\beta$ と，入射光の Q によって値が変わる．入射光に U を含めると

$$\begin{pmatrix} T' \\ Q' \\ U' \end{pmatrix} \propto \begin{pmatrix} 1+\cos^2\beta & -\sin^2\beta & 0 \\ -\sin^2\beta & 1+\cos^2\beta & 0 \\ 0 & 0 & 2\cos\beta \end{pmatrix} \begin{pmatrix} T \\ Q \\ U \end{pmatrix}, \tag{11.4}$$

を得る．この座標系では，入射光で U がゼロであれば散乱光の U' もゼロである．

Q と U は，座標系を回転させると互いに移り変わる．たとえば図 11.1 の b-2 の座標系を反時計回りに 45 度回せば，もとの座標系で $Q>0$，$U=0$ だったものは新しい座標系では $\tilde{U}=-Q$，$\tilde{Q}=0$ となる．もとの座標系で $U>0$，$Q=0$ だったとすれば，新しい座標系では $\tilde{Q}=U$，$\tilde{U}=0$ となる．任意の角度 φ で座標系を反時計回りに回せば，Q と U は

$$\begin{pmatrix} \tilde{Q} \\ \tilde{U} \end{pmatrix} = \begin{pmatrix} \cos 2\varphi & \sin 2\varphi \\ -\sin 2\varphi & \cos 2\varphi \end{pmatrix} \begin{pmatrix} Q \\ U \end{pmatrix}, \tag{11.5}$$

と変換する．虚数 i を用いて $Q+iU$ と書けば $\tilde{Q}+i\tilde{U} = \exp(-2i\varphi)(Q+iU)$ とコンパクトに書ける．同様に $\tilde{Q}-i\tilde{U} = \exp(2i\varphi)(Q-iU)$ である．

直線偏光は偏光強度 P と偏光角度 α を用いて書くこともできる．それぞれ $P \equiv \sqrt{Q^2+U^2}$，$U/Q \equiv \tan 2\alpha$ と定義すれば，$Q+iU = P\exp(2i\alpha)$ と書ける．偏光強度は座標系の回転に対し不変であるが，偏光角度は $\tilde{\alpha} = \alpha - \varphi$ と変換する．

直線偏光は方向を持つのでベクトルとして扱えるように思えるが，そうではない．2 次元平面上のベクトル $\boldsymbol{v} = (v_x, v_y)$ は，座標系を 180 度回すと方向は逆向きになるので符号が変わり，$\tilde{\boldsymbol{v}} = -\boldsymbol{v}$ と変換する．一方，ストークスパラメータは座標系を 180 度回すともとに戻る．虚数を用いてベクトルを $v_x + iv_y$ と書けば，任意の反時計回りの座標系の回転に対して $\tilde{v}_x + i\tilde{v}_y = \exp(-i\varphi)(v_x+iv_y)$ である．$Q+iU$ の変換と比べると，指数の引数の係数が異なる．この係数は，しばしば**スピン**と呼ばれる量である．すなわち，座標系の回転に対して不変な P はス

ピン 0，$v_x + iv_y$ はスピン 1，$Q + iU$ はスピン 2 を持つと言われる．スピン s を持つ量は，座標系の反時計回りの回転によって因子 $\exp(-is\varphi)$ を生じる．

11.2 E モードと B モード偏光

ストークスパラメータは便利な観測量であるが，座標系の回転によって不変でないのは厄介である．人によって Q や U を定義する座標系が異なれば，同じ現象に対して，ある人は $Q \neq 0$，$U = 0$ というのに別の人は $U \neq 0$，$Q = 0$ という事態が起こりうる．異なる研究者によって得られた Q や U の値の理論計算結果や実験結果を比べる際，どの座標系を基準にして定義された Q や U なのかつねに気にしなければならないのは煩わしい．また，物理量は座標系の取り方に依らないはずなので，座標系に依る量を用いていると，重要な物理的情報を見失うかもしれない．そこで，Q と U を組み合わせて回転変換に対して不変な量である **E モードと B モード偏光**を構築する．これはフーリエ空間で行うのが見通しが良い．

11.2.1 小角度近似での定義

全天を扱うには球面調和関数を用いた解析が必要であるが，数式が煩雑で直観的に理解しにくいので，本節では 6.2.1 節で導入した小角度近似を用いる．全天での解析は 11.2.2 節で議論する．

任意に選んだ視線方向の近傍の小さな天域を平面とみなし，2 次元デカルト座標を貼る（図 6.2）．天域の中心からの位置ベクトルを $\boldsymbol{\theta} = (x, y) = (\theta\cos\phi, \theta\sin\phi)$ と書き，球面調和関数の代わりに 2 次元フーリエ変換を用いて

$$Q(\boldsymbol{\theta}) + iU(\boldsymbol{\theta}) = \int \frac{d^2\ell}{(2\pi)^2}\, a_{\boldsymbol{\ell}} \exp(i\boldsymbol{\ell}\cdot\boldsymbol{\theta}), \tag{11.6}$$

と書く．$Q + iU$ は座標系の回転によって変化するので，フーリエ変換の係数 $a_{\boldsymbol{\ell}}$ も変化する．そこで，$a_{\boldsymbol{\ell}} = -{}_2a_{\boldsymbol{\ell}} \exp(2i\phi_\ell)$ と書く．新しい係数 ${}_2a_{\boldsymbol{\ell}}$ の添え字の意味や符号の取り方の理由は 11.2.2 節で明らかとなる．ϕ_ℓ は波数ベクトルの方位角で，$\boldsymbol{\ell} = (\ell\cos\phi_\ell, \ell\sin\phi_\ell)$ と定義する．任意の反時計回りの座標系の回転により，左辺は $\tilde{Q} + i\tilde{U} = \exp(-2i\varphi)(Q + iU)$ と変換する．同時に，右辺の波数ベクトルの方位角は $\phi_\ell \to \tilde{\phi}_\ell = \phi_\ell - \varphi$ と変換し，左辺の $\exp(-2i\varphi)$ を打ち消す．よって係数 ${}_2a_{\boldsymbol{\ell}}$ は座標系の回転で因子 $\exp(-2i\varphi)$ を生じず，より便利な係数である．同様

に，$Q - iU$ を展開する係数として ${}_{-2}a_{\boldsymbol{\ell}}$ を定義して

$$Q(\boldsymbol{\theta}) \pm iU(\boldsymbol{\theta}) = -\int \frac{d^2\ell}{(2\pi)^2}\ {}_{\pm 2}a_{\boldsymbol{\ell}} \exp(\pm 2i\phi_\ell + i\boldsymbol{\ell}\cdot\boldsymbol{\theta}), \tag{11.7}$$

と書く．Q と U は実数であるから，展開係数の複素共役は ${}_{\pm 2}a^*_{\boldsymbol{\ell}} = {}_{\mp 2}a_{-\boldsymbol{\ell}}$ を満たす．

偏光方向の分布をうまく記述するため，E モード偏光と B モード偏光を導入する．新しい量として $E_{\boldsymbol{\ell}}$ と $B_{\boldsymbol{\ell}}$ を ${}_{\pm 2}a_{\boldsymbol{\ell}} \equiv -(E_{\boldsymbol{\ell}} \pm iB_{\boldsymbol{\ell}})$ と定義すれば*4

$$Q(\boldsymbol{\theta}) \pm iU(\boldsymbol{\theta}) = \int \frac{d^2\ell}{(2\pi)^2}\ (E_{\boldsymbol{\ell}} \pm iB_{\boldsymbol{\ell}}) \exp(\pm 2i\phi_\ell + i\boldsymbol{\ell}\cdot\boldsymbol{\theta}), \tag{11.12}$$

を得る．もとの係数との関係は $E_{\boldsymbol{\ell}} = -({}_2a_{\boldsymbol{\ell}} + {}_{-2}a_{\boldsymbol{\ell}})/2$，$B_{\boldsymbol{\ell}} = i({}_2a_{\boldsymbol{\ell}} - {}_{-2}a_{\boldsymbol{\ell}})/2$ とも書け，複素共役はそれぞれ $E^*_{\boldsymbol{\ell}} = E_{-\boldsymbol{\ell}}$，$B^*_{\boldsymbol{\ell}} = B_{-\boldsymbol{\ell}}$ である．逆変換は $E_{\boldsymbol{\ell}} \pm iB_{\boldsymbol{\ell}} = \int d^2\theta\ (Q \pm iU)(\boldsymbol{\theta}) \exp(\mp 2i\phi_\ell - i\boldsymbol{\ell}\cdot\boldsymbol{\theta})$ である．

E と B の作る偏光の分布を調べるため，ある単一の波数 $\boldsymbol{\ell}$ が作る偏光分布を考える．波数ベクトルの方向を x 軸に取れば，偏光強度は x 軸方向に変化する．ストークスパラメータは $Q(\theta) = E_\ell \exp(i\ell\theta)$，$U(\theta) = B_\ell \exp(i\ell\theta)$ で，偏光の分布を図 11.5（256 ページ）に示す．図から明らかなように，**E が表す偏光の向きは波数ベクトル ℓ に平行か垂直かのどちらかで，B が表す偏光の向きは ℓ に対して 45 度傾いている**．これらはそれぞれ E モード偏光と B モード偏光と呼ばれる*5．座標系を回転させると偏光の向きも $\boldsymbol{\ell}$ も回転するが，$\boldsymbol{\ell}$ に対して平行か垂直か 45 度傾いているかは座標系の取り方に依らない概念である．これが，E，B モード

---

*4 これは

$$Q(\boldsymbol{\theta}) = \int \frac{d^2\ell}{(2\pi)^2} (E_{\boldsymbol{\ell}} \cos 2\phi_\ell - B_{\boldsymbol{\ell}} \sin 2\phi_\ell) \exp(i\boldsymbol{\ell}\cdot\boldsymbol{\theta}), \tag{11.8}$$

$$U(\boldsymbol{\theta}) = \int \frac{d^2\ell}{(2\pi)^2} (E_{\boldsymbol{\ell}} \sin 2\phi_\ell + B_{\boldsymbol{\ell}} \cos 2\phi_\ell) \exp(i\boldsymbol{\ell}\cdot\boldsymbol{\theta}), \tag{11.9}$$

とも書け，逆変換は

$$E_{\boldsymbol{\ell}} = \int d^2\theta \left[Q(\boldsymbol{\theta}) \cos 2\phi_\ell + U(\boldsymbol{\theta}) \sin 2\phi_\ell\right] \exp(-i\boldsymbol{\ell}\cdot\boldsymbol{\theta}), \tag{11.10}$$

$$B_{\boldsymbol{\ell}} = \int d^2\theta \left[-Q(\boldsymbol{\theta}) \sin 2\phi_\ell + U(\boldsymbol{\theta}) \cos 2\phi_\ell\right] \exp(-i\boldsymbol{\ell}\cdot\boldsymbol{\theta}), \tag{11.11}$$

である．

*5 U. Seljak, *Astrophys. J.*, **482**, 6（1997）．全天における表式は M. Zaldarriaga, U. Seljak, *Phys. Rev. D*, **55**, 1830（1997）；M. Kamionkowski, A. Kosowsky, A. Stebbins, *Phys. Rev. D*, **55**, 7368（1997）を見よ．

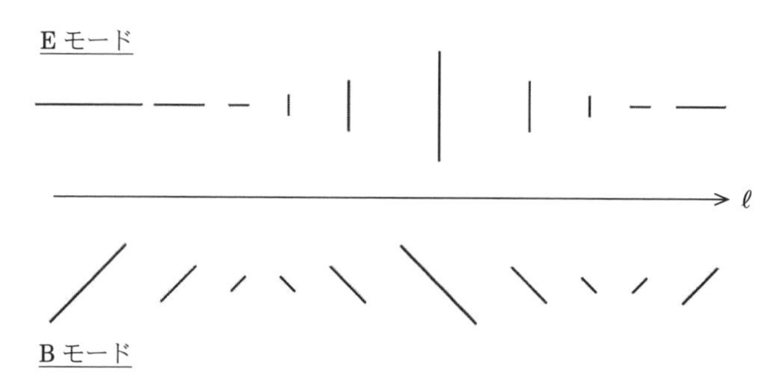

図11.5 EモードとBモード偏光．線の長さはストークスパラメータの大きさを表す．

偏光が座標系の回転に対して不変な理由である．

E, Bモード偏光は，それぞれ$\boldsymbol{\ell}$をx軸として定義したストークスパラメータQ, Uだと考えても良い．図11.5でも明らかであるが，Eモード偏光は空間の反転に対して不変なのに対し，Bモード偏光は符号が変わる（すなわち，$\boldsymbol{\ell}$をx軸として定義したUの符号が反転する）．この空間反転に対する変換の違いは，Eモード偏光とBモード偏光を曖昧さなく区別する．

ゆらぎの確率密度関数は2次元平面上の並進と回転変換によって不変であるとすれば，EモードとBモードのパワースペクトルは

$$\langle E_{\boldsymbol{\ell}} E^*_{\boldsymbol{\ell}'} \rangle = (2\pi)^2 \delta_D^{(2)}(\boldsymbol{\ell} - \boldsymbol{\ell}') C_\ell^{EE}, \quad \langle B_{\boldsymbol{\ell}} B^*_{\boldsymbol{\ell}'} \rangle = (2\pi)^2 \delta_D^{(2)}(\boldsymbol{\ell} - \boldsymbol{\ell}') C_\ell^{BB}, \tag{11.13}$$

と定義できる．偏光は温度異方性から生成されるので，両者は相関する．温度異方性のフーリエ展開係数を$T_{\boldsymbol{\ell}}$と書けば，Eモード偏光との相互相関は

$$\langle T_{\boldsymbol{\ell}} E^*_{\boldsymbol{\ell}'} \rangle = \langle T^*_{\boldsymbol{\ell}} E_{\boldsymbol{\ell}'} \rangle = (2\pi)^2 \delta_D^{(2)}(\boldsymbol{\ell} - \boldsymbol{\ell}') C_\ell^{TE}, \tag{11.14}$$

と書ける．EモードとBモードの相互相関$\langle E_{\boldsymbol{\ell}} B^*_{\boldsymbol{\ell}'} \rangle$，および温度異方性とBモードの相互相関$\langle T_{\boldsymbol{\ell}} B^*_{\boldsymbol{\ell}'} \rangle$は空間反転に対して符号が変わるため，もし**ゆらぎの確率密度関数が空間反転に対して不変であれば，EモードとBモード偏光，および温度異方性とBモード偏光の相互相関はゼロである**．

宇宙初期に原始ゆらぎを生成した物理現象が空間反転に対して不変でなかったり[*6]，光子が宇宙を伝搬する際に空間反転に対して不変でない現象によって影響を受ける[*7]と，ゼロでないEBやTB相関が生じる．たとえば，ある天域におけ

る偏光角度 α が一様に $\alpha \to \alpha + \Delta\alpha$ と変化したとしよう．すると，観測される E モードと B モード偏光は偏光角度が変化する前のものに比べて

$$E_{\boldsymbol{\ell}}^{観測} \pm iB_{\boldsymbol{\ell}}^{観測} = (E_{\boldsymbol{\ell}} \pm iB_{\boldsymbol{\ell}})\exp(\pm 2i\Delta\alpha)\,, \tag{11.15}$$

と変化し，パワースペクトル $C_\ell^{観測}$ は

$$C_l^{TE,\,観測} = C_l^{TE}\cos(2\Delta\alpha), \tag{11.16}$$

$$C_l^{TB,\,観測} = C_l^{TE}\sin(2\Delta\alpha), \tag{11.17}$$

$$C_l^{EE,\,観測} = C_l^{EE}\cos^2(2\Delta\alpha) + C_l^{BB}\sin^2(2\Delta\alpha), \tag{11.18}$$

$$C_l^{BB,\,観測} = C_l^{EE}\sin^2(2\Delta\alpha) + C_l^{BB}\cos^2(2\Delta\alpha), \tag{11.19}$$

$$C_l^{EB,\,観測} = \frac{1}{2}\left(C_l^{EE} - C_l^{BB}\right)\sin(4\Delta\alpha), \tag{11.20}$$

と変化する．もし C_ℓ^{EB} と C_ℓ^{TB} がゼロであっても，$C_\ell^{EB,\,観測}$ と $C_\ell^{TB,\,観測}$ はゼロでない．宇宙起源の $\Delta\alpha$ はまだ見つかっておらず，上限値は 1 度角程度*8である．

一様な偏光角度の変化は宇宙物理学的に作ることもできるが，CMB の研究者が心配するのは，CMB の測定のために望遠鏡の焦点面に置いた検出器が測定する偏光の方向を，研究者が正確に知らない可能性である．たいていの場合検出器は複数個の素子から成り，各々の素子は異なる偏光方向に感度を持つ．設計段階ではこれらの素子がどの偏光成分に感度を持つかは既知であるが，実際に望遠鏡の焦点面に置くと，置き方によって向きが変わるかもしれない．これを較正するには，マイクロ波の波長帯で偏光方向が正確にわかっている天体を観測すれば良いのだが，そのような天体は存在しない．CMB の測定に要求されるような高精度でマイクロ波天体の偏光を測定する必要性は，これまでなかったためである．そのため，検出器の偏光角度のずれ $\Delta\alpha$ を知るのに，EB や TB 相関がゼロにな

---

*6 （256 ページ）A. Lue, L. Wang, M. Kamionkowski, *Phys. Rev. Lett.*, **83**, 1506 （1999）; S. Saito, K. Ichiki, A. Taruya, *JCAP*, **0709**, 002 （2007）; C. R. Contaldi, J. Magueijo, L. Smolin, *Phys. Rev. Lett.*, **101**, 141101 （2008）; M. Watanabe, S. Kanno, J. Soda, *Mon. Not. Roy. Astron. Soc.*, **412**, L83 （2011）; L. Sorbo, *JCAP*, **1106**, 003 （2011）.

*7 （256 ページ）S. M. Carroll, *Phys. Rev. Lett.*, **81**, 3067 （1998）; M. Li, X. Zhang, *Phys. Rev. D*, **78**, 103516 （2008）; M. Pospelov, A. Ritz, C. Skordis, *Phys. Rev. Lett.*, **103**, 051302 （2009）.

*8 G. Hinshaw, *et al.*, *Astrophys. J. Suppl.*, **208**, 19 （2013）; Planck Collaboration, *Astron. Astrophys.*, **596**, A110 （2016）.

るように $\Delta\alpha$ を決める[*9]ことがある．すると EB や TB 相関を用いて空間反転を破る物理現象を探れなくなるので，検出器の偏光角度を高精度で測定できる別の手法の登場が待たれる．

11.2.2 全天での定義とスピン 2 の球面調和関数

前節では，偏光場を式（11.7）のようにフーリエ展開すれば，係数 ${}_{\pm 2}a_{\boldsymbol{\ell}}$ は回転変換で因子 $\exp(\mp 2i\varphi)$ を生じないことを学んだ．回転変換に対してスピン ± 2 を持つ $Q \pm iU$ をフーリエ展開するには，見慣れた $\exp(i\boldsymbol{\ell}\cdot\boldsymbol{\theta})$ ではなく $\exp(\pm 2i\phi_\ell + i\boldsymbol{\ell}\cdot\boldsymbol{\theta})$ がより適しているのである．これが，新しい係数 ${}_{\pm 2}a_{\boldsymbol{\ell}}$ にスピンを表す添え字 ± 2 を付与した理由である．

この性質を掘り下げて調べてみよう．式（11.7）を

$$Q(\boldsymbol{\theta}) \pm iU(\boldsymbol{\theta}) = \int \frac{d^2\ell}{(2\pi)^2}\ {}_{\pm 2}a_{\boldsymbol{\ell}}\ {}_{\pm 2}Y(\boldsymbol{\ell}), \tag{11.21}$$

と書き，$\exp(i\boldsymbol{\ell}\cdot\boldsymbol{\theta})$ に代わる新しい関数として

$${}_{\pm 2}Y(\boldsymbol{\ell}) \equiv \frac{1}{\ell^2}\left(\frac{\partial}{\partial x} \pm i\frac{\partial}{\partial y}\right)^2 \exp(i\boldsymbol{\ell}\cdot\boldsymbol{\theta}) = -\exp(\pm 2i\phi_\ell + i\boldsymbol{\ell}\cdot\boldsymbol{\theta}), \tag{11.22}$$

を定義する．これはスピン 2 を持つ量を 2 次元デカルト座標でフーリエ展開するのに有用な関数で，**スピン 2 の調和関数**と呼ばれる．定義から明らかなように，これは温度異方性のようなスピン 0 の量をフーリエ変換するのに使う調和関数 $\exp(i\boldsymbol{\ell}\cdot\boldsymbol{\theta})$ を 2 階微分したものである．

式（11.22）の表式は座標系の取り方に依存するので，一般的な形で書く．ストークスパラメータ Q はデカルト座標の x 軸と y 軸方向に振動する電場の振幅の 2 乗の差として定義した．これを一般化して，互いに直交する任意の基底ベクトル $\boldsymbol{e}_1$，$\boldsymbol{e}_2$ の方向に振動する電波の振幅の 2 乗の差とする．そして基底ベクトルを虚数を用いて $\boldsymbol{e}_\pm \equiv (\boldsymbol{e}_1 \pm i\boldsymbol{e}_2)/\sqrt{2}$ と書く．すると

$${}_{\pm 2}Y(\boldsymbol{\ell}) = \frac{2}{\ell^2}\sum_{ij} e_{\pm i}e_{\pm j}\tilde{\nabla}_i\tilde{\nabla}_j \exp(i\boldsymbol{\ell}\cdot\boldsymbol{\theta}), \tag{11.23}$$

を得る．微分演算子ベクトル $\tilde{\boldsymbol{\nabla}}$ は，天球上のある視線方向 $\hat{n}$ まわりの小さな天域を考えたとき，$\hat{n}$ に直交する方向の微分を表す．

---

*9 B. Keating, M. Shimon, A. Yadav, *Astrophys. J. Lett.*, **762**, L23 (2012).

小角度近似の表式を全天の表式に一般化する．まずストークスパラメータを 2 次元デカルト座標ではなく，観測者を中心とする球座標で定義する．$\boldsymbol{e}_1$ を極角 θ が変化する方向（南北方向）にとり，$\boldsymbol{e}_2$ を方位角 ϕ が変化する方向（東西方向）にとる（図 11.6 （260 ページ））．極角の原点を中心とする小さな天域では，デカルト座標を用いて定義したストークスパラメータと球座標で定義したものとは $(Q+iU)_{球座標} = \exp(-2i\phi)(Q+iU)_{デカルト}$ と関係する．図 11.6 の下図に示す偏光の方向は，球座標で定義したストークスパラメータではすべて $Q_{球座標} < 0$，$U_{球座標} = 0$ である．そして，ストークスパラメータを**スピン ± 2 の球面調和関数** ${}_{\pm 2}Y_\ell^m$ によって展開し，

$$(Q \pm iU)(\hat{n}) = \sum_{\ell=2}^{\infty} \sum_{m=-\ell}^{\ell} {}_{\pm 2}a_{\ell m}\ {}_{\pm 2}Y_\ell^m(\hat{n}), \tag{11.24}$$

と書く．スピン 2 の調和関数の係数 ${}_{\pm 2}a_{\boldsymbol{\ell}}$ が回転変換によって因子 $\exp(\mp 2i\varphi)$ を生じなかったように，スピン 2 の球面調和関数の係数 ${}_{\pm 2}a_{\ell m}$ もそのような因子を生じない．${}_{\pm 2}Y(\boldsymbol{\ell})$ が式（11.23）のように $\exp(i\boldsymbol{\ell}\cdot\boldsymbol{\theta})$ の 2 階微分で書けたように，この新しい関数 ${}_{\pm 2}Y_\ell^m$ は通常の球面調和関数の 2 階微分で書けて[*10]

$${}_{\pm 2}Y_\ell^m(\hat{n}) = 2\sqrt{\frac{(\ell-2)!}{(\ell+2)!}} \sum_{ij} e_{\pm i} e_{\pm j} \tilde{\nabla}_i \tilde{\nabla}_j Y_\ell^m(\hat{n}), \tag{11.26}$$

である．比例係数 $2\sqrt{(\ell-2)!/(\ell+2)!}$ は規格直交性関係

$$\int_{-1}^{1} d(\cos\theta) \int_0^{2\pi} d\phi\ {}_sY_\ell^m(\hat{n})\, {}_sY_{\ell'}^{m'\,*}(\hat{n}) = \delta_{\ell\ell'}\delta_{mm'}, \tag{11.27}$$

によって決まる．この関係式は任意のスピン s に関して成り立つ．式（11.26）の比例係数は $\ell \gg 1$ で $2/\ell^2$ となり，小角度近似の表式（11.23）の比例係数と一致する．

スピン s の球面調和関数の複素共役は ${}_sY_\ell^{m*} = (-1)^{m+s}\ {}_{-s}Y_\ell^{-m}$ を満たし，スピン 2 の展開係数の複素共役は ${}_{\pm 2}a_{\ell m}^* = (-1)^m\ {}_{\mp 2}a_{\ell\,-m}$ を満たす．

---

*10 $\hat{\theta}$ と $\hat{\phi}$ を視線方向 $\hat{n}$ に直交する単位ベクトルとすれば $\boldsymbol{e}_\pm = (\hat{\theta} \pm i\hat{\phi})/\sqrt{2}$ と書け，また $\tilde{\boldsymbol{\nabla}} = \hat{\theta}\partial/\partial\theta + (\hat{\phi}/\sin\theta)\partial/\partial\phi$ であるから

$${}_{\pm 2}Y_\ell^m(\hat{n}) = \sqrt{\frac{(\ell-2)!}{(\ell+2)!}} \left[\left(\frac{\partial}{\partial\theta} \pm \frac{i}{\sin\theta}\frac{\partial}{\partial\phi} \right)^2 - \frac{1}{\tan\theta} \left(\frac{\partial}{\partial\theta} \pm \frac{i}{\sin\theta}\frac{\partial}{\partial\phi} \right) \right] Y_\ell^m(\hat{n}), \tag{11.25}$$

と書ける．

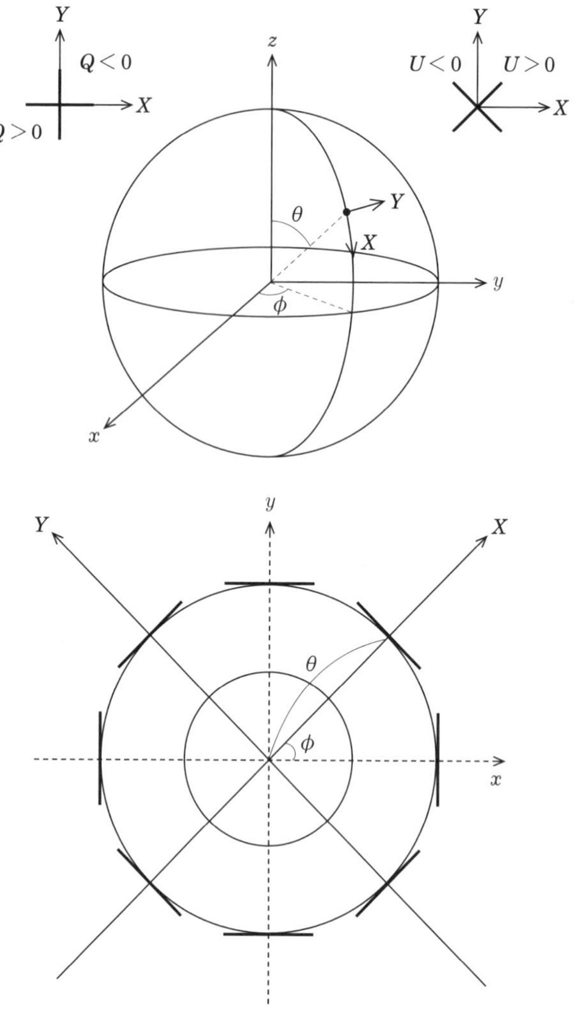

図11.6 球座標におけるストークスパラメータ Q, U の定義.（上図）任意の視線方向におけるストークスパラメータ. 視線方向を原点とするデカルト座標 (X, Y) を図のとおりに定義すると，図11.4との対応がつく.（下図）極角 θ の原点（z 軸方向）付近の天域におけるストークスパラメータ. 同心円は θ が一定の線を，放射状の線は方位角 ϕ が一定の線を示す. 図に示すさまざまな振動方向を持つ電場の振幅は，デカルト座標で定義したストークスパラメータでは図11.4に示す値を持つが，球座標で定義したストークスパラメータではすべて $Q < 0$, $U = 0$ である. 上図で導入したデカルト座標 (X, Y) ともとの球座標の (x, y) とは，反時計まわりの回転 ϕ で関係する.

式（11.7）の全体にマイナス符号を付与したのは，${}_{\pm2}a_{\boldsymbol{\ell}}$ と ${}_{\pm2}a_{\ell m}$ の符号を一致させるためである[*11]．小角度近似での E モードと B モード偏光は ${}_{\pm2}a_{\boldsymbol{\ell}} = -(E_{\boldsymbol{\ell}} \pm iB_{\boldsymbol{\ell}})$ と定義したので，全天では ${}_{\pm2}a_{\ell m} \equiv -(E_{\ell m} \pm iB_{\ell m})$ と定義する．すなわち[*12]

$$E_{\ell m} = -({}_2a_{\ell m} + {}_{-2}a_{\ell m})/2\,, \quad B_{\ell m} = i({}_2a_{\ell m} - {}_{-2}a_{\ell m})/2\,, \tag{11.28}$$

である．

ゆらぎの確率密度関数は天球の回転変換によって不変であるとすれば，パワースペクトルは

$$\langle E_{\ell m}E^*_{\ell' m'}\rangle = C_\ell^{EE}\delta_{\ell\ell'}\delta_{mm'}\,, \quad \langle B_{\ell m}B^*_{\ell' m'}\rangle = C_\ell^{BB}\delta_{\ell\ell'}\delta_{mm'}\,, \tag{11.29}$$

と定義され，温度異方性の展開係数 $T_{\ell m}$ との相互相関は $\langle T_{\ell m}E^*_{\ell' m'}\rangle = \langle T^*_{\ell m}E_{\ell' m'}\rangle = C_\ell^{TE}\delta_{\ell\ell'}\delta_{mm'}$ である．

空間反転 $\hat{n} \to -\hat{n}$ によりストークスパラメータはそれぞれ $Q(\hat{n}) \to Q(-\hat{n})$，$U(\hat{n}) \to -U(-\hat{n})$ と変換し，スピン s の球面調和関数は ${}_sY_\ell^m \to (-1)^\ell{}_{-s}Y_\ell^m$ と変換するので，スピン 2 の展開係数は ${}_{\pm2}a_{\ell m} \to (-1)^\ell{}_{\mp2}a_{\ell m}$ と変換し，$T_{\ell m}$，$E_{\ell m}$，$B_{\ell m}$ はそれぞれ $T_{\ell m} \to (-1)^\ell T_{\ell m}$，$E_{\ell m} \to (-1)^\ell E_{\ell m}$，$B_{\ell m} \to (-1)^{\ell+1}B_{\ell m}$ と変換する．よって，ゆらぎの確率密度関数が空間反転に対して不変であれば，空間反転によって符号の変わる TB と EB 相関はゼロである．

11.2.3 2 点相関関数

温度異方性の 2 点相関関数は，パワースペクトルを用いて

$$C(\beta) \equiv \langle \Delta T(\hat{n})\Delta T(\hat{n}')\rangle = \sum_{\ell=2}^{\infty}\frac{2\ell+1}{4\pi}C_\ell P_\ell(\cos\beta)\,, \tag{11.30}$$

と書けた（式（7.20））．ここで $\cos\beta \equiv \hat{n}\cdot\hat{n}'$ である．ストークスパラメータの 2 点相関関数はどう書けるであろうか？ ここで再び，ストークスパラメータは回転

[*11] 4.1 節でフーリエ変換の係数 $a_{\boldsymbol{\ell}}$ と球面調和関数の展開係数 $a_{\ell m}$ とを関係づけたように ${}_2a_{\boldsymbol{\ell}}$ と ${}_2a_{\ell m}$ とを関係づければ，${}_2a_{\ell m}$ は ${}_2a_{\boldsymbol{\ell}}$ を ϕ_ℓ 方向に 1 次元フーリエ変換したものに比例することを示せる．

[*12] 文献によってはストークスパラメータを $(Q \pm iU)(\hat{n}) = \sum_{\ell m} {}_{\mp2}a_{\ell m}\;{}_{\mp2}Y_\ell^m(\hat{n})$ と展開し，E モードと B モードを $E_{\ell m} = -({}_2a_{\ell m} + {}_{-2}a_{\ell m})/2$，$B_{\ell m} = -i({}_2a_{\ell m} - {}_{-2}a_{\ell m})/2$ と定義する．これは $2 \leftrightarrow -2$ と交換すれば本書の E モードと B モードの定義と等価である．

変換に対して不変でないことが問題となる．2 点相関関数は回転変換に対して不変なように定義したいからである．そこで，新しいストークスパラメータ Q_r，U_r を導入し，**2 点間を結ぶ大円を基準にした座標系**[*13]で定義する（図 11.7）．すると，相関関数 $C_{QQ}(\beta) \equiv \langle Q_r(\hat{n})Q_r(\hat{n}')\rangle$ はたとえば｜と－の相関を表し，$C_{UU}(\beta) \equiv \langle U_r(\hat{n})U_r(\hat{n}')\rangle$ はたとえば／と＼の相関を表す．2 点間を結ぶ大円で定義した Q_r と U_r の相関関数は回転変換に対して不変である．C_{QQ} と C_{UU} は空間反転に対しても不変であるが，もう一つの相関関数 $C_{QU}(\beta) \equiv \langle Q_r(\hat{n})U_r(\hat{n}')\rangle$ はたとえば｜と＼の相関であり，これは空間反転で符号を変える．ゆらぎの確率密度関数が空間反転に対して不変であれば $C_{QU} = 0$ である．同様に，温度異方性との相互相関では $C_{TQ}(\beta) \equiv \langle \Delta T(\hat{n})Q_r(\hat{n}')\rangle$ はゼロでないが，$C_{TU}(\beta) \equiv \langle \Delta T(\hat{n})U_r(\hat{n}')\rangle$ はゼロである．

これらの相関関数をパワースペクトルと関係づける．相関関数は回転不変であるから，一般性を失うことなく点 A を球座標の極角の原点（z 軸方向）にとれる．すると，Q_r と U_r は球座標で定義された Q と U（図 11.6 の下図）に等しくなる．

まず C_{TQ} を考える．これは**温度異方性を中心として放射状，あるいは同心円状の偏光分布を表す**．全天の表式を得ることもできるが煩雑なので，原点近傍で小角度近似を用いて議論する．温度異方性をフーリエ展開し，$Q+iU$ のフーリエ展開には式（11.12）を用い，$C_{TU} = 0$ と TB 相関はゼロであることを用いれば

$$
\begin{aligned}
C_{TQ}(\beta) = \langle T(0)Q(\boldsymbol{\beta})\rangle &= \int \frac{d^2\ell}{(2\pi)^2} \int \frac{d^2\ell'}{(2\pi)^2} \langle T^*_{\boldsymbol{\ell}} E_{\boldsymbol{\ell}'}\rangle \exp(i\boldsymbol{\ell}' \cdot \boldsymbol{\beta} + 2i\phi_{\ell'}) \\
&= \int_0^\infty \frac{\ell d\ell}{2\pi} C_\ell^{TE} \int_0^{2\pi} \frac{d\phi_\ell}{2\pi} \exp(i\ell\beta\cos\phi_\ell + 2i\phi_\ell) \\
&= -\int_0^\infty \frac{\ell d\ell}{2\pi} C_\ell^{TE} J_2(\ell\beta), \qquad (11.31)
\end{aligned}
$$

を得る．ここでベッセル関数の積分公式（6.40）と $J_{-n}(x) = (-1)^n J_n(x)$（つまり $J_{-2}(x) = J_2(x)$）を用いた．温度異方性の小角度近似（式（7.19））

$$
C_{TT}(\beta) = \int \frac{\ell d\ell}{2\pi} C_\ell^{TT} J_0(\ell\beta), \qquad (11.32)
$$

と比べると，ベッセル関数が $J_0 \to -J_2$ に置き換わった．$J_2(x)$ は $x = 0$ でゼロなので，$C_{TQ}(0) = 0$ である．これは原点では Q の方向が定まらないためで，対

[*13] M. Kamionkowski, A. Kosowsky, A. Stebbins, *Phys. Rev. D*, **55**, 7368 (1997).

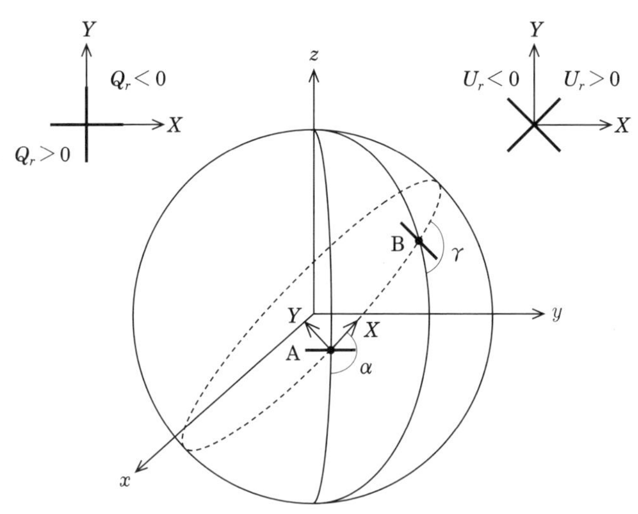

図11.7 任意の 2 点 A と B を結ぶ大円（点線）を基準にして定義したストークスパラメータ Q_r と U_r を示す．もとの球座標で定義したストークスパラメータ（図 11.6）では A 点は $Q<0$ と $U=0$ を持ち，B 点は $Q=0$ と $U>0$ を持つ．2 点間を結ぶ大円で定義したストークスパラメータでは A 点は $Q_r=0$ と $U_r<0$ とを持ち，B 点は $Q_r<0$ と $U_r=0$ とを持つ．もとのストークスパラメータはそれぞれ $(Q_r \pm iU_r)_{\mathrm{A}} = \exp(\mp 2i\alpha)(Q \pm iU)_{\mathrm{A}}$, $(Q_r \pm iU_r)_{\mathrm{B}} = \exp(\mp 2i\gamma)(Q \pm iU)_{\mathrm{B}}$ と関係する．角度 α と γ の定義は図示のとおりである．A 点と B 点の視線方向ベクトルをそれぞれ $\hat{n}$, $\hat{n}'$ と書けば，$\hat{n}\cdot\hat{n}' = \cos\beta$ である．

称性よりゼロとなる．方向を持たないスカラー量である温度の値にはそのような性質はないので，温度異方性の相関関数には $J_0(\ell\beta)$ が現れる．もし TB 相関がゼロでなければ，同様の計算で $C_{TU} = -(2\pi)^{-1}\displaystyle\int \ell d\ell\, C_\ell^{TB} J_2(\ell\theta)$ となることを示せる．

他の相関関数も同様に求められて

$$
\begin{aligned}
C_{QQ}(\beta) + C_{UU}(\beta) &= \langle (Q+iU)(\boldsymbol{\theta})(Q-iU)(\boldsymbol{\theta}+\boldsymbol{\beta})\rangle \\
&= \int_0^\infty \frac{\ell d\ell}{2\pi}(C_\ell^{EE} + C_\ell^{BB}) J_0(\ell\beta), \qquad (11.33) \\
C_{QQ}(\beta) - C_{UU}(\beta) &= \langle (Q+iU)(\boldsymbol{\theta})(Q+iU)(\boldsymbol{\theta}+\boldsymbol{\beta})\rangle
\end{aligned}
$$

$$= \int_0^\infty \frac{\ell d\ell}{2\pi}(C_\ell^{EE} - C_\ell^{BB})J_4(\ell\beta)\,, \tag{11.34}$$

を得る．ここで，$Q \pm iU$ は厳密な極角の原点では定義できないので，θ は限りなくゼロに近いが有限であるとした．これらの相関関数の表式は，11.6 節で重力レンズ効果を扱うときに用いる．

11.3 トムソン散乱による偏光の生成の詳細

トムソン散乱による偏光の生成の物理は，11.1 節の説明でほぼ尽きている．本節では，これらの説明を温度異方性と偏光の進化を記述する微分方程式に落とし込み，スカラー型のゆらぎによる E モード偏光のパワースペクトルの表式を導くが，新しい物理現象は加わらない．よって，導出に興味のない読者は 11.4 節まで進んでかまわない．

11.3.1 散乱行列

ストークスパラメータを組み合わせた便利な複素数 $Q \pm iU$ を用いて散乱面での偏光の生成の式（11.4）を書き直せば

$$\begin{pmatrix} T' \\ Q' + iU' \\ Q' - iU' \end{pmatrix}_{\text{散乱面}} \propto \begin{pmatrix} 1+\cos^2\beta & -\sin^2\beta/2 & -\sin^2\beta/2 \\ -\sin^2\beta & (1+\cos\beta)^2/2 & (1-\cos\beta)^2/2 \\ -\sin^2\beta & (1-\cos\beta)^2/2 & (1+\cos\beta)^2/2 \end{pmatrix} \begin{pmatrix} T \\ Q+iU \\ Q-iU \end{pmatrix}_{\text{散乱面}}, \tag{11.35}$$

を得る．これらの量は図 11.3 のように散乱面を基準にした座標系で定義した T，Q，U なので，我々が観測する量ではない．これを観測で用いる座標系で定義した T，Q，U にするのは少し骨が折れる計算をするが，単なる座標変換である．物理的なエッセンスは，散乱面を基準にした座標系では無偏光の入射光からは Q しか生成できないことである．

電子を中心とする球座標を考える．入射光は電子から見て任意の方向 $\hat{n}$ から到来し，別の方向 $\hat{n}'$ に散乱されるとする．散乱角度 β は $\hat{n}\cdot\hat{n}'=\cos\beta$ と定義する．ストークスパラメータは球座標で定義する（図 11.6）．散乱によるストークスパラメータの変化の式（11.35）は散乱面に水平な方向を $Q>0$，$U=0$ とする座標系でのみ成り立つので，球座標で定義された Q，U を散乱面上で定義されたものに変換せねばならない．$\hat{n}$ を通る子午面と散乱面を表す大円とがなす角度を α とし，$\hat{n}'$ を通る子午面と大円とがなす角度を γ とすれば，散乱面上で定義されたストークスパラメータと球座標で定義されたものとは $\exp(-2i\alpha)$，$\exp(-2i\gamma)$ などの因子で関係づく．図 11.7 では視線方向 $\hat{n}$ と $\hat{n}'$ はそれぞれ点 A と B に対応し，散乱面に水平な方向は X 軸，垂直な方向は Y 軸に対応する．温度異方性は回転によって変化しないので，最終的に[*14]

$$
\begin{pmatrix} T' \\ Q'+iU' \\ Q'-iU' \end{pmatrix}_{\text{球座標}}
\propto \begin{pmatrix} 1+\cos^2\beta & -\sin^2\beta e^{-2i\alpha}/2 & -\sin^2\beta e^{2i\alpha}/2 \\ -\sin^2\beta e^{-2i\gamma} & (1+\cos\beta)^2 e^{-2i(\alpha+\gamma)}/2 & (1-\cos\beta)^2 e^{2i(\alpha-\gamma)}/2 \\ -\sin^2\beta e^{2i\gamma} & (1-\cos\beta)^2 e^{-2i(\alpha-\gamma)}/2 & (1+\cos\beta)^2 e^{2i(\alpha+\gamma)}/2 \end{pmatrix}
\times \begin{pmatrix} T \\ Q+iU \\ Q-iU \end{pmatrix}_{\text{球座標}}, \tag{11.36}
$$

を得る．これはいかにも煩雑である．そこで，行列の最初の要素 $1+\cos^2\beta$ を入射光と散乱光の方向を用いて $(4/3)[1+P_2(\hat{n}\cdot\hat{n}')/2]$ と書き，公式 $\sum_m Y_\ell^m(\hat{n}')Y_\ell^{m*}(\hat{n})=(2\ell+1)P_\ell(\hat{n}\cdot\hat{n}')/4\pi$ を用いれば $1+\cos^2\beta=(4/3)[1+4\pi\sum_m Y_2^m(\hat{n}')Y_2^{m*}(\hat{n})/10]$ を得る．これは $\hat{n}$ と $\hat{n}'$ の依存性が分離したうまい形をしている．入射光の温度異方性にはそれと同じ方向の $Y_2^{m*}(\hat{n})$ がかかり，散乱光の角度分布は同様に $Y_2^m(\hat{n}')$ で記述できるからである．この表式の利点を明らかにするため，あらゆる入射光の方向に関して平均する．入射光が無偏光であれば

[*14] S. Chandrasekhar, *Radiative Transfer*, Oxford University Press（1950），16 節と 17 節．

$$T(\hat{n}') \propto \int \frac{d\Omega}{4\pi} T(\hat{n}) + \frac{4\pi}{10} \sum_{m=-2}^{2} Y_2^m(\hat{n}') \int \frac{d\Omega}{4\pi} Y_2^{m*}(\hat{n}) T(\hat{n})$$
$$= \bar{T} \frac{\delta\rho_\gamma}{4\bar{\rho}_\gamma} + \frac{1}{10} \sum_{m=-2}^{2} Y_2^m(\hat{n}') a_{2m}$$
$$= \bar{T} \frac{\Delta_{T,0}}{4} + \frac{1}{10} \Delta T_{\text{四重極}}(\hat{n}'), \tag{11.37}$$

を得るから，散乱光の温度分布は等方的部分と，四重極異方性からなることが導かれる．ここで，$\Delta_{T,0} = \delta\rho_\gamma / \bar{\rho}_\gamma$ を定義した．係数 1/10 は式（9.18）の右辺 2 項目の係数を説明する．

散乱による $X = (T, Q + iU, Q - iU)$ の変化率を形式的に書けば

$$\frac{dX'}{dt} = -\sigma_{\mathcal{T}} \bar{n}_e \left[X' - \begin{pmatrix} \bar{T} \Delta_{T,0}/4 \\ 0 \\ 0 \end{pmatrix} \right] + \sigma_{\mathcal{T}} \bar{n}_e \int d\Omega \; M(\hat{n}', \hat{n}) X \,, \tag{11.38}$$

である．ここで $X' \equiv X(\hat{n}')$ と書いた．右辺の初項は，散乱によって電子の静止系から見た光子の位相空間数密度が等方化する効果を表し，2 項目は散乱による四重極の温度異方性や偏光の生成を表す．M を**散乱行列**と呼ぼう．もし散乱行列のすべての要素が最初の要素のように $\sum_m Y_2^m(\hat{n}') Y_2^{m*}(\hat{n})$ に似た形に書ければ，入射光の到来方向に渡る積分が簡単に計算できて便利である．

しかし，ここで立ち止まってしまう．散乱行列の他の要素は，通常の球面調和関数の積では書けないからである．その理由は，$Q \pm iU$ は座標系の回転に対してスピン ± 2 を持つ量として変換し，温度異方性のようなスピン 0 の量を展開するのに適した通常の球面調和関数では展開できないためである．そこで，スピン 2 の量を展開するのに適したスピン 2 の球面調和関数 ${}_2Y_\ell^m(\hat{n})$（式（11.26））を用いて書けば[*15]

$$M = \frac{1}{10} \sum_{m=-2}^{2} \begin{pmatrix} Y_2^{m\prime} Y_2^{m*} & -\frac{\sqrt{6}}{2} Y_2^{m\prime} {}_2Y_2^{m*} & -\frac{\sqrt{6}}{2} Y_2^{m\prime} {}_{-2}Y_2^{m*} \\ -\sqrt{6} {}_2Y_2^{m\prime} Y_2^{m*} & 3 {}_2Y_2^{m\prime} {}_2Y_2^{m*} & 3 {}_2Y_2^{m\prime} {}_{-2}Y_2^{m*} \\ -\sqrt{6} {}_{-2}Y_2^{m\prime} Y_2^{m*} & 3 {}_{-2}Y_2^{m\prime} {}_2Y_2^{m*} & 3 {}_{-2}Y_2^{m\prime} {}_{-2}Y_2^{m*} \end{pmatrix}, \tag{11.39}$$

と書ける．ここで $Y_2^{m\prime} \equiv Y_2^m(\hat{n}')$，${}_{\pm 2}Y_2^{m\prime} \equiv {}_{\pm 2}Y_2^m(\hat{n}')$ と書き，球面調和関数の

積に関する公式

$$\sum_m {}_{s_2}Y_\ell^m(\hat{n}')_{s_1}Y_\ell^{m*}(\hat{n}) = \sqrt{\frac{2\ell+1}{4\pi}}\,{}_{s_2}Y_\ell^{-s_1}(\beta,\alpha)\exp(-is_2\gamma)\,, \tag{11.40}$$

を用いた．$s_1 = s_2 = 0$ のときは，すでに何度か用いた $\sum_m Y_\ell^{m*}(\hat{n})Y_\ell^m(\hat{n}') = (2\ell+1)P_\ell(\cos\beta)/4\pi$ を与える．興味のある読者は，この式（11.39）が式（11.36）を（比例係数を除けば）再現するのを確認してみてほしい．

いきなりこんな結果を見せられても驚いてしまうので，行列の要素を一つずつ理解していこう．式（11.39）を見ると，入射光の偏光を散乱光の温度異方性に変換する行列要素は $Y_2^{m\prime}{}_{\pm2}Y_2^{m*}$ で，温度異方性を偏光に変換するのは ${}_{\pm2}Y_2^{m\prime}Y_2^{m*}$ で，偏光を偏光に変換するのは ${}_{\pm2}Y_2^{m\prime}{}_2Y_2^{m*}$ や ${}_{\pm2}Y_2^{m\prime}{}_{-2}Y_2^{m*}$ であることがわかる．すなわち，偏光がかかる要素には対応するスピン 2 の球面調和関数が含まれており，系統的な見通しの良い形に書けている．$-\sqrt{6}$ などの係数を除けば，本節で行った座標変換など細かいことを考えず，物理的要請から式（11.39）をいきなり書くことも可能である．

CMB の偏光は小さいので，入射光の偏光から温度異方性が生じたり，偏光から偏光が生じる効果は小さい．よって，入射光の温度異方性を偏光に移す ${}_{\pm2}Y_2^{m\prime}Y_2^{m*}$ がもっとも重要である．そのような項から得られる偏光は，式 (11.38) において

---

*15 （266 ページ）W. Hu, M. White, *Phys. Rev. D*, **56**, 596（1997）．通常の四重極の球面調和関数 $Y_2^m(\beta,\alpha)$ は

$$Y_2^0 = \sqrt{\frac{5}{16\pi}}(3\cos^2\beta - 1)\,, \qquad Y_2^{\pm1} = \mp\sqrt{\frac{15}{8\pi}}\sin\beta\cos\beta\exp(\pm i\alpha)\,,$$
$$Y_2^{\pm2} = \sqrt{\frac{15}{32\pi}}\sin^2\beta\exp(\pm2i\alpha)\,, \tag{11.41}$$

であるが，スピン 2 の四重極 ${}_2Y_2^m(\beta,\alpha)$ は

$${}_2Y_2^0 = \sqrt{\frac{15}{32\pi}}\sin^2\beta\,, \qquad {}_2Y_2^{\pm1} = -\sqrt{\frac{5}{16\pi}}\sin\beta(1\mp\cos\beta)\exp(\pm i\alpha)\,,$$
$${}_2Y_2^{\pm2} = \sqrt{\frac{5}{64\pi}}(1\mp\cos\beta)^2\exp(\pm2i\alpha)\,, \tag{11.42}$$

で，スピン -2 の四重極 ${}_{-2}Y_2^m(\beta,\alpha)$ は

$${}_{-2}Y_2^0 = {}_2Y_2^0\,, \qquad {}_{-2}Y_2^{\pm1} = \sqrt{\frac{5}{16\pi}}\sin\beta(1\pm\cos\beta)\exp(\pm i\alpha)\,,$$
$${}_{-2}Y_2^{\pm2} = \sqrt{\frac{5}{64\pi}}(1\pm\cos\beta)^2\exp(\pm2i\alpha)\,, \tag{11.43}$$

である．ただし上記の文献とは球面調和関数の定義が $(-1)^m$ 倍だけ異なる．

$$\left.\frac{dX'}{dt}\right|_{\text{入射光は無偏光}} = -\sigma_{\mathcal{T}}\bar{n}_e\left[X' - \begin{pmatrix}\bar{T}\Delta_{T,0}/4\\0\\0\end{pmatrix}\right] + \frac{1}{10}\sigma_{\mathcal{T}}\bar{n}_e\sum_{m=-2}^{2}\begin{pmatrix}Y_2^{m\prime}\\-\sqrt{6}{}_2Y_2^{m\prime}\\-\sqrt{6}{}_{-2}Y_2^{m\prime}\end{pmatrix}a_{2m}, \tag{11.44}$$

と書ける．**入射光が無偏光のとき，電子からみた入射光の温度異方性の四重極** a_{2m} **のみが偏光を産み出す**ことは明らかで，本章の初めに解説した内容の正しさを厳密に示すことができた．

式（11.38）は偏光を考慮したボルツマン方程式で，スカラー型のゆらぎでもテンソル型のゆらぎでも成り立つ（光のドップラー効果は含めなかった）．左辺は偏微分を用いて $dX/dt = \dot{X} + (d\boldsymbol{x}/dt)\cdot\partial X/\partial\boldsymbol{x} + (d\boldsymbol{p}/dt)\cdot\partial X/\partial\boldsymbol{p}$ と書け，$d\boldsymbol{p}/dt$ はスカラー型とテンソル型の時空のゆがみの変数を用いれば式（A.7）のように書ける．

11.3.2 スカラー型の温度異方性と偏光のボルツマン方程式

9.4 節で扱ったスカラー型のゆらぎによる温度異方性のボルツマン方程式と比べるため，式（11.38）の T に関する微分方程式の両辺をフーリエ変換し，$T(t,\boldsymbol{x},\boldsymbol{\gamma}) = (2\pi)^{-3}\int d^3q\ T(t,\boldsymbol{q},\boldsymbol{\gamma})\exp(i\boldsymbol{q}\cdot\boldsymbol{x})$ と書く．$\boldsymbol{\gamma}$ は光子の進行方向を表す単位ベクトルで，式（11.38）の $\hat{n}'$ と等しい．次に，フーリエ変換の係数を $T(t,\boldsymbol{q},\boldsymbol{\gamma}) = \bar{T}(t)[1+\alpha_{\boldsymbol{q}}\Delta_T(t,q,\mu)/4]$ と書く．係数の 1/4 は，式（9.17）で Δ_T を光子のエネルギー密度のゆらぎをもとにして定義したことによる．$\mu = \boldsymbol{\gamma}\cdot\boldsymbol{q}/|\boldsymbol{q}|$ は光子の進行方向と波数ベクトルとがなす角度の余弦，$\alpha_{\boldsymbol{q}}$ はパワースペクトルが 1 の確率変数で $\langle\alpha_{\boldsymbol{q}}\alpha^*_{\boldsymbol{q}'}\rangle = (2\pi)^3\delta_D^{(3)}(\boldsymbol{q}-\boldsymbol{q}')$ を満たす．

偏光を扱う際には，座標系の選び方に注意が必要である．計算をたやすくするため，まず**球座標を回転し，波数ベクトル** $\boldsymbol{q}$ **を球座標の極角の原点方向にとる**．この座標系でのストークスパラメータを $\tilde{Q}\pm i\tilde{U}$ と書き，ボルツマン方程式は $\tilde{Q}\pm i\tilde{U}$ に関して書くことにする．この座標系では対称性より偏光の向きは子午線に平行か垂直となり，$\tilde{U}=0$ を得る．そこで，ストークスパラメータのフーリエ変換

の係数を $\tilde{Q}(t,\boldsymbol{q},\boldsymbol{\gamma})=\bar{T}(t)\alpha\boldsymbol{q}\varDelta_P(t,q,\mu)/4$ と書く．この座標系での偏光の向きは，波数ベクトルを天球上に射影したものに対して平行か垂直であるから，E モード偏光である．

以上を用いれば，$\varDelta_T$ の従う式は

$$\dot{\varDelta}_T+i\frac{q\mu}{a}\varDelta_T-4\left(\dot{\varPsi}-i\frac{q\mu}{a}\varPhi\right)=-\sigma_{\mathcal{T}}\bar{n}_e(\varDelta_T-\varDelta_{T,0})$$
$$+\frac{\sigma_{\mathcal{T}}\bar{n}_e}{10}Y_2^0(\mu)4\pi\int_{-1}^{1}\frac{d\mu}{2}\left[Y_2^0(\mu)\varDelta_T-\frac{\sqrt{6}}{2}({}_2Y_2^0+{}_{-2}Y_2^0)(\mu)\varDelta_P\right], \quad (11.45)$$

である．左辺は式（A.35）に等しい．右辺の初項は散乱によって位相空間数密度は等方化して γ に依らなくなる効果を表し，それ以外の項は入射光の温度異方性の四重極や偏光によって，散乱光の温度分布が四重極を持つ効果を表す．右辺で $m=0$ しか残らないのは，波数ベクトル $\boldsymbol{q}$ を球座標の極角の原点方向にとる座標系では $\varDelta_T$ も $\varDelta_P$ も方位角に依らない[*16]ためである．

右辺の $\varDelta_T$ と $\varDelta_P$ を式（9.55）のようにルジャンドル多項式展開すれば，式（11.45）の右辺で $\sigma_{\mathcal{T}}\bar{n}_eY_2^0$ に比例する項は

$$-\frac{\sigma_{\mathcal{T}}\bar{n}_e}{2}P_2(\mu)(\varDelta_{T,2}+\varDelta_{P,0}+\varDelta_{P,2}), \quad (11.46)$$

となる．これは式（9.59）の右辺最後の項に対応する．この結果を得るのに $Y_2^0(\mu)=\sqrt{5/4\pi}P_2(\mu)$，${}_2Y_2^0(\mu)={}_{-2}Y_2^0(\mu)=\sqrt{5/24\pi}[1-P_2(\mu)]$，およびルジャンドル多項式の規格直交性関係式（4.4）を用いた．$\varDelta_{T,\ell}$ も $\varDelta_{P,\ell}$ も実数である．式（11.45）の両辺をルジャンドル多項式展開して，漸化式

$$\mu P_\ell(\mu)=\frac{1}{2\ell+1}\left[(\ell+1)P_{\ell+1}(\mu)+\ell P_{\ell-1}(\mu)\right], \quad (11.47)$$

を用い，最後に両辺に $P_\ell(\mu)$ をかけて μ に渡って積分すれば，式（9.56），(9.57)，(9.58)，(9.19）を得る．

偏光の従う式は，式（11.38）の $\tilde{Q}+i\tilde{U}$ に関する微分方程式の両辺をフーリエ変換し，その係数を $\tilde{Q}(t,\boldsymbol{q},\boldsymbol{\gamma})=\bar{T}(t)\alpha\boldsymbol{q}\varDelta_P(t,q,\mu)/4$ と書けば

$$\dot{\varDelta}_P+i\frac{q\mu}{a}\varDelta_P=-\sigma_{\mathcal{T}}\bar{n}_e\varDelta_P$$

---

*16　そのようにできるのはスカラー型のゆらぎの場合で，重力波を表すテンソル型のゆらぎは同様には扱え**ない**．重力波は 12 章で議論する．

$$+\frac{\sigma_{\mathcal{T}}\bar{n}_e}{10}{}_2Y_2^0(\mu)4\pi\int_{-1}^{1}\frac{d\mu}{2}\left[-\sqrt{6}Y_2^0(\mu)\Delta_T+3({}_2Y_2^0+{}_{-2}Y_2^0)(\mu)\Delta_P\right], \tag{11.48}$$

である．偏光は四重極の温度異方性を電子が散乱することによってのみ生じるので，時空のゆがみの変数は現れない．右辺で $\sigma_{\mathcal{T}}\bar{n}_e\ {}_2Y_2^0$ に比例する項は

$$\frac{\sigma_{\mathcal{T}}\bar{n}_e}{2}[1-P_2(\mu)](\Delta_{T,2}+\Delta_{P,0}+\Delta_{P,2}), \tag{11.49}$$

となる．式（11.48）の両辺をルジャンドル多項式展開すれば，

$$\dot{\Delta}_{P,0}+\frac{q}{a}\Delta_{P,1}=-\sigma_{\mathcal{T}}\bar{n}_e\Delta_{P,0}+\frac{1}{2}\sigma_{\mathcal{T}}\bar{n}_e\Pi, \tag{11.50}$$

$$\dot{\Delta}_{P,1}+\frac{q}{3a}(2\Delta_{P,2}-\Delta_{P,0})=-\sigma_{\mathcal{T}}\bar{n}_e\Delta_{P,1}, \tag{11.51}$$

$$\dot{\Delta}_{P,2}+\frac{q}{5a}(3\Delta_{P,3}-2\Delta_{P,1})=-\sigma_{\mathcal{T}}\bar{n}_e\Delta_{P,2}+\frac{1}{10}\sigma_{\mathcal{T}}\bar{n}_e\Pi, \tag{11.52}$$

を得る．ここで $\Pi\equiv\Delta_{T,2}+\Delta_{P,0}+\Delta_{P,2}$ を定義した．$\ell\geqq 3$ では

$$\dot{\Delta}_{P,\ell}+\frac{q}{(2\ell+1)a}[(\ell+1)\Delta_{P,\ell+1}-\ell\Delta_{P,\ell-1}]=-\sigma_{\mathcal{T}}\bar{n}_e\Delta_{P,\ell}, \tag{11.53}$$

である．

トムソン散乱が効率的で光子とバリオン流体が強く結合するときは $\Delta_{P,0}=\Pi/2$ と $\Delta_{P,2}=\Pi/10$ が解となり，$\Pi=5\Delta_{T,2}/2$ を得る．すなわち，散乱光の偏光強度は入射光の温度異方性の四重極に比例する．その他の ℓ の $\Delta_{P,\ell}$ は指数関数的に小さくなる．この解は，9.2.2 節で光子–バリオン流体の非等方ストレスを求め，音波のシルク減衰を導いたときに用いた．

11.3.3 E モード偏光の解

式（11.48）は形式的に積分できて，現在の時刻における Δ_P の解は

$$\Delta_P(t_0,q,\mu)=\frac{3}{4}(1-\mu^2)\int_0^{t_0}dt\ \exp(-iq\mu r)\dot{\mathcal{O}}\Pi, \tag{11.54}$$

と得られる．$\dot{\mathcal{O}}(t)=\sigma_{\mathcal{T}}\bar{n}_e\exp(-\tau)$ はある時刻 t から $t+dt$ の間に光子が散乱される確率で，$\tau(t)=\sigma_{\mathcal{T}}\int_t^{t_0}dt\ \bar{n}_e(t)$ は現在から過去に遡って測ったトムソン散乱の光学的厚さである．$r(t)=\int_t^{t_0}dt/a(t)$ は時刻 t の光子の動径座標である．温度

異方性の視線方向積分形式の解（式（9.62））を導いたのと同様にすれば，現在の $\Delta_{P,\ell}$ の解は

$$\Delta_{P,\ell}(t_0, q) = \frac{3}{4}\int_0^{t_0} dt\ \dot{O}\Pi(j_\ell'' + j_\ell), \tag{11.55}$$

と得られる．$j_\ell = j_\ell(qr)$ は球ベッセル関数で，$'$ は引数 qr に関する微分である．するとなんとなく，温度異方性のパワースペクトルの式（9.65）のように，$\Delta_{P,\ell}/4$ を 2 乗して波数に渡って積分すれば E モードのパワースペクトルを得られるような気がするが，ことはそう単純ではない．

前述のように，この解は波数ベクトル $\boldsymbol{q}$ の方向を球座標の極角の原点方向に取った座標での $\tilde{Q}$ を表す．パワースペクトルを計算するには $\boldsymbol{q}$ のあらゆる方向の解が必要である．もし $\Delta_{P,\ell}(t_0, q)$ が回転変換に対して不変であればこの解は $\boldsymbol{q}$ の方向に依らないのでパワースペクトルを計算できるが，そうはなっていない．なぜなら，**スピン 2 の変換性を持つストークスパラメータを，スピン 2 ではないルジャンドル多項式で展開した**からである．なぜそうしたかと言えば，CMB の研究者は歴史的にそうしてきた[*17]からである．1997 年にセルジェックとマティアス・ザルダリアーガ（Matias Zaldarriaga），およびマーク・カミオンコフスキー（Marc Kamionkowski），アーサー・コソフスキー（Arthur Kosowsky），アルバート・ステビンズ（Albert Stebbins）によって回転不変な偏光の展開が定式化され（脚注 5），CMB の偏光の研究は飛躍的に進んだ．

ルジャンドル多項式は球面調和関数を用いて $P_\ell(\mu) = Y_\ell^0(\mu)\sqrt{4\pi/(2\ell+1)}$ と書けるので，$\boldsymbol{q}$ の方向を球座標の極角の原点方向に取れば，スカラー型の温度異方性の展開は $\Delta_T = \sum_\ell i^{-\ell}\sqrt{4\pi(2\ell+1)}\alpha\boldsymbol{q}\Delta_{T,\ell}Y_\ell^0(\mu)$ とも書ける．$Q + iU$ はスピン 2 を持つから，スピン 2 の球面調和関数で展開すれば展開係数は回転変換に対して不変となり，$\boldsymbol{q}$ の方向を球座標の極角の原点方向に取る座標で計算して問題ない．この座標系ではスカラー型ゆらぎは μ のみの関数となるから ${}_{\pm2}Y_\ell^0(\mu)$ を考えれば良く，

$$\tilde{Q}(t_0, \boldsymbol{q}, \boldsymbol{\gamma}) = T_0 \sum_\ell i^{-\ell}\sqrt{4\pi(2\ell+1)}\ \alpha\boldsymbol{q}\ {}_{\pm2}Y_\ell^0(\mu)\ {}_{\pm2}\Delta_{P,\ell}(t_0, q)/4, \tag{11.56}$$

---

*17 J. R. Bond, G. Efstathiou, *Astrophys. J. Lett.*, **285**, L45 (1984) ; *ibid. Mon. Not. Roy. Astron. Soc.*, **226**, 655 (1987) ; C.-P. Ma, E. Bertschinger, *Astrophys. J.*, **455**, 7 (1995).

と展開できる．${}_2Y_\ell^0(\mu) = {}_{-2}Y_\ell^0(\mu)$ であるから，$\pm$ の符号はどちらを取っても良い．前述のようにこの座標系では $\tilde{U}=0$ であるから ${}_2\Delta_{P,\ell} = {}_{-2}\Delta_{P,\ell}$ で，${}_{\pm 2}\Delta_{P,\ell}$ は実数となる．12.3 節で学ぶように，テンソル型ゆらぎを考えると $\tilde{U} \neq 0$ で ${}_{\pm 2}\Delta_{P,\ell}$ は複素数となるが，${}_2\Delta_{P,\ell}$ と ${}_{-2}\Delta_{P,\ell}$ の和と差はそれぞれ実数と虚数なので，実数の組み合わせとして $\Delta_{E,\ell} \equiv -({}_2\Delta_{P,\ell} + {}_{-2}\Delta_{P,\ell})/2$ と $\Delta_{B,\ell} \equiv i({}_2\Delta_{P,\ell} - {}_{-2}\Delta_{P,\ell})/2$ を定義できる．前者は $\tilde{Q}$ の展開係数，後者は $\tilde{U}$ の展開係数となり，それぞれ E モードと B モード偏光を表す．スカラー型ゆらぎでは $\Delta_{B,\ell}=0$ なので ${}_{\pm 2}\Delta_{P,\ell}$ は実数である．

${}_{\pm 2}Y_\ell^0(\mu)$ は脚注 10 の定義を用いるとルジャンドル陪多項式を用いて

$$ {}_{\pm 2}Y_\ell^0(\mu) = \sqrt{\frac{(\ell-2)!}{(\ell+2)!}} \left(\frac{\partial^2}{\partial\theta^2} - \frac{1}{\tan\theta}\frac{\partial}{\partial\theta} \right) Y_\ell^0(\mu) = \sqrt{\frac{2\ell+1}{4\pi}\frac{(\ell-2)!}{(\ell+2)!}} P_\ell^2(\mu)\,, \tag{11.57} $$

と書ける．$P_\ell^m(\mu)$ は通常のルジャンドル多項式の m 微分で $P_\ell^m(\mu) = (1-\mu^2)^{m/2} d^m P_\ell / d\mu^m$ と書け，すなわち $P_\ell^2(\mu) = (1-\mu^2) d^2 P_\ell / d\mu^2$ である．すると $\tilde{Q}$ は

$$ \tilde{Q}(t_0, \boldsymbol{q}, \boldsymbol{\gamma}) = T_0 \sum_\ell i^{-\ell}(2\ell+1) \sqrt{\frac{(\ell-2)!}{(\ell+2)!}}\ \alpha\boldsymbol{q} P_\ell^2(\mu)\ {}_{\pm 2}\Delta_{P,\ell}(t_0, q)/4\,, \tag{11.58} $$

とも展開できる．これと $\tilde{Q}(t_0, \boldsymbol{q}, \boldsymbol{\gamma}) = T_0 \alpha\boldsymbol{q} \Delta_P(t_0, q, \mu)/4$ とを比較し，式 (11.54) を用いれば[*18]

$$ {}_{\pm 2}\Delta_{P,\ell}(t_0, q) = -\frac{3}{4}\sqrt{\frac{(\ell+2)!}{(\ell-2)!}} \int_0^{t_0} dt\ \dot{\mathcal{O}} \Pi \frac{j_\ell(qr)}{q^2 r^2}\,, \tag{11.60} $$

を得る．これは式 (11.55) と似ているが，比例係数だけでなく，波数 q を天球上の ℓ に射影する球ベッセル関数の依存性という重要な部分が異なる．

温度異方性の球面調和関数の展開係数（式 (6.8)，(6.13)）では，q から ℓ への

---

*18 式 (11.54) において

$$ \begin{aligned} \exp(-i\mu qr) &= \frac{d^2 \exp(-i\mu qr)/d\mu^2}{-q^2 r^2} = -\sum_\ell i^{-\ell}(2\ell+1)\frac{j_\ell(qr)}{q^2 r^2}\frac{d^2 P_\ell}{d\mu^2} \\ &= \frac{-1}{1-\mu^2}\sum_\ell i^{-\ell}(2\ell+1)\frac{j_\ell(qr)}{q^2 r^2} P_\ell^2(\mu)\,, \end{aligned} \tag{11.59} $$

を用いる．

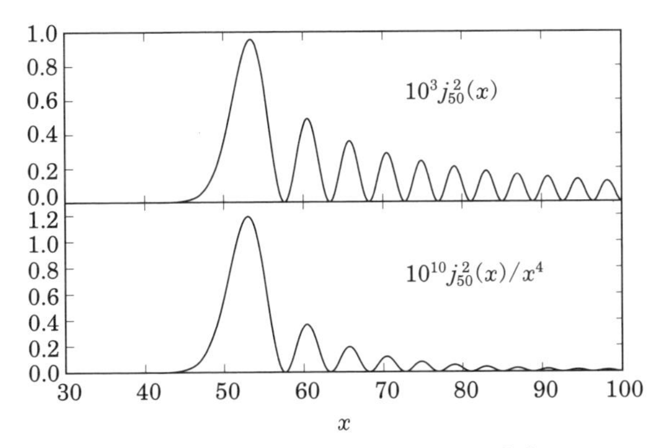

図 11.8 $\ell = 50$ の球ベッセル関数．上図では $10^3 j_{50}^2(x)$ を，下図では $10^{10} j_{50}^2(x)/x^4$ を示す．

射影は球ベッセル関数 $j_\ell(x)$（$x = qr$）で与えられたが，偏光の射影は $j_\ell(x)/x^2$ で与えられる．図 11.8 に $\ell = 50$ のときの両者の 2 乗を x の関数として示す．後者は前者より早く減衰し，最初のピークが他のピークに比べてより顕著である．6.2.1 節で学んだ小角度近似より，最初のピークは $\ell = qr$ を与え，他のピークは $\ell < qr$ を与える．すなわち，偏光では $\ell = qr$ がより支配的となる．これは直観的に理解できる．波数ベクトルを z 軸方向に向ければ，図 6.3 のようになる．$\ell = qr$ は x 軸方向のゆらぎの見込み角度に相当し，$\ell < qr$ はそれ以外の方向に相当する．温度ゆらぎでは z 軸方向のゆらぎも観測可能であり，それは大きな見込み角度，すなわち小さな ℓ を与える．しかし，図 11.9（274 ページ）で学ぶように z 軸方向に観測される偏光はゼロであり，視線方向が z 軸方向に近くにつれて偏光強度は $\sin^2\theta$ に比例して小さくなる．このため，x 軸方向のゆらぎが卓越し，$\ell = qr$ の射影が支配的となる．

z 軸方向を向いた単一のフーリエ波数が作る偏光 $\tilde{Q}$ を，球座標の原点にいる観測者が測定したときの球面調和関数の展開係数 ${}_{\pm 2}a_{\ell m}$ を求めよう．式（11.56）の右辺の ${}_{\pm 2}Y_\ell^0(\mu)$ は光子の進行方向に関するものであるが，光子の進行方向と観測者の視線方向は逆なので $\boldsymbol{\gamma} = -\hat{n}$ である．${}_{\pm 2}Y_\ell^0(-\mu) = (-1)^\ell {}_{\mp 2}Y_\ell^0(\mu)$ を用い，式（11.56）の両辺に ${}_{\mp 2}Y_\ell^{m*}(\hat{n})$ をかけて積分すれば

$$
{}_2a_{\ell m} = T_0 i^\ell \sqrt{4\pi(2\ell+1)}\alpha\boldsymbol{q}\delta_{m0}\ {}_{\pm 2}\Delta_{P,\ell}(t_0, q)/4\,, \tag{11.61}
$$

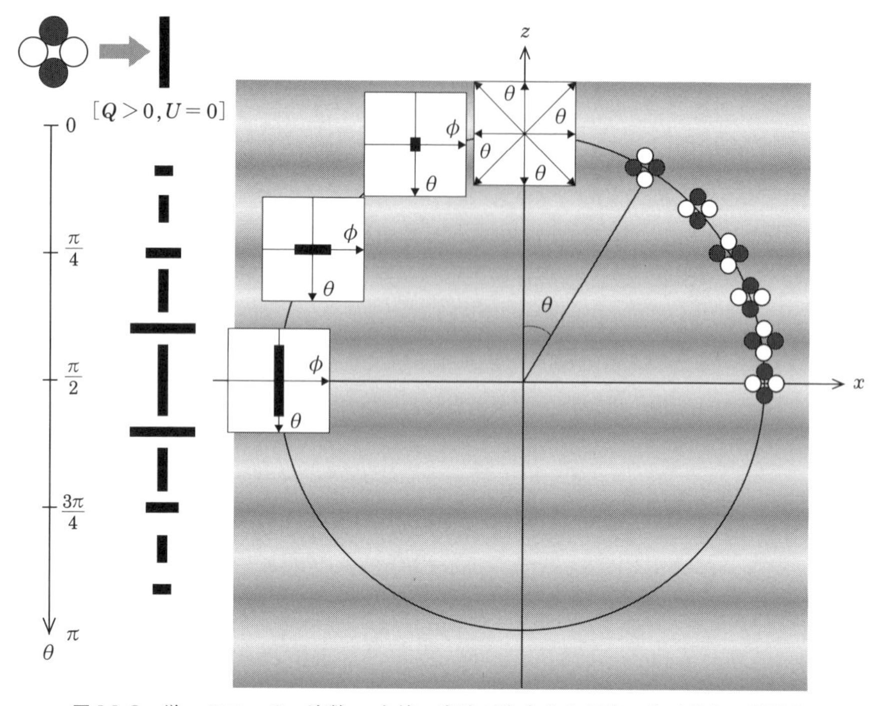

図11.9　単一のフーリエ波数 $\boldsymbol{q}$ を持つ音波が生成する偏光の全天分布．観測者は中心に位置し，動径座標 r_L にある最終散乱面上で生成された偏光を測定する．偏光は光子流体の温度異方性の四重極に比例する変数 $\Pi_{\boldsymbol{q}}$ で与えられる．$\boldsymbol{q}$ の方向を z 軸方向にとったので，$\Pi_{\boldsymbol{q}} \propto \cos(qz)$ である．色の濃い部分は負の，薄い部分は正の $\Pi_{\boldsymbol{q}}$ を表す．右半球の 4 つの丸は電子から見た四重極の温度異方性を表す．それぞれの 4 つの丸の中心には電子があり，白丸は電子から見て温度の高い方向を，濃いグレーの丸は温度の低い方向を示す．偏光の方向と四重極との関係は左上の絵が示すとおりである．左半球の各パネルは，それぞれの視線方向を中心にした天域の偏光を示す．一番左の図は偏光の方向と強度が極角とともにどう変化するかを示し，偏光強度を示す棒の長さは $\sin^2\theta$ に比例する．

を得る．${}_{-2}a_{\ell m} = {}_{2}a_{\ell m}$ である．

E モード偏光を表す展開係数は $E_{\ell m} = -({}_{2}a_{\ell m} + {}_{-2}a_{\ell m})/2$ なので，パワースペクトル $C_\ell^{EE} = (2\ell+1)^{-1}\sum_m E_{\ell m}E_{\ell m}^*$ は

$$C_\ell^{EE} = 4\pi T_0^2 \alpha_{\boldsymbol{q}} \alpha_{\boldsymbol{q}}^* (\Delta_{E,\ell}/4)^2, \tag{11.62}$$

である．パワースペクトルは天球座標の回転変換に関して不変なので，この結果

は波数ベクトルの方向に依らず成り立つ．よってすべての波数に関して積分し，確率変数 $\alpha_{\boldsymbol{q}}$ の積をアンサンブル平均すれば

$$
\begin{aligned}
C_\ell^{EE} &= 4\pi T_0^2 \int \frac{d^3q}{(2\pi)^3}(\Delta_{E,\ell}/4)^2 = \frac{2T_0^2}{\pi}\int_0^\infty q^2dq\ (\Delta_{E,\ell}/4)^2 \\
&= \frac{9T_0^2}{8\pi}\frac{(\ell+2)!}{(\ell-2)!}\int_0^\infty q^2dq\ \left[\int_0^{t_0} dt\ \dot{\mathcal{O}}\frac{j_\ell(qr)}{q^2r^2}\Pi/4\right]^2 ,
\end{aligned}
\tag{11.63}
$$

となる．

温度異方性と E モード偏光との相互相関スペクトルは

$$
C_\ell^{TE} = \frac{2T_0^2}{\pi}\int_0^\infty q^2dq\ (\Delta_{T,\ell}/4)(\Delta_{E,\ell}/4), \tag{11.64}
$$

となる．スカラー型ゆらぎの $\Delta_{T,\ell}$ の解は式（9.62）で与えられる．

11.4 最終散乱面上の偏光

電子から見た CMB の温度分布に四重極の異方性があれば，それを電子が散乱することで偏光が生じることを述べた．電子の静止系（すなわちバリオン流体の静止系）から見た温度分布の四重極とは光子流体の非等方ストレスのことである．よって，スカラー型とテンソル型の非等方ストレスを考えれば良い．前者は音波で，後者は重力波によって生じる．本節では音波による偏光の生成を解説する．

図 11.9 に，スカラー型ゆらぎによる偏光が全天でどのように見えるかを示す．観測者を中心とする球座標を考え，波数ベクトルは極角の原点方向（z 軸方向）に取る．この座標系では天球上のスカラー型ゆらぎの分布は方位角に依らないので，一般性を失うことなく x-z 平面で議論できる．観測者は円（実線）で示す最終散乱面上の偏光を測定する．各視線方向の偏光は最終散乱面上の電子から見た温度異方性の四重極に比例し，$\Pi_{\boldsymbol{q}} = 5\Delta_{T,2}(\boldsymbol{q})/2 = 5q^2\pi_\gamma\boldsymbol{q}/2\bar{\rho}_\gamma$ で与えられる．偏光の強度は Π の大きさで決まり，偏光の方向は Π の符号で決まる．図の右半球の 4 つの丸が示すように，Π が正のときは $\boldsymbol{q}$ に平行な方向の温度は低く，垂直な方向の温度は高い．この四重極が電子に散乱されると $\boldsymbol{q}$ に平行な偏光が生成される．理由は図 11.3 の b-3 のとおりである．

観測者から見て電子まわりの四重極がもっとも良く見えるとき，すなわち電子のまわりに 90 度ごとに「熱い，冷たい，熱い，冷たい」がフルに見える場合，

偏光強度は最大となる．これは図 11.3 の b-3 に対応する．図 11.9 では x 軸方向の四重極がもっとも良く見えるので，x 軸方向の偏光強度が最大となる．逆に $\theta = 0$ と π の場合は四重極を下から見上げたり上から見下ろしたりする格好になり，「熱い，冷たい，熱い，冷たい」が見えないため偏光はゼロである．すなわち，この座標系では偏光強度の極角依存性は $\sin^2\theta$ で与えられ，これは式（11.54）の $1-\mu^2 = \sin^2\theta$ と一致する．$\sin^2\theta$ 依存性のそもそもの起源は式（11.48）の右辺の ${}_2Y_2^0$ で，さらに遡れば式（11.39）で与えられる散乱行列の 2 行目である．

図 11.9 の一番左に示すように，偏光の方向は極角 θ が変化する方向，すなわち子午線に対して平行か垂直かどちらかである．偏光の強度が変化する方向に対して偏光の方向が平行または垂直であるから，これは E モード偏光である．これで音波が生成する偏光分布を理解できた．

11.4.1 E モード偏光のパワースペクトル

晴れ上がり前の宇宙ではトムソン散乱によってバリオン–光子流体の非等方ストレスは小さく抑えられ，偏光は生じない．よって，偏光は晴れ上がり時刻でバリオンと光子流体の結合が弱まる波長，すなわち拡散距離より短波長で重要となる．温度異方性はシルク減衰によって指数関数的に減少するが，偏光は逆に増大する．

スカラー型のゆらぎでは，非等方ストレスは速度場の勾配によって生成される．9.2.3 節で学んだように，シルク減衰を与える 2 次の強結合近似では $\pi_\gamma/\bar{\rho}_\gamma = -(32/45)\delta u_\gamma/a^2\sigma_T\bar{n}_e$ である．断熱ゆらぎでは光子のエネルギー密度ゆらぎ $\delta\rho_\gamma$ はコサイン的な解となるため，エネルギー保存則の式より速度場ポテンシャル δu_γ はサイン的な解となる（式（10.4））．よって，**音波による偏光のパワースペクトルは，温度異方性のパワースペクトルに比べて山と谷の位置が正反対になる**．

図 11.10 に，WMAP[*19]とプランク衛星[*20]によって測定された E モード偏光のパワースペクトルを示す．プランク衛星の偏光データの雑音は WMAP よりずっと小さい．図 6.6 と比べると，温度異方性のパワースペクトルは $\ell \approx 500$ で山なのに対し C_ℓ^{EE} は谷で，$\ell \approx 1000$ で前者は谷なのに対し後者は山になるなど，予

[*19] C. L. Bennett, *et al.*, *Astrophys. J. Suppl.*, **208**, 20 (2013).
[*20] Planck Collaboration, *Astron. Astrophys.*, **594**, A11 (2016).

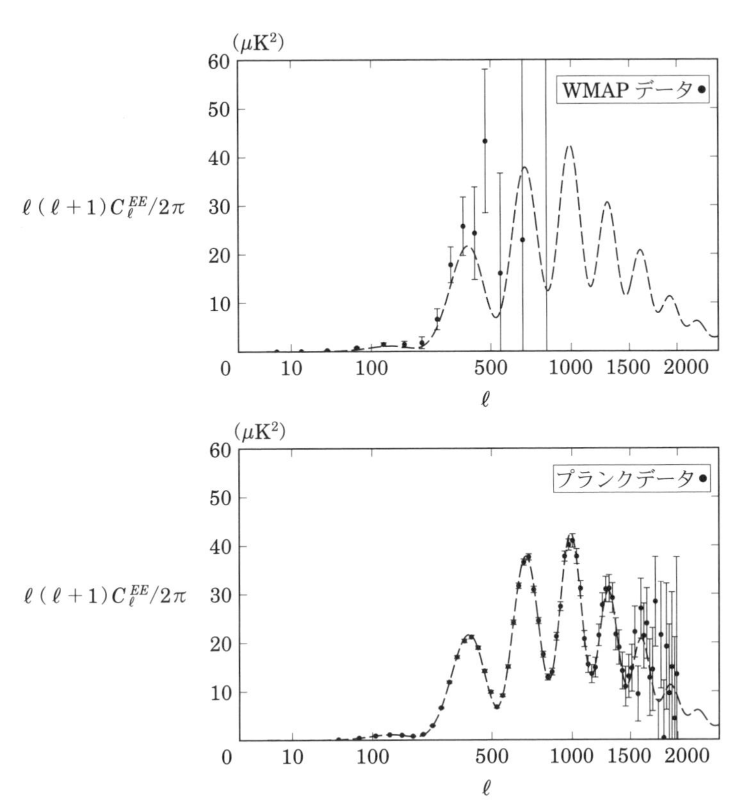

図11.10 WMAP 衛星による 9 年間の観測で測定された E モード偏光のパワースペクトル（上図）と，プランク衛星による 29 か月間の観測で測定されたパワースペクトル（下図）．$\ell(\ell+1)C_\ell^{EE}/2\pi$ を ℓ の関数として示す．単位は $\mu\mathrm{K}^2$．本来は各 ℓ ごとにデータ点があるが，見やすさのため，ある ℓ の区間ごとに区切って平均化してある．誤差棒は標準偏差を表す．破線は ΛCDM モデルから計算されたパワースペクトルを示し，宇宙論パラメータは図 6.6 と同じである．

想どおり山と谷の位置は正反対である．また，温度異方性のパワースペクトルが減衰し始めると E モード偏光のパワースペクトルは増大し，さらに大きな ℓ になると E モード偏光のパワースペクトルも減衰する．

破線は式（11.63）によって計算された ΛCDM モデルの理論曲線を示し，宇宙論パラメータは図 6.6 のものと同じである．図 11.10 には示していない $\ell \lesssim 10$ のデータから得られたトムソン散乱の光学的厚さ τ を除けば，宇宙論パラメータは温度異方性のデータから得られたものである．$\ell \gtrsim 10$ の E モードパワースペクトルは 5 つのパラメータ，すなわち $\Omega_B h^2$，$\Omega_D h^2$，Ω_Λ，n，$A_s \exp(-2\tau)$ によって決まる．これらのパラメータは温度異方性のパワースペクトルのみから決まるから，温度異方性のデータ**のみ**から予言された E モード偏光のパワースペクトルは，偏光の測定データを高精度で再現する．すべてのパラメータは温度異方性によって決められ，動かせる自由なパラメータは残っていないのだから，この理論予言と観測データとの一致は驚くべき結果である．

E モードパワースペクトルの音波振動は温度異方性のパワースペクトルよりも顕著で，山と谷のコントラストが大きく見える．これは，温度異方性のパワースペクトルはコサイン的な密度ゆらぎの寄与とサイン的な光のドップラー効果の寄与の和であるため，振動のコントラストが小さくなるためである．E モードパワースペクトルはサイン的な寄与しかないため，振動のコントラストは大きい．また，11.3.3 節を読めた読者は，式（11.60）で，偏光の q から ℓ への射影は温度異方性のものと比べて $\ell = qr$ がより支配的となることを学んだが，これにより q 空間の振動が ℓ 空間でより忠実に再現されるため，振動のコントラストはより大きくなる．

偏光の測定精度がさらに向上すれば，$N_{\rm eff}$ が標準的な値ではないなど，もしかしたら ΛCDM では説明できない効果が現れるかもしれない．振動のコントラストが大きいと，9.3.3 節で学んだニュートリノの非等方ストレスによる音波振動の位相のずれを測定するのにより適している[*21]からである．

E モードパワースペクトルの統計的不定性は温度異方性のパワースペクトルと同様に与えられる（7.4 節）．すなわち

$$\langle (C_\ell^{EE})^2 \rangle - \langle C_\ell^{EE} \rangle^2 = \frac{2(\langle C_\ell^{EE} \rangle + N_\ell^{EE} b_\ell^{-2})^2}{2\ell + 1}, \tag{11.65}$$

である．N_ℓ^{EE} は E モード偏光の雑音のパワースペクトルである．これまでの CMB の偏光観測では，WMAP でもプランクでもたいていの地上・気球実験でも，異なる偏光方向に感度を持つ 2 つの検出器の信号の差から偏光を測定してい

[*21] S. Bashinsky, U. Seljak, *Phys. Rev. D*, **69**, 083002（2004）; D. Baumann, D. Green, J. Meyers, B. Wallisch, *JCAP*, **1601**, 007（2016）.

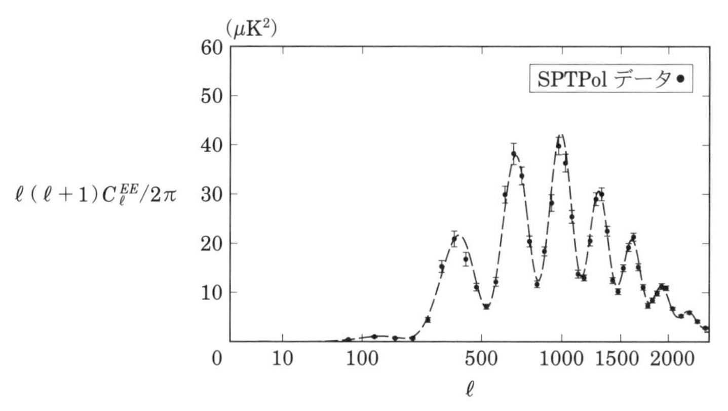

図 11.11 南極望遠鏡による偏光観測（SPTPol）で測定された E モード偏光のパワースペクトル．データ点や線の意味は図 11.10 と同じである．

たので，偏光測定の雑音は温度異方性のものより $\sqrt{2}$ 倍大きい．パワースペクトルは雑音の 2 乗の平均値なので $N_\ell^{EE} = 2N_\ell^{TT}$ である．

プランク衛星のデータは $\ell \gtrsim 1500$ で検出器のノイズによる測定誤差の寄与（式 (11.65) の $N_\ell^{EE} b_\ell^{-2}$）が大きくなるが，そのような小さな見込み角度では，地上に設置した大口径の望遠鏡による測定も可能である．図 11.11 に，南極に設置された口径 10 m の南極望遠鏡（South Pole Telescope; 以下 SPT）を用いた CMB の偏光観測（SPTPol）データ[*22]を示す．単一の地上望遠鏡で全天を観測することはできないが，SPTPol は南天の天域 500 平方度を 2 つの周波数（95 と 150 GHz）で観測した．図 11.11 は 150 GHz のデータを示す．10 m という大口径のおかげで，SPTPol の角度分解能は 150 GHz で 1.2 分角と非常に良く，プランク衛星の角度分解能より 6 倍良い．全天を測定しないので，小さな ℓ での誤差はプランクの測定誤差より大きいが，大きな ℓ でははるかに小さな測定誤差を達成した（実際の測定データは $\ell = 8000$ まであるが，図では $\ell = 2500$ までを示す）．SPTPol によって測定された大きな ℓ でも，理論予言と E モード偏光の観測データは一致する．

[*22] J. W. Henning, *et al.*, *Astrophys. J.*, **852**, 97 (2018).

11.4.2 温度異方性と E モード偏光の相互相関スペクトル

温度異方性は主に光子流体の密度ゆらぎで与えられるが，偏光は速度場ポテンシャルで与えられる．密度ゆらぎと速度場ポテンシャルはエネルギー保存則の式で関係するので，天球上の温度異方性と E モード偏光の分布は独立ではな

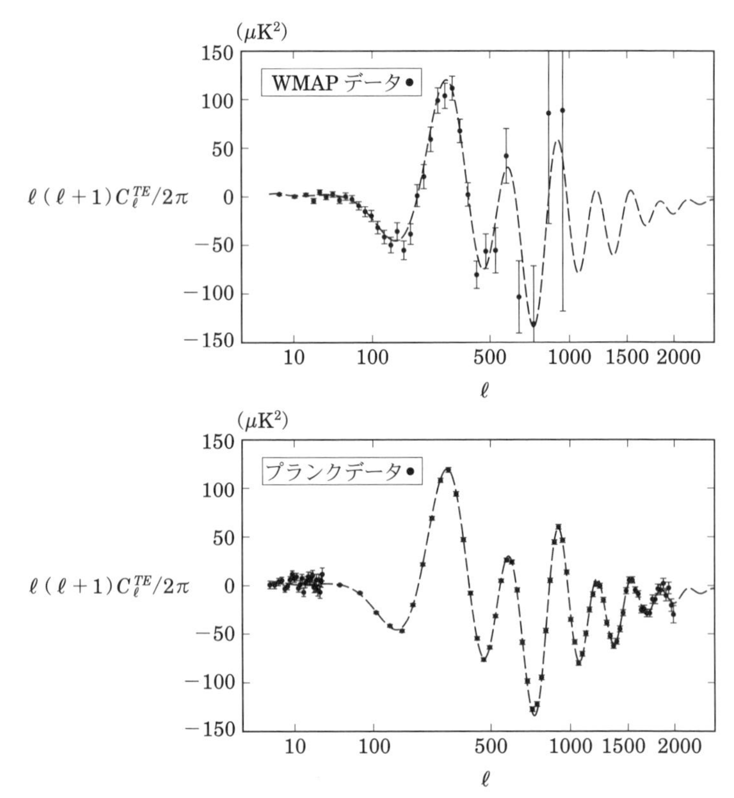

図 11.12 WMAP 衛星による 9 年間の観測で測定された温度異方性と E モード偏光の相互相関スペクトル（上図）と，プランク衛星による 29 か月間の観測で測定されたスペクトル（下図）．$\ell(\ell+1)C_\ell^{TE}/2\pi$ を ℓ の関数として示す．単位は $\mu\mathrm{K}^2$．本来は各 ℓ ごとにデータ点があるが，見やすさのため，ある ℓ の区間ごとに区切って平均化してある．$\ell \leqq 29$ におけるプランクのデータは平均化せず，各 ℓ ごとのデータ点を示す．誤差棒は標準偏差を表す．破線は ΛCDM モデルから計算されたパワースペクトルを示し，宇宙論パラメータは図 6.6 と同じである．

く互いに相関[*23]する．前者はコサイン的な解で後者はサイン的な解であるから，その積は $2\sin x\cos x = \sin 2x$ となる．一方，温度異方性のパワースペクトルは $2\cos^2 x = 1 + \cos 2x$，偏光のパワースペクトルは $2\sin^2(x) = 1 - \cos 2x$ であるから，温度異方性と E モード偏光の相互相関スペクトルのピークは温度異方性のパワースペクトルと E モードパワースペクトルのピークのちょうど中間に現れる．温度異方性のパワースペクトルと E モードパワースペクトルはつねに正であるが，**相互相関スペクトルは符号を変える**．

図 11.12 に，WMAP とプランク衛星によって得られた温度異方性と E モード偏光の相互相関スペクトルを，図 11.13 に SPTPol によって得られたスペクトルを示す．破線は式 (11.64) によって計算された ΛCDM モデルの理論曲線を示し，宇宙論パラメータは図 6.6 のものと同じである．やはり理論曲線はデータを高精度で再現する．E モード偏光のパワースペクトルと合わせて，これらの結果は本書でここまで学んできたすべての事柄の正しさを証明するものである．

相互相関スペクトルの統計的不定性も式 (7.47) と同様の議論で導くことができて，

$$\langle (C_\ell^{TE})^2\rangle - \langle C_\ell^{TE}\rangle^2 = \frac{(\langle C_\ell^{TT}\rangle + N_\ell^{TT} b_\ell^{-2})(\langle C_\ell^{EE}\rangle + N_\ell^{EE} b_\ell^{-2}) + \langle C_\ell^{TE}\rangle^2}{2\ell+1}, \tag{11.66}$$

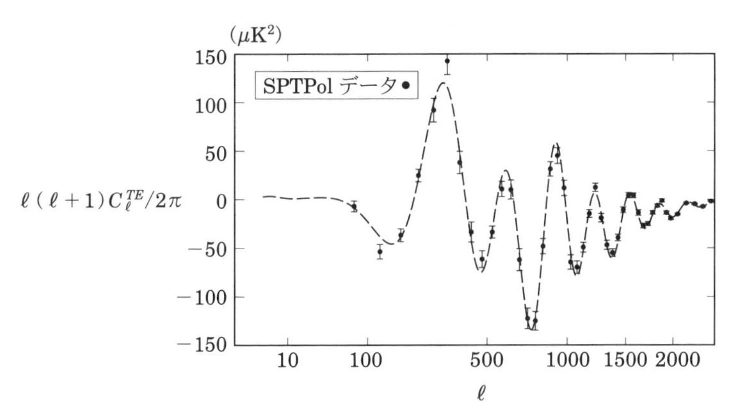

図 11.13 SPTPol で測定された温度異方性と E モード偏光の相互相関スペクトル．データ点や線の意味は図 11.12 と同じである．

[*23] D. Coulson, R. G. Crittenden, N. G. Turok, *Phys. Rev. Lett.*, **73**, 2390 (1994).

である．WMAP のデータのように，温度異方性の雑音は信号に比べて小さいが，偏光の雑音は信号を大きく上回る場合を考えると

$$\langle (C_\ell^{TE})^2 \rangle - \langle C_\ell^{TE} \rangle^2 \longrightarrow \frac{\langle C_\ell^{TT} \rangle N_\ell^{EE} b_\ell^{-2}}{2\ell + 1}, \tag{11.67}$$

である．すると，C_ℓ^{TE} の信号対雑音比 S/N の 2 乗は

$$\left(\frac{S}{N}\right)^2_{TE} = \frac{(2\ell + 1)\langle C_\ell^{TE} \rangle^2 b_\ell^2}{\langle C_\ell^{TT} \rangle N_\ell^{EE}}, \tag{11.68}$$

である．一方，E モード偏光のパワースペクトルでは

$$\left(\frac{S}{N}\right)^2_{EE} = \frac{(2\ell + 1)\langle C_\ell^{EE} \rangle^2 b_\ell^4}{2(N_\ell^{EE})^2}, \tag{11.69}$$

であり，両者の比をとると

$$\frac{(S/N)^2_{TE}}{(S/N)^2_{EE}} = \frac{2\cos^2 \xi_\ell N_\ell^{EE}}{\langle C_\ell^{EE} \rangle b_\ell^2}, \tag{11.70}$$

である．ここで，**相互相関係数**として

$$\cos \xi_\ell \equiv \frac{\langle C_\ell^{TE} \rangle}{\sqrt{\langle C_\ell^{EE} \rangle \langle C_\ell^{TT} \rangle}}, \tag{11.71}$$

を定義した．これは，温度異方性と E モード偏光がどれくらい相関するかを表す指標で，完全に相関すれば 1，完全に反相関すれば -1，相関がなければゼロである．定義より $\cos^2 \xi_\ell$ は 1 より小さいが極端に小さいわけではなく，$\ell \lesssim 1000$ では 0.2 程度の大きさを持つ．一方，N_ℓ^{EE} は $\langle C_\ell^{EE} \rangle$ よりずっと大きいとしたので，$(S/N)^2_{TE}/(S/N)^2_{EE} \gg 1$ である．すなわち，偏光データの雑音が大きいときには，温度異方性と E モード偏光の相互相関スペクトルの方が E モード偏光のパワースペクトルより測定しやすい．WMAP は E モードのパワースペクトルを精度良く測定するには雑音が大きすぎたが，図 11.12 の上図のように温度異方性と E モードパワースペクトルの相互相関をうまく測定できたのはこのためである．

この結果は一般的である．非常に雑音の大きなデータ（S/N の小さなデータ）から有用な情報を引き出すには，そのデータに存在すると思われる信号と相関した S/N の大きな別のデータを用意し，相互相関スペクトルを測定すれば良い．10.4 節で述べた後期ザクス–ヴォルフェ効果と銀河分布との相互相関も，同様の

原理に基づく.

温度異方性は最終散乱時刻以降でも積分ザクス–ヴォルフェ効果によって生成されるのに対し，偏光は散乱によってしか生成されない．よって，次節で学ぶ宇宙の再電離による寄与を除けば図 11.10 も 11.12 も最終散乱時刻における偏光（すなわち速度場）を見ていることになる．インフレーションによって粒子の地平線距離が大きくなる効果（6.1 節）を無視すると，最終散乱時刻での粒子の地平線距離を見込む角度は約 1.2 度で，これは $\ell \approx 150$ に対応する．すなわち，図 11.12 に示す $\ell \approx 100$ での温度異方性と E モード偏光との負の相互相関は，**最終散乱時刻において粒子の地平線距離を超える波長を持つゆらぎが存在する**[*24]**ことを示す**．断熱ゆらぎを仮定すれば，DMR による $\ell < 20$ の温度異方性の発見もまた最終散乱時刻において粒子の地平線距離を超える波長を持つゆらぎが存在することを示す．しかし，温度異方性と E モード偏光の相互相関の測定はそのような仮定なしに，より直接的に地平線距離より長波長のゆらぎの存在を示した．これは，初期宇宙においてインフレーションやゆっくりと収縮する宇宙によって粒子の地平線距離がハッブル長を大きく超えたことの証拠となる．

線形摂動理論の大勝利

2003 年に発表された WMAP の初年度の結果では，温度異方性のパワースペクトルとともに温度異方性と E モードパワースペクトルの相互相関スペクトル[*25]も発表した．筆者は，プリンストン大学で WMAP のデータを解析している最中にこの測定データを初めて見た．C_ℓ^{TE} の正負の振動が温度異方性のデータから予言される理論曲線にぴったり一致したときの感動は忘れられない．この感動は，データ発表直後に日本天文学会が発行する月刊誌『天文月報』に寄稿した記事[*26]を引用することでお伝えしたい：

> 「誤差棒つきの黒丸が，ビンに区切られた WMAP 初年度の測定である．実線は，黒丸に対するフィットでは“ない”．これは，図 3 の温度ゆらぎのパワースペクトルから，線形摂動理論によって予言される温度–偏光の相関である．予言と測定は，ピタリと一致している．まず，このように偏光のパワースペクトルが測定されたのは初めてなのだが，それが，まさに線形摂動理論の予言に沿

---

*24 D. N. Spergel, M. Zaldarriaga, *Phys. Rev. Lett.*, **79**, 2180 (1997); H. V. Peiris, *et al.*, *Astrophys. J. Suppl.*, **148**, 213 (2003).

うように並んでいるのには，心底驚いた．図 3 の温度ゆらぎのパワースペクトルも，確かに感動的なほど線形摂動理論で正確に記述できるのだが，6 つのパラメターを用いたフィットであり，理論の直接の検証とは言えない．一方，図 8 ではパラメターの個数は 0 個であり，理論の直接の検証である．合うか，合わないのか，それだけが問題である．結果は，見事なまでの理論と測定の一致．インフレーション理論，ビッグバン理論，そして線形摂動論の，大勝利と言って良いと思う」（原文ママ）．

インフレーション理論はほぼスケール不変な断熱的初期条件を与え，ビッグバン理論は灼熱の火の玉宇宙を記述し，線形摂動理論は音波による温度異方性と偏光を記述する．これらは ΛCDM モデルの柱である．

11.4.3 温度異方性と E モード偏光の相互相関関数

スカラー型の温度異方性は密度ゆらぎや重力ポテンシャルで与えられ，E モード偏光は速度場の勾配で与えられるので，その相互相関は最終散乱面で**光子–バリオン流体が重力ポテンシャルに引き込まれてどのように運動するか**を理解するのに適している．これは，フーリエ空間の図 11.12 よりも，実空間における 2 点相関関数 C_{TQ}（式（11.31））を用いた方がより良く視覚化できる．

図 11.14 の上図は $C_{TQ}(\beta)$ を示す．温度異方性は図の原点 $\beta = 0$ にあり，Q_r の分布が β の関数として示されていると考えればこの図を理解しやすい．温度異方性の場所を球座標の極角の原点にとれば，Q_r は球座標で定義された通常の Q と同じになり，図 11.6 の下図を使って偏光分布をイメージできる（そこではすべての偏光の向きは $Q_r < 0$ で，偏光分布は同心円状である）．$C_{TQ}(\beta)$ には 2 つの極大と 1 つの極小がある．$\beta = 0$ の温度異方性は正であるとすると，β の小さい方から順に $Q_r > 0$，$Q_r < 0$，$Q_r > 0$ に対応する．これは，温度異方性を中心にして放射状，同心円状，放射状の偏光分布を与える．さらに大きな β では $Q_r < 0$ なので，同心円状である．$\beta = 0$ の温度異方性が負であれば逆の偏光分布（同心円状，放射状，同心円状，放射状）を得る．

---

*25 （283 ページ）A. Kogut, *et al.*, *Astrophys. J.*, **148**, 161（2003）.

*26 （283 ページ）小松英一郎，天文月報，**96**, 482（2003）.

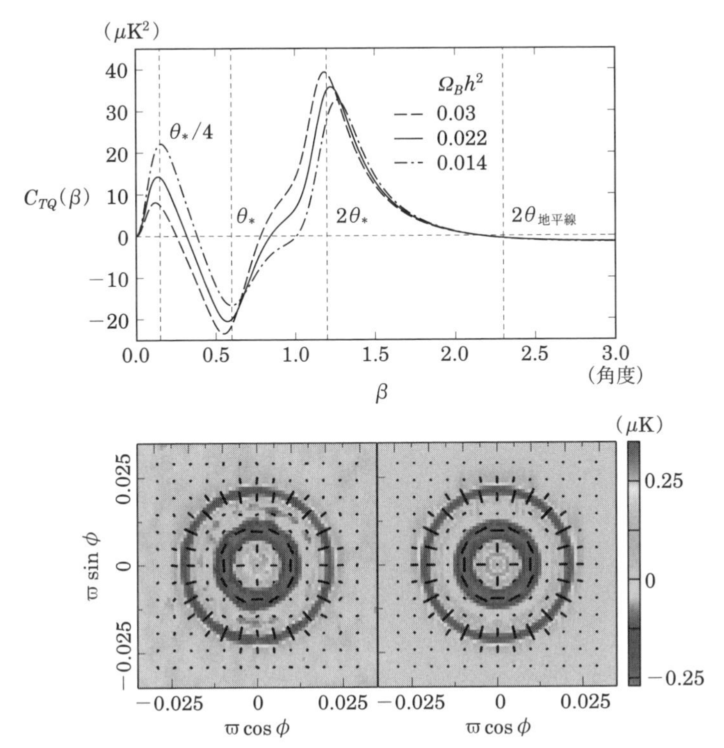

図11.14　温度異方性とストークスパラメータ Q_r の 2 点相関関数．（上図）2 点相関関数 $C_{TQ}(\beta)$ を 2 点間の見込み角度 β の関数として示す．単位は μK^2．宇宙論パラメータは図 10.4 の左上と同じである．縦の波線は，左からそれぞれ宇宙の晴れ上がり時刻での音波の地平線距離を見込む角度 $\theta_* = 0.6$ 度の 4 分の 1 倍（0.15 度），1 倍，2 倍（1.2 度），そして晴れ上がり時刻での粒子の地平線距離を見込む角度 $\theta_{地平線} = 1.2$ 度の 2 倍（2.4 度）を示す．（下図）正の温度異方性（ホットスポット）のまわりの平均的な偏光分布を示す．横軸と縦軸の単位はラジアンである．実線の長さは偏光強度を，方向は偏光の向きを示し，背景は Q_r の値を示す（単位は μK）．左側はプランク衛星のデータを，右側は ΛCDM モデルの予言を示す．Planck Collaboration, *Astron. Astrophys.*, **594**, A16 (2016) より抜粋．

晴れ上がり時刻での音波の地平線距離を見込む角度を $\theta_* = r_s/r_L = 0.6$ 度と書けば，極大と極小の位置はそれぞれ近似的に $\beta \approx \theta_*/4$, θ_*, $2\theta_*$ である．大角度で相関関数の符号が変わる見込み角度は，晴れ上がり時刻での粒子の地平線距離

を見込む角度を $\theta_{\text{地平線}}$ とすると $\beta \approx 2\theta_{\text{地平線}}$ である．これらの極大・極小を与える見込み角度は，図 11.12 の振動の周期に対応する．温度異方性は主に密度ゆらぎで与えられるので $\cos(qr_s)$ を含み，E モード偏光は $\sin(qr_s)$ に比例するからその積は $\sin(2qr_s)$ を含む．これは相関関数において $2\theta_*$ の極大に対応する．また，温度異方性はバリオンによる光子–バリオン流体の慣性の増加の効果 $3R\mathcal{T}(\kappa)$（式 (10.3)）を含み，これと $\sin(qr_s)$ との積は相関関数において θ_* の極小に対応する．これらはバリオンとの結合によって光子流体が引きずられて重力ポテンシャルに落ち込む効果であるから，バリオン密度が増えると相関関数の絶対値も大きくなる．

$\theta_*/4$ の極大は，バリオン密度が減ると増大する．そのような小角度ではバリオンと光子流体の速度場のずれによって非等方ストレスが生成され，偏光が増大するからである．$\beta = 0$ に向かって C_{TQ} が減少するのは，原点では偏光の向きは制限されないため，対称性より C_{TQ} はゼロとなるためである．これは，式 (11.31) において $J_2(\ell\beta)$ が $\beta \to 0$ でゼロになる物理的理由である．すなわち，$\beta \approx \theta_*/4$ に極大があるのは，C_ℓ^{TE} に $\sin(qr_s/4)$ の振動があるからではなく，小角度ほど偏光は増大するが，原点での対称性より偏光は $\beta \to 0$ でゼロにならねばならないという要請のためである．

図 11.14 の下図は，図 6.5 の温度異方性のマップから正の極大（正のピーク），すなわち温度分布の 1 階微分がゼロで 2 階微分が負の位置をすべて取り出し，そのまわりの Q_r の分布を平均したもの $\langle Q_r \rangle(\boldsymbol{\beta})$ である．左はプランク衛星のデータを，右は ΛCDM モデルの予言を示し，両者は見事に一致する．これらは上図で $\beta = 0$ を正の温度異方性とした場合とも良く一致するが，ピークを取り出すという作業のため，厳密には若干異なる[*27]．

物理的な解釈を与えよう．まず，β の大きな C_{TQ} から始める．引きつづき，温度異方性の場所を $\beta = 0$ とし，見込み角度 β にある Q_r の符号を理解する．見込み角度が最終散乱面上の粒子の地平線距離を超えると，温度異方性はザクス–ヴォルフェ効果で近似できる．断熱的初期条件では $\Delta T/T_0 = \Phi/3$ であるから，重力ポテンシャルが深い（$\Phi < 0$）場所では温度異方性は負である．このとき，$\beta \gtrsim$

[*27] この手法は，WMAP の 7 年間のデータ解析の論文で最初に用いられた．詳しくは E. Komatsu, *et al.*, *Astrophys. J. Suppl.*, **192**, 18 (2011) を見よ．

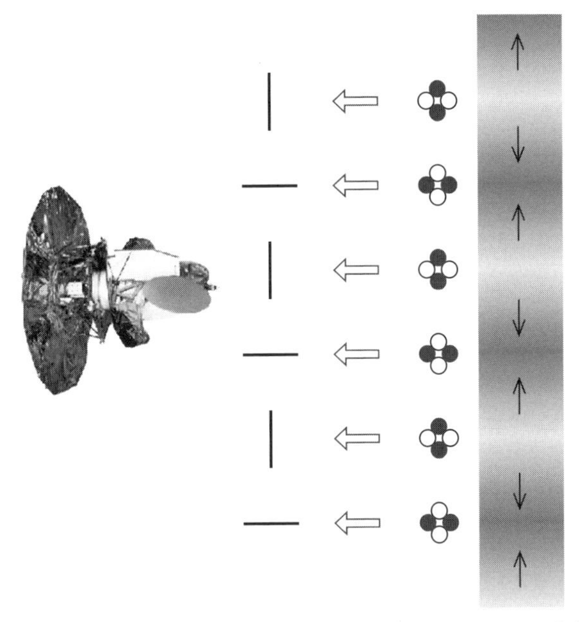

図11.15 単一のフーリエ波数 $\boldsymbol{q}$ を持つ重力ポテンシャルが生成する偏光の分布と速度場との関係．色の濃い部分は重力ポテンシャルの底を，薄い部分は重力ポテンシャルの丘を表し，上下の矢印は光子–バリオン流体の速度ベクトルの方向を表す．四重極異方性の分布は 4 つの丸で示し，意味は図 11.9 と同じである．図の左側に位置する WMAP 衛星は観測者を表し，観測者が測定する偏光の方向は図の中央に示す．

$2\theta_{地平線}$ での Q_r は正で，偏光の向きは放射状である．これはどう理解すれば良いだろうか？

偏光の向きは $\Pi \propto q^2\pi_\gamma \propto -q^2\delta u_\gamma \propto \nabla \cdot \boldsymbol{v}_B$ の符号によって決まる．$\boldsymbol{v}_B$ は光子–バリオン流体素片の物理的な速度である．すなわち，**偏光の向きは光子–バリオン流体が湧き出す**（$\nabla \cdot \boldsymbol{v}_B > 0$）**か流入する**（$\nabla \cdot \boldsymbol{v}_B < 0$）**かで決まる**（脚注 23）．流体力学的効果を無視して重力のみ考えれば，$\nabla \cdot \boldsymbol{v}_B > 0$ は重力ポテンシャルの丘に，$\nabla \cdot \boldsymbol{v}_B < 0$ は底に対応する．図 11.15 に，重力ポテンシャルと偏光の向きとの関係を示す．断熱的ゆらぎでは重力ポテンシャルの丘から湧き出る光子の温度は高いので，図 11.15 のように重力ポテンシャルの丘をはさんで平行（図では平面波の重力ポテンシャルを示すが，重力ポテンシャルが球対称であれば，丘を

中心に同心円状，$Q_r < 0$）な偏光分布となる．逆に，重力ポテンシャルの底のまわりは放射状（$Q_r > 0$）の偏光分布となる．両者とも，$\langle T(0)Q_r(\beta)\rangle < 0$ を与える．これで大角度の C_{TQ} を理解できた．

次に，$\beta \approx 2\theta_*$ の極大を理解する．ゆらぎの波長が音波の地平線距離より小さくなると，重力ポテンシャルに落ち込んだ光子–バリオン流体は圧縮されて温度は上昇する．最初に圧縮された状態は，図 6.6 に示す温度異方性のパワースペクトルの $\ell \approx 220$ の最初のピークに相当する．この温度上昇が重力ポテンシャルによる赤方偏移を上回るかどうかは初期条件に依るが，断熱的な初期条件では圧縮された $\delta T/\bar{T} + \Phi$ は正となる．すなわち，この見込み角度では重力ポテンシャルの深い場所は正の温度異方性を持つ．一方，重力ポテンシャルの底の周りは放射状の偏光分布を持つから，$Q_r > 0$ であり，よって $C_{TQ} > 0$ である．これで $\beta \approx 2\theta_*$ の極大を理解できた．

流体素片がさらに落ち込み重力ポテンシャルの底に近づくと，図 11.15 のように重力ポテンシャルの底近傍では（ポテンシャルが球対称なら）同心円状の偏光分布となるから，$C_{TQ} < 0$ である．これで $\beta \approx \theta_*$ の極小も理解できた．

重力ポテンシャルに落ち込んだ流体素片は，ポテンシャルの底に溜まった熱い光子流体に遭遇する．この光子流体による圧力のため，流体素片の速度場はいずれ符号を変え，重力ポテンシャルの底で $\boldsymbol{\nabla}\cdot\boldsymbol{v}_B > 0$ となる．すると偏光の向きは変わり，重力ポテンシャルの底で放射状の偏光分布となる．最後に，重力ポテンシャルの底の中心では対称性より偏光はゼロとなる．これで C_{TQ} のすべて，および図 11.14 の下図の偏光分布を理解できた．このように，温度と偏光の相互相関はスカラー型ゆらぎの CMB の偏光の物理の理解を大いに助ける．

11.5 宇宙の再電離

宇宙が再電離すると自由電子によって光子は再び散乱され，新たな偏光*28が生じる．宇宙膨張でバリオン数密度は低くなっているため，銀河間ガスが完全電離してもトムソン散乱の光学的厚さは 1 よりずっと小さい．現在からある赤方偏移まで遡って積分した光学的厚さを $\tau = c\sigma_T \int_t^{t_0} dt'\ \bar{n}_e(t')$ と書けば，光子の散乱確

*28 K.-L. Ng, K.-W. Ng, *Astrophys. J.*, **456**, 413 (1996); M. Zaldarriaga, *Phys. Rev. D*, **55**, 1822 (1997).

率は $1-\exp(-\tau)\approx\tau$ で与えられ，偏光強度は τ に比例すると予想できる．

τ が小さいので光子とバリオンは弱くしか結合しないから，偏光が大きくなるゆらぎの波長は拡散距離では決まらない．現在我々が，我々から見た最終散乱面上に CMB の四重極温度異方性（図 7.5）を観測するように，ある赤方偏移の電子はそれ自身から見た最終散乱面上の CMB の四重極温度異方性を見る．そしてその四重極異方性を電子が散乱することで偏光が生じる．赤方偏移 z にある電子が見る四重極は，ザクス–ヴォルフェ効果の式（6.8）から

$$a_{2m}^{\rm SW}(z)=-\frac{4\pi\bar{T}(z)}{3}\int\frac{d^3q}{(2\pi)^3}\,\alpha_{\boldsymbol{q}}\varPhi(q)j_2(q\tilde{r}_L)Y_2^{m*}(\hat{q})\,, \tag{11.72}$$

である．ここで $\varPhi_{\boldsymbol{q}}=\alpha_{\boldsymbol{q}}\varPhi(q)$ と書いた．$\tilde{r}_L\equiv r_L-r(z)$ は赤方偏移 z の電子を中心とする球座標における最終散乱面の動径座標距離であり，我々から見た最終散乱面の動径座標距離 r_L より小さい．球ベッセル関数は $j_2(x)=(3-x^2)\sin x/x^3-3\cos x/x^2$ で，$x\approx3$ で最大値を持つ．よって積分に主に寄与する波数は $q\approx3/\tilde{r}_L$ で，赤方偏移 z におけるハッブル長にほぼ対応する波数である．よって，赤方偏移 z のハッブル長程度の波長より短波長の温度異方性や偏光は散乱によってならされて $\exp(-\tau)$ だけ減衰する（10.5 節）が，ハッブル長程度の波長で新しい偏光が生じ，偏光強度は $1-\exp(-\tau)\approx\tau$ に比例する．

我々から見ると，積分に寄与する波数を見込む ℓ は $\ell\approx qr(z)\approx3r(z)/[r_L-r(z)]$ である．宇宙の再電離は $z\lesssim20$ で起こったと考えられており，その時期のハッブル長程度のゆらぎによって $\ell\lesssim10$ に新しい偏光が生じる．単純化のため入射光は無偏光とすると，偏光は $\varPi=\varDelta_{T,2}$ によって生成される．$a_{2m}(z)=-4\pi\bar{T}(z)(2\pi)^{-3}\int d^3q\,\alpha_{\boldsymbol{q}}Y_2^{m*}(\hat{q})\varDelta_{T,2}(t,q)/4$（式（9.64））とザクス–ヴォルフェ効果の表式（11.72）とを見比べると $\varPi(t,q)/4=\varDelta_{T,2}(t,q)/4=\varPhi(q)j_2(q\tilde{r}_L)/3$ である．これを式（11.63）に代入すれば，再電離起源の E モードパワースペクトルを得る．

図 11.10 を $\ell\lesssim20$ まで見えるように縦軸を対数にしたものを図 11.16（290 ページ）に示す．3 つの異なる τ として，WMAP の偏光データから得られた $\tau=0.089$（点線），プランクの低周波検出器（LFI; 30，44，70 GHz）の偏光データと CMB の重力レンズ効果を組み合わせて得られた $\tau=0.066$（実線），そしてプ

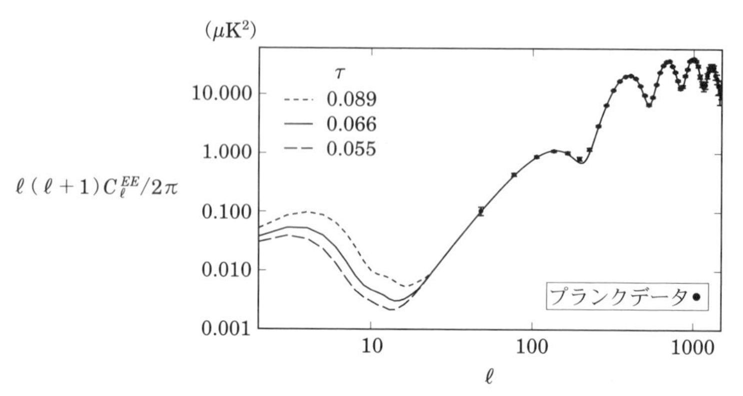

図11.16 宇宙の再電離がEモード偏光のパワースペクトルに与える影響．$\tau = 0.089$（点線），0.066（実線），0.055（破線）を示す．$\ell \gg 10$ のパワースペクトルは変えないように A_s の値を選んだ．すると $\ell \lesssim 20$ のパワースペクトルは $\tau^2(1+2\tau)$ に比例する．それ以外の宇宙論パラメータは図 6.6 と同じである．$\ell \lesssim 20$ のデータ点はまだ不定なので図には含めなかった．

ランクの高周波検出器（HFI; 100，143，217，353 GHz）の偏光データ[*29]から得られた $\tau = 0.055$（破線）を用いた理論曲線を示す．上記のようにザクス–ヴォルフェ近似や入射光を無偏光とした計算ではなく，“CLASS” というアインシュタインの重力場の方程式と光子・ニュートリノのボルツマン方程式を連立して解くコンピュータープログラムを用いて計算した．$\ell \gg 10$ で同じパワースペクトルとなるように $A_s \exp(-2\tau)$ を固定し，τ を変えた分だけ A_s を変えた．すると，$\ell \lesssim 20$ のパワースペクトルは $A_s\tau^2 = A_s \exp(-2\tau)\tau^2 \exp(2\tau) \propto \tau^2(1+2\tau)$ に比例する．水素原子がある赤方偏移 $z_{再電離}$ で完全電離したとすれば，これらの τ の値はそれぞれ $z_{再電離} = 10.9, 8.8$，7.7 に対応し，地球から測った共動距離はそれぞれ $a_0 r(z_{再電離}) = 9.9$，9.4，9.1 Gpc である．$a_0 r_L = 14$ Gpc であるから，それぞれ $\ell \approx 7$，6，6 に対応する．これより小さな ℓ でEモード偏光は大きくなる．温度異方性とEモード偏光の相互相関も同様に $\ell \lesssim 10$ で大きくなる．符号は正である．

WMAP の τ の値が大きく出ているのは，WMAP が測定した最高周波数が 94 GHz で，銀河系内の星間物質に含まれる塵（ダスト）による偏光と CMB の偏光とを区別しきれていないからかもしれない．塵の熱放射の強度は高周波数にな

*29 Planck Collaboration, *Astron. Astrophys.*, **596**, A107 (2016).

るほど増大するので，プランクの 353 GHz のデータは塵による偏光を良く測定できている．それを用いて WMAP のデータから塵の影響を減らせば τ は 0.075 程度まで小さくなる．プランクの LFI の偏光データは WMAP の結果と無矛盾であるが，雑音も大きい．雑音の小さな HFI の偏光データからは小さな値（$\tau = 0.055 \pm 0.009$）が得られているが，プランク衛星は大角度での偏光を精密に測定するように設計されなかったため大きな系統的誤差がいくつかあり，それを一つ一つ理解して除去する必要があった．そのため HFI の測定値はまだ信頼度が高くなく，CMB の研究者は τ の値の精密測定をこれからの重要課題の一つとして挙げている．図 11.16 に $\ell \lesssim 20$ のデータ点を示さなかったのは，まだ不定性が大きいためである．

11.6 重力レンズ効果

ゆらぎの変数に関して 1 次の精度ではスカラー型のゆらぎは E モード偏光しか生成しないが，2 次以上の効果を考慮すると E モードと B モードは混じる．E モードと B モードはフーリエ変換の波数と偏光方向との関係（図 11.5）で定義される．ゆらぎの変数に関して 1 次の精度では異なる波数を持つフーリエ展開係数は独立に進化するが，2 次以上ではそうではないので波数と偏光方向との関係を変え，E モードと B モードは混じる．

ゆらぎの変数に関して 2 次以上の効果はたくさんあるが，なかでも重要なのが重力レンズ効果である．小角度近似では，重力レンズによってストークスパラメータは $(\tilde{Q} \pm i\tilde{U})(\boldsymbol{\theta}) = (Q \pm iU)(\boldsymbol{\theta} + \boldsymbol{d})$ と変化[*30]する．$\boldsymbol{d}$ は式（5.45）で与えられる光の曲がり角ベクトルで，スカラー型ゆらぎでは式（5.46）で定義される重力レンズポテンシャル ψ を用いて $\boldsymbol{d} = \boldsymbol{\nabla}\psi$ と書ける．微分演算子 $\boldsymbol{\nabla}$ は，天球上のある視線方向 $\hat{n}$ まわりの小さな天域を考えたとき，$\hat{n}$ に直交する方向の微分を表す．本節では 6.4 節にならってチルダの付いたストークスパラメータは重力レンズを受けたものを表し，回転変換を表さない．左辺を式（11.12）の逆変換を用いて $\tilde{E}_{\boldsymbol{\ell}} \pm i\tilde{B}_{\boldsymbol{\ell}}$ にし，右辺をフーリエ展開すれば

[*30] このように書けるのは天球の曲率を無視できる小角度近似を用いた場合のみである．天球の曲率を無視できないほど $\boldsymbol{d}$ が大きくなると（しかしそのようなことは実際にはないのだが），$Q \pm iU$ を球面上で正しく平行移動せねばならない．A. Challinor, G. Chon, *Phys. Rev. D*, **66**, 12730（2002）を見よ．

$$\tilde{E}_{\boldsymbol{\ell}} \pm i\tilde{B}_{\boldsymbol{\ell}} = \exp(\mp 2i\phi_\ell) \int d^2\theta \ \exp(-i\boldsymbol{\ell}\cdot\boldsymbol{\theta}) \times \int \frac{d^2\ell'}{(2\pi)^2} \left(E_{\boldsymbol{\ell}'} \pm iB_{\boldsymbol{\ell}'}\right) \exp[\pm 2i\phi_{\ell'} + i\boldsymbol{\ell}'\cdot(\boldsymbol{\theta} + \boldsymbol{\nabla}\psi)], \tag{11.73}$$

を得る．右辺を ψ に関してテイラー展開し，ψ をフーリエ展開すれば

$$\tilde{E}_{\boldsymbol{\ell}} \pm i\tilde{B}_{\boldsymbol{\ell}} = E_{\boldsymbol{\ell}} \pm iB_{\boldsymbol{\ell}} + \int \frac{d^2\ell'}{(2\pi)^2} \boldsymbol{\ell}'\cdot(\boldsymbol{\ell}'-\boldsymbol{\ell})(E_{\boldsymbol{\ell}'} \pm iB_{\boldsymbol{\ell}'})\psi_{\boldsymbol{\ell}-\boldsymbol{\ell}'} \exp[\pm 2i(\phi_{\ell'} - \phi_\ell)], \tag{11.74}$$

である．これは温度異方性の重力レンズ効果の式（7.30）と同じ構造である．E モードと B モードとを分けて書けば

$$\tilde{E}_{\boldsymbol{\ell}} = E_{\boldsymbol{\ell}} + \int \frac{d^2\ell'}{(2\pi)^2} \boldsymbol{\ell}'\cdot(\boldsymbol{\ell}'-\boldsymbol{\ell})\psi_{\boldsymbol{\ell}-\boldsymbol{\ell}'} \times \left\{E_{\boldsymbol{\ell}'}\cos[2(\phi_{\ell'}-\phi_\ell)] - B_{\boldsymbol{\ell}'}\sin[2(\phi_{\ell'}-\phi_\ell)]\right\}, \tag{11.75}$$

$$\tilde{B}_{\boldsymbol{\ell}} = B_{\boldsymbol{\ell}} + \int \frac{d^2\ell'}{(2\pi)^2} \boldsymbol{\ell}'\cdot(\boldsymbol{\ell}'-\boldsymbol{\ell})\psi_{\boldsymbol{\ell}-\boldsymbol{\ell}'} \times \left\{B_{\boldsymbol{\ell}'}\cos[2(\phi_{\ell'}-\phi_\ell)] + E_{\boldsymbol{\ell}'}\sin[2(\phi_{\ell'}-\phi_\ell)]\right\}, \tag{11.76}$$

である．重力レンズ効果が E モードと B モードを混ぜるのが明らかになった．特に，最終散乱面上の偏光は音波による E モードだけで B モードはゼロであったとすれば，$\tilde{B}_{\boldsymbol{\ell}} = (2\pi)^{-2}\int d^2\ell' \ \boldsymbol{\ell}'\cdot(\boldsymbol{\ell}'-\boldsymbol{\ell})\psi_{\boldsymbol{\ell}-\boldsymbol{\ell}'}E_{\boldsymbol{\ell}'}\sin[2(\phi_{\ell'}-\phi_\ell)]$ で，**最終散乱面で E モード偏光しかなくても，重力レンズ効果によってゼロでない B モード偏光が生じる**．この結果[*31]はセルジェックとザルダリアーガによって 1998 年に導かれた．

式（11.74）を見ると，重力レンズ効果により，ある波数 $\boldsymbol{\ell}'$ の E モード（あるいは B モード）から別の波数 $\boldsymbol{\ell}$ の B モード（あるいは E モード）が生成される．その振幅は波数 $\boldsymbol{\ell}-\boldsymbol{\ell}'$ のレンズポテンシャル $\psi_{\boldsymbol{\ell}-\boldsymbol{\ell}'}$ で決まる．よって，**異なる波数を持つ E モードと B モード偏光はゼロでない相関を持つ**ようになる．これは，式（7.31）で見たように異なる波数を持つ温度異方性が相関を持つ現象と同じもので，重力レンズ効果によって局所的に 2 点相関関数の並進対称性が破れた結果

[*31] M. Zaldarriaga, U. Seljak, *Phys. Rev. D*, **58**, 023003（1998）.

である．この性質を用いれば，温度異方性の 2 点相関関数の非対角成分 $\langle\tilde{T}_{\boldsymbol{\ell}}\tilde{T}^*_{\boldsymbol{\ell}'}\rangle$ $(\boldsymbol{\ell}\neq\boldsymbol{\ell}')$ を用いてレンズポテンシャルの天球上の分布を推定（図 7.3）したように，偏光を含めたすべての組み合わせの相関関数[*32] $\langle\tilde{T}_{\boldsymbol{\ell}}\tilde{E}^*_{\boldsymbol{\ell}'}\rangle$，$\langle\tilde{T}_{\boldsymbol{\ell}}\tilde{B}^*_{\boldsymbol{\ell}'}\rangle$，$\langle\tilde{E}_{\boldsymbol{\ell}}\tilde{E}^*_{\boldsymbol{\ell}'}\rangle$，$\langle\tilde{E}_{\boldsymbol{\ell}}\tilde{B}^*_{\boldsymbol{\ell}'}\rangle$ を用いてレンズポテンシャルの天球上の分布をより高精度で推定[*33]できる．BB 相関を含めないのは，最終散乱面上では E モード偏光しかないと仮定したためである．12.3 節で学ぶように重力波を表すテンソル型の時空のゆがみがあると最終散乱面でも B モード偏光が現れるが，この効果は小さいためその重力レンズ効果はさらに小さく無視できる．

重力レンズ効果によって異なる波数は混合するので，6.4 節で学んだように温度異方性のパワースペクトルの音波振動はなめらかになる．同じことが偏光のパワースペクトルにもあてはまり，E モードのパワースペクトルや温度異方性と E モードの相互相関スペクトルに見られる音波振動もなめらかになる．偏光のパワースペクトルは温度異方性のパワースペクトルよりも振動のコントラストが大きいので，なめらかになる度合いも大きい．図 11.10 と 11.12 に示したパワースペクトルの理論曲線は，重力レンズ効果を含めたものである．

温度異方性の 2 点相関関数の重力レンズ効果（式 (6.44)）を導いたのと同様にすれば，11.2.3 節で定義したストークスパラメータ Q_r と U_r の 2 点相関関数の重力レンズ効果は

$$\begin{aligned}\tilde{C}_{TQ}(\beta) &= -\int_0^\infty \frac{\ell d\ell}{2\pi}\, C_\ell^{TE}\exp\left[-\frac{\ell^2}{2}\sigma_0^2(\beta)\right]\\ &\quad\times\left\{J_2(\ell\beta)+\frac{\ell^2}{4}\sigma_2^2(\beta)[J_0(\ell\beta)+J_4(\ell\beta)]\right\}, \qquad (11.77)\\ \tilde{C}_{QQ}(\beta)+\tilde{C}_{UU}(\beta) &= \int_0^\infty \frac{\ell d\ell}{2\pi}\,(C_\ell^{EE}+C_\ell^{BB})\exp\left[-\frac{\ell^2}{2}\sigma_0^2(\beta)\right]\\ &\quad\times\left[J_0(\ell\beta)+\frac{\ell^2}{2}\sigma_2^2(\beta)J_2(\ell\beta)\right], \qquad (11.78)\\ \tilde{C}_{QQ}(\beta)-\tilde{C}_{UU}(\beta) &= \int_0^\infty \frac{\ell d\ell}{2\pi}\,(C_\ell^{EE}-C_\ell^{BB})\exp\left[-\frac{\ell^2}{2}\sigma_0^2(\beta)\right]\end{aligned}$$

[*32] ただし，**同じ波数**で測定された場合には TB 相関や EB 相関は引き続きゼロである．

[*33] M. Zaldarriaga, U. Seljak, *Phys. Rev. D*, **59**, 123507 (1999)；K. Benabed, F. Bernardeau, L. Van Waerbeke, *Phys. Rev. D*, **63**, 043501 (2001)；W. Hu, T. Okamoto, *Astrophys. J.*, **574**, 566 (2002)；C. M. Hirata, U. Seljak, *Phys. Rev. D*, **68**, 083002 (2003).

$$\times \left\{ J_4(\ell\beta) + \frac{\ell^2}{4}\sigma_2^2(\beta)[J_2(\ell\beta) + J_6(\ell\beta)] \right\}, \qquad (11.79)$$

と得られる．σ_0^2 は天球上の 2 点の曲がり角度の差の分散（式 (6.41)）を表し，σ_2^2 は式 (6.42) で定義される量である．

重力レンズ効果を受けた偏光のパワースペクトルを得るには，相関関数とパワースペクトルの関係式の逆変換[*34]

$$C_\ell^{TE} = -2\pi \int_{-1}^{1} d(\cos\beta)\ C_{TQ}(\beta) J_2(\ell\beta), \qquad (11.80)$$

$$C_\ell^{EE} = \pi \int_{-1}^{1} d(\cos\beta)\ [(C_{QQ} + C_{UU})(\beta) J_0(\ell\beta) + (C_{QQ} - C_{UU})(\beta) J_4(\ell\beta)], \qquad (11.81)$$

$$C_\ell^{BB} = \pi \int_{-1}^{1} d(\cos\beta)\ [(C_{QQ} + C_{UU})(\beta) J_0(\ell\beta) - (C_{QQ} - C_{UU})(\beta) J_4(\ell\beta)], \qquad (11.82)$$

を用いる．

物理的な意味を理解するため，温度異方性の式 (6.47) で行ったのと同様に σ_2^2 の項を無視すれば

$$\tilde{C}_\ell^{TE} \approx \int_{-1}^{1} d(\cos\beta) \int_0^\infty \ell' d\ell'\ \exp\left[-\frac{\ell'^2}{2}\sigma_0^2(\beta)\right] C_{\ell'}^{TE} J_2(\ell'\beta) J_2(\ell\beta), \qquad (11.83)$$

$$\tilde{C}_\ell^{EE} \approx \frac{1}{2}\int_{-1}^{1} d(\cos\beta) \int_0^\infty \ell' d\ell'\ \exp\left[-\frac{\ell'^2}{2}\sigma_0^2(\beta)\right] \times \left[(C_{\ell'}^{EE} + C_{\ell'}^{BB}) J_0(\ell'\beta) J_0(\ell\beta) + (C_{\ell'}^{EE} - C_{\ell'}^{BB}) J_4(\ell'\beta) J_4(\ell\beta)\right], \qquad (11.84)$$

$$\tilde{C}_\ell^{BB} \approx \frac{1}{2}\int_{-1}^{1} d(\cos\beta) \int_0^\infty \ell' d\ell'\ \exp\left[-\frac{\ell'^2}{2}\sigma_0^2(\beta)\right]$$

[*34] これらがそれぞれ式 (11.31), (11.33), (11.34) の逆変換であることを示すには，小角度近似でベッセル関数とルジャンドル陪多項式は $P_\ell^m(\cos\beta) \approx (-\ell)^m J_m(\ell\beta)$ と関係し，ルジャンドル陪多項式は規格直交性関係式

$$\int_{-1}^{1} \frac{dx}{2}\ P_\ell^m(x) P_{\ell'}^m(x) = \frac{\delta_{\ell\ell'}}{2\ell+1}\frac{(\ell+m)!}{(\ell-m)!},$$

を満たすことを用いれば良い．

$$\times \left[(C_{\ell'}^{EE} + C_{\ell'}^{BB}) J_0(\ell'\beta) J_0(\ell\beta) - (C_{\ell'}^{EE} - C_{\ell'}^{BB}) J_4(\ell'\beta) J_4(\ell\beta) \right], \tag{11.85}$$

を得る．積分の振る舞いを見るため σ_0 は β に比例すると近似して $\epsilon \equiv \sigma_0(\beta)/\beta$ を定義し，2 つのベッセル関数を含む積分の公式（6.48）を用いるため β の積分の上限を無限大に飛ばせば

$$\tilde{C}_\ell^{TE} \approx \int_0^\infty \frac{d\ell'}{\epsilon^2 \ell'} \exp\left[-\frac{\ell^2 + \ell'^2}{2(\epsilon\ell')^2} \right] C_{\ell'}^{TE} I_2\left(\frac{\ell}{\epsilon^2 \ell'} \right), \tag{11.86}$$

$$\tilde{C}_\ell^{EE} \approx \frac{1}{2} \int_0^\infty \frac{d\ell'}{\epsilon^2 \ell'} \exp\left[-\frac{\ell^2 + \ell'^2}{2(\epsilon\ell')^2} \right] \times \left[(C_{\ell'}^{EE} + C_{\ell'}^{BB}) I_0\left(\frac{\ell}{\epsilon^2 \ell'} \right) + (C_{\ell'}^{EE} - C_{\ell'}^{BB}) I_4\left(\frac{\ell}{\epsilon^2 \ell'} \right) \right], \tag{11.87}$$

$$\tilde{C}_\ell^{BB} \approx \frac{1}{2} \int_0^\infty \frac{d\ell'}{\epsilon^2 \ell'} \exp\left[-\frac{\ell^2 + \ell'^2}{2(\epsilon\ell')^2} \right] \times \left[(C_{\ell'}^{EE} + C_{\ell'}^{BB}) I_0\left(\frac{\ell}{\epsilon^2 \ell'} \right) - (C_{\ell'}^{EE} - C_{\ell'}^{BB}) I_4\left(\frac{\ell}{\epsilon^2 \ell'} \right) \right], \tag{11.88}$$

を得る．ϵ が β に依らないという近似は数分角以下では良い近似である（図 6.7）．ϵ^2 は 1 よりずっと小さいので，$I_n(x)$ の $x \gg 1$ における近似式 $I_n(x) = [1 - (4n^2 - 1)/8x + \mathcal{O}(x^{-2})] \exp(x)/\sqrt{2\pi x}$ を用いて書けば

$$\sqrt{\ell} \tilde{C}_\ell^{TE} \approx \int_0^\infty \frac{d\ell'}{\sqrt{2\pi}\epsilon\ell'} \sqrt{\ell'} C_{\ell'}^{TE} \exp\left[-\frac{(\ell - \ell')^2}{2(\epsilon\ell')^2} \right], \tag{11.89}$$

$$\sqrt{\ell} \tilde{C}_\ell^{EE} \approx \int_0^\infty \frac{d\ell'}{\sqrt{2\pi}\epsilon\ell'} \sqrt{\ell'} (C_{\ell'}^{EE} + 8\epsilon^2 C_{\ell'}^{BB} \ell'/\ell) \exp\left[-\frac{(\ell - \ell')^2}{2(\epsilon\ell')^2} \right], \tag{11.90}$$

$$\sqrt{\ell} \tilde{C}_\ell^{BB} \approx \int_0^\infty \frac{d\ell'}{\sqrt{2\pi}\epsilon\ell'} \sqrt{\ell'} (C_{\ell'}^{BB} + 8\epsilon^2 C_{\ell'}^{EE} \ell'/\ell) \exp\left[-\frac{(\ell - \ell')^2}{2(\epsilon\ell')^2} \right], \tag{11.91}$$

を得る．温度異方性の表式（6.50）と同様，重力レンズ効果を受けたパワースペクトルは標準偏差 $\epsilon\ell$ のガウス関数のたたみこみ積分でなまされ，振動はなめらかとなる．加えて異なる波数の E モードと B モード偏光のパワースペクトルは混じるが，これは ϵ^2 に比例するため小さく抑えられる．

最終散乱面の B モード偏光がゼロであれば

$$\ell^{3/2} \tilde{C}_\ell^{BB} \approx 8\epsilon^2 \int_0^\infty \frac{d\ell'}{\sqrt{2\pi}\epsilon\ell'} \ell'^{3/2} C_{\ell'}^{EE} \exp\left[-\frac{(\ell - \ell')^2}{2(\epsilon\ell')^2} \right], \tag{11.92}$$

である．すなわち，重力レンズ効果による B モード偏光のパワースペクトルは，

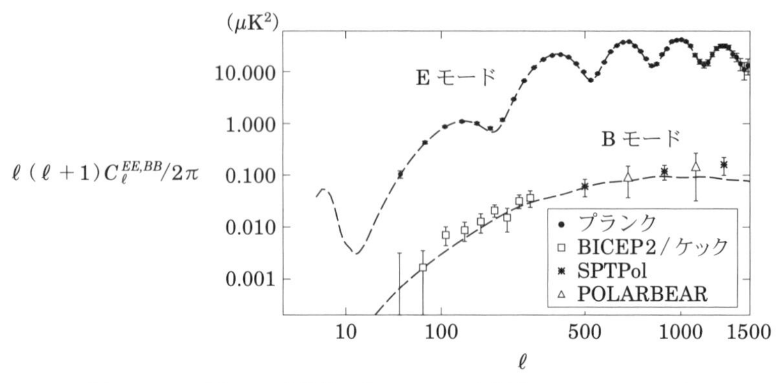

図 11.17 重力レンズ効果による B モード偏光のパワースペクトル．破線は ΛCDM モデルから計算されたパワースペクトルを示し，宇宙論パラメータは図 6.6 と同じである．比較のため，E モード偏光のパワースペクトル（図 11.16）も示す．

音波による E モードパワースペクトルの振動をなめらかにして，光の曲がり角度の分散をかけたものに比例する．これは近似的な式なので，正確な結果を得るには式（11.82）を用いる．$\ell \lesssim 100$ では B モードパワースペクトルは ℓ に依らずほぼ一定の値 $C_\ell^{BB} \approx 1.8 \times 10^{-6}\,\mu\mathrm{K}^2$ となる．

図 11.17 に，重力レンズ効果による B モード偏光のパワースペクトルを示す．E モードパワースペクトルの振動は B モードではすっかりならされてわずかしか残らないが，全体的な形は良く似ており，その大きさは E モードパワースペクトルの約 0.004 倍である．近似式（11.92）と比較すると $8\epsilon^2 \approx 0.004$ なので $\epsilon \approx 0.02$ を得る．これは図 6.7 の実線よりも小さいが，同程度の大きさである．

図 11.17 に示すデータ点は，チリのアタカマ高地に設置した口径 3.5 m の望遠鏡を用いたポーラーベア実験（POLARBEAR）*35，SPTPol*36，および口径 26 cm のバイセップ 2/ケック実験（BICEP2/Keck）*37による．破線は ΛCDM モデルを用いて計算した理論曲線で，データ点を良く説明する．宇宙論パラメータは図 6.6 のものと同じで，B モードパワースペクトルを説明するためにパラメータを動かしては**いない**．すなわち，これまで測定された偏光に関するパワースペ

*35 POLARBEAR Collaboration, *Astrophys. J.*, **794**, 171 (2014).

*36 R. Keisler, *et al.*, *Astrophys. J.*, **807**, 151 (2015).

*37 Keck Array and BICEP2 Collaborations, *Phys. Rev. Lett.*, **116**, 031302, (2016).

クトル（E モードパワースペクトル，E モードと温度異方性の相互相関スペクトル，B モードパワースペクトル）は，すべて温度異方性のパワースペクトルによって決定された宇宙論パラメータで説明できる．

E モード偏光の測定データの信号対雑音比は大きいが，重力レンズ効果による B モード偏光の信号対雑音比はまだ小さい．そこで，式（11.76）の右辺の重力レンズポテンシャル ψ を何らかの別の方法で測定できれば，11.4.2 節で述べた相互相関の利点を用いることができそうである．具体的には，式（11.76）の右辺で $B_{\boldsymbol{\ell}'}=0$ とし，$E_{\boldsymbol{\ell}'}$ には測定された E モード偏光のデータを用いる．これはすでにレンズ効果を受けているが，その効果は式（11.76）の右辺で無視した ψ の 2 次の効果である．そして，遠方銀河のデータから ψ を推定*38し，式（11.76）から予想される $B_{\boldsymbol{\ell}}^{予想}$ を計算する．この予想値と，信号対雑音比が小さな $B_{\boldsymbol{\ell}}$ の測定値との相互相関は，B モードパワースペクトルを $\langle B_{\boldsymbol{\ell}}^{予想} B_{\boldsymbol{\ell}}^{*}\rangle$ と与える．実際，B モード偏光はこの相互相関の手法を用ることで初めて測定*39された．

これをもって，ΛCDM が予言する，（13 節で述べるスニヤエフ–ゼルドヴィッチ効果も含めた）おもな CMB のスカラー型ゆらぎのパワースペクトルはすべて測定され，すべてがデータの統計的誤差の範囲内で同じ宇宙論パラメータで説明できることが明らかとなった．今後は重力レンズ効果による B モードパワースペクトルや，温度異方性と偏光のデータから得られる重力レンズポテンシャルのパワースペクトルを用いたニュートリノ質量和の決定が大きな目標となる．もちろん，偏光の測定精度が向上することで，たとえば標準的な値でない $N_{\rm eff}$ など，ΛCDM モデルにほころびが見えることにも期待したい．

---

*38 Y.-S. Song, A. Cooray, L. Knox, M. Zaldarriaga, *Astrophys. J.*, **590**, 664 (2003); G. P. Holder, *et al.*, *Astrophys. J. Lett.*, **771**, L16 (2013).

*39 D. Hanson, *et al.*, *Phys. Rev. Lett.*, **111**, 141301 (2013).

2章 原始重力波

1916年にアインシュタインによってその存在が予言された重力波は，約100年後の2015年9月14日についに直接的に測定された．この重力波は，2つのブラックホールが公転しながら重力波を放出して軌道半径を縮めてゆき，合体したものとして解釈された．測定された重力波の波長は数千キロメートルであった．

宇宙初期に急激な指数関数的宇宙膨張（インフレーション，6.1節）が起これば，量子力学的に生成された**原始重力波**[*1]の波長は天文学的な長さに引き延ばされる．たとえば波長が数十億光年という長波長の重力波である．スカラー型の原始ゆらぎがほぼスケール不変（6.3.4節）なのと同様，原始重力波の振幅も波長に依らずほぼ一定であると予想されている．このほぼスケール不変な原始重力波を測定できれば，インフレーション理論の正しさを確実にすると考えられている．

波長数十億光年の重力波は，地上のレーザー干渉計では測定できない．ではどのように測定すれば良いのか？　CMBを用いれば良い．重力波はテンソル型の積分ザクス–ヴォルフェ効果によって温度異方性[*2]を生成する（12.2節）．この温度異方性をスカラー型の温度異方性と区別するのは難しいが，重力波が生成した

[*1] L. P. Grishchuk, *Zh. Eksp. Teor. Fiz.*, **67**, 825 (1974)（ロシア語原文）; *ibid. JETP*, **40**, 409 (1975)（英訳）; A. A. Starobinsky, *Pis'ma Zh. Eksp. Teor. Fiz.*, **30**, 719 (1979)（ロシア語原文）; *ibid. JETP Lett.*, **30**, 682 (1979)（英訳）; L. F. Abbott, M. B. Wise, *Nucl. Phys. B*, **244**, 541 (1984).

[*2] V. A. Rubakov, M. V. Sazhin, A. V. Veryaskin, *Phys. Lett. B*, **115**, 189 (1982); R. Fabbri, M. D. Pollock, *Phys. Lett. B*, **125**, 445 (1983); L. F. Abbott, M. B. Wise, *Nucl. Phys. B*, **244**, 541 (1984); A. A. Starobinsky, *Sov. Astron. Lett.*, **11**, 133 (1985).

四重極の温度異方性を電子が散乱すると偏光*3が生じる．この際，スカラー型のゆらぎでは生成できない B モードの偏光分布*4が生じる（12.3 節）．これを測定できれば，インフレーションによって生成された原始重力波の発見につながる．

12.1 重力波の運動方程式

重力波を表すテンソル型の時空のゆがみの変数 D_{ij}（式（5.1））が従う運動方程式は，アインシュタイン方程式*5より

$$\ddot{D}_{ij} + \frac{3\dot{a}}{a}\dot{D}_{ij} - \frac{1}{a^2}\nabla^2 D_{ij} = 16\pi G \pi_{ij}^{\text{テンソル}}, \tag{12.3}$$

で，これは波の伝播を表す波動方程式である．$\nabla^2 \equiv \sum_{i=1}^{3} \partial^2/\partial x^{i2}$ は共動的な空間座標 $\boldsymbol{x}$ に関するラプラス演算子である．$\pi_{ij}^{\text{テンソル}}$ はテンソル型の非等方ストレスで，完全流体を表すエネルギー–運動量テンソルからのずれ ΔT_{ij}（式（8.7））を $\Delta T_{ij}^{\text{テンソル}} \equiv a^2 \pi_{ij}^{\text{テンソル}}$ と書き，D_{ij} と同様に条件 $\sum_i \pi_{ii}^{\text{テンソル}} = 0$, $\sum_i \partial_i \pi_{ij}^{\text{テンソル}} = 0$ を満たす量として定義する．スカラー型の非等方ストレスと同様に，$\pi_{ij}^{\text{テンソル}}$ も放射優勢期のニュートリノによって生成される*6．物質優勢期以降では $\pi_{ij}^{\text{テンソル}}$ はゼロとして良い．

ゆらぎの波長がハッブル長よりも大きな領域では $\pi_{ij}^{\text{テンソル}}$ は無視できて

$$\ddot{D}_{ij} + \frac{3\dot{a}}{a}\dot{D}_{ij} = 0, \tag{12.4}$$

---

*3 A. G. Polnarev, *Astron. Zh.*, **62**, 1041 (1985)（ロシア語原文）; *ibid. Sov. Astron.*, **29**, 607 (1985)（英訳）; R. Crittenden, R. L. Davis, P. J. Steinhardt, *Astrophys. J. Lett.*, **417**, L13 (1993); R. A. Frewin, A. G. Polnarev, P. Coles, *Mon. Not. Roy. Astron. Soc.*, **266**, L21 (1994); K. L. Ng, K. W. Ng, *Phys. Rev. D*, **51**, 364 (1995).

*4 U. Seljak, M. Zaldarriaga, *Phys. Rev. Lett.*, **78**, 2054 (1997); M. Kamionkowski, A. Kosowsky, A. Stebbins, *Phys. Rev. Lett.*, **78**, 2058 (1997).

*5 テンソル型のリッチテンソル（式（8.3））は

$$R_{ij} = -\frac{a^2}{2}\ddot{D}_{ij} - \frac{3}{2}a\dot{a}\dot{D}_{ij} + \frac{1}{2}\nabla^2 D_{ij} - g_{ij}\left(\frac{\ddot{a}}{a} + \frac{2\dot{a}^2}{a^2}\right), \tag{12.1}$$

で，アインシュタイン方程式の右辺は

$$-8\pi G \sum_\alpha \left(T_{ij}^{(\alpha)} - \frac{1}{2}g_{ij}T^{(\alpha)}\right) = -8\pi G \sum_\alpha \Delta T_{ij}^{(\alpha)} - g_{ij}\left(\frac{\ddot{a}}{a} + \frac{2\dot{a}^2}{a^2}\right), \tag{12.2}$$

である．

*6 「ワインバーグの宇宙論」，6.6 節．

を得る．これを解けば，時間とともに減衰する解と，時間に依らず一定な解が得られる．減衰する解を無視すれば**長波長の D_{ij} は保存する．** D_{ij} が時間に依らない定数だと，重力波のように見えないかもしれない．たとえばインフレーション中の量子ゆらぎによって生成された重力波は，膨張によって波長が引き伸ばされ，いずれ波長はハッブル長を超える．すると重力波は凍結されたように振動をやめ，定数となる．インフレーションが終わって減速膨張になるとハッブル長はゆらぎの波長よりも速く増大するため（図 6.1），いずれ D_{ij} の波長はハッブル長よりも短くなる．すると凍結はとけて D_{ij} は振動を開始し，重力波らしく振る舞うようになる．重力波は放射なので，エネルギー密度は a^{-4} に比例して減衰する．すなわち，長波長の D_{ij} は時間に依らず一定であるが，短波長の D_{ij} は時間とともに減衰する．

光の青方・赤方偏移は空間が伸び縮みすると生じるので，時空のゆがみが時間変動しなければ青方・赤方偏移は生じない．よってテンソル型のザクス–ヴォルフェ効果による CMB の温度異方性は $\dot{D}_{ij}$ に比例し（式 (5.16)），長波長ではゼロである．短波長では D_{ij} は時間とともに減衰するので，**テンソル型の積分ザクス–ヴォルフェ効果が最大となるのは D_{ij} の波長がハッブル長程度になった時刻**である．

簡単化のためニュートリノの非等方ストレスを無視し，式 (12.3) の両辺をフーリエ変換し，$q \to 0$ で一定値となる放射優勢期の解を求めれば，

$$D_{ij,\boldsymbol{q}}(t) = C_{ij,\boldsymbol{q}} \frac{\sin(q\eta)}{q\eta}, \tag{12.5}$$

を得る．$C_{ij,\boldsymbol{q}}$ は長波長での保存量を表す積分定数，$\eta \equiv \int_0^t dt'/a(t')$ は式 (3.26) で定義した共形時間である．放射優勢期のスケール因子は共形時間に比例する $(a \propto \eta)$ から，振動を無視すれば，短波長 $(q\eta \gg 1)$ の重力波の振幅はスケール因子に反比例して減衰し，$D_{ij} \propto a^{-1}$ である．

式 (12.5) を時間微分すると，

$$\dot{D}_{ij,\boldsymbol{q}}(t) = -C_{ij,\boldsymbol{q}} \frac{q}{a(t)} j_1(q\eta), \tag{12.6}$$

を得る．$j_n(x)$ は球ベッセル関数で，$n = 1$ のとき $j_1(x) = \sin x/x^2 - \cos x/x$ である．$j_1(x)$ は $x \approx 2$ で最大値を持ち，それより小さな x でも大きな x でもゼロに近づく．重力波の波長がハッブル長程度のとき，$q \approx aH = d\ln a/d\eta = 1/\eta$，すな

わち $q\eta \approx 1$ である．よって $\dot{D}_{ij}$ は，重力波の波長がハッブル長の半分程度のときに最大となる．短波長では $\dot{D}_{ij} \propto a^{-2}$ である．重力波のエネルギー密度は $\sum_{ij} \dot{D}_{ij}^2$ に比例し，これは短波長で a^{-4} に比例して減衰するので，短波長の重力波は確かに放射として振る舞う．

放射優勢期に地平線の内側に入る D_{ij} は，ニュートリノの非等方ストレスの効果のため，非等方ストレスを無視して求めた解に比べて振幅が小さくなる．数値計算（脚注 6）によれば，短波長の振幅は，式（12.5）の約 0.803 倍となる．この効果は CMB を用いて原理的に測定可能[*7]である．

物質優勢期に地平線の内側に入る D_{ij} の場合は，ニュートリノの非等方ストレスを無視できる．$q \to 0$ で一定値となる解を求めれば，

$$D_{ij,\boldsymbol{q}}(t) = C_{ij,\boldsymbol{q}} \frac{3j_1(q\eta)}{q\eta}, \tag{12.7}$$

を得る．物質優勢期のスケール因子は $a \propto \eta^2$ なので，短波長の重力波の振幅は放射優勢期と同様にスケール因子に反比例して減衰する．式（12.7）を時間微分すると，

$$\dot{D}_{ij,\boldsymbol{q}}(t) = -C_{ij,\boldsymbol{q}} \frac{q}{a(t)} \frac{3j_2(q\eta)}{q\eta}, \tag{12.8}$$

を得る．$n = 2$ の球ベッセル関数は $j_2(x) = (3 - x^2)\sin x/x^3 - 3\cos x/x^2$ である．$j_2(x)/x$ は $x \approx 2$ で最大値を持ち，それより小さな x でも大きな x でもゼロに近づく．重力波の波長がハッブル長程度のとき $q\eta \approx 2$ で，このとき $j_2(q\eta)/q\eta$ は最大となる．短波長では $\dot{D}_{ij} \propto a^{-2}$ となり，短波長の重力波のエネルギー密度はやはり放射のように a^{-4} に比例して減衰する．

放射優勢期に地平線の内側に入った短波長の D_{ij} の物質優勢期における解は，式（12.5）を 0.803 倍したものと式（12.7）とを滑らかに繋ぐことで得られる[*8]．

単純なインフレーションのモデルでは，インフレーション中の $\pi_{ij}^{テンソル}$ はゼロと仮定される．式（12.3）の右辺をゼロとした，真空中の D_{ij} の波動方程式を量子化すれば，スカラー型の量子ゆらぎの場合と同様に，近似的にガウス分布に従い，ほぼスケール不変な $C_{ij,\boldsymbol{q}}$ が得られる．しかし実は，式（12.3）の右辺をゼ

---

*7 W. Zhao, Y. Zhang, T. Xia, *Phys. Lett. B*, **677**, 235 (2009).

*8 具体的な近似式は，「ワインバーグの宇宙論」，6.6 節の式（6.6.63）を見よ．

ロとして良い積極的な理由はない．インフレーション期には，指数関数的宇宙膨張の源となるエネルギー場（インフラトン場）の他にもさまざまな物質場があると考えるのは自然である．物質場の種類によっては，真空の量子ゆらぎよりも大きな振幅を持つ重力波を，物質場の $\pi_{ij}^{\text{テンソル}}$ から生成できる[*9]．この場合，$C_{ij,\boldsymbol{q}}$ の分布はガウス分布から大きくずれ[*10]，振幅の波長依存性もスケール不変であるとは限らない．これらの性質を用いれば，原始重力波が時空の量子ゆらぎ（式 (12.3) の左辺）によるものか，それとも物質場（右辺）によるものかを区別できる．これらのシナリオの区別を可能にするのは，テンソル型のザクス–ヴォルフェ効果による CMB の温度異方性，あるいはそれを電子が散乱することで生じる偏光の測定である．

12.2 温度異方性

12.2.1 積分ザクス–ヴォルフェ効果

まず，トムソン散乱を無視して重力的な効果のみ考慮する．本節の主題は，6.2.2 節で学んだスカラー型のザクス–ヴォルフェ効果のテンソル版である．全天のあらゆる方向から飛来する光子は，時間変動する重力波によって赤方偏移や青方偏移を受けながら地球に届く．

時刻 t_L で宇宙は一瞬で晴れ上がり，その後再電離はなかったと近似すれば，温度異方性は積分ザクス–ヴォルフェ効果の式 (5.16)

$$\left[\frac{\Delta T(\hat{n})}{T_0}\right]_{\text{ISW}} = -\frac{1}{2}\sum_{ij}\int_{t_L}^{t_0} dt\ \dot{D}_{ij}(t, \hat{n}r)\hat{n}^i\hat{n}^j\,, \tag{12.9}$$

で与えられる．観測者を中心とする球座標（図 4.1）を用い，極角の原点方向（z 軸方向）に進む重力波が生み出す温度異方性を考える．光子の動径座標は $r(t) = \int_t^{t_0} dt'/a(t')$ で，t_0 は現在の時刻である．D_{ij} は x-y 平面上で図 5.1 のように振動し，その振動に応じて光子は赤方偏移と青方偏移を受け，四重極の温度異方性が発生する．$D_{11} = -D_{22} = h_+$ と $D_{12} = D_{21} = h_\times$（式 (5.2)），および $\hat{n} = (\sin\theta\cos\phi, \sin\theta\sin\phi, \cos\theta)$ を代入すれば

---

*9 たとえば，E. Dimastrogiovanni, M. Fasiello, T. Fujita, *JCAP*, **1701**, 019 (2017) を見よ．

*10 A. Agrawal, T. Fujita, E. Komatsu, *Phys. Rev. D*, **97**, 103526 (2018).

$$\left[\frac{\Delta T(\hat{n})}{T_0}\right]_{\rm ISW} = -\frac{1}{2}\sin^2\theta\int_{t_L}^{t_0} dt\left(\dot{h}_+\cos 2\phi + \dot{h}_\times \sin 2\phi\right), \tag{12.10}$$

を得る．z 軸方向に進む重力波は x-y 平面上に温度異方性を作るので，球座標の中心にいる観測者から見ると天頂方向（$\theta = 0$）の温度異方性はゼロで，地平線方向（$\theta = \pi/2$）で最大となる．

ハッブル長より長波長の D_{ij} は時間に依らないので温度異方性を生じない．短波長の重力波は温度異方性を生じるが，もし宇宙膨張がなく，時間依存性が単に $D_{ij} \propto \exp(iqt)$ で与えられるなら，光子は同じ大きさの赤方偏移と青方偏移を交互に受けてエネルギーの変化は相殺し，温度異方性は小さく抑えられる．よって，宇宙膨張によって短波長の重力波の振幅が減衰するのは重要である．すなわち，温度異方性の寄与は D_{ij} が地平線の内側に入る時刻あたりで最大となり，その後の寄与は小さくなるため，エネルギーの変化は相殺せずに観測可能な温度異方性が残る．

12.2.2 重力波のヘリシティ

式（12.10）の両辺に球面調和関数の複素共役 $Y_\ell^{m*}(\hat{n})$ をかけて全天に渡って積分すれば，展開係数 $a_{\ell m}^{\rm ISW}$ を得られる．しかし，球面調和関数の方位角依存性は $\exp(im\phi)$ なので，右辺を $\cos 2\phi$ や $\sin 2\phi$ で書くのではなく，三角関数の公式を用いて指数関数で書くのが都合が良さそうである．すると直ちに，z 軸方向に進む重力波が生成する温度異方性の $a_{\ell m}^{\rm ISW}$ は，$m = \pm 2$ のみでゼロでないことが導かれる．これは，z 軸方向を向いた単一のフーリエ波数の重力ポテンシャルによる，スカラー型のザクス–ヴォルフェ効果の展開係数 $a_{\ell m}^{\rm SW}$（式（6.29））が $m = 0$ のみでゼロでなかったのと大きく異なり，重要な結果である．**この方位角依存性こそが，テンソル型とスカラー型のゆらぎの本質的な違いである．**

三角関数の公式を用いて $2\cos 2\phi = \exp(2i\phi) + \exp(-2i\phi)$，$2i \sin 2\phi = \exp(2i\phi) - \exp(-2i\phi)$ と書けば，h_+ や $h_\times$ の代わりに，虚数を用いて「左巻き状態の重力波」$\mathcal{D}_L$ と「右巻き状態の重力波」$\mathcal{D}_R$ をそれぞれ

$$\mathcal{D}_L \equiv \frac{h_+ + ih_\times}{\sqrt{2}}, \quad \mathcal{D}_R \equiv \frac{h_+ - ih_\times}{\sqrt{2}}, \tag{12.11}$$

と定義すると都合が良いことがわかる．これらの量の物理的意味を述べよう．x-y

平面を反時計回りに角度 φ だけ回転させれば，これらの量はそれぞれ $\mathcal{D}_L \to \tilde{\mathcal{D}}_L = \exp(-2i\varphi)\mathcal{D}_L$，$\mathcal{D}_R \to \tilde{\mathcal{D}}_R = \exp(2i\varphi)\mathcal{D}_R$ と変換する．このとき，$\mathcal{D}_L$ と $\mathcal{D}_R$ はそれぞれ**ヘリシティ** -2 と 2 を持つという．ヘリシティ λ を持つ波は，波の進行方向に平行で大きさが $\hbar\lambda$ に等しいスピン角運動量ベクトルを持つ量子からなる．ここで $\hbar \equiv h/2\pi$ を定義した．h はプランク定数である．重力波の量子は重力子（グラビトン）と呼ばれる．1.4 節では光子とニュートリノのヘリシティを述べた．

左巻きの重力波は $\lambda = -2$ に対応し，スピン角運動量ベクトルの向きと重力波の進行方向は反平行である．右巻きの重力波（$\lambda = +2$）では両者は平行である．ストークスパラメータのときにはスピン ± 2 という表現を用いたが，物理的な意味は曖昧であった．重力波は，スピン角運動量は持つが質量は持たない重力子の集合として考えることができ，その際にはヘリシティを物理量として正確に定義できるため，本節ではヘリシティを用いる．これをまとめて $\mathcal{D}_\lambda$ と書くことにしよう．$\lambda = R, L$ と考えても良いし，ヘリシティを用いて $\lambda = +2, -2$ と考えても良い．

$\mathcal{D}_\lambda$ の時間微分を用いて温度異方性を書けば

$$\left[\frac{\Delta T(\hat{n})}{T_0}\right]_{\mathrm{ISW}} = -\frac{1}{2\sqrt{2}} \sin^2\theta \int_{t_L}^{t_0} dt \sum_{\lambda=\pm 2} \dot{\mathcal{D}}_\lambda \exp(i\lambda\phi)\,, \tag{12.12}$$

となり，望みどおりに式（12.10）の右辺の三角関数を指数関数の形にまとめることができた．球面調和関数の展開係数 $a_{\ell m}^{\mathrm{ISW}}$ を求めよう．z 軸方向に向かう重力波を考えているので，$\boldsymbol{q} \cdot \hat{n} = q\cos\theta \equiv q\mu$ であるから，単一のフーリエ成分を $\mathcal{D}_\lambda(t, \hat{n}r) = A_{\lambda,q}(t)\exp(iq\mu r)$ と書く．式（12.12）の積分の前の係数 $\sin^2\theta$ が邪魔なので，式（11.59）を用いて $\exp(iq\mu r)$ を球ベッセル関数とルジャンドル陪多項式で展開し，球面調和関数の定義式（4.6）を用いれば

$$\left[\frac{\Delta T(\hat{n})}{T_0}\right]_{\mathrm{ISW}} = \sum_\ell i^\ell \sqrt{\frac{\pi(2\ell+1)(\ell+2)!}{2(\ell-2)!}} \int_{t_L}^{t_0} dt\, \frac{j_\ell(qr)}{q^2 r^2} \sum_{\lambda=\pm 2} \dot{A}_{\lambda,q} Y_\ell^\lambda(\hat{n})\,, \tag{12.13}$$

を得る．両辺に $Y_\ell^{m*}(\hat{n})$ をかけて全天に渡って積分すれば，球面調和関数の展開係数

$$a_{\ell m}^{\mathrm{ISW}} = T_0 i^\ell \sqrt{\frac{\pi(2\ell+1)(\ell+2)!}{2(\ell-2)!}} \int_{t_L}^{t_0} dt\, \frac{j_\ell(qr)}{q^2 r^2} \sum_{\lambda=\pm 2} \dot{A}_{\lambda,q} \delta_{m\lambda}\,, \tag{12.14}$$

を得る．スカラー型のゆらぎの場合，波数ベクトル $\boldsymbol{q}$ を z 軸方向に向ければ温度異方性は方位角 ϕ に依らず，$a_{\ell 0}$ のみがゼロでなかった（式 (6.29)）．$\ell=2$ と 3 の場合の $m=0$ の分布を，それぞれ図 4.3 と 4.4 の左上図に示す．テンソル型のゆらぎの場合，x-y 平面上に四重極の温度異方性（方位角を 90 度回転するごとに熱い，冷たい，熱い，冷たいとなる分布）を与える $\exp(\pm 2i\phi)$ の依存性のため，$a_{\ell,\pm 2}$ がゼロでなくなる．$\ell=2$ と 3 の場合の $m=2$ の分布を，それぞれ図 4.3 の下図と 4.4 の左下図に示す．

スカラー型のゆらぎによる温度異方性の球面調和関数の展開係数（式 (6.8), (6.13)）では，q から ℓ への射影は球ベッセル関数 $j_\ell(x)$ ($x=qr$) で与えられたが，テンソル型のゆらぎによる温度異方性では $j_\ell(x)/x^2$ で与えられる．図 11.8 に $\ell=50$ のときの両者の 2 乗を x の関数として示す．これは，11.3.3 節で述べるスカラー型のゆらぎによる偏光の射影と同じであり，その幾何学的理由も同じである．波数ベクトルを z 軸方向に向ければ，図 6.3 のようになる．$\ell=qr$ は x 軸方向のゆらぎの見込み角度に相当し，$\ell<qr$ はそれ以外の方向に相当する．スカラー型ゆらぎでは z 軸方向のゆらぎも観測可能であり，それは大きな見込み角度，すなわち小さな ℓ を与える．しかし，テンソル型ゆらぎでは z 軸方向の温度異方性はゼロであり，極角の依存性は $\sin^2\theta$ で与えられる（式 (12.12)）．このため，x 軸方向のゆらぎが卓越し，$\ell=qr$ の射影が支配的となる．

12.2.3 パワースペクトルとテンソル-スカラー比

パワースペクトルは座標系の回転に対して不変な量であるから，6.3.2 節の最後で学んだように，$\boldsymbol{q}$ を z 軸方向に向けた結果を得たのち，波数の全方向に渡って積分すれば良い．式 (12.14) より

$$
\begin{aligned}
C_\ell^{\mathrm{ISW}} &= \frac{1}{2\ell+1}\sum_{m=-\ell}^{\ell}\langle a_{\ell m}^{\mathrm{ISW}} a_{\ell m}^{\mathrm{ISW}*}\rangle \\
&= \frac{\pi T_0^2}{2}\frac{(\ell+2)!}{(\ell-2)!}\left(\mathcal{C}_{L,q}^2+\mathcal{C}_{R,q}^2\right)\left[\int_{t_L}^{t_0}\frac{q dt}{a}\,\frac{j_\ell(qr)}{q^2r^2}\frac{3j_2(q\eta)}{q\eta}\right]^2, \qquad (12.15)
\end{aligned}
$$

である．ここで，物質優勢期での重力波の解（式 (12.8)）を用いて $\dot{A}_{\lambda,q}$ を $\dot{A}_{\lambda,q}=-\mathcal{C}_{\lambda,q}(3q/a)j_2(q\eta)/q\eta$ と書いた．これは，物質優勢期に地平線の内側に入ったテンソル型のゆらぎに対しては良い近似であるが，放射優勢期に地平線の内側に

入った短波長のゆらぎに対しては良い近似ではなく，式（12.5）を 0.803 倍したものと式（12.7）とを滑らかに繋がねばならない．

物質と放射のエネルギー密度が等しくなる時刻に地平線の内側に入るゆらぎの波数を $q_{\rm EQ}$（式（9.33））と書けば，最終散乱面上で見込む角度は $\ell \approx q_{\rm EQ} r_L \approx 140$ に対応する．よって，式（12.15）は $\ell \lesssim 140$ で良い近似を与えるが，大きな ℓ では，放射優勢期に地平線の内側に入る $\dot{\mathcal{D}}_\lambda$ の解が $j_1(q\eta) \propto (q\eta)^{-1}$ なのに対し，物質優勢期の解が $j_2/(q\eta) \propto (q\eta)^{-2}$ であることから，式（12.15）は，厳密解に比べて ℓ とともに速く減衰してしまう．

重力波の確率密度関数は空間反転に対して不変であると仮定すれば，重力波の振幅はヘリシティに依らず，$\mathcal{C}_{R,q} = \mathcal{C}_{L,q} \equiv \mathcal{C}_q$ と書ける．もし空間反転対称性が破れれば[*11]これらの振幅は等しい必要はない．

最後に，温度異方性のパワースペクトルをすべての波数について積分すれば

$$C_\ell^{\rm ISW} = \pi T_0^2 \frac{(\ell+2)!}{(\ell-2)!} \int \frac{d^3q}{(2\pi)^3} P_{\text{重力波}}(q) \left[\int_{t_L}^{t_0} \frac{qdt}{a} \frac{j_\ell(qr)}{q^2 r^2} \frac{3j_2(q\eta)}{q\eta} \right]^2, \qquad (12.16)$$

を得る．$P_{\text{重力波}}(q)$ は各ヘリシティが持つ重力波のパワースペクトルで，それはヘリシティに依らず等しいとした．任意の方向の波数ベクトルの重力波の解を $\dot{\mathcal{D}}_{\lambda,\boldsymbol{q}} = -\mathcal{C}_{\lambda,\boldsymbol{q}}(3q/a)j_2(q\eta)/q\eta$ と書けば，パワースペクトルは

$$\langle \mathcal{C}_{\lambda,\boldsymbol{q}} \mathcal{C}^*_{\lambda',\boldsymbol{q}'} \rangle \equiv (2\pi)^3 \delta_D^{(3)}(\boldsymbol{q}-\boldsymbol{q}') \delta_{\lambda\lambda'} P_{\text{重力波}}(q), \qquad (12.17)$$

と定義できる．ヘリシティ2と −2 の重力波が同じパワースペクトルを持つのは，重力波の確率密度関数は空間反転に対して不変であると仮定したためである．

原始重力波の振幅は，スカラー型ゆらぎの保存量 ζ（式（5.21））の振幅との比で表すのが慣例である．**テンソル–スカラー比**と呼ばれる量 r を

$$r(q) \equiv \frac{\sum_{ij} \langle C_{ij,\boldsymbol{q}} C^*_{ij,\boldsymbol{q}} \rangle}{\langle \zeta_{\boldsymbol{q}} \zeta^*_{\boldsymbol{q}} \rangle} = \frac{2\sum_\lambda \langle \mathcal{C}_{\lambda,\boldsymbol{q}} \mathcal{C}^*_{\lambda,\boldsymbol{q}} \rangle}{\langle \zeta_{\boldsymbol{q}} \zeta^*_{\boldsymbol{q}} \rangle}, \qquad (12.18)$$

[*11] A. Lue, L. Wang, M. Kamionkowski, *Phys. Rev. Lett.*, **83**, 1506（1999）; S. Saito, K. Ichiki, A. Taruya, *JCAP*, **0709**, 002（2007）; C. R. Contaldi, J. Magueijo, L. Smolin, *Phys. Rev. Lett.*, **101**, 141101（2008）; M. Watanabe, S. Kanno, J. Soda, *Mon. Not. Roy. Astron. Soc.*, **412**, L83（2011）; L. Sorbo, *JCAP*, **1106**, 003（2011）; E. Dimastrogiovanni, M. Fasiello, T. Fujita, *JCAP*, **1701**, 019（2017）.

と定義すれば，これは $r(q) = 4P_{\text{重力波}}(q)/P_\zeta(q)$ と書ける．**ゼロでないテンソル–スカラー比の発見は，CMB 研究者の悲願である**．一般に $r(q)$ は q に依存するため，ある波数における値が引用される．よく用いられるのは $q/a_0 = 0.002\,\mathrm{Mpc}^{-1}$ で，本節ではこの値を用いる．

インフレーション期に，インフラトン場以外の物質場による非等方ストレス $\pi_{ij}^{\text{テンソル}}$ を無視し，インフレーション中の宇宙膨張率の変化量を $\epsilon \equiv -\dot{H}/H^2$ と書けば（6.1 節），テンソル–スカラー比は $r = 16\epsilon$ と予言[*12]される．このとき，パワースペクトルの波数依存性を $P_{\text{重力波}}(q) \propto q^{n_T-3}$ と書けば，$n_T = -2\epsilon = -r/8 < 0$ が予言される．インフレーション中は $\epsilon \ll 1$ なので，ほぼスケール不変な原始重力波のパワースペクトルが生成される．

インフレーション中の $\pi_{ij}^{\text{テンソル}}$ による原始重力波の寄与が支配的であれば，r と n_T に関する上記の予言はあてはまらない（脚注 9）．また，確率密度分布はガウス分布から大きくずれるため，バイスペクトルも生成される（脚注 10）．よって，r と n_T，およびバイスペクトルを測定すれば，インフレーション理論を実証できるだけでなく，インフレーション中の原始重力波の発生機構に関して重要な情報が得られる．

図 12.1 にパワースペクトルを示す．ただし，物質優勢期の解を用い，宇宙が時刻 t_L で一瞬で晴れ上がると近似した式（12.16）ではなく，ボルツマン方程式を数値的に解いて得られる厳密な結果（式（12.31））を用いた．式（12.16）は $\ell \lesssim 140$ で良い近似を与え，上図において C_ℓ が有意に大きくなるほぼすべての ℓ をカバーする．一方，縦軸を対数とした下図では，式（12.16）は $\ell \gg 140$ で $\ell(\ell+1)C_\ell \propto \ell^{-4}$ を与えるが，厳密な計算は ℓ^{-3} を与える．

重力波のパワースペクトルのスケール不変性より，$\ell(\ell+1)C_\ell/2\pi$ はほぼ一定となる．もし宇宙がずっと透明であれば，すなわち式（12.16）の時間積分の下限値を $t_L \to 0$ とできれば，すべての ℓ で $\ell(\ell+1)C_\ell/2\pi$ はほぼ一定となる．しかし，宇宙の晴れ上がり以前に生成された温度異方性はトムソン散乱によって指数関数的に減衰するから，宇宙の晴れ上がり以前に地平線の内側に入った重力波は，その時刻では観測可能な温度異方性を生成できず，$\dot{\mathcal{D}} \propto a^{-2}$ によって減衰し，晴れ上がり時刻まで残ったものだけが観測可能な温度異方性を生じる．このため，

[*12] 「ワインバーグの宇宙論」，10.3 節．

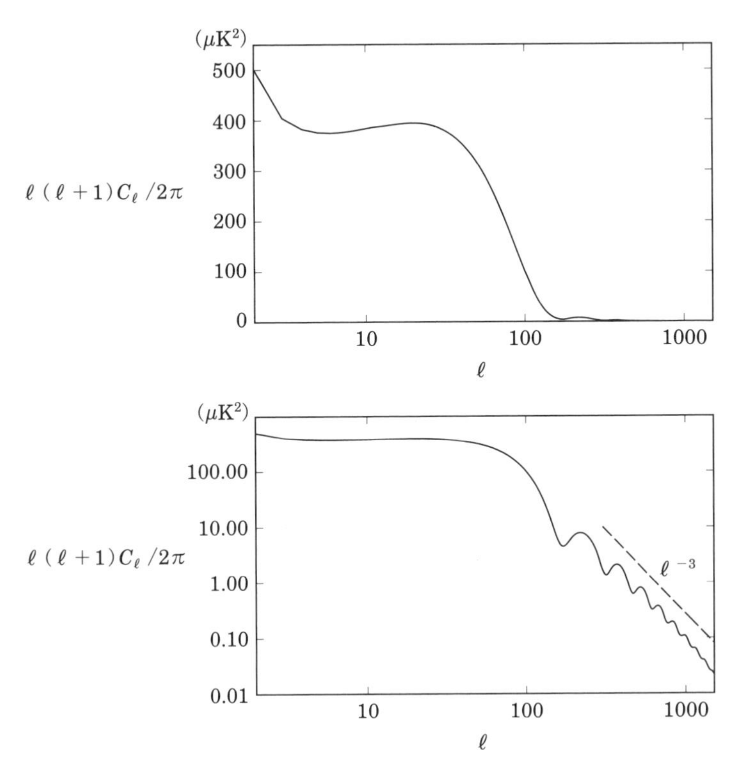

図 12.1 スケール不変（$n_T = 0$）な原始重力波による温度異方性のパワースペクトル．$\ell(\ell+1)C_\ell/2\pi$ を ℓ の関数として示し，単位は $\mu\mathrm{K}^2$ である．テンソル–スカラー比は $r = 1$ とした．その他の宇宙論パラメータは図 6.6 と同じである．下図では縦軸を対数とした．破線は $\ell(\ell+1)C_\ell \propto \ell^{-3}$ を示す．

$\ell(\ell+1)C_\ell/2\pi$ は $\ell \approx 50$ まではほぼ一定であるが，それより大きな ℓ では ℓ の冪乗に比例して減衰する．

例として，物質優勢期に地平線の内側に入った重力波を考える．最終散乱時刻は完全に物質優勢ではないが，簡単化のため物質優勢であるとする．地平線の内側に入ってから最終散乱時刻までに減衰によって小さくなった重力波は，最終散乱時刻においてある値の $\dot{\mathcal{D}}$ を持ち，温度異方性を引き起こす．その後重力波はさらに減衰して無視しうる値となるので，最終散乱時刻以前に地平線の内側に入る重力波によって生じる温度異方性は，最終散乱時刻での値 $\mathcal{D}(t_L)$ によって決まる．スケール不変な原始重力波を考えると，地平線の内側に入る前の重力波の振幅は波数に依らず等しい．地平線の内側に入る時刻を t_H と書けば，$\mathcal{D}(t_L) = \mathcal{D}(t_H)a(t_H)/a(t_L) = \mathcal{D}(t_H)(\eta_H/\eta_L)^2$ と書ける．ここで η_H と η_L はそれぞれ，地平線の内側に入る時刻と最終散乱時刻の共形時間で，最後の等号では物質優勢期の結果 $a \propto \eta^2$ を用いた．地平線の内側に入る時刻を $q\eta_H = 1$ と定義すれば，$\mathcal{D}(t_L) = \mathcal{D}(t_H)/q^2\eta_L^2$ を得る．最後に $\ell = qr_L$ を用いれば，$\mathcal{D}(t_L) \propto \ell^{-2}$ を得る．パワースペクトルを得るためにこれを 2 乗すれば，$\ell(\ell+1)C_\ell^{\mathrm{ISW}} \propto \ell^{-4}$ を得る．同様の議論を放射優勢期に地平線の内側に入るゆらぎに適用すれば，$\ell(\ell+1)C_\ell^{\mathrm{ISW}} \propto \ell^{-2}$ を得る．すでに見たように，厳密な数値計算による結果は $\ell(\ell+1)C_\ell^{\mathrm{ISW}} \propto \ell^{-3}$ であり，両者の中間となる．これは最終散乱時刻が完全に物質優勢でないことが一因である．

この振る舞いは，スカラー型の温度ゆらぎのパワースペクトルが大きな ℓ で指数関数的に減衰（シルク減衰）したのと対照的である．重力波は横波であるから，疎密波（音波）を生じない．このため，粘性による音波の散逸は起こらず，大きな ℓ での温度異方性は，宇宙膨張による赤方偏移で重力波が減衰する効果のみによって，ℓ の冪乗に比例して減衰する．

$\ell \gtrsim 100$ で見られる振動は，スカラー型の温度異方性のパワースペクトルに見られた音波振動とはまったく異なるもので，D_{ij} の解に現れる球ベッセル関数によるものである．音波振動が $\cos(qc_s\eta)$（c_s は音速）で与えられたのに対し，重力波は光速で伝播するため，三角関数の引数は $q\eta$ である（光速 c を 1 とする単位系を用いた）．各 ℓ は異なる時刻に地平線の内側に入ったゆらぎに対応し，振動の位相は，地平線の内側に入ってから宇宙が晴れ上がるまでに重力波が何度振動したかによって決まる．

$\ell = 2$ でパワースペクトルが大きくなるのは，つい最近ハッブル長の内側に入ってきた重力波が生成した四重極異方性のためである．これを理解するため，$dt/a = d\eta$ を用いて式（12.16）の t 積分を η 積分で書くのが便利である．現在の共形時間を η_0 と書けば $r = \eta_0 - \eta$ で，η_0 は時刻ゼロから現在時刻までに光が伝わることのできた距離を現在のスケール因子 a_0 で割ったものに等しい．式（6.1）で定義した粒子の地平線距離の現在の値は $d_{\text{粒子}}(t_0) = a_0\eta_0$ と書ける．式（12.16）の $j_2(q\eta)/q\eta$ は $q\eta \approx 2$ のときに最大の寄与をする．$\ell = 2$ のパワースペクトルは

$j_2(qr)/qr$ も含むので，積 $j_2(qr)j_2(q\eta)$ が最大の寄与をするのは $r=\eta$ のとき，すなわち $\eta=\eta_0/2$ のときである．よって，現在 $\ell=2$ として見える温度異方性は共形時間が $\eta_0/2$ 程度のときにハッブル長の内側に入ってきた原始重力波の寄与である．これで，図 12.1 を理解できた．

インフレーション理論が予言するようなほぼスケール不変な原始重力波による温度異方性は ℓ が比較的小さなところでのみ重要となるため，r の決定精度はスカラー型ゆらぎの温度異方性によるコスミック・バリアンス（7.4 節）で制限される．温度異方性のデータだけでは，95%の信頼領域で $r\lesssim 0.1$ の上限値をつけることが限界[*13]であった．さらに上限値を改善し，発見をもたらす可能性があるのは温度異方性ではなく，B モード偏光である．

12.2.4 テンソル型温度異方性のボルツマン方程式

本節では，11.3 節で展開したスカラー型の温度異方性と偏光の理論をテンソル型のゆらぎに拡張する．数式は煩雑であるが，物理の説明はすでに行ったので，導出に興味のない読者は 12.3 節まで進んでかまわない．

温度異方性と偏光の時間発展を決めるボルツマン方程式は式（11.38）で与えられる．両辺をフーリエ変換し，$X(t,\boldsymbol{x},\boldsymbol{\gamma})=(2\pi)^{-3}\int d^3q\ X(t,\boldsymbol{q},\boldsymbol{\gamma})\exp(i\boldsymbol{q}\cdot\boldsymbol{x})$ と書く．ここで，$X=(T,Q+iU,Q-iU)$ である．波数ベクトル $\boldsymbol{q}$ を球座標の極角の原点方向（z 軸方向; 図 4.1）にとる．温度異方性の展開係数は $T(t,\boldsymbol{q},\boldsymbol{\gamma})=\bar{T}(t)[1+\Delta_T(t,\boldsymbol{q},\boldsymbol{\gamma})/4]$ と書く．係数の 1/4 は，式（9.17）で Δ_T を光子のエネルギー密度のゆらぎをもとにして定義したことによる．$\boldsymbol{\gamma}$ は光子の進行方向を表す単位ベクトルである．偏光は同様に $(\tilde{Q}\pm i\tilde{U})(t,\boldsymbol{q},\boldsymbol{\gamma})=\bar{T}(t)_{\pm2}\Delta_P(t,\boldsymbol{q},\boldsymbol{\gamma})/4$ と書く．チルダは，$\boldsymbol{q}$ を z 方向にとる座標系で定義されたストークスパラメータであることを表す．スカラー型のゆらぎの場合と異なり，展開係数は光子の進行方向の方位角 ϕ に依存するから，$\tilde{U}=0$ では**ない**．

温度異方性の発展方程式は

$$\dot{\Delta}_T+i\frac{q\mu}{a}\Delta_T+\sqrt{2}(1-\mu^2)\sum_{\lambda=\pm2}\dot{\mathcal{D}}_\lambda\exp(i\lambda\phi)$$

[*13] G. Hinshaw, *et al.*, *Astrophys. J. Suppl.*, **208**, 19（2013）; Planck Collaboration, *Astron. Astrophys.*, **571**, A16（2014）.

$$= -\sigma_T \bar{n}_e (\Delta_T - \Delta_{T,0}) + \frac{\sigma_T \bar{n}_e}{10} \sum_{m=-2}^{2} Y_2^m \times \int d\Omega \left[Y_2^{m*} \Delta_T - \frac{\sqrt{6}}{2} ({}_2Y_2^{m*}\, {}_2\Delta_P + {}_{-2}Y_2^{m*}\, {}_{-2}\Delta_P) \right], \qquad (12.19)$$

である．ここで $\mu \equiv \cos\theta$ で，波数を表す添え字 $\boldsymbol{q}$ は省略した．左辺は，式（A.34）の両辺をフーリエ変換し，$4\pi p^3$ をかけて p に渡って積分すれば得られる．スカラー型の温度ゆらぎの発展方程式（11.45）と比べると，両者は同じ形をしている．唯一の違いは，積分ザクス–ヴォルフェ効果に対応する左辺 3 項目がそれぞれスカラー型とテンソル型になっていることと，スカラー型のゆらぎでは $m=0$ が寄与するのに対し，テンソル型のゆらぎでは $m=2$ が寄与することである．

左辺 3 項目は $(1-\mu^2)\exp(\pm 2i\phi) = \sqrt{32\pi/15}\, Y_2^{\pm 2}$ を用いて球面調和関数で書ける．これは式（12.12）と同じ効果を表す項である．そこで，温度異方性と偏光をそれぞれ[*14]

$$\Delta_T = \sum_{\ell=2}^{\infty} i^{-\ell} \sqrt{4\pi(2\ell+1)} \sum_{\lambda=\pm 2} \beta_{\boldsymbol{q}}(\lambda) \Delta_{T,\ell}(t,q,\lambda)\; Y_\ell^\lambda(\boldsymbol{\gamma}), \qquad (12.20)$$

$${}_2\Delta_P = \sum_{\ell=2}^{\infty} i^{-\ell} \sqrt{4\pi(2\ell+1)} \sum_{\lambda=\pm 2} \beta_{\boldsymbol{q}}(\lambda)\, {}_2\Delta_{P,\ell}(t,q,\lambda)\; {}_2Y_\ell^\lambda(\boldsymbol{\gamma}), \qquad (12.21)$$

$${}_{-2}\Delta_P = \sum_{\ell=2}^{\infty} i^{-\ell} \sqrt{4\pi(2\ell+1)} \sum_{\lambda=\pm 2} \beta_{\boldsymbol{q}}(\lambda)\, {}_{-2}\Delta_{P,\ell}(t,q,\lambda)\; {}_{-2}Y_\ell^\lambda(\boldsymbol{\gamma}), \qquad (12.22)$$

と展開する．$\lambda = \pm 2$ は重力波のヘリシティを表す．$\beta_{\boldsymbol{q}}(\lambda)$ はパワースペクトルが 1 の確率変数で $\langle \beta_{\boldsymbol{q}}(\lambda)\beta^*_{\boldsymbol{q}'}(\lambda') \rangle = (2\pi)^3 \delta_D^{(3)}(\boldsymbol{q}-\boldsymbol{q}')\delta_{\lambda\lambda'}$ を満たし，複素共役は $\beta^*_{\boldsymbol{q}}(\lambda) = \beta_{-\boldsymbol{q}}(\lambda)$ を満たす．スカラー型のゆらぎの確率変数を表す $\alpha_{\boldsymbol{q}}$ とは相関はないものとする．

スカラー型のゆらぎによる温度異方性のルジャンドル多項式展開（式（9.55））は球面調和関数を用いて $\Delta_T^{\text{スカラー}} = \sum_{\ell=0}^{\infty} i^{-\ell}\sqrt{4\pi(2\ell+1)}\alpha_{\boldsymbol{q}} \Delta_{T,\ell}^{\text{スカラー}} Y_\ell^0(\mu)$ とも書け，偏光は $\Delta_P^{\text{スカラー}} = \sum_{\ell=0}^{\infty} i^{-\ell}\sqrt{4\pi(2\ell+1)}\alpha_{\boldsymbol{q}}\; {}_{\pm 2}\Delta_{P,\ell}^{\text{スカラー}}\; {}_{\pm 2}Y_\ell^0(\mu)$（式（11.56））

[*14] M. Zaldarriaga, 博士論文，マサチューセッツ工科大学（1996）．astro-ph/9806122 から読める．ただし，$\Delta_{T,\ell}$ と ${}_{\pm 2}\Delta_{P,\ell}$ の定義は 1/4 と階乗の因子だけ異なり，$\Delta_{T,\ell}(\text{本書})/4 = \sqrt{(\ell+2)!/(\ell-2)!}\Delta_{T,\ell}(\text{Zaldarriaga})$，および ${}_{\pm 2}\Delta_{P,\ell}(\text{本書})/4 = [(\ell+2)!/(\ell-2)!]{}_{\pm 2}\Delta_{P,\ell}$ (Zaldarriaga) である．同様のアプローチに W. Hu, M. White, *Phys. Rev. D*, **56**, 596（1997）があり，本書の変数との関係は $\Delta_{T,\ell}(\lambda)/4 = \Theta_\ell^{(\lambda)}/(2\ell+1)$，${}_{\pm 2}\Delta_{P,\ell}(\lambda)/4 = -(E_\ell^{(\lambda)} \pm iB_\ell^{(\lambda)})/(2\ell+1)$ である．

と書けるので，式 (12.20) – (12.22) の展開はこれらを $\exp(\pm 2i\phi)$ の方位角依存性を持つテンソル型のゆらぎに拡張したものである．$\Delta_{T,\ell}^{\text{スカラー}}$ と ${}_{\pm 2}\Delta_{P,\ell}^{\text{スカラー}}$ は実数であったが，テンソル型ゆらぎでは $\tilde{U} \neq 0$ であるため ${}_{\pm 2}\Delta_{P,\ell}^{\text{テンソル}}$ は複素数である．実数の組み合わせとして $\Delta_{E,\ell} = -({}_2\Delta_{P,\ell} + {}_{-2}\Delta_{P,\ell})/2$ と $\Delta_{B,\ell} = i({}_2\Delta_{P,\ell} - {}_{-2}\Delta_{P,\ell})/2$ を定義すれば，前者は $\tilde{Q}$ の展開係数，後者は $\tilde{U}$ の展開係数となり，それぞれ E モードと B モード偏光を表す．温度ゆらぎの展開係数 $\Delta_{T,\ell}^{\text{テンソル}}$ は実数である．

式 (12.19) の右辺で $\sigma_{\mathcal{T}}\bar{n}_e Y_2^m$ に比例する項は

$$-\frac{\sigma_{\mathcal{T}}\bar{n}_e}{10}\sqrt{20\pi}\sum_{\lambda=\pm 2}\beta\boldsymbol{q}(\lambda)\Pi(\lambda)Y_2^{\lambda}(\boldsymbol{\gamma}), \tag{12.23}$$

となり，球座標の依存性は $Y_2^{\pm 2}$ で書ける．すなわち，四重極は x-y 平面上にあり，球座標の中心から見て天頂方向でゼロ，地平線方向で最大となる（図 4.3 の下図を見よ）．ここで[*15]

$$\Pi \equiv \Delta_{T,2} - \frac{\sqrt{6}}{2}\left({}_2\Delta_{P,2} + {}_{-2}\Delta_{P,2}\right), \tag{12.24}$$

を定義した．$-({}_2\Delta_{P,2} + {}_{-2}\Delta_{P,2})/2$ は $\ell = 2$ の E モード偏光である．**散乱光の温度異方性に寄与する入射光の偏光は，E モード偏光のみ**である．これは，散乱面に水平，あるいは垂直な偏光ベクトルしか散乱光の温度異方性に寄与しないためである (11.1 節)．

スカラー型のゆらぎによる E モード偏光がスカラー型の Π に比例したように，重力波による四重極を電子が散乱して作る偏光はテンソル型の Π に比例する．このとき，E モード偏光も B モード偏光もほぼ等量できる．

式 (12.19) の左辺も展開するため漸化式[*16]

$$\mu Y_\ell^\lambda = \sqrt{\frac{(\ell+1)^2 - \lambda^2}{(2\ell+1)(2\ell+3)}}Y_{\ell+1}^\lambda + \sqrt{\frac{\ell^2 - \lambda^2}{(2\ell+1)(2\ell-1)}}Y_{\ell-1}^\lambda, \tag{12.25}$$

を用いると，$\ell \geqq 2$ で

[*15] これは，スカラー型のゆらぎの式 (11.46) の右辺の $\Delta_{T,2} + \Delta_{P,0} + \Delta_{P,2}$ と対応する．もし，スカラー型のゆらぎの解析の際にもスピン 2 の球面調和関数を用いて $\tilde{Q}$ を展開していれば，まったく同じ表式 $\Pi^{\text{スカラー}} = \Delta_{T,2}^{\text{スカラー}} - \sqrt{6}({}_2\Delta_{P,2}^{\text{スカラー}} + {}_{-2}\Delta_{P,2}^{\text{スカラー}})/2$ を得ていた．11.3 節では，教育的見地から歴史的な手法に則ってルジャンドル多項式を用いたが，本節ではスピン 2 の球面調和関数を用いた現代的な手法を採用した．興味のある読者は，11.3 節でも式 (12.21) を用いて偏光を展開してみれば良い．

$$\dot{\Delta}_{T,\ell}(\lambda) + \frac{q}{(2\ell+1)a}\left[\sqrt{(\ell+1)^2-4}\,\Delta_{T,\ell+1}(\lambda) - \sqrt{\ell^2-4}\,\Delta_{T,\ell-1}(\lambda)\right] \\ - \delta_{\ell 2}\frac{4\sqrt{3}}{15}\dot{\mathcal{D}}(\lambda) = -\sigma_{\mathcal{T}}\bar{n}_e\left[\Delta_{T,\ell}(\lambda) - \frac{\delta_{\ell 2}}{10}\Pi(\lambda)\right], \tag{12.26}$$

を得る．ここで，$\mathcal{D}_{\boldsymbol{q},\lambda}(t) = \beta_{\boldsymbol{q}}(\lambda)\mathcal{D}(t,q,\lambda)$ と書き，引数 t と q は省略した．なんだか複雑に見えるが，スカラー型の温度ゆらぎの $\ell = 2$ の発展方程式（9.58），および $\ell \geqq 3$ の式（9.19）と比べると，両者は同じ形をしている．スカラー型のゆらぎでは重力ポテンシャルが $\ell = 0$ と 1 の温度ゆらぎを生成したのに対し，テンソル型のゆらぎでは左辺の $\delta_{\ell 2}\dot{\mathcal{D}}(\lambda)$ のため，重力波は四重極の温度異方性を生成し，$\ell = 0$ と 1 は存在しない．また，左辺の係数 $\sqrt{(\ell+1)^2-4}$，$\sqrt{\ell^2-4}$ に含まれる因子 4 は，m^2 を表す．スカラー型のゆらぎでは $m = 0$ であるから，係数はそれぞれ $\ell+1$ と ℓ であった（式（9.19））．

式（12.19）を形式的に積分し，式（11.59）を用いて指数関数 $\exp(-i\mu qr)$ を球ベッセル関数とルジャンドル陪多項式で展開し，球面調和関数の定義式（4.6）を用いてルジャンドル陪多項式と $\exp(\pm 2i\phi)$ との積を $Y_\ell^{\pm 2}$ に書き換え，両辺を式（12.20）を用いて展開すれば

$$\Delta_{T,\ell}(t_0,q,\lambda) = \sqrt{\frac{(\ell+2)!}{(\ell-2)!}}\int_0^{t_0} dt\,\frac{j_\ell(qr)}{q^2r^2} \\ \times\left[\sqrt{2}\dot{\mathcal{D}}(t,q,\lambda)\exp(-\tau) + \frac{\sqrt{6}}{8}\dot{\mathcal{O}}\Pi(t,q,\lambda)\right], \tag{12.27}$$

を得る．ここで $\tau = \sigma_{\mathcal{T}}\int_t^{t_0} dt\;\bar{n}_e$ は現在から過去に遡って測ったトムソン散乱の光学的厚さ，$\dot{\mathcal{O}} = \sigma_{\mathcal{T}}\bar{n}_e\exp(-\tau)$ は時刻 t から $t+dt$ の間に光子が散乱される確

---

*16 （313 ページ）$\lambda = 0$ の場合は，$Y_\ell^0(\mu) = \sqrt{(2\ell+1)/4\pi}P_\ell(\mu)$ よりルジャンドル多項式の漸化式

$$\mu P_\ell(\mu) = \frac{\ell+1}{2\ell+1}P_{\ell+1}(\mu) + \frac{\ell}{2\ell+1}P_{\ell-1}(\mu),$$

となる．それ以外の場合を理解するため，$\mu = \sqrt{4\pi/3}Y_1^0$ を用いて左辺を球面調和関数の積で書き，両辺に $Y_L^{M*} = (-1)^M Y_L^{-M}$ をかけて積分する．すると 3 つの球面調和関数の積の積分 $\int d\Omega\; Y_1^0 Y_\ell^\lambda Y_L^{-M}(-1)^M$ が現れる．これは「ガウント積分」として式（7.25）で導入したものである．そこで学んだ条件より $M = \lambda$ が要請され，3 角形の条件より $\ell-1 \leqq L \leqq \ell+1$ であり，かつ $\ell+L+1$ が偶数のときのみこのガウント積分はゼロでないので $L = \ell \pm 1$ が得られる．すなわち，μY_ℓ^λ は $Y_{\ell+1}^\lambda$ と $Y_{\ell-1}^\lambda$ の線形結合である．量子力学を学んだことのある読者は，これは ℓ や L を角運動量量子数とみなしたときの角運動量の合成であることを思い出すかもしれない．式（12.25）の右辺の係数は積分 $\int d\Omega\;\mu Y_\ell^\lambda Y_{\ell\pm 1}^{-\lambda}(-1)^\lambda$ の値である．

率，そして $j_\ell(qr)$ は球ベッセル関数で，$r(t) = \int_t^{t_0} dt'/a(t')$ は時刻 t における光子の動径座標である．

球座標の中心にいる観測者が測定する温度異方性の球面調和関数による展開係数 $a_{\ell m}$ と $\Delta_{T,\ell}$ との関係式は，視線方向と光子の進行方向は逆（$\boldsymbol{\gamma} = -\hat{n}$）であるから式（12.20）の右辺の球面調和関数の引数を $Y_\ell^\lambda(\boldsymbol{\gamma}) = (-1)^\ell Y_\ell^\lambda(\hat{n})$ とし，両辺に $T_0 Y_\ell^{m*}(\hat{n})/4$ をかけて積分すれば得られ，

$$a_{\ell m} = T_0 i^\ell \sqrt{4\pi(2\ell+1)} \sum_{\lambda=\pm 2} \beta\boldsymbol{q}(\lambda)\delta_{m\lambda}\Delta_{T,\ell}(t_0, q, \lambda)/4\,, \tag{12.28}$$

である．式（12.27）の右辺の角括弧内の初項は，積分ザクス–ヴォルフェ効果で導いた式（12.14）と一致する．2 項目は，トムソン散乱の非等方性のため，散乱によって生成される温度異方性を表す．これは 1 項目に比べてすべての波数ではるかに小さいため，無視できる（図 12.2（316 ページ））．

パワースペクトル $C_\ell = (2\ell+1)^{-1} \sum_m a_{\ell m} a_{\ell m}^*$ は

$$C_\ell = 4\pi T_0^2 \sum_{\lambda=\pm 2} \beta\boldsymbol{q}(\lambda)\beta_{\boldsymbol{q}}^*(\lambda)[\Delta_{T,\ell}(\lambda)/4]^2\,, \tag{12.29}$$

である．これは天球座標の回転変換に関して不変なので，この結果は波数ベクトルの方向に依らず成り立つ．よってすべての波数に関して積分し，確率変数 $\beta\boldsymbol{q}$ の積をアンサンブル平均すれば

$$C_\ell = 4\pi T_0^2 \int \frac{d^3q}{(2\pi)^3} \sum_{\lambda=\pm 2} [\Delta_{T,\ell}(\lambda)/4]^2\,, \tag{12.30}$$

となる．この積分を実行すれば図 12.1 を得る．また，長波長での保存量を $\mathcal{C}_{\lambda,\boldsymbol{q}} = \beta\boldsymbol{q}(\lambda)\mathcal{C}(q,\lambda)$ と書き，$\tilde{\Delta}_{T,\ell}(t_0,q,\lambda) \equiv \Delta_{T,\ell}(t_0,q,\lambda)/\mathcal{C}(q,\lambda)$ を定義すれば，

$$C_\ell = \frac{2T_0^2}{\pi} \int_0^\infty q^2 dq\, P_{\text{重力波}}(q) \sum_{\lambda=\pm 2} \left[\tilde{\Delta}_{T,\ell}(t_0,q,\lambda)/4\right]^2\,, \tag{12.31}$$

とも書ける．テンソル型の積分ザクス–ヴォルフェ効果（式（12.27）の右辺初項）を代入し，物質優勢期の重力波の解 $\dot{\mathcal{D}} = -(\mathcal{C}q/a)3j_2(q\eta)/q\eta$ を代入し，光学的厚さは晴れ上がり時刻以前は大きく以降はゼロであるとすれば，パワースペクトルの表式は式（12.16）の C_ℓ^{ISW} と一致する．

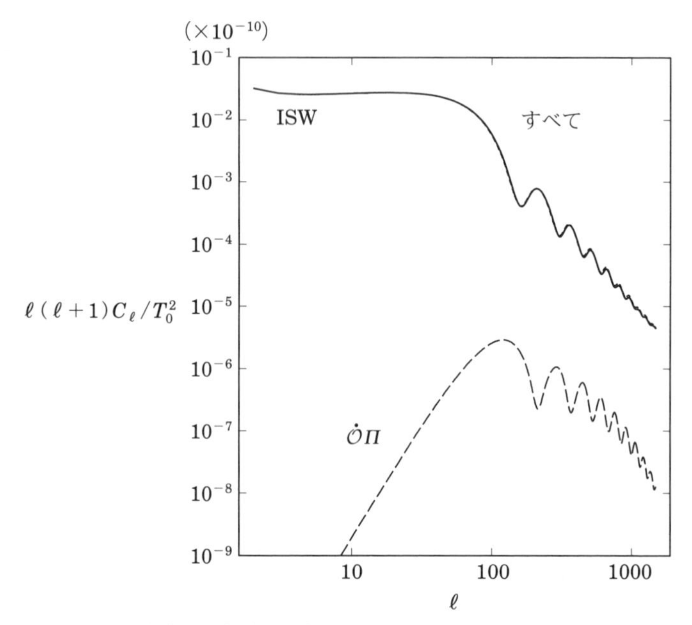

図12.2 破線は，式（12.27）の右辺2項目のトムソン散乱による温度異方性のパワースペクトルの寄与を示す．J. R. Pritchard, M. Kamionkowski, *Annals Phys.*, **318**, 2（2005）より抜粋．積分ザクス–ヴォルフェ効果（ISW, 点線はほぼ実線と重なる）に比べ，破線の寄与ははるかに小さい．実線はすべての寄与の和を示す．この図のテンソル–スカラー比は $r = 0.01$ で，その他の宇宙論パラメータは $\Omega_B = 0.05$，$\Omega_D = 0.25$，$H_0 = 72\,\mathrm{km\,s^{-1}\,Mpc^{-1}}$ である．縦軸は $10^{10}\ell(\ell+1)C_\ell/T_0^2$ を示し，単位は無次元である．

12.3 偏光

12.3.1 重力波によるEモードとBモード偏光の生成

重力波によって最終散乱面上に生成された四重極の温度異方性を電子が散乱すれば偏光が生じる．スカラー型のゆらぎの場合は，ゆらぎの変数のフーリエ波数ベクトル $\boldsymbol{q}$ を z 軸に向けた座標系では $\tilde{Q}$ のみがゼロでなく，$\tilde{U} = 0$ であった．これは，スカラー型ゆらぎがフーリエ波数ベクトルに関して軸対称な（すなわち方位角 ϕ に依らない）ためで，偏光分布はEモード偏光である（図11.9）．一方，重力波を表すテンソル型ゆらぎでは軸対称性は破れ，方位角に関して $\cos 2\phi$ や $\sin 2\phi$ の依存性が存在する．このため $\tilde{U}$ も生成され，これはBモード偏光で

ある．

図 12.3（318 ページ）と 12.4（319 ページ）に，スカラー型の偏光の理解を助けた図 11.9 のテンソル版を示す．これらの図では z 軸方向に伝わる重力波を考えるが，軸対称性がないため，横軸が何を意味するかを決めねばならない．テンソル型の積分ザクス–ヴォルフェ効果による温度異方性の表式（12.10）によれば，特別な横軸の取り方には 2 通りある．一つは横軸を視線方向の方位角が $\phi = 0$ の方向とみなすことで，もう一つは $\phi = 45$ 度の方向とみなすことである．

図 12.3 は，横軸を $\phi = 0$ としたときに $\dot{h}_+$ が最終散乱面上に生成する四重極の温度異方性の分布を，あるいは $\phi = 45$ 度方向としたときに $\dot{h}_\times$ が生成する四重極の分布を示す．図 12.4 は，横軸を $\phi = 0$ としたときに $\dot{h}_\times$ が最終散乱面上に生成する四重極の分布を，あるいは $\phi = 45$ 度方向としたときに $\dot{h}_+$ が生成する四重極の分布を示す．これらの四重極の温度異方性を最終散乱面上の電子が散乱すれば，それぞれの図に示すように偏光が生じる．実際に観測される偏光分布は，これらの寄与の重ね合わせである．

偏光強度は，球座標の中心にいる観測者から見て，電子まわりの四重極，すなわち「熱い，冷たい，熱い，冷たい」がフルに見える場合に最大となる．これは図 11.3 の b-3 に対応する．重力波は x-y 平面上にのみ四重極を作るので，スカラー型ゆらぎの場合とは逆に，z **軸方向に伝わる重力波による偏光は天頂方向で最大となる**．これは図 12.3 と 12.4 の両方で成り立つ．

しかし，地平線方向（$\theta = \pi/2$）の振る舞いは異なる．図 12.3 の場合には偏光の強度は天頂の半分であり，偏光強度の極角依存性は $1 + \cos^2\theta$ で与えられる．しかし図 12.4 では，地平線では四重極の向き（温度異方性が生じる向き）は観測者の視線方向に対して 45 度の角度をなすので，電子まわりの「熱い，冷たい，熱い，冷たい」は見えず，偏光はゼロとなる．偏光強度の極角依存性は $2\cos\theta$ である．同じ重力波を見ているのに，視線方向によって地平線で偏光が見えたり見えなかったりするのである．

偏光の向きは，四重極の向きと図 11.3 とを見比べて理解できる．図 12.3 に示す偏光の向きは偏光強度が変化する方向に平行あるいは垂直であるから，これは E モードで，今の座標系では $\tilde{Q} \neq 0$，$\tilde{U} = 0$ に対応する．スカラー型の $\tilde{Q}$ の極角依存性は ${}_2Y_2^0 \propto \sin^2\theta$ で与えられたように，テンソル型の $\tilde{Q}$ の極角依存性と方

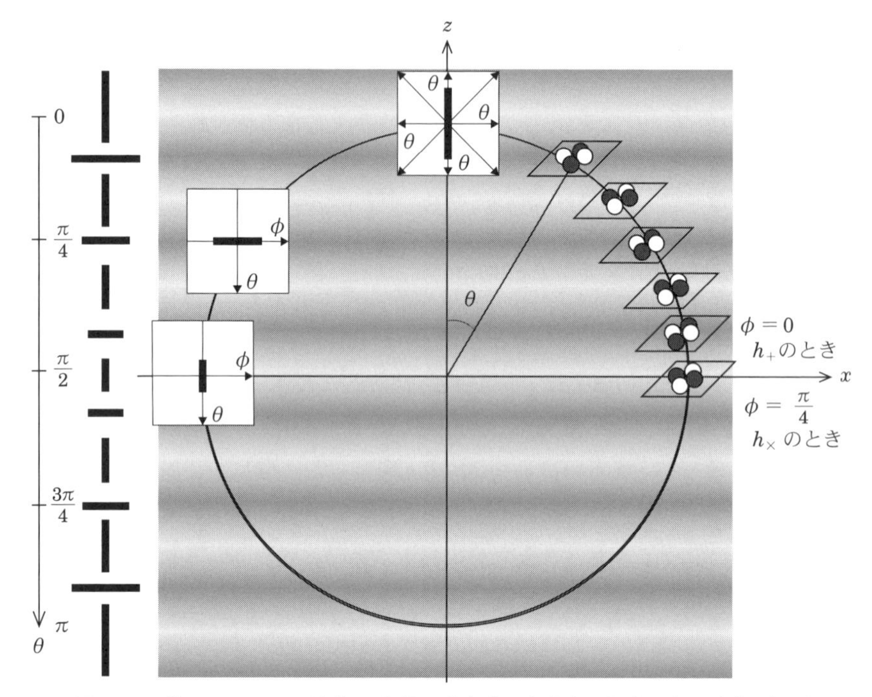

図 12.3　単一のフーリエ波数 $\boldsymbol{q}$ を持つ重力波が生成する偏光の全天分布．観測者は中心に位置し，半径 r_L にある最終散乱面上で生成された偏光を測定する．偏光は光子流体の温度異方性の四重極に比例する変数 $\Pi_{\boldsymbol{q}}$ で与えられる．$\boldsymbol{q}$ の方向を z 軸方向にとったので，$\Pi_{\boldsymbol{q}} \propto \cos(qz)$ である．色の濃い部分は負の，薄い部分は正の $\Pi_{\boldsymbol{q}}$ を表す．横軸を視線方向の方位角が $\phi = 0$ の方向とみなした場合は重力波の振幅は h_+ によるものとし，$\Pi_{+,\boldsymbol{q}}$ による寄与を示す．横軸を視線方向の方位角が $\phi = 45$ 度の方向とみなした場合は $\Pi_{\times,\boldsymbol{q}}$ による寄与を示す．右半球の 4 つの丸は電子から見た四重極の温度異方性を表す．z 軸方向に向かう重力波は x-y 平面上にのみ四重極の温度異方性を生じる．それぞれの 4 つの丸の中心には電子があり，白丸は電子から見て温度の高い方向を，濃いグレーの丸は温度の低い方向を示す．左半球の各パネルは，それぞれの視線方向を中心にした天域の偏光を示す．一番左の図は偏光の方向と強度が極角とともにどう変化するかを示し，偏光強度を示す棒の長さは $1 + \cos^2\theta$ に比例する．

位角依存性は ${}_2Y_2^{\pm 2} + {}_{-2}Y_2^{\pm 2} \propto (1 + \cos^2\theta)\exp(\pm 2i\phi)$（式（11.42)，(11.43)）で与えられ，上記の極角依存性を説明する．一方，図 12.4 に示す偏光の向きは偏光強度が変化する方向と 45 度の角度をなす．これは B モードで，今の座標系では

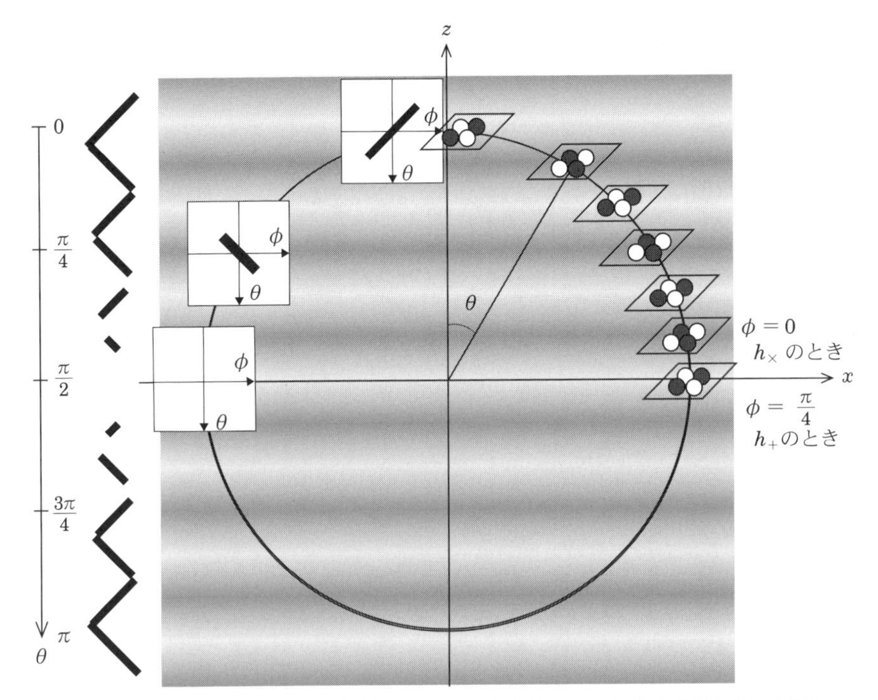

図 12.4　図 12.3 において，横軸を $\phi=0$ の方向とみなした場合は重力波の振幅は $h_\times$ によるものとし，$\Pi_{\times,\boldsymbol{q}}$ による寄与を示す．横軸を x-y 平面上で $\phi=45$ 度の方向とみなした場合は $\Pi_{+,\boldsymbol{q}}$ による寄与を示す．偏光強度を示す棒の長さは $2\cos\theta$ に比例し，天頂では図 12.3 の強度と等しくなる．ただし，厳密な天頂ではストークス U は定義できないので，天頂に近いところの偏光を示す．

$\tilde{Q}=0$，$\tilde{U}\neq 0$*17に対応する．ついに B モード偏光を得た！　テンソル型の $\tilde{U}$ の極角依存性と方位角依存性は $-i({}_2Y_2^{\pm 2}-{}_{-2}Y_2^{\pm 2})\propto \pm 2i\cos\theta\exp(\pm 2i\phi)$ で与えられ，上記の極角依存性を説明する．より詳しくは，12.3.2 節で述べる．

図 12.5（320 ページ）に，スケール不変（$n_T=0$）な重力波による E モードと B モード偏光のパワースペクトルを，図 12.6 に温度異方性と E モード偏光との相互相関スペクトルを示す．テンソル–スカラー比は $r=1$ とした．偏光は散乱によってのみ生じるので，温度異方性の図 12.1 のように $\ell\lesssim 50$ で平坦なパワー

*17　天頂では図 12.3 の偏光の向きを 45 度回転させたものを得る．しかし，球座標で定義したストークスパラメータでは厳密な天頂方向の偏光ではすべて Q となるので，「天頂での $\tilde{U}$」の意味は，天頂に近いが厳密に天頂ではない方向での $\tilde{U}$ を指す．

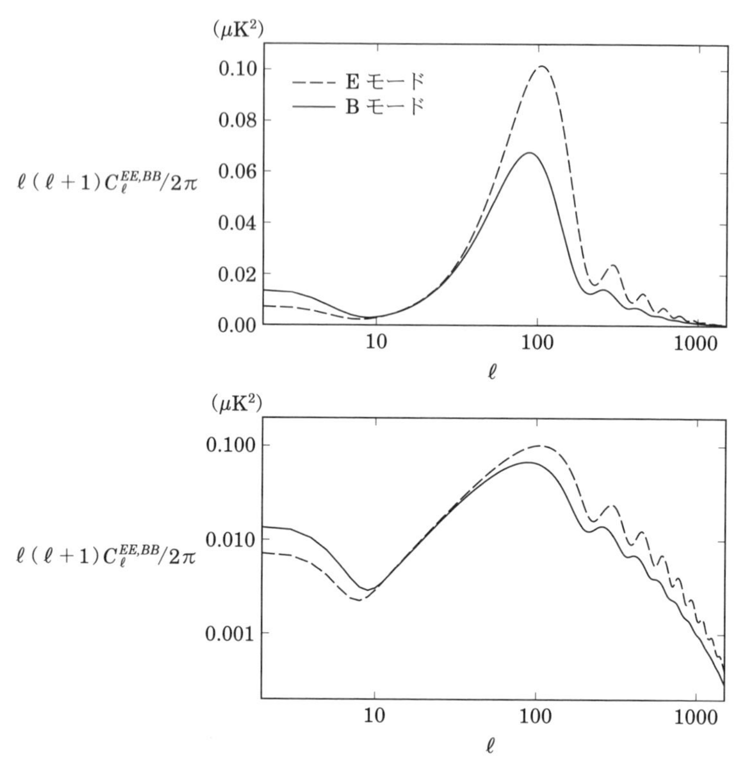

図 12.5 スケール不変な原始重力波による E モード偏光（破線）と B モード偏光（実線）のパワースペクトル．それぞれの $\ell(\ell+1)C_\ell/2\pi$ を ℓ の関数として示す．宇宙論パラメータは図 12.1 と同じである．下図では縦軸を対数とした．

スペクトルにはならず，最終散乱時刻で地平線の内側に入る重力波の波長が見込む角度で偏光のパワースペクトルと C_ℓ^{TE} の絶対値は最大となる．$\ell \lesssim 10$ では宇宙の再電離による寄与が見える．大きな ℓ でパワースペクトルが減衰するのは，9.2.3 節の最後で学んだ，宇宙の晴れ上がりは一瞬ではなく幅があるために生じる減衰[*18]の効果である．もしこの減衰がなければ，パワースペクトルは大きな ℓ でほぼ一定となる．

再電離の寄与を除けば，B モードパワースペクトルは E モードパワースペクトルより小さい．これは，図 12.3 に示す E モード偏光は地平線でもゼロでないの

[*18] J. R. Pritchard, M. Kamionkowski, *Annals Phys.*, **318**, 2 (2005).

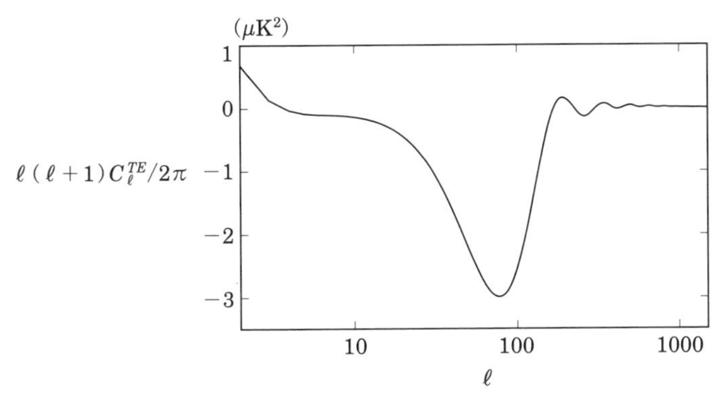

図 12.6 スケール不変な原始重力波による温度異方性と E モード偏光の相互相関スペクトル．$\ell(\ell+1)C_\ell/2\pi$ を ℓ の関数として示す．宇宙論パラメータは図 12.1 と同じである．

に対し，図 12.4 に示す B モード偏光は地平線でゼロとなるからである．すなわち，偏光強度の極角依存性が $1+\cos^2\theta$ か $2\cos\theta$ か，偏光分布が天球上にどのように射影されるかという幾何学的理由で説明できる．それぞれの 2 乗の $\mu=\cos\theta$ に渡る積分の比は $\int d\mu(1+\mu^2)^2 \Big/ \int d\mu(2\mu)^2 = 7/5$ で，大きな ℓ での C_ℓ^{EE} と C_ℓ^{BB} の比をうまく説明する．

一方，再電離の寄与では B モードパワースペクトルの方が大きい．これは筆者も物理的，あるいは幾何学的な説明をまだ見いだせていない．計算すれば出る答えであるが，本書の目的は計算結果を理解することである．ここまで読み進んで来た読者が，もしうまい説明を見つけたなら教えてほしい．

宇宙のインフレーションの直接的証拠が発見された?!（1）

2014 年 3 月 17 日，米国ハーバード大学において記者発表が行われた．内容は，“First Direct Evidence of Cosmic Inflation”，すなわち，「宇宙のインフレーションの直接的証拠を初めてとらえた」というものであった．ハーバード大学，カリフォルニア工科大学，スタンフォード大学，ミネソタ大学を中心とするチームは，南極に設置した口径 26 センチの望遠鏡を用いて原始重力波による B モード偏光の測定を目指していた．BICEP2 と呼ばれるこの観測により，どうやら B モード偏光が発見されたらしいという噂が，発表の数週間前から飛び交っていた．事実であれば，とてつもない大発見である．筆者は，記者発表があると噂されていた週の金曜日（3 月 14 日）になっても何もなかったので，兼ねてから予定していた週末のスキー旅行は中止せず行くことにした．ただし，出発前に，記者発表で報告される内容が原始重力波起源の B モード偏光であるかどうかを判断するための 2 つの条件をフェイスブック[*19] に書いておいた．翻訳して要約すれば，

(1) CMB の B モード偏光であると判断するには光の強度スペクトルが黒体放射だと示す必要があるので，複数の周波数での測定が必要であること，

(2) B モードパワースペクトルが複数の ℓ で測定されていて，形が図 12.5 と無矛盾であること，であった．

その 3 日後，BICEP2 チームによって報告されたパワースペクトルの形は図 12.5 と似ており，推定されたテンソル–スカラー比の値[*20]は $r = 0.20^{+0.07}_{-0.05}$ と，それまでに温度異方性のパワースペクトルから得ていた 95%の信頼領域の上限値 $r < 0.1$ よりも大きく，我々研究者を大変驚かせた．しかし，B モード偏光が測定されたのはただ一つの周波数（150 GHz）だったので，原始重力波の発見であるとはまだ言えないことは明らかであった．その旨を再びフェイスブック[*21] に書いた．

宇宙のインフレーションの直接的証拠が発見された?!（2）

この「発見」のニュースは瞬く間に世界中をかけめぐり，社会的に一大センセーションを巻き起こした．しかし，本当じゃないかもしれない，という不安を，CMB の研究者は誰しも抱いていたと思う．その一方，本当かもしれないという期待もあり，どう反応して良いのかわからない状況であった．筆者個人としては，体が感情の変化についてゆけず，吐き気を覚えるほどであった．しかし，社会が過剰に反応しているのに危機感をおぼえ，せめて日本のメディアには正しい現状を知ってほしいと，発表から 2 週間後の 3 月 31 日，ナショナルジオグラフィック日本語版の，「ナショジオトピックス」に緊急寄稿[*22]させていただいた．その書き出しは，当時の筆者の苦悩を表している：

> 「3 月 17 日，衝撃的なニュースが世界中を駆け巡った．そのあまりの衝撃に，その後の 5 日間で私の体重は 2 キロ減り，発熱までして体調を崩してしまった」．

この記事で強調したのは，「論文を読んでみると，実は論文に使われているデー

タだけでは，インフレーション宇宙論を証明する上で絶対にクリアすべき課題の1つがクリアできていないことがわかる」という事実である．すなわち，単一の周波数の測定では黒体放射であることを示せず，CMBのBモード偏光であるかどうかわからない，という一点であった．

果たして，記者発表から約10か月後の2015年1月30日，プランク衛星の353 GHzのデータとBICEP2のデータを比べてみた結果，両者の偏光の方向は良く一致[*23]することが示された．問題は，353 GHzのデータは主に銀河系内の星間物質の塵（ダスト）による偏光であって，CMBではないことである．実際，353 GHzと150 GHzの信号の強度比は，CMBの黒体放射のスペクトルでは説明できず，星間塵の熱放射のスペクトルで説明できた．

こうして，BICEP2による混乱は幕を閉じたわけであるが，原始重力波起源のBモード偏光の発見がもたらす社会的影響のリハーサルを見た気持ちであった．何しろ，インフレーション理論を実証するということは，銀河も，星も，惑星も，そして我々自身も，もとを正せばすべて真空の量子ゆらぎから生まれたということなのである．発見のインパクトは計り知れない．

11.6節で学んだように，最終散乱面上の音波によって生じたEモード偏光の一部は，重力レンズ効果によってBモード偏光となる．これは，赤方偏移$z \lesssim 3$の物質分布を調べるのに便利で，たとえばニュートリノの質量和を測定するのに使えるが，原始重力波起源のBモード偏光を測定するのには邪魔な存在となる．図12.7（324ページ）は，スカラー型のゆらぎから生じたEモードとBモード偏光を示した図11.17に，スケール不変（$n_T = 0$）でテンソル–スカラー比$r = 0.05$の重力波によるBモード偏光のパワースペクトルを加えたものである．これは，銀河系内の星間物質の塵（ダスト）による偏光を除いた$\ell \lesssim 100$での測定データ[*24]と無矛盾である．もしテンソル–スカラー比が0.01より小さければ，$\ell \lesssim 10$の再電離の寄与の部分を除き，重力レンズ効果によるBモード偏光はスケール不変な原始重力波によるものを超える．

---

*19 （322ページ）http://www.facebook.com/eiichiro.komatsu/posts/10203430785196127

*20 （322ページ）BICEP2 Collaboration, *Phys. Rev. Lett.*, **112**, 241101（2014）.

*21 （322ページ）http://www.facebook.com/eiichiro.komatsu/posts/10203453680528496

*22 （322ページ）http://natgeo.nikkeibp.co.jp/nng/article/20140328/390221/から読める．

*23 BICEP2/Keck and Planck Collaborations, *Phys. Rev. Lett.*, **114**, 101301（2015）.

*24 Keck Array and BICEP2 Collaborations, *Phys. Rev. Lett.*, **116**, 031302,（2016）.

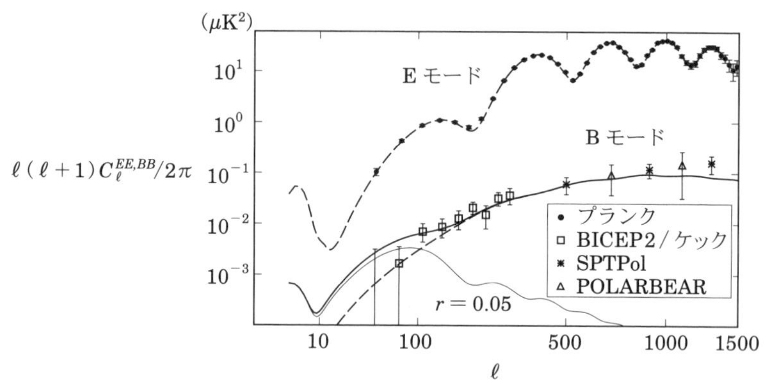

図 12.7 図 11.17 に，スケール不変で $r = 0.05$ の重力波による B モード偏光のパワースペクトル（細い実線）を加えたもの．太い実線は重力レンズ効果による B モードパワースペクトルとの和を示す．

重力レンズ効果によって温度異方性と偏光の分布の確率密度関数が天球の回転変換に対して不変でなくなる効果を用いれば，重力レンズポテンシャルの分布 $\psi(\hat{n})$ を推定できる（7.3.2 節）．原理的には，我々が地球上で測定する光の到来方向 $\hat{n}$ を，重力レンズ効果による光の曲がりを補正して $\hat{n} - \nabla\psi$ とすることで重力レンズ効果を相殺できる．これは「ディレンジング（de-lensing）」と呼ばれる手法[*25]で，うまくいけば図 12.7 の重力レンズの寄与を減らして，$r = 0.01$ より小さな r の原始重力波を測定できるかもしれない．課題も多いが，発展させるべき研究分野[*26]である．もしディレンジングができなければ，たとえば $r = 0.001$ のように小さな r に到達するには，$\ell \lesssim 10$ の再電離の寄与を用いねばならない．

異なる二つの時期に生じる原始重力波起源の B モード偏光のパワースペクトル（再電離起源の $\ell \lesssim 10$ と晴れ上がり起源の $\ell \approx 80$）を測定して，その形が図 12.5 と一致することを示せれば，測定したパワースペクトルが原始重力波起源であることの揺るぎない証拠となる．

[*25] L. Knox, Y. S. Song, *Phys. Rev. Lett.*, **89**, 011303（2002）; M. Kesden, A. Cooray, M. Kamionkowski, *Phys. Rev. Lett.*, **89**, 011304（2002）; U. Seljak, C. M. Hirata, *Phys. Rev. D*, **69**, 043005（2004）.

[*26] 実際のデータに適用された例は P. Larsen, A. Challinor, B. D. Sherwin, D. Mak, *Phys. Rev. Lett.*, **117**, 151102（2016）; J. Carron, A. Lewis, A. Challinor, *JCAP*, **1705**, 035（2017）; A. Manzotti, *et al.*, *Astrophys. J.*, **846**, 45（2017）を見よ．

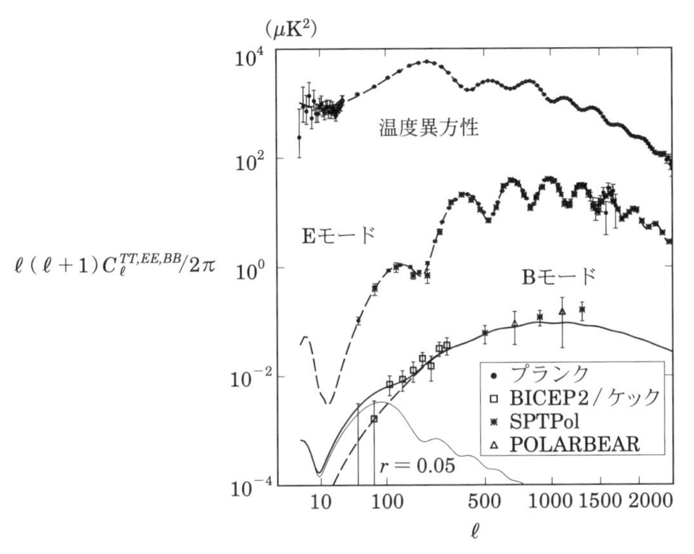

図 12.8 温度異方性，E モード偏光，および B モード偏光のパワースペクトルのまとめ．図 6.6 と図 12.7 を合わせた．音波の TE 相関のパワースペクトル（図 11.12）は，図が煩雑になるので省略した．

最後に，図 12.8 に温度異方性のパワースペクトル，音波による E モードパワースペクトル，重力レンズ効果による B モードパワースペクトル，原始重力波による B モードパワースペクトルをまとめて示す．最初の 3 つはすでに測定され，ΛCDM モデルで説明できることを述べた．ここまで読み通せた読者は，なぜ温度異方性と E モード偏光のパワースペクトルの山と谷の位置は正反対なのか，なぜ ℓ が大きくなると温度異方性のパワースペクトルは減衰するが，E モードパワースペクトルは増大するのか，なぜ E モードパワースペクトルと重力レンズ効果による B モードパワースペクトルの形は似ているが後者には音波振動がないのか，またなぜ後者は小さいのか，そして温度異方性のパワースペクトルからどのようにして宇宙論パラメータが決められるかなどを，図を見て想像できるであろう．

この図の縦軸の幅は温度の 2 乗の単位で 8 桁に及ぶ（温度の単位では 4 桁に及ぶ）．COBE の DMR による 1996 年のデータ（図 6.4）や 2000 年に初めて測定された音波振動のパワースペクトル（図 9.1）と比べると隔世の感があるが，それは過去**たった 20 年間**で CMB の研究者が成し遂げた進歩である．第 9 章のコラムでも述べたが，音波振動の存在が理論的に予言された 1970 年には，理論の提唱者を含め，誰もこれが実際に測定できるとは思っていなかった．しかし，ひとたび研究者たちがその半生をかけても良いと決意できるほどの面白い研究テーマに出会ったなら，研究は劇的に進歩する可能性があるのである．少なくとも，CMB の研究の歴史はそうであった．

12.3.2 テンソル型偏光のボルツマン方程式

本節と次節は，CMB の偏光を記述する章の最後にふさわしく，数式の煩雑さは本書随一である．しかし，やることの本質は単純である．すなわち，偏光のボルツマン方程式（11.38）の両辺をフーリエ変換し，波数ベクトル $\boldsymbol{q}$ を球座標の極角の原点方向（z 軸方向）にとり，温度異方性のフーリエ係数を $\Delta_T(t,\boldsymbol{q},\boldsymbol{\gamma})/4$，ストークスパラメータ $\tilde{Q}\pm i\tilde{U}$ のフーリエ係数を ${}_{\pm2}\Delta_P(t,\boldsymbol{q},\boldsymbol{\gamma})/4$ と書き，最後にそれらを式（12.20），(12.21)，(12.22）を用いてスピン 0 とスピン ±2 の球面調和関数で展開するだけである．これらはすでに 11.3 節と 12.2.4 節で行った作業である．

12.2.4 節は 11.3 節よりやや煩雑で，本節はさらに煩雑であるが，やっていることの本質は変わらないから，行き詰まったり立ち止まったりした場合は必要に応じて 11.3 節や 12.2.4 節に戻れば良い．物理的理解に興味はあるが導出に興味はなく，これらの節を読み飛ばした読者は，本節と次節を読み飛ばして 13 章に進んでかまわない．

式（12.19）を得たのと同様にすれば，偏光を記述するボルツマン方程式は

$$
\begin{aligned}
{}_{\pm2}\dot{\Delta}_P + i\frac{q\mu}{a}{}_{\pm2}\Delta_P = -\sigma_T\bar{n}_e\ {}_{\pm2}\Delta_P - \frac{\sqrt{6}\sigma_T\bar{n}_e}{10}\sum_{m=-2}^{2}{}_{\pm2}Y_2^m \\
\times\int d\Omega\left[Y_2^{m*}\Delta_T - \frac{\sqrt{6}}{2}\left({}_2Y_2^{m*}{}_2\Delta_P + {}_{-2}Y_2^{m*}{}_{-2}\Delta_P\right)\right], \qquad (12.32)
\end{aligned}
$$

である．${}_{\pm2}\Delta_P$ に寄与する偏光の球座標依存性は ${}_2Y_2^{\pm2}\propto(1\mp\mu)^2\exp(\pm2i\phi)$（式 (11.42)），および ${}_{-2}Y_2^{\pm2}\propto(1\pm\mu)^2\exp(\pm2i\phi)$（式（11.43)）で書ける．

式（12.32）の右辺の Δ_T と ${}_{\pm2}\Delta_P$ をそれぞれスピン 0 とスピン ±2 の球面調和関数で展開すれば（式（12.20）–（12.22)），$\sigma_T\bar{n}_e{}_{\pm2}Y_2^m$ に比例する項は

$$
\frac{\sqrt{6}\sigma_T\bar{n}_e}{10}\sqrt{20\pi}\sum_{\lambda=\pm2}\beta_{\boldsymbol{q}}(\lambda)\Pi(\lambda){}_{\pm2}Y_2^{\lambda}(\boldsymbol{\gamma}), \qquad (12.33)
$$

となる．ここで $\Pi = \Delta_{T,2} - \sqrt{6}({}_2\Delta_{P,2} + {}_{-2}\Delta_{P,2})/2$ で，$\lambda = \pm 2$ は重力波のヘリシティを表す．

これを図 12.3 や 12.4 に示したようなストークスパラメータに焼き直して直観的な理解を得るため（また，図に示した内容が筆者の想像ではなく計算に裏打ちされたものであることを示すため），球座標の z 軸方向に向かう重力波が作る偏光の分布を調べる．フーリエ波数 $\boldsymbol{q}$ が z 軸方向を向く座標系でのストークスパラメータは $\tilde{Q} \pm i\tilde{U} = \bar{T}_{\pm 2}\Delta_P/4$ と書いたから，$\tilde{Q}$ への寄与は

$$\begin{aligned}\sum_{\lambda=\pm 2} \Pi(\lambda)({}_2Y_2^\lambda + {}_{-2}Y_2^\lambda)/2 &\propto (1+\mu^2) \sum_{\lambda=\pm 2} \Pi(\lambda)\exp(i\lambda\phi) \\ &= (1+\mu^2)\sqrt{2}\left(\Pi_+ \cos 2\phi + \Pi_\times \sin 2\phi\right) , \qquad (12.34)\end{aligned}$$

である．Π_+ と $\Pi_\times$ は x-y 平面上で図 5.1 のように振動する重力波による寄与で，式（12.11）にならって $\Pi(\mp 2) = (\Pi_+ \pm i\Pi_\times)/\sqrt{2}$ と定義する．これらの 2 つの重力波の振動モードから得られる $\tilde{Q}$ の寄与は天頂（$\mu = 1$）で最大，地平線（$\mu = 0$）で半分となり，方位角依存性も含めて図 12.3 を再現する．これは E モードである．

同様に，$\tilde{U}$ への寄与は

$$\begin{aligned}-i\sum_{\lambda=\pm 2} \Pi(\lambda)({}_2Y_2^\lambda - {}_{-2}Y_2^\lambda)/2 &\propto i\mu \sum_{\lambda=\pm 2} \lambda\Pi(\lambda)\exp(i\lambda\phi) \\ &= 2\mu\sqrt{2}\left(\Pi_\times \cos 2\phi - \Pi_+ \sin 2\phi\right) , \qquad (12.35)\end{aligned}$$

である．寄与は天頂で最大となり，偏光強度は $\tilde{Q}$ と同じとなる．ただし，厳密な天頂では球座標のストークスパラメータの定義よりすべての直線偏光は Q となる（図 11.6）ので，天頂に近いが厳密には天頂ではない場所での $\tilde{U}$ であると理解する．地平線の寄与はゼロとなり，方位角依存性も含めて図 12.4 を再現する．これは B モードである．

図 12.3 と 12.4 の内容を再現したところで，先へ進もう．式（12.32）の左辺もスピン 2 の球面調和関数で展開すれば

$$\begin{aligned}{}_2\dot{\Delta}_{P,\ell} + \frac{q}{(2\ell+1)a}\left[\frac{(\ell+1)^2-4}{\ell+1}\ {}_2\Delta_{P,\ell+1} - \frac{\ell^2-4}{\ell}\ {}_2\Delta_{P,\ell-1}\right] \\ \mp i\frac{4q\ {}_2\Delta_{P,\ell}}{\ell(\ell+1)a} = -\sigma_T\bar{n}_e\left({}_2\Delta_{P,\ell} + \frac{\sqrt{6}}{10}\delta_{\ell 2}\Pi\right) , \qquad (12.36)\end{aligned}$$

$$
\begin{aligned}
{}_{-2}\dot{\Delta}_{P,\ell} + \frac{q}{(2\ell+1)a}\left[\frac{(\ell+1)^2-4}{\ell+1}\ {}_{-2}\Delta_{P,\ell+1} - \frac{\ell^2-4}{\ell}\ {}_{-2}\Delta_{P,\ell-1}\right]& \\
\pm i\frac{4q\ {}_{-2}\Delta_{P,\ell}}{\ell(\ell+1)a} = -\sigma_T\bar{n}_e\left({}_{-2}\Delta_{P,\ell} + \frac{\sqrt{6}}{10}\delta_{\ell 2}\Pi\right)&, \qquad (12.37)
\end{aligned}
$$

を得る．式 (12.36) の $\mp$ の符号はヘリシティがそれぞれ ± 2 の重力波に，式 (12.37) の $\pm$ の符号はヘリシティ± 2 に対応する．ここで，漸化式[*27]

$$
\mu\ {}_sY_\ell^\lambda = \frac{{}_sc_{\ell+1}^\lambda\ {}_sY_{\ell+1}^\lambda}{\sqrt{(2\ell+1)(2\ell+3)}} + \frac{{}_sc_\ell^\lambda\ {}_sY_{\ell-1}^\lambda}{\sqrt{(2\ell+1)(2\ell-1)}} - \frac{\lambda s\ {}_sY_\ell^\lambda}{\ell(\ell+1)}, \qquad (12.38)
$$

$$
{}_sc_\ell^\lambda \equiv \sqrt{\frac{(\ell^2-\lambda^2)(\ell^2-s^2)}{\ell^2}}, \qquad (12.39)
$$

を用いた．

式 (12.36) と (12.37) の左辺の最後の項は虚数を含み，興味深い項である．実は，**この項こそが B モード偏光の発生を記述する**．これを見るため，E モードと B モードを表す展開係数を式 (11.28) にならって

$$
\Delta_{E,\ell} \equiv -({}_2\Delta_{P,\ell} + {}_{-2}\Delta_{P,\ell})/2, \quad \Delta_{B,\ell} \equiv i({}_2\Delta_{P,\ell} - {}_{-2}\Delta_{P,\ell})/2, \qquad (12.40)
$$

と定義する．これらは実数であり，前者は $\tilde{Q}$ の展開係数を，後者は $\tilde{U}$ の展開係数である．式 (12.36) と (12.37) に ${}_{\pm 2}\Delta_{P\ell} = -(\Delta_{E,\ell} \pm i\Delta_{B,\ell})$ を代入して実部と虚部を取れば[*28]

$$
\begin{aligned}
\dot{\Delta}_{E,\ell} + \frac{q}{(2\ell+1)a}\left[\frac{(\ell+1)^2-4}{\ell+1}\Delta_{E,\ell+1} - \frac{\ell^2-4}{\ell}\Delta_{E,\ell-1}\right]& \\
\pm\frac{4q\ \Delta_{B,\ell}}{\ell(\ell+1)a} = -\sigma_T\bar{n}_e\left(\Delta_{E,\ell} + \frac{\sqrt{6}}{10}\delta_{\ell 2}\Pi\right)&, \qquad (12.41) \\
\dot{\Delta}_{B,\ell} + \frac{q}{(2\ell+1)a}\left[\frac{(\ell+1)^2-4}{\ell+1}\Delta_{B,\ell+1} - \frac{\ell^2-4}{\ell}\Delta_{B,\ell-1}\right]&
\end{aligned}
$$

[*27] $s=0$ の場合は，通常の球面調和関数の漸化式 (12.25) と一致する．それ以外の場合を理解するには脚注 16 と同様にすれば良いが，ガウント積分を s がゼロでない場合に拡張した $\int d\Omega\ Y_1^0\ {}_sY_\ell^\lambda\ {}_{-S}Y_L^{-M}(-1)^{S+M}$ を用いる．$\lambda = M$ と $s = S$ が要請され，3 角形の条件より $\ell - 1 \leqq L \leqq \ell + 1$ であるが，$s=0$ の場合と異なり $\ell + L + 1$ が偶数である必要は**ない**．このため，$\mu\ {}_sY_\ell^\lambda$ は ${}_sY_{\ell-1}^\lambda$，$s\ {}_sY_\ell^\lambda$，${}_sY_{\ell+1}^\lambda$ の線形結合で書ける．式 (12.38) の右辺の係数は積分 $\int d\Omega\ \mu\ {}_sY_\ell^\lambda\ {}_{-s}Y_L^{-\lambda}(-1)^{s+\lambda}$ $(L = \ell-1,\ \ell,\ \ell+1)$ の値である．

[*28] W. Hu, M. White, *Phys. Rev. D*, **56**, 596 (1997) の変数 $E_\ell^{(m)}$，$B_\ell^{(m)}$ との対応関係は $\Delta_{E,\ell}(\lambda)/4 = -E_\ell^{(\lambda)}/(2\ell+1)$，$\Delta_{B,\ell}(\lambda)/4 = -B_\ell^{(\lambda)}/(2\ell+1)$ である．

$$\mp \frac{4q\ \Delta_{E,\ell}}{\ell(\ell+1)a} = -\sigma_{\mathcal{T}}\bar{n}_e\Delta_{B,\ell}\,, \tag{12.42}$$

$$\Pi = \Delta_{T,2} + \sqrt{6}\Delta_{E,2}\,,$$

を得る．式（12.41）の ± の符号はヘリシティがそれぞれ ±2 の重力波に，式（12.42）の ∓ の符号はヘリシティ ±2 に対応する．

この結果は重要である．右辺を見ると，E モード偏光はトムソン散乱によって生成されるのに対し，B モード偏光には源となる変数 Π が存在しない．一方，式（12.42）の左辺の最後の項によって E モード偏光から B モード偏光が生成される．すなわち，**B モード偏光はトムソン散乱によって直接生成されるのではなく，偏光が天球上に射影された分布から生じる**．これは，図 12.4 に示す考え方と同じ結論である．これで重力波による B モード偏光の生成をより深く理解できた．

12.3.3 テンソル型偏光のパワースペクトルの表式

原始重力波による E モード偏光と B モード偏光のパワースペクトルの表式を求める．式（12.33）を式（12.32）に代入して形式的に積分すれば，現在の時刻 t_0 での視線方向積分形式の解は

$$\begin{aligned}&{}_{\pm 2}\Delta_P(t_0, \boldsymbol{q}, \boldsymbol{\gamma})\\&= \frac{\sqrt{6}}{10}\sqrt{20\pi}\int_0^{t_0} dt\ \exp(-iq\mu r)\dot{\mathcal{O}}\sum_{\lambda=\pm 2}\beta\boldsymbol{q}(\lambda)\Pi(\lambda)_{\pm 2}Y_2^{\lambda}(\boldsymbol{\gamma})\,,\end{aligned} \tag{12.43}$$

である．左辺を式（12.21）と（12.22）を用いて展開し，両辺に ${}_{\pm 2}Y_\ell^{\lambda *}(\boldsymbol{\gamma})$ をかけて積分すれば，$\rho \equiv qr$ として[*29]

$$\begin{aligned}{}_{\pm 2}\Delta_{P,\ell}(+2) = -\frac{\sqrt{6}}{8}\int_0^{t_0} dt\ \dot{\mathcal{O}}\Pi(+2)\Big[&12 + 8\rho\frac{\partial}{\partial\rho} - \rho^2 + \rho^2\frac{\partial^2}{\partial\rho^2}\\&\pm i\left(8\rho + 2\rho^2\frac{\partial}{\partial\rho}\right)\Big]\frac{j_\ell(\rho)}{\rho^2}\,,\end{aligned} \tag{12.44}$$

$$\begin{aligned}{}_{\pm 2}\Delta_{P,\ell}(-2) = -\frac{\sqrt{6}}{8}\int_0^{t_0} dt\ \dot{\mathcal{O}}\Pi(-2)\Big[&12 + 8\rho\frac{\partial}{\partial\rho} - \rho^2 + \rho^2\frac{\partial^2}{\partial\rho^2}\\&\mp i\left(8\rho + 2\rho^2\frac{\partial}{\partial\rho}\right)\Big]\frac{j_\ell(\rho)}{\rho^2}\,,\end{aligned} \tag{12.45}$$

を得る．これは複素数なので，実数の組み合わせ $\Delta_{E,\ell}$ と $\Delta_{B,\ell}$（式（12.40））で書けば

$$\Delta_{E,\ell}(t_0,q,+2) = \Delta_{E,\ell}(t_0,q,-2)$$
$$= \frac{\sqrt{6}}{8}\int_0^{t_0} dt\ \dot{\mathcal{O}}\Pi(+2)\left(-j_\ell + j''_\ell + \frac{2j_\ell}{q^2r^2} + \frac{4j'_\ell}{qr}\right), \qquad (12.46)$$

$$\Delta_{B,\ell}(t_0,q,+2) = -\Delta_{B,\ell}(t_0,q,-2)$$

*29 (329 ページ) この結果の導出は煩雑な計算を要する．以下の導出方法は「ワインバーグの宇宙論」，7.4 節の式 (7.4.48) 以降による．視線方向積分の式 (12.43) の両辺に ${}_{\pm2}Y_\ell^{\lambda *}$ をかけて積分すれば

$$i^{-\ell}\sqrt{4\pi(2\ell+1)}\ \beta_{\boldsymbol{q}}(\lambda)_{\pm2}\Delta_{P,\ell}(\lambda)$$
$$= \frac{\sqrt{6}}{10}\sqrt{20\pi}\int_0^{t_0} dt\ \dot{\mathcal{O}}\sum_{\lambda'}\beta_{\boldsymbol{q}}(\lambda')\Pi(\lambda')$$
$$\times\int_{-1}^{1} d\mu\ \exp(-i\rho\mu)\int_0^{2\pi} d\phi\ {}_{\pm2}Y_2^{\lambda'}(\mu,\phi)_{\pm2}Y_\ell^{\lambda *}(\mu,\phi), \qquad (12.47)$$

を得る．${}_{\pm2}Y_2^\lambda$ は式 (11.42) と (11.43) で与えられる．方位角依存性は ${}_{\pm2}Y_\ell^\lambda \propto \exp(i\lambda\phi)$ で与えられるから，方位角積分はクロネッカーのデルタ記号 $2\pi\delta_{\lambda\lambda'}$ を与える．残る μ 積分を実行するため，式 (11.25) を用いてスピン 2 の球面調和関数を通常の球面調和関数の 2 回微分で書く．

まず $\lambda = 2$ の場合を扱う．球面調和関数の定義式 (4.6) を用いて ${}_{\pm2}Y_\ell^2$ をルジャンドル培関数で書けば，${}_{\pm2}Y_\ell^2 = [(\ell-2)!/(\ell+2)!]\sqrt{(2\ell+1)/4\pi}\ \partial_\pm P_\ell^2(\mu)\exp(2i\phi)$ である．ここで，新しい微分演算子として

$$\partial_\pm \equiv (1-\mu^2)\frac{d^2}{d\mu^2} \pm 4\frac{d}{d\mu} + \frac{4(1\pm\mu)}{1-\mu^2},$$

を定義した．これは式 (11.25) の微分を $\partial/\partial\theta = -\sqrt{1-\mu^2}d/d\mu$, $\partial/\partial\phi = 2i$ としたものである．すると式 (12.47) は

$$i^{-\ell}\sqrt{4\pi(2\ell+1)}\ \beta_{\boldsymbol{q}}(+2)_{\pm2}\Delta_{P,\ell}(+2)$$
$$= \sqrt{4\pi(2\ell+1)}\frac{(\ell-2)!}{(\ell+2)!}\frac{\sqrt{6}}{16}\int_0^{t_0} dt\ \dot{\mathcal{O}}\beta_{\boldsymbol{q}}(+2)\Pi(+2)$$
$$\times\int_{-1}^{1} d\mu\ \exp(-i\rho\mu)(1\mp\mu)^2\partial_\pm P_\ell^2(\mu),$$

となる．右辺の μ 積分は部分積分できて，

$$\int_{-1}^{1} d\mu\ P_\ell^2(\mu)\left[12 \pm 8i\rho(1\mp\mu) - \rho^2(1\mp\mu)^2\right](1-\mu^2)\exp(-i\rho\mu),$$

を得る．$P_\ell^2(\mu) = (1-\mu^2)d^2P_\ell/d\mu^2$ なので，これはさらに部分積分できて

$$\int_{-1}^{1} d\mu\ P_\ell(\mu)\frac{d^2}{d\mu^2}\left\{\left[12 \pm 8i\rho(1\mp\mu) - \rho^2(1\mp\mu)^2\right](1-\mu^2)^2\exp(-i\rho\mu)\right\},$$

である．μ は，一番右の指数関数を ρ に関して微分すれば出てくるので，右から順に $\mu \to i\partial/\partial\rho$ と置換すれば

$$\int_{-1}^{1} d\mu\ P_\ell(\mu)\left[12 + 8\rho\frac{\partial}{\partial\rho} - \rho^2 + \rho^2\frac{\partial^2}{\partial\rho^2} \pm i\left(8\rho + 2\rho^2\frac{\partial}{\partial\rho}\right)\right]\left(1+\frac{\partial^2}{\partial\rho^2}\right)^2\exp(-i\rho\mu),$$

を得る．すると μ 積分を実行できて $\int_{-1}^{1} d\mu\ \exp(-i\rho\mu)P_\ell(\mu) = 2i^{-\ell}j_\ell(\rho)$ を得るので，$(1+\partial^2/\partial\rho^2)\rho^2 j_\ell(\rho) = [(\ell+2)!/(\ell-2)!]j_\ell(\rho)/\rho^2$ を用いれば式 (12.44) を得る．$\lambda = -2$ に関しても同様にすれば式 (12.45) を得る．

$$= \frac{\sqrt{6}}{8}\int_0^{t_0} dt\ \dot{\mathcal{O}}\Pi(+2)\left(2j_\ell' + \frac{4j_\ell}{qr}\right), \tag{12.48}$$

を得る．ここで $j_\ell = j_\ell(qr)$ は球ベッセル関数で，$'$ は引数 qr に関する微分である．E モードも B モードも Π に比例するが，q から ℓ への射影を表すベッセル関数の組み合わせは異なる．これらの組み合わせは複雑であるが，本質は図 12.3 や 12.4 に示すとおりである．

図 12.5 に示す E モードと B モード偏光のパワースペクトルは，図 12.2 の破線が示す，トムソン散乱の非等方性によって生じる温度異方性のパワースペクトルと似た形をしている．これらはすべてトムソン散乱を起源とし，式（12.27）の右辺 2 項目，および式（12.46）と（12.48）の右辺は $(\sqrt{6}/8)\int_0^{t_0} dt\ \dot{\mathcal{O}}\Pi(\cdots)$ という形をしている．$(\cdots)$ は，波数 q を ℓ に射影する球ベッセル関数の組み合わせの違いである．9.2.3 節の最後で学んだように，宇宙の晴れ上がりは一瞬ではなく幅があるため，音波振動を $\int_0^{t_0} dt\ \dot{\mathcal{O}}\cos(qr_s)$ のように最終散乱面の有限な幅に渡って積分すると，振動は減衰する．テンソル型ゆらぎは音波振動を生じないが，Π は重力波によって振動するため，最終散乱面の有限な幅に渡って積分するとやはり減衰する．テンソル型ゆらぎによる E モードと B モード偏光のパワースペクトル，およびトムソン散乱の非等方性によって生じるテンソル型の温度異方性のパワースペクトル（図 12.2 の破線）が大きな ℓ で減衰するのはこのためである．

図 12.9 に，E モードと B モード偏光の射影を表すベッセル関数の組み合わせの 2 乗を $x = qr$ の関数として示す．E モード偏光の射影の形は，スカラー型の温度異方性を射影する j_ℓ（図 11.8 の上図）と似た形をしているが，最初のピーク以降のピークの高さは j_ℓ よりも大きい．これは，波数ベクトル $\boldsymbol{q}$ が z 軸方向（天頂方向）を向いたテンソル型ゆらぎによる E モード偏光は，天頂方向で偏光が最大となり，地平線方向の偏光は天頂方向の半分となるためである（図 12.3）．天頂方向は $\ell < x$ に寄与し，地平線方向は $\ell = x$ に寄与する．したがって，スカラー型ゆらぎによる温度異方性に比べて，$\ell < x$ の振幅が大きい．B モード偏光では，$\ell = x$ の射影を与える最初のピークは存在しない．これは，地平線方向の B モード偏光はゼロとなるためである（図 12.4）．このため，図 12.5 に示す B モード偏光のパワースペクトルの振動は，E モード偏光のものに比べてなまされる（振動

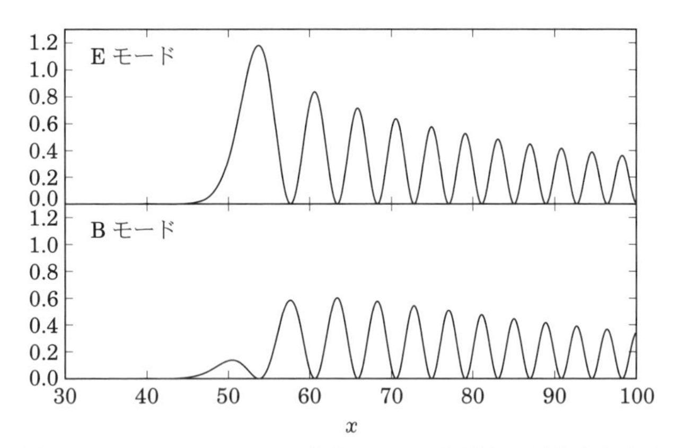

図 12.9 $\ell = 50$ の E モードと B モード偏光の射影を表す球ベッセル関数の組み合わせ．上図では $10^3(-j_\ell + j_\ell'' + 2j_\ell/x^2 + 4j_\ell'/x)^2$ を，下図では $10^3(2j_\ell' + 4j_\ell/x)^2$ を示す．

のコントラストが小さくなる）．12.2.2 節の最後で学んだように，テンソル型の温度異方性の射影は j_ℓ/x^2 で与えられ，$\ell = qr$ の射影が支配的となるので，図 12.2 の破線の振動のコントラストはE モード偏光のものよりも大きい．これで，テンソル型ゆらぎによる振動のコントラストは温度異方性，E モード偏光，B モード偏光の順に大きい理由を理解できた．

E モード偏光を表す係数 $\Delta_{E,\ell}$ はヘリシティに依らないから，$\Delta_{T,\ell}$ と $\Delta_{E,\ell}$ のみで書ける Π もヘリシティに依らず，$\Pi(+2) = \Pi(-2)$ である．一方，B モード偏光を表す係数 $\Delta_{B,\ell}$ は**ヘリシティに依って符号が変わる**．ヘリシティは，波の進行方向に対して，波を構成する量子のスピン角運動量ベクトルが平行か反平行かを表す量であった．空間を反転すると，スピン角運動量ベクトルは変わらないが波の進行方向は反転し，ヘリシティは符号を変える．11.2 節で学んだように，E モード偏光は空間反転に対して不変であるが B モード偏光は符号を変えるので，$\Delta_{B,\ell}$ がヘリシティに依存するのは B モード偏光の定義と無矛盾である．すなわち，**右巻きと左巻きの重力波が生成する B モード偏光は，大きさは等しく符号は逆**である．

球座標の中心にいる観測者が測定する偏光の球面調和展開係数 ${}_{\pm 2}a_{\ell m}$ と ${}_{\pm 2}\Delta_{P,\ell}$ との関係式は，式（12.21）と（12.22）の両辺に $T_0\ {}_{\pm 2}Y_\ell^{m*}(\hat{n})/4$ をかけて積分すれば得られ，

$$ {}_{\pm 2}a_{\ell m} = T_0 i^{\ell} \sqrt{4\pi(2\ell+1)} \sum_{\lambda=\pm 2} \beta_{\boldsymbol{q}}(\lambda)\delta_{m\lambda}\ {}_{\pm 2}\Delta_{P,\ell}(t_0,q,\lambda)/4\,, \tag{12.49} $$

である．E モードと B モード偏光の展開係数 $E_{\ell m} = -({}_2a_{\ell m} + {}_{-2}a_{\ell m})/2$，$B_{\ell m} = i({}_2a_{\ell m} - {}_{-2}a_{\ell m})/2$ との関係はそれぞれ $\Delta_{E,\ell}$ と $\Delta_{B,\ell}$ を用いて書けて，

$$ E_{\ell m} = T_0 i^{\ell} \sqrt{4\pi(2\ell+1)} \sum_{\lambda=\pm 2} \beta_{\boldsymbol{q}}(\lambda)\delta_{m\lambda}\Delta_{E,\ell}(t_0,q,\lambda)/4\,, \tag{12.50} $$

と

$$ B_{\ell m} = T_0 i^{\ell} \sqrt{4\pi(2\ell+1)} \sum_{\lambda=\pm 2} \beta_{\boldsymbol{q}}(\lambda)\delta_{m\lambda}\Delta_{B,\ell}(t_0,q,\lambda)/4\,, \tag{12.51} $$

である．X や Y を (T,E,B) とすれば，パワースペクトルは $C_\ell^{XY} = (2\ell+1)^{-1}\sum_m X_{\ell m}Y^*_{\ell m}$ と書けて，

$$ C_\ell^{TE} = 4\pi T_0^2[\beta_{\boldsymbol{q}}(+2)\beta^*_{\boldsymbol{q}}(+2) + \beta_{\boldsymbol{q}}(-2)\beta^*_{\boldsymbol{q}}(-2)] \times[\Delta_{T,\ell}(+2)/4][\Delta_{E,\ell}(+2)/4]\,, \tag{12.52} $$

$$ C_\ell^{TB} = 4\pi T_0^2[\beta_{\boldsymbol{q}}(+2)\beta^*_{\boldsymbol{q}}(+2) - \beta_{\boldsymbol{q}}(-2)\beta^*_{\boldsymbol{q}}(-2)] \times[\Delta_{T,\ell}(+2)/4][\Delta_{B,\ell}(+2)/4]\,, \tag{12.53} $$

$$ C_\ell^{EE} = 4\pi T_0^2[\beta_{\boldsymbol{q}}(+2)\beta^*_{\boldsymbol{q}}(+2) + \beta_{\boldsymbol{q}}(-2)\beta^*_{\boldsymbol{q}}(-2)] \times[\Delta_{E,\ell}(+2)/4]^2\,, \tag{12.54} $$

$$ C_\ell^{EB} = 4\pi T_0^2[\beta_{\boldsymbol{q}}(+2)\beta^*_{\boldsymbol{q}}(+2) - \beta_{\boldsymbol{q}}(-2)\beta^*_{\boldsymbol{q}}(-2)] \times[\Delta_{E,\ell}(+2)/4][\Delta_{B,\ell}(+2)/4]\,, \tag{12.55} $$

$$ C_\ell^{BB} = 4\pi T_0^2[\beta_{\boldsymbol{q}}(+2)\beta^*_{\boldsymbol{q}}(+2) + \beta_{\boldsymbol{q}}(-2)\beta^*_{\boldsymbol{q}}(-2)] \times[\Delta_{B,\ell}(+2)/4]^2\,, \tag{12.56} $$

である．温度異方性の係数 $\Delta_{T,\ell}$ は式（12.27）で与えられる．

TB 相関と EB 相関はヘリシティ±2 の寄与の**差**で与えられるから，原始重力波の確率密度関数が空間反転に対して不変であれば，これらの寄与は相殺してゼロになる．パワースペクトルは天球座標の回転変換に関して不変なので，これらの結果は波数ベクトルの方向に依らず成り立つ．よってすべての波数に関して積分し，確率変数 $\beta_{\boldsymbol{q}}$ の積をアンサンブル平均すれば

$$C_\ell^{XY} = 4\pi T_0^2 \int \frac{d^3q}{(2\pi)^3} \sum_{\lambda=\pm 2} [\varDelta_{X,\ell}(\lambda)/4][\varDelta_{Y,\ell}(\lambda)/4], \tag{12.57}$$

を得る．C_ℓ^{TB} と C_ℓ^{EB} はゼロである．重力波の振幅の長波長での保存量を $\mathcal{C}_{\lambda,\boldsymbol{q}} = \beta_{\boldsymbol{q}}(\lambda)\mathcal{C}(q,\lambda)$ と書き，$\tilde{\varDelta}_{X,\ell}(t_0,q,\lambda) \equiv \varDelta_{X,\ell}(t_0,q,\lambda)/\mathcal{C}(q,\lambda)$ を定義すれば，原始重力波による偏光のパワースペクトルは

$$C_\ell^{TE} = \frac{2T_0^2}{\pi} \int_0^\infty q^2 dq \ P_{\text{重力波}}(q) \sum_{\lambda=\pm 2} \left[\tilde{\varDelta}_{T,\ell}(t_0,q,\lambda)/4\right] \times \left[\tilde{\varDelta}_{E,\ell}(t_0,q,\lambda)/4\right], \tag{12.58}$$

$$C_\ell^{EE} = \frac{2T_0^2}{\pi} \int_0^\infty q^2 dq \ P_{\text{重力波}}(q) \sum_{\lambda=\pm 2} \left[\tilde{\varDelta}_{E,\ell}(t_0,q,\lambda)/4\right]^2, \tag{12.59}$$

$$C_\ell^{BB} = \frac{2T_0^2}{\pi} \int_0^\infty q^2 dq \ P_{\text{重力波}}(q) \sum_{\lambda=\pm 2} \left[\tilde{\varDelta}_{B,\ell}(t_0,q,\lambda)/4\right]^2, \tag{12.60}$$

で与えられる．$\lambda = \pm 2$ に渡る和は，単に 2 を与える．これの積分を実行すれば図 12.5 と 12.6 を得る．

大変な計算ではあったが，図 12.3 と 12.4，そして図 12.5 と 12.6 をより深く理解できたなら，得るものも大きかったのではないだろうか．

3章

黒体放射からのずれ

本書では，CMB は黒体放射で，スペクトルはプランクの公式（1.1）で与えられると仮定した．図 1.3 に示すように，プランクの公式は COBE 衛星に搭載された分光器 FIRAS の測定データと誤差の範囲で無矛盾である．これは，宇宙初期は物質と光が頻繁にエネルギーをやりとりする局所的熱平衡状態，いわゆる「火の玉宇宙」であったことの観測的証拠であると述べた．しかし，FIRAS よりもずっと精度の高いスペクトル測定を考えると，CMB のスペクトルはプランク分布からわずかにずれる[*1]ことが期待される．これは CMB スペクトルの**歪み**（distortion）と呼ばれ，ΛCDM モデルが予言する効果である．

本章ではまず，黒体放射のスペクトルが形成される物理過程を概観（13.1 節）したのち，代表的な歪みの形として有限な化学ポテンシャルによる歪み（13.2 節），異なる温度にある黒体放射が混じることによる歪み（13.3 節），そして光と電子のエネルギーのやり取りによる歪み（13.4 節）を議論する．3.1.8 節で学んだ，陽子と電子の再結合から放出された光のスペクトルも黒体放射からのずれである．13.5 節では，CMB の黒体放射スペクトルの形は変えないが，CMB の静止系に対して運動する電離ガスのかたまりがドップラー効果によって CMB の温度を変える効果を議論する．これらは小さい効果であるが現在の技術で測定可能であり，ΛCDM モデルのさらなる検証に役立つと期待される．本章では光速 c を 1 とする単位系を用いる．

[*1] この分野の草分け的な仕事は R. Weymann, *Astrophys. J.*, **145**, 560（1966）である．

13.1 黒体放射の形成

一口に熱平衡状態と言っても，平衡状態にある反応の種類によっては黒体放射のスペクトルを形成するとは限らない．物質と光が，反応の前後で**光子の数を変えない相互作用**によって頻繁にエネルギーをやりとりするとき，光子の位相空間数密度（1.4節）はボーズ–アインシュタイン分布

$$n_\gamma^{\text{位相}}(x) = \frac{2}{\exp(x+\mu)-1}, \tag{13.1}$$

に従う（図13.1）．ここで，温度で規格化した無次元のエネルギーとして $x \equiv p/k_{\mathcal{B}}T = h\nu/k_{\mathcal{B}}T$ を定義した．$T = 2.725\,\mathrm{K}$ のとき，これは $x \approx \nu/56.78\,\mathrm{GHz}$ である．μ は化学ポテンシャル[*2]である．初期のスペクトルがどのようなものであっても，物質と光とが光子の数を変えない相互作用によって頻繁にエネルギーをやりとりすれば，CMBのスペクトルはゼロでない化学ポテンシャルを持つボーズ–アインシュタイン分布となる．化学ポテンシャルがゼロであれば黒体放射のスペクトルを得るが，一般に式（13.1）は黒体放射のスペクトルではない．これは μ **型のスペクトル歪み**と呼ばれる．

記号を簡素化するため，本章ではこれ以降，位相空間数密度 $n^{\text{位相}}$ を単に n と書く．

FIRASによって測定されたCMBのスペクトルは誤差の範囲内で黒体放射のスペクトルと無矛盾であり，全天に渡って平均された μ の絶対値の上限値[*3]は，95%の信頼領域で $|\mu| < 9\times 10^{-5}$ である[*4]．答えなければならない問題は，「なぜ測定されたCMBスペクトルの化学ポテンシャルは小さいのか？」である．

反応の前後で光子の数を変えない電子と光子の散乱 $e^- + \gamma \leftrightarrow e^- + \gamma$ を考えよう．電子と光子は運動量だけでなく，エネルギーもやりとりするものとする（そうでなければスペクトルは変化しないからである）．この反応が平衡状態にあれば，化学ポテンシャルの和は反応の前後で等しい．電子の化学ポテンシャルを μ_e

---

*2　熱力学では化学ポテンシャル $\tilde{\mu}$ を $n_\gamma^{\text{位相}} = 2\{\exp[(p-\tilde{\mu})/k_{\mathcal{B}}T]-1\}^{-1}$ と定義するが，CMBの研究者は無次元化された化学ポテンシャル $\mu \equiv -\tilde{\mu}/k_{\mathcal{B}}T$ を用いて式（13.1）のように書くことが多い．

*3　μ は天球上で変化して良い．FIRASは全天の平均成分に上限値を与えたが，μ のゆらぎの成分は制限しなかった．たとえば原始ゆらぎが式（7.14）で与えられるような非ガウス成分を持てば，μ は天球上で変化する．E. Pajer, M. Zaldarriaga, *Phys. Rev. Lett.*, **109**, 021302（2012）; J. Ganc, E. Komatsu, *Phys. Rev. D*, **86**, 023518（2012）を見よ．

*4　D. J. Fixsen, *Astrophys. J.*, **707**, 916（2009）.

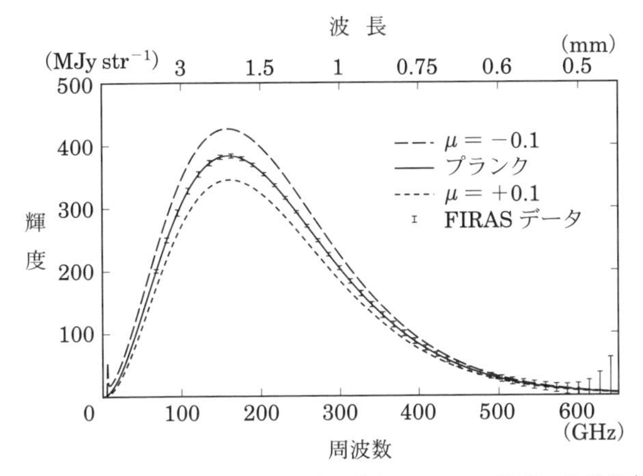

図 13.1 ボーズ–アインシュタイン分布．CMB の輝度の波長依存性を周波数と波長の関数として示す．縦軸は 1 ステラジアンあたりに受け取る CMB の放射強度をメガジャンスキー単位で与える．1 メガジャンスキーは $10^{-20}\,\mathrm{W\,m^{-2}\,Hz^{-1}}$ に等しい．実線は温度 2.725 K のプランクの公式を，点線と破線はそれぞれ $\mu = -0.1$ と $+0.1$ のボーズ–アインシュタイン分布を示す．誤差棒は COBE 衛星に搭載された分光器 FIRAS の測定値で，標準偏差の 200 倍を示す．図 1.3 と比べると，μ とプランクの公式の温度の違いは異なる周波数依存性を持つため，両者は区別できる．

と書けば $\mu_e + \mu = \mu_e + \mu$ となり，μ_e も μ も制限されず有限の値を持てる．次に，電子と陽子の散乱 $e^- + p \leftrightarrow e^- + p$ を考える．電子は陽子の電場によって力を受け，ゼロでない加速度を持つ．加速度を持つ電子は光を発するので，$e^- + p \leftrightarrow e^- + p + \gamma$ も可能な反応である．陽子の電場によって電子の運動にブレーキ（制動）がかかるので，この反応は**制動放射**と呼ばれる．この反応が平衡状態にあれば，化学ポテンシャルは $\mu_e + \mu_p = \mu_e + \mu_p + \mu$ を満たし，$\mu = 0$ を得る．電子と光子の散乱においても，光子をもう一つ出す **2 重コンプトン散乱** $e^- + \gamma \leftrightarrow e^- + \gamma + \gamma$ が可能である．この反応が平衡状態にあれば，やはり光子の化学ポテンシャルはゼロになる．すなわち，CMB の黒体放射スペクトルを説明するには，宇宙が高温・高密度だった頃，制動放射[*5]や 2 重コンプトン散乱[*6] のような，反応の前後で光子の数を保存**しない**反応が平衡状態にあったことが必要である．前者の

[*5] R. A. Sunyaev, Ya. B. Zeldovich, *Astrophys. Space Sci.*, **7**, 20 (1970) ; A. Illarionov, R. A. Sunyaev, *Sov. Astron.*, **18**, 413 (1975) ; *ibid.* **18**, 691 (1975).

反応率は陽子と電子の数密度の積に比例し，後者は電子の数密度に比例するから，どちらの反応がより重要であるかは陽子の数密度，すなわち $\Omega_B h^2$（式 (2.28)）に依存する．$\Omega_B h^2$ がある値より大きければ制動放射が支配的となり，小さければ 2 重コンプトン散乱が支配的となる．詳細な計算[*7]によれば，2 重コンプトン散乱と制動放射の反応の平均自由時間の比は $3(\Omega_B h^2)[(1+z)/2\times 10^6]^{5/2}$ で，$\Omega_B h^2 \lesssim 0.1$ であれば 2 重コンプトン散乱の平均自由時間は制動放射より短くなり，支配的となる．WMAP やプランク衛星のデータより $\Omega_B h^2 = 0.022$ が得られているので，我々の宇宙ではおもに 2 重コンプトン散乱によって黒体放射が形成されたことになる．本節で学ぶように，**黒体放射の形成は CMB の温度が 500 万度以上（赤方偏移が 2×10^6 以上）のとき**に行われた．

黒体放射の形成過程を掘り下げると，制動放射や 2 重コンプトン散乱のみでは黒体放射は形成されないことが導かれる．というのは，これらの過程で放出される光子の平均エネルギーは物質の温度よりずっと低いからである．光子は $x \ll 1$ のエネルギーを持って放出され，$x \ll 1$ のスペクトルは黒体放射に近づくが，大きな x を持つ部分のスペクトルは黒体放射とならない．ある初期時刻に，化学ポテンシャルの値がすべての x で μ_c であったとしよう．この化学ポテンシャルは 2 重コンプトン散乱により $\mu(x) = \mu_c \to \mu_c \exp(-x_c/x)$ と変化する．ここで，$x_c \approx 6.1\times 10^{-3}\sqrt{(1+z)/10^6}$ である[*8]．すなわち，x_c より小さな x での化学ポテンシャルは指数関数的にゼロとなるが，大きな x では化学ポテンシャルは変化しない（図 13.2 を見よ）．そこで，低エネルギーの光子を高エネルギーに分配する物理過程が必要となる．たとえば，高速で運動する電子が光子を散乱して光子のエネルギーを増加させる**逆コンプトン散乱**がある．

「逆」コンプトン散乱という言葉は混乱を招くかもしれないので補足しておく．コンプトン散乱は非弾性散乱で，電子の静止系において散乱前後の光子のエネルギーは変化する．この系における散乱前と散乱後の光子のエネルギーをそれぞれ k，k' と書こう．光子は電子を弾き飛ばして電子に運動エネルギーを与えるため，**電子の静止系において光子はエネルギーを失う**．散乱前後のエネルギーと運動量の

---

*6 （337 ページ）A. P. Lightman, *Astrophys. J.*, **244**, 392 (1981)；K. Thorne, *Mon. Not. Roy. Astron. Soc.*, **194**, 439 (1981)；L. Danese, G. de Zotti, *Astron. Astrophys.*, **107**, 39 (1982).

*7 W. Hu, J. Silk, *Phys. Rev. D*, **48**, 485 (1993).

*8 R. Khatri, R. A. Sunyaev, JCAP, **1206**, 038 (2012).

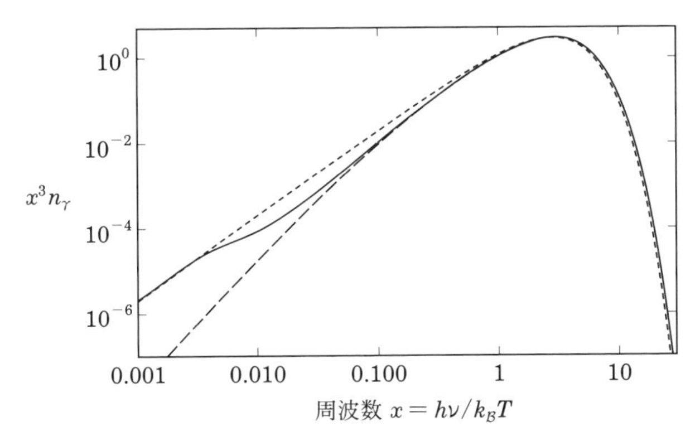

図 13.2 黒体放射の形成．$x^3 n_\gamma$ を x の関数として示す．点線はプランク分布 $n_\gamma = 2/[\exp(x) - 1]$ を，破線は初期化学ポテンシャル $\mu_c = 0.1$ を持つボーズ–アインシュタイン分布 $n_\gamma = 2/[\exp(\tilde{x} + \mu_c) - 1]$ を示す．二つのスペクトルは同じ値の光子の数密度を持ち，$\tilde{x} = (1 - 0.456\mu_c)x$ である．実線は 2 重コンプトン散乱によって化学ポテンシャルが $\mu = \mu_c \exp(-x_c/x)$ となったスペクトルを示す．ここでは $x_c = 0.02$ を用いた．この値は，μ_c が与えられた初期赤方偏移で $z \approx 1.1 \times 10^7$ に相当する．実線が点線になるには，光と電子がエネルギーをやりとりする反応が必要である．

保存則より，

$$k' = \frac{k}{1 + (k/m_e)(1 - \cos\beta)}, \tag{13.2}$$

と書ける[*9]．β は電子の静止系における散乱角度で，入射光子と散乱光子の運動量ベクトルがなす角度である．今考えている問題では $k/m_e \ll 1$ であるから，光子は割合として k/m_e 程度エネルギーを失う．次に CMB の静止系，すなわち観測者から見て CMB が等方的に見える系を考える．電子の運動速度 v_e による光のドップラー効果で，光子のエネルギーは割合として $v_e \approx \sqrt{3k_B T_e/m_e}$ 程度増減する．しかし，電子はあらゆる方向に運動するので，平均すれば v_e に比例する **1 次のドップラー効果は相殺する**．一方，v_e^2 に比例する 2 次の項（式 (4.18)）は電子の運動方向によって符号を変えないので，平均しても相殺せず，正味で光子にエネルギーを与える．詳細な計算（脚注 9）によると，CMB の静止系における光子のエネルギー変化量は，電子の運動方向に関して平均すれば，$k_B T_e/m_e$ と

[*9] 「ワインバーグの宇宙論」，付録 C.

p/m_e に関して 1 次の精度で

$$\frac{\langle \Delta p \rangle}{p} = \frac{4k_{\mathcal{B}}T_e}{m_e} - \frac{p}{m_e}, \tag{13.3}$$

となる．右辺初項は 2 次のドップラー効果によってエネルギーを得る効果で，2 項目は電子の反跳によってエネルギーを失う効果である．2 項目は $p/m_e = xk_{\mathcal{B}}T/m_e$ とも書け，熱平衡では $T = T_e$ であるから，$x \ll 4$ では初項が支配的となり，低エネルギーの光子は 2 次のドップラー効果によってエネルギーを得る．すなわち，コンプトン散乱によって光子は常にエネルギーを失うが，観測者の系では，場合によって光子はエネルギーを得るので「逆」コンプトン散乱と呼ばれる．光子のエネルギーに対して電子の温度が高ければ逆コンプトン散乱が起きる．

逆コンプトン散乱は主に高エネルギー天体物理学の分野で用いられる用語で，何らかの非熱的な物理過程によって加速された，相対論的な電子との散乱で光子がエネルギーを得る現象を指す．本章で扱う状況は異なり，熱的な**非**相対論的電子との散乱である．そこでは，光子のエネルギーが平均的に上昇する逆コンプトン散乱だけでなく，平均エネルギーは変えないがその分散を変える 1 次のドップラー効果も重要である．たとえば，ある単一のエネルギー $\bar{p}$ を持つ光子の分布が温度 T_e を持つ電子の雲によって散乱されると，1 次のドップラー効果によって光子のエネルギー分布は幅を持った分布となるが，エネルギーの平均値は $\bar{p}$ のままである．エネルギーの分散は v_e^2 程度，すなわち $k_{\mathcal{B}}T_e/m_e$ 程度となる．詳しい計算（脚注 9）によれば，電子の運動方向に関して平均した光子のエネルギー変化量の分散は

$$\frac{\langle \Delta p^2 \rangle}{p^2} = \frac{2k_{\mathcal{B}}T_e}{m_e}, \tag{13.4}$$

である．

これら 2 つの過程はエネルギーをやりとりする反応 $e^- + \gamma \leftrightarrow e^- + \gamma$ に含まれ，反応率は $\Gamma_K \equiv \sigma_T n_e k_{\mathcal{B}}T_e/m_e$ で与えられる（13.4.1 節）．エネルギーをやりとりしないトムソン散乱の反応率 $\sigma_T n_e$ に $k_{\mathcal{B}}T_e/m_e$ がかかる．赤方偏移が 5×10^4 より大きければこの反応の平均自由時間 Γ_K^{-1} はハッブル時間よりも短くなる．このとき，光子の数を変える反応がなければ光子の位相空間数密度分布はボーズ–アインシュタイン分布になるし，光子の数を変える反応があればプランク分布に

なる．

以上の議論より，黒体放射の形成過程に関して以下のような物理的描像を描ける．CMB の初期スペクトルがプランクの公式で与えられなくても，光のドップラー効果や電子の反跳によって光と電子がエネルギーのやりとりを頻繁に行えば，スペクトルはゼロでない化学ポテンシャルを持つボーズ–アインシュタイン分布となる．制動放射や 2 重コンプトン散乱が効果的であれば $x < x_c$ における化学ポテンシャルは指数関数的にゼロに近づく．この低エネルギー光子は，逆コンプトン散乱によってエネルギーを得て，より大きな x における化学ポテンシャルを減少させる．加えて，1 次のドップラー効果により光子のエネルギーは式 (13.4) で与えられる分散を持ってランダムに変化しながら拡散し，大きな x における化学ポテンシャルを減少させる．これらの過程が繰り返されることで，あらゆる x において化学ポテンシャルはゼロに近づく．詳細な計算（脚注 8）によれば，赤方偏移が $z_{\rm DC} \approx 2 \times 10^6$ 以上であれば，x_c における 2 重コンプトン散乱の平均自由時間はハッブル時間よりも短く，x_c より小さい x の化学ポテンシャルは指数関数的にゼロに近づき，逆コンプトン散乱とドップラー効果によってすべての x で化学ポテンシャルはゼロに近づき，CMB のスペクトルは黒体放射となる．すなわち，CMB の初期スペクトルがどのようなものであっても，また，宇宙の進化の段階で CMB のスペクトルを変形するような出来事が起こっても，赤方偏移が 2×10^6 になるまでには CMB は黒体放射となる．

13.2 化学ポテンシャルの生成

赤方偏移が 2×10^6 以下になると，2 重コンプトン散乱は有効でなくなる．この時期に CMB のスペクトルを変形するような出来事が起これば，スペクトルはゼロでない化学ポテンシャルを持つボーズ–アインシュタイン分布となる．

なんらかの出来事により，CMB に余分なエネルギー ΔE が注入されたとしよう．CMB の温度は T から T' に変化したとする．ただし，ΔE は CMB が持つ単位体積中のエネルギー $E \equiv a_{\mathcal{B}} T^4 V$ よりもずっと小さいとする（$a_{\mathcal{B}}$ は定数，V は任意の体積）．簡単化のため，エネルギー注入の前後で光子の数は変わらないとする．温度 T' のボーズ–アインシュタイン分布が持つエネルギー密度は，μ に関して 1 次の精度で $a_{\mathcal{B}} T'^4 (1 - 1.11\mu)$*10 である．エネルギーの保存則より，これはエネルギー注入前の黒体放射のエネルギー密度 $a_{\mathcal{B}}T^4$ と，注入されたエネルギー密度 $\Delta E/V$ との和に等しい．一方，CMB の数密度はエネルギー注入の前後で変わらないと仮定したから，$b_{\mathcal{B}}T'^3(1-1.37\mu)=b_{\mathcal{B}}T^3$（$b_{\mathcal{B}}$ は定数），すなわち $T'(1-0.456\mu)=T$ である．これらの連立代数方程式を解けば $\mu=1.40(\Delta E/a_{\mathcal{B}}T^4V)=1.40\Delta E/E$ を得る．エネルギーの注入が連続的に行われるならば，

$$\mu=1.40\int_{\infty}^{5\times10^4}dz\frac{d}{dz}\left[\frac{Q(z)}{\rho_\gamma(z)}\right]\exp\left[-\left(\frac{1+z}{2\times10^6}\right)^{5/2}\right], \tag{13.7}$$

である．Q は CMB に注入されるエネルギー密度のうちスペクトルの歪みに使われる分で，ρ_γ は CMB のエネルギー密度である．指数関数は，赤方偏移が 2×10^6 以上では2重コンプトン散乱によって μ が急速に小さくなることを表す（脚注6）．積分に寄与する赤方偏移の下限値[*11]は光と電子とがエネルギーをやりとりする反応の平均自由時間 Γ_K^{-1} がハッブル時間と等しくなる赤方偏移で，これより低赤方偏移ではスペクトルをボーズ–アインシュタイン分布にすることはできない．

赤方偏移が5万以上という初期宇宙において，たとえばどのような物理過程が CMB にエネルギーを注入するであろうか？ 13.3.3 節では標準的な ΛCDM モデルが予言する効果としてシルク減衰，すなわち音波のエネルギーが粘性によって散逸することで CMB にエネルギーを注入する現象を学ぶ．標準モデルの枠組みを超えれば，暗黒物質やその他未知の粒子が対消滅や崩壊[*12]することでエ

[*10]（341 ページ）式（13.1）を μ に関して1次の精度でテイラー展開すれば

$$n_\gamma(x)=n_{\text{プランク}}(x)-\mu\frac{2\exp(x)}{[\exp(x)-1]^2}+\cdots, \tag{13.5}$$

を得る．$n_{\text{プランク}}=2/[\exp(x)-1]$ はプランク分布である．エネルギー密度は $T^4\int_0^\infty dx\ x^3n_\gamma(x)\propto T^4(1-1.11\mu)$ に比例し，数密度は $T^3\int_0^\infty dx\ x^2n_\gamma(x)\propto T^3(1-1.37\mu)$ に比例する．n_γ はプランク分布ではないから熱力学的な温度を定義することはできないが，プランク分布からのズレ $\Delta n\equiv n_\gamma-n_{\text{プランク}}$ が微小であれば，実効的な温度変化 ΔT を $\Delta n=-x(dn_{\text{プランク}}/dx)\Delta T/T$ として定義できる．すると

$$\frac{\Delta T}{T}=-\frac{\mu}{x}, \tag{13.6}$$

を得る．すなわち，実効的な温度変化は周波数に反比例する．

[*11] 積分範囲を区切るのではなく，より正確な結果をほしい場合は

$$\mu=1.40\int_{\infty}^{0}dz\frac{d}{dz}\left[\frac{Q(z)}{\rho_\gamma(z)}\right]\exp\left[-\left(\frac{1+z}{2\times10^6}\right)^{5/2}\right]\left\{1-\exp\left[-\left(\frac{1+z}{5.8\times10^4}\right)^{1.88}\right]\right\}, \tag{13.8}$$

を使えば良い．J. Chluba, *Mon. Not. Roy. Soc. Astron.*, **434**, 352 (2013) を見よ．

ネルギーを注入したり，初期宇宙に存在したかもしれない原始磁場が音波やアルヴェーン波を励起し，それが粘性によって散逸[*13]するエネルギー注入などが研究されている．その他の可能性はレビュー論文[*14]を見よ．

CMB へのエネルギー注入は正の化学ポテンシャルを与えるが，エネルギーを抜くことができれば負の化学ポテンシャルも可能である．3.1.6 節で学んだように，非相対論的な粒子からなるガスの温度は宇宙膨張とともに a^{-2} に比例して減少する．一方，CMB の温度は a^{-1} に比例して減少する．非相対論的ガスが散乱によって CMB と結びつくと，ガスの温度は式 (3.21) によって CMB の温度に近づくが，その過程で CMB のエネルギーの一部はガスに奪われる．しかし，2.4.1 節で学んだように CMB 光子の数はバリオン粒子の数に比べて圧倒的に多いので，この過程によって CMB が失うエネルギーの割合はバリオンと CMB 光子の数密度比 $n_B/n_\gamma \approx 6 \times 10^{-10}$ 程度と非常に小さい．

この過程を，エントロピーの保存を用いて[*15]調べよう．単位体積中のエントロピーは，その体積が含む粒子数でほぼ決まる．この体積中で粒子が生成されたり消滅することがなければ，エントロピーは保存量である．CMB 光子や宇宙背景ニュートリノの数はバリオンや暗黒物質の粒子数より圧倒的に多いから，エントロピーはほぼ前者で決まる．今興味ある時期ではニュートリノと暗黒物質は光子やバリオンと相互作用しないので，それらのエントロピーは個別に保存する．よって，光子とバリオンのエントロピーのみ考える．バリオン粒子 1 つが平均的に占める体積 $1/n_B$ 中のエントロピーを考える．これを $k_\mathcal{B}\sigma$ と書けば[*16]

$$k_\mathcal{B}\sigma = \frac{4a_\mathcal{B}T^3}{3n_B} + k_\mathcal{B}\mathcal{N}\ln\left(\frac{T^{3/2}}{n_B C}\right), \tag{13.9}$$

である．σ は無次元量となるように定義した．C はエントロピーのゼロ点を定

---

*12 (342 ページ) W. Hu, J. Silk, *Phys. Rev. Lett.*, **70**, 2661 (1993)；P. McDonald, R. J. Scherrer, T. P. Walker, *Phys. Rev. D*, **63**, 023001 (2001)；J. Chluba, *Mon. Not. Roy. Astron. Soc.*, **402**, 1195 (2010)；J. Chluba, R. A. Sunyaev, *Mon. Not. Roy. Astron. Soc.*, **419**, 1294 (2012).

*13 K. Jedamzik, V. Katalinic, A .V. Olinto, *Phys. Rev. D*, **57**, 3264 (1998)；K. Subramanian, J. D. Barrow, *Phys. Rev. D*, **58**, 083502 (1998)；K. Jedamzik, V. Katalinic, A .V. Olinto, *Phys. Rev. Lett.*, **85**, 700 (2000)；K. Kunze, E. Komatsu, *JCAP*, **1401**, 009 (2014).

*14 H. Tashiro, *Prog. Theor. Exp. Phys.*, 06B107 (2014).

*15 R. Khatri, R. A. Sunyaev, J. Chluba, *Astron. Astrophys.*, **540**, A124 (2012).

*16 「ワインバーグの宇宙論」，2.2 節．

義する適当な定数である．右辺初項は光子の，2 項目は非相対論的粒子のエントロピー密度を n_B で割ったものである．$a_{\mathcal{B}}$ は定数*17で，光のエネルギー密度を $\rho_\gamma = a_{\mathcal{B}} T^4$ と与える．$\mathcal{N}$ はバリオン粒子 1 つあたりの非相対論的な粒子の数で，陽子，ヘリウム原子核，電子の数密度の和を n_B で割ったものである．すなわち $\mathcal{N} n_B = n_p + n_{\rm H} + n_{\rm He} + n_e = (1-Y) n_B (1 + f_{\rm He} + X) \approx 0.75 n_B (1.083 + X)$ である．$Y \approx 0.25$ はバリオンの質量に対してヘリウム原子核が占める割合，$n_{\rm H}$ は中性水素の数密度，$n_{\rm He}$ は電離・中性原子を含むヘリウムの全数密度，$f_{\rm He} \approx 0.083$ は 3.1.6 節で定義したヘリウム原子核と陽子・水素原子の数密度比，$X(z)$ は 3.2 節で求めたヘリウム原子の電離も含めた電離度である．

光子の数密度は T^3 に比例するので，式 (13.9) の右辺 2 項目は初項と比べてバリオン–光子比だけ小さい．2 項目を無視すれば，σ の保存より通常の結果 $T \propto n_B^{1/3} \propto a^{-1}$ を得る．微小な 2 項目の効果を取り入れるため，CMB のエネルギー密度の進化を $\rho_\gamma \propto a^{-4-\epsilon}$ と書く．2 項目を無視した場合の進化 $\tilde{\rho}_\gamma \propto a^{-4}$ と比較すれば，ϵ に関して 1 次の精度で

$$\frac{\Delta \rho_\gamma}{\rho_\gamma} \equiv \frac{\rho_\gamma - \tilde{\rho}_\gamma}{\tilde{\rho}_\gamma} = -\epsilon \ln \frac{a}{a_*}, \tag{13.10}$$

である．a_* は $\rho_\gamma(a_*) = \tilde{\rho}_\gamma(a_*)$ となる任意の時刻を表す．エントロピーの保存を用いて ϵ を求めるには，式 (13.9) を $T \propto \rho_\gamma^{1/4} \propto a^{-1-\epsilon/4}$ と粒子数の保存 $n_B \propto a^{-3}$ を用いて a の関数として書き，ϵ に関してテイラー展開し，それを任意の時刻 a_* におけるエントロピー $\sigma(a_*)$ と等しいとすれば良い．結果は

$$\epsilon = \frac{3 \mathcal{N} n_B k_{\mathcal{B}}}{2 a_{\mathcal{B}} T^3} = \rho_B^{\text{熱力学}} / \rho_\gamma, \tag{13.11}$$

である．ここで $\rho_B^{\text{熱力学}} \equiv \frac{3}{2} \mathcal{N} n_B k_{\mathcal{B}} T$ は非相対論的ガスの熱力学的な内部エネルギーで，非相対論的ガスの冷却によって奪われる CMB のエネルギー密度 $\Delta \rho_\gamma$ はガスの内部エネルギーに比例する．これをエネルギー注入率で書けば

$$\begin{aligned} \frac{d}{dt}\left[\frac{Q(z)}{\rho_\gamma(z)}\right] &\propto -\frac{d}{dz}\left[\frac{Q(z)}{\rho_\gamma(z)}\right] = \frac{-\epsilon}{1+z} \\ &\approx \frac{-5.6 \times 10^{-10}}{1+z}\left[\frac{1.083 + X(z)}{2.25}\right]\left(\frac{\Omega_B h^2}{0.022}\right), \end{aligned} \tag{13.12}$$

---

*17 $a_{\mathcal{B}}$ はシュテファン–ボルツマン定数を $4/c$ 倍したもので，$a_{\mathcal{B}} = 7.566 \times 10^{-16}\,\mathrm{J\,m^{-3}\,K^{-4}}$ である．

を得る．エネルギー注入率は負であり，CMB はエネルギーをわずかに奪われる．ここで $n_B = 11.23\Omega_B h^2 (T/2.725\,\mathrm{K})^3\,\mathrm{m}^{-3}$（式（2.28）），$k_{\mathcal{B}}/a_{\mathcal{B}} = 1.825 \times 10^{-8}\,\mathrm{m}^3\,\mathrm{K}^3$，$\mathcal{N} = 0.75(1.083 + X)$ を用いた．

この結果を式（13.8）に代入して積分すれば化学ポテンシャルを得る．今考えている赤方偏移（$z > 5 \times 10^4$）ではヘリウムも完全電離しているので，$X \approx 1.167$（図 3.5）として良い．すると $\mu \approx -2.9 \times 10^{-9}$ を得る．この値は FIRAS の上限値の 3 万分の 1 程度と非常に小さく，現在の測定技術でギリギリ到達できるかどうかというレベルである．

13.3 異なる温度の黒体放射の混合

13.3.1 Y 型のスペクトル歪み

異なる温度にある黒体放射の混合は，黒体放射か？　答えは「否[*18]」である．光子の数密度は温度の 3 乗に比例するが，エネルギー密度は 4 乗に比例する．この冪の違いのため，異なる温度の黒体放射を混合すると，数密度とエネルギー密度の保存則を満たしつつ黒体放射を維持することはできない．

2 つの温度 $T_1 = \bar{T} + \Delta T$，$T_2 = \bar{T} - \Delta T$ にある黒体放射の混合[*19]を考える．記号を簡略化するため $\theta \equiv \Delta T/\bar{T}$ を定義すると，2 つの黒体放射の平均数密度は $b_{\mathcal{B}}(T_1^3 + T_2^3)/2 = b_{\mathcal{B}}\bar{T}^3(1 + 3\theta^2 + \cdots)$ と書ける．θ が 1 より小さければ，これは近似的に新しい温度 $T' \equiv \bar{T} + \bar{T}\theta^2$ にある黒体放射の数密度に等しい．一方，平均エネルギー密度は $a_{\mathcal{B}}(T_1^4 + T_2^4)/2 = a_{\mathcal{B}}\bar{T}^4(1 + 6\theta^2 + \cdots)$ で与えられ，新しい温度 T' にある黒体放射のエネルギー密度 $a_{\mathcal{B}}\bar{T}^4(1 + 4\theta^2 + \cdots)$ よりも割合で $2\theta^2$ だけ大きい．よって，黒体放射の混合は黒体放射ではなく，スペクトルは余剰なエネルギー密度の分だけプランクの公式からずれる．

スペクトルの具体的な形を求めよう．温度 $T = \bar{T} + \Delta T$ を持つ黒体放射の位相空間数密度 $n_{プランク}(x, \bar{T} + \Delta T)$ を ΔT に関して 2 次の精度でテイラー展開すれば

$$n_{プランク}(x, \bar{T} + \Delta T) = n_{プランク}(x, \bar{T}) + \left(-\theta + \theta^2\right) x n'_{プランク} + \frac{1}{2}\theta^2 x^2 n''_{プランク} + \cdots, \quad (13.13)$$

*18　Ya. B. Zeldovich, A. F. Illarionov, R. A. Sunyaev, *JETP*, **35**, 643 (1972).

*19　R. Khatri, R. A. Sunyaev, J. Chluba, *Astron. Astrophys.*, **543**, A136 (2012).

を得る．n に付与される $'$ は x に関する微分を表す．ここで，後にすぐ述べる理由でこの式を

$$
\begin{aligned}
&n_{プランク}(x, \bar{T}+\Delta T) \\
&= n_{プランク}(x, \bar{T}) - \left(\theta+\theta^2\right) x n'_{プランク} + \frac{1}{2}\theta^2 x \left(x n''_{プランク} + 4 n'_{プランク}\right) + \cdots \\
&= n_{プランク}(x, \bar{T}) + (\theta+\theta^2) G(x) + \frac{1}{2}\theta^2 Y(x) + \cdots , \qquad (13.14)
\end{aligned}
$$

と書き直す．新しい関数 $G(x)$，$Y(x)$ はそれぞれ

$$G(x) \equiv -x n'_{プランク} = \frac{2x\exp(x)}{[\exp(x)-1]^2}, \qquad (13.15)$$

$$Y(x) \equiv \frac{1}{x^2}\left(x^4 n'_{プランク}\right)' = G(x)\left(x \coth\frac{x}{2} - 4\right), \qquad (13.16)$$

と定義した．ここで，$\coth(x/2) = [\exp(x)+1]/[\exp(x)-1]$ である．

関数 $Y(x)$ をこのように定義した理由は，式 (13.14) において $Y(x)$ **に比例する項は光子の数密度** $\int_0^\infty dx\, x^2 n(x)$ **を変えない**からである．すなわち $\int_0^\infty dx\, x^2 Y(x) = 0$ である．

式 (13.14) は，温度 $\bar{T}+\Delta T$ を持つプランク分布を温度 $\bar{T}$ を持つもので書き換えただけで，すべての次数の θ を足せば当然両辺は同じプランク分布である．ここで，さまざまな値の ΔT にある黒体放射の混合を考えて，平均操作を行う．すなわち，平均値がゼロ（$\langle\theta\rangle = 0$）である任意の θ の分布に関して平均を取れば，

$$\langle n_{プランク}(x, \bar{T}+\Delta T)\rangle = n_{プランク}(x, \bar{T}) + \langle\theta^2\rangle G(x) + \frac{1}{2}\langle\theta^2\rangle Y(x) + \cdots , \qquad (13.17)$$

を得る．平均操作のため，右辺はプランク分布では**ない**．$G(x)$ に比例する項は温度が $\bar{T} \to T' = \bar{T} + \bar{T}\langle\theta^2\rangle$ に上昇したと考えられる項なので，

$$\langle n_{プランク}(x, \bar{T}+\Delta T)\rangle = n_{プランク}(x, T') + \frac{1}{2}\langle\theta^2\rangle Y(x) + \cdots , \qquad (13.18)$$

とも書ける．

平均温度 $\bar{T}$ にある黒体放射の数密度・エネルギー密度と，異なる温度を持つ黒体放射の混合の数密度・エネルギー密度とを比べてみよう．数密度を求めるため，式 (13.18) の両辺に x^2 をかけて積分すると，右辺 2 項目は前述のようにゼロとなる．右辺初項は

$$\int_0^\infty dx\ x^2 n_{プランク}(x, T') = (1 + 3\langle\theta^2\rangle) \int_0^\infty dx\ x^2 n_{プランク}(x, \bar{T}), \tag{13.19}$$

を与える．平均温度にある黒体放射と比べ，異なる温度を持つ黒体放射の混合の数密度は相対的に $3\langle\theta^2\rangle$ だけ上昇する．次に，エネルギー密度を求めるため式 (13.18) の両辺に x^3 をかけて積分すると，右辺はそれぞれ

$$\int_0^\infty dx\ x^3 n_{プランク}(x, T') = (1 + 4\langle\theta^2\rangle) \int_0^\infty dx\ x^3 n_{プランク}(x, \bar{T}), \tag{13.20}$$

$$\frac{1}{2}\langle\theta^2\rangle \int_0^\infty dx\ x^3 Y(x) = 2\langle\theta^2\rangle \int_0^\infty dx\ x^3 n_{プランク}(x, \bar{T}), \tag{13.21}$$

を与えるから，合計でエネルギー密度は相対的に $6\langle\theta^2\rangle$ だけ上昇する．もし異なる温度にある黒体放射の混合も黒体放射であれば，$n \propto T^3$ と $\rho \propto T^4$ より，数密度が $3\langle\theta^2\rangle$ だけ上昇すればエネルギー密度は $4\langle\theta^2\rangle$ だけ上昇するはずであるから，$2\langle\theta^2\rangle$ は余剰なエネルギー密度である．この余剰なエネルギーが黒体放射のスペクトルを歪める．すなわち，異なる温度にある黒体放射が混合することで CMB に注入された総エネルギー量のうち，3 分の 1 はスペクトルの歪みに使われ，

$$\left.\frac{\Delta E}{E}\right|_{歪み} = 2\langle\theta^2\rangle = \frac{1}{3}\left.\frac{\Delta E}{E}\right|_{総量}, \tag{13.22}$$

である．

このスペクトル歪みを，一般的に

$$n_\gamma(x) - n_{プランク}(x, T) = yY(x), \tag{13.23}$$

と書こう．これは Y **型のスペクトル歪み**と呼ばれる．本節の例では $y = \langle\theta^2\rangle/2$ であった．より一般的に，パラメータ y は歪みを与えるエネルギー注入量で $y = \Delta E_{歪み}/4E$ と書ける．エネルギーの注入が連続的に行われるならば

$$y = \frac{1}{4}\int_{5\times10^4}^{z_L} dz \frac{d}{dz}\left[\frac{Q(z)}{\rho_\gamma(z)}\right], \tag{13.24}$$

である．Q は CMB に注入されるエネルギー密度のうちスペクトルの歪みに使われる分で，ρ_γ は CMB のエネルギー密度である．積分に寄与する赤方偏移の上限値*20は，光と電子とがエネルギーをやりとりする反応の平均自由時間がハッブル時間と等しくなる赤方偏移で，**これより高赤方偏移では Y 型のスペクトル歪みは μ 型のスペクトル歪みに変わる．**下限値は宇宙の晴れ上がり時刻（$z_L \approx 1090$）と

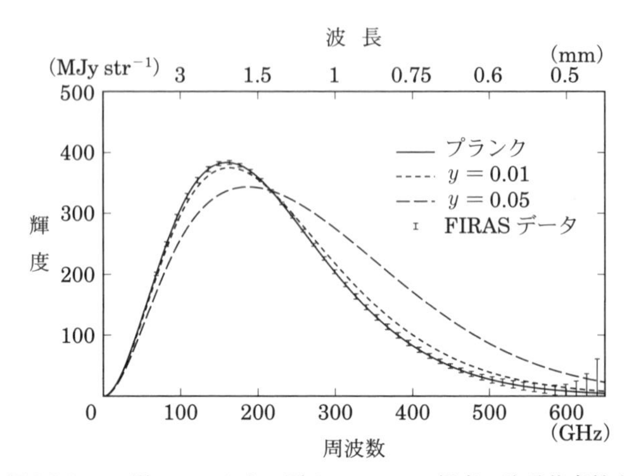

図 13.3 Y 型のスペクトル歪み．CMB の輝度の波長依存性を周波数と波長の関数として示す．縦軸は 1 ステラジアンあたりに受け取る CMB の放射強度をメガジャンスキー単位で与える．1 メガジャンスキーは $10^{-20}\,\mathrm{W\,m^{-2}\,Hz^{-1}}$ に等しい．実線は温度 2.725 K のプランクの公式を，点線と破線はそれぞれ $y = 0.01$ と 0.05 の Y 型のスペクトル歪みを示す．誤差棒は COBE 衛星に搭載された分光器 FIRAS の測定値で，標準偏差の 200 倍を示す．図 1.3, 13.1 と比べると，y の効果とプランクの公式の温度の違いや μ の効果は異なる周波数依存性を持つため区別できる．

した．晴れ上がり時刻以降の寄与は 13.4 節で述べる．

我々が測定する CMB の輝度スペクトルを I_ν と書けば，Y 型のスペクトル歪みにより CMB のスペクトルは

$$I_\nu = B_\nu(T)\left[1 + y\frac{x\exp(x)}{\exp(x)-1}\left(x\coth\frac{x}{2} - 4\right)\right], \tag{13.26}$$

となる．$B_\nu(T)$ は式（1.1）で与えられるプランクの公式である．図 13.3 に Y 型の歪みを持つ CMB のスペクトルを示す．光子は平均してエネルギーを得るので，高い周波数において CMB の輝度は増大する．一方，$Y(x)$ は光子の数を変えないので，低い周波数において CMB の輝度は**減少**する．Y 型のスペクトル歪みがゼ

---

*20 （347 ページ）積分範囲を区切るのではなく，より正確な結果をほしい場合は

$$y = \frac{1}{4}\int_\infty^{z_L} dz\frac{d}{dz}\left[\frac{Q(z)}{\rho_\gamma(z)}\right]\left[1 + \left(\frac{1+z}{6.0\times 10^4}\right)^{2.58}\right]^{-1}, \tag{13.25}$$

を使えば良い．J. Chluba, *Mon. Not. Roy. Soc. Astron.*, **434**, 352（2013）を見よ．

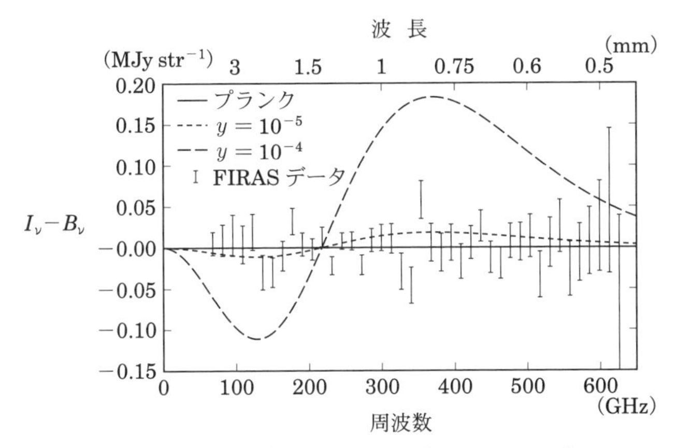

図 13.4 Y 型の歪みを持つスペクトルから 2.725 K のプランクの公式を引いた残差 $I_\nu - B_\nu(2.725\,\mathrm{K})$ の波長依存性を，周波数と波長の関数として示す．実線はゼロ（プランクの公式）を，点線と破線はそれぞれ $y = 10^{-5}$ と 10^{-4} の Y 型のスペクトル歪みを示す．誤差棒は COBE 衛星に搭載された分光器 FIRAS の測定値とその標準偏差を示す．

ロとなる周波数は y の値に依らず，217.5 GHz（$x = 3.830$）である．

Y 型のスペクトル歪みをより詳しく見るため，図 13.4 に 2.725 K のプランクの公式との差 $I_\nu - B_\nu(2.725\,\mathrm{K})$ を示す．FIRAS によって測定された CMB のスペクトルは誤差の範囲で黒体放射のスペクトルと無矛盾であり，全天に渡って平均された y の絶対値の上限値は 95%の信頼領域で $|y| < 1.5 \times 10^{-5}$ である（脚注 4）．ただし 13.4 節で述べるように，ある視線方向，特に銀河団が見える方向ではずっと大きな y が測定されている．

I_ν はプランク分布ではないから熱力学的な温度を定義することはできないが，プランク分布からのズレ $\Delta I_\nu \equiv I_\nu - B_\nu$ が微小であれば，実効的な温度変化 ΔT を $\Delta I_\nu = -x(dB_\nu/dx)\Delta T/T$ として定義できる．すると

$$\frac{\Delta T}{T} = y\left[x\coth\left(\frac{x}{2}\right) - 4\right], \tag{13.27}$$

を得る．低周波数の極限では $\Delta T/T \to -2y$，高周波数の極限では $\Delta T/T \to +yx$ を得る．

13.3.2 温度異方性

異なる温度を持つ黒体放射の混合の例として，観測者の測定手法によって混合が起きる場合を考えよう．具体的には，天球上の双極的異方性（4.3 節）を考える．CMB の静止系に対する太陽系の運動のため，運動方向に見える CMB の温度は平均温度より 3.355 mK 高く，逆方向の温度は 3.355 mK 低い．太陽系を中心とする球座標を考え，極角（この節でのみ，温度異方性と混同しないように極角は Θ と書く）の原点を太陽系の運動方向にとれば，温度異方性は $\theta = (3.355 \times 10^{-3}/2.725)\cos\Theta$ と書ける．観測者から見た θ^2 の全天に渡る平均値は

$$\langle\theta^2\rangle = \left(\frac{3.355 \times 10^{-3}}{2.725}\right)^2 \int_{-1}^{1} \frac{d(\cos\Theta)}{2}(\cos\Theta)^2 = 5.05 \times 10^{-7}, \tag{13.28}$$

である．よって，双極的異方性があるとき，全天で平均された CMB のスペクトルはプランクの公式で与えられず，$y = \langle\theta^2\rangle/2 = 2.5 \times 10^{-7}$ の大きさの Y 型のスペクトル歪みを持つ（脚注 19）．この値は FIRAS の上限値の 100 分の 1 程度である．

このスペクトル歪みは，CMB の温度マップから双極的異方性を引いてスペクトルを求めることで除けるが，残る $\ell \geqq 2$ の異方性も Y 型のスペクトル歪みを与える．温度異方性を球面調和関数で展開し，分散 $\langle\theta^2\rangle$ を計算すると式 (6.17) より

$$\langle\theta^2\rangle = \frac{1}{\bar{T}^2}\sum_{\ell=2}^{\infty}\frac{2\ell+1}{4\pi}C_\ell b_\ell^2, \tag{13.29}$$

を得る．$\bar{T} = 2.725\,\mathrm{K}$ で，b_ℓ はローパスフィルターである．天球上の CMB の温度異方性による最大の y を求めるため $b_\ell = 1$ として計算すると，$\langle\theta^2\rangle = 1.7 \times 10^{-9}$ と $y = 8.5 \times 10^{-10}$ を得る．これは非常に小さく，現在の測定技術でもギリギリ到達できるかどうかというレベルである．

13.3.3 音波の散逸

9.2.3 節で学んだように，小さな見込み角度（大きな ℓ）での温度異方性は光子の拡散によって指数関数的に減衰する（シルク減衰）．よって短波長の音波は消え去るが，一つの疑問が生じる．音波が持っていたエネルギーはどこへ行ったの

か？ 答えは，Y 型のスペクトル歪みを作るのに使われた*21，である．短波長の音波が持つエネルギーは粘性によって散逸し，うち 2/3 は黒体放射の平均温度を上昇させ，1/3 は Y 型のスペクトル歪みを作った*22.

この現象は，異なる温度にある黒体放射の混合として理解できる（脚注 19）．13.3.2 節の例のような観測者の測定手法によって起こる混合とは違い，異なる温度を持つ黒体放射が物理的に混合する．晴れ上がり以前の宇宙では電子と光子はトムソン散乱を通じて強く結びつき，大局的に見ると電子と光子はともに運動する．しかし，より細かく見ると電子と光子の運動にはずれがあり，光子はランダムウオークをしながら拡散し，電子の雲からしみ出してゆく．異なる電子の雲は異なる温度を持つので，それらの電子雲からしみ出した光子もまた異なる温度を持つ黒体放射である．これらの黒体放射が出会って混合すると，Y 型のスペクトル歪みを生じる．

ある時刻 t でシルク減衰によって注入されるエネルギー総量のうち，スペクトル歪みに使われるのは $\Delta E|_{\text{歪み}}/E = 2\langle\theta^2\rangle$ である．θ をフーリエ展開し，展開係数を $\theta_{\boldsymbol{q}}(t,\boldsymbol{\gamma}) = \alpha_{\boldsymbol{q}}\Delta_T(t,q,\mu)/4$ と書く．$\boldsymbol{\gamma}$ は光子の進行方向で，μ は波数ベクトル $\boldsymbol{q}$ と $\boldsymbol{\gamma}$ とがなす角度の余弦である．$\alpha_{\boldsymbol{q}}$ はパワースペクトルが 1 の確率変数で $\langle\alpha_{\boldsymbol{q}}\alpha^*_{\boldsymbol{q}'}\rangle = (2\pi)^3\delta_D^{(3)}(\boldsymbol{q}-\boldsymbol{q}')$ を満たす．$\Delta_T(t,q,\mu)$ を式（9.55）を用いてルジャンドル多項式展開すれば

$$\left.\frac{\Delta E}{E}\right|_{\text{歪み}}(t) = 2\int\frac{q^2dq}{2\pi^2}\sum_{\ell=0}^{\infty}(2\ell+1)[\Delta_{T,\ell}(t,q)/4]^2\,, \tag{13.30}$$

を得る．

エネルギー注入率 $d(Q/\rho_\gamma)/dt = -d(\Delta E/E)/dt$ を計算するため，式（13.30）を時間微分すれば，時間微分を含む項は $\sum_\ell(2\ell+1)\Delta_{T,\ell}\dot{\Delta}_{T,\ell}$ である．今考えている放射優勢期ではバリオンと光子の強結合近似を使えるので $\ell > 2$ は無視できる．シルク減衰は非等方ストレスによって生じるので，エネルギー注入率は $\Delta_{T,2}$ によって決められると予想できる．スカラー型の時空の歪みの変数 Ψ，Φ は非等

*21 R. A. Sunyaev, Ya. B. Zeldovich, *Astrophys. Space Sci.*, **9**, 368（1970）.

*22 J. Chluba, R. Khatri, R. A. Sunyaev, *Mon. Not. Roy. Astron. Soc.*, **425**, 1129（2012）．本節では，異なる温度にある黒体放射の混合としてこの現象を理解するが，音波が持つエネルギーを直接計算し，それが粘性によって散逸する過程を流体力学的に解いても同じ結果を得られる．E. Pajer, M. Zaldarriaga, *JCAP*, **1302**, 036（2013）を見よ．

方ストレスを生成しないので，これらは無視する．ルジャンドル多項式展開係数が従う 1 階線形微分方程式 (9.56)，(9.57)，(9.58) を用いて $\dot{\Delta}_{T,\ell}$ を消去すれば，$\sigma_T \bar{n}_e$ に比例する**散乱を表す項以外はすべて相殺**して*23

$$\sum_{\ell=0}^{2}(2\ell+1)\Delta_{T,\ell}\dot{\Delta}_{T,\ell} = -\frac{15}{4}\sigma_T \bar{n}_e \Delta_{T,2}^2\,, \tag{13.34}$$

を得る．ここで，強結合近似の解 $\Delta_{T,1} = -4q\delta u_B/3a$ と $\Pi = 5\Delta_{T,2}/2$ (11.3.2 節) を用いた．線形摂動論では CMB のスペクトルは歪まないので，エネルギー注入率が 2 次の摂動量 $\Delta_{T,2}^2$ に比例するのは期待どおりである．

$\Delta_{T,2}$ の強結合近似解 $\sigma_T \bar{n}_e \Delta_{T,2} = 8q\Delta_{T,1}/15a$ (式 (9.24))，および $q\Delta_{T,1}/a = -4\zeta c_s(1+4R_\nu/15)^{-1}\sin(qr_s)\exp(-q^2/q^2_{シルク})$ (式 (10.4)) と放射優勢宇宙での音速 $c_s = 1/\sqrt{3}$ を用いれば，最終的に

$$\begin{aligned}\frac{d}{dt}\left[\frac{Q(t)}{\rho_\gamma(t)}\right] &= -\frac{d}{dt}\left(\left.\frac{\Delta E}{E}\right|_{歪み}\right)\\ &= \frac{64}{45a^2\sigma_T \bar{n}_e}\left(1+\frac{4R_\nu}{15}\right)^{-2}\\ &\quad\times\int\frac{q^4dq}{2\pi^2}P_\zeta(q)\sin^2(qr_s)\exp(-2q^2/q^2_{シルク})\,,\end{aligned} \tag{13.35}$$

を得る．ここで，$P_\zeta(q)$ は原始曲率ゆらぎ ζ のパワースペクトル，$R_\nu \equiv \rho_\nu/(\rho_\gamma +$

---

*23 非等方ストレスを与えないスカラー型の時空の歪みの変数が CMB のスペクトル歪みを生成しないのは物理的に理解できるが，計算で示すこともできる．その際には式 (13.30) の時間微分の右辺に補正が必要で，

$$\frac{d}{dt}\left(\frac{\Delta E}{E}\right) = 4\langle\theta\dot{\theta}\rangle \longrightarrow 4\langle\theta[\dot{\theta} - d\ln(ap)/dt]\rangle\,, \tag{13.31}$$

を用いる．J. Chluba, R. Khatri, R. A. Sunyaev, *Mon. Not. Roy. Astron. Soc.*, **425**, 1129 (2012) および A. Ota, *JCAP*, **1701**, 037 (2017) を見よ．$d\ln(ap)/dt = \dot{\Psi} - a^{-1}\sum_i \gamma^i\partial\Phi/\partial x^i$ は，測地線の方程式から導いた光子のエネルギー変化を与える方程式 (5.11) である．すると

$$\begin{aligned}\frac{d}{dt}\left(\frac{\Delta E}{E}\right) = 4\int\frac{q^2dq}{2\pi^2}\sum_{\ell=0}^{\infty}(2\ell+1)\left[\Delta_{T,\ell}(t,q)/4\right]\\ \times\left[\dot{\Delta}_{T,\ell}(t,q)/4 - \dot{\Psi}\delta_{\ell 0} - \frac{q}{3a}\Phi\delta_{\ell 1}\right]\,,\end{aligned} \tag{13.32}$$

を得る．$\dot{\Delta}_{T,\ell}$ が従う 1 階線形微分方程式を代入すれば Ψ，Φ を含む項も相殺し，

$$\sum_{\ell=0}^{2}(2\ell+1)\Delta_{T,\ell}\left[\dot{\Delta}_{T,\ell}(t,q) - 4\dot{\Psi}\delta_{\ell 0} - \frac{4q}{3a}\Phi\delta_{\ell 1}\right] = -\frac{15}{4}\sigma_T\bar{n}_e\Delta_{T,2}^2\,, \tag{13.33}$$

を得る．一方，重力波を表すテンソル型の時空の歪みは直接非等方ストレスを生成するので，初期宇宙に重力波が存在すればゼロでない Y 型のスペクトル歪みが生じる．A. Ota, T. Takahashi, H. Tashiro, M. Yamaguchi, *JCAP*, **1410**, 029 (2014) を見よ．

$\rho_\nu) \approx 0.409$，$q_{シルク}$ はシルク減衰の波数（式 (9.28)）である．

放射優勢宇宙ではより単純な表式が得られる．$dq^{-2}_{シルク}/dt = 8/45a^2\sigma_T\bar{n}_e$（式 (9.30)）であることを用いれば

$$\frac{d}{dt}\left[\frac{Q(t)}{\rho_\gamma(t)}\right] = 4\left(1+\frac{4R_\nu}{15}\right)^{-2}\frac{d}{dt}q^{-2}_{シルク}\int\frac{q^4 dq}{2\pi^2}P_\zeta(q)\exp(-2q^2/q^2_{シルク}), \quad (13.36)$$

を得る．振動部分 $\sin^2(qr_s)$ は平均値 1/2 で置き換えた．パワースペクトルを $q^3P_\zeta/2\pi^2 = A_s(q/q_*)^{n-1}$ と書けば右辺の積分は解析的に求められる．時間微分を赤方偏移微分にして $d\ln q^{-2}_{シルク}/d\ln(1+z) = -3$ を用いれば

$$\frac{d}{dz}\left[\frac{Q(z)}{\rho_\gamma(z)}\right] = \frac{-3\,(1+4R_\nu/15)^{-2}A_s}{1+z}\frac{\Gamma[(n+1)/2]}{2^{(n-1)/2}}(q_{シルク}/q_*)^{n-1}, \quad (13.37)$$

を得る．$\Gamma(x)$ はガンマ関数である．赤方偏移積分は $\ln(1+z)$ を与えるので，積分結果の大きさを決めるのは主にパワースペクトルの大きさ A_s である．放射優勢期のシルク減衰の波数は $q_{シルク}/a_0 = 127[(1+z)/10^5]^{3/2}\,\mathrm{Mpc}^{-1}$ である．

音波の散逸によって注入されたエネルギーは Y 型のスペクトル歪みを形成するが，赤方偏移が 5 万以上であれば CMB の位相空間数密度は有限の化学ポテンシャル μ を持つボーズ–アインシュタイン分布となる（13.2 節）．式 (13.37) のエネルギー注入率を式 (13.8) に代入し，$R_\nu = 0.409$，$A_s = 2.2\times10^{-9}$，$n = 0.96$，$q_*/a_0 = 0.05\,\mathrm{Mpc}^{-1}$ を用いれば，化学ポテンシャルとして $\mu = 1.9\times10^{-8}$ を得る．一方 13.2 節で学んだように，非相対論的ガスの冷却によって CMB のエネルギーが奪われるため，負の化学ポテンシャル -0.3×10^{-8} が生じる．**両者の寄与を合計すれば $\mu = 1.6\times10^{-8}$ で，これが ΛCDM モデルが予言する化学ポテンシャルの大きさである**．FIRAS の上限値の 6000 分の 1 程度と小さいが，現在の測定技術で到達可能なレベルである．

この化学ポテンシャルを測定するのは重要である．式 (13.37) の右辺は $A_s(q_{シルク}/q_0)^{n-1}$ に比例するが，これは $q_{シルク}$ における原始ゆらぎのパワースペクトルの大きさである．化学ポテンシャルが生成される赤方偏移 $z \approx 5\times10^4$–2×10^6 では $q_{シルク} \approx 45$–$1.1\times10^4\,\mathrm{Mpc}^{-1}$ で，これは $\ell = 3000$ の CMB パワースペクトルに寄与する波数 $0.2\,\mathrm{Mpc}^{-1}$ よりもはるかに大きい．すなわち，化学ポテンシャルは **CMB のパワースペクトルでは測定できない短波長の原始ゆらぎ**

のパワースペクトルを測定する手法[*24]**を与える**．これはインフレーション理論のさらなるテスト[*25]である．

音波の散逸による Y 型のスペクトル歪みは式 (13.37) を式 (13.25) に代入して得られ，$y = 4.8 \times 10^{-9}$[*26]である．一方，第 3 章で得られた電離度 X を式 (13.12) に代入し，式 (13.25) を用いれば非相対論的ガスの冷却による負の寄与 -5.5×10^{-10} を得る．両者の寄与を合計すれば $y = 4.3 \times 10^{-9}$ を得る．これは 13.4 節で述べる晴れ上がり以降の寄与 $y \approx 10^{-6}$ よりはるかに小さいため，測定は難しい．

13.4 逆コンプトン散乱

13.4.1 熱的スニヤエフ–ゼルドヴィッチ効果

Y 型のスペクトル歪みは，逆コンプトン散乱によっても生じる[*27]．よく知られている例は，銀河団中の高温電子が CMB 光子を散乱して生じる Y 型のスペクトル歪み[*28]で，提唱者の名をとって**スニヤエフ–ゼルドヴィッチ効果**と呼ばれる．電子の熱的な運動によって生じるので，**熱的**スニヤエフ–ゼルドヴィッチ効果とも呼ばれる．“thermal Sunyaev-Zeldovich effect” の頭文字をとって，tSZ 効果と呼ばれることも多い．

13.1 節で学んだように，電子が光子を散乱すると 1 次のドップラー効果，逆コンプトン散乱，および電子の反跳によって光子のエネルギーは変化する．光子の位相空間数密度は**カンパニエーツ方程式**[*29]と呼ばれる以下の式

$$\dot{N}(t, x) = \frac{\Gamma_K(t)}{x^2} \frac{\partial}{\partial x} \left\{ x^4 \left[N' + \frac{T}{T_e}(N + N^2) \right] \right\}, \tag{13.38}$$

に従って時間進化する[*30]．ここで $x \equiv h\nu / k_{\mathcal{B}} T$ で，$N(t, x)$ は**各スピン自由度あたり**の位相空間数密度で，$N \equiv n/2$ である．プランク分布は $N_{プランク}(x) =$

[*24] R. Daly, *Astrophys. J.*, **371**, 14 (1991)；J. D. Barrow, P. Coles, *Mon. Not. Roy. Astron. Soc.*, **248**, 52 (1991)；W. Hu, D. Scott, J. Silk, *Astrophys. J. Lett.*, **430**, L5 (1994).

[*25] J. Chluba, A. L. Erickcek, I. Ben-Dayan, *Astrophys. J.*, **758**, 76 (2012).

[*26] ただし，式 (13.37) を得る際に放射優勢宇宙の解を用いたため，式 (13.25) の積分の晴れ上がり時刻 z_L あたりでは近似が悪くなる．

[*27] Ya. B. Zeldovich, R. A. Sunyaev, *Astrophys. Space Sci.*, **4**, 301 (1969).

[*28] R. A. Sunyaev, Ya. B. Zeldovich, *Comments Astrophys. Space Phys.*, **4**, 173 (1972).

[*29] A. S. Kompaneets, *Zh. Eksp. Teor. Fiz.*, **31**, 876 (1956)；「ワインバーグの宇宙論」，付録 C.

$[\exp(x)-1]^{-1}$ である．記号 $'$ は x に関する偏微分を表す．$\Gamma_K \equiv \sigma_{\mathcal{T}} n_e k_{\mathcal{B}} T_e/m_e$ は，電子と光子のエネルギーのやりとりによって光子の位相空間数密度が変化する反応率を表す．n_e と T_e は電子の数密度と温度で，$T=2.725(1+z)\,\mathrm{K}$ は CMB の温度である．右辺の N' に比例する項は，1 次のドップラー効果と逆コンプトン散乱によって光子のエネルギーが変化する効果を表す．次の項は光子が電子を弾き飛ばしてエネルギーを失う反跳の効果を表し，最後の項は光子の誘導放出を表す．誘導放出の項のため，これは非線形方程式である．

カンパニエーツ方程式は N に関する非線形偏微分方程式であるが，扱う物理的対象の典型的な時間スケールよりも平均自由時間 Γ_K^{-1} がずっと長い（つまり電子と光子はまれにしかエネルギーをやりとりしない）場合，右辺の N の時間依存性は無視できて，近似解を得られる．もともとの CMB の位相空間数密度はプランクの公式で与えられるとすれば，右辺の N を $N_{\text{プランク}}$ に置き換えて良い．するとうまいことに $N'_{\text{プランク}} = -(N_{\text{プランク}} + N^2_{\text{プランク}}) = -\exp(x)/[\exp(x)-1]^2$ であり，解として

$$N(x) - N_{\text{プランク}}(x) = \frac{x\exp(x)}{[\exp(x)-1]^2}\left[x\coth\left(\frac{x}{2}\right)-4\right] \times \int dt\ \Gamma_K(t)\frac{T_e(t)-T(t)}{T_e(t)}\,, \tag{13.39}$$

を得る．x に依存する項を式（13.16）と比べれば，これは $Y(x)/2$ に等しく，Y 型のスペクトル歪みである．光子と電子の散乱は光子の数を変えないこととも無矛盾である．y の定義式（13.23）と比較すれば，

$$y = \frac{\sigma_{\mathcal{T}} k_{\mathcal{B}}}{m_e}\int dt\ n_e(t)[T_e(t)-T(t)]\,, \tag{13.40}$$

を得る．この解は y が 1 より十分小さいときのみ成り立つ．

非相対論的電子による逆コンプトン散乱が，異なる温度にある黒体放射の重ね合わせと同じ Y 型のスペクトル歪みを与えるのは興味深いが，両者が一致するのは $y \ll 1$ のときのみで，$y \gtrsim 1$ の場合のスペクトルは Y 型の歪みとは異なる．

[*30] （354 ページ）カンパニエーツ方程式は $k_{\mathcal{B}}T_e/m_e$ に関して 1 次の精度で正しいが，電子温度が高くなると高次の補正項が必要となる．これは**相対論的補正**と呼ばれ，系統的に計算されている．たとえば A. Challinor, A. Lasenby, *Astrophys. J.*, **499**, 1（1998）；Y. Itoh, Y. Kohyama, S. Nozawa, *Astrophys. J.*, **502**, 7（1998）を見よ．

逆の極限，つまり電子と光子とがエネルギーを何度もやりとりする極限（$y \gg 1$）では，N はボーズ–アインシュタイン分布となる．確認するには，カンパニエーツ方程式で $T = T_e$ および $\dot{N} = 0$ となる定常解を探せば良い．解くべき式は $N' + N + N^2 = C/x^4$（C は定数）であるが，$x \to 0$ で意味をなす解を探すため $C = 0$ とすればボーズ–アインシュタイン分布が解となり，化学ポテンシャルは積分定数として現れる．

これらの極限の中間（$y \approx 1$）の解は数値的に求められるが，反跳と誘導放出が無視できる場合にはカンパニエーツ方程式は線形偏微分方程式 $\dot{N}(t,x) = \mathit{\Gamma}_K(t)(x^4 N')'/x^2$ になり，解析解を得られる．独立変数を $t \to y = \int dt\ \mathit{\Gamma}_K(t)$, $x \to \ln x$ に変えると $\partial N/\partial y = 3\partial N/\partial \ln x + \partial^2 N/\partial \ln x^2$ を得る．次に独立変数を y と $\xi \equiv 3y + \ln x$ に取り直すと，$\partial N/\partial y \to \partial N/\partial y + 3\partial N/\partial \xi$ より，方程式は1次元の拡散方程式の形 $\partial N/\partial y = \partial^2 N/\partial \xi^2$ になる．これを解くには N を ξ に関してフーリエ変換して偏微分方程式を y に関する常微分方程式にして解き，解をフーリエ逆変換すれば良い．解はガウス関数のたたみこみ積分で与えられ（脚注27）

$$N(y,\xi) = \frac{1}{\sqrt{4\pi y}} \int_{-\infty}^{\infty} d\xi'\ N(0,\xi') \exp[-(\xi - \xi')^2/4y], \tag{13.41}$$

である．$N(0,\xi)$ は $y = 0$ における位相空間数密度の初期条件で，たとえばプランクの公式で与えられる．

この解は任意の y に対して成り立つだけでなく，物理を理解するのにも役立つ．ガウス関数 $\exp[-(\xi - \xi')^2/4y]/\sqrt{4\pi y}$ は ξ' に関して積分すると1となり，散乱によって周波数の値がどう変わるかを記述する確率密度関数として解釈できる．すなわち，1次のドップラー効果や逆コンプトン散乱によりCMB光子の周波数はある確率密度関数に従って変化し，カンパニエーツ方程式ではこの関数は $\ln x$ に関する正規分布，すなわち x に関する対数正規分布[*31]である．$x' = \exp(\xi')$ と書けば，x' の平均値は $\langle x' \rangle = x \exp(4y)$ である．$y \ll 1$ のとき，これは $(\langle x' \rangle - x)/x \approx 4y \propto 4k_B T_e/m_e$ となり，式（13.3）の右辺初項を再現する．比例係数は式（3.24）で与えられるトムソン散乱の光学的厚さ τ である．x' の分散は $[\exp(2y) - 1]\langle x' \rangle^2$ で，$y \ll 1$ のとき $\langle (x' - x)^2 \rangle / x^2 \approx 2y$ となり，式（13.4）を再現する．

[*31] この結果は電子の速度が非相対論的な場合にのみ成り立つ．相対論的な場合の扱いは E. L. Wright, *Astrophys. J.*, **232**, 348（1979）を見よ．両者の違いは $x \gg 1$ において顕著となる．

太陽質量の 10^{15} 倍程度の質量を持つ銀河団は 1 億 K 程度の高温プラズマをその重力ポテンシャルに閉じ込めており，$T_e \gg T$ が成り立つ．すると電子の圧力 $P_e = n_e k_{\mathcal{B}} T_e$ を用いて y を書き直せて，

$$y(\hat{n}) = \frac{\sigma_{\mathcal{T}}}{m_e} \int_{t_L}^{t_0} dt\ P_e(t, \hat{n}r)\,, \tag{13.42}$$

である．$\hat{n}$ は視線方向，r は式（5.15）で与えられる動径座標，t_L と t_0 はそれぞれ宇宙の晴れ上がり時刻と現在の時刻である．トムソン散乱の光学的厚さ $d\tau = \sigma_{\mathcal{T}} n_e dt$ を用いれば $y = \int d\tau\ k_{\mathcal{B}} T_e / m_e$ とも書ける．太陽質量の 10^{15} 倍程度の質量を持つ銀河団では典型的に $\tau \approx 0.005$，$k_{\mathcal{B}} T_e \approx 10\,\mathrm{keV}$ である．$m_e = 511\,\mathrm{keV}$ なので，この銀河団は $y \approx 10^{-4}$ を与える．この値は十分に大きく，多くの銀河団が熱的スニヤエフ–ゼルドヴィッチ効果によって観測されている．特に，217 GHz よりも低い周波数では銀河団方向の CMB の温度は周囲の CMB の温度よりも**低い**．低周波の極限では $\Delta T \to -2yT$ なので，$y \approx 10^{-4}$ は $\Delta T \approx -0.5\,\mathrm{mK}$ に相当する．10 keV は約 10^8 K に相当する高温ガスであり，電子の制動放射によって X 線を発する．銀河団中で熱的運動をする電子は，X 線を出しつつ，CMB 光子を逆コンプトン散乱してそのスペクトルを歪めるのである．

負の輝度などありえない?!

熱的スニヤエフ–ゼルドヴィッチ効果は，高温プラズマを含む銀河団の方向に電波望遠鏡を向けると，観測周波数によっては周りの CMB に比べて輝度が負になることを予言する．今でこそ当然のように受け入れられているが，提唱者の一人ラシッド・スニヤエフは，当時理解を得るのに苦労したことを次のように回想している[*32]．

> 「レベジェフ物理学研究所でこの話をしたとき，白髪の老人が『私は熱力学と統計力学を 30 年教えているが，高温ガスが光を吸収するなんて聞いたことがない．これはまったくの誤りだ』と言いました．私は彼になんとか説明しようとしましたが，無駄でした．そこへ，ゼルドヴィッチが遅れてやってきて議論を聞き，『(スニヤエフは）正しい』と言ったら，なんの議論もなく，みんなすぐ同意してしまいました（笑）．そのとき私は，若いときには権力を持った人を後ろ盾に持つことがいかに大事かを学びました」

本書の読者には，本書に書かれていることは明白なことばかりではなく，ときには深い物理的洞察が必要であることを思い出してほしい（もちろん，本書に書かれていることはすべて正しいことも思い出してほしい！）．

図13.5は，ドイツのX線宇宙望遠鏡「ローサット」(ROSAT) によって発見された，X線で非常に明るい銀河団RX J1347.5 − 1145（赤方偏移は0.451）の92 GHzにおける熱的スニヤエフ–ゼルドヴィッチ効果の輝度分布（左図）と，そのX線放射輝度分布（右図）との比較である．このように，観測する波長によっ

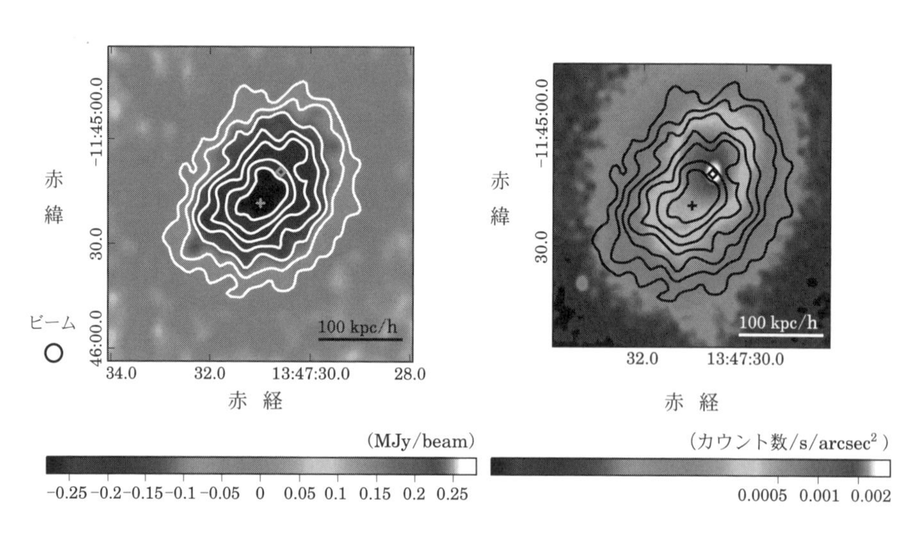

図13.5 銀河団RX J1347 − 1145の熱的スニヤエフ–ゼルドヴィッチ効果の輝度分布（左）と，X線輝度分布（右）との比較．前者は，日米欧の共同計画である南米チリの巨大ミリ波・サブミリ波干渉計「アルマ望遠鏡」(ALMA; Atacama Large Millimeter/submillimeter Array) によって得られたデータである．観測は92 GHzで行われたので，周囲のCMBと比べて輝度は負となる．後者は米国のX線宇宙望遠鏡「チャンドラ」(Chandra) によって得られたデータである．等高線はスニヤエフ–ゼルドヴィッチ効果の輝度を表し，内側ほど輝度はより強く負である．T. Kitayama, *et al.*, *Publ. Astron. Soc. Jpn.*, **68**, 88 (2016) より抜粋．

*32 (357ページ) 2010年に米国シカゴで行われた，チャンドラセカールの生誕100周年を記念するシンポジウムでの講演に基づく．`http://videolectures.net/chandrasekhar_sunyaev_universe` の54分ごろから見ることができる．

て銀河団は違って見える．熱的スニヤエフ–ゼルドヴィッチ効果は電子の圧力に比例するが，電子の制動放射によるX線強度はおもに電子の数密度の2乗に比例する（そして電子の温度にも若干依存する）ので，異なる情報を持っている．たとえば，右図ではX線強度が最大になる場所（ひし形のマーク）と，スニヤエフ–ゼルドヴィッチ効果の強度が最大になる場所（十字のマーク）の場所が異なる．これはRX J1347.5 − 1145が，10^{15}太陽質量程度の大きな銀河団と，その10分の1程度の質量を持つ銀河団との衝突から成っていると解釈[*33]できる．衝突時にできた衝撃波により十字マークの場所のガスが25 keV程度まで加熱された[*34]とすれば，データを説明できる．この例は，熱的スニヤエフ–ゼルドヴィッチ効果は高温ガスを見つけるのに適していることを示している．実際，スニヤエフ– ゼルドヴィッチ効果が測定される前は，この銀河団は衝突などしておらず普通の銀河団だと思われていた．長野県の野辺山45 m電波望遠鏡を用いた観測[*35]によってスニヤエフ–ゼルドヴィッチ効果とX線の輝度分布に食い違いがあることが発見され，その価値が再認識された．

銀河団や銀河群などの個々の天体による熱的スニヤエフ–ゼルドヴィッチ効果を平均すれば，全天に渡って平均したyを計算できる．解析的なモデルや詳細なコンピューター・シミュレーションによる計算で$y \approx 10^{-6}$から2×10^{-6}程度[*36]が予想されている．この値はFIRASの上限値よりも10倍程度小さいが，現在の測定技術なら十分到達できる．

熱的スニヤエフ–ゼルドヴィッチ効果は，宇宙の再電離によっても生じる．紫外線によって電離した水素ガスの温度は約1万度であるから，$k_B T_e \approx 1\,\mathrm{eV}$である．宇宙の再電離によって生じるトムソン散乱の光学的厚さはCMBの偏光観測から得られ（11.5節），$\tau \approx 0.06$である．すると$y \approx 1.2 \times 10^{-7}$が得られ，前述の個々の天体に付随する高温ガスによる寄与の10分の1程度である．

---

*33 C. D. Kreisch, M. E. Machacek, C. Jones, S. W. Randall, *Astrophys. J.*, **830**, 39 (2016)；S. Ueda, *et al*., *Astrophys. J.*, **866**, 48 (2018).

*34 T. Kitayama, *et al.*, *Publ. Astron. Soc. Jpn.*, **56**, 17 (2004)；N. Ota, *et al.*, *Astron. Astrophys.*, **491**, 363 (2008).

*35 E. Komatsu, *et al.*, *Publ. Astron. Soc. Jpn.*, **53**, 57 (2001).

*36 A. Refregier, E. Komatsu, D. N. Spergel, U.-L. Pen, *Phys. Rev. D*, **61**, 123001 (2000)；J. C. Hill, N. Battaglia, J. Chluba, S. Ferraro, E. Schaan, D. N. Spergel, *Phys. Rev. Lett.*, **26**, 261301 (2015)；K. Dolag, E. Komatsu, R. A. Sunyaev, *Mon. Not. Roy. Astron. Soc.*, **463**, 1797 (2016).

まとめると，ΛCDM モデルの枠組みでは全天に渡って平均されたスペクトル歪みとして $\mu \approx 2 \times 10^{-8}$ と $y \approx (1\text{–}2) \times 10^{-6}$ が予想される．3.1.8 節で学んだ陽子と電子の再結合から放出された光子（図 3.4）もスペクトル歪みを与える．これらは小さい効果であるが現在の測定技術で到達可能であり，ΛCDM モデルのさらなる検証に有効である．

13.4.2　パワースペクトル

銀河団や銀河群の空間分布のため，熱的スニヤエフ–ゼルドヴィッチ効果の分布は天球上で等方的でなく，ゆらぎを持つ．すなわち，y の値は視線方向によって異なる．Y 型のスペクトル歪みが持つ特徴的な周波数依存性のため，多くの周波数で測定を行えば黒体放射である CMB の温度ゆらぎと銀河団や銀河群起源の y のゆらぎを区別できる．プランク衛星は 9 つの周波数で測定を行ったので，CMB の温度ゆらぎの全天マップとともに y の全天マップ[*37]を作成できた（図 13.6）．このマップは，低赤方偏移（$z < 2$）の宇宙における高温電離ガスの圧力の分布を

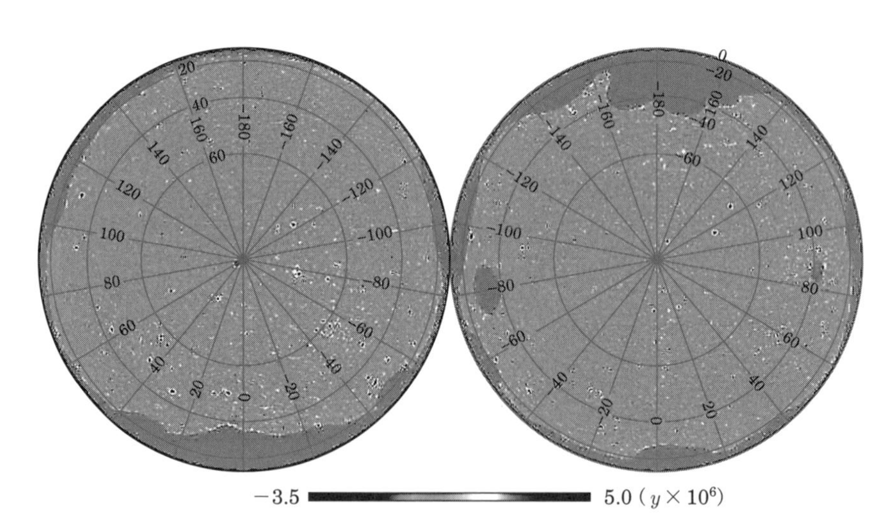

図 13.6　プランク衛星による 29 か月間の観測で測定された，熱的スニヤエフ–ゼルドヴィッチ効果の全天マップ．銀河座標における北極（左）と南極（右）を中心とする半球上の y の値の分布を示す．数字は銀経と銀緯を表す．Planck Collaboration, *Astron. Astrophys.*, **594**, A22（2016）より抜粋．

*37　Planck Collaboration, *Astron. Astrophys.*, **571**, A21（2014）; *ibid.* **594**, A22（2016）.

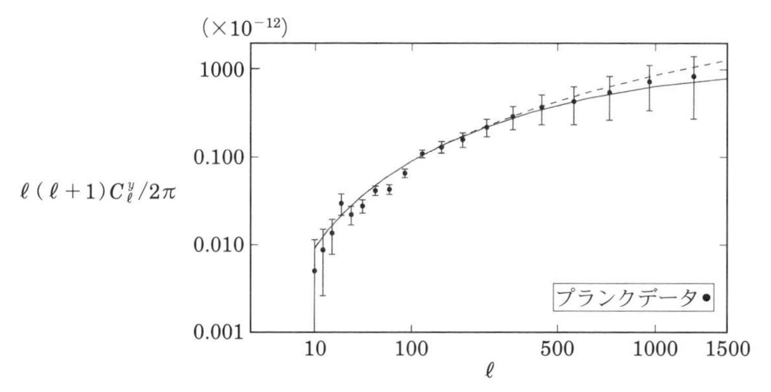

図13.7 プランク衛星による 29 か月間の観測で測定された，熱的スニヤエフ–ゼルドヴィッチ効果のパワースペクトル．y のパワースペクトル（$\ell(\ell+1)C_\ell^y/2\pi$）を ℓ の関数として示す．本来は各 ℓ ごとにデータ点があるが，見やすさのため，ある ℓ の区間ごとに区切って平均化してある．誤差棒は標準偏差を表す．実線は ΛCDM モデルと式（13.43）から計算されたパワースペクトルを示し，宇宙論パラメータは図 6.6 と同じである．破線は $10^{12}\ell(\ell+1)C_\ell^y/2\pi = 0.089(\ell/100)^{0.98}$ を示す．

反映している．マップ上に見える明るい天体は銀河団で，たとえば銀河座標での北極（左図の中心）には「かみのけ座銀河団」の高温プラズマによる熱的スニヤエフ–ゼルドヴィッチ効果が見える．

図 13.6 から得られた y のゆらぎのパワースペクトル C_ℓ^y を図 13.7 に示す．実線は，図 6.6 に示す CMB の温度ゆらぎのパワースペクトルを記述する ΛCDM モデルを用いて後に述べる式（13.43）から計算された y のパワースペクトルで，プランクの測定データと無矛盾である．これは驚くべきことである．CMB の観測からは初期宇宙における原始ゆらぎの分布（図 6.5），重力レンズ効果から得られる宇宙の全物質分布（図 7.3），およびスニヤエフ–ゼルドヴィッチ効果から得られる宇宙の高温プラズマの圧力分布（図 13.6）が得られる．これらは ΛCDM モデルの異なる側面を表すデータで，それぞれのパワースペクトルは晴れ上がり時刻以前の宇宙の物理状態（図 6.6），赤方偏移がおよそ 3 以下の宇宙の全物質分布（図 7.4），および赤方偏移がおよそ 2 以下の宇宙の高温ガスの圧力分布（図 13.7）に関する情報を持つ．そして，**そのすべては同じ ΛCDM モデルによって記述できる**のである．

CMBの温度ゆらぎと偏光のパワースペクトル，および重力レンズポテンシャルのパワースペクトルは線形摂動理論を用いて計算できたが，銀河団や銀河群による熱的スニヤエフ–ゼルドヴィッチ効果は非線形な物理によるものなので，異なる手法[*38]が必要である．まず，N 個の銀河団や銀河群が天球上にランダムに分布する場合を考えよう．パワースペクトルは個々の銀河団・群の寄与の足し算で $C_\ell^y = (4\pi)^{-1} \sum_{i=1}^{N} y_{\ell,i}^2$ と書ける．ここで $y_{\ell,i}$ は天球上の i 番目の銀河団・群による $y(\hat{n})$ の球面調和関数の展開係数である．銀河団・群内の高温ガスの圧力分布は球対称であると近似したので，これは m には依らず ℓ のみの関数である．この式を用い，図13.6に見える個々の天体の寄与を足しあげればパワースペクトルを得る．しかし，図13.6でははっきりわからないような，さして明るくない天体の寄与も考慮せねばならない．そのため，ある質量 M を持ち，赤方偏移 z にある銀河団・群の寄与を $y_\ell^2(M,z)$ と書いて，M と z に関して足しあげれば

$$C_{\ell ランダム}^y = \int_0^5 dz \frac{d^2V}{dzd\Omega} \int_{M_1}^{M_2} dM \frac{d^2N}{dMdV} y_\ell^2(M,z)\,, \tag{13.43}$$

を得る．$d^2V/dzd\Omega \equiv r^2(z)/H(z)$ は単位赤方偏移および単位立体角あたりの共動体積要素，$d^2N/dMdV$ はある赤方偏移において単位質量および単位共動体積あたりに存在する銀河団・群の個数である．後者は解析的な計算[*39]や宇宙論シミュレーションを用いた数値計算[*40]によって得られる表式を用いる．$y_\ell(M,z)$ は，プランクによって測定された銀河団の平均的な圧力分布[*41]から求められる．赤方偏移積分は $z=5$ まで足せば十分収束する．質量積分は $M_1 = 5\times 10^{11}\ h^{-1}\ M_\odot$，$M_2 = 5\times 10^{15}\ h^{-1}\ M_\odot$ とすれば十分収束する．$M_\odot$ は太陽質量である．式(13.43)による解析的な計算結果は宇宙論シミュレーションを用いて得られた結

[*38] E. Komatsu, T. Kitayama, *Astrophys. J.*, **526**, L1 (1999); E. Komatsu, U. Seljak, *Mon. Not. Roy. Astron. Soc.*, **336**, 1256 (2002); B. Bolliet, B. Comis, E. Komatsu, J. F. Macias-Perez, *Mon. Not. Roy. Astron. Soc.*, **477**, 4957 (2018).

[*39] W. H. Press, P. Schechter, *Astrophys. J.*, **187**, 425 (1974); R. K. Sheth, H. J. Mo, G. Tormen, *Mon. Not. Roy. Astron. Soc.*, **323**, 1 (2001).

[*40] J. L. Tinker, *et al.*, *Astrophys. J.*, **688**, 709 (2008); S. Bocquet, A. Saro, K. Dolag, J. J. Mohr, *Mon. Not. Roy. Astron. Soc.*, **456**, 2361 (2016).

[*41] Planck Collaboration, *Astron. Astrophys.*, **550**, A131 (2013).

果[*42]と良く一致し，プランクによって測定されたデータ（図 13.7）とも無矛盾である．

厳密に言えば，銀河団・群は天球上にランダムに存在せず相関を持って分布するので，式（13.43）に相関の寄与

$$C^{y}_{\ell\text{相関}} = \int_0^5 dz \frac{d^2V}{dzd\Omega} P_{\text{物質密度}}\left(q = \frac{\ell}{r}, z\right) \left[\int_{M_1}^{M_2} dM \frac{d^2N}{dMdV} b(M,z) y_\ell(M,z)\right]^2, \tag{13.44}$$

を加えねばならない．ここで，式（7.40）にもとづくリンバーの近似式を用いた．$P_{\text{物質密度}}(q,z)$ は赤方偏移 z における物質密度のパワースペクトルである．$b(M,z)$ は**バイアス**[*43]と呼ばれる量で，質量 M の銀河団・群のパワースペクトルを $P_{\text{銀河団・群}}(q,M,z) = b^2(M,z) P_{\text{物質密度}}(q,z)$ と与える．相関の寄与はランダムの寄与の $(N/V)P_{\text{銀河団・群}}$ 倍程度の大きさであるが，銀河団・群の数密度 N はそれほど大きくなく $(N/V)P_{\text{銀河団・群}} \ll 1$ が成り立ち，ランダムの寄与のみで良い近似となる．これはすなわち，天球上の銀河団や銀河群の分布はポアソン分布に近く，ガウス分布から外れることを意味する．そのためパワースペクトルは熱的スニヤエフ–ゼルドヴィッチ効果の情報のすべては記述できず，確率密度関数[*44]や 3 点相関関数[*45]（バイスペクトル; 7.2 節を見よ）を調べることも必要である．ランダムな寄与によるバイスペクトルは

$$\langle \prod_{i=1}^{3} a^{y}_{\ell_i m_i} \rangle_{\text{ランダム}} = \mathcal{G}^{m_1 m_2 m_3}_{\ell_1 \ell_2 \ell_3} \int_0^5 dz \frac{d^2V}{dzd\Omega} \int_{M_1}^{M_2} dM \frac{d^2N}{dMdV} \prod_{i=1}^{3} y_{\ell_i}(M,z), \tag{13.45}$$

で与えられる．$\mathcal{G}^{m_1 m_2 m_3}_{\ell_1 \ell_2 \ell_3}$ は式（7.25）で定義したガウント積分である．

図 13.7 のパワースペクトルはあらゆる赤方偏移にある銀河団や銀河群の寄与の和であるが，y のゆらぎのマップと他のマップとの相互相関を見ることで，特

[*42] K. Dolag, E. Komatsu, R. A. Sunyaev, *Mon. Not. Roy. Astron. Soc.*, **463**, 1797（2016）.

[*43] N. Kaiser, *Astrophys. J. Lett.*, **284**, L9（1984）; R. K. Sheth, G. Tormen, *Mon. Not. Roy. Astron. Soc.*, **308**, 119（1999）; J. L. Tinker, B. E. Robertson, A. V. Kravtsov, A. Klypin, M. S. Warren, G. Yepes, S. Gottlöber, *Astrophys. J.*, **724**, 878（2010）.

[*44] J. C. Hill, *et al.*, arXiv:1411.8004.

[*45] S. Bhattacharya, D. Nagai, L. Shaw, T. Crawford, G. P. Holder, *Astrophys. J.*, **760**, 5（2012）; T. M. Crawford, *et al.*, *Astrophys. J.*, **784**, 143（2014）; E. M. George, *et al.*, *Astrophys. J.*, **799**, 177（2015）.

定の赤方偏移や特定の銀河団・群の質量ごとの y の分布を調べることができる．たとえばX線銀河団[46]，近傍の明るい銀河[47]，クエーサー[48]，重力レンズ効果[49]との相互相関が測定されている．

13.5 運動的スニヤエフ-ゼルドヴィッチ効果

CMBの静止系に対して運動する電子の雲がCMB光子を散乱すると，光のドップラー効果によってCMBの温度は変わる．13.1節で，熱的電子の乱雑な運動では電子の速度に関して1次のドップラー効果は相殺すると述べた．しかし電子の雲全体がCMBの静止系に対して集団運動していれば1次の効果も残る．この集団運動の速度は，式（8.20）で定義した流体素片の物理的な速度ベクトル $\boldsymbol{v}$ に対応する．

電子とバリオン流体はクーロン散乱によって強く結びつき，ともに運動するとすれば，電子の集団速度はバリオン流体の速度 $\boldsymbol{v}_B$ に等しい．すると，ゆらぎの変数に関して1次の精度で温度異方性は[50]

$$\frac{\Delta T(\hat{n})}{\bar{T}} = -\sigma_{\mathcal{T}} \int_0^{t_0} dt\ \exp(-\tau)\bar{n}_e(t)\hat{n}\cdot\boldsymbol{v}_B(t,\hat{n}r)\,, \tag{13.46}$$

で与えられる．負符号は，観測者に向かってくる流体速度の符号を $\hat{n}\cdot\boldsymbol{v}_B<0$ としたことによる．これは10.3節で学んだ光のドップラー効果による温度異方性であり，おもに最終散乱時刻 t_L で最大の寄与がある．本節では t_L 以降の寄与を考える．10.5節で学んだように，赤方偏移が10程度で宇宙が再電離すると，電子

---

[46] J. B. Melin, J. G. Bartlett, J. Delabrouille, M. Arnaud, R. Piffaretti, G. W. Pratt, *Astron. Astrophys.*, **525**, A139（2011）; Planck Collaboration, *Astron. Astrophys.*, **536**, A10（2011）; A. Hajian, N. Battaglia, D. N. Spergel, J. R. Bond, C. Pfrommer, J. L. Sievers, *JCAP*, **1311**, 064（2013）.

[47] Planck Collaboration, *Astron. Astrophys.*, **557**, A52（2013）; J. P. Greco, J. C. Hill, D. N. Spergel, N. Battaglia, *Astrophys. J.*, **808**, 151（2015）; R. Makiya, S. Ando, E. Komatsu, *Mon. Not. Roy. Astron. Soc.*, **480**, 3928（2018）.

[48] M. B. Gralla, *et al.*, *Mon. Not. Roy. Astron. Soc.*, **445**, 360（2014）; J. J. Ruan, M. McQuinn, S. F. Anderson, *Astrophys. J.*, **802**, 135（2015）; D. Crichton, *et al.*, *Mon. Not. Roy. Astron. Soc.*, **458**, 1478（2016）.

[49] J. C. Hill, D. N. Spergel, *JCAP*, **1402**, 030（2014）; Y.-Z. Ma, L. Van Waerbeke, G. Hinshaw, A. Hojjati, D. Scott, J. Zuntz, *JCAP*, **1509**, 046（2015）; A. Hojjati, *et al.*, *Mon. Not. Roy. Astron. Soc.*, **471**, 1565（2017）.

[50] R. A. Sunyaev, Ya. B. Zeldovich, *Astrophys. Space Sci.*, **7**, 3（1970）.

によってCMB光子は再度散乱され，大きなℓでの温度ゆらぎと偏光のパワースペクトルは$\exp(-2\tau)$に比例して減衰する．一方，小さなℓでは新しい温度ゆらぎと偏光が生成される．しかし本節で学ぶように，より詳しく調べると大きなℓでも光のドップラー効果によって新しい温度ゆらぎが生成される．これはゆらぎの変数に関して**2次**の効果であるが，$\boldsymbol{v}_B$に比例する光のドップラー効果であるから**黒体放射の形は変えず**，温度のみが変わる．

ゆらぎの変数に関して1次の式（13.46）ではなぜ大きなℓでゆらぎが生成できないか理解しよう．光のドップラー効果は速度ベクトルの視線方向成分によって生じるから，単純化して速度ベクトルは視線方向と平行，あるいは反平行であるとする．ゆらぎの変数に関して1次の精度では速度ベクトルのフーリエ展開係数は波数ベクトルに比例する（$\boldsymbol{v}_{B\boldsymbol{q}} \propto \boldsymbol{q}$）から，波数ベクトルも視線方向と平行，あるいは反平行である．このとき，実空間における速度ベクトルは視線方向に沿って向きを反転しつつ変化するので，視線方向に沿って積分すると正と負の光のドップラー効果は相殺する．よって，積分する視線方向の距離（たとえば赤方偏移10程度までの共動距離，約10 Gpc）に比べて短波長の速度場による光のドップラー効果の寄与は相殺するから，式（13.46）では大きなℓで新しい温度ゆらぎを生成できない．

式（13.46）において電子の数密度のゆらぎも許して書けば

$$\frac{\Delta T(\hat{n})}{\bar{T}} = -\sigma_T \int_0^{t_0} dt\ \exp(-\tau)[\bar{n}_e(t) + \delta n_e(t, \hat{n}r)]\hat{n}\cdot\boldsymbol{v}_B(t, \hat{n}r), \qquad (13.47)$$

である．$\delta n_e \boldsymbol{v}_B$はゆらぎの変数に関して2次であり，これから説明する理由により視線方向積分で相殺しない．短波長のゆらぎでは角括弧内の2項目が支配的となる．まず，$\delta n_e \boldsymbol{v}_B$をフーリエ展開すれば係数は

$$\begin{aligned}[\delta n_e \boldsymbol{v}_B]_{\boldsymbol{q}} &= \int d^3x\ \exp(-i\boldsymbol{q}\cdot\boldsymbol{x})\delta n_e(\boldsymbol{x})\boldsymbol{v}_B(\boldsymbol{x}) \\ &= \int \frac{d^3q'}{(2\pi)^3}\delta n_{e\boldsymbol{q}-\boldsymbol{q}'}\boldsymbol{v}_{B\boldsymbol{q}'} \propto \int \frac{d^3q'}{(2\pi)^3}\delta n_{e\boldsymbol{q}-\boldsymbol{q}'}\boldsymbol{q}', \end{aligned} \qquad (13.48)$$

である．ここで$\boldsymbol{v}_{B\boldsymbol{q}'} \propto \boldsymbol{q}'$を用いた．右辺は$\boldsymbol{q}$に比例**しない**から，視線方向に垂直な$\boldsymbol{q}$も観測する温度ゆらぎに寄与する．視線方向に垂直な$\boldsymbol{q}$を持つ$\delta n_e \boldsymbol{v}_B$は式（13.47）の視線方向積分で相殺せず，ゼロでない結果を与える．この効果は，

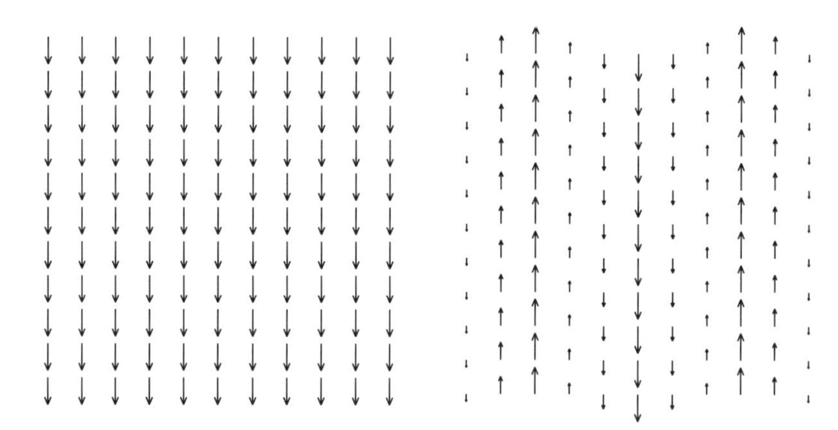

図 13.8 運動的スニヤエフ–ゼルドヴィッチ効果（式（13.47））の直観的描像．矢印は，図の各点にある流体素片の電子数密度 n_e と速度ベクトル $\boldsymbol{v}$ との積 $n_e\boldsymbol{v}$ の方向と大きさを示す．電子が CMB 光子を散乱すると光のドップラー効果によって CMB の温度は変わるので，矢印の向きと長さは温度変化の符号と大きさも表す．観測者は図の上，あるいは下に位置する．速度場の波数を $\boldsymbol{q}'$ と書けば，$\boldsymbol{q}'$ は $\boldsymbol{v}$ に平行である．速度場の波長は図の大きさ L よりもずっと長いとした．すなわち $|\boldsymbol{q}'| \ll 1/L$ で，このとき視線方向に沿って $\boldsymbol{v}$ の向きはほとんど変わらず，速度場はほぼ一様である．左の図は，ゆらぎの変数に関して 1 次のドップラー効果 $\bar{n}_e\boldsymbol{v}$（式（13.46））を示す．電子数密度も速度場も一様であるから，この天域上で CMB の温度は一様に変化し，観測者は新しい温度ゆらぎを観測しない．右の図は電子の数密度にゆらぎがある場合で，$\delta n_e\boldsymbol{v}$ を示す（一様成分は除いた）．密度ゆらぎの波数ベクトル $\boldsymbol{q}$ は視線方向（図の下から上，あるいは上から下）に垂直にとった．$\delta n_e\boldsymbol{v}$ は天域上で変化し，観測者は温度ゆらぎを観測する．

提唱者の名前から**オストライカー–ヴィシュニアック効果**[*51]，あるいは**運動的スニヤエフ–ゼルドヴィッチ効果**[*52]と呼ばれる．後者は "kinetic Sunyaev-Zeldovich effect" の頭文字をとって，kSZ 効果と呼ばれることも多い．前者は電離した銀河間ガスの運動による効果を，後者は高温プラズマを持つ銀河団の運動による効果[*53]を想定しており，δn_e の値は後者の方がずっと大きい．現在では，両者をひっくるめて kSZ 効果と呼ぶことが多い．

図 13.8 はこの効果を直観的に説明する．単純化のため，速度場と密度ゆらぎ

*51 J. P. Ostriker, E. T. Vishniac, *Astrophys. J.*, **306**, L51 (1986) ; E. T. Vishniac, *Astrophys. J.*, **322**, 597 (1987).

*52 R. A. Sunyaev, Ya. B. Zeldovich, *Comments Astrophys. Space Phys.*, **4**, 173 (1972) ; R. A. Sunyaev, Ya. B. Zeldovich, *Mon. Not. Roy. Astron. Soc.*, **190**, 413 (1980).

はそれぞれ単一のフーリエ波数 $\boldsymbol{q}'$ と $\boldsymbol{q}$ を持つとする．前者は視線方向に平行あるいは反平行で，後者は視線方向に垂直であるとする．すなわち $\boldsymbol{q} \perp \boldsymbol{v} \propto \boldsymbol{q}'$ である．視線方向を y 軸，視線方向に垂直な方向を x 軸にとると $\boldsymbol{v} \propto \boldsymbol{q}' \cos(q'y)$, $\delta n_e \propto \cos(qx)$ である．次に，密度ゆらぎの波長は速度場の波長よりずっと短いとすれば $q \gg q'$ である．すると式（13.48）より $[\delta n_e \boldsymbol{v}]_{\boldsymbol{q}} \propto \delta n_e \boldsymbol{q}\boldsymbol{q}' \propto \cos(qx)\boldsymbol{q}'$ で，$[\delta n_e \boldsymbol{v}]_{\boldsymbol{q}}$ は視線方向に垂直な方向に変化し，観測者は天球上に温度ゆらぎを見いだすことができる．このように，**長波長の速度場と短波長の電子数密度ゆらぎが掛け合わさって現れるのが運動的スニヤエフ-ゼルドヴィッチ効果の本質である**．

13.5.1 パワースペクトル

$\delta n_e \boldsymbol{v}_B$ のパワースペクトルを

$$\langle [\delta n_e \boldsymbol{v}_B]_{\boldsymbol{q}}(t) \cdot [\delta n_e \boldsymbol{v}_B]^*_{\boldsymbol{q}'}(t) \rangle = (2\pi)^3 \delta_D^{(3)}(\boldsymbol{q} - \boldsymbol{q}') \frac{\bar{n}_{p0}^2}{a^6(t)} [P_\perp(t,q) + P_\parallel(t,q)], \tag{13.49}$$

と書こう．$\bar{n}_{p_0}$ は現在の陽子の数密度である．現在の宇宙では銀河間ガスはほぼ完全電離しているので，n_{p_0} は中性水素を含めた宇宙の全陽子の数密度にほぼ等しい．よって $n_{p_0} = 0.75 n_{B_0} = 8.4 \Omega_B h^2\,\mathrm{m}^{-3}$（式（2.28））である．最初の項 $P_\perp$ は $\boldsymbol{q}$ に垂直な $\delta n_e \boldsymbol{v}_B$ の成分のパワースペクトルで，$P_\parallel$ は平行な成分のパワースペクトルである．大きな ℓ では前者の寄与が支配的となり，運動的スニヤエフ-ゼルドヴィッチ効果のパワースペクトル は[*54]

$$C_\ell^{\mathrm{kSZ}} = \frac{\sigma_T^2 n_{p_0}^2}{2} \int_0^{r_L} \frac{dr}{r^2 a^4} \exp(-2\tau) P_\perp\left(q = \frac{\ell}{r}, r\right), \tag{13.50}$$

と得られる．ここで，式（7.40）にもとづくリンバーの近似式を用いた．

[*53]（366 ページ）光学的厚さを用いて式（13.47）を書き，指数関数を 1 と近似すれば $\Delta T(\hat{n})/\bar{T} \approx -\int d\tau\ \hat{n} \cdot \boldsymbol{v}_e$ である．太陽質量の 10^{15} 倍程度の質量を持つ銀河団では典型的に $\tau \approx 0.005$ である．この銀河団が CMB の静止系に対して秒速 100 キロで視線方向に運動すれば，観測される温度変化は $\Delta T \approx 4.5\,\mu\mathrm{K}$ である．これは小さいが，現在の測定技術で到達可能である．たとえば J. Sayers, *et al.*, *Astrophys. J.*, **778**, 52（2013）; R. Adam, *et al.*, *Astron. Astrophys.*, **598**, A115（2017）を見よ．

[*54] 導出は A. H. Jaffe, M. Kamionkowski, *Phys. Rev. D*, **58**, 043001（1998）の付録，または H. Park, P. R. Shapiro, E. Komatsu, I. T. Iliev, K. Ahn, G. Mellema, *Astrophys. J.*, **769**, 93（2013）の付録 A.2 を見よ．

残る作業は $P_\perp$ を求めることである．$P_\perp$ は 2 つの δn_e と 2 つの $\boldsymbol{v}_B$ の積の平均なので，4 つのゆらぎの変数の積の平均である．式 (7.13) で見たように，これはガウス分布でもゼロにならない項とガウス分布ではゼロになる項との和で書ける．後者は前者の 10%程度の大きさ*55なので本書では無視する．すると*56

$$P_\perp(q) = \int \frac{d^3q'}{(2\pi)^3}(1-\mu'^2)\left[\frac{P_{\delta\delta}(|\boldsymbol{q}-\boldsymbol{q}'|)P_{\theta\theta}(q')}{q'^2} - \frac{P_{\delta\theta}(|\boldsymbol{q}-\boldsymbol{q}'|)P_{\delta\theta}(q')}{|\boldsymbol{q}-\boldsymbol{q}'|^2}\right], \tag{13.51}$$

を得る．ここで $\mu' \equiv \boldsymbol{q}\cdot\boldsymbol{q}'/qq'$，$P_{\delta\delta}(q)$ は $(a/a_0)^3\delta n_e/\bar{n}_{p0}$ のパワースペクトル，$P_{\theta\theta}(q)$ は速度場の発散 $\theta_B \equiv \nabla\cdot\boldsymbol{v}_B$ のパワースペクトル，$P_{\delta\theta}(q)$ は $(a/a_0)^3\delta n_e/\bar{n}_{p0}$ と θ_B の相互相関スペクトルである．

単純化のため水素とヘリウム原子は完全電離したとすれば，

$$\frac{(a/a_0)^3\delta n_e(t,\boldsymbol{x})}{\bar{n}_{p0}} = \frac{1.167\delta n_B(t,\boldsymbol{x})}{\bar{n}_B(t)}, \tag{13.52}$$

である．係数 1.167 は図 3.5 から得られる．ゆらぎは小さく線形摂動理論が成り立つと仮定すれば，質量保存の法則より $\theta_B = -(\dot{a}g + a\dot{g})\delta n_B/g\bar{n}_B$ である（ドットは時間微分を表す）．g は式 (8.47) で定義した量で，物質優勢期のニュートンポテンシャルとその後の時期のポテンシャルを $\Phi(t,\boldsymbol{x}) = g(t)\Phi_{\text{物質優勢}}(\boldsymbol{x})$ と関係づける．すると赤方偏移 z でのパワースペクトルは

$$P_\perp(q,z) = \left[1.167\frac{(ag)^{\cdot}}{g}\right]^2 \int \frac{d^3q'}{(2\pi)^3} P_{\text{物質密度}}(|\boldsymbol{q}-\boldsymbol{q}'|,z)P_{\text{物質密度}}(q',z) \times \frac{q(q-2q'\mu')(1-\mu'^2)}{q'^2(q^2+q'^2-2qq'\mu')}, \tag{13.53}$$

と書ける．この結果はイーサン・ヴィシュニアック（Ethan T. Vishniac）によって 1987 年に導かれた（脚注 51）*57．表式は単純で計算もたやすいが，完全電離で，かつ線形摂動理論が良い近似となる宇宙の時期やゆらぎの波長は限られており，この表式を用いる機会はほとんどない．というのは，運動的スニヤエフ–ゼルドヴィッチ効果のパワースペクトル C_ℓ^{kSZ} が CMB の音波のパワースペクトルを

*55 H. Park, E. Komatsu, P. R. Shapiro, J. Koda, Y. Mao, *Astrophys. J.*, **818**, 37 (2016).
*56 C.-P. Ma, J. N. Fry, *Phys. Rev. Lett.*, **88**, 211301 (2002).
*57 ボルツマン方程式にもとづく導出は W. Hu, D. Scott, J. Silk, *Phys. Rev. D*, **49**, 648 (1994)；S. Dodelson, J. M. Jubas, *Astrophys. J.*, **439**, 503 (1995) を見よ.

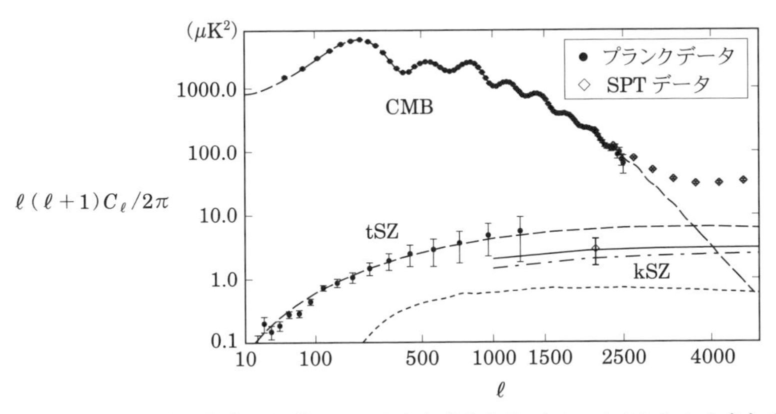

図 13.9 マイクロ波の温度ゆらぎのデータから得られるパワースペクトルのまとめ．CMB の温度ゆらぎ，熱的スニヤエフ–ゼルドヴィッチ効果（tSZ），運動的スニヤエフ–ゼルドヴィッチ効果（kSZ）のパワースペクトルを ℓ の関数として示す．熱的スニヤエフ–ゼルドヴィッチ効果は周波数に依存するので，150 GHz での値を示す．本来は各 ℓ ごとにデータ点があるが，見やすさのため，ある ℓ の区間ごとに区切って平均化してある．誤差棒は標準偏差を表す．熱的スニヤエフ–ゼルドヴィッチ効果のパワースペクトルはデータ・理論曲線ともに図 13.7 のものと同じである．$\ell < 2500$ における CMB のパワースペクトルのデータはプランク衛星によるもので図 6.6 と同じであるが，$\ell > 2500$ のデータは南極望遠鏡（SPT）の 150 GHz のデータである．SPT のデータは，破線で示す ΛCDM の理論曲線からずれているが，これは系外銀河による寄与のためである．点線は水素の再電離の時期（$z > 6.7$）の運動的スニヤエフ–ゼルドヴィッチ効果の理論曲線を，一点鎖線はそれ以降（$z < 6.7$）の寄与の理論曲線を，実線は両者の和を示す．$\ell = 3000$ の誤差棒付きのひし形は，SPT によって推定された運動的スニヤエフ–ゼルドヴィッチ効果のデータ点（$2.9 \pm 1.3\,\mu\mathrm{K}^2$）である．

上回るのは ℓ が約 4000 以上で（図 13.9），$z \lesssim 6$ の完全電離した宇宙ではそのような短波長の物質密度ゆらぎは非線形となり，パワースペクトルの形を大きく変えるからである（脚注 56）．また，水素原子が完全電離する前の宇宙では電離度 X は場所ごとに大きく異なり，δn_e を平均的な電離度とバリオン数密度のゆらぎ $\bar{X}\delta n_B$ で書くことができず，式（13.53）はまったく当てはまらない[*58]．

そこで，非線形な構造の形成まで追える宇宙論シミュレーションによる数値計算が必要となる．暗黒物質は衝突しない粒子として扱い，ガスは流体力学の方程式によって記述する．シミュレーションによって得られたガスの密度と速度の分

[*58] H. Park, P. R. Shapiro, E. Komatsu, I. T. Iliev, K. Ahn, G. Mellema, *Astrophys. J.*, **769**, 93 (2013).

布，および水素原子の電離度の分布から式 (13.51) の $P_{\delta\delta}$，$P_{\theta\theta}$，$P_{\delta\theta}$ をいくつかの赤方偏移で求め，積分を実行すれば C_ℓ^{kSZ} を得る．水素が完全電離する前の宇宙では紫外線光子の放射輸送や水素原子の再結合などを解く必要があるので，水素が完全電離した宇宙とは解くべき方程式が異なる．よって，それぞれの時期について個別に計算した結果を図 13.9 に示す．一番下の点線は水素の再電離の時期 ($z > 6.7$) の運動的スニヤエフ–ゼルドヴィッチ効果の理論曲線（脚注 58 の "XL2" モデル）を，その上の一点鎖線は $z < 6.7$ の理論曲線*59を示す．$\ell \approx 3000$ での前者の寄与は後者の 3 分の 1 程度である．実線は両者の和を示し，$\ell \approx 3000$ で $\ell(\ell+1)C_\ell^{\mathrm{kSZ}}/2\pi \approx 3\,\mu\mathrm{K}^2$ である．これは 150 GHz における熱的スニヤエフ–ゼルドヴィッチ効果のパワースペクトルの半分程度の大きさである．運動的スニヤエフ–ゼルドヴィッチ効果は小さいが，無視できるほど小さくはない．

CMB のスペクトルが黒体放射からずれる熱的スニヤエフ–ゼルドヴィッチ効果とは異なり，運動的スニヤエフ–ゼルドヴィッチ効果のスペクトルは黒体放射の形を変えず，温度のみ変える．この温度変化は視線方向によって異なるので，分解能の粗い望遠鏡で観測すると異なる温度が混合する．13.3 節で学んだように，異なる温度にある黒体放射の重ねあわせは Y 型のスペクトル歪みを持つが，運動的スニヤエフ–ゼルドヴィッチ効果によるこの効果は無視しうるほど小さい．よって，運動的スニヤエフ–ゼルドヴィッチ効果のパワースペクトルの測定は容易ではない．

13.5.2 節で述べる銀河分布との相互相関を考えなければ，運動的スニヤエフ–ゼルドヴィッチ効果のパワースペクトルの測定は，観測されたパワースペクトルから CMB の寄与を引き，系外銀河による寄与を引き，熱的スニヤエフ–ゼルドヴィッチ効果の寄与を引いた残差を用いて行われる．図 13.9 に示す CMB の温度ゆらぎのパワースペクトルのデータのうち，ひし形のマークは南極望遠鏡 (SPT) が 150 GHz で得たデータ*60である．破線で示す ΛCDM の理論曲線からは大きくずれているが，これは系外銀河の寄与による．天球上にランダムに分布する系外銀

*59 L. D. Shaw, D. H. Rudd, D. Nagai, *Astrophys. J.*, **756**, 15 (2012) の表 3 の "CSF" モデル．ただし，$z \approx 3$ におけるヘリウムの再電離の効果を考慮するため表 3 の値を 1.22 倍した．また，赤方偏移の上限を 6.7 にするため，表 3 の 6 列目の冪 α を用いてパワースペクトルを各 ℓ で $(6.7/10)^\alpha$ 倍した．

*60 E. M. George, *et al.*, *Astrophys. J.*, **799**, 177 (2015).

河のパワースペクトルは ℓ に依らず一定（$C_\ell =$ 一定）なので，$\ell(\ell+1)C_\ell/2\pi$ は ℓ の大きなところで ℓ^2 に比例して増大し，支配的となる．系外銀河の寄与の周波数依存性は黒体放射とは異なる．SPT は 95，150，220 GHz の 3 つの周波数で観測を行ったので，系外銀河の寄与を推定できる．しかしそのせいで，次に支配的となる熱的スニヤエフ–ゼルドヴィッチ効果の推定はうまくいかない．というのは，SPT の 3 つの周波数を用いれば黒体放射と Y 型のスペクトル歪みを区別できるが，3 つの周波数は系外銀河の寄与の推定にすでに使われてしまったからである．プランクは 9 つの周波数で観測して CMB，系外銀河，熱的スニヤエフ–ゼルドヴィッチ効果を区別できたが，$\ell > 2500$ の情報を得るには角度分解能が足らなかった．10 m の口径を持つ SPT は十分な角度分解能を持つが，観測周波数の数が足らず，さまざまな成分をうまく区別できなかった．それでも，13.4.1 節で述べたバイスペクトルの情報なども用いて熱的スニヤエフ–ゼルドヴィッチ効果のパワースペクトルを推定して引き去り，得られた運動的スニヤエフ–ゼルドヴィッチ効果のパワースペクトルの値は $\ell = 3000$ で $\ell(\ell+1)C_\ell^{\rm kSZ}/2\pi = 2.9 \pm 1.3\,\mu{\rm K}^2$ である（脚注 60）．これは図 13.9 の実線で示す理論曲線と無矛盾であるが，測定値の信憑(ぴょう)性はまだ議論の余地がある．いずれにせよ，運動的スニヤエフ–ゼルドヴィッチ効果のパワースペクトルは現在の技術で測定可能である．

13.5.2　銀河分布との相互相関

運動的スニヤエフ–ゼルドヴィッチ効果は密度の高い（光学的厚さ τ の大きい）電離ガスの運動によって生じるので，そのような場所があらかじめ分かっていれば測定はたやすくなる．たとえば，銀河の分布を用いる．各銀河（あるいは銀河群や銀河団）の方向に測定される CMB の温度ゆらぎは，運動的スニヤエフ–ゼルドヴィッチ効果のみならず晴れ上がり時の温度ゆらぎ，熱的スニヤエフ–ゼルドヴィッチ効果，および銀河自身が発する光の混合である．運動的スニヤエフ–ゼルドヴィッチ効果のみを取り出すため，銀河の**ペア**に注目する．銀河と銀河の距離が近ければ，重力によって互いに引き合い相対速度は負となる．そこで，ある距離離れた銀河のペアを選び，それぞれの方向に測定される温度ゆらぎの差を取れば，銀河の相対速度と光学的厚さの積を見積もることができる．一つの銀河ペアでは信号が小さすぎ，また運動的スニヤエフ–ゼルドヴィッチ効果以外の効果と区

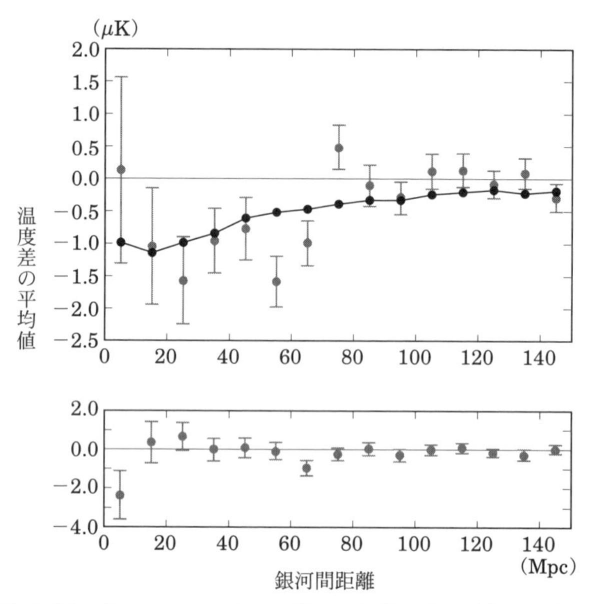

図 13.10 銀河のペアの方向の温度ゆらぎの差の平均から得た，運動的スニヤエフ–ゼルドヴィッチ効果の測定結果．スローン・デジタル・スカイサーベイ（SDSS）から選ばれた 5000 個の銀河について，銀河ペアの方向に測定された温度ゆらぎの差の平均値を銀河間距離の関数として示す．横軸は銀河間距離（単位はメガパーセク）を示し，縦軸は温度差の平均値（単位は μK）を示す．温度差は銀河ペアの平均的な相対速度に比例し，符号は互いに引き合う銀河ペアが負の相対速度を持つように選んだ．誤差棒付きの丸印は測定データを，実線で結ばれた丸印は ΛCDM モデルの予想を示す．下の図は，SDSS の銀河の位置の代わりにランダムに選ばれた位置を用いて得られた測定結果で，信号はゼロと無矛盾である．N. Hand, *et al.*, *Phys. Rev. Lett.*, **109**, 041101（2012）より抜粋．

別できないので，この測定を数多くの銀河のペアに渡って平均し，信号が銀河間距離とともにどう変化するか調べれば良い．

図 13.10 は，アタカマ宇宙論望遠鏡（ACT）によって得られた，運動的スニヤエフ–ゼルドヴィッチ効果の初めての測定例[*61]である．銀河間の距離が小さくなると，運動的スニヤエフ–ゼルドヴィッチ効果から予想されるとおり信号は負とな

[*61] N. Hand, *et al.*, *Phys. Rev. Lett.*, **109**, 041101（2012）.

る．測定された信号強度は 1 から 2μK 程度で，これも実線で示す予想と無矛盾である．銀河分布との相互相関は運動的スニヤエフ–ゼルドヴィッチ効果を測定するのに強力な手法であり，ΛCDM モデルのさらなる検証に役立つことが期待されている．ACT によるさらなる測定[*62]に加え，プランク衛星[*63]と SPT[*64]の測定も報告されている．

[*62] E. Schaan, *et al.*, *Phys. Rev. D*, **93**, 082002 (2016)；F. De Bernardis, *et al.*, *JCAP*, **1703**, 008 (2017).

[*63] Planck Collaboration, *Astron. Astrophys.*, **586**, A140 (2016)；C. Hernández-Monteagudo, *et al.*, *Phys. Rev. Lett.*, **115**, 191301 (2015)；J. C. Hill, S. Ferraro, N. Battaglia, J. Liu, D. N. Spergel, *Phys. Rev. Lett.*, **117**, 051301 (2016).

[*64] B. Sörgel, *et al.*, *Mon. Not. Roy. Astron. Soc.*, **461**, 3172 (2016).

終章

CMB研究のこれから

宇宙マイクロ波背景放射（CMB）の研究は，「自然科学が発展するならこう発展するのが最適なのでは」と思えるほど，観測と理論の両輪がうまく噛み合い，ともに進歩することで宇宙の謎を解き明かしてきた．観測では，1964 年のペンジアスとウィルソンによる発見を皮切りに，1969 年の $\ell = 1$ の温度異方性の発見，1992 年の $\ell \geqq 2$ の温度異方性の発見，1999 年のパワースペクトルの最初のピークの発見，そしてその後 20 年間の爆発的な進展があった．理論では，1967 年のザクスとヴォルフェによる一般相対性理論を用いた温度異方性の先駆的な研究に続き，1968 年のシルク減衰，1970 年の音波振動，1980 年の偏光の計算があり，その後，暗黒物質やニュートリノ，原始重力波，そして重力レンズ効果を取り入れた精密な数値計算への道がひらけた．観測が進展しなければ理論は進展しなかったであろうし，理論計算がなければ観測データを解釈することはおろか，そもそも観測計画を推進する上での方針が立たず，観測が大きく進展することはなかったであろう．

さて，CMB の研究は今後どのような展開を見せるだろうか？　一つ確かなのは，今後の 20 年間に，図 12.8 に示した温度異方性と偏光のパワースペクトルや，図 1.3 の黒体放射のスペクトルのデータで達成された精度をはるかに上回る，圧倒的なデータが続々と取得されることである．それには地上，気球，そして宇宙探査機の望遠鏡がそれぞれの持ち味を生かしてフル活用されるだろうし，観測計画の規模は大きくなり，国際的な共同が必要となるであろう．

2019 年 5 月 21 日，宇宙科学研究所（ISAS/JAXA）は，CMB の偏光を測定する宇宙探査機ライトバード（LiteBIRD）を，戦略的中型 2 号機として選定した．予定通り開発が進めば，2020 年代後半に打ち上がる予定である．これは，アメリカ航空宇宙局（NASA）の COBE と WMAP，欧州宇宙機関（ESA）のプランクに続く，4 世代目の CMB 専門の探査機である．実現すれば，初の日本主導の CMB 探査機となる．もう，わくわくして仕方がない．ライトバードは日本・北米・ヨーロッパの国際共同計画で，JAXA，NASA，ESA（および EU 諸国の宇宙機関），カナダ宇宙庁（CSA）とが共同する．このような規模での国際共同計画の調整・遂行は簡単ではないが，とにかくエキサイティングなことは間違いない．

ライトバードの目標は，原始重力波が CMB に残す痕跡である「B モード偏光」（12.3 節）を全天で測定することである．$\ell \approx 80$ にある最終散乱面での B モード偏光のパワースペクトル（図 12.5）だけでなく，全天観測を生かし，ℓ が小さなところの再電離時期の B モード偏光も測定する．具体的な数値目標は，重力波とスカラー型ゆらぎの振幅の比の 2 乗を表す「テンソル–スカラー比 r」（12.2.3 節）を，$r = 0.001$ のレベルまで探査することである．2019 年 7 月時点での上限値は $r < 0.06$（95%の信頼領域）なので，真の値が 0.001 と 0.06 の間にあれば，ライトバードで測定できる．

現在観測中なのは，地上の望遠鏡である．南極に設置された望遠鏡 SPT，BICEP3 や，チリに設置された望遠鏡 ACT，POLARBEAR2 は，空の限られた領域を集中的に測定することで，$\ell \approx 80$ の B モード偏光だけでなく，より ℓ の大きなところの重力レンズ効果起源の B モード偏光（11.6 節）の測定も行う．これらの地上観測によって $r = 0.01$ あたりまでは探査されると期待されているので，r が十分大きければ，すぐにでも原始重力波の痕跡が発見されるかもしれない（ただし，321–323 ページのコラムの教訓を忘れてはならない）．それと並行して気球による観測（SPIDER など）も行われており，我々が持つ道具と知恵を総動員しての探索である．r が地上の望遠鏡や気球観測から発見できるほど大きければ，ライトバードは B モード偏光のパワースペクトルを全天に渡って詳細に測定することで，原始重力波の起源と背後の物理に迫ることができる．

一般的に，地上の望遠鏡を用いた観測では大気の影響のため ℓ の小さなところの測定は難しいとされてきたが，チリに設置された望遠鏡 CLASS（Cosmology

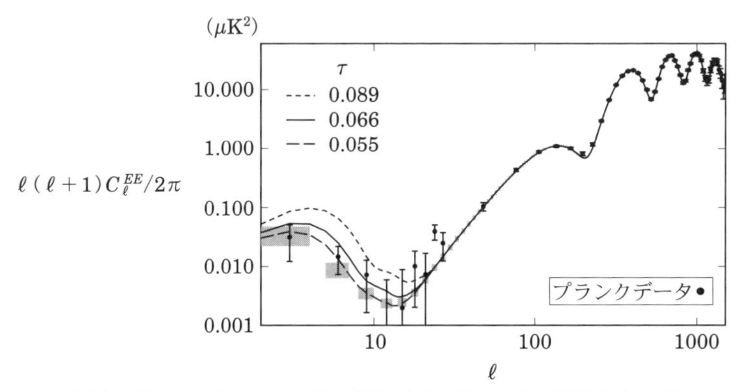

図 1　図 11.16 に，2018 年 7 月にプランクチームが発表した ℓ が小さいところの E モード偏光のパワースペクトルのデータを追加した．アミカケ（灰色の箇所）は，将来的にライトバードによって得られるであろうデータ点と 68%の信頼領域を示す．ただしすべての ℓ では示さず，幅 $\Delta\ell = 3$ で平均化したものを示す．

Large Angular Scale Surveyor）や，大西洋にあるスペイン領カナリヤ諸島テネリフェ島のグラウンドバード（GroundBIRD）実験のように，観測手法を工夫することで地上から ℓ の小さなところの偏光を測定しようとする野心的な計画もある．

さて，2018 年 4 月に本書の原稿を書き上げたのだが，その後 7 月にプランクチームが最新の結果[*65]を発表した．この結果はまだ学術雑誌に受理されていないので本文に含めることはしなかったが，ここで紹介しておく．新しい情報は，$\ell \lesssim 10$ での E モード偏光のデータが示されたことである（図 1）．これより得られた光学的厚さの値は $\tau = 0.054 \pm 0.007$ であった．しかし 11.5 節の最後で述べたように，この測定は系統的誤差のために信頼度が高くないので，追観測が必要となる．究極的な結果はライトバードによって得られるだろう．ライトバードによる τ の誤差の予測値は ± 0.002 である．

238 ページの表 10.1 にまとめた ΛCDM モデルの宇宙論パラメータでは，ℓ の大きなところのプランクの偏光のデータは用いていなかった．2018 年 7 月に発表されたパラメータでは偏光のデータも使われており，誤差はさらに小さくなった（次ページの表 1 を参照）．$\Omega_B h^2$，$\Omega_D h^2$，Ω_Λ などの密度パラメータは音波振動のピークの高さや位置から決まるので，偏光のパワースペクトル，とりわけ温度

[*65] Planck Collaboration, arXiv:1807.06209

表 1 ΛCDM のモデルパラメータとその 68%の信頼領域

	プランク (2018) 温度 + 偏光 + 重力レンズ	+BAO
$100\Omega_B h^2$	2.237 ± 0.015	2.242 ± 0.014
$\Omega_D h^2$	0.1200 ± 0.0012	0.11933 ± 0.00091
Ω_Λ	0.6847 ± 0.0073	0.6889 ± 0.0056
n	0.9649 ± 0.0042	0.9665 ± 0.0038
$10^9 A_s$	2.100 ± 0.030	2.105 ± 0.030
τ	0.0544 ± 0.0073	0.0561 ± 0.0071
t_0 (億年)	137.97 ± 0.23	137.87 ± 0.20
H_0 (km/s/Mpc)	67.36 ± 0.54	67.66 ± 0.42
$\Omega_M h^2$	0.1430 ± 0.0011	0.14240 ± 0.00087
$10^9 A_s e^{-2\tau}$	1.883 ± 0.011	1.881 ± 0.010
σ_8	0.8111 ± 0.0060	0.8102 ± 0.0060

異方性と E モード偏光の相互相関スペクトル C_ℓ^{TE} のピークの情報を含めることで精度が高まった．平坦な宇宙を仮定すればこれらの量からハッブル定数 H_0 が求まるので，H_0 の決定精度も改善する．

次に，τ の統計誤差が半分以下になったことから，スカラー型ゆらぎの振幅に関するパラメータ A_s，σ_8 の精度も大幅に改善した．234–237 ページのコラムで紹介した，銀河分布に刻印されたバリオン音響振動（BAO）の情報を含めると，$\Omega_D h^2$（あるいは $\Omega_M h^2$）の誤差はさらに小さくなる．そのため 10.6 節で紹介した，超新星までの距離測定による直接的な手法で得られた H_0 の値と，プランクから得られた H_0 の値との食い違いがより顕著となり，ΛCDM モデルのほころびを示すものではないかと注目を浴びている．

この H_0 の値の食い違いを検証するためにも，地上の望遠鏡による ℓ の大きな E モード偏光のパワースペクトルの測定は重要である．プランク（図 11.10），SPT（図 11.11），ACT によって達成された偏光のパワースペクトルの測定精度はまだ大幅に改善の余地があり，宇宙論パラメータの統計的な決定精度だけでなく，その信頼度の確認に大きな役割を果たすであろう．また，ℓ の大きな B モード偏光の測定と組み合わせれば，重力レンズポテンシャルのパワースペクトルを高精度に測定でき，ニュートリノ質量へ制限がつけられる（図 10.9）．特に，ニュートリノ振動の実験データから示唆される，3 世代のニュートリノの質量和の下限値 0.06 eV を測定できるかどうかが目安となる．

地上の望遠鏡による観測計画は，さらなるアップグレードが予定されている．まず，POLARBEAR と ACT のチームが力を合わせてチリにサイモンズ観測所（Simons Observatory）を建設中であり，2020 年代前半の観測開始を予定している．2020 年代後半には，チリ，南極，さらにその他の場所で複数の望遠鏡を設置して，地上から可能な範囲としては究極の CMB の観測を行う「CMB ステージ 4（CMB S-4）」という計画も米国主導で進んでいる．その頃には全天を観測するライトバードも打ち上がり，宇宙と地上からすべての ℓ で徹底的に CMB の温度異方性と偏光を観測しつくすことになるだろう．夢のような話である．

将来の地上観測から ℓ がさらに大きなところでの温度異方性が測定されれば，熱的，および運動学的スニヤエフ–ゼルドヴィッチ効果の測定精度も改善するはずだ（図 13.9）．銀河分布との相互相関を用いれば，さらに精度は改善する．そのとき，果たして測定データは ΛCDM モデルの予言と一致するのであろうか？加えて，これらの測定は銀河・銀河団の形成と進化，および宇宙の再電離の物理へ新たな知見をもたらすことから，宇宙論を超えた幅広い天体物理学の分野の進展に寄与するであろう．

CMB の温度異方性や偏光が従う確率密度関数が一様等方なガウス分布であればパワースペクトルだけでデータを記述できるが，7 章で学んだように，さまざまな物理過程が一様等方なガウス分布からのずれを与える．ライトバードや CMB S-4 の時代には，温度異方性，E モード・B モード偏光，重力レンズ効果，熱的・運動学的スニヤエフ–ゼルドヴィッチ効果，銀河分布など，あらゆる観測量のパワースペクトルや相互相関スペクトルはもちろんのこと，3 点と 4 点相関関数も精力的に測定され，パワースペクトルでは得られない情報の宝庫として大いに注目されるであろう．特に，熱的・運動学的スニヤエフ–ゼルドヴィッチ効果や銀河分布の確率密度関数はガウス分布から顕著にずれるので，3 点・4 点相関関数が威力を発揮するであろう．原始重力波起源の B モード偏光の発見の暁には，3 点相関関数を用いて，原始重力波の起源が真空の量子ゆらぎであるのか，あるいは物質場の非等方ストレス（式 (12.3) の右辺）であるのかを見極める*66 必要がある.

CMB の黒体放射スペクトルからのずれを測定する試みもある. COBE に搭載された分光器 FIRAS のデータ（図 1.3）は 1996 年のものであり, すでに 20 年以上が経過している. この間, 温度異方性と偏光の測定は WMAP, プランクという 2 つの宇宙望遠鏡を経て劇的に進展したが, 黒体放射スペクトルのずれの測定は地上と気球から行われた. 大気放射のため, これらの観測は CMB のスペクトルが最大となる波長よりもずっと長波長に限定される. しかし近年, そろそろ再び宇宙からの観測をしようという機運が高まっている. まだ各国の宇宙機関に正式に採択された計画はないものの, 計画の提案は複数出されている. 今後 20 年間に, FIRAS を超える圧倒的に高精度なデータを手に入れることは可能なはずだ. 13 章で学んだ y 型や μ 型のスペクトルの歪みだけでなく, 電子と陽子の再結合から発せられた輝線（図 3.4）を測定できたなら, これは究極の火の玉宇宙の観測であり, FIRAS に続く金字塔となるだろう.

過去 20 年間は, 観測と理論が爆発的に進展した, CMB の研究の黄金時代であった. 筆者は 20 年前に研究者人生をスタートさせ, この火の玉宇宙の残光に魅了され, CMB の研究の最先端を駆け抜けてきた. 次から次へと新しい観測成果と理論計算が報告され, 目がまわるほど忙しいが充実した日々であった. そして今, 複数の大型プロジェクトが進む中, それは新たな展開を迎えている. これからの 20 年間は, どのような発見が我々を待ち受けているのだろうか？ CMB の底知れなさを端的に言い表した言葉があるので, それを紹介して本書を締めくくろう. 地上の望遠鏡を用いた CMB の温度異方性と偏光, そしてスニヤエフ–ゼルドヴィッチ効果の観測で世界を牽引してきた, シカゴ大学のジョン・カールストロム（John Carlstrom）の一言である.

> 「CMB は贈り物だ. それは常に与え続けてくれる
> （CMB is the gift that keeps on giving）」

---

*66 （379 ページ）M. Shiraishi, C. Hikage, R. Namba, T. Namikawa, M. Hazumi, *Phys. Rev. D*, **94**, 043506 (2016); A. Agrawal, T. Fujita, E. Komatsu, *Phys. Rev. D*, **97**, 103526（2018）; *ibid. JCAP*, **1806**, 027（2018）.

◆付録　相対論的ニュートリノの方程式◆

8.2 節で学んだエネルギー–運動量テンソルは，エネルギー密度と運動量密度，圧力，非等方ストレスを記述する．エネルギー保存則の式（8.24）より，エネルギー密度の時間発展は運動量密度，圧力と非等方ストレスに依存する．運動量保存則の式（8.25）より，運動量密度の時間発展は圧力，非等方ストレスに依存する．本書で扱う物理の範囲内では各エネルギー成分の圧力はエネルギー密度と非等方ストレスで書けるので，もし非等方ストレスを無視するか，あるいは非等方ストレスを他の量（たとえば運動量密度の空間微分）で書くことができれば方程式系は閉じ，保存則を用いてエネルギー–運動量テンソルの時間発展を解くことができる．バリオン，暗黒物質，最終散乱時刻以前の光子の非等方ストレスは無視できるが，相対論的ニュートリノは非等方ストレスを求める必要がある．

放射優勢宇宙では，ニュートリノの温度は質量よりもずっと高いため，ニュートリノは相対論的粒子として扱って良い．温度が約 100 億 K まで下がると，ニュートリノと他の粒子とを熱平衡状態に保つ弱い相互作用の平均自由時間はハッブル時間より長くなり，ニュートリノは他の粒子と衝突することなく自由に進む．相対論的ニュートリノは光速で運動するため，ハッブル時間内にハッブル長進む．そのような無衝突粒子の集合の非等方ストレスはエネルギー密度や圧力で書くことができず，個々の粒子の運動量の時間発展を解く必要がある．一方，同様に無衝突粒子である暗黒物質の運動速度は光速に比べて十分小さい．ハッブル時間内に暗黒物質が進む距離よりも十分大きな長さでの現象を考える際には，暗黒物質の圧力や非等方ストレスは無視して良い．光子は光速度で運動するが，電子との散乱のため，最終散乱時刻以前の光子の平均自由時間はハッブル時間より短く，ハッブル時間内にハッブル長進むことができない．そのため，最終散乱時刻以前の光子の非等方ストレスは無視できる．

A.1　位相空間数密度とエネルギー–運動量テンソルとの関係

個々のニュートリノ粒子の運動量の時間発展を解いた後，重力場の方程式で必要となるエネルギー–運動量テンソルを計算する．1.4 節と 1.5 節で学んだ，単位位相空間体積あたりの粒子の数密度 $n^{位相}(t, \boldsymbol{x}, \boldsymbol{p})$ を用いる．時間と粒子の位置に加えて，粒子の運動量 $\boldsymbol{p}$ も解く必要がある．記号を簡素化するため，本章ではこれ以降，位相空間数密度 $n^{位相}$ を単に n と書く．

一般的に，エネルギー–運動量テンソルは n を用いて[*1]

$$T_{\mu\nu}(t, \boldsymbol{x}) = \frac{1}{h^3\sqrt{-g}} \int \left[\prod_{k=1}^{3} dp_k\right] n(t, \boldsymbol{x}, \boldsymbol{p}) \frac{p_\mu p_\nu}{p^0}, \tag{A.1}$$

と書ける．ここで，$\sqrt{-g} = a^4 \exp(\varPhi - 3\varPsi)$ は $g_{\mu\nu}$ の行列式 g の絶対値の平方根で，h はプランク定数である．光速 c を 1 とする単位系を用いる．質量 m を持つ粒子のエネルギー $E \equiv \sqrt{p^2 + m^2} = \sqrt{-g_{00}(p^0)^2}$（式（5.8））を用いれば，

$$T_{\mu\nu}(t, \boldsymbol{x}) = \frac{1}{h^3\sqrt{{}^3g}} \int \left[\prod_{k=1}^{3} dp_k\right] n(t, \boldsymbol{x}, \boldsymbol{p}) \frac{p_\mu p_\nu}{E}, \tag{A.2}$$

とも書ける．$\sqrt{{}^3g} = a^3 \exp(-3\varPsi)$ は 3 次元計量 g_{ij} の行列式の平方根である．本節で扱うのは相対論的なニュートリノ粒子であるが，しばらくは質量を含めた一般的な議論を展開する．

式（8.9）と（8.11）の定義を用いれば，流体素片の静止系におけるエネルギー密度，圧力，非等方ストレスは

$$\rho = T_{00}(u^0)^2 = \frac{1}{h^3\sqrt{{}^3g}} \int \left[\prod_{k=1}^{3} dp_k\right] En, \tag{A.3}$$

$$Pg_{ij} + \varDelta T_{ij} = T_{ij} = \frac{1}{h^3\sqrt{{}^3g}} \int \left[\prod_{k=1}^{3} dp_k\right] \frac{p_i p_j n}{E}, \tag{A.4}$$

と書ける．式（A.3）では $p_0 = g_{00}p^0$ を用いた．式（8.18）の定義を用いれば，エネルギーを u^μ の方向に運び，観測者に対して 3 元速度 u^i を持つ流体の運動量密度は

$$(\rho + P)u_i = \frac{1}{h^3\sqrt{{}^3g}} \int \left[\prod_{k=1}^{3} dp_k\right] p_i n, \tag{A.5}$$

と書ける．ただし，3 元速度場に関して 1 次の項まで残し，$\sum_j \varDelta T_{ij}u^j$ は無視した．$\varDelta T_{ij}$ の大きさは速度場の空間微分程度なので，速度場に関して 1 次の項までを残す近似と無矛盾である．

---

*1 C.-P. Ma, E. Bertschinger, *Astrophys. J.*, **455**, 7 (1995).

A.2 無衝突ボルツマン方程式

衝突しない粒子の位相空間数密度 $n(t, \boldsymbol{x}, \boldsymbol{p})$ の時間発展を解くには，次のように考えれば良い．位相空間数密度の定義より，ある微小な空間体積 δV_x と運動量体積 δV_p に含まれる粒子数は $\delta N = n(t, \boldsymbol{x}, \boldsymbol{p})\delta V_x dV_p$ である．粒子の運動の軌跡 $(\boldsymbol{x}(t), \boldsymbol{p}(t))$ とともに粒子を含む微小な領域は移動し，領域は変形するが，リウビルの定理により全体積 $\delta V_x \delta V_p$ は変化しない．また，粒子は衝突しないので体積中の粒子数も変化しない．よって，粒子を含む微小な領域の軌跡に沿った時間微分 d/dt で書けば $dn(t, \boldsymbol{x}(t), \boldsymbol{p}(t))/dt = 0$ である．これを，ある固定された $(t, \boldsymbol{x}, \boldsymbol{p})$ の座標に関する偏微分で書けば

$$\dot{n} + \frac{d\boldsymbol{x}}{dt} \cdot \frac{\partial n}{\partial \boldsymbol{x}} + \frac{d\boldsymbol{p}}{dt} \cdot \frac{\partial n}{\partial \boldsymbol{p}} = 0\,, \tag{A.6}$$

である．ドットは時間に関する偏微分を表す．この式では $(t, \boldsymbol{x}, \boldsymbol{p})$ はそれぞれ独立変数であり，ある変数に関する偏微分を計算するときはそれ以外の変数は変化させない．この方程式は**無衝突ボルツマン方程式**と呼ばれる．

式（A.6）の 2 項目の $d\boldsymbol{x}/dt$ は $dx^i/dt = p^i/p^0$ で与えられる．3 項目の $d\boldsymbol{p}/dt$ は粒子の運動方程式で与えられ，dp^i/dt の方程式（5.6）を代入すれば良いが，長い式となってしまう．うまいことに，p^i をボルツマン方程式の独立変数として選ぶのではなく，$p_i \equiv \sum_i g_{ij} p^j$ を独立変数として選べば式は短くなる．p_i の測地線の方程式は

$$\begin{aligned}
\frac{dp_i}{dt} &= \sum_j \dot{g}_{ij} p^j + \sum_{jk} \partial_k g_{ij} \frac{p^j p^k}{p^0} + \sum_j g_{ij} \frac{dp^j}{dt} \\
&= \frac{1}{2}\left(\partial_i g_{00} p^0 + \sum_{jk} \partial_i g_{jk} \frac{p^j p^k}{p^0} \right) \\
&= -\exp(2\varPhi)\partial_i \varPhi p^0 - \partial_i \varPsi \frac{p^2}{p^0} + \sum_{jk\ell} g_{jm} \partial_i D_{mk} \frac{p^j p^k}{2p^0}\,,
\end{aligned} \tag{A.7}$$

である．記号を簡略化するため，共動座標に関する偏微分は $\partial_i \equiv \partial/\partial x^i$ と書いた．

ゆがみのない一様等方宇宙では右辺はゼロとなり，**一様等方宇宙では p_i は時間に依らず一定である**．無衝突ボルツマン方程式は

$$\dot{n} + \sum_i \frac{p^i}{p^0} \partial_i n + \sum_i \frac{dp_i}{dt} \frac{\partial n}{\partial p_i} = 0\,, \tag{A.8}$$

と書ける．この式を解いて n を得られれば，式（A.2）よりエネルギー–運動量テンソルの各成分が求まり，エネルギー密度，圧力，非等方ストレス，運動量密度が求まる．

位相空間数密度を一様等方な項 $\bar{n}(t,p)$ とゆらぎの項 $\delta n(t,\boldsymbol{x},\boldsymbol{p})$ とに分解する．一様等方な成分は空間座標に依らないので，ボルツマン方程式より $\dot{\bar{n}}=0$ を得る．すなわち，p を固定すると，$\bar{n}$ は時間に依らず一定である．これは重要な結果である．質量 m を持つニュートリノと反ニュートリノの熱平衡状態の分布関数は式（1.7）で与えられ，

$$n_\nu^{\text{熱平衡}}=\frac{2}{\exp(\sqrt{p^2+m^2}/k_{\mathcal{B}}T)+1}\,, \tag{A.9}$$

である．ニュートリノが熱平衡状態であるとき，温度は 100 億 K 以上であるから $k_{\mathcal{B}}T\gg m$ で質量の効果は無視でき，分布関数は相対論的なフェルミ–ディラック分布で近似できる．ニュートリノと他の物質との相互作用が切れると，その後の n_ν の進化は無衝突ボルツマン方程式に従う．一様等方宇宙では $\dot{\bar{n}}_\nu=0$，かつ p_i は時間に依らないので，任意の時刻 t で

$$\bar{n}_\nu(t,p_i)=\bar{n}_\nu^{\text{熱平衡}}(t_*,p_i)\,, \tag{A.10}$$

である．t_* は熱平衡が切れたときの時刻である．p_i は一定なので，p は a^{-1} に比例して減少する．時刻 t_* での p と T をそれぞれ p_* と T_* と書けば，

$$\begin{aligned}\bar{n}_\nu(t,p)=\bar{n}_\nu^{\text{熱平衡}}(t_*,p_*)&=\frac{2}{\exp(\sqrt{p_*^2+m^2}/k_{\mathcal{B}}T_*)+1}\\&=\frac{2}{\exp[\sqrt{p^2+\tilde{m}^2(t)}/k_{\mathcal{B}}\tilde{T}(t)]+1}\,,\end{aligned} \tag{A.11}$$

を得る．ここで，$\tilde{m}(t)\equiv ma_*/a(t)$ と $\tilde{T}(t)\equiv T_*a_*/a(t)$ を定義した．熱平衡状態では $k_{\mathcal{B}}T_*\gg m$ であったから，後の時刻においても $k_{\mathcal{B}}\tilde{T}\gg\tilde{m}$ であり，$\tilde{m}$ の効果は引き続き無視できる．**したがって，任意の時刻における $\bar{n}_\nu$ は相対論的なフェルミ–ディラック分布関数で近似できる．** このとき，$\tilde{T}$ は任意の時刻におけるニュートリノの熱力学的な温度と解釈でき，現在の温度は 1.95 K である．

A.3 ボルツマン方程式と保存則

8 章でエネルギー–運動量テンソルの発散がゼロという条件から導いた保存則の式を，無衝突ボルツマン方程式から導いてみよう．すでに学んだ結果を異なる手

法で求めるのは楽しいものであるが，煩雑な計算を要するので，興味のない読者は飛ばして A.4 節に進んでかまわない．簡単化のため，重力波を表すテンソル型の時空のゆがみの変数 D_{ij} は無視する．

式 (A.8) の両辺に粒子のエネルギー E をかけ，p_i に渡って積分する．t と p_i は独立変数であるが，t と p^i は独立でないことに注意する．初項は

$$\begin{aligned}\frac{1}{\sqrt{{}^3g}}\int\prod_i dp_i\ E\dot{n} &= \frac{1}{\sqrt{{}^3g}}\int\prod_i dp_i\left[(En)^{\cdot} - \dot{E}n\right] \\ &= \frac{1}{\sqrt{{}^3g}}\left[\frac{\partial}{\partial t}\int\prod_i dp_i\ En - \left(\dot{\Psi} - \frac{\dot{a}}{a}\right)\int\prod_i dp_i\ \frac{p^2 n}{E}\right] \\ &= \frac{1}{\sqrt{{}^3g}}\frac{\partial}{\partial t}(\sqrt{{}^3g}\rho) + \left(\frac{\dot{a}}{a} - \dot{\Psi}\right)(3P + \nabla^2\pi),\end{aligned} \tag{A.12}$$

となる．ドットは時間に関する偏微分を表し，$(En)^{\cdot} = \dot{E}n + E\dot{n}$ である．h^3 は省略した．次に，x^i と p_i は独立変数であるが x^i と p^i は独立でないことに注意すれば，残りの項は

$$\begin{aligned}&\frac{1}{\sqrt{{}^3g}}\int\prod_\ell dp_\ell\ E\sum_i\left[\frac{p^i}{p^0}\partial_i n + \frac{1}{2}\left(\partial_i g_{00}p^0 + \sum_{jk}\partial_i g_{jk}\frac{p^j p^k}{p^0}\right)\frac{\partial n}{\partial p_i}\right] \\ &= \frac{\exp(-\Phi)}{\sqrt{{}^3g}}\sum_i\partial_i\left[\exp(2\Phi)\sqrt{{}^3g}(\rho + P)u^i\right],\end{aligned} \tag{A.13}$$

となる．ここで $E/p^0 = \exp(\Phi)$ を用い，$\partial n/\partial p_i$ を含む積分では部分積分を行った．以上をまとめれば，

$$\begin{aligned}&\dot{\rho} + \left(\frac{\dot{a}}{a} - \dot{\Psi}\right)(3\rho + 3P + \nabla^2\pi) + \exp(\Phi)\sum_i\partial_i\left[(\rho + P)u^i\right] \\ &\quad + \exp(\Phi)\partial_i(2\Phi - 3\Psi)(\rho + P)u^i = 0,\end{aligned} \tag{A.14}$$

を得る[*2]．速度場ポテンシャルの定義式 $u^i = \sum_j g^{ij}\partial_j\delta u$ を用い，ゆらぎの変数に

---

*2　もう少しだけ見通しの良い形にするため，共動座標に関して定義した 3 元速度場 u^i ではなく物理的な速度場 $v^i = a\exp(-\Psi)u^i$ で書けば，

$$\begin{aligned}&\dot{\rho} + \left(\frac{\dot{a}}{a} - \dot{\Psi}\right)(3\rho + 3P + \nabla^2\pi) + \frac{1}{a}\exp(\Phi + \Psi)\sum_i\partial_i\left[(\rho + P)v^i\right] \\ &\quad + \frac{2}{a}\exp(\Phi + \Psi)\partial_i(\Phi - \Psi)(\rho + P)v^i = 0,\end{aligned} \tag{A.15}$$

を得る．$\exp(\Psi)\partial_i/a$ は物理的な空間座標に関する偏微分である．両辺を $\exp(\Phi)$ で割れば時間微分は $\exp(-\Phi)\partial/\partial t$ となり，これは固有時間に関する偏微分である．物質優勢期には $\Phi = \Psi$ であるから最後の項は消える．

関して1次までとれば，式（A.14）はエネルギー保存則の式（8.23）と（8.24）を与える．逆に，エネルギー–運動量テンソルの発散の式（8.22）から1次以上の項を無視せずエネルギー保存則の式を導けば，式（A.14）を得る．

式（A.8）の両辺に p_i をかけ，運動量空間に渡って積分すると

$$\frac{1}{\sqrt{^3g}}\frac{\partial}{\partial t}[\sqrt{^3g}(\rho+P)u_i]+\exp(\varPhi)\Big\{\frac{1}{\sqrt{^3g}}\sum_{jk}g^{jk}\partial_k[\sqrt{^3g}(Pg_{ij}+a^2\partial_i\partial_j\pi)] \\ +(\rho+P)\partial_i\varPhi+a^2\sum_{jk}g^{jk}\partial_i\partial_j\pi\partial_k\varPhi \\ +(5P+a^2\sum_{jk}g^{jk}\partial_j\partial_k\pi)\partial_i\varPsi \\ +2a^2\sum_{jk}g^{jk}\partial_i\partial_j\pi\partial_k\varPsi\Big\}=0\,, \qquad (A.16)$$

を得る．左辺の $(^3g)^{-1/2}\sum_{jk}g^{jk}\partial_k(\sqrt{^3g}Pg_{ij})=-5P\partial_i\varPsi+\partial_iP$ は，式（A.16）の3行目の $5P\partial_i\varPsi$ を相殺する．速度場ポテンシャルの定義式 $u_i=\partial_i\delta u$ を用い，ゆらぎの変数に関して1次までとれば，式（A.16）は運動量保存則の式（8.25）を与える．逆に，エネルギー–運動量テンソルの発散の式（8.22）から1次以上の項を無視せず運動量保存則の式を導けば，式（A.16）を得る．

式（A.8）の両辺に p_ip_j/E をかけ，運動量空間に渡って積分すれば圧力と非等方ストレスの時間発展を記述する方程式が得られるが，これはいかにも煩雑である．次節では，フーリエ変換とルジャンドル多項式による部分波展開を用いた，より見通しの良い計算手法を学ぶ．

A.4 部分波展開

これより質量を無視し，相対論的粒子のみ考える．ゆらぎの変数に関して1次まで残せば，運動量密度と非等方ストレスはそれぞれ

$$\frac{4}{3}\bar{\rho}(t)\partial_i\delta u(t,\boldsymbol{x})=\frac{1}{\sqrt{^3g}}\int\left[\prod_{k=1}^{3}dp_k\right]n(t,\boldsymbol{x},\boldsymbol{p})p_i\,, \qquad (A.17)$$

$$\left(a^2\partial_i\partial_j-\frac{1}{3}g_{ij}\nabla^2\right)\pi(t,\boldsymbol{x})=\frac{1}{\sqrt{^3g}}\int\left[\prod_{k=1}^{3}dp_k\right]n(t,\boldsymbol{x},\boldsymbol{p})p \\ \times\left(\frac{p_ip_j}{p^2}-\frac{1}{3}g_{ij}\right)\,, \qquad (A.18)$$

となる．h^3 は省略した．2 本目の式を導くには，非等方ストレスのポテンシャル π を用いて $\Delta T_{ij} = a^2\partial_i\partial_j\pi$（式（8.15））と書き，式（A.4）の両辺に g_{ij} の逆行列 g^{ij} をかけて添え字に関して和を取り，それに $g_{ij}/3$ をかけてもとの式から引けば良い．∇^2 は共動座標系におけるラプラス演算子 $\nabla^2 \equiv \sum_i \partial_i^2$ である．

式（A.17）の両辺を $n(t,\boldsymbol{x},\boldsymbol{p}) = (2\pi)^{-3}\int d^3q\, n\boldsymbol{q}(t,\boldsymbol{p})\exp(i\boldsymbol{q}\cdot\boldsymbol{x})$ を用いてフーリエ変換し，両辺を波数ベクトル q_i と内積を取り，波数の大きさ q とスケール因子 a で割り，ゆらぎの変数に関して 1 次の項を残せば

$$i\frac{4q}{3a}\bar{\rho}(t)\delta u\boldsymbol{q}(t) = \frac{1}{\sqrt{{}^3g}}\int\left[\prod_{k=1}^{3}dp_k\right]n\boldsymbol{q}(t,\boldsymbol{p})pP_1(\mu)\,, \tag{A.19}$$

を得る．波数ベクトルの大きさは $q^2 \equiv \sum_i q_i^2$ と定義する．μ は波数ベクトルと運動量ベクトルとがなす角度の余弦 $\mu \equiv \sum_i q_i\gamma_i/q$ で，$\gamma_i \equiv \exp(\varPsi)p_i/ap$ は p_i の方向を表す単位ベクトルで $\sum_i(\gamma_i)^2 = 1$ を満たすように定義する．$P_\ell(x)$ はルジャンドル多項式で $P_1(x) = x$ である．同様に，式（A.18）の両辺をフーリエ変換し，両辺を q_iq_j と内積を取り，$2q^2a^2/3$ で割れば

$$-q^2\pi\boldsymbol{q}(t) = \frac{1}{\sqrt{{}^3g}}\int\left[\prod_{k=1}^{3}dp_k\right]n\boldsymbol{q}(t,\boldsymbol{p})pP_2(\mu)\,, \tag{A.20}$$

を得る．ここで $P_2(x) = (3x^2-1)/2$ である．

式（A.19）と（A.20）はうまい形をしている．ルジャンドル多項式の規格直交性関係（式（4.4））を用いれば簡単になりそうである．そこで，$({}^3g)^{-1/2}\prod_i dp_i = p^2dpd\varOmega$ と書き，位相空間数密度のフーリエ展開係数を p に渡って積分することで新しい無次元変数 $\varDelta$ を

$$\bar{\rho}(t)[1+\varDelta(t,\boldsymbol{q},\boldsymbol{\gamma})] \equiv 4\pi\int_0^\infty p^2dp\, n\boldsymbol{q}(t,\boldsymbol{p})p\,, \tag{A.21}$$

と定義する．これをさらに $\boldsymbol{\gamma}$ に渡って平均すればエネルギー密度を得るが，式（A.19）と（A.20）のように右辺にルジャンドル多項式をかければ速度ポテンシャルや非等方ストレスを得る．すなわち

$$\delta\rho\boldsymbol{q}(t) = \bar{\rho}(t)\int\frac{d\varOmega}{4\pi}\varDelta(t,\boldsymbol{q},\boldsymbol{\gamma})\,, \tag{A.22}$$

$$i\frac{4q}{3a}\delta u_{\boldsymbol{q}}(t) = \int \frac{d\Omega}{4\pi}\Delta(t,\boldsymbol{q},\boldsymbol{\gamma})P_1(\mu)\,, \tag{A.23}$$

$$-q^2\pi_{\boldsymbol{q}}(t) = \bar{\rho}(t)\int \frac{d\Omega}{4\pi}\Delta(t,\boldsymbol{q},\boldsymbol{\gamma})P_2(\mu)\,, \tag{A.24}$$

を得る．後に示すように，スカラー型のゆらぎを含む無衝突ボルツマン方程式（A.6）をフーリエ変換すると，それは q，p，μ にのみ依存する．すなわち，$\boldsymbol{q}$ の方向を固定すれば $\boldsymbol{p}$ 依存性は $\boldsymbol{q}$ と $\boldsymbol{p}$ とがなす角度のみに依存し方位角に依らないので，$\boldsymbol{q}$ を軸として**軸対称**である．$\boldsymbol{q}$ の方向依存性はゆらぎの変数の初期条件で与えられ，その後の進化は q，p，μ のみに依存するから，初期条件の $\boldsymbol{q}$ 依存性を抜き出して $\Delta(t,\boldsymbol{q},\boldsymbol{\gamma}) = \alpha_{\boldsymbol{q}}\Delta(t,q,\mu)$ と書く．$\alpha_{\boldsymbol{q}}$ はパワースペクトルが 1 の確率変数で，$\langle \alpha_{\boldsymbol{q}}\alpha^*_{\boldsymbol{q}'}\rangle = (2\pi)^3\delta_D^{(3)}(\boldsymbol{q}-\boldsymbol{q}')$ を満たす．$\Delta(t,q,\mu)$ の μ 依存性を，実数の係数 Δ_ℓ を用いて

$$\Delta(t,q,\mu) = \sum_\ell i^{-\ell}(2\ell+1)P_\ell(\mu)\Delta_\ell(t,q)\,, \tag{A.25}$$

とルジャンドル多項式展開（**部分波展開**とも呼ばれる）すれば，エネルギー密度のゆらぎ，速度場，非等方ストレスのポテンシャルはそれぞれ

$$\delta\rho_{\boldsymbol{q}}(t) = \bar{\rho}(t)\Delta_0(t,q)\alpha_{\boldsymbol{q}}\,, \tag{A.26}$$

$$-\frac{4q}{3a}\delta u_{\boldsymbol{q}}(t) = \Delta_1(t,q)\alpha_{\boldsymbol{q}}\,, \tag{A.27}$$

$$q^2\pi_{\boldsymbol{q}}(t) = \bar{\rho}(t)\Delta_2(t,q)\alpha_{\boldsymbol{q}}\,, \tag{A.28}$$

と得られる．同様に，$\delta P_{\boldsymbol{q}}(t) = \dfrac{\bar{\rho}(t)}{3}[\Delta_0(t,q)+\Delta_2(t,q)]\alpha_{\boldsymbol{q}}$ である．相対論的粒子の非等方ストレスを求める問題は，無衝突ボルツマン方程式を解いて $\Delta_2(t,q)$ を求める問題に帰着した．

ボルツマン方程式も部分波展開する．これまでは (t,x^i,p_i) を独立変数として扱ってきたが，部分波展開には p_i の代わりに p と γ^i（式（5.10））を独立変数とすると便利である．γ^i の時間微分は重力場によって粒子の軌跡が曲がる効果で，ゆらぎの変数に関して 1 次である．質量のない粒子の場合，これは式（5.40）で与えられる重力レンズ効果である．$p = [\sum_{ij} g^{ij}(t,\boldsymbol{x})p_ip_j]^{1/2}$ は g^{ij} を通して t と $\boldsymbol{x}$ に依存することを考慮すれば，各偏微分は

$$\frac{\partial n}{\partial t} \longrightarrow \frac{\partial n}{\partial t} + \sum_{ij}\frac{\dot{g}^{ij}p_ip_j}{2p}\frac{\partial n}{\partial p} + (2\,\text{次以上})\,, \tag{A.29}$$

$$\frac{\partial n}{\partial x^i} \longrightarrow \frac{\partial n}{\partial x^i} + \sum_{jk} \frac{\partial_i g^{jk} p_j p_k}{2p} \frac{\partial n}{\partial p} + (2\text{ 次以上}), \tag{A.30}$$

$$\frac{\partial n}{\partial p_i} = \sum_j \frac{g^{ij} p_j}{p} \frac{\partial \bar{n}}{\partial p} + (1\text{ 次以上}), \tag{A.31}$$

に置き換わる．「2 次以上」の項は，$\sum_i \dot{\gamma}^i \partial n / \partial \gamma^i$ などの重力レンズに関する項である．すると，ゆらぎの変数に関して 1 次の精度で，無衝突ボルツマン方程式は

$$\dot{\bar{n}} - \frac{\dot{a}}{a} p \frac{\partial \bar{n}}{\partial p} = 0, \tag{A.32}$$

$$\delta \dot{n} + \sum_i \frac{\gamma^i}{a} \partial_i \delta n - \frac{\dot{a}}{a} p \frac{\partial \delta n}{\partial p} + \left(\dot{\varPsi} - \sum_i \frac{\gamma^i}{a} \partial_i \varPhi \right) p \frac{\partial \bar{n}}{\partial p} = 0, \tag{A.33}$$

となる．δn は一様等方な成分を引いたゆらぎの部分である．式（A.32）の両辺に $4\pi p^3$ をかけて p に渡って積分すれば，期待どおり相対論的流体のエネルギー保存則の式 $\dot{\bar{\rho}} + (4\dot{a}/a)\bar{\rho} = 0$ を得る．この際，式（A.32）の左辺 2 項目で部分積分を用いた．テンソル型の時空のゆがみの変数 D_{ij} では

$$\delta \dot{n} + \sum_i \frac{\gamma^i}{a} \partial_i \delta n - \frac{\dot{a}}{a} p \frac{\partial \delta n}{\partial p} - \frac{1}{2} \sum_{ij} \dot{D}_{ij} \gamma^i \gamma^j p \frac{\partial \bar{n}}{\partial p} = 0, \tag{A.34}$$

である．

これより，スカラー型のゆらぎを扱う．式（A.33）の両辺をフーリエ変換し，$4\pi p^3$ をかけて p に渡って積分すれば

$$\dot{\varDelta} + i \frac{q\mu}{a} \varDelta - 4 \left(\dot{\varPsi} - i \frac{q\mu}{a} \varPhi \right) = 0, \tag{A.35}$$

を得る．随分と単純になった．最後に，両辺に $P_\ell(\mu)$ をかけて μ に渡って積分し，ルジャンドル多項式の規格直交性関係式（4.4）を用いれば

$$\dot{\varDelta}_0 + \frac{q}{a} \varDelta_1 - 4\dot{\varPsi} = 0, \tag{A.36}$$

$$\dot{\varDelta}_1 + \frac{q}{3a} (2\varDelta_2 - \varDelta_0) - \frac{4q}{3a} \varPhi = 0, \tag{A.37}$$

$$\dot{\varDelta}_2 + \frac{q}{5a} (3\varDelta_3 - 2\varDelta_1) = 0, \tag{A.38}$$

を得る．$\ell \geqq 2$ では一般に

$$\dot{\varDelta}_\ell + \frac{q}{(2\ell+1)a} [(\ell+1)\varDelta_{\ell+1} - \ell \varDelta_{\ell-1}] = 0, \tag{A.39}$$

と書ける．ここで，ルジャンドル多項式の漸化式

$$\mu P_\ell(\mu) = \frac{1}{2\ell+1}\left[(\ell+1)P_{\ell+1}(\mu) + \ell P_{\ell-1}(\mu)\right], \tag{A.40}$$

を用いた．

これで，ボルツマン方程式を解く問題は，果てしなく続く $\ell+1$ 本の連立線形微分方程式を解く問題となった．式 (A.26), (A.27), (A.28) を用いて $\ell=0$，1，2 をそれぞれなじみのある量で書けば

$$\frac{\partial}{\partial t}(\delta\rho/\bar{\rho}) - \frac{4q^2}{3a^2}\delta u - 4\dot{\Psi} = 0\,, \tag{A.41}$$

$$\frac{4}{3}\frac{\partial}{\partial t}(\delta u/a) + \frac{1}{3a\bar{\rho}}(\delta\rho - 2q^2\pi) + \frac{4}{3a}\Phi = 0\,, \tag{A.42}$$

$$\frac{\partial}{\partial t}(\pi/\bar{\rho}) + \frac{3}{5}\frac{\Delta_3}{aq} + \frac{8}{15}\frac{\delta u}{a^2} = 0\,, \tag{A.43}$$

を得る．フーリエ空間を示す添字 $\boldsymbol{q}$ は省略した．式 (A.41) を展開して整理し，$\delta\rho = 3\delta P - q^2\pi$ を用いれば

$$\delta\dot{\rho} + \frac{\dot{a}}{a}(3\delta\rho + 3\delta P - q^2\pi) - \frac{4q^2}{3a^2}\bar{\rho}\delta u - 4\bar{\rho}\dot{\Psi} = 0\,, \tag{A.44}$$

を得る．これはエネルギー–運動量テンソルの発散から得たエネルギー保存則の式 (8.24) と一致する．式 (A.42) からは

$$\frac{4}{3}\frac{\partial}{\partial t}(\bar{\rho}\delta u) + 4\frac{\dot{a}}{a}\bar{\rho}\delta u + \delta P - q^2\pi + \frac{4}{3}\bar{\rho}\Phi = 0\,, \tag{A.45}$$

を得る．これは，エネルギー–運動量テンソルの発散から得た運動量保存則の式 (8.25) と一致する．

式 (A.43) は，求めたかった非等方ストレスの発展方程式である．この微分方程式を解くには Δ_3 が必要なので $\ell=3$ の微分方程式を解く必要があるが，それには Δ_4 が必要となり，方程式は閉じない．よって，通常はどこか有限な ℓ で打ち切る．あるいは，式 (A.35) を積分すれば

$$\begin{aligned}\Delta(t,q,\mu) &= 4\int_{t_i}^{t} dt'\ \exp\left(-iq\mu\int_{t'}^{t}\frac{dt''}{a(t'')}\right)\left[\dot{\Psi}(t',q) - i\frac{q\mu}{a(t')}\Phi(t',q)\right] \\ &\quad + \Delta(t_i,q,\mu)\exp\left(-iq\mu\int_{t_i}^{t}\frac{dt'}{a(t')}\right),\end{aligned} \tag{A.46}$$

を得る．t_i は初期時刻である．この解を用いて $\delta\rho$，δu，π を積分の形で厳密に求

めることもできる[*3].

8.6 節でハッブル長を超える長波長でのゆらぎの解を求めるには，式 (A.43) の長波長極限を取れば良い．$\ell \geqq 2$ のボルツマン方程式 (A.39) を見ると，$\dot{\varDelta}_3$ は $(q/a)\varDelta_2$ 程度の大きさである．ゆらぎの変数はハッブル時間程度で変化するので $\dot{\varDelta}_3 \approx H\varDelta_3$ と評価すれば，$\varDelta_3$ は $(q/aH)\varDelta_2$ 程度の大きさである．ハッブル長を超える長波長では $q/aH \ll 1$ であるから，$\varDelta_3$ は $\varDelta_{\ell\leqq 2}$ に比べて無視して良い．よって，非等方ストレスの発展方程式の長波長極限は

$$\frac{\partial}{\partial t}(\pi/\bar{\rho}) = -\frac{8}{15}\frac{\delta u}{a^2}, \tag{A.47}$$

である．$\bar{\rho} \propto a^{-4}$ であるから，これは

$$\frac{\partial}{\partial t}(a^4\pi) = -\frac{8}{15}a^2\bar{\rho}\delta u, \tag{A.48}$$

とも書ける．これで式 (8.38) を導出できた．

初期時刻を宇宙の温度が 100 億 K 以上あった時期に取れば，ニュートリノは他の粒子や自分自身と頻繁に衝突してエネルギーのやり取りをしていたので，ニュートリノの平均自由時間はハッブル時間よりも短く，非等方ストレスは無視できる．よって，初期条件は $\pi = 0$ である．

[*3] 「ワインバーグの宇宙論」，6.1 節．

参考文献

宇宙マイクロ波背景放射の物理の学習は本書一冊で十分であるが，本書の範疇を超えて宇宙論をより広く学び，宇宙マイクロ波背景放射の役割をとらえ直すのは有用である．そのための参考文献を 2 点挙げておく．

- “Cosmology”, Steven Weinberg（Oxford University Press, 2008 年）；邦訳『ワインバーグの宇宙論（上・下）』，小松英一郎訳（日本評論社，2013 年）
- 『宇宙論 II［第 2 版］』（シリーズ現代の天文学 第 3 巻），二間瀬敏史，池内了，千葉柾司（編）（日本評論社，2019 年）

宇宙マイクロ波背景放射の研究の歴史は人間ドラマに溢れている．本書ではそのいくつかを紹介したが，さらなるエピソードに興味のある読者のため，文献を 2 点挙げておく．一つ目はエッセイ集で，宇宙マイクロ波背景放射の研究に重要な役割を果たした研究者本人たちによって書かれた思い出話が収録してある．二つ目は，WMAP 計画を追ったタイム誌の記者が，ていねいな取材に基づいて構成したドキュメントである．これらを読めば，研究が，いかに人間の営みであるかを実感してもらえるだろう．

- “Finding the Big Bang”, P. James E. Peebles, Lyman A. Page Jr., R. Bruce Partridge（編）（Cambridge University Press, 2009 年）
- “Echo of the Big Bang”, Michael D. Lemonick（Princeton University Press, 2003 年）；邦訳『ビッグバン宇宙からのこだま——探査機 WMAP 開発にかけるリーダーたち』，木幡赳士訳（日本評論社，2006 年）

最後に，宇宙マイクロ波背景放射に関する一般書籍を 2 点挙げておく．一つ目は，小説家の川端裕人氏が，筆者へのインタビューと独自の取材によって宇宙マイクロ波背景放射の物理を小説家の文章でまとめ上げた本で，「物理を言葉で説明する」という本書の目的をさらに進めたものになっている．二つ目は，国内初の宇宙マイクロ波背景放射の観測・実験グループを立ち上げ，日米共同で地上観測を行い，ライトバードの代表研究者を務める羽澄昌史氏による，観測現場の物語である．

- 『宇宙の始まり，そして終わり』，小松英一郎，川端裕人（日経プレミアシリーズ，日本経済新聞出版社，2015 年）
- 『宇宙背景放射「ビッグバン以前」の痕跡を探る』，羽澄昌史（集英社，2015 年）

索引

数字・アルファベット

あ

か

さ

た

な

小松英一郎（こまつ・えいいちろう）
1974年，兵庫県宝塚市生まれ．
2001年，東北大学大学院理学研究科博士課程修了．
プリンストン大学博士研究員，テキサス大学教授を経て，マックス・プランク宇宙物理学研究所所長，東京大学高等研究所カブリ数物連携宇宙研究機構主任研究者．理学博士．専門は宇宙論．
主な著書に，『宇宙を見る新しい目』（分担執筆，日本評論社），『宇宙論II［第2版］（シリーズ現代の天文学 第3巻）』（分担執筆，日本評論社），『宇宙の始まり，そして終わり』（共著，日本経済新聞出版社），訳書に『ワインバーグの宇宙論（上・下）』（日本評論社）がある．

宇宙マイクロ波背景放射

新天文学ライブラリー　第6巻

発行日　2019年9月15日　第1版第1刷発行

著　者　小松英一郎
発行所　株式会社 日本評論社
170-8474 東京都豊島区南大塚 3-12-4
電話　03-3987-8621［販売］　03-3987-8599［編集］
印　刷　三美印刷株式会社
製　本　牧製本印刷株式会社
装　幀　妹尾浩也

ISBN978-4-535-60745-3